NOUVEAU COURS

COMPLET

D'AGRICULTURE

THÉORIQUE ET PRATIQUE.

DIP = FLE.

———

TOME CINQUIÈME.

NOMS DES AUTEURS.

MESSIEURS :

THOUIN, Professeur d'Agriculture au Muséum d'Histoire Naturelle.

PARMENTIER, Inspecteur général du Service de Santé.

TESSIER, Inspecteur des Établissemens ruraux appartenant au Gouvernement.

HUZARD, Inspecteur des Écoles Vétérinaires de France.

SILVESTRE, Chef du Bureau d'Agriculture au Ministère de l'Intérieur.

BOSC, Inspecteur des Pépinières Impériales et de celles du Gouvernement.

} Composant la Section d'Agriculture de l'Institut de France.

CHASSIRON, Président de la Société d'Agriculture de Paris.

CHAPTAL, Membre de la section de Chimie de l'Institut.

LACROIX, Membre de la Section de Géométrie de l'Institut.

DE PERTHUIS, Membre de la Société d'Agriculture de Paris.

YVART, Professeur d'Agriculture et d'Économie rurale à l'École Impériale d'Alfort; Membre de la Société d'Agriculture ; etc.

DECANDOLLE, Professeur de Botanique et Membre de la Société d'Agriculture.

DU TOUR, Propriétaire-Cultivateur à Saint-Domingue, et l'un des auteurs du Nouveau Dictionnaire d'Histoire Naturelle.

Les articles signés (R) sont de ROZIER.

~~~~~~~~~~~~~~~~~~~~

DE L'IMPRIMERIE DE MAME FRÈRES.

~~~~~~~~~~~~~~~~~~~~

Cet Ouvrage se trouve aussi,

A PARIS, chez LE NORMANT, libraire, rue des Prêtres Saint-Germain-l'Auxerrois, n° 17.

A BRESLAU, chez G. THÉOPHILE KORN, imprimeur-libraire.

A BRUXELLES, chez { LECHARLIER, libraire. / P. J. DE MAT, libraire.

A LIÈGE, chez DESOER, imprimeur-libraire.

A LYON, chez YVERNAULT et CABIN, libraires.

A MANHEIM, chez FONTAINE, libraire.

NOUVEAU COURS

COMPLET

D'AGRICULTURE

THÉORIQUE ET PRATIQUE,

Contenant la grande et la petite Culture, l'Économie Rurale
et Domestique, la Médecine vétérinaire, etc. ;

O U

DICTIONNAIRE RAISONNÉ

ET UNIVERSEL

D'AGRICULTURE.

Ouvrage rédigé sur le plan de celui de feu l'abbé ROZIER, duquel on a conservé
tous les articles dont la bonté a été prouvée par l'expérience ;

PAR LES MEMBRES DE LA SECTION D'AGRICULTURE
DE L'INSTITUT DE FRANCE, etc.

AVEC DES FIGURES EN TAILLE-DOUCE.

A PARIS,

CHEZ DETERVILLE, LIBRAIRE ET ÉDITEUR,
RUE HAUTEFEUILLE, N° 8.

M. DCCC. IX.

NOUVEAU
COURS COMPLET
D'AGRICULTURE.

DIP

DIPLOLÈPE, *Diplolepis*. Les entomologistes français donnent ce nom à un genre d'insectes que Linnæus, Fabricius, et autres entomologistes du nord, ont appelés CYNIPS, genre dont toutes les espèces déposent leurs œufs dans l'écorce ou sous l'épiderme des diverses parties des végétaux, et donnent lieu à ces différentes monstruosités qu'on appelle généralement GALLES. *Voy.* ce mot.

Il est utile que les cultivateurs connoissent ces insectes et leur manière d'agir, plus pour rectifier les erreurs auxquelles l'ignorance de l'origine des galles donne lieu si souvent, que pour apprendre les moyens de s'opposer aux inconvéniens qui sont la suite de leur abondance. D'ailleurs, une de ces galles est d'usage dans les arts, fait l'objet d'un commerce de quelque importance, et mérite par conséquent l'attention : c'est la galle proprement dite, celle qu'on appelle vulgairement *noix de galle*.

Les femelles des diplolèpes font saillir, lors de la ponte, une tarière recourbée, dentée en scie d'un côté, dont le merveilleux mécanisme a été décrit par Réaumur et autres, mais qu'il seroit trop long de développer ici, et qui lui sert à entamer l'épiderme des feuilles ou des branches des arbres, afin de pouvoir y insinuer leurs œufs.

Ces œufs ainsi renfermés, ou solitairement ou en grand nombre dans la même place, selon les espèces, donnent naissance à des larves qui vivent toujours solitaires dans des cavités autour desquelles se développent des excroissances de diverses formes, comme je l'indiquerai plus bas.

On ignore encore si c'est une liqueur fournie par la mère

5.   I

des diplolèpes, ou celle qui s'échappe du corps des larves, ou
toute autre cause qui fait naître ces excroissances si semblables
dans la même espèce, et si dissemblables dans les diverses espèces, dont la forme est si variée et souvent si singulière, dont
la consistance change également. La plupart augmentent de
volume avec une rapidité étonnante.

Comme les diplolèpes, en état d'insectes parfaits, sont peu
remarquables et fort peu différens entre eux, je puis me dispenser de les décrire ; et comme ce sont leurs galles qui
frappent le plus les cultivateurs, je renverrai à l'article GALLE
tout ce que j'aurois à en dire dans celui-ci.

Je ne connois d'autre moyen pour empêcher les diplolèpes
de se multiplier, et par conséquent de nuire aux plantes utiles
à l'homme, que de couper les galles avant leur entière croissance. Dans ce cas, les larves qu'elles renferment meurent, et
il n'en naît pas de nouvelles générations ; mais on sent combien ce moyen est peu influant, puisqu'il suffit que quelques
cultivateurs voisins ne se prêtent pas à la même opération pour
en rendre l'effet nul. Des insectes au plus de deux lignes de
long échappent trop facilement aux recherches pour qu'on
puisse penser à leur faire la guerre lorsqu'ils sont à l'état
parfait ; ainsi il faut le plus souvent supporter les dommages
qui peuvent être la suite de leur abondance.

Les effets de la présence des galles sur les arbres, c'est de
donner lieu à une extravasion de sève qui auroit été employée
à la croissance de l'arbre, et souvent d'occasionner la mort de
la branche qui les supporte. Ceux des diplolèpes qui déposent
leurs œufs dans des boutons, empêchent le développement de
ce bouton ; mais le bouton inférieur le remplace, et il n'y a
à regretter qu'une perte de temps dans la croissance. (B.)

DIRCA. *Dirca.* Arbrisseau de trois à quatre pieds de haut,
à rameaux très nombreux, très diffus et articulés ; à feuilles
alternes à peine pétiolées, ovales, d'un à deux pouces de long,
glabres et luisantes en dessus, pourvues de quelques poils en
dessous ; à fleurs verdâtres, sortant, deux ou trois ensemble,
d'un pédoncule commun, et s'épanouissant avant le développement des feuilles ; lequel forme un genre dans l'octandrie monogynie et dans la famille des daphnoïdes.

Le dirca croît dans les marais du nord de l'Amérique, où
on l'appelle *bois de cuir*, à raison de la souplesse de ses rameaux et de la nature coriace de son écorce avec laquelle on
fait des cordes dans ce pays. C'est par erreur qu'on a traduit
son nom anglais par celui de *bois de plomb*, qu'il porte dans
quelques livres ; car son bois est très léger.

Cet arbuste n'a d'autre avantage que de fleurir de très bonne
heure et d'ajouter à la variété des jardins ; cependant on le

cultive dans ceux des environs de Paris, et il y passe l'hiver en pleine terre sans inconvéniens quelconques. Il demande une terre légère et humide, ou au moins fraîche et ombragée. On risque de le perdre pendant les chaleurs de l'été, lorsqu'on ne le traite pas selon sa nature. Ses fleurs avortent très souvent, de sorte que le pied qui en est le plus chargé ne donne souvent que quelques grains.

On le multiplie principalement de graines, qu'on sème aussi-tôt qu'elles sont mûres dans des terrines de terre de bruyère ; terrines qu'on enterre contre un mur au nord, et qu'on arrose largement. Le plant lève le printemps suivant, et peut être repiqué en pleine terre à la fin de l'hiver ; mais il vaut mieux, s'il n'est pas trop épais, le laisser deux ans dans la même terrine. Lorsqu'il a été mis en pépinière, toujours en terre de bruyère, il ne demande plus qu'à être sarclé, serfoui et arrosé au besoin, jusqu'à ce qu'on le mette en place, ce qui ne se fait généralement que la quatrième ou cin-quième année.

On multiplie aussi le dirca de marcottes et de boutures, qui ne reprennent le plus souvent que la seconde année, et qu'on traite comme le plant repiqué. (B.)

DIRECTION DES BRANCHES. *Voyez* aux mots ARBRE, BRANCHES, PÊCHER, POIRIER, POMMIER, ESPALIER, BUISSON.

DISETTE. Diminution apparente ou réelle dans les pro-duits de l'agriculture, qui fait que les subsistances deviennent rares et hors de la portée de la classe la plus pauvre du peuple.

Les disettes apparentes tiennent toujours aux vices du gou-vernement, ou à des causes sur lesquelles il peut puissamment influer ; ainsi je n'en parlerai pas ici.

Les disettes réelles sont ordinairement causées, 1° par la ces-sation momentanée d'une partie des cultures à la suite des guerres, des révolutions politiques, et, dans ce cas, se rappor-tent encore en définitif aux gouvernemens ; 2° par suite de l'intempérie des saisons.

Ainsi, un hiver très rigoureux peut faire périr les blés existans sur terre, geler dans les maisons les productions qui en sont susceptibles ; un printemps très pluvieux faire pourrir une partie des blés, et empêcher la fécondation de s'effectuer dans l'autre, et dans la plupart des végétaux dont les fruits se mangent ; un été très sec peut réduire les blés et autres pro-ductions à la moitié ou au tiers de ce qu'ils devoient naturel-lement produire, et faire périr beaucoup de bestiaux. Voilà pour les effets généraux, c'est-à-dire qui agissent en même temps sur une grande étendue de pays.

Ainsi, des débordemens de printemps et des grêles d'été peuvent détruire les récoltes, les épizooties enlever les bestiaux dans un si grand nombre de lieux, que leur privation se fasse généralement sentir. Voilà pour les effets particuliers, c'est-à-dire qui se bornent à un canton.

Il ne dépend presque jamais du cultivateur d'empêcher ces tristes résultats; mais il peut le plus souvent, par son industrie et son activité, en diminuer les effets et en réparer les suites. Par exemple ses blés sont-ils perdus, il les remplacera au printemps par des orges, des avoines, des pois, etc.; en été par des navettes d'automne, des raves, des vesces et autres fourrages annuels propres à être mangés en vert avant l'hiver. Il faut toujours qu'il soit prêt à suppléer à celles de ses cultures qui manquent par quelque cause que ce soit, c'est-à-dire qu'il ait en réserve les graines nécessaires pour les cas fortuits. C'est là sa suprême sagesse, et ce à quoi on reconnoît qu'il est vraiment digne du nom qu'il porte. Je développerai aux articles GELÉE, EAU, SÉCHERESSE, DÉBORDEMENT, GRÊLE, EPIZOOTIE, etc., ce que je ne fais qu'indiquer ici.

Nous sommes aujourd'hui beaucoup moins affligés de disettes qu'autrefois, ainsi que l'histoire le constate. Quelles en sont les causes? 1° Un gouvernement plus dirigé vers le bien général de la société; 2° un commerce plus dégagé d'entraves et plus actif; 3° une masse de lumières beaucoup plus étendue sur les véritables principes de la culture; 4° de la grande variété de nos cultures.

Cette dernière cause n'a pas été assez aperçue par les agronomes modernes, du moins ils n'en ont parlé qu'en passant, quoiqu'elle donne matière à des développemens importans. En effet, si l'on considère seulement deux des plantes nouvellement introduites dans notre agriculture, je veux dire le maïs et la pomme de terre, on trouve une si grande augmentation de sécurité contre les grandes disettes à venir, que pour peu que les causes politiques y concourent, leurs suites ne sont dorénavant plus à craindre.

Je suis persuadé que si les cultivateurs étoient généralement plus instruits et plus aisés, il n'y auroit jamais que des fluctuations insensibles dans le prix des denrées nécessaires à la subsistance de l'homme. La seule adoption d'un ASSOLEMENT (voyez ce mot) conforme à l'expérience et à la raison, dans toute l'étendue de la France, suffit pour quadrupler les produits généraux du sol. Que de plantes encore peu connues peuvent être introduites dans notre grande agriculture! Le topinambour est du nombre. Que de terrains on peut utilement employer, et qui sont perdus par l'effet de l'ignorance! Que de produits sujets à manquer peuvent être assurés par des procédés connus, mais trop peu employés, tels que les fourrages provenant de prairies naturelles arrosées par irrigation. Que de lieux dont on pourroit augmenter le produit par le seul effet de la perte d'un préjugé !

Je pourrois beaucoup étendre cet article ; mais comme ce seroit sans utilité pour les cultivateurs, je me borne aux aperçus précédens. (B.)

DISQUE. Botanique. Ce mot s'applique à trois choses, et il a trois sens différens.

1° On dit le disque d'une feuille, et on entend alors son centre, ou la partie qui est entre le limbe et la naissance de la feuille.

2° On dit le disque des fleurs à fleurons et demi-fleurons ; et alors on désigne le centre de la fleur, d'où partent les fleurons et les demi-fleurons, et sur lequel ils sont implantés.

3° On dit le disque des fleurs en ombelle, qui, sortant d'un centre commun, s'évasent comme les rayons d'un parasol, en formant supérieurement un hémisphère ou un plan dans lequel on distingue le disque et la circonférence. (R.)

DISSÉMINATION. C'est le nom qu'on donne, ou mieux qu'on doit donner, car il est peu employé, aux semis naturels des graines, des plantes.

La nature a affecté à toutes les graines un moyen propre à la répandre. Aux unes ce sont des aigrettes plumeuses, qui permettent aux vents de les emporter comme dans le lion-dent ; aux autres des ailes qui produisent le même effet, comme dans les érables. Quelques unes s'accrochent aux poils des animaux, comme les bidents, les bardanes ; d'autres sont lancées avec violence à des distances considérables, tels que la balsamine, le concombre sauvage. Il en est que les oiseaux sont chargés de répandre, telles que celles des sorbiers, des cerisiers ; d'autres auxquelles les quadrupèdes rendent le même office, les noisettes, les glands.

Il est quelques espèces qui paroissent moins favorisées que d'autres à cet égard, et qui cependant se multiplient facilement, comme il en est au contraire qui semblent devoir couvrir la terre, et qui restent cantonnées dans certains lieux. Il y auroit des volumes à écrire sur ces objets.

Une observation que je ne puis me dispenser de faire, c'est que les plantes exotiques, à trois ou quatre près, ne disséminent pas leurs graines avec le même succès que les plantes indigènes. On cultive le noyer, le pêcher depuis des siècles en Europe, et il ne s'en trouve pas un seul pied dans les bois. Tous ceux qui couvrent nos vallées, qui garnissent nos jardins, nos vignes, proviennent de graines semées et soignées par l'homme. Quelle est la cause de ce phénomène ? (B.)

DISSENTERIE. *Voyez* Dyssenterie.

DISTILLATION DU VIN. La distillation est l'art de séparer par le moyen de la chaleur les principes volatils d'un composé quelconque.

Elle se fait à l'alambic ou à la cornue.

Dans la distillation à la cornue on décompose presque toujours des corps fixes et solides.

Dans la distillation à l'alambic on a pour but de séparer d'un liquide composé les divers principes qui le constituent, et on applique à la masse un degré de feu proportionné à la volatilité d'un chacun.

Nous ne nous occuperons ici que de cette dernière, et surtout de celle du vin, la plus importante de toutes.

On donne le nom de *distillateur* à l'artiste qui dirige un atelier de distillation. Celui de *bouilleur* ou de *brûleur* paroît spécialement consacré à celui qui conduit la distillation du vin, et l'atelier porte le nom de *brûlerie*.

La distillation des vins est une des sources les plus fécondes de la prospérité de la France; et c'est peut-être la ressource la plus précieuse que l'agriculture et l'industrie présentent à notre commerce avec les pays étrangers. Ainsi tout ce qui intéresse l'art de la distillation, tout ce qui tend à en perfectionner les procédés mérite une attention particulière de la part des personnes qui, par état ou par goût, s'intéressent aux progrès des arts, et de la part du gouvernement, dont les soins doivent tendre à les favoriser et à les protéger.

· Vu l'importance de la question, on me permettra de retracer en peu de mots tout ce qui a été fait sur la distillation des vins, d'apprécier les divers appareils qui ont été successivement proposés, et de présenter les nouveaux avec les avantages qui appartiennent à chacun d'eux et avec les différences qui les caractérisent.

Les anciens Grecs n'avoient que des idées très imparfaites de la distillation. Raymond Lulle, Jérôme Rubée et Jean-Baptiste Porta ne laissent pas de doute à ce sujet. Les anciens connoissoient sans contredit l'art d'élever l'eau en vapeur, d'extraire le principe odorant des plantes, etc.; mais leurs procédés ne méritent pas le nom d'*appareil. Dioscoride* nous dit que pour distiller la poix il faut en recevoir les parties volatiles dans des linges qu'on place au-dessus du vase distillatoire. Les premiers navigateurs des îles de l'Archipel se procuroient de l'eau douce en recevant la vapeur de l'eau salée dans des éponges qu'on disposoit sur les vaisseaux dans lesquels on la faisoit bouillir. *Voyez* Porta, *de Distillatione*, cap. I.

Le mot *distillation* n'avoit même pas chez les anciens une valeur analogue à celle qu'on lui a assignée depuis quelques siècles. Ils confondoient sous ce nom générique la *filtration*, les *fluxions*, la *sublimation* et autres opérations qui ont reçu de nos jours des valeurs différentes et qui exigent des appareils particuliers. (Jérôme Rubée, *de Distillatione*.)

Les Romains, sous les rois et du temps de la république, ne paroissent pas avoir connu l'eau-de-vie. Pline, qui écrivoit dans le premier siècle de l'ère chrétienne, ne la connoissoit pas encore; il nous a laissé un très bon livre sur la vigne et le vin, et il ne parle point de l'eau-de-vie, quoiqu'il considère le vin sous tous ses rapports. Galien, qui vivoit un siècle après lui, ne parle de la distillation que dans le sens que nous venons de rapporter.

Tout porte à croire que l'art de la distillation a pris naissance chez les Arabes, qui de tout temps se sont occupés d'extraire les aromates, et qui ont successivement porté leurs procédés en Italie, en Espagne et dans le midi de la France.

Il paroît même que c'est dans leurs écrits qu'on trouve pour la première fois le mot *alambic*, qui dérive de leur propre langue, et qu'ils le connoissoient avant le dixième siècle; car Avicenne, qui vivoit à cette époque, s'en est servi pour expliquer le catarrhe, qu'il compare à une distillation dont l'estomac est la cucurbite, la tête, le chapiteau, et le nez, le bec par où l'humeur s'écoule.

Rasés et Albucase ont décrit des procédés particuliers pour extraire les principes aromatiques des plantes : il paroît qu'on en recevoit généralement les vapeurs dans des chapiteaux qu'on rafraîchissoit avec des linges mouillés.

Il est démontré que Raymond Lulle, qui vivoit dans le treizième siècle, connoissoit l'eau-de-vie et l'alcohol; car dans son ouvrage intitulé, *Testamentum novissimum*, il dit, pag. 2, édit. de Strasbourg 1571 : *recipe nigrum nigrius nigro* (vin rouge) *et distilla totam aquam ardentem in balneo; illam rectificabis quousque sine phlegmate sit*. Il déclare qu'on emploie jusqu'à sept rectifications, mais que trois suffisent pour que l'alcohol soit entièrement inflammable et ne laisse pas de résidu aqueux.

Le même auteur nous apprend ailleurs à s'emparer de l'eau-de-vie par le moyen de l'alkali fixe desséché. (*Voyez* Bergman *Opuscula physica et chimica*, édit. de Leipsick de 1781, vol. 4, p. 137.) Vers la fin du quatorzième siècle Bazile Valentin proposa la chaux vive pour le même objet.

R. Lulle parle dans tous ses ouvrages d'une préparation d'eau-de-vie qu'il appelle *quinta essentia*, d'où dérive le mot français *quintessence*. Il l'obtenoit par des cohobations faites à une douce chaleur de fumier pendant plusieurs jours, et par la redistillation du produit. R. Lulle et ses successeurs ont attaché de grandes vertus à cette quintessence, dont ils faisoient la base de leurs travaux alchimiques.

Arnauld de Villeneuve, contemporain de Lulle, parle beaucoup de l'eau-de-vie; mais c'est à tort qu'on l'a regardé comme l'inventeur du procédé par lequel on l'obtient. On ne peut pas néanmoins lui refuser la gloire d'avoir fait les plus heureuses applications des propriétés de l'eau-de vie, et sur-tout du vin naturel ou composé, soit à la médecine, soit aux préparations pharmaceutiques. (*Arnaldi Villanovani praxis : tractatus de vino ; cap. de potibus, etc.* : edit. Lugduni, 1586.)

Michel Savonarole, qui vivoit au commencement du quinzième siècle, nous a laissé un traité (*de Conficiendâ aquâ vitæ*) dans lequel on trouve des choses très remarquables sur la distillation ; il observe d'abord que ceux qui l'ont précédé ne connoissoient généralement que le procédé suivant pour la distillation. Ce procédé consiste à mettre le vin dans une chaudière de métal, et recevoir la vapeur dans un tuyau placé dans un bain d'eau froide ; la vapeur condensée coule dans un récipient.

Savonarole observe que les distillateurs plaçoient toujours leurs établissemens près d'un courant d'eau pour avoir constamment de l'eau fraîche à leur disposition. Les anciens appeloient le tuyau contourné *vitis* par rapport à ses sinuosités. (*Voyez* Jer. Rubée.) Ils employoient pour luter les jointures de l'appareil le lut de chaux et de blanc d'œuf, ou celui de colle de farine et de papier.

Savonarole ajoute que de son temps on a introduit l'usage des cucurbites de verre pour obtenir une eau-de-vie plus parfaite, et qu'on coiffoit ces cucurbites d'un chapiteau qu'on rafraîchissoit avec des linges mouillés.

Il conseille, cap. V, d'employer de grands chapiteaux pour multiplier les surfaces.

Il dit que quelques uns rendoient le cou qui réunit la chaudière au chapiteau le plus long possible, pour obtenir de l'eau-de-vie parfaite *en un seul coup.* Il ajoute qu'un de ses amis avoit placé la chaudière au rez-de-chaussée, et le chapiteau au faîte de sa maison.

Dans le nombre des moyens qu'il donne pour juger des degrés de spirituosité de l'eau-de-vie, il indique les suivans comme étant pratiqués de son temps. 1° On imprègne des linges ou du papier avec l'eau-de-vie; on y met le feu. L'eau-de-vie est réputée de bonne qualité lorsque la flamme de l'eau-de-vie détermine la combustion du linge. 2° On mêle l'eau-de-vie avec l'huile pour s'assurer si elle surnage.

Savonarole traite au long des vertus de l'eau-de-vie, et donne des procédés pour la combiner avec l'arôme des plantes et autres principes, soit par *macération*, soit par *distillation*, et former par-là ce qu'il appelle *aqua ardens composita*.

Jérome Rubée, qui a fait beaucoup de recherches sur la distillation, décrit deux procédés assez curieux qu'il a trouvés à la vérité dans des ouvrages anciens. Ces deux procédés consistent l'un à recevoir les vapeurs dans des tubes longs et tortueux, plongés dans de l'eau froide, l'autre à placer un chapiteau de verre à bec sur la cucurbite. Le passage de Jérôme Rubée est remarquable en ce qu'il préfère les tubes longs et contournés qui, selon lui, permettent d'obtenir *par une seule distillation* un esprit-de-vin très pur qu'on n'obtient, dit-il, que par des distillations répétées dans d'autres appareils. *De Distillatione*, §. II, *cap.* II, édit. de Bâle de 1568.

Jean-Baptiste Porta, Napolitain, qui vivoit vers la fin du seizième siècle, a imprimé un traité *de Distillationibus*, dans lequel il envisage cette opération sous tous ses rapports, en l'appliquant à toutes les substances qui en sont susceptibles, et décrit plusieurs appareils d'après lesquels, *par une seule chauffe*, on peut obtenir à volonté tous les degrés de spirituosité de l'alcohol. Le premier de ces appareils consiste dans un tube contourné en serpent qu'il adapte au-dessus de la chaudière; le second est composé de chapiteaux placés les uns sur les autres et percés chacun latéralement d'une ouverture à laquelle est adapté un bec qui aboutit au récipient.

Il observe qu'on peut obtenir par ce moyen, et à volonté, tous les degrés de spirituosité, attendu que les parties aqueuses se condensent dans le bas, et que les plus spiritueuses s'élèvent plus haut.

Ces procédés diffèrent bien peu de ceux qui, selon Rubée, étoient en usage chez les anciens.

Nicolas Lefèbvre, qui vivoit vers le milieu du dix-septième siècle, a publié en 1651 la description d'un appareil par lequel il obtient d'une seule opération l'alcohol le plus déphlegmé. Cet appareil est composé d'un long tuyau formé de plusieurs pièces qui s'emboîtent en zigzag les unes dans les autres; une des extrémités est adaptée à la chaudière, tandis que l'autre aboutit à un chapiteau; le bec du chapiteau transmet la vapeur dans une allonge qui traverse un tonneau rempli d'eau froide; là les vapeurs se condensent et coulent dans un récipient.

Le docteur Arnauld, de Lyon, dans son *introduction à la chimie ou à la vraie physique*, imprimée en 1655 chez Cl. Prost, à Lyon, nous donne des principes excellens sur la composition des fourneaux, la fabrication des luts, la manière de conduire le feu, la calcination et la distillation, qu'il appelle une *sublimation humide*. Il conseille l'usage des chaudières basses, comme facilitant l'évaporation; il parle de la conversion de l'eau-de-vie en esprit de vin par des distillations répétées, ou par une distillation an *bain-marie*, telle que nous l'employons aujourd'hui pour distiller des substances, dont la partie spiritueuse s'élève à une chaleur inférieure à celle de l'eau bouillante. Il parle aussi du *bain de vapeur* ou de *rosée*.

Jean-Rodolphe Glauber, dans son traité intitulé *Descriptio artis distillatoriæ novæ*, imprimé à Amsterdam en 1658 chez Jean Jansson, nous fait connoître des appareils dans lesquels on trouve le germe de plusieurs procédés qui ont été perfectionnés de nos jours. L'un consiste à transmettre les vapeurs qui s'échappent par la distillation dans un vase entouré d'eau froide ; de ce premier vase il fait passer celles qui ne sont pas condensées dans un second communiquant au premier par un tube recourbé ; de ce second il fait passer à un troisième, et ainsi de suite, jusqu'à ce que la condensation soit parfaite. On voit évidemment qu'à l'aide de cet appareil, qu'on peut appliquer à la distillation, on obtient divers degrés de spirituosité, selon que la condensation se fait dans le premier, le second ou le troisième de ces vases plongés dans l'eau froide.

Dans un second appareil Glauber place une cornue de cuivre dans un fourneau ; il en fait aboutir le bec dans un tonneau rempli du liquide qu'il veut distiller ; de la partie supérieure de ce tonneau part un tube qui va s'adapter à un serpentin disposé dans un autre tonneau rempli d'eau. On voit, d'après cette disposition, que le liquide contenu dans le premier tonneau remplit sans cesse la cornue, et qu'en échauffant cette dernière on imprime bientôt à tout le liquide du tonneau un degré de chaleur suffisant pour en opérer la distillation ; de sorte qu'avec un petit fourneau et à peu de frais on échauffe un volume considérable de liquide. Glauber se sert avec avantage de cet appareil ingénieux pour chauffer des bains.

Philippe-Jacques Sachs, dans un ouvrage imprimé à Leipsick en 1661, sous le titre de *Vitis viniferæ ejusque partium consideratio*, etc., nous a donné un traité complet et très précieux sur la culture de la vigne, la nature des terrains, des climats et des expositions qui lui conviennent, la manière de faire le vin, la richesse des diverses nations dans ce genre, la différence et comparaison des méthodes usitées chez chacune d'elles, la distillation des vins etc. On voit sur-tout dans le dernier chapitre, qui seul nous occupe en ce moment, que les anciens avoient plusieurs méthodes d'extraire l'esprit-de-vin, lesquelles consistoient ou à élever l'alcohol par une douce chaleur, ou à s'emparer de l'eau du vin par de l'alun calciné, ou à placer des linges épais sur la cucurbite, ou à frapper de glace le chapeau de l'alambic, pour ne laisser passer que les vapeurs les

plus subtiles, ou à terminer la chaudière par un cou extrêmement long.

Le même auteur parle aussi de l'alcohol ou de la quintessence, *quinta essentia*, et donne les divers moyens de l'extraire.
*Ut vero spiritûs vini alcohol exaltetur, variis modis tentarunt
chymici : quidam multis repetitis cohobationibus ; aliqui, ins-
trumentorum altitudine ; alii, spongiâ alembici rostrum obtu-
rente, ut, aquâ retentâ, soli spiritus transirent ; non multi,
flammâ lampadis ut ad summum gradum depurationis exalta-
retur.*

Moïse Charas, dans sa Pharmacopée imprimée en 1676, à
décrit l'appareil de Nicolas Lefebvre, et y a ajouté quelques
perfectionnemens ; il a adapté un réfrigérant au chapiteau.

On peut voir encore dans les Elémens de chimie de Bar-
chusen, imprimés en 1718, et dans ceux de Boerhaave qui pa-
rurent à Paris en 1733, plusieurs procédés d'après lesquels on
peut obtenir de l'alcohol très pur par une seule chauffe ; mais
tous ces procédés ont cela de commun, qu'on fait parcourir à
la vapeur de très longs tuyaux, pour condenser les vapeurs
aqueuses et ne recevoir en dernier résultat que l'esprit-de-vin
le plus pur et le plus léger.

Depuis cette époque, l'appareil qui a été le plus généralement employé dans les établissemens des *brûleries* étoit composé
comme il suit.

Une chaudière ronde, aussi large que haute, réduite à son
orifice au tiers de son diamètre.

Un chapiteau ou tuyau assez élevé adapté à la chaudière, et
terminé par le haut en pomme d'arrosoir.

Un serpentin formant six à sept tours en spirale, et recevant les vapeurs qui s'élèvent au haut du chapiteau, à l'aide
du bec de ce dernier qui s'adapte à l'orifice supérieur du
serpentin.

Avec cet appareil on retiroit, par la distillation du vin,
l'eau-de-vie *commune* ou *preuve de Hollande*.

Lorsqu'on vouloit avoir de l'alcohol, on redistilloit l'eau-de-
vie au bain-marie, ou à feu nu, à une douce chaleur, en observant de n'en extraire qu'une partie plus ou moins considérable, selon le degré de spirituosité qu'on désiroit.

Tel étoit l'état de nos connoissances et de la pratique dans
nos ateliers, lorsque, vers le milieu du dernier siècle et successivement jusqu'au commencement de celui-ci, on a appliqué de
nouvelles idées à la distillation.

Presque tous les auteurs qui, pendant quarante ans, ont écrit
sur la distillation, sont partis de quelques principes généraux,
d'après lesquels on a opéré des changemens dans les alambics :
ils ont pensé que les moyens de perfectionner l'art de la distilla-

tion se bornoient à faciliter l'ascension des vapeurs et à en opérer une condensation prompte et complète.

D'après cela, ils ont cru devoir élargir la chaudière, en diminuer la hauteur et rendre son ouverture la plus large possible; supprimer ce long tuyau qui conduisoit les vapeurs au chapiteau; appliquer ce dernier immédiatement sur la chaudière, et y pratiquer une rigole intérieure pour recevoir les vapeurs qui se condensent contre ss parois intérieures et les transmettre dans le serpentin; recouvrir le chapiteau d'un réfrigérant toujours rempli d'eau fraîche, pour opérer une condensation plus prompte et faire place aux nouvelles vapeurs qui s'élèvent.

Les divers appareils qui ont été construits dans l'intervalle que nous venons de désigner peuvent varier dans leur forme, mais tous ont été établis d'après ces principes; et il faut convenir qu'avec ces nouveaux appareils on a obtenu des résultats plus avantageux que ceux qu'on obtenoit auparavant par les petits alambics employés dans nos ateliers. Ces faits résultent des expériences comparatives qui ont été faites, il y a vingt ans, dans les ateliers de Valignac, en présence des commissaires de la société royale des sciences de Montpellier. (*Voyez* l'article DISTILLATION du Dictionnaire d'Agriculture de l'abbé *Rozier*.)

Mais, il faut en convenir, dans ces appareils, très supérieurs aux anciens pour la distillation des arômes et la manière de conduire le feu, on a beaucoup trop négligé les moyens de condenser les vapeurs aqueuses et de les séparer des spiritueuses, le seul but que paroissoient se proposer les anciens. Aussi les résultats qu'ils présentent sont-ils bien au-dessous de ceux que produisent aujourd'hui les nouveaux appareils distillatoires qu'on vient de former dans le midi, en les construisant d'après les principes qui dirigeoient les anciens, et en se bornant à perfectionner leurs méthodes d'après les connoissances acquises.

Les anciens partoient donc d'un principe qui a été trop négligé par les modernes, c'est que les vapeurs spiritueuses qui s'élèvent du vin en ébullition, contiennent toutes une quantité plus ou moins considérable de vapeurs aqueuses dont il faut les dépouiller pour avoir l'alcohol pur: or, pour les en dépouiller, il n'y a que deux moyens: le premier consiste à recevoir ces vapeurs dans des tuyaux longs et tortueux qui présentent à la fois de grandes surfaces et un long trajet à parcourir; par ce moyen les vapeurs les plus aqueuses ne s'élèvent pas jusqu'à la partie la plus haute, et elles retombent dans la chaudière ou coulent dans les récipiens qu'on a disposés sur la longueur des tuyaux. Le second moyen consiste à entourer le vase qui reçoit les vapeurs d'un liquide dont la température soit constamment entre le 65e et le 70e degré du thermomètre de Réaumur;

car à ce degré les vapeurs aqueuses se condensent et les spiritueuses conservent leur état de vapeur, de sorte que par ce
moyen on sépare l'eau-de-vie aqueuse de l'alcohol qui va se
condenser dans des vases plus froids.

C'est en partant de ces principes qu'on vient de construire
des appareils distillatoires dans le midi de la France, auxquels
on ne peut presque plus comparer ce qui a été fait jusqu'à ce
jour.

Le premier de tous est le grand appareil d'Édouard Adam :
il consiste dans deux chaudières plates et larges, placées sur
deux fourneaux dans le même massif et ayant une cheminée
commune. Au milieu de la partie supérieure de chaque chaudière est adapté un couvercle plat, fortement assujetti à la paroi du dôme de la chaudière par des vis et des écrous. Un tuyau,
qui s'élève du dôme de la chaudière et se recourbe à quelques
pieds de hauteur, va plonger dans le vin qui est contenu dans
un grand vaisseau ovoïde ; de la partie supérieure de ce vaisseau part un second tuyau qui va plonger dans le vin contenu
dans un second vaisseau ovoïde, mais de moindre grandeur
que le premier ; de ce second, part un semblable tuyau qui va
plonger dans un troisième ; de ce troisième, il en part un autre
qui va dans un quatrième, de telle sorte qu'à la suite des deux
chaudières sont placés quatre grands vases qui communiquent
entre eux par des tubes, et qui contiennent une très grande
quantité de vin. (Ceux qui connoissent l'appareil de Woulf
concevront aisément ces dispositions ; car cette première partie
de l'appareil d'Adam en représente toute la partie mécanique).
Un tube, placé dans la partie vide du quatrième vaisseau ovale,
porte les vapeurs qui proviennent de l'ébullition du liquide des
deux chaudières et des quatre vaisseaux ovales, dans un premier
récipient de forme ronde qui plonge à moitié dans l'eau dans une
cuve de cuivre ; dans cette même cuve, on a disposé un second
récipient qui reçoit les vapeurs qui ne se sont pas condensées
dans le premier. A la suite de cette première cuve on en a encore deux qui contiennent chacune deux récipiens : ainsi, les
mêmes vapeurs passent successivement dans la capacité de six.
Celles qui n'ont pas pu s'y condenser enfilent un long tube qui
les porte dans un serpentin élevé, rafraîchi par le vin et fermé
par les deux fonds ; ce vin sert à alimenter la chaudière : de là
elles passent dans un autre serpentin rafraîchi par l'eau, et
coulent ensuite dans le vase destiné à recevoir le dernier produit de la distillation. Telle est en abrégé l'idée qu'on peut se
former de ce superbe et immense appareil. On peut y distiller à
la fois six à huit mille pintes de vin, et les vapeurs parcourent
près de cent mètres ou trois cents pieds de longueur avant que
la condensation des plus spiritueuses soit complète.

Explication de la planche première.

AAAA Fourneau de nouvelle invention, derrière lequel se trouve placé un semblable fourneau dans le même massif.

B Espace creusé au devant du fourneau pour rendre son abord plus facile.

C Cheminée commune aux deux fourneaux.

aaaa Pierres munies d'un anneau bouchant les conduits que traverse la flamme dans chaque fourneau et que l'on enlève à volonté pour ramoner ces conduits.

DDDD Chaudières oblongues encastrées dans la bâtisse des fourneaux.

bb Ouverture du couvercle des chaudières, assez grande pour qu'un homme puisse y entrer quand elles ont besoin d'être nettoyées.

cc Brides en cuivre fondu qui, par des vis, fixent aux couvercles des chaudières le couvercle de ces ouvertures.

d Douille munie de son tampon en bois, servant à donner de l'air à la chaudière quand on évacue la vinasse.

ee Robinets indiquant le point de charge de chaque chaudière avant la chauffe.

ff Robinets d'épreuve déterminant vers la fin de la chauffe si les chaudières contiennent encore assez de liquide pour ne pas brûler.

gg Douilles à robinet évacuant la vinasse de tout l'appareil après la chauffe.

E Chaudière ovoïde, appelée *tambour*, que l'on charge de vin jusqu'au niveau de son robinet h.

FFF Chaudières également ovoïdes, appelées *grands œufs*, formant cette partie de l'appareil dite *distillatoire*, dans chacune desquelles on met du vin jusqu'au niveau de leur robinet ii.

k Douille munie de son tampon en bois, appelée *corne d'abondance*, par laquelle on charge quelquefois plusieurs veltes d'eau-de-vie ou d'esprit-de-vin.

lll Anses de cuivre rouge, clouées aux grands œufs, au moyen desquelles ces chaudières sont supportées par la charpente.

GGGGGG Vases sphériques, appelés *petits œufs*, étamés en dehors et formant cette partie de l'appareil dite *condensatoire*, dans chacun desquels on ne met aucun liquide.

HHHHHHH Bassins de cuivre étamés intérieurement, servant de réfrigérant, dans chacun desquels sont logés et soudés deux petits œufs, seulement leur moitié inférieure, l'autre moitié plongeant dans l'air.

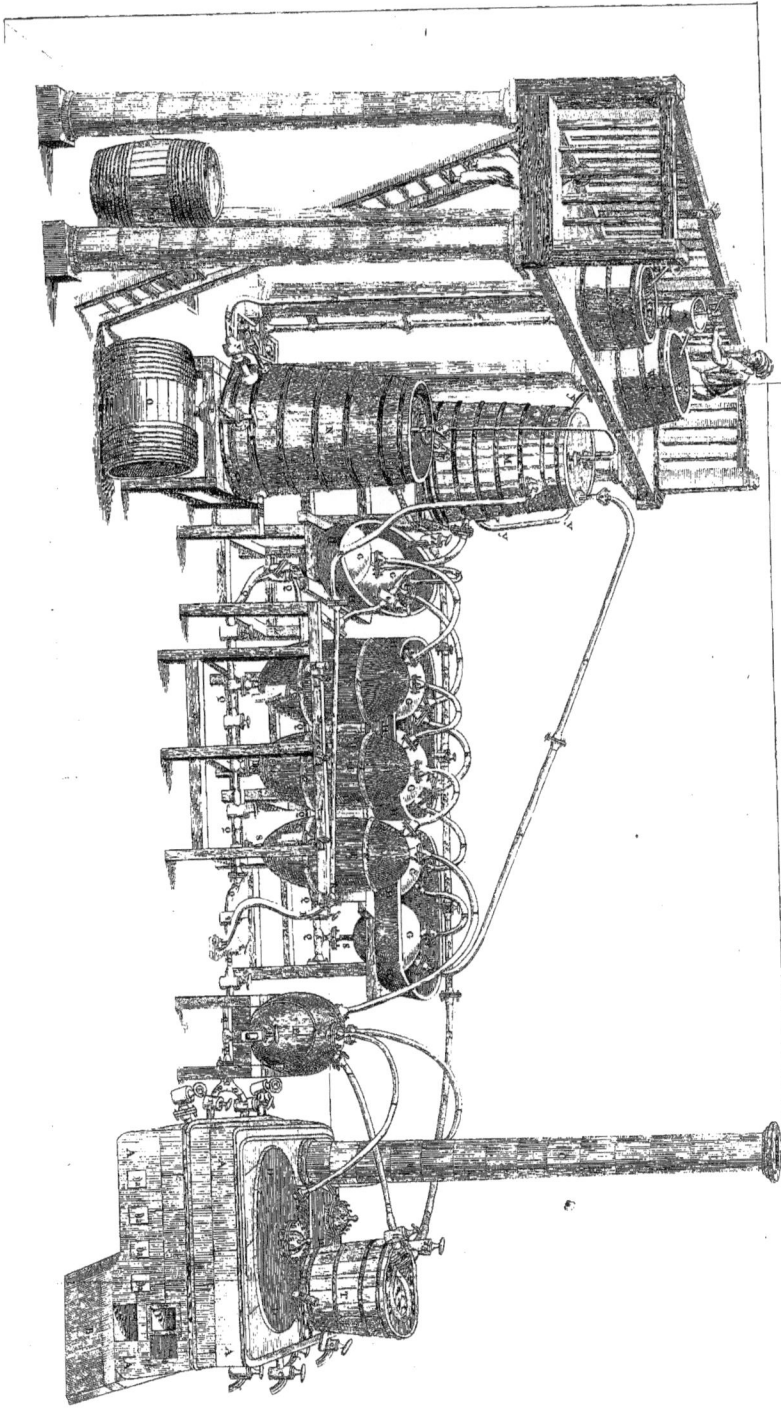

Pl. I. Tom. 3. Pag.

IIIII Tuyaux de communication qui portent les vapeurs des chaudières dans le tambour, et de celui-ci dans l'appareil distillato.re; ces vapeurs arrivant toujours dans le fond de ces vases au moyen des tubes plongeurs qui y sont logés.

KKKKKK Tuyaux de communication qui portent les vapeurs du dernier œuf de l'appareil distillatoire jusqu'au dernier œuf de l'appareil condensatoire, ces vapeurs arrivant toujours au fond de ces œufs au moyen des tubes plongeurs qui y sont logés.

LLLLL Tuyau de communication qui porte les vapeurs du dernier œuf de l'appareil condensatoire dans le serpentin que renferme le foudre M, lequel est foncé des deux bouts et presque plein de vin.

m Couvercle de l'ouverture pratiquée au fond supérieur de ce foudre, pour qu'un homme puisse y entrer pour le nettoyer.

N Foudre foncé d'un seul bout, toujours plein d'eau, renfermant deux serpentins, un très grand et un autre très petit; ce dernier inclus dans le premier.

n n Tuyau de communication joignant l'extrémité inférieure du serpentin du foudre M à l'extrémité supérieure du grand serpentin du foudre N.

o Robinet soudé à l'extrémité inférieure de ce dernier serpentin par lequel s'écoule le produit de la distillation.

O Barrique recevant le produit de la distillation au moyen de l'entonnoir p.

PP Tuyau de sûreté prenant les vapeurs que la chaleur dégage du vin à mesure que ce liquide s'échauffe dans le foudre M, et les portant dans le petit serpentin du foudre N, d'où elles s'écoulent en liquide par le tuyau p p.

ppp Tuyau par lequel s'écoule le liquide *de mauvais goût* qui se produit au commencement et à la fin de la chauffe.

Q (19 fois). Tuyau de rétrogradation ramenant à volonté dans les chaudières sur le feu le liquide condensé dans les divers œufs et dans le tambour.

qqqqqqqq Robinets du tuyau de rétrogradation, interceptant à volonté le passage du liquide condensé dans les œufs, de manière à n'évacuer que ce qui est jugé nécessaire.

rrr Robinets par lesquels le liquide du tuyau de rétrogradation entre dans les chaudières qui sont sur le feu.

sssssss Douille de communication des œufs avec le tuyau de rétrogradation. (Le tambour a une semblable douille que la charpente cc ee ee masque, tout comme les grands œufs FFF masquent celles que l'on ne peut voir dans quatre des petits œufs GGGG.)

RRRRR Tuyau de charge qui prend le vin chaud du foudre M et le verse dans le tuyau de rétrogradation à l'endroit marqué q R, d'où il se rend dans les chaudières sur le feu et, quand celles-ci sont chargées, dans le tambour, enfin dans l'appareil distillatoire.

SSSS Tuyau de charge qui prend le vin du foudre M et le verse dans le troisième œuf de l'appareil distillatoire à l'endroit marqué S z, quand le robinet t est ouvert, d'où il se rend par le tuyau de rétrogradation dans les chaudières sur le feu, et, quand celles-ci sont chargées, dans le tambour et dans les deux premiers œufs. (Ce tuyau ne sert que lorsqu'on veut vider en entier le foudre indiqué.)

T Petit foudre plein d'eau placé entre les deux chaudières sur le fourneau.

UU Tuyau de communication prenant les vapeurs du tambour, les portant dans le serpentin VVV, logé dans le petit foudre T, quand le robinet u est ouvert, où elles se condensent pour sortir en liquide par la douille v, servant ainsi à éprouver les vapeurs que donnent les chaudières sur le feu vers la fin de la chauffe.

W Cuve en bois placée sur une estrade au fond de l'atelier, recevant le vin que verse la pompe XXXXX, qui le puise dans la cuve ┼┼ creusée et bâtie dans la terre, lequel vin se rend au fond du foudre M par le tuyau de conduite YYY placé sur le derrière de ce foudre, où il entre quand le tuyau x est ouvert.

& Cuve en bois placée à côté de la première, recevant l'eau que verse la pompe Z qui la puise dans la cuve a a faite comme celle ┼┼, laquelle eau se rend au fond du foudre N, par le tuyau de conduite bb bb bb, où elle entre quand le tuyau y est ouvert.

cc (18 fois). Tuyau de conduite prenant l'eau du foudre N, pour la verser dans les bassins et dans le petit foudre T quand les robinets dd dd dd dd sont ouverts.

z (51 fois). Brides joignant les divers tuyaux.

& (21 fois). Soudures joignant différentes parties de l'appareil.

ce (26 fois). Échafaudages en bois soutenant diverses parties de l'appareil.

Je ne parle point de la manière de charger l'appareil ni des moyens de porter dans la chaudière ou de retirer les produits à mesure qu'ils se condensent dans la série des réfrigérans, ni des procédés employés pour faire couler dans la chaudière, soit la première eau-de-vie qui se condense, soit le résidu des premiers vases dans lesquels est contenu le vin, etc. Il me suffit d'observer que le service de ce bel appareil se fait commodément : le vin est déposé dans de grands réservoirs d'où on l'élève, par le moyen d'une pompe, à une hauteur convenable, pour qu'il puisse couler dans la cuve du serpentin supérieur et passe ensuite, lorsqu'il est échauffé, dans des tuyaux qui vont le verser dans la chaudière. Des robinets adaptés au fond des vaisseaux ovales donnent également issue au résidu de la liqueur qu'ils contiennent, et la versent dans des tuyaux qui la portent dans la chaudière pour y terminer la distillation par une plus forte chaleur.

On peut même à volonté diriger les vapeurs du premier vaisseau ovale dans un petit serpentin pour en essayer là spirituosité et juger du moment où la distillation est terminée.

Pour bien saisir l'ensemble de l'appareil d'Édouard Adam, il faut le considérer sous deux rapports. On peut aisément y distinguer deux parties. L'une qu'on peut appeler *distillatoire*, l'autre qu'on peut nommer *condensatoire*.

La première partie est formée de deux chaudières et de quatre vaisseaux ovales de cuivre. Toutes ces pièces de l'appareil communiquent entre elles par des tuyaux qui portent les vapeurs de l'une dans l'autre, comme dans l'appareil de Woulf; toutes contiennent du vin ou de la repasse, et les vapeurs qui s'élèvent des chaudières passent successivement dans le liquide contenu dans chacun des quatre vaisseaux ovales, et sont versées dans le liquide qu'ils contiennent par les tuyaux dont nous avons parlé; on peut remplir aussi les vaisseaux ovales, surtout les derniers, avec l'eau-de-vie foible qui se condense dans les premiers vaisseaux condensateurs; et par ce moyen on en opère une seconde distillation pour n'extraire que la partie la plus spiritueuse, tout comme on peut faire passer dans la chaudière les vinasses des vaisseaux ovales pour en extraire jusqu'au dernier atome du principe spiritueux que fournit le vin.

La première partie de l'appareil d'Adam, ou la partie distillatoire, est une application heureuse, à la distillation des vins, des procédés qui sont employés depuis quelque temps en Angleterre, et plus récemment en France, pour chauffer des liquides par le moyen de la vapeur. M. de Rumford les a décrits et proposés le premier dans ses essais politiques, économiques et philosophiques, dont la traduction française à paru en 1799.

Il est incontestable que cette partie du procédé d'Adam donne le moyen de chauffer une grande masse de vin par un seul fourneau, et que par conséquent il y a déjà une grande économie de bras, de temps et de combustible. Elle a encore l'avantage inappréciable d'extraire une plus grande quantité d'eau-de-vie d'une quantité donnée de vin : ce dernier avantage provient sans doute du plus grand degré de pression et de chaleur qu'on fait subir au vin, sur tout dans la chaudière et dans les premiers vaisseaux ovales.

5. 2

Quant à la partie condensatoire de l'appareil, elle est formée d'une série de vaisseaux qui reçoivent successivement la vapeur à l'aide de tubes qui établissent une communication de l'un à l'autre. La vapeur s'y condense de manière à ce que les premiers retiennent la plus aqueuse, et progressivement jusqu'au dernier. Ces vaisseaux condensatoires plongent à moitié dans l'eau et sont au nombre de six. Le tube qui part du dernier va porter les vapeurs les plus subtiles, les plus incoercibles, les plus éthérées, dans le serpentin rafraîchi par le vin, d'où elles coulent dans celui qui est immergé dans l'eau.

On voit que cet appareil condensatoire a l'avantage de produire plusieurs degrés de spirituosité dont le dernier présente l'alcohol le plus pur et le plus déphlegmé qu'il soit possible d'obtenir. On peut réduire à ce dernier degré tout ce qui s'est condensé dans les différens vases condensatoires, en reportant le produit dans les derniers vases ovales pour y subir une seconde distillation.

Le premier avantage de cet appareil condensatoire est donc de fournir, par une seule chauffe, tous les degrés de spirituosité connus dans le commerce sous les noms de $\frac{3}{5}$, $\frac{3}{6}$, $\frac{3}{7}$, $\frac{3}{8}$, etc. Le second, de chauffer dans le premier bain du serpentin une grande masse de vin capable d'alimenter l'appareil distillatoire. Le troisième, d'exiger très peu d'eau pour le service de l'appareil, attendu que l'alcohol est déjà condensé en grande partie dans le serpentin à vin, et qu'alors il communique peu de chaleur au serpentin à eau.

L'idée de donner au vin qu'on destine à la distillation un premier degré de chaleur, en en formant le bain du serpentin, est une application heureuse du procédé qu'on suit depuis long-temps dans les ateliers où l'on travaille à rapprocher des dissolutions salines par le feu : on y remplace le volume d'eau qui s'évapore par une égale quantité de dissolution qu'on chauffe dans une chaudière placée presque toujours à la naissance de la cheminée du fourneau qui entretient l'évaporation ; de manière qu'on met à profit la chaleur qui s'échapperoit à pure perte dans la cheminée. C'est sur-tout dans les raffineries de salpêtre qu'on voit ces sortes de dispositions.

On peut reprocher à cet appareil d'être peu à la portée du petit fabricant, et de tendre à mettre le monopole des vins et eaux-de-vie dans les mains d'un petit nombre de riches spéculateurs. On peut ajouter que la résistance qu'opposent les quatre colonnes de vin, dans les quatre vaisseaux ovales, au passage des vapeurs, détermine une telle pression contre les parois des chaudières, que, sans des précautions de sagesse et de prudence, il y auroit à craindre une explosion. Enfin les vases condensatoires, qui ne sont baignés dans l'eau qu'à moitié, ne ra-

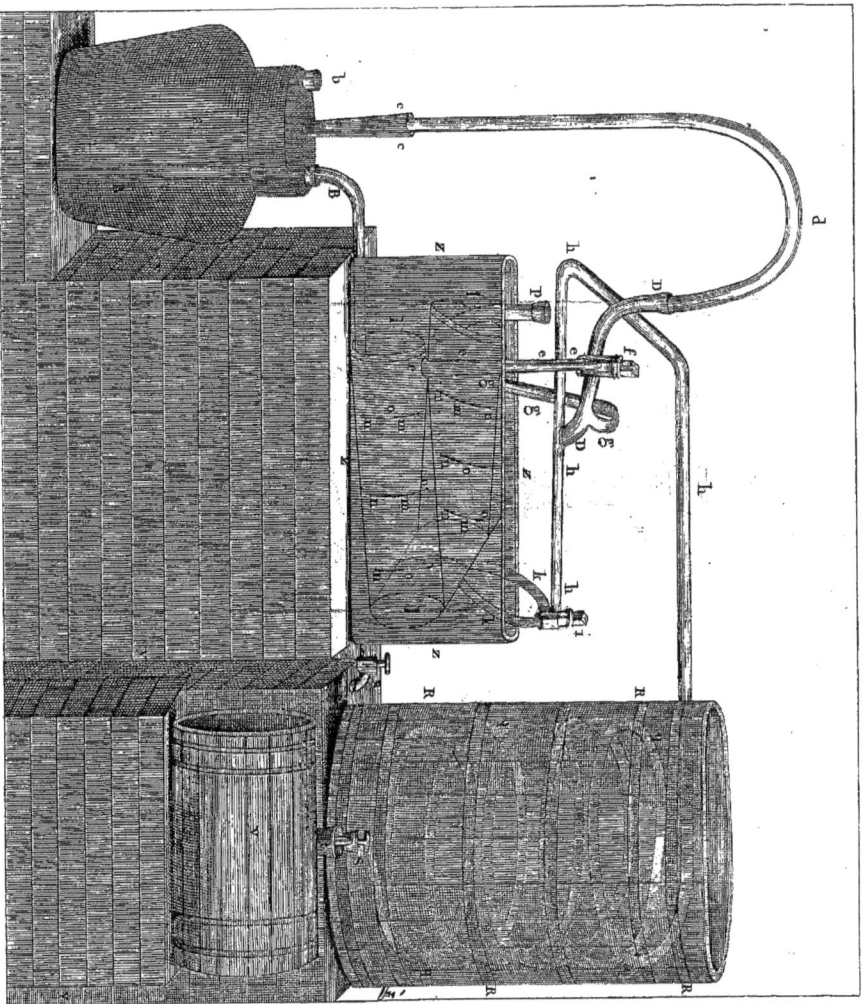

Pl. II . Tom. 5 . Page 27 .

Douve del. et dir.

fraîchissent pas assez, et en exigent d'après cela une série qui, en ajoutant aux frais d'établissement, n'ajoute rien à la bonté de l'appareil.

Les principaux inconvéniens de cet appareil n'ont pas échappé à M. Étienne Bérard, dans un rapport présenté au tribunal civil de Montpellier ; et Édouard Adam les avoit lui-même sentis, car il en a construit d'autres plus petits, dans lesquels il n'y a que deux vaisseaux distillatoires, y compris la chaudière, et deux vases condensateurs dont le dernier présente trois cases dans lesquelles les vapeurs sont successivement versées. Ce petit appareil est toujours terminé par les deux serpentins.

M. Solimani, de Nîmes, a construit des appareils d'après les mêmes principes et à peu près en même temps qu'Édouard Adam ; il prétend même à la priorité d'invention. Je ne m'arrêterai point à discuter cet objet, sa solution étant indifférente au sujet que je traite.

A côté de l'appareil aussi imposant qu'ingénieux d'Édouard Adam, un simple fabricant d'eau-de-vie, Isaac Berard, en a établi une autre qui, pour la partie condensatoire, la seule dont il se soit occupé, me paroît le *nec plus ultrà* de la perfection.

Explication de la seconde planche.

a Chaudière.

b Douille par laquelle on charge la chaudière.

BB Tuyau qui rapporte dans la chaudière les vapeurs aqueuses qui se condensent dans le cylindre llll.

cc Douille fixée au couvercle de la chaudière, et qui transmet les vapeurs spiritueuses au tuyau d.

d Tuyau qui reçoit les vapeurs spiritueuses et les transmet au tuyau DD.

DD Tuyau fixe recevant les vapeurs du tuyau d, et les transmettant, soit dans le tuyau hhh, pour les porter directement au serpentin, soit dans le tuyau ee, pour les porter dans le cylindre ; le robinet f, qui est à trois ouvertures, donne les moyens d'envoyer les vapeurs dans l'un ou l'autre tuyau, selon qu'on le tourne pour fermer toute communication avec l'un ou avec l'autre.

ee Tube qui transmet les vapeurs dans le cylindre condensateur.

ff Robinet à trois ouvertures, par lequel on fait passer à volonté les vapeurs dans le cylindre ou dans le tube hhhh, qui les transmet au serpentin.

gg Tube qui reçoit les vapeurs de la dernière case du cylindre et les transmet aux tubes d et hh ; ce dernier les porte au serpentin.

h h h h Tube qui transmet les vapeurs au serpentin.

i Robinet à trois ouvertures, placé au centre du tuyau kk, pour donner à volonté communication entre les deux parties du cylindre, ou pour diriger les vapeurs dans le tuyau hhhh après qu'elles ont parcouru la première partie.

Lorsqu'on ferme toute communication, par le moyen du robinet, avec la seconde partie du cylindre, les vapeurs enfilent le tuyau hhhh et vont se rendre dans le serpentin.

Lorsqu'on ouvre la communication avec la seconde partie du cylindre et qu'on intercepte toute communication avec le tuyau hhhh, les vapeurs traversent toutes les cases de la seconde partie du cylindre, et les vapeurs qui ne s'y sont pas condensées remontent par le tuyau gg, et vont se rendre dans le serpentin par le tuyau hhh.

llll Cylindre condensateur en cuivre contenu dans l'eau de la cuve zzzz. L'intérieur de ce cylindre est divisé en cases séparées l'une de l'autre par des diaphragmes ou cloisons mmm ; elles communiquent entre elles par les ouvertures oooo ; les vapeurs aqueuses qui s'y condensent coulent d'une case dans l'autre par les ouvertures nnn, et se rendent dans la chaudière par le tuyau BBB. Le cylindre est légèrement incliné vers la chaudière.

mmm Diaphragmes ou cloisons marquées par des lignes transversales ponctuées.

nnn Ouvertures pratiquées au bas de chaque cloison pour laisser couler la liqueur aqueuse qui se condense dans les cases et qui retourne à la chaudière.

oooo Ouvertures par lesquelles les cases reçoivent successivement les vapeurs qui passent de l'une dans l'autre.

k Le double tuyau kk établit la communication des vapeurs entre les deux cases du milieu. On verra dans la planche 3 par quel moyen les vapeurs condensées dans la partie supérieure du cylindre peuvent passer dans l'autre sans que les vapeurs communiquent autrement que par le robinet i.

p Douille par laquelle on introduit l'eau pour laver le cylindre.

qqqq Serpentin.

RRRR Cuvier dans lequel est placé le serpentin.

SS Robinets. L'un sert à faire couler l'eau chaude de la cuve zz ; l'autre à recevoir et verser dans le bassiot le produit de la distillation.

t Entonnoir placé à la bonde du tonneau.

v Bassiot ou récipient. Ici c'est un tonneau qui en fait fonction.

x Douille avec robinet pour vider l'eau du cuvier.

yyy Massif de maçonnerie destiné à soutenir le serpentin, le bassiot et l'appareil condensateur.

ɞ̷ɜ̷ɜ̷ɜ̷ Cuve-réfrigérant dans laquelle plonge le cylindre condensateur.

On conçoit, d'après cette description, que le condensateur
d'Isaac Bérard consiste dans un cylindre de six à sept pouces
de diamètre, sur environ cinq pieds de longueur. Il est divisé
en plusieurs cases dans son intérieur : ces cases sont séparées
l'une de l'autre par des cloisons ou diaphragmes perpendiculaires aux côtés, elles communiquent entre elles par deux
ouvertures, dont l'une est pratiquée à la partie supérieure ou
au milieu, et l'autre à la partie inférieure de chaque cloison :
les ouvertures supérieures donnent passage aux vapeurs d'alcohol d'une case dans l'autre; l'inférieure sert à laisser passer
et ramener dans la chaudière les phlegmes condensés. Ce cylindre est légèrement incliné vers la chaudière pour faciliter
l'écoulement de l'eau-de-vie peu concentrée.

Le cylindre condensateur communique à la chaudière par
deux tuyaux, dont l'un est destiné à transmettre dans le cylindre les vapeurs qui s'élèvent de la chaudière, lorsque le vin
est en ébullition, tandis que l'autre plonge dans le liquide lui-
même contenu dans la chaudière, et y ramène les flegmes condensés dans le cylindre. La totalité du cylindre est immergée
dans un bain d'eau dont la température est maintenue entre le
60e et le 70e degré du thermomètre de Réaumur.

A l'aide de deux robinets à double ouverture, ingénieuse-
ment disposés sur la longueur du cylindre, l'un à l'extrémité
du tuyau qui conduit les vapeurs de la chaudière dans le cy-
indre, l'autre vers le milieu du même cylindre, on peut se
procurer à volonté les degrés de spirituosité qu'on désire.

Lorsqu'on ferme le premier de ces robinets de manière que
les vapeurs ne puissent pas entrer dans le cylindre, elles enfilent un tuyau latéral qui les porte immédiatement dans le serpentin, et alors on obtient l'eau-de-vie commune du commerce
qu'on appelle *preuve de Hollande*.

Lorsqu'on ouvre le robinet de manière à établir la communication avec les cases du cylindre, et qu'en même temps on
ferme le robinet du milieu du cylindre pour que les vapeurs ne
parcourent que la moitié des cases, la partie la plus aqueuse
les vapeurs se condense dans ces dernières, d'où elle coule dans
la chaudière, tandis que la partie spiritueuse s'échappe par
un tuyau latéral correspondant à l'une des ouvertures du second
robinet et va se condenser dans le serpentin.

Lorsqu'on fait parcourir toutes les cases à la vapeur, elle s'y
dépouille d'une plus grande partie de son eau, et le produit
qui se condense dans le serpentin est d'autant plus pur et
plus éthéré.

Le second robinet est placé sur un tuyau saillant en arcade

au-dessus du cylindre, lequel tuyau établit la communication des vapeurs de la case de droite à la case suivante.

On ne peut pas se refuser à reconnoître autant de simplicité que de génie dans cet appareil; et les expériences que M. Étienne Bérard a fait faire sous ses yeux prouvent que les produits en sont constans et de très bonne qualité.

On peut encore varier les produits dans cet appareil en élevant ou abaissant à divers degrés la température du bain dans lequel il est plongé.

Cet appareil a l'avantage d'être peu coûteux, de pouvoir s'adapter commodément à tous les appareils existans, d'être à la portée des plus petites *brûleries*, tant à raison du peu d'espace qu'il occupe, qu'à raison de son bas prix.

On peut même courber le cylindre et le replier sur lui-même pour que le service en soit plus commode et qu'il occupe un moindre espace.

Il suffit de comparer la description des deux appareils d'Édouard Adam et d'Isaac Bérard pour voir qu'ils n'ont aucun rapport de similitude. Ils remplissent sans doute le même but; ils sont établis d'après le même principe, celui de déphlegmer les eaux-de-vie par la condensation; mais les moyens qu'ils emploient sont bien différens; et si on y trouvoit similitude, il faudroit convenir que toutes les machines employées successivement à produire le même effet sont semblables entre elles.

En combinant ce que les deux appareils d'Adam et de Bérard ont de parfait, on peut arriver aisément à construire un appareil distillatoire qui laisse bien peu à désirer.

Je pense donc qu'on pourroit emprunter du superbe appareil d'Édouard Adam la manière de chauffer le vin par la vapeur, en diminuant toutefois le nombre des vases ovales qu'on réduiroit à deux, dont l'un seroit chargé de vin et l'autre des eaux-de-vie foibles ou aqueuses. On diminueroit par ce moyen la pression énorme qu'exercent les vapeurs pour surmonter la résistance qu'opposent les quatre colonnes du liquide contenu dans les quatre vaisseaux ovales : on éviteroit par-là le danger des explosions; on seroit dispensé de donner une aussi grande force aux vaisseaux, d'apporter le même soin au lutage, et on ne courroit plus le risque de brûler les eaux-de-vie, surtout lorsque la distillation tend à sa fin.

A ce premier appareil de chauffage on adapteroit le condensateur d'Isaac Bérard, et on termineroit l'appareil par les deux serpentins d'Édouard Adam, qui présentent deux avantages incontestables : le premier, de chauffer sans frais le vin destiné à la distillation ; le second, de n'être pas obligé de renouveler souvent l'eau du serpentin, ce qui, dans les procédés ordinaires, entraîne des frais, de l'embarras, et exige, pour

Pl. III. Tom. 8. Page 33.

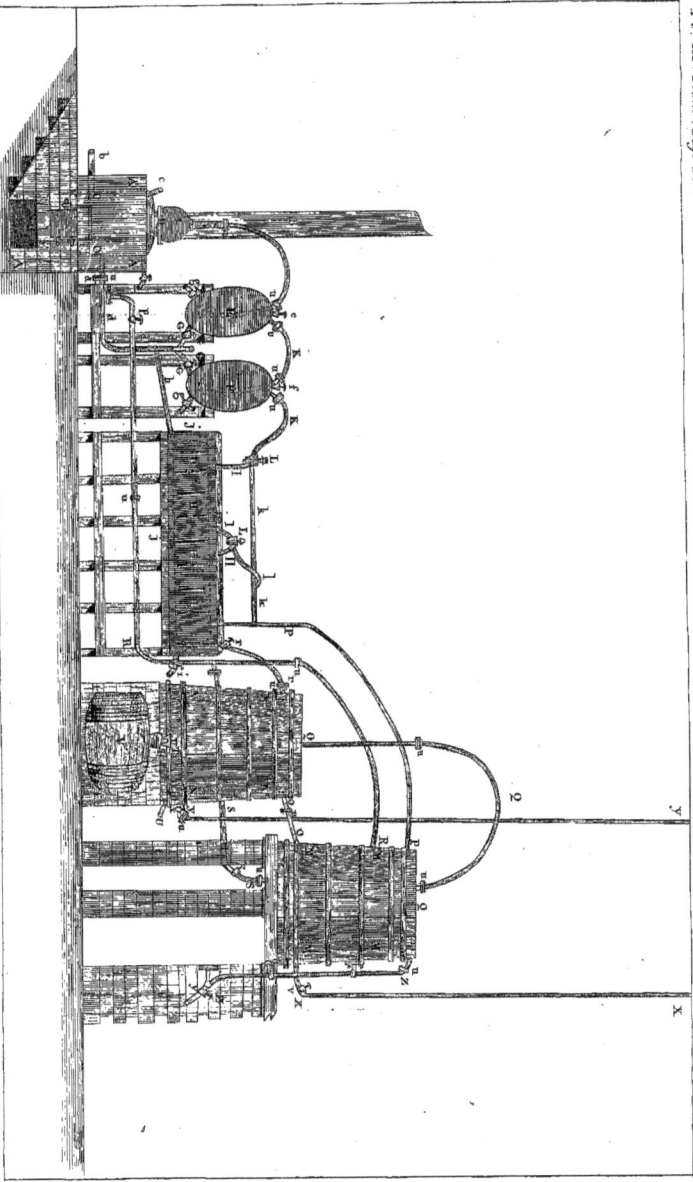

l'emplacement des appareils ordinaires, ou la disposition d'un courant d'eau, ou la construction très dispendieuse de pompes et réservoirs.

Explication de la troisième planche.

AAAA Fourneau semblable à celui des alambics ordinaires.

B Cheminée du fourneau.

CCC Alambic.

D Bride en laiton joignant le chapiteau de l'alambic à la cu- curbite ou chaudière.

a Robinet indiquant le point de charge de la cucurbite.

b Douille de vidange.

c Douille recevant l'eau pour nettoyer la cucurbite.

E Premier ballon placé au-dessus du niveau de la chaudière.

e Douille servant à introduire le vin.

F Second ballon dans lequel on met douze à quinze veltes d'eau-de-vie seconde ou repasse.

f Douille par laquelle on introduit la liqueur.

GG Robinets par le moyen desquels on fait couler la vinasse des deux ballons dans la chaudière.

gg Robinets par lesquels on vide les deux ballons.

HHHH Cylindre condensateur en cuivre composé de huit cases ou compartimens dans lesquels se condensent les vapeurs aqueuses en passant de l'une à l'autre. Le cylindre doit être légèrement incliné vers la chaudière.

hh Tuyau qui conduit les vapeurs aqueuses condensées jusqu'à la chaudière en les versant dans le tuyau ddd.

jjjj Bassin de cuivre servant de réfrigérant dans lequel est plongé le cylindre condensateur. L'eau y est entretenue à une température de 60 à 70 degrés du thermomètre de Réau- mur, selon la condensation qu'on veut procurer, ou selon le degré de spirituosité qu'on désire.

ii Tuyau qui donne passage aux vapeurs condensées dans l'ex- trémité du cylindre.

i Robinet de vidange du bassin réfrigérant.

KK Tubes établissant communication de la chaudière aux bal- lons et des ballons entre eux. Ils transmettent les vapeurs spiritueuses dans les liquides contenus dans les ballons où ils la versent par des pommes d'arrosoir.

kk Tube qui distribue les vapeurs dans le cylindre condensa- teur, ou les transmet à volonté dans le serpentin du foudre MM par le tube PP.

LL Robinets à trois ouvertures. Le premier peut interrompre le trajet des vapeurs à travers le tube kk, et alors elles pas- sent dans les premières cases du cylindre condensateur par le moyen du tube l; le second peut donner passage aux vapeurs qui ont parcouru les quatre premières cases et les verser dans le tube kk, ou les transmettre aux quatre dernières cases du cylindre en fermant toute communication avec le tube kk, de manière qu'elles redescendent dans les quatre cases par le tube ll.

lll Tubes qui établissent la communication des vapeurs entre la quatrième et la cinquième case, et entre la quatrième case et le tube kk.

MMMM Foudre, foncé des deux bouts, rempli de vin, contenant le serpentin mm qui vient s'ouvrir dans le tuyau oo.

NNNN Foudre foncé par un seul bout, rempli d'eau, contenant le serpentin nn qui vient s'ouvrir au robinet T.

OOO Tuyau de communication joignant les deux serpentins.

PP Tuyau conduisant les vapeurs du dernier compartiment du cylindre HHHH dans le serpentin mm où elles se condensent.

QQ Tuyau de sûreté conduisant les vapeurs que la chaleur dégage du vin contenu dans le foudre MMMM, et les portant dans le serpentin nn où elles se mêlent à la liqueur spiritueuse condensée.

RR Tuyau qui porte le vin chaud du foudre MMMM dans la chaudière où on le fait entrer en ouvrant le robinet p.

SSS Tuyau par lequel on vide en entier le foudre MMMM. Le vin est versé dans le tuyau RR, et va se rendre dans la chaudière.

T Robinet par lequel s'écoule la liqueur spiritueuse condensée dans le serpentin nn.

U Tonneau par lequel s'écoule la même liqueur lorsqu'on ferme le robinet T.

V Tuyau qui reçoit la liqueur spiritueuse condensée.

q Entonnoir placé à la bonde du tonneau V.

XX Tuyau garni du robinet V, communiquant au réservoir du vin placé au-dessus du foudre MMMM, et destiné à renouveler le vin dans le foudre lorsqu'on fait passer dans la chaudière celui qui est chaud.

YY Tuyau garni du robinet x, communiquant au réservoir de l'eau, placé au-dessus du foudre NNNN et destiné à rafraîchir ou à renouveler l'eau à mesure que celle qui est chaude passe dans le réfrigérant jjjj par le tube pp.

rr Tuyau garni du robinet par lequel l'eau de la partie supérieure du foudre NNNN s'écoule dans le réfrigérant jjjj.

ZZ Tuyau garni d'un robinet y, servant à connoître quand le foudre MMMM est suffisamment chargé de vin.

ttttt, etc. Échafaudages en bois ou maçonnerie portant les deux ballons, le cylindre condensateur et les deux foudres.

uuuuuuuu, etc. Brides joignant les divers tuyaux.

Je ne doute pas qu'en adoptant ces nouveaux appareils, le commerce immense de nos eaux-de-vie ne reçût une nouvelle impulsion incalculable dans ses résultats. Ces perfectionnemens deviennent d'autant plus nécessaires aujourd'hui que quelques nations voisines commencent à partager avec nous un commerce que jusqu'ici nous avions fait presque exclusivement, non point par rapport à la supériorité de nos vins, mais par rapport à la bonté de nos appareils et sur-tout à la qualité constante que nous donnions à nos eaux-de-vie.

J'ajouterai qu'on pourra se servir avec le plus grand avantage de l'appareil dont nous venons de parler pour la distillation des *eaux-de-vie* de *grain*, de *cidre*, de *poiré* et autres espèces. On peut même espérer de prévenir le goût et l'odeur de *brûlé* qu'ont la plupart de ces liqueurs, en remplissant la chaudière avec l'eau ordinaire, et chauffant le liquide contenu dans le vase distillatoire avec sa vapeur. Dès-lors on n'aura plus à craindre l'empyreume qui provient de l'adhésion et carbonisation d'une partie de la liqueur épaissie sur les parois de la chaudière et de l'épaississement presque sirupeux de cette même liqueur vers la fin de la distillation.

Les avantages de ce procédé de distillation sont incalculables; ses applications sont sans nombre. Mais, pour faire jouir toute la nation de cette importante branche d'industrie, il ne faut pas priver de leur propriété les hommes habiles qui l'ont créée, et s'en sont assuré la jouissance exclusive par des brevets d'invention : le gouvernement devroit donc traiter avec Édouard Adam et Isaac Bérard, pour faire de leur propriété une propriété commune, comme il vient de le faire avec M. Douglass, pour la filature des laines par le moyen des mécaniques. Quelle que fût l'indemnité qu'on pourroit leur accorder, elle seroit un bien petit sacrifice en comparaison du bienfait qui en résulteroit pour l'industrie et le commerce français.

Principes généraux sur la manière dont le distillateur doit diriger ses opérations.

Mais quel que soit l'appareil distillatoire qu'on adopte, le brûleur doit avoir des connoissances sur la nature des vins qui conviennent le mieux, la manière de conduire l'opération, les moyens d'estimer le degré de spirituosité du produit, etc. Nous nous bornerons à faire connoître ce que l'expérience nous apprend à ce sujet.

CHOIX DES VINS.

Tous les vins et généralement toutes les liqueurs vineuses fournissent de l'eau-de-vie par la distillation, mais tous n'en fournissent pas dans la même proportion, ni de la même qualité.

Les vins du midi donnent plus d'eau-de-vie que ceux du nord : on retire jusqu'à un tiers d'eau-de-vie de plusieurs vins généreux du midi, et ils fournissent assez généralement le quart de leur volume, tandis que, vers le nord de la France, on en extrait à peine un sixième, et, dans plusieurs endroits, seulement un huitième.

Dans le même pays de vignoble, on observe encore une très grande différence : les vignes exposées au midi et nourries dans un terrain sec, léger, calcaire ou granitique, produisent des vins très spiritueux, tandis qu'à côté, mais à une exposition et sur un sol différens, on ne récolte que des vins foibles et peu riches en esprit.

En général les gros vins fournissent plus d'eau-de-vie, mais elle est de qualité inférieure; elle est moins suave et prend plus aisément le goût *de feu*. De là vient que dans les vins du midi l'eau-de-vie y est abondante et de qualité un peu inférieure à celle de l'ouest de la France. Il paroît que c'est la proportion plus ou moins considérable du tartre dans le vin qui établit cette différence entre eux; car on a observé que ceux qui en étoient le plus chargés étoient aussi ceux qui donnoient la plus mauvaise eau-de-vie; voilà pourquoi il convient de laisser déposer ces sortes de vins avant de les distiller.

Les bouilleurs préfèrent en général les vins blancs aux vins rouges. Ce n'est pas qu'ils donnent une plus grand quantité d'eau-de-vie, mais ils sont moins chers parcequ'ils sont moins généralement employés à la boisson, et leur eau-de-vie est plus suave et de meilleur goût. D'ailleurs, comme ils sont plus tôt dépouillés, on peut les brûler sans inconvénient presque immédiatement après la récolte.

Dans l'Angoumois, la Saintonge et l'Aunis, on fabrique des eaux-de-vie d'une grande réputation en ne brûlant que des vins blancs. En Languedoc, où l'on ne brûle que des vins rouges, on a des eaux-de-vie de qualité un peu inférieure sous le rapport du goût et de l'odeur.

Le vin qu'on récolte après une saison froide et pluvieuse fournit moins d'eau-de-vie.

Les vins aigres fournissent peu d'eau-de-vie et d'une mauvaise qualité : les vins aigris en donnent jusqu'au moment où leur conversion en acide est complète. L'eau-de-vie qu'on extrait des vins tournés contient une quantité considérable d'acide malique qui lui procure un mauvais goût.

Comme on a observé que le vin étoit d'autant plus propre à la distillation qu'il avoit mieux fermenté, il n'y a pas de doute qu'en employant de grands cuviers pour y déposer la vendange, on obtiendra un vin plus riche en eau-de-vie, et c'est ce qui se pratique dans plusieurs pays de vignobles.

On a long-temps agité la question de savoir s'il étoit plus avantageux de brûler le vin nouveau que le vin vieux. Tous les auteurs s'accordent à dire qu'il ne faut pas distiller du vin qui ait plus d'un an; mais ils diffèrent en ce que les uns prétendent qu'il faut brûler le vin immédiatement après la récolte, tandis que d'autres veulent qu'on le garde au moins jusqu'au mois d'avril. Cette diversité d'opinion ne me paroît provenir que de ce qu'on ne fait pas assez d'attention à la nature des vins : en général les vins foibles doivent être distillés plus tôt que les forts, attendu qu'ils sont dépouillés en peu de temps, et qu'il y auroit à craindre qu'ils ne tournassent si on les gardoit; ainsi on peut les employer deux mois après la récolte. Mais, lorsqu'il s'agit de vins généreux et épais, il faut leur donner le temps de précipiter, de déposer, de se dépouiller, etc.; car non seulement l'eau-de-vie qui proviendroit de ces vins nouveaux sentiroit l'empyreume et ne seroit ni suave ni amiable, mais la quantité du produit seroit moindre, attendu que, dans ces sortes de vins, la fermentation se prolonge et donne lieu chaque jour à une plus grande production d'esprit. Ce n'est que vers le mois de mars qu'on doit employer ces vins à la distillation.

C'est en partant de ces principes qu'on sentira l'avantage de conserver dans de très grands réservoirs le vin qu'on destine à être brûlé. Il convient que dans les brûleries un peu considérables, il y en ait plusieurs dans lesquels on dépose successivement le vin qu'on achète pour alimenter la distillation. Là, le vin continue sa fermentation insensible, précipite les lies et le tartre qui épaississent la liqueur et rendent la distillation plus difficile, par la crainte de donner aux eaux-de-vie le goût de feu ou de brûlé.

Observations générales sur l'appareil distillatoire.

Quel que soit l'appareil qu'on adopte, et quelle que soit la forme de celui-ci, on y distinguera toujours une chaudière pour recevoir le vin, un réfrigérant pour condenser les vapeurs, un récipient pour recevoir le produit, un fourneau pour appliquer la chaleur nécessaire, des combustibles pour nourrir le feu, et tous les instrumens convenables pour charger la chaudière, juger du degré de spirituosité du produit, recevoir l'eau-de-vie, charger le fourneau, etc.

Les chaudières varient beaucoup, non seulement pour la forme, mais par la capacité. Dans tous les ateliers de brûlerie qui existoient il y a quarante ans, la chaudière avoit la forme d'une poire, dont le gros diamètre étoit au-dessus du milieu; elle se rétrécissoit ensuite pour recevoir le col du chapeau. On appeloit *téte de maure*, par rapport à sa forme, le couvercle ou chapiteau arrondi et élargi, dans lequel se rendoient les vapeurs qui s'élevoient de la chaudière pour passer de là dans la serpente ou serpentin, à l'aide d'un tuyau qui les y transmettoit.

Cette chaudière n'étoit chauffée que par l'application de la chaleur du foyer à la surface rétrécie du fond. Cette forme étoit vicieuse en ce que la colonne de vin présentoit une grande hauteur et peu de surface dans la partié inférieure, de sorte qu'il falloit beaucoup de temps et de combustible pour chauffer et porter à l'ébullition la masse de vin qu'on distilloit. J'ai été un des premiers à faire sentir l'inconvénient de cette construction de chaudière. J'ai proposé et fait exécuter des chaudières larges et peu profondes, présentant une très grande surface au feu, dont le fond étoit bombé en dedans, pour que tous les points fussent à une égale distance du foyer, et qu'il offrît plus de résistance à l'affaissement qui est facilité par la chaleur. J'ai eu l'attention d'élargir les parois latérales à mesure qu'elles s'élèvent, et de ramener ou réduire ensuite l'ouverture supérieure au tiers de la grande largeur, de manière qu'une chaudière présente 36 pouces dans sa grande largeur, 12 à son orifice, 24 à sa base et autant de hauteur.

Explication des figures de la quatrième planche.

Fig. I. *Représente une chaudière d'alambic.*

a Orifice de la chaudière réduit au tiers du grand diamètre ou de la largeur de la panse.
b Fond bombé de la chaudière, dont le diamètre est réduit aux deux tiers de celui de la panse.
c c Grand diamètre de la chaudière.
d Douille par laquelle on introduit le vin.
e Robinet marquant la hauteur à laquelle doit s'élever le vin qu'on soumet à la distillation lorsqu'on charge la chaudière.
f Douille par laquelle on fait couler la vinasse ou le résidu d'une distillation, de même que l'eau des lavages.

Fig. II. *Représente une chaudière surmontée de son chapiteau, au bec duquel est adapté un serpentin.*

a Chaudière.
b Chapiteau.
c c c c Serpentin.
d d d d Cuvier dans lequel baigne le serpentin.
e Extrémité par laquelle coule le produit de la distillation.

Fig. III. *Représente un serpentin et le bassiot.*

a Ouverture supérieure du serpentin.

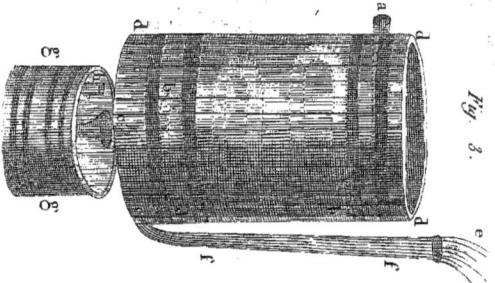

Fig. 3.

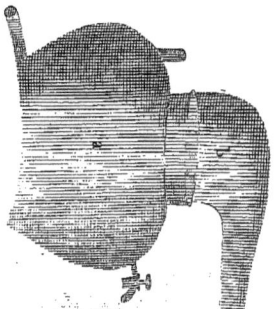

Fig. 2.

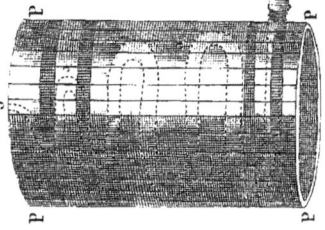

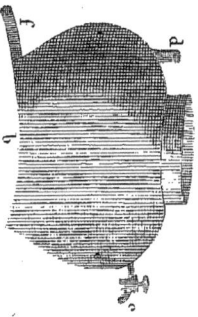

Fig. 1.

Pl. IV. T. 3. Page 28.

bb Circonvolutions du serpentin.

c Ouverture inférieure du serpentin.

dddd Cuve dans l'eau de laquelle est immergé le serpentin.

e Courant d'eau destiné à renouveler l'eau de la cuve.

ff Tuyau qui conduit l'eau au bas de la cuve.

h Douille par laquelle s'échappe l'eau chaude.

gg Bassiot destiné à recevoir le produit de la distillation.

On voit, d'après cette description, que la colonne de vin qui ne s'élève que jusqu'à la hauteur où la chaudière commence à se resserrer a au moins deux fois plus de largeur que de hauteur, que, par conséquent, il est facile de la porter à l'ébullition, sur-tout lorsqu'on chauffe les côtés par une cheminée tournante, comme on le pratique aujourd'hui assez généralement.

Quelle que soit la forme d'une chaudière, il faut qu'elle soit munie, 1° d'une douille ou tuyau à la partie supérieure de son renflement pour y introduire le vin nécessaire à la distillation et l'eau qu'on emploie au lavage ; 2° d'une seconde douille pratiquée sur l'angle du fond, et saillante en dehors de la maçonnerie du fourneau pour extraire la vidange, la vinasse ou le résidu de la distillation ; 3° d'un robinet placé sur le côté de la chaudière à la hauteur où s'élève le vin lorsqu'on l'a chargée. Ce robinet est ouvert lorsqu'on charge la chaudière ; on le ferme lorsque le vin, élevé à ce niveau, commence à couler : dans ce dernier moment on le ferme.

On tient les deux douilles fermées avec un bouchon de bois entouré de linge lorsque la distillation est en train. On les ouvre l'une et l'autre lorsqu'on extrait la vinasse, et seulement la supérieure lorsqu'on introduit le vin.

Dans les appareils que j'avois établis, la chaudière étoit coiffée d'un chapiteau représentant une demi-sphère aplatie, laquelle transmettoit les vapeurs dans le serpentin, à l'aide d'un tuyau latéral évasé par sa base en forme d'entonnoir, et diminuant insensiblement de diamètre jusqu'à son insertion dans l'orifice supérieur du serpentin, pl. 4 fig. 2.

J'avois d'abord proposé de placer au-dessus du chapiteau un réfrigérant, dans lequel on entretenoit de l'eau fraîche pour condenser les vapeurs ; dans ce cas, on élevoit le chapiteau en pointe sous la forme d'un cône, et on pratiquoit une rainure ou rigole à la base dans l'intérieur, pour recevoir l'eau-de-vie condensée contre les parois, et la transmettre dans le serpentin ; mais j'ai abandonné cette disposition peu de temps après, parceque je me suis convaincu qu'elle étoit nuisible et préjudiciable à la formation de l'eau-de-vie. *Voyez* ma *Chimie appliquée aux arts*, art. DISTILLATION, et mon *Essai sur le vin.*

Le serpentin connu et employé depuis quatre à cinq siècles, ainsi que nous l'avons déjà observé, est un tuyau contourné en spirale, renfermé dans un tonneau, dans lequel il fait six à sept circonvolutions, recevant les vapeurs qui lui sont transmises par le bec du chapiteau, et versant l'eau-de-vie condensée dans un récipient placé à son extrémité inférieure. Le diamètre du tuyau qui forme le serpentin doit diminuer insensiblement depuis le haut jusqu'au bas. Il faut que les premières circonvolutions soient de trois à quatre pouces de diamètre et que la dernière se termine par un orifice d'environ demi-pouce.

Le serpentin est baigné dans de l'eau froide, qui remplit la capacité du tonneau; et, pour que la condensation soit plus prompte, il faut que l'eau, continuellement échauffée par les vapeurs, soit renouvelée le plus souvent possible. Pour éviter l'inconvénient de renouveler ce liquide, en vidant l'eau chaude et la remplaçant par de l'eau fraîche, on tâche de placer l'appareil dans un lieu où l'on puisse faire arriver l'eau au-dessus du tonneau, soit par une chute naturelle, soit par un réservoir: il est plus avantageux de faire pénétrer l'eau froide par le fond, et de faire échapper l'eau chaude par la partie supérieure; car c'est sur-tout dans les dernières circonvolutions qu'on a besoin d'eau fraîche pour terminer la condensation des vapeurs. *Pl.* 4, *fig.* 3.

Le récipient dans lequel est reçue l'eau-de-vie en sortant du serpentin s'appelle *bassiot* ou *buguet* (*pl.* 4, *fig.* 4). C'est un petit baquet à double fond, dont le supérieur est percé de deux trous. L'un reçoit l'eau-de-vie et la verse dans l'intérieur; on lui donne même la forme d'un entonnoir pour que la liqueur ne se répande pas; l'autre est plus large, et il sert à la fois de soupirail pour que l'air intérieur s'échappe à mesure que le bassiot se remplit, et pour puiser dans le bassiot lorsqu'on veut éprouver la liqueur. Lorsque le bassiot est plein on le vide dans des tonneaux.

Dans les nouveaux appareils dont nous avons parlé, comme on y distille une grande quantité de vin à la fois, on emploie des tonneaux pour recevoir l'eau-de-vie.

La manière d'administrer le feu étoit extrêmement vicieuse avant l'époque qui a éclairé les arts du flambeau de la chimie et de la physique, laquelle date à peu près de trente ans. La chaudière étoit placée à environ un pied du sol de l'atelier; une porte large de huit à dix pouces donnoit entrée à l'air pour alimenter la combustion; la naissance de la cheminée étoit vis-à-vis la porte et recevoit la flamme et la chaleur qui chauffoient à peine, en passant, le fond de la chaudière, de sorte qu'il y avoit une perte énorme de chaleur, et qu'il étoit difficile de porter le vin à l'ébullition, et de l'entretenir sans variation, ce qui néanmoins est nécessaire pour une bonne distillation.

Cette construction vicieuse a été remplacée par les dispositions suivantes : on commence par établir un large cendrier où l'air arrive par une grande ouverture pratiquée sur le devant du fourneau ; on peut même l'y faire affluer par deux ouvertures ménagées sur les côtés; par ce moyen le tirage est plus régulier et plus actif.

A deux pieds au-dessus du sol du fourneau on place une grille dont le diamètre soit à peu près la moitié du fond de la chaudière. Cette grille est destinée à recevoir le combustible qu'on y introduit par une porte placée à trente pouces du sol du foyer. On voit d'après ces dispositions qu'il y a une pente de six pouces de la porte à la grille ; cette pente forme un plan incliné, très propre à conduire le combustible et à empêcher que le tirage ne se fasse par la porte. La distance de la porte à la grille est d'environ dix-huit pouces. Ce plan incliné est recouvert d'une voûte dans toute son étendue et a environ douze pouces de diamètre à sa base et autant à sa hauteur.

A une certaine distance de la grille sur les côtés, et en prenant pour centre le fond de la grille, on élève perpendiculairement des murs à la hauteur de seize pouces : on remplit en maçonnerie ou en brique le vide latéral de cette enceinte, en formant un plan incliné depuis la grille jusqu'à trois pouces au-dessous des bords supérieurs des murs circulaires. Cette enceinte doit avoir quatre à six pouces de diamètre intérieur de plus que le fond de la chaudière qui doit reposer solidement sur les murs. Vis-à-vis la porte du foyer on laisse dans le mur une rainure large de quatre pouces et profonde de huit. C'est par cette rainure que s'échappe le courant d'air qui entraîne la fumée; elle forme l'ouverture de la cheminée ou du conduit qui tourne autour des parois latérales de la chaudière avant de s'élever perpendiculairement.

Lorsque la maçonnerie est élevée à cette hauteur on y place la chaudière de manière qu'elle porte au moins de deux pouces sur les bords de l'enceinte. On voit, d'après l'emplacement et les dimensions de la grille, qu'il n'y a que la moitié de la chaudière, du côté de la porte, qui soit placée dessus. Cette disposition est avantageuse pour le chauffage, attendu que la flamme précipitée vers l'ouverture de la cheminée est alors entièrement employée à chauffer le fond de la chaudière.

Dès que la chaudière est placée, on élève perpendiculairement le mur d'enceinte en bâtissant à six pouces de distance du fond de la chaudière, de manière qu'il reste un intervalle entre ses parois et le mur. C'est cet intervalle qui forme la cheminée tournante que le courant enfile en sortant du foyer pour aller s'échapper dans les airs par la cheminée perpendiculaire. On doit avoir la précaution de bien lier le mur à la chaudière vers la partie supérieure et vers le bas, pour que l'air du foyer ne puisse pas pénétrer dans la cheminée tournante par d'autres points que par son embouchure pratiquée au fond du foyer, et pour que le courant, une fois introduit dans la cheminée tournante, soit conduit sans déperdition dans la cheminée perpendiculaire.

Cette construction de fourneau a l'avantage d'appliquer toute la chaleur sur le fond et sur les côtés de la chaudière, de manière que toute la masse du liquide en est entourée et chauffée presque également sur tous les points. Elle a l'avantage de ne pas brûler le liquide et de ne pas donner le goût de feu aux vapeurs qui s'en élèvent. Elle produit une énorme économie de combustible et de temps.

L'appareil que nous venons de décrire est destiné à brûler du charbon, de la houille ou de la tourbe. Pour le disposer à brûler du bois, il ne s'agit que de supprimer la grille et d'élargir la porte du foyer.

Pour faciliter le service de la chaudière et du foyer on peut creuser dans la terre pour y placer une partie du cendrier, et alors on pratique une ou deux marches en avant du fourneau.

MANIÈRE DE CONDUIRE LA DISTILLATION.

Avant de verser le vin dans la chaudière, le bouilleur doit la laver avec soin. A cet effet, du moment qu'il a fait couler la vinasse de l'opération qui vient de finir, il y introduit de l'eau par la douille supérieure, l'y laisse séjourner quelque temps en l'agitant avec un bâton, et la fait couler ensuite au dehors ; il passe une seconde eau pour enlever tous les résidus, et reconnoît que la chaudière est propre lorsque l'eau sort sans être salie. Il doit de temps en temps enlever le chapiteau pour avoir plus de facilité à laver la chaudière.

Il suffit d'observer, pour faire sentir l'importance de cette opération préliminaire, que la négligence du bouilleur à cet égard entraîne deux effets très fâcheux : le premier, de donner lieu à la formation d'une croûte qui se forme sur les parois de la chaudière par la précipitation du tartre, de la lie et de l'extractif, laquelle croûte entraîne la destruction de la chaudière, en garantissant le métal du contact immédiat du liquide, et l'exposant à toute l'action du feu qui le brûle : le second, de communiquer à l'eau-de-vie, qui provient des distillations subséquentes, le goût de *feu* ou de *brûlé*, effet inévitable de l'action directe de la chaleur sur ce dépôt.

Du moment que la chaudière est propre on y verse le vin, et on la remplit ordinairement aux *trois quarts*. Il faut laisser un vide suffisant pour que les bouillons du liquide en ébullition ne puissent jamais en dépasser les bords et verser dans le serpentin. Les bouilleurs connoissent par expérience jusqu'à quelle hauteur ils peuvent arriver; ils se forment des jauges avec des morceaux de bois qu'ils plongent perpendiculairement dans la chaudière pour juger de la hauteur à laquelle le liquide est élevé; ils connoissent d'ailleurs la capacité de leur chaudière, et la quantité de vin qu'elle peut recevoir sans inconvénient ; mais le plus sûr de tous les moyens c'est de placer un tuyau à robinet à la hauteur où l'on peut arriver , et de le laisser ouvert lorsqu'on charge. On cesse de verser dès qu'on voit couler par ce robinet. Un autre avantage de ce robinet , c'est de laisser échapper l'air intérieur à mesure que la capacité se remplit , et de le laisser pénétrer au dedans lorsqu'on verse de l'eau immédiatement après l'extraction de la *vinasse*. J'ai vu détruire une chaudière d'une grandeur considérable par l'effort de l'air sur ses parois , au moment où l'on versoit de l'eau froide par la douille dans la capacité encore chaude; elle fut aplatie et déchirée avec fracas.

Du moment que la chaudière est chargée on s'occupe de la *mettre en train* , ou de donner *le coup de feu* : à cet effet on allume un feu vif au fourneau pour presser l'ébullition , on place le bassiot pour recevoir le produit, et on lute avec soin toutes les jointures du chapiteau à la chaudière et au serpentin.

Dès que la chaleur commence à pénétrer il se dégage beaucoup d'air par l'extrémité inférieure du serpentin; peu à peu les vapeurs montent et chauffent le chapiteau ; la distillation ne tarde pas alors à s'établir.

Il passe d'abord une eau-de-vie qui n'a ni un goût ni une saveur agréables; on la sépare du produit qui succède pour la distiller une seconde fois, comme nous le verrons par la suite. On reconnoît à l'éprouvette le moment où la liqueur change de nature. Celle qui succède est de la meilleure qualité, et on la conserve soigneusement; on l'appelle *eau-de-vie première*.

Après cette première eau-de-vie, celle qui coule contient beaucoup plus d'eau; et plus la distillation avance, et plus elle en contient. On appelle celle-ci *eau-de-vie seconde*, et lorsqu'on commence à la recueillir séparément on dit qu'on *coupe à la serpentine*.

La quantité de bonne eau-de-vie est d'autant plus considérable qu'on ménage mieux le feu; de sorte que lorsqu'elle commence à paroître il faut entretenir la chaleur au même degré, sans l'augmenter ni l'affoiblir.

Dans le cours de la distillation l'eau-de-vie devient d'autant plus aqueuse que l'opération est plus avancée. Il arrive un moment où la liqueur qui coule ne contient plus rien de spiritueux ; on en juge au goût, à l'éprouvette, et au feu ; dans ce dernier cas le bouilleur en jette quelques gouttes sur la surface du chapiteau ; elle s'y réduit en vapeur par la chaleur des parois, et on juge que l'opération est finie lorsque ces vapeurs ne s'enflamment plus par le contact d'une bougie allumée.

On arrête alors l'opération, on éteint le feu, et l'on fait couler la vinasse ou le résidu de la chaudière en ouvrant la douille inférieure.

Suivant la qualité des vins, on retire plus ou moins d'eau-de-vie première. En Angoumois, par exemple, une chaudière chargée de trente veltes, ce qui équivaut à deux cent quarante pintes, donne vingt quatre à vingt-six pintes d'eau-de-vie première, c'est-à-dire un dixième du volume du vin, et un peu plus d'eau-de-vie seconde. En Languedoc on retire de la même quantité de vin quarante pintes d'eau-de-vie première, et de l'eau-de-vie seconde dans la même proportion.

On redistille séparément l'eau-de-vie seconde, à un feu doux, pour en extraire l'eau-de-vie qu'elle contient : c'est cette opération qu'on appelle repasse.

On mêle quelquefois la repasse avec le vin pour en opérer la redistillation.

Lorsque les vins ont beaucoup de valeur on fait fermenter les marcs de raisin pour y développer le peu de liqueur spiritueuse qu'ils peuvent produire, et en opérer ensuite la distillation. Cette double opération se conduit de la manière suivante : on retire le marc de dessous le pressoir, on en divise le gâteau avec des crochets ou des pelles pour l'émietter. On le porte à mesure dans des cuviers où on l'imprègne d'eau ; on couvre avec soin le cuvier d'une couverture de laine ; la fermentation s'établit, la chaleur augmente. On ajoute chaque jour une petite quantité d'eau, pour que le marc en soit continuellement abreuvé sans en être noyé, et il faut avoir l'attention d'employer de l'eau qui soit à la température de douze à quinze degrés, pour ne pas retarder la fermentation. Lorsque le caractère vineux est bien développé dans le marc, on le porte de suite dans la chaudière de l'alembic pour en opérer la distillation à petit feu. L'eau-de-vie qu'on en retire est de qualité inférieure à celle qu'on extrait du vin, et il est difficile qu'elle ne sente pas le brûlé. On peut néanmoins obvier à cet inconvénient en portant le marc sous le pressoir pour en extraire la liqueur vineuse qu'on vient d'y développer, et procéder ensuite à la distillation, en observant de ménager le feu. Cette eau-de-vie est connue dans le commerce sous le nom d'eau-de-vie de marc.

Pour prévenir ou éviter le mauvais goût que contractent les eaux-de-vie de marc par le dépôt du marc dans la chaudière, et la calcination qui en est la suite, on peut le faire soutenir dans la chaudière par une toile métallique, de manière qu'il ne touche pas les parois de la chaudière, ou mieux encore, le distiller au bain-marie, comme les esprits, en saturant l'eau de sels fondans, tels que le nitrate et le muriate de chaux qu'on trouve à vil prix chez les salpêtriers ; par ce dernier moyen on peut porter l'eau du bain à quatre-vingt-cinq degrés, ce qui suffit pour distiller le vin au bain-marie.

M. Rozier a proposé de maintenir les eaux-de-vie de mauvais goût dans une chaudière à une douce chaleur de cinquante degrés pendant dix-huit heures ; on parvient ainsi à les améliorer.

Dans quelques pays on fabrique encore des eaux-de-vie de lie ; mais celle-ci est inférieure à celle de marc. Il est presque impossible de faire disparoître un goût presqu'acide qui lui est naturel. Dailleurs la lie présente plus de difficultés à la distillation que les autres principes du vin. La lie est gluante, elle se colle à la chaudière ; on ne peut point, comme pour le marc, la soumettre au pressoir pour en extraire le vin, et il faut employer des linges pour l'exprimer. On procède ensuite à sa distillation avec les mêmes précautions que celles que nous avons prescrites pour la distillation du marc.

D'où que provienne l'eau-de-vie, lorsqu'elle est extraite on la met dans des futailles pour la conserver et en faciliter le transport ; elle agit alors sur les parois des tonneaux ; elle y acquiert une saveur particulière qu'on appelle goût de fût ; elle s'y colore, et prend une teinte jaunâtre qu'on ne peut prévenir qu'en la tenant dans des vaisseaux de verre ou de métal, ce qui seroit à la fois coûteux, fragile et d'un transport trop difficile.

Les eaux-de-vie qu'on embarille dans de la futaille neuve en imbibent les parois, et en même temps qu'elles s'y colorent elles perdent quelque peu de leur force par la partie aqueuse dont elles se chargent. On ne peut remédier à cet inconvénient qu'en préparant les futailles avec de la mauvaise eau-de-vie, ou en l'employant un peu plus forte, afin qu'elle marque, au lieu de sa destination, le degré de spirituosité dont on est convenu.

En suivant les anciennes méthodes de distillation, les eaux-de-vie du commerce avoient un goût de feu qui en étoit presque inséparable. Les consommateurs du nord s'y étoient tellement

accoutumés, que, lorsque les nouveaux appareils distillatoires
ont été introduits, on a été forcé pendant quelque temps d'altérer l'eau-de-vie douce, suave et amiable qu'ils fournissoient, en
y mêlant de l'empyreume. Ce goût de feu, préjudiciable à la
plupart des usages des eaux-de-vie, sur-tout à la fabrication des
liqueurs, étoit regardé comme un caractère de force par les
habitans du nord, dont les fibres fortes ont besoin d'être dé-
chirées pour être chatouillées. Et c'est encore la raison pour
laquelle les eaux-de-vie de grain âcres et empyreumatiques sont
préférées à celles de vin dans les climats froids.

Avant les appareils, dont j'ai donné la description, par le
moyen desquels on fait à volonté et par une seule chauffe tous
les degrés de spirituosité connus dans le commerce, on redistilloit l'eau-de-vie pour obtenir les degrés supérieurs. Deux
moyens étoient usités en pareil cas : le premier consiste à redis-
tiller l'eau-de-vie dans le même alembic, et à modérer la chaleur de manière à n'imprimer au liquide qu'une température
d'environ soixante-quinze degrés, thermomètre de Réaumur.
A ce degré de chaleur l'esprit-de-vin s'élève, et la partie aqueuse
reste dans la chaudière, de sorte qu'on sépare la partie spiritueuse, qui passe en vapeur dans le serpentin, de la partie
aqueuse qui reste dans la chaudière ; on obtient divers degrés
de spirituosité selon qu'on extrait plus ou moins de liqueur. La
plus spiritueuse monte la première, et elle s'affoiblit peu à peu
par les progrès de la distillation. On peut donc obtenir à volonté divers degrés de spirituosité en enlevant les produits
pour les conserver séparément, et on peut avoir le degré
qu'on désire en mêlant les produits, mais en arrêtant la distillation à propos, de sorte que si le premier bassiot donne $\frac{3}{6}$, le
second $\frac{3}{5} \frac{1}{2}$, et le troisième $\frac{3}{5}$, on aura $\frac{3}{5} \frac{1}{2}$ en les mêlant.

Le second procédé consiste à distiller au bain-marie, ou à
échauffer l'eau-de-vie par la chaleur de l'eau bouillante, dont
on entoure le vase qui la contient. Ce procédé est plus sûr,
parcequ'on n'a pas à craindre de donner un degré de feu trop
fort, attendu que l'eau-de-vie ne peut jamais recevoir qu'une
chaleur inférieure à celle qui peut faire distiller l'eau; aussi
est-ce celui qui est préféré.

*Moyens d'essayer les eaux-de-vie et de juger de leurs degrés
de spirituosité.*

Nous avons déjà vu que dans les siècles qui nous ont précédés
on jugeoit du degré de spirituosité des eaux-de-vie par divers
procédés.

Le premier consiste à imbiber des linges avec l'eau-de-vie,

et à y mettre le feu. On juge qu'elle est bonne lorsque la combustion consume le linge.

Le second, à imbiber de la poudre à canon avec de l'eau-de-vie, et à l'enflammer. On conclut que l'eau-de-vie est foible et aqueuse lorsque la poudre ne détonne pas.

Le troisième, à laisser tomber d'une hauteur déterminée une goutte d'huile d'olive dans l'eau-de-vie. On détermine son degré de spirituosité par la profondeur à laquelle descend la goutte, par la promptitude avec laquelle elle remonte à la surface. Elle descend d'autant moins que la liqueur est plus foible; elle se précipite dans le fond, et y reste lorsque la liqueur est très spiritueuse et forme ce qu'on appelle dans le commerce esprit-de-vin.

On employoit encore la potasse sèche; et selon que, par le séjour de l'eau-de-vie sur ce sel, il s'humectoit plus ou moins, on jugeoit de la quantité d'eau qu'elle contenoit.

Dans le cours de l'opération d'une distillation, les bouilleurs doivent s'assurer de temps en temps du degré de la liqueur qui coule dans le bassiot, et ils se sont fait, à cet effet, des méthodes aisées qui indiquent par approximation. On a un flacon de verre fort, long et étroit; on y verse de l'eau-de-vie au tiers de sa capacité, on ferme l'ouverture avec le pouce de la main dans laquelle est retenu le flacon, ou éprouvette, et on frappe fortement de l'autre bout, qui est très épais, contre la cuisse ou le creux de la main gauche : à l'instant il se forme des bulles, et l'on juge de la spirituosité par le nombre des bulles, et sur-tout par la promptitude avec laquelle elles disparoissent.

On prend de l'esprit-de-vin, on le frotte fortement dans la main, et, lorsqu'il disparoît en laissant un grand sentiment de fraîcheur, sans aucune trace d'humidité, on le juge encore de bonne qualité.

L'esprit-de-vin est encore réputé de bonne qualité lorsque, versé de bien haut dans une tasse, il se forme en gouttes perlées, arrondies et détachées.

Mais tous ces moyens ne donnent que des approximations, et la découverte des pèse-liqueurs a fait renoncer à ces méthodes très imparfaites. Ils sont fondés généralement sur le principe qu'un solide s'enfonce d'autant plus dans un liquide, que celui-ci est plus léger; de manière qu'en graduant de divers degrés une échelle de verre ou de métal, et lestant l'un de ses bouts par un poids qui lui donne une direction verticale dans le liquide, on peut déterminer le degré de son immersion et en déduire la pesanteur spécifique du liquide.

Parmi les pèse-liqueurs qui sont en usage dans le commerce,

celui de Bories est le seul dont on se serve dans le midi de la France, attendu que les autres ne tiennent compte que par approximation des variations de la température de l'atmosphère qui influe si puissamment sur la consistance des liqueurs spiritueuses.

La partie du commerce des eaux-de-vie, si essentielle à la province de Languedoc, la multiplicité des contestations qui s'élevoient chaque jour entre le vendeur et l'acheteur sur les différens degrés de spirituosité de l'eau-de-vie, engagèrent les états de cette province à proposer en 1771, pour sujet de prix, ce problème : *déterminer les différens degrés de spirituosité des eaux-de-vie ou esprit-de-vin, par le moyen le plus sûr, et en même temps le plus simple et le plus applicable aux usages du commerce.* En 1772, la société royale de Montpellier couronna les mémoires de MM. l'abbé Poncelet et Pouget, quoiqu'ils ne remplissent pas à la rigueur l'objet désiré. Le même sujet fut proposé de nouveau pour l'année 1773 : le mémoire de M. Bories fut couronné; la province a adopté sa méthode qui sert de règle à son commerce. Il convient donc de le faire connoître, puisque la somme des eaux-de-vie fabriquées en Languedoc fait un tiers du reste de la France. On y distingue trois espèces d'eau-de-vie : la *preuve de Hollande* est le premier produit de la distillation; le *trois-cinq* est la rectification du premier produit, et le *trois-six* n'est autre chose que le trois-cinq passé de nouveau à l'alambic.

Pour s'assurer des degrés de spirituosité de l'eau-de-vie et de l'esprit-de-vin, M. Bories a considéré l'eau-de-vie comme un composé d'esprit et d'eau. Ces deux extrêmes ont déterminé les termes fixes dans la division de son échelle de graduation. L'eau pure distillée est le premier terme; l'esprit ardent, dépouillé de tout autre principe étranger, le second. Le premier point étoit facile à trouver, et le second exigeoit plus de travail. M. Bories fit distiller cent trente pintes d'eau-de-vie rectifiée, connue dans le commerce sous le nom de trois-cinq. Il cessa la distillation lorsqu'il en eut obtenu soixante-cinq, qui subirent une nouvelle rectification. Le produit fut divisé de huit en huit pintes, et mis à part jusqu'à ce qu'il en eût retiré quarante-huit.

Pour faire l'essai de l'esprit-de-vin de la dernière distillation et s'assurer s'il contenoit encore de l'eau surabondante, il prit une des huit premières pintes de ce même esprit, sur lequel il jeta de l'alkali de tartre pur et sec. La bouteille fut agitée, le sel s'humecta, une partie tomba en déliquescence, une autre adhéra aux parois de la bouteille, et par le repos elle se rassembla au fond. De nouvel alkali fut ajouté après avoir décanté cet esprit; ne trouvant plus d'humidité superflue, il se grumela et se précipita tout à coup dès que le vase fut en repos. Après une seconde décantation, l'alkali qui fut ajouté resta flottant comme une poussière, et l'esprit fut entièrement dépouillé de toute sa partie aqueuse.

Ce même esprit-de-vin, déjà déphlegmé, fut encore agité avec de nouvel alkali, et, après plusieurs jours de repos et d'agitation successifs, il acquit une légère couleur citrine. Ces mêmes expériences furent répétées sur les eaux-de-vie de Provence, de Catalogne, de marc, etc.; elles prirent, après quelques jours, une teinte jaunâtre plus ou moins foncée. La gravité augmenta à proportion de l'intensité de la couleur, et, au bout de quelques mois, l'esprit provenu de l'eau-de-vie de marc étoit une vraie teinture alkaline onctueuse, quoique faite à froid. Ainsi, plus les eaux-de-vie sont huileuses, plus elles tiennent d'alkali en dissolution; et l'esprit ardent qui surnage le sel n'est pas décomposé; il reste intact, quoique un peu altéré par une espèce de savon fait avec l'alkali végétal dissous dans l'esprit-de-vin. Le sel de tartre a donc la double propriété de priver l'esprit-de-vin de toute son eau surabondante, et de s'emparer de l'huile qu'il contient.

D'après ce principe, et par cette méthode, M. Bories déphlegma quinze pintes d'esprit de la troisième rectification; elles en produisirent quatorze et un tiers, qui furent laissées en digestion au soleil, pour donner le temps à l'alkali de se combiner avec l'huile. La liqueur devint couleur de paille.

Ces quatorze pintes furent distillées à un feu modéré, et le produit mis à part pinte par pinte. On en retira huit pintes d'une parfaite égalité entre elles, et, en augmentant le feu, il en vint cinq pintes et un tiers d'un esprit un peu plus foible.

Il résulte de ces expériences, 1° que l'esprit est privé de son huile douce du vin; 2° que, porté à cet état de pureté, il établit comparaison entre l'eau distillée et l'esprit le plus pur.

Le rapport de cet esprit-de-vin à l'eau, déterminé à l'aréomètre de Farenheit, et par la balance hydrostatique, la température à $+$ 10, est comme 0,820 $\frac{2900}{5056}$ à $+$ 15, comme 0,817 $\frac{6}{5055}$ à 20, comme 0,813 $\frac{2285}{5655}$.

Le pouce cubique de ce même esprit à la température de $+$ 10, pèse 301 $\frac{1}{8}$ de grain, et le même volume d'eau pèse 366 $\frac{6}{8}$.

Ces deux termes donnés, on peut être assuré d'avoir des hydromètres comparables avec plus de justesse que les thermomètres. Mais il se présente une difficulté: si on mêle cet esprit-de-vin avec l'eau distillée, il résulte de ce mélange une véritable dissolution; et la pesanteur spécifique des deux liqueurs réunies n'est plus d'accord avec celle des deux fluides séparés, à cause de la pénétration des parties. M. Bories a donné des tables très détaillées de la pesanteur spécifique d'un grand nombre de mélanges, et qu'il est inutile de rapporter ici.

Après avoir essayé plusieurs hydromètres, M. Bories s'est arrêté à celui que l'on va décrire.

La tige est quadrangulaire, telle qu'elle est représentée dans la *fig.* 1, pl. V, et on en voit le développement *fig.* 2. Cette tige donne quatre faces ou parallélogrammes bien distincts au bas de la tige. A une petite distance de la boule il trace une ligne horizontale, qu'il appelle *ligne de vie*, *fig.* 1 et 2. Il ajuste ensuite son instrument de façon que, mis dans l'eau distillée à la température de dix degrés du thermomètre, il s'enfonce en tout sens jusqu'à cette ligne, ce qui forme le terme fixe inférieur marqué A. M. Bories plonge ensuite l'hydromètre dans l'esprit-de-vin qui doit en être son terme fixe supérieur, et il marque B le point où il s'arrête dans cette seconde liqueur ; alors, prenant l'intervalle d'un point à l'autre, il le porte sur un papier A B (*fig.* 3), et divise l'espace compris entre A et B, en mille parties égales, ce qui forme la table des rapports de dilatation et de condensation, et il gradue son hydromètre de la manière suivante :

La première face de la *fig.* 2 indique toutes les variations causées par la diverse température, depuis o jusqu'à 5 ; la seconde, celle depuis 5 jusqu'à 10 ; la troisième, de 10 à 15 ; la quatrième enfin, de 15 à 20 ; de sorte que les quatre faces ensemble font le complément de vingt degrés du thermomètre (*fig.* 4) ; chacune se trouve par-là divisée en cinq parties égales.

La ligne de vie (*fig.* 1 et 2) sert de point fixe pour la formation de l'échelle de la tige de l'hydromètre. La table des rapports de la dilatation et condensation indique le nombre des parties qu'il y a de cette ligne de vie au point correspondant de chaque espèce d'eau-de-vie pour chaque degré de température, et l'échelle de mille parties (*fig.* 3) en donne les distances.

Pour rendre la chose plus sensible, en voici une application. La table des rapports indique qu'une eau-de-vie formée par le mélange d'une partie d'esprit-de-vin sur neuf d'eau, ne donne à zéro que 6,3. On prend avec un compas, sur l'échelle de mille parties (*fig.* 3) un intervalle de 6,3 que l'on porte sur la ligne EF de la *fig.* 2 de la première face, en appuyant une des pointes du compas sur la ligne de vie, au point E, et l'autre arrive au point I que l'on marque. Cette même table fait voir que la même eau-de-vie, à la température de 5, donne 6,6, qu'on va lever sur l'échelle, pour la porter ensuite sur la ligne CD, de la

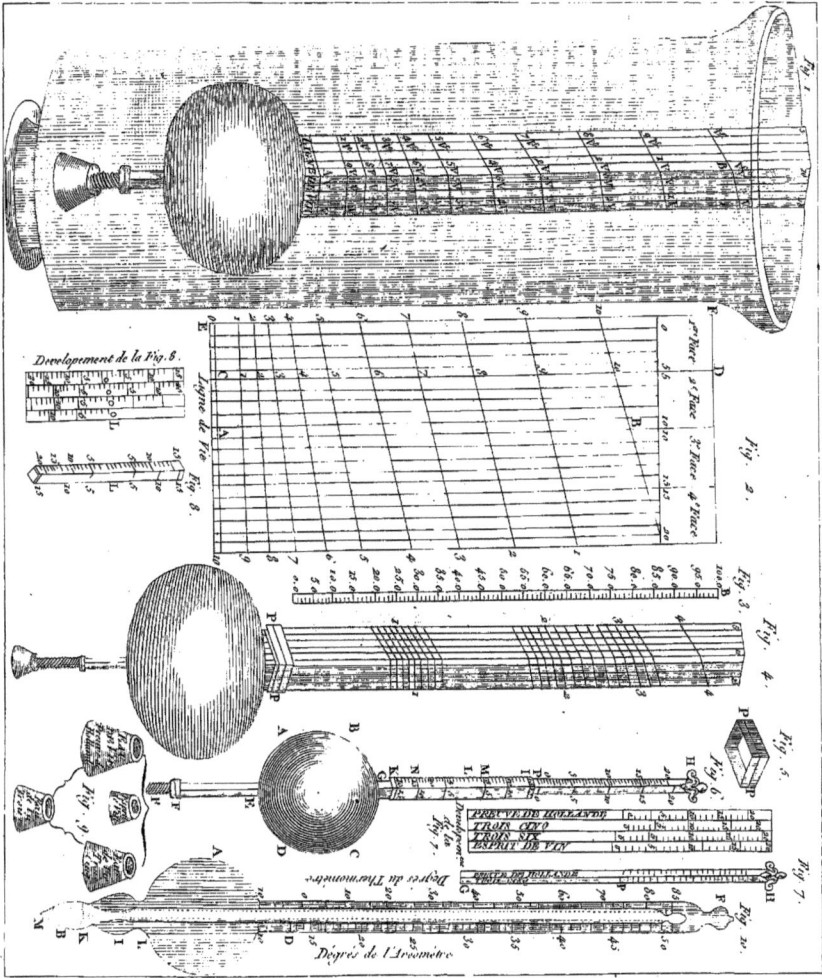

Pl 1. T. 5. Page 40.

Fig. 1.

Fig. 2.

Developement de la Fig. 8.

Ligne de Vie

Fig. 8.

Fig. 3.

Fig. 4.

Fig. 5.

Fig. 6.

Fig. 9.

Fig. 7.

PREUVE DE HOLLANDE		
TROIS CINQ		
TROIS SIX		
ESPRIT DE VIN		

Dégrés du Thermomètre.

Fig. 10.

Dégrés de l'Aréomètre.

même face, en appuyant toujours la pointe du compas; et de ce point I, pris dans la ligne CD, au point I, déjà marqué dans la ligne EF, on tire une ligne transversale qui ne doit pas être parallèle à la ligne de vie.

Sur cette même face, on parcourt les autres eaux-de-vie, dont on marque les points selon que la table des rapports les indique, et que les distances en sont données par l'échelle; et de chacun de ces points marqués dans la ligne EF on tire des lignes aux points correspondans dans la ligne CD; par ce moyen toute cette face est divisée. Il faut observer la même méthode pour toutes les autres faces; mais comme chacune de ces faces est sous-divisée en cinq parties égales, il se trouvera que la ligne tirée d'un point à celui qui lui correspond coupera obliquement les lignes qui sous-divisent chaque parallélogramme, et le point de concours de ces lignes indiquera les degrés de température intermédiaire de o à 5 dans la première, de 5 à 10 dans la seconde, etc. Prenons pour exemple l'esprit-de-vin, dont le point 10, marqué dans la ligne EF, est distant de la ligne de vie de 93,2; et le même point 10, pris dans la ligne CD, se trouve éloigné de cette même ligne de vie 96,6. La ligne oblique, tirée d'un de ces points 10 à l'autre, doit coïncider avec la ligne verticale de la première colonne, à 93,9; avec celle de la seconde, à 94,6; avec celle de la troisième, à 95,5; avec celle de la quatrième, à 96,0; et ainsi de suite pour chaque face et chaque espèce d'eau-de-vie intermédiaire.

On voit par ces résultats qu'on peut, avec un seul et même hydromètre, vérifier non seulement la même eau-de-vie à tous les degrés de température, mais qu'on peut encore pousser l'exactitude jusqu'à reconnoître des moitiés, des quarts, des huitièmes de degré; de sorte qu'on trouve dans un même instrument une infinité d'hydromètres gradués pour des températures différentes.

Les dimensions de l'hydromètre sont arbitraires; mais il n'en est pas de même des proportions de ses différentes parties entre elles. Il faut que le volume de la verge de la graduation soit au volume total comme 1 est à 6.

La sensibilité de l'instrument dépend de la longueur de l'intervalle du point A au point B (*fig.* 1) qui sont les deux termes.

Plus la verge de graduation est longue, plus le lest doit être distant du corps pour contre-balancer la force de gravité; sans quoi l'instrument, loin de se tenir droit, feroit la bascule.

La preuve de Hollande, dont on a parlé plus haut, est le premier objet de consommation, et a pour ainsi dire servi jusqu'à présent, en Languedoc, de boussole, soit pour le titre, soit pour le prix des autres degrés d'eau-de-vie.

Pour le titre, en ce que la spirituosité de celle-là étant connue, celle des autres devroit l'être dans l'acception du terme et d'après les notions reçues, quoique fausses. Suivant donc l'idée générale, le trois-cinq est une eau-de-vie dont trois parties mêlées à deux d'eau pure doivent rendre cinq parties preuve de Hollande ; et parties égales de trois-six et d'eau commune doivent donner encore la même preuve de Hollande, dont le prix détermine encore celle des deux autres eaux-de-vie.

Pour remplir ces objets par une règle facile à appliquer journellement, M. Bories a pris la moyenne sur une grande quantité de pièces d'eau-de-vie voiturées au port de Cette, de différens cantons du Languedoc ; mais comme les eaux-de-vie ne sont pas chaque année égales en qualité, il a combiné ses expériences sur les eaux-de-vie de 1771, 1772 et 1773. Le titre ainsi fixé, il est facile d'en donner le rapport à l'esprit-de-vin et à l'eau distillée, et d'assigner leur place sur le bathmomètre.

Dix verges ou veltes d'esprit-de-vin sur une velte d'eau distillée font la combinaison du trois-six ; et ce mélange pèse exactement à l'aréomètre $427 \frac{2}{8}$ de grain, comme la moyenne de trois-six. Il y a eu dans ce mélange une augmentation de densité de quatre grains ; car si on calcule le poids qu'il devroit avoir, on ne trouve que $423 \frac{2}{8}$; il y a donc eu une différence de presque $\frac{2}{206}$ du volume total. Un pouce cubique de ce même trois-six pèse $518 \frac{2}{8}$ de grain, tandis qu'un pareil volume d'esprit a pesé $501 \frac{1}{8}$ de grain, et celui de l'eau distillée $566 \frac{6}{8}$. Le rapport de cette eau-de-vie de $+$ 10 degrés de température est à l'eau et à l'esprit-de-vin comme $0,045 \frac{75}{5055}$ et à 1,000 et à 0,820 $\frac{1000}{5055}$.

Il résulte de ce qui vient d'être dit que le trois-six, à dix degrés de température, doit se trouver sur le bathmomètre (*fig.* 5) distant de la ligne de vie de 841, de l'intervalle total de l'eau à l'esprit-de-vin ; alors on le prend au moyen de l'échelle de mille parties, pour le porter à la colonne de 10 du bathmomètre, sur lequel on le marque au point trois. La table des rapports des dilatations et condensations apprend ensuite la série des variations que suit cette liqueur en dessus et en dessous du 10e degré ; et on trouve qu'à 15 degrés on a 870 ; à 20, 900, etc., que l'on marque de la même manière que pour les eaux-de-vie par dixième d'esprit. Ce qu'on a pratiqué pour les trois-six s'observe également pour les trois-cinq et pour la preuve de Hollande.

La graduation du bathmomètre ainsi fixée pour les usages du

commerce de la province, l'essai de chacune des espèces d'eau-de-vie en sera facile. Pour le rendre encore plus facile avec cet instrument M. Bories y a ajouté un curseur dont les mouvemens sont toujours parallèles à la ligne de vie. (*Voyez* ce curseur PP monté sur le bathmomètre, *fig.* 4, et cette même pièce séparée de l'instrument *fig.* 6.)

Après s'être assuré de la température de la liqueur à vérifier, on y plonge l'instrument. S'il s'enfonce de façon que la ligne du titre soit au-dessous de la surface de la liqueur à vérifier, l'eau-de-vie est au-dessus du titre, et la quantité des degrés secondaires indique le degré de la spirituosité supérieure. Si au contraire cette même ligne du titre surnage le nombre des degrés secondaires, depuis la surface de la liqueur jusqu'à cette ligne du titre, elle annoncera les degrés de spirituosité qui manquent et par conséquent la quantité de la liqueur d'une force supérieure, qu'il faut ajouter pour que l'eau-de-vie essayée soit ramenée au titre qu'on désire.

A l'instrument qu'on vient de décrire, M. Bories en a ajouté un autre dépendant du précédent, plus commode, plus simple, et plus à la portée des fabricans d'eau-de-vie et de ceux qui en font commerce.

Cet instrument, représenté *fig.* 6, diffère des hydromètres ordinaires par l'échelle graduée sur une tige quadrangulaire G H, *fig.* 6 et 7. La *fig.* 7 représente cette tige dégarnie de son curseur (*fig.* 8) et dans sa moitié supérieure P H seulement. Cette tige est munie d'un curseur I K (*fig.* 6) qui porte sa graduation et fait les fonctions de compensateur. Les développemens des échelles de la tige et du curseur se voient à côté.

Ce compensateur est divisé en deux parties par un bouton au point saillant L (*fig.* 6 et 8) qui doit être en or, pour qu'il soit plus sensible; et c'est à ce point L que doit toujours se trouver la liqueur qui est au titre juste.

Les degrés de ce compensateur qui sont au-dessus du point saillant de L en I indiquent les degrés de spirituosité trop grande et par conséquent au-dessus du titre. La graduation qui est en dessous de ce même point de L en K est destinée à faire connoître les liqueurs qui sont au-dessous du titre, et fait apprécier les eaux-de-vie foibles.

L'échelle qui est sur la partie supérieure de la même tige de l'instrument de P en H (*fig.* 6 et 7) marque les variations causées par les diverses températures depuis zéro jusqu'à 20 : cette portion s'appelle le thermomètre, et est divisée figurativement comme ce dernier instrument, le zéro étant le degré inférieur et vingt le supérieur.

L'autre moitié inférieure de P en G (*fig.* 7) reste sans gradua⁻ tion , et sert à fournir un espace au mouvement du curseur ; il fait en outre connoître l'emploi de chaque face.

Au bas de l'instrument(*fig.* 6) est une autre tige terminée par un taraud 'FF , servant à recevoir l'écrou(*fig.* 9) des quatre poids T , X , Y , Z , chacun desquels porte , gravé en toutes lettres , le nom de la liqueur pour laquelle il est destiné ; en sorte qu'on doit adapter à l'instrument celui de ces poids qui répond à l'espèce d'eau-de-vie dont on doit faire usage.

Le bathmomètre (*fig.* 4) qui est l'archétype de ce dernier instrument(*fig.* 6) détermine le titre de chaque pièce d'eau-de-vie , et par conséquent donne le point principal de chaque face. Il indique aussi le rapport de la tige à la boule , et fait trouver tout d'un coup l'échelle de la graduation , tant de la tige que du compensateur , dans chacune de ses divisions. L'eau-de vie , preuve de Hollande , comme la plus ordinaire dans le commerce , va servir d'exemple.

Cette eau-de-vie donnant au degré 10 de température 340 sur le bathmomètre , il faut ajuster le poids de cette preuve de Hollande de manière que l'instrument indique ce même point 340 ; mais comme on a reconnu que la diverse température fait varier la densité de la preuve de Hollande depuis 294 jusqu'à 586 , il faut nécessairement que la moitié supérieure de la tige soit en état de mesurer cet espace ; d'où il faut conclure que la moitié supérieure de la tige dans la face destinée à la preuve de Hollande doit être au volume total comme 1 à 60 , et par conséquent la totalité de la tige comme 1 à 30. On a par ce moyen les proportions des différentes parties de l'instrument pour la preuve de Hollande , et ainsi de suite pour les autres espèces d'eaux-de-vie.

Avec cet instrument doivent toujours marcher un thermomètre et une table qui sert de tarif (il est ci-joint), et qui indique dans toutes sortes de cas la quantité de trois-cinq qui est de trop ou qui manque dans une preuve de Hollande , pour la mettre au titre , quelle que soit la contenance de la futaille.

TARIF A L'USAGE DU COMMERCE DE L'EAU-DE-VIE, PREUVE DE HOLLANDE,

Pour trouver la qualité de Trois-cinq qui manque à une Pièce foible, pour la mettre au titre, quelles qu'en soient la contenance et la température, et qui désigne en même temps l'excédant de ce même Trois-cinq dans les Pièces sur-fortes.

NOMBRE DES VELTES	DEGRÉS DE FOIBLESSE ou DE SUR-FORCE DE L'EAU-DE-VIE.														
	1	2	3	4	5	6	7	8	9	10	11	12	13	14	15
60	12,0	24,0	36,0	48,0	60,0	72,0	84,0	96,0	108,0	120,0	132,0	144,0	156,0	168,0	180,0
61	12,2	24,4	36,6	48,8	61,0	73,2	85,4	97,6	109,8	122,0	134,2	146,4	158,6	170,8	183,0
62	12,4	24,8	37,2	49,6	62,0	74,4	86,8	99,2	111,6	124,0	136,4	148,8	161,2	173,6	186,0
63	12,6	25,2	37,8	50,4	63,0	75,6	88,2	100,8	113,4	126,0	138,6	151,2	163,8	176,4	189,0
64	12,8	25,6	38,4	51,2	64,0	76,8	89,6	102,4	115,2	128,0	140,8	153,6	166,4	179,2	192,0
65	13,0	26,0	39,0	52,0	65,0	78,0	91,0	104,0	117,0	130,0	143,0	156,0	169,0	182,0	195,0
66	13,2	26,4	39,6	52,8	66,0	79,2	92,4	105,6	118,8	132,0	145,2	158,4	171,6	184,8	198,0
67	13,4	26,8	40,2	53,6	67,0	80,4	93,8	107,2	120,6	134,0	147,4	160,8	174,2	187,6	201,0
68	13,6	27,2	40,8	54,4	68,0	81,6	95,2	108,8	122,4	136,0	149,6	163,2	176,8	190,4	204,0
69	13,8	27,6	41,4	55,2	69,0	82,8	96,6	110,4	124,2	138,0	151,8	165,6	179,4	193,2	207,0
70	14,0	28,0	42,0	56,0	70,0	84,0	98,0	112,0	126,0	140,0	154,0	168,0	182,0	196,0	210,0
71	14,2	28,4	42,6	56,8	71,0	85,2	99,4	113,6	127,8	142,0	156,2	170,4	184,6	198,8	213,0
72	14,4	28,8	43,2	57,6	72,0	86,4	100,8	115,2	129,6	144,0	158,4	172,8	187,2	201,6	216,0
73	14,6	29,2	43,8	58,4	73,0	87,6	102,2	116,8	131,4	146,0	160,6	175,2	189,8	204,4	219,0
74	14,8	29,6	44,4	59,2	74,0	88,8	103,6	118,4	133,2	148,0	162,8	177,6	192,4	207,2	222,0
75	15,0	30,0	45,0	60,0	75,0	90,0	105,0	120,0	135,0	150,0	165,0	180,0	195,0	210,0	225,0
76	15,2	30,4	45,6	60,8	76,0	91,2	106,4	121,6	136,8	152,0	167,2	182,4	197,6	212,8	228,0
77	15,4	30,8	46,2	61,6	77,0	92,4	107,8	123,2	138,6	154,0	169,4	184,8	200,2	215,6	231,0
78	15,6	31,2	46,8	62,4	78,0	93,6	109,2	124,8	140,4	156,0	171,6	187,2	202,8	218,4	234,0
79	15,8	31,6	47,4	63,2	79,0	94,8	110,6	126,4	142,2	158,0	173,8	189,6	205,4	221,2	237,0
80	16,0	32,0	48,0	64,0	80,0	96,0	112,0	128,0	144,0	160,0	176,0	192,0	208,0	224,0	240,0
81	16,2	32,4	48,6	64,8	81,0	97,2	113,4	129,6	145,8	162,0	178,2	194,4	210,6	226,8	243,0
82	16,4	32,8	49,2	65,6	82,0	98,4	114,8	131,2	147,6	164,0	180,4	196,8	213,2	229,6	246,0
83	16,6	33,2	49,8	66,4	83,0	99,6	116,2	132,8	149,4	166,0	182,6	199,2	215,8	232,4	249,0
84	16,8	33,6	50,4	67,2	84,0	100,8	117,6	134,4	151,2	168,0	184,8	201,6	218,4	235,2	252,0
85	17,0	34,0	51,0	68,0	85,0	102,0	119,0	136,0	153,0	170,0	187,0	204,0	221,0	238,0	255,0
86	17,2	34,4	51,6	68,8	86,0	103,2	120,4	137,6	154,8	172,0	189,2	206,4	223,6	240,8	258,0
87	17,4	34,8	52,2	69,6	87,0	104,4	121,8	139,2	156,6	174,0	191,4	208,8	226,2	243,6	261,0
88	17,6	35,2	52,8	70,4	88,0	105,6	123,2	140,8	158,4	176,0	193,6	211,2	228,8	246,4	264,0
89	17,8	35,6	53,4	71,2	89,0	106,8	124,6	142,4	160,2	178,0	195,8	213,6	231,4	249,2	267,0
90	18,0	36,0	54,0	72,0	90,0	108,0	126,0	144,0	162,0	180,0	198,0	216,0	234,0	252,0	270,0

La première colonne de ce tarif est hors de rang, et indique la contenance de la futaille par le nombre de veltes, depuis 60 veltes jusqu'à 90. Les futailles pour l'eau-de-vie, preuve de Hollande, excèdent rarement ces proportions.

La première ligne, également hors de rang, marque les degrés ou les distances du point saillant L (*fig.* 6) tant en dessus qu'en dessous.

Les 465 cases qui forment ce tarif représentent en décimales la quantité de livres de trois-cinq qu'il faut ajouter ou retrancher pour que la liqueur soit au titre juste.

Dès qu'on connoît, par le moyen du thermomètre, le degré de température des eaux-de-vie qu'on se propose d'essayer, on porte le sommet I du curseur au degré de la graduation de l'hydromètre correspondant à celui qu'a donné la liqueur dans le thermomètre; enfin on adapte pour la preuve de Hollande le poids X (*fig.* 9) qui répond à cette espèce d'eau-de-vie.

L'instrument préparé est plongé dans la liqueur contenue dans un cylindre de fer-blanc, et on considère le point où la surface de l'eau-de-vie coupe le curseur. Si c'est au bouton d'or L (*fig.* 6) la liqueur est au titre juste; mais si c'est en dessous, au point N, par exemple, ou au douzième degré (la futaille supposée contenir 76 veltes), la case du tarif qui se trouve dans l'angle commun de la colonne 12 en chef, et de la ligne 76 en marge, donne 182,4 : ce qui indique que, pour mettre la pièce vérifiée au juste titre, il faudroit 182 livres et $\frac{4}{10}$ de livre, ou bien 9 veltes et $\frac{1}{10}$, en négligeant les fractions de livre.

L'opération d'essai est si prompte, qu'en moins d'une heure M. Bories a essayé 110 pièces d'eau-de-vie et a indiqué ce qu'il y avoit à changer à chacune. Comme cet instrument est en argent, et qu'il y a beaucoup de lettres, de chiffres, de lignes gravés sur les tiges, sur les poids, etc., etc. Il coûte 72 livres, et c'est un peu cher pour le particulier. C'est le seul reproche qu'on puisse lui faire.

Après avoir fait sentir l'utilité d'un aréomètre comparable, sur-tout pour les eaux-de-vie et les esprits-de-vin, et tout l'avantage d'un tel instrument qui feroit en même temps l'office de thermomètre, et après avoir décrit plusieurs de ces instrumens, nous allons donner le moyen de faire celui de M. Perica, et décrire ses proportions. Il est bien moins dispendieux que celui de M. Bories.

Au bout d'un tube de verre de quatre lignes de diamètre et de six à sept pouces de longueur, on souffle une boule AG (*fig.* 10) pl. V, de 16 lignes de diamètre. A environ huit lignes de la boule on en souffle une autre petite HI de 5 à 6 lignes de diamètre, terminée par un cylindre B, de 4 lignes de diamètre et de 8 de longueur, terminée en pointe, comme on le voit dans la figure. Cette pointe reste ouverte jusqu'à ce que l'instrument soit terminé; c'est par cette extrémité que l'on y introduit un thermomètre à mercure, coudé au point L, pour pouvoir passer au-dessus de la table des divisions que l'on a fait entrer dans le tube DF par l'extrémité F, et qui doit descendre jusqu'à la naissance du coude L du thermomètre, dont toute la partie, depuis L jusqu'en M, doit être considérée comme la boule. On soude ensuite le thermomètre avec le cylindre B aux pointes

KK , de façon qu'il ne fait plus qu'un corps avec lui, et que le cylindre devient en même temps et réservoir du thermomètre et l'est de l'aréomètre. On fait passer ensuite du mercure dans le tube du thermomètre par l'extrémité M qui doit rester ouverte, comme nous l'avons dit; on en introduit la quantité nécessaire pour que l'eau étant à la température de la glace, il se fixe au zéro de l'échelle du thermomètre, et qu'il monte à l'eau bouillante à quatre-vingt-cinq degrés. On ferme alors la pointe M , et l'on essaie l'instrument comme aréomètre en le plongeant dans l'eau distillée, où il doit s'arrêter au n° 10 de l'échelle de l'aréomètre. S'il est trop léger, et qu'il n'enfonce pas assez, on leste avec un peu de mercure : pour cela on rouvre la pointe M , on introduit une certaine quantité de mercure, et on la referme; si, au contraire, il est trop pesant, on en retire un peu, jusqu'à ce qu'enfin il se trouve juste au n° 10.

Ce n'est , comme on le voit, que par des tâtonnemens que l'on peut espérer d'abord de réussir dans la construction de cet instrument; mais avec de la patience et de l'adresse on en viendra à bout.

Chaque degré du thermomètre équivaut à cinq degrés du pèse-liqueur.

Il est facile d'en sentir toute l'utilité et toute la commodité. Il peut servir en même temps à connoître non seulement les pésanteurs spécifiques de diverses liqueurs comme aréomètre, mais encore leur température et leurs degrés de dilatation et de condensation, ce qui influe plus qu'on ne pense dans la densité relative des fluides. En effet , si l'on compare les degrés de pesanteur de l'eau chaude et de l'eau froide, on s'apercevra d'une différence sensible : ayant exposé de l'eau ordinaire à la gelée , et le thermomètre ordinaire marquant zéro, l'aréomètre dont nous venons de donner la description s'est arrêté après plusieurs oscillations à 11°; l'ayant transporté dans l'eau de même qualité, mais plus chaude, il s'est enfoncé jusqu'à 12°; enfin au degré de l'eau bouillante il s'est tenu plongé jusqu'à 1.°. A mesure que l'eau se refroidissoit, il remontoit insensiblement pour se fixer à 11°, où il étoit à la température de la glace. Il faut donc faire attention dans les opérations de l'aréomètre aux différens degrés de température , et c'est en quoi consiste le principal avantage de celui que nous proposons.

Dans les brûleries d'eau-de-vie, si, pour connoître les qualités, on adopte cet aréomètre, on pourra voir tout d'un coup sa juste densité, qui résulte de la proportion de l'esprit-de-vin , avec le flegme ou l'eau; le degré de chaleur qu'elle aura dans le moment sera corrigé sur-le-champ par le thermomètre; mais en général il faudra avoir l'habitude de l'essayer à la même température, par exemple au degré 10, qui marque une cha-

leur modérée, et que l'on retrouve facilement en toute saison ;
l'hiver, en échauffant un peu la liqueur, et l'été, en la plaçant
dans un endroit frais. Pour spécifier la qualité de l'eau-de-vie,
il ne faudra qu'exprimer le degré de l'aréomètre, sa température étant au degré 10 du thermomètre ; ce qui pourra servir
de base générale et de terme de comparaison qu'il seroit intéressant d'adopter dans tous les pays. Ceux qui désireront plus
de précision se serviront de l'aréomètre de M. Bories. (CHAP.)

DISTRIBUTION DES BRANCHES. Du moment que
l'homme a eu la manie de réduire la végétation des arbres
en captivité, de donner à leurs branches une forme symé-
trique et agréable à la vue, il a été forcé à l'étude des lois de
la végétation. L'expérience, après un grand nombre de siècles,
a enfin démontré que toute branche perpendiculaire s'emporte, que la sève y monte avec impétuosité, que le cours de
cette sève, s'établissant avec rapidité dans un seul endroit, absorbe celle des branches voisines, et peu à peu elle les ap-
pauvrit, et finit par leur dérober toute leur subsistance ; enfin, que si on fait incliner cette même branche gourmande
sur l'angle de quarante-cinq à cinquante degrés, elle cessera
de nuire aux autres, et finira par devenir branche à fruit.

On a encore reconnu que les branches d'un arbre disposé
en espalier doivent conserver une espèce d'équilibre entre
elles, et que sans cette précaution, si un des côtés de l'arbre
se fournit d'un plus grand nombre de mères branches que
l'autre, ce dernier périra. De l'équilibre des branches dépend
celui des racines ; elles sont toujours maigres et chétives du
côté maigre en branches. On ne craint pas d'avancer que tout
l'art de la taille dépend en général de ces deux principes
fondamentaux qui seront discutés plus au long dans la suite
de cet ouvrage. *Voyez* ESPALIER, BUISSON (arbre en), TAILLE,
PALISSADE et PECHER. (R.)

DISTRIBUTIONS. ARCHITECTURE RURALE. On entend, par
cette expression, l'arrangement des différentes pièces dont
une construction rurale est composée.

Le nombre de ces pièces et leur distribution intérieure sont
relatives à la destination de l'établissement, et doivent être
combinées avec goût et convenances; en sorte que son ensemble présente le coup d'œil le plus régulier et les distributions
les plus commodes.

L'art des distributions, qui a fait de très grands progrès
pendant le siècle dernier, doit s'étendre à toutes les espèces
de bâtimens ruraux comme aux maisons des villes et aux palais, parceque chacun aime à avoir une habitation commodément appropriée à ses besoins. (DE PER.)

DODECANDRIE. Nom de la onzième classe du système

botanique de Linnæus. Il renferme les plantes qui ont douze étamines. *Voyez* au mot PLANTE.

DOGUER. Se dit des moutons qui se battent à coup de tête. Comme il arrive ordinairement que ce ne sont que les beliers qui se battent, sur-tout dans le temps de la monte, on a imaginé dans quelques pays de leur entortiller les cornes avec des harts de fagot de manière qu'elles débordent sur le front. L'expérience a prouvé que cela seul les empêchoit de se battre aussi souvent. Cette précaution est d'autant plus utile, que ces animaux se portent quelquefois des coups si terribles qu'ils se blessent et se tuent. (TES.)

DOLIC, *Dolichos.* Genre de plantes de la diadelphie décandrie, et de la famille des légumineuses, qui renferme plus de cinquante espèces, toutes originaires des pays intertropicaux, et dont plusieurs s'y cultivent pour leurs semences, qui se mangent comme celles des haricots, dont elles ne diffèrent pas essentiellement. Ce sont des plantes vivaces ou annuelles, grimpantes ou droites; à feuilles alternes, pétiolées, ternées ; à folioles articulées, stipulées, et à fleurs disposées le plus communément en grappes axillaires et pendantes.

On voit par cet exposé que ce genre ne diffère de celui des haricots que parcequ'il n'a pas la carène contournée en spirale. *Voyez* au mot HARICOT.

Les dolics les plus importans à mentionner ici sont, parmi ceux à tiges grimpantes,

Le DOLIC D'EGYPTE, *Dolichos lablab*, Lin., dont les légumes sont ovales, recourbés, les semences grosses et noires, bordées de blanc. Il est annuel, et se cultive de temps immémorial en Egypte, où on mange les semences, qui parviennent rarement à maturité dans le climat de Paris. C'est le seul du genre qu'on cultive aussi en Europe.

Les autres espèces qu'on cultive aussi dans les pays chauds sont, le DOLIC DE LA CHINE, ou DOLIC EN SABRE, *Dolichos ensiformis*, Lin., venant des Indes et d'Amérique ; le DOLIC QUADRANGULAIRE, *Dolichos tetragonolobus*, Lin., venant des Indes; le DOLIC ASPERGE, *Dolichos sesquipedalis*, Lin, qui croît à Saint-Domingue, et dont la gousse, qui a quelquefois un pied et demi de long, est très bonne en vert; le DOLIC TUBÉREUX et le DOLIC BULBEUX, venant d'Amérique et de l'Inde, dont on mange les graines et aussi les racines comme celles de la pomme de terre; le DOLIC LIGNEUX, venant de l'Inde, où on mange ses gousses vertes, ses semences et ses racines.

Il se cultive dans les îles de l'Amérique, et même en Caroline, un dolic dont les légumes ne contiennent que deux à trois semences plates et larges, et dont la tige est également ligneuse à sa base. Il vit trois ou quatre ans, reste toujours vert, s'élève au-dessus des grands arbres, fournit immensément de semences, dont la peau est dure, mais dont la farine est d'un goût très agréable. On le connoît à Saint-Domingue sous le nom de *pois souche*. Je ne le crois pas décrit dans les ouvrages de botanique. Sa culture seroit très avantageuse dans les parties méridionales de l'Europe. J'en ai rapporté beaucoup de graines que j'ai dispersées à Bordeaux, Montpellier, etc.; mais j'ignore si l'espèce s'y est conservée.

Les dolics qu'il est bon de citer parmi ceux qui ne sont pas grimpans se réduisent aux suivans,

Le DOLIC DU JAPON, *Dolichos soja*, Lin., qui croît au Japon, et avec lequel, et des jus de viande, on prépare cette sausse fameuse connue sous le nom de *soja*. J'en ai fait usage à Paris plusieurs fois, et ne l'ai pas trouvée digne de sa réputation. Peut-être étoit-elle altérée par le voyage.

Le DOLIC A GOUSSES MENUES, *Dolichos catiang*, L. Il croît dans l'Inde et s'y cultive en immense quantité; ses graines, petites et blanches, sont, après le riz, l'aliment du plus grand usage.

On cultive en Caroline, sous le nom de *caouss pese*, *pois à vache*, un dolic de cette division, dont les gousses sont souvent de plus d'un pied de long, et contiennent de vingt à trente graines rougeâtres, dures et peu agréables au goût. C'est à l'engrais des bestiaux que ces graines sont exclusivement employées; et elles remplissent cet objet avec une rapidité dont on ne se fait pas d'idée. Je fais des vœux pour que cette espèce, dont les produits sont immenses, puisse être introduite dans les cultures des parties les plus chaudes de l'Europe, où on manque en général de nourriture pour les bestiaux.

On trouvera au mot HARICOT les détails de culture qui pourront être appliqués aux dolics, si quelqu'un vouloit en cultiver en France. (B.)

DOMAINE. On donne ce nom dans quelques parties de la France aux propriétés foncières, et par suite aux fermes qui sont établies pour les exploiter, terres et bâtimens compris.

DOMAINE CONGÉABLE. C'est une terre donnée à rente, et dans laquelle le propriétaire peut rentrer à volonté en remboursant les améliorations de toutes natures qui ont été faites par le fermier. Cette sorte de transaction existe principalement dans la ci-devant Bretagne. Elle a eu des avantages dans son origine; mais aujourd'hui elle présente des inconvéniens qui ont été développés dans un grand nombre de mémoires publiés au commencement de la révolution. *Voyez* au mot BAIL. (B.)

DOMESTIQUE ou **SERVITEUR DE LA MAISON.** On distingue aux champs deux classes de domestiques. Dans la première est placé le maître-valet qui, en l'absence du maître, a l'inspection sur les autres, ordonne le travail, le dirige, et travaille lui-même; enfin il est chargé de la nourriture de ceux soumis à ses ordres. Sous un nom différent on connoît encore une autre espèce de maître-valet, appelé homme d'affaire; il dirige et ne travaille pas. La seconde classe comprend le charretier chargé du soin des chevaux, des mulets, etc; le bouvier et les laboureurs; chacun a son district.

Dans beaucoup de lieux il y a une époque fixe à laquelle on prend de nouveaux domestiques pour suppléer ceux que l'on renvoie ou qui s'en vont d'eux-mêmes; ici c'est à la Saint-Jean d'été ou à Noël; là à la Saint-Martin, à la Saint-Michel, etc. Ces époques sont en général dictées par l'ordre des récoltes. Dans plusieurs provinces il existe des lois injustes relativement à ces malheureux domestiques; en Languedoc, par exemple, un valet arrêté à la Saint-Michel ne peut quitter son maître qu'à la Saint-Michel suivante. Vient-il à sortir dans le mois d'août? on lui retient ses gages et même ses hardes, et le maître injuste a le droit de le renvoyer chaque jour de l'année en lu payant ses gages. Il arrive qu'un valet, mécontent de son maître, fait mal l'ouvrage, ou en fait si peu, que le maître est forcé de le renvoyer. Je demande, dans ce cas, qui perd le plus ou du maître ou du valet? Renvoyé par le maître il reçoit ses gages, et le champ a été mal culitvé. Il résulte de cette loi que, sur cent valets, à peine il y en a dix qui passent deux ou trois années de suite dans la même métairie; dès-lors, pourvu qu'un travail quelconque soit fait, peu leur importe, puisqu'ils ne prennent pas le plus léger intérêt à l'avantage du maître. Soyez humains, raisonnables et bons, et vous aurez de bons domestiques, à moins que cette classe d'hommes, dans le canton, ne soit aussi pervertie que dans les grandes villes.

Il est essentiel, et c'est le point le plus important, d'avoir un bon maître-valet. Toute la régie de la métairie roule sur lui. Avant de l'arrêter prenez des informations, et n'épargnez pas l'argent si vous en trouvez un convenable; son bien-être l'attachera à vous, à son travail, et à ceux qui lui seront soumis. Comme il est simplement le premier entre ses égaux, il ne convient pas qu'il parle en maître, qu'il soit impérieux et dur. Les inférieurs supportent difficilement le joug qui pèse sur eux; les esprits s'aigrissent, la discorde survient, et souvent pour rétablir la paix il faut faire maison nette. Il est démontré que le maître ne gagne jamais rien aux déplacemens multipliés, parceque, d'après la réputation du maître-valet, on est réduit à prendre les sujets qui ne peuvent se placer ailleurs, et par

conséquent tout ce qu'il y a de plus mauvais. La bonne intelligence cessée se rétablit très difficilement. De temps à autre
rendez-vous à votre métairie à l'heure des repas, afin d'examiner si vos gens sont nourris, si les alimens qu'on leur donne
sont de bonne qualité ; l'homme qui languit travaille mal, et
le maître y perd doublement. Lorsque le maître-valet vous
aura avancé qu'il a fait telle opération que vous lui avez de-
mandée, vérifiez tout de suite, et sur-tout dans les commen-
cemens, afin de l'accoutumer à l'exactitude ; et pour votre
propre tranquillité, sans qu'il s'en aperçoive, épiez ses dé-
marches, suivez son travail jusqu'à ce que vous soyez parfaitement convaincu qu'il se comporte en honnête homme. Lorsqu'il prêchera d'exemple aux autres valets, le maître sera assuré de la bonté du travail, et de l'ordre qui règnera dans la
métairie. N'augmentez jamais les gages de ce chef ; mais ne
plaignez pas les gratifications ; pour les mériter il en travaillera
mieux. Cette manière de penser ne plaira pas à plusieurs particuliers de quelques unes de nos provinces, où l'on tient pour
maxime qu'à tous les valets en général on ne doit faire ni in-
justice ni grace, mais s'en tenir strictement à ce qui a été convenu. Il faut donc que la classe des maîtres soit aussi perverse
que celle des domestiques, puisqu'ils leur donnent le moins
qu'ils peuvent, marchandent avec eux jusqu'à un petit écu,
choisissent par préférence ceux qui exigent le moins de gages.
Sans attachement réciproque, sans espoir d'aucun soulagement de plus, le travail s'en ressent. J'insiste sur cet objet parcequ'il me révolte ; j'aime mieux être dupe de mes domestiques, que d'attendre d'eux plus qu'ils ne peuvent faire. (R.)

DOMINÉ. Variété de pois cultivés. *Voyez* Pois.

DOMPTAIRE. C'est dans la Camargue le bœuf privé qu'on
attelle avec un bœuf non encore façonné au joug pour y accoutumer ce dernier.

DOMPTER se dit d'un bœuf, d'un cheval, ou de tout autre
animal que l'on dresse, pour les usages auxquels on le destine.
Voyez Bœuf, Cheval, etc.

DOMPTE VENIN. *Voyez* au mot Asclépiade blanche.

DONVILLE. Variété de poire. *Voyez* Poirier.

DORA ou DOURA. Nom que l'on donne au Sorgho, *Holcus sorghum*. *Voyez* ce mot.

DORADILLE, *Asplenium*. Genre de plantes de la crypto-
gamie et de la famille des fougères, qui renferme une qua-
rantaine d'espèces connues, parmi lesquelles il en est plusieurs
propres à l'Europe et fréquemment employées en médecine.

Les espèces les plus communes de doradilles sont,

La DORADILLE SCOLOPENDRE, vulgairement appelée la *langue de cerf* ou de *bœuf*, a des feuilles simples, cordiformes et longues de plus d'un pied, qui sont portées sur des pétioles velus. Elle se trouve en Europe dans les bois montueux et couverts, dans les fentes des rochers, des vieux murs exposés au nord, dans les puits, etc. Son odeur est aromatique, et sa saveur un peu âcre. On la regarde comme apéritive, béchique et vulnéraire ; on en fait souvent usage dans les rhumes et autres maladies de la poitrine.

La DORADILLE CÉTÉRACH a les feuilles pinnatifides, les folioles alternes confluentes à leur base, et obtuses à leur sommet. Elle croît sur les rochers, les vieilles murailles, etc. On fait usage de ses feuilles, un peu âpres et astringentes, comme apéritives et béchiques.

La DORADILLE POLITRIC, *Asplenium trichomanes*, Lin., a les feuilles ailées, à folioles rondes et crénelées. Elle habite les lieux couverts et humides, les fentes des rochers, les vieux murs, etc.

On se sert des feuilles de cette plante positivement comme de celles de la précédente, dont elle a les vertus.

La DORADILLE NOIRE, *Asplenium adiantum nigrum*, Lin., a les feuilles deux fois ailées, et les folioles alternes, ovales, lancéolées, dentées, les inférieures presque pinnatifides. Elle se trouve dans les parties méridionales de l'Europe aux lieux humides et couverts. On l'appelle vulgairement *capillaire de Montpellier* et *cheveux de Vénus*. Ses feuilles ont une odeur aromatique, et une saveur douce et âcre en même temps. Elles sont très en usage sous les rapports précédens, et font l'objet d'un petit commerce avec le nord de l'Europe.

La DORADILLE RUE DE MURAILLE a les feuilles décomposées, et les folioles cunéiformes et crénelées. On l'appelle vulgairement la *sauve-vie*. Elle est commune sur les vieux murs exposés au nord, dans les puits, les fontaines, qui sortent des rochers, etc. On la regarde comme aussi bonne que les précédentes dans les maladies de poitrine, telles que la toux, l'asthme, etc.

On cultive rarement les doradilles dans les jardins ; cependant elles ne sont pas sans agrément, et lorsqu'on possède un rocher humide dans un jardin paysager, on fera bien de les y placer. Une fois qu'il y en aura un pied, il en naîtra bientôt un grand nombre si l'exposition est favorable ; car elles répandent une prodigieuse quantité de graines. On les ramasse en automne pour l'usage de la médecine, et on les fait sécher afin de pouvoir les garder. (B.)

DORONIC, *Doronicum*. Plante à racine vivace, presque

tubéreuse, oblique, noueuse; à tige striée, légèrement velue, rameuse, haute de deux ou trois pieds; à feuilles alternes, cordiformes, dentées, longues souvent d'un demi-pied, les radicales longuement pétiolées, les caulinaires amplexicaules; à fleurs larges de plus d'un pouce, jaunes, solitaires sur de longs pédoncules axillaires, qui fait partie d'un genre de la syngénésie superflue, et de la famille des corymbifères.

Le DORONIC A FEUILLES EN CŒUR se trouve sur les montagnes élevées et fleurit au milieu de l'été. On la regarde dans quelques pays comme une panacée universelle; dans d'autres comme un poison. Le vrai est que sa racine, qui est aromatique, possède la propriété de ranimer les forces vitales, et que son usage produit souvent des effets très marqués. Elle est inconnue dans les pays de plaines, et on ne la cultive guère que dans les jardins de botanique, quoique la beauté de son port, l'éclat de ses fleurs et leur durée la rendent propre à orner les jardins paysagers, et même les parterres. On la multiplie de semence et par séparation des racines. (B.)

DORYCNIUM. *Voyez* LOTIER.

DOS D'ANE. On donne ce nom à un terrain disposé en pente des deux côtés. On pratique des dos d'ânes dans les plates-bandes des jardins pour l'agrément du coup-d'œil, et pour que les plantes qu'on y place soient naturellement étagées. On pratique des dos d'âne dans les campagnes, soit pour faciliter les irrigations, soit pour mettre à sec les racines des plantes que l'on cultive dans les sols trop humides ou sujets à retenir les eaux des pluies. Ils varient en hauteur et en largeur, selon le but qui les fait établir. Cette manière de disposer le terrain augmentant sa surface doit-être employée lorsqu'on se trouve très circonscrit, et qu'on ne veut cultiver que de très petites plantes ou des fleurs. Les maraîchers de Paris, qui payent un loyer considérable, ne manquent pas d'en construire pour semer leurs mâches, salades, etc. Le dos de bahu n'en diffère réellement pas; cependant, dans la pratique on le distingue. *Voyez* BAHU. L'ADOS, diffère du dos d'âne, en ce qu'il n'a qu'un côté en pente. Son but n'est presque jamais que de faire présenter le sol plus directement aux rayons solaires. *Voyez* au mot IRRIGATION. (B.)

DOSSIÈRE. On appelle ainsi la lanière de cuir, très fortifiée, qu'on passe dans les limons des charrettes, et qui repose sur la sellette du cheval destiné à les traîner. On l'appelle aussi surselle. C'est une pièce importante du harnois; et on ne sauroit trop insister sur sa bonne qualité lors de l'achat et veiller à sa conservation. Il est cependant très commun de voir les dossières rester toute l'année attachées aux limons, exposées à la pluie et souvent même dans la boue. Il semble, dans certains pays, que les habitans des campagnes ne mettent aucune importance à la valeur de l'argent, tant ils s'inquiètent peu des moyens d'éviter d'en dépenser ! (B.)

DOUAI. Nom du taureau dans le département du Var.

DOUBLE (FLEUR). *Voyez* FLEUR.

DOUBLE AUBIER. Quelquefois une maladie, une gelée, une grande sécheresse, etc., font périr en partie une zone d'aubier dans les grands arbres, sans cependant faire périr l'arbre. Alors cette zone, qui ne reçoit plus de nourriture, reste aubier pendant toute la durée de l'existence de l'arbre, se recouvre de bois, de sorte que lorsqu'on coupe l'arbre transversalement ou longitudinalement, il semble avoir et a en effet deux aubiers éloignés l'un de l'autre. Ces cas sont souvent observés par les charpentiers, mais ont été peu étudiés par les physiologistes. Deux ou trois fois le hasard m'a procuré les moyens de voir des doubles aubiers, et toujours c'étoit dans de très jeunes chênes. Je ne vois pas qu'il y ait moyen de s'opposer aux effets physiques qui en déterminent la formation. (B.)

DOUBLE BIDET. On appelle ainsi le cheval d'une ferme qui est un peu plus fort que le bidet, et qu'on emploie à la selle et au trait, au lieu que le bidet ne s'emploie qu'à la selle. *Voyez* CHEVAL. (TES.)

DOUBLE FLEUR. Variété de POIRIER.

DOUBLE PÊCHE. Variété de PÊCHER.

DOUBLE DE TROYE. Variété de PÊCHER.

DOUBLIER. On donne ce nom aux doubles râteliers qu'on place au milieu des BERGERIES.

DOUBLON. Dans quelques cantons on donne ce nom aux poulains et aux veaux de deux ans. *Voyez* BŒUF.

DOUCE-AMÈRE. Espèce du genre des MORELLES.

DOUCETTE. On appelle ainsi la MACHE dans quelques cantons. Dans d'autres c'est la CAMPANULE MIROIR DE VÉNUS qui porte ce nom. *Voyez* ces mots.

DOUCIN. C'est une variété de pommier fort voisine du sauvageon, mais petite et foible, qu'on a trouvé il y a une centaine d'années dans des semis, qu'on a depuis multiplié par marcottes, et qu'on emploie généralement pour greffer toutes les variétés de pommes dont on désire tenir les arbres peu élevés. Il est encore une autre variété plus petite et plus foible, qui sert à la greffe des arbres qu'on veut tenir nains;

on l'appelle Paradis. *Voyez* ce mot. Les variétés de pommiers placées sur doucin ou paradis donnent peu de fruits ; mais ces fruits sont plus gros et se montrent plus tôt. Une greffe sur paradis porte des pommes dès la seconde, et au plus tard la troisième année, tandis que sur franc elle n'en porte qu'à la sixième ou huitième, et sur sauvageon à la douzième et même quinzième. Ces avantages font qu'on emploie beaucoup de doucins et de paradis dans les pépinières ; mais comme les arbres qu'ils forment durent peu, c'est en général un mal, ainsi qu'il sera prouvé au mot Pommier. En effet, la véritablement bonne agriculture ne doit pas seulement s'occuper du présent, et un arbre qui porte chaque année des milliers de pommes pendant un siècle vaudra toujours mieux que celui qui n'en portera, chaque année, qu'une demi-douzaine, pendant huit à dix ans, ces dernières fussent-elles quatre fois plus grosses. Je serois très fâché qu'on proscrivît les doucins et les paradis, mais je voudrois qu'on en restreignît un peu plus l'usage. B.)

DOUELLE. Planches de merrain avec lesquelles on construit les Tonneaux. *Voyez* ce mot.

DOUGERELLE ROMAINE. On appelle ainsi, dans certains cantons, le mélampyre blé de vache.

DOUIL. Nom du vaisseau dans lequel on transporte, sur une charrette, la vendange de la vigne au pressoir.

DOUVE. Ce mot a plusieurs acceptions chez les agriculteurs. La grande et petite douve sont deux renoncules qui croissent dans les marais, et qui passent pour empoisonner les animaux domestiques qui en mangent. Par suite d'une erreur de fait, on a appelé douve la fasciole hépatique qui se trouve sur le foie et autres viscères des moutons, sur-tout de ceux qui paissent dans les lieux aquatiques, et qu'on a supposé manger les renoncules ci-dessus. On appelle encore douves les petites planches avec lesquelles sont construits les tonneaux. *Voyez* aux mots Renoncule, Fasciole et Tonneau. (B.)

DOYENNÉ. Variété de poire.

DRACME, ou **DRAGME,** ou **DRACHME.** Ancien poids équivalant à un gros. *Voyez* au mot Mesure.

DRACOCÉPHALE, *Dracocephalum.* Genre de plantes de la didynamie gymnospermie et de la famille des labiées, qui renferme une douzaine d'espèces, toutes susceptibles d'être cultivées en pleine terre dans le climat de Paris, toutes odorantes et propres à orner les parterres.

L'espèce la plus commune de ce genre est la dracocéphale de Moldavie, qui a les racines pivotantes, annuelles ; les tiges

carrées, rougeâtres, rameuses ; les feuilles opposées, pétiolées, ovales, oblongues, dentées, obtuses ; les fleurs bleues,
ou purpurines, ou blanches, verticillées au sommet des rameaux, et formant des épis accompagnés de larges bractées
terminées par un long poil. On la trouve dans la Moldavie, et
on la cultive depuis long-temps dans les jardins. Son infusion
est cordiale et céphalique. On en extrait une huile essentielle.
On fait avec ses fleurs un ratafia vanté contre les coliques.
Son odeur approche de celle de la mélisse et de celle du
camphre.

Cette plante se multiplie de graines qu'on sème en place,
au printemps, ou sur couche. Le plant en place ne demande
qu'à être sarclé et éclairci selon le besoin. Celui sur couche se
transplante, lorsqu'il a six pouces de haut, dans une terre
légère. On le garantit pendant quelques jours de l'ardeur du
soleil, et on l'arrose copieusement. L'un et l'autre fleurit au
milieu de l'été. (B.)

DRAGÉES. C'est le nom qu'on donne, dans quelques endroits, à un mélange de VESCE, de POIS, de FÈVE, *et autres
plantes légumineuses* semées ensemble.

DRAGEONS. Bourgeons qui naissent des racines des arbres
et qui, séparés de leur mère, lorsqu'ils ont acquis assez de
consistance ou de force, forment de nouveaux pieds.

Il est des arbres qui drageonnent beaucoup, les pruniers,
les cerisiers par exemple. Il en est d'autres qui ne le font jamais.

Une pousse surabondante de drageons empêche les arbres
fruitiers de porter du fruit, même les font périr parcequ'ils
l'épuisent en attirant toute la sève qu'il devoit recevoir. On
doit donc toujours s'opposer, autant que possible, à leur production, et dès qu'ils paroissent, les arracher sans miséricorde;
mais c'est ce que ne font pas toujours les jardiniers, soit par
paresse, soit par ignorance de leurs nuisibles effets, soit enfin
pour en tirer parti. Il est des jardins hideux à voir tant leurs
arbres sont chargés de drageons.

Les arbres à bois mou et à racines traçantes sont généralement ceux qui drageonnent le plus, quoiqu'il y ait des exceptions même dans les extrêmes, le PRUNIER, par exemple. Ceux
qui ont un pivot le font moins que les autres, ce qui est un
des motifs qui militent en faveur de la conservation de cette
partie des racines. Par conséquent les arbres provenus de
drageons, n'ayant jamais de pivot, drageonnent plus que les
autres, aussi doit-on les repousser de la culture plus qu'on ne
le fait généralement.

Un arbre placé dans un sol léger et frais drageonne plus

que celui qui se trouve dans une terre forte et humide, parceque les bourgeons le percent plus facilement. Aussi, dans les pépinières conduites avec intelligence, place-t-on dans un semblable sol les arbres et arbustes qu'on ne multiplie que par drageons, tels que l'Ailanthe, le Chicot, la Spirée a feuilles de sorbier, etc., etc.

Ordinairement un arbre malade pousse plus de drageons qu'un arbre vigoureux, et ce, à raison de ce que la sève n'a pas la force de s'élever jusqu'à ses branches ou est arrêtée dans son cours; par la même raison, les arbres dont on a coupé les branches, qu'on a greffé, etc., en poussent plus qu'auparavant.

On favorise prodigieusement la multiplication des rejetons sur une racine en la coupant près du tronc, en lui faisant une incision annulaire, et la ligaturant, et même simplement en la blessant. Ces moyens sont souvent employés dans les pépinières; cependant un jardinier jaloux de bien faire doit, d'après la connoissance de ce fait, éviter d'atteindre les racines des cerisiers et des pruniers, ou des arbres greffés sur eux, lorsqu'il laboure à leur pied.

La facilité de multiplier les arbres fruitiers par drageons joint à ce qu'ils se mettent plus tôt à fruit et qu'ils évitent les embarras de la greffe, engage beaucoup de cultivateurs à les préférer aux plantes provenant de semis; mais les arbres qui en proviennent, outre l'inconvénient cité plus haut, ont encore celui de durer moins long-temps et de dégénérer facilement. Dans certaines espèces même ce mode de multiplication long-temps répété amène l'infécondité des germes, témoins, le Bananier, le Fruit a pain, l'Epine vinette, etc. *Voyez* ces mots et le mot Coulure. Aussi les pépiniéristes, plus jaloux de leur réputation que de leur fortune, n'emploient-ils la voie des drageons que le plus rarement qu'ils peuvent pour les arbres fruitiers, et encore moins pour les arbres forestiers. Ils la réservent pour les arbrisseaux et les arbustes, chez qui elle a moins d'inconvéniens.

Il est des drageons qui sont de véritables Gourmands (*voyez* ce mot), c'est-à-dire qui poussent à une grande hauteur dès l'année même de leur sortie de terre, d'autres qui boudent, c'est-à-dire qui sont plusieurs années avant de s'élever. Les premiers peuvent être levés pendant le cours de l'hiver, et plantés en pépinière, même quelquefois en place. On gagne à laisser les seconds deux et même trois ans se fortifier dans le lieu où ils ont pris naissance. C'est au pépiniériste à juger, par l'inspection, du parti qu'il doit prendre dans ce cas.

L'arrachis des drageons demande quelques précautions, soit

relativement à eux-mêmes, soit relativement aux lieux d'où ils sortent. Ainsi il faut leur conserver le plus de racines possible, et cependant ne pas trop mutiler celles sur lesquelles ils sont implantés lorsque cela pourroit nuire à l'arbre.

Certaines multiplications par racines peuvent être considérées comme des drageons *Voyez*. RACINE.

On donne quelquefois, par abus de mot, le nom de drageons aux rejets qui sortent des traçans des fraisiers et autres plantes stolonifères. *Voyez* au mot REJET. (B.)

DRAGON. Synonyme de faux dans le département de la Haute-Garonne.

DRAGONNEAU , *Gordius*. Espèce de ver qu'on trouve fréquemment dans les eaux pures, sur-tout dans celles des montagnes, et qui passe pour causer immanquablement la mort aux hommes et aux animaux qui en avalent par mégarde.

Ce ver ressemble à un fil brun de trois à quatre pouces de long, et ne présente point d'organe apparent. Une fente pour bouche, un trou pour anus et un canal intermédiaire sont les seuls qu'il possède, et il faut un microscope pour les apercevoir. On le voit cependant nager dans l'eau en se contournant de toutes manières et se diriger vers un but comme les animaux qui en ont de plus compliqués.

Je mentionne ici ce ver uniquement afin de prémunir les cultivateurs contre ses dangers; mais je dois cependant dire que les nombreuses occasions que j'ai eues de l'observer ne m'en ont point donné une idée si redoutable. Il est très possible que ce soit par suite de préjugés qu'il jouisse de la réputation ci-dessus, mais je n'en ai ni avalé ni fait avaler à des animaux, et dans le doute il est prudent de se tenir sur ses gardes.

Quant à la propriété qu'on lui a également donnée de ressusciter lorsqu'on le replace dans l'eau après plusieurs jours, plusieurs mois et même plusieurs années de dessiccation, je puis assurer qu'elle est fondée sur une erreur d'observation.

Le dragonneau de Médine qu'on dit entrer dans les pieds des cultivateurs dans les pays chauds est un être imaginaire. Il a été prouvé par des observations positives que ce qu'on avoit pris pour un ver étoit le bourbillon d'un furoncle. (B.)

DRAI. C'est le crible dans le département du Var.

DRAP-D'OR. Variété de POMME et de PRUNE. *Voyez* POMMIER et PRUNIER.

DRAVIE ou DRAVIERE. On donne ce nom, aux environs de Boulogne, à un mélange de VESCE et de POIS qu'on sème pour la nourriture des bestiaux.

DRECHE ou mieux MARC DE DRECHE. C'est le résidu de la farine d'orge germée qu'on a employée à la fabrication de la bière.

La drèche est employée généralement à la nourriture des chevaux, des vaches et des cochons qu'elle engraisse rapidement ; mais comme il est des lieux où sa quantité excède les besoins sous ce rapport, par exemple à Londres, on s'en sert aussi comme engrais des terres. La quantité qu'on en emploie est de vingt à trente boisseaux par arpent. Les effets de la drèche sont très marqués et égaux, dit-on, à ceux du fumier ; ce qui est difficile à croire.

Au reste, je ne sache pas que, même dans les départemens où on fabrique le plus de bière, on fasse usage de cet engrais en France. Sa cherté et son peu d'abondance ne lui feront jamais tenir un rang distingué parmi ceux qui sont employés. (B.)

DREGER. On appelle ainsi l'opération par laquelle on sépare les graines de lin de leurs tiges. L'instrument se nomme *drège*. C'est une espèce de peigne de fer solidement fixé sur un madrier. *Voyez* au mot LIN.

DRESSER UN JARDIN. C'est le fumer ; une allée, c'est l'unir, la niveler ; un arbre, c'est faire prendre à sa tige une position verticale, ou bien disposer ses premiers bourgeons suivant la forme qu'on désire ; une haie, une palissade, c'est la tondre avec le croissant ou aux ciseaux, afin que les branches ne se dépassent pas les unes et les autres : c'est un des meilleurs moyens pour faire épaissir les haies. (R).

DREXTRE. Ancienne mesure de longueur. *Voyez* MESURE.

DRICE. Nom que l'on donne à l'instrument inventé par Tull, agriculteur anglais, pour semer le grain. Ce semoir, étant tiré par un ou deux chevaux, forme des rigoles à telle profondeur qu'on veut, et en même temps il répand dans le fond de chaque rigole la quantité de semence convenable, laquelle se trouve enterrée sur-le-champ par le même mécanisme. *Voy*. SEMOIR. (TES.)

DROC. On donne ce nom à l'IVRAIE dans quelques pays.

DROGAIL. Froment qu'on sème dans le même champ une seconde fois de suite. C'est en effet de la drogaille dans toute la force de l'expression. *Voyez* ASSOLEMENT.

DROSCES. Rebut des grains. Ce mot est employé dans le département des Deux-Sèvres.

DROU. Variété de POMME.

DROU ou DROUE, *Bromus secalinus*. Plante nuisible aux moissons, dont il est important de purger les semences, en les épluchant à la main. *Voyez* BROME. (TES.)

DROUILLER. Nom vulgaire de l'ALISIER BLANC, *Cratægus aria*, Linn.

DRU. C'est un des synonymes d'épais, un des opposés de clair. La plupart des plantes ne prospèrent pas quand elles sont trop rapprochées, ainsi il ne faut presque jamais semer dru. Parmi les plantes cultivées, il n'y a guère que le CHANVRE et le LIN qui demandent à l'être, encore n'est-ce que lorsqu'on veut avoir leur filasse au dernier degré de finesse. *Voyez* ces deux mots.

On ne voit cependant que trop de jardiniers, d'agriculteurs qui sèment trop dru. C'est le défaut sur-tout de tous ceux qui n'ont pas d'expérience.

Les plantes trop rapprochées ne pouvant pas trouver dans la terre toute la nourriture qui leur est nécessaire, ne jouissant pas des bienfaits d'un air renouvelé et d'un soleil excitateur, s'affaissent et pourrissent. C'est ce qu'on appelle se *fondre*, en terme de jardinage. Les plus forts pieds l'emportent enfin ; mais l'état perpétuel de guerre, si je puis employer ce mot, dans lequel ils se sont toujours trouvés, nuit nécessairement à leur croissance. Un champ de blé, semé trop dru, ne sera jamais aussi beau qu'un champ semé clair. Une forêt semée trop dru se ressentira, encore au bout de cent ans, de son vice originel. *Voyez* au mot SEMIS.

On corrige les effets d'un semis de ce genre en enlevant une partie des plants, *voyez* ECLAIRCIR ; mais c'est d'abord une perte de semence, ensuite une perte de temps ; ainsi je ne puis trop recommander de préférer l'excès contraire, qui n'amène qu'une perte de terrain, perte dont on est amplement dédommagé par la vigueur et la beauté du plant, de quelque nature qu'il soit. (B.)

DRU-PERMIN. Variété de POMME.

DRUPE. On donne ce nom aux fruits dont la chair est plus dense que celle des baies. *Voyez* au mot FRUIT.

DRUSELLE. Variété de pêche. C'est la même que la SANGUINOLE OU BETTERAVE. *Voyez* PÊCHER.

DUC. Oiseaux du genre des chouettes qui, ayant les mêmes mœurs que leurs congénères, se rendent également utiles aux cultivateurs, en détruisant les rats, les mulots, les taupes et autres animaux qui vivent aux dépens des produits de la culture, et doivent en conséquence être protégés par eux. *Voyez* CHOUETTE.

Le GRAND DUC, *Strix bubo*, Lin., a le corps roux, varié de taches et de lignes noires, fauves et cendrées, et deux aigrettes sur la tête, composées d'un grand nombre de plumes. Sa grosseur est presque égale, en apparence, à celle de l'oie. Il habite

les vieilles tours et les rochers des montagnes élevées. Rarement il se perche sur les arbres. Sa grandeur l'oblige à consommer beaucoup ; aussi fait-il une destruction immense des
taupes, des mulots, des souris, des chauve-souris, des ser-
pens, des grenouilles, des crapauds. Il mange aussi des lièvres,
des lapins et tous les oiseaux qu'il peut atteindre. En général,
il n'y a que les chasseurs de profession qui doivent le regarder
comme leur ennemi ; car il fait plus de bien que de mal.

Cet oiseau niche dans les rochers. Sa ponte est d'un à trois
œufs, plus souvent de deux. Aussi est-il rare. Il fait entendre
pendant la nuit un cri qu'on peut indiquer par les syllabes
houhou.

Le MOYEN DUC, *Strix otus*, Lin., est roussâtre, avec des taches
et des lignes brunes de différentes formes. Sa tête est ornée de
deux aigrettes de six plumes chacune. Sa longueur est d'un
pied. Il habite les pays de montagnes, niche sur les arbres,
et pond quatre à cinq œufs. Son cri est fort, et s'exprime par
hoho. On l'emploie fréquemment dans la chasse à la pipée,
pour faire venir les autres oiseaux. J'en ai privé un qui,
libre, restoit sur mon épaule lors même que je tirois les oiseaux
qu'il avoit attirés par ses cris. Il vit des mêmes animaux que
le précédent, excepté qu'il ne recherche point les lièvres et les
lapins trop gros pour lui.

Le PETIT DUC, *Strix scops*, Lin., est brun, avec des taches
fauves et grises de diverses formes, avec deux aigrettes d'une
seule plume sur la tête. Sa longueur est seulement de sept
pouces. Il se trouve dans les pays montagneux, et se cache
dans les arbres creux, dans les vieilles murailles, les tas de
pierre, etc. C'est véritablement l'ami des laboureurs ; car
comme il se tient de préférence dans les champs, il fait une
destruction considérable de campagnols, de mulots, de souris,
de hannetons, etc. On le trouve communément dans quelques
cantons. Pendant l'hiver il va chercher les plaines, et même,
dit-on, les pays chauds. Il fait son nid dans les lieux où il se
retire, et sa ponte est de deux à quatre œufs. (B.)

DUC DE THOL. Variété de TULIPE.

DUCOYER. Ce mot dans quelques pays est synonyme de
ROULER. *Voyez* ce mot.

DUNE. On donne ce nom aux collines de sable, de gravier,
et même de galets, qui se forment sur les bords de la mer par
l'effet du mouvement des eaux, mouvement qui pousse continuellement les pierres vers le rivage, et les réduit en fragmens
plus ou moins petits, plus ou moins arrondis.

Les dunes sont le plus ordinairement placées au fond des
golfes, ou, lorsqu'une rivière les repousse dans la mer, sur leurs
parties latérales. Les unes proviennent de la destruction des

rochers par les flots de la mer ; telles sont celles que l'on trouve dans tous les havres , rades, ports de la Manche. Les autres sont formées par les détritus des montagnes de l'intérieur , amenées dans la mer par les fleuves; telles sont celles entre Dunkerque et la Hollande, entre Baïonne et Bordeaux, etc. Dans les deux cas les sables des dunes sont presque toujours quartzeux, parceque les parties calcaires, comme plus tendres, ont été réduites en terre par le frottement, ainsi qu'on le voit journellement au pied des falaises de la ci-devant Normandie.

Par-tout les dunes augmentent en étendue, soit, comme quelques personnes le pensent, parceque la mer diminue, soit, comme on doit plûtôt le supposer, parceque l'accumulation des sables qui les forment continue ; mais cette augmentation est fort peu de chose aujourd'hui, eu égard à ce qu'elle étoit lorsque les fleuves tels que le Rhin, la Garonne, etc. rouloient un volume d'eau huit à dix fois plus considérable. On peut accélérer leur formation en mettant obstacle au retour des sables apportés par les flots, par des rangées de pierres, par des clayonnages en fascines, etc. Mais souvent une tempête, ou seulement une marée extraordinaire, détruit en quelques instans le fruit de plusieurs années de dépenses. *Voyez* aux mots ALLUVION, DIGUE. Aussi dans fort peu d'endroits se livre-t-on à ce genre d'industrie.

La hauteur des monticules qui forment les dunes est tantôt seulement de quelques pieds, tantôt de plusieurs toises. Leurs intervalles sont des vallées plus ou moins profondes, où croissent des plantes et des arbustes, mais qui sont sujettes à être fréquemment comblées. En effet, les surfaces saillantes se desséchant facilement, le vent, pour peu qu'il ait de force, en emporte le sable, de sorte que ces monticules changent plus ou moins rapidement de place, s'éloignent chaque année de la mer, envahissent les terrains cultivés, recouvrent les villages, sans qu'il soit possible d'arrêter leur marche. On a remarqué, dans les landes de Bordeaux, que cet envahissement étoit de douze toises par an, terme moyen, de sorte qu'on peut craindre même pour la ville de Bordeaux, quelque éloignée qu'elle soit de la mer.

Cette grande mobilité du sable des dunes est le plus grand obstacle à leur culture, et le principal motif qui doit engager le gouvernement à faire par-tout des sacrifices pour en arrêter les suites.

Une humidité constante règne dans les dunes à une certaine profondeur. Il n'est pas facile d'en expliquer la cause ; mais je crois qu'elle est principalement due à la nature argileuse du sol sur lequel elles reposent, et à la propriété capillaire ou spongieuse du sable fin. En effet, qu'on fasse sur une table une butte de sable de six pouces d'élévation, et qu'on verse à quelque distance une certaine quantité d'eau, cette eau gagnera le sommet de la butte, et continuera à monter à mesure que celle arrivée à la surface s'évaporera. C'est à cette humidité que M. Brémontier, à qui les agriculteurs devront une éternelle reconnoissance pour les travaux qu'il a entrepris près de Bordeaux, travaux dont il sera question à la fin de cet article, attribue avec raison l'adhérence du sable des dunes, adhérence qui les rend moins mobiles.

Il y a souvent des sources dans les dunes, et on peut toujours y creuser des puits, en employant des tonneaux défoncés pour en soutenir les parois. L'eau de ces sources n'est point salée ; ce qui prouve suffisamment que l'humidité des dunes n'est pas due à l'infiltration des eaux de la mer, comme quelques personnes l'ont cru.

L'aspect des dunes, sur-tout de celles qui sont les plus voisines de la mer, est aussi triste que celui des déserts de l'Arabie. Cependant Décandolle, auquel on doit un excellent mémoire sur les dunes de la Hollande, inséré dans le treizième volume des Annales d'agriculture, a compté trente-sept espèces de plantes qui y végétoient naturellement ; ce qui prouve suffisamment la possibilité de les rendre fertiles. Il observe que les racines de ces plantes sont toujours très grosses ou très longues, et leurs tiges courtes et rabougries. C'est, ajoute-t-il, dans le vent de mer seul qu'il faut chercher la cause de l'inutilité des dunes. En effet, c'est ce vent qui donne aux sables la mobilité qui a rendu jusqu'à présent sans utilité les tentatives faites pour les cultiver ; c'est ce vent qui incline du côté de terre les arbres et les plantes qui s'y trouvent.

La terre de bruyère est composée de sable semblable à celui des dunes, mêlé avec une certaine quantité de détritus des plantes. Dans la campagne elle est fort aride, dans nos jardins elle devient de la plus grande fertilité. Ce changement, elle le doit aux arrosemens fréquens qu'on lui donne. *Voyez* au mot BRUYÈRE. Il en est de même des sables purs ; il en est de même des dunes dans certaines circonstances.

Jusqu'à présent on n'a pas procédé d'une manière convenable dans les essais qui ont été tentés pour rendre les dunes utiles à la culture. Au lieu de commencer par chercher les moyens de fixer les sables par des semis ou des plantations de plantes à longues racines, il falloit chercher à diminuer l'action du vent par des abris provisoires, tels que des palissades en planches, en roseaux secs, en paille, en fagotage, etc., qu'on auroit de suite transformés en abris durables, en plantant derrière des haies, de grands et petits arbres fortifiés à leur base par de grandes plantes, comme le roseau des sables, l'élyme, etc.; le topinambour, le phytolacca, me paroissent aussi devoir être employés avec un grand avantage dans ce cas, car on peut tirer du premier une nourriture abondante pour les bestiaux, et du second beaucoup de potasse, en le brûlant convenablement

Mais, dira-t-on peut-être, ces premiers abris seront très coûteux, et exposés à être renversés dans les temps orageux. Oui, répondrai-je; mais aussi doivent-ils être faits aux dépens du gouvernement, et refaits toutes les fois qu'ils auront été renversés. Ici c'est la lutte de l'industrie agricole contre la nature, et ce n'est pas sans efforts et sans sacrifices qu'on peut la vaincre. Quand on considère la grande étendue de pays qui est rendue stérile par les dunes, tout ami de la prospérité publique doit désirer contribuer à la rendre utile par quelque prestation pécuniaire.

Je n'ai jamais tenté d'essais ni fait de calcul à cet égard; mais tout ce que j'ai vu, tout ce que j'ai lu, tout ce que j'ai entendu, me prouve qu'on n'a pas bien commencé dans les tentatives qu'on a faites en France et en Hollande pour fixer les dunes. Il fallait travailler plus en grand. Pour épargner de l'argent, on en a peut-être dépensé dix fois plus qu'il n'étoit nécessaire dans tous les travaux qui ont été entrepris, sans en excepter ceux de M. Bremontier dans les dunes des landes de Bordeaux, travaux d'ailleurs si bien dirigés.

Je voudrois donc qu'au lieu de faire d'abord des semis sur le sommet du premier rang de dunes, c'est-à-dire sur celui le plus voisin de la mer, on enfonçât de forts piquets; qu'on clouât contre ces piquets de mauvaises planches ou des claies, et que ce fût derrière cet abri qu'on exécutât les plantations ci-dessus. Chaque année on pourroit prolonger cette opération à proportion des fonds dont le gouvernement pourroit disposer. Cet abri assez solide pour résister à presque tous les vents, assez durable pour donner le temps à presque tous les arbres de prendre de la force, ne seroit sans doute pas aussi coûteux qu'on le peut croire, si, en temps de paix, on en tiroit par mer les matériaux des pays éloignés. D'ailleurs quand il auroit produit son effet, c'est-à-dire à la seconde ou troisième année, on pourroit l'enlever pour le transporter plus loin. Quoique élevé seulement de quatre à cinq pieds, il doit être considéré comme servant à une surface ayant sa longueur et une profondeur souvent très considérable.

Décandolle n'a pas pensé à ce moyen lorsqu'il dit qu'il y a une immense difficulté à faire croître le premier rang d'arbres sur les dunes, lorsqu'il propose de faire la lisière la plus voisine de la mer avec des roseaux vivans. Il est très probable pour moi que les dépenses toujours renaissantes des plantations qu'il propose, et que M. Bremontier exécute, sont plus considérables en dernière analyse que celle dont il est ici question.

Le choix des arbustes et des arbres qu'il faut planter d'abord dans les dunes n'est pas indifférent. Je dis des arbustes, parceque mes propres observations m'ont conduit à penser qu'il étoit plus avantageux d'en mettre aux premiers rangs que des arbres. Parmi ces derniers, le pin maritime paroît préférable à tous les autres pour les pays méridionaux ; mais il est sujet à geler dans le climat de Paris et autres plus septentrionaux. Au reste, la plupart d'entre eux viennent fort bien dans les dunes. Le chêne rouvre sur-tout y prospère. Je pense qu'il faut beaucoup mélanger les espèces pour assurer la durée de la forêt qu'ils doivent constituer. Ainsi je proscris les plantations uniquement faites avec les arbres verts quelqu'avantageuses qu'elles paroissent d'abord. *Voyez* ASSOLEMENT.

Des deux moyens de multiplication les plus usités, les semis et les boutures, le premier me paroît bien préférable, quoiqu'un peu plus long, parcequ'il donne, au moyen du pivot, aux arbres qui en proviennent, les moyens de résister avec plus de force aux vents, et d'aller chercher l'humidité à une plus grande profondeur ; mais il ne réussit pas toujours à raison de la sécheresse de la surface des dunes. Si ce n'étoit pas une augmentation de frais, je conseillerois de planter les six premiers rangs ou la première haie avec des plants de trois ans tirés des pépinières, et mis en place avant l'hiver avec toutes leurs racines. Les autres pourroient être semés, avec certitude de succès, entre des rangées de topinambours écartées de six pieds et parallèles à ces premiers rangs. On ne peut se faire une idée de l'avantage de l'ombre que donnent les hautes tiges de cette plante pour la réussite des semis en grand dans les terrains sablonneux et battus des vents.

L'emploi du topinambour a encore un avantage inestimable dans ce cas, et qui devroit engager à en planter toujours une largeur de quelques toises au premier rang, c'est que les tubercules nouveaux naissent toujours au-dessus des anciens, et s'élèvent par conséquent en même temps que les sables. Il suffit donc d'en planter une fois. De plus, la décomposition successive de ces tubercules engraisse les sables.

En général, les arbres des bords de la mer, de quelque espèce qu'ils soient, sont arrêtés dans leur croissance par l'effet des vents. J'ai vu la lisière des antiques forêts de l'Amérique tenue rigoureusement à la même hauteur par la continuité de leur action, comme si elles avoient été tondues au croissant. Il m'a paru, soit dans cette partie du monde, soit en Europe, que les arbres à bois dur et à lente végétation réussissoient mieux que les autres, ce qui exclut les nombreuses espèces de saules et de peupliers des premiers rangs, quoiqu'on les y emploie, au dire de Décandolle, dans la Hollande.

Je vais copier un paragraphe du mémoire de ce naturaliste, pour indiquer la manière dont les particuliers pauvres peuvent procéder pour utiliser les dunes, paragraphe qui est rempli de faits intéressans.

« Un cultivateur, nommé Heitfeld, entreprit en 1798 de se créer une propriété dans les dunes voisines de Schweling. Son premier soin a été de se bâtir une chaumière près d'une source d'eau douce. Cette chaumière est très basse, et l'entrée en est au sud-ouest, afin d'être à l'abri des vents du nord-est fréquens sur cette côte. En creusant pour avoir de l'eau, il a trouvé un banc de tourbe qu'il exploite et dont il se sert pour brûler. Cette tourbe, bien différente des tourbes ordinaires, est d'une nature toute marine. Elle est composée de débris de *fucus.* (Varecs, *voyez* ce mot.) J'y ai reconnu des lambeaux de *fucus digitatus.* Cette couche a un mètre (trois pieds) de hauteur. Il paroît qu'elle est due à un amas de plantes marines que la mer aura formé avant l'existence des dunes, et que celles-ci auront recouvert. Entre Sand et Potten, j'ai trouvé la plage couverte de blocs de tourbe marine de la même nature. Ces blocs étoient roulés, et avoient évidemment été apportés par la mer. Dès que Heitfeld a eu bâti sa chaumière, il s'est occupé à protéger sa future possession des vents du nord-est. Dans ce but, d'après la méthode reçue, il a d'abord planté sur les hauteurs qui l'environnent l'*arundo arenaria* (roseau des sables). Ce gramen se transplante sans difficulté lorsqu'on l'arrache avec de longues racines; mais, pour se préparer de l'ouvrage pour l'avenir, les planteurs hollandais, qui sont chargés par le gouvernement d'en garnir les dunes avancées, le coupent avec des racines très courtes, de manière qu'il périt la première ou la deuxième année, et ne pousse point de nouvelles racines; ce sont elles cependant qui, par leurs entrelacemens, retiennent le sable mobile. Heitfeld ne plante plus d'*arundo*, et préfère de planter des arbres pour arrêter le vent : le peuplier blanc et le peuplier d'Italie réussissent bien dans ce sable dont le fond est humide. Il en établit des haies assez épaisses pour se soutenir contre les efforts du vent. C'est derrière cet abri que cet industrieux paysan a commencé à cultiver. L'humidité dont le sol des dunes est imprégné le dispense d'arroser pendant l'été. Faute de secours pécuniaires, il n'a jamais mis d'engrais, et, malgré cela, l'avoine a réussi dans ce sable comme dans un terrain ordinaire. Le sarrasin s'est élevé à un mètre (trois pieds). Le seigle et le trèfle réussissent très bien, mais ils ont gelé cet hiver (an 8). La spargoule y vient à merveille. Le chanvre a atteint douze décimètres (quatre

pieds). Le lin a presque la même hauteur, et a fourni la graine
la plus grosse et la plus nourrie que j'aie encore vue. Le colsat,
la moutarde y ont aussi prospéré. Il étoit probable que les
légumes réussiroient dans ce sol léger et sablonneux, et l'expérience l'a confirmé. Les diverses variétés de pois, de lentilles,
de fèves, de haricots, y ont parfaitement réussi ; mais la culture
la plus avantageuse est celle des plantes à racines tubéreuses
ou charnues. Les pommes de terre, les raves, les carottes, les
scorsonères, les betteraves, les chicorées ont prouvé par leur
prospérité et leur saveur qu'elles ne se refusoient pas à croître
dans les dunes. Outre ces essais, j'ai vu chez Heitfeld des
oignons, des laitues, des épinards, de l'oseille, du persil et du
céleri naissant et bien portant. »

On voit, par les résultats des travaux de ce cultivateur hollandais, combien il est facile, avec quelque travail, de rendre
fertiles les dunes du nord. M. Bremontier a prouvé, par des expériences faites plus en grand, que celles du midi pouvoient
être également rendues utiles.

Les dunes ne commencent à s'élever qu'à quelque distance
de la mer, quelquefois seulement à cent toises. C'est sur cette
surface plane que M. Bremontier a établi ses premiers abris,
abris sans lesquels, comme je l'ai dit plus haut, toutes plantations eussent été impossibles. Après plusieurs essais infructueux,
il tenta de recouvrir en entier les semis avec des branches de
pin, retenues par des crochets enfoncés dans le sable, et disposées de manière que le gros bout de la branche fût toujours
dirigé dans le sens du vent, afin que les sables pussent glisser
dans la direction même des feuilles sans les arracher de la tige.
Ce moyen simple et peu coûteux est le seul qui ait répondu aux
espérances de cet estimable agriculteur. Les graines germent,
poussent avec une incroyable rapidité, et forment bientôt un
fourré. Dès-lors le succès des autres plantations est assuré.
Ces dernières se font parallèlement à la première, et sans
laisser d'intervalle. Les mêmes précautions doivent cependant
être prises tant qu'on n'est pas arrivé au sommet des dunes,
mais ensuite elles sont moins nécessaires, quoique toujours
utiles, excepté au fond des vallons, qui, abrités des vents, ont
déjà, dans l'intervalle des plantations, donné naissance à de
grandes plantes et quelques arbustes.

Mais il faut une grande quantité de branches de pin pour
remplir le but que se propose M. Bremontier, et on sait que cet
arbre craint beaucoup d'être mutilé ; ce n'est donc que par la
destruction des forêts voisines que les dunes sont fixées. Je rap-
pellerai à cet égard ce que j'ai dit plus haut. J'ai lieu de croire
que des planches de pin, planches qui peuvent durer douze à
quinze ans à l'air, à raison de la résine qu'elles contiennent, et

des semis abondans de topinambour remplaceroient avantageusement les branches de pin ; mais je n'ai pas fait d'expériences en grand à cet égard, et je fais profession d'une si haute estime pour l'inventeur de ce procédé, que je ne puis qu'émettre simplement mon opinion, m'en rapportant à son zèle et à ses lumières pour en apprécier la juste valeur.

La dépense de l'entreprise de la fixation et de la plantation des dunes du bassin d'Ascachon, qui ont soixante lieues de long, avoit été calculée, d'après les premiers essais, à huit millions, et le temps à quarante ans. Le succès a été tel qu'aujourd'hui les essais entrepris en 1788 et années suivantes donnent des produits qu'on n'attendoit qu'après vingt-cinq ans, ce qui a permis de croire que trois millions suffiront, et que dans soixante ans les revenus provenans de ces plantations excèderont cette somme.

Les pins qui dans les landes ne peuvent donner de résine qu'à vingt ou vingt-cinq ans, en ont fourni à quatorze ans dans les dunes. Ils avoient alors dix-huit à vingt-quatre pouces de circonférence.

Ce sont presque exclusivement des pins maritimes, des chênes liège et des chênes (probablement le chêne tauzin) que M. Bremontier a fait planter dans les dunes. Il ne pouvoit mieux choisir, tant à raison de la facilité d'avoir des semences, que pour l'importance des espèces ; cependant il seroit à désirer, pour la longue durée des plantations, qu'il y eût une plus grande variété d'espèces. *Voyez* au mot ASSOLEMENT. Les arbustes sont l'ajonc, le tamarisque, l'arbousier, l'alaterne, l'épine blanche, le prunelier, le chèvrefeuille, le garou, la bruyère. Les plantes l'élyme et le roseau des sables, les millepertuis, etc. Il en est beaucoup d'indigènes ou exotiques qu'il seroit bon d'y introduire ; au topinambour et au phylotacea, je voudrois joindre aussi l'onagre, qui aime les sables humides, et qui, couvrant le terrain de ses larges rosettes de feuilles radicales, le garantiroit encore plus des atteintes des vents.

La seule chose qu'on doive désirer, c'est que le plan de M. Bremontier soit suivi sans interruption, et avec le plus d'extension possible ; car plus on mettra d'activité dans la formation de la première et de la seconde ligne de défense, et plus on sera assuré de maitriser les sables qui, dès qu'ils trouvent une ouverture, s'y engouffrent, et tournent autour des obstacles qui les avoient d'abord arrêtés. (B.)

DURACINE. Variété de PÊCHE.

DURET. Espèce d'érable qui croît dans les montagnes de l'est de la France et en Suisse. C'est l'*érable à feuille d'obier* de Villars. *Voyez* ERABLE.

DURILLON ou CORS. MÉDECINE VÉTÉRINAIRE. Nous appelons de ce nom une excroissance qui survient à la partie supérieure du cou du bœuf, ou sur les parties latérales des côtes du cheval.

Le premier, c'est-à-dire le durillon qui occupe la partie supérieure de cou du bœuf, reconnoît pour cause le frottement continuel du joug sur cette partie.

Cette tumeur est dure, insensible, calleuse, et paroît formée ordinairement de matières fluides, condensées dans le tissu de la peau.

On remédie facilement à cette espèce de cors, en emportant avec l'instrument tranchant les lames les plus extérieures de cette excroissance, après y avoir appliqué quelques cataplasmes émolliens, en pansant la plaie avec le digestif ordinaire pendant quelques jours, et en la bassinant avec du vin chaud jusqu'à parfaite cicatrisation. Ce traitement peut convenir aux autres durillons ou cors qui affectent les autres parties du corps du bœuf. *Voyez* CALLOSITÉ.

Eu égard au durillon ou cors qui proviennent de la foulure de la selle ou du bât, principalement sur la partie latérale des côtes, dans le commencement on doit favoriser la résolution par les fréquentes frictions d'eau-de-vie et de savon; si malgré ces topiques la résolution ne paroît pas se faire, il faut s'attendre à la suppuration, et commencer alors à ouvrir l'abcès, afin de donner issue à la matière accumulée, et panser la plaie avec le digestif ordinaire. Nous voyons le plus souvent que la suppuration s'établit d'elle-même au-dessous du corps; il s'agit alors de hâter la chute du durillon, en l'emportant avec le bistouri après l'avoir bassiné deux ou trois fois avec la décoction émolliente chaude. Quoique l'amputation soit douloureuse, ce dernier parti est d'autant plus à préférer aux onctions d'onguent que l'on a coutume d'y faire, qu'il est à craindre que le pus creuse, carie les côtes, et perce quelquefois la poitrine. L'opération faite, la plaie sera pansée avec le digestif ci-dessus indiqué. Si l'artiste, après avoir découvert la plaie avec le bistouri, s'aperçoit de la fracture des côtes, il est essentiel dans cette circonstance, de laisser long-temps reposer l'animal, afin de donner le temps aux deux extrémités de ces os de se joindre, et au calus de se former. *Voyez* CALUS, FRACTURE. (R.)

DUVET. Poils extrêmement déliés, courts, soyeux, qui recouvrent certains fruits, comme les pêches. Si ces poils sont un peu longs et serrés, ils forment un duvet cotonneux; tel est celui du coing. Seroient-ils dans les fruits un organe excrétoire? Je serois plus disposé à admettre cette hypothèse que de les regarder comme nécessaires à la conservation de la pellicule du fruit. Il n'en est pas ainsi du duvet qui tapisse le dessous des écailles qui recouvrent les boutons, soit à bois, soit à fruit, avant leur épanouissement ; il protège visiblement et défend le germe contre les intempéries des saisons. Lorsque la douce chaleur du printemps ranime la végétation et la tire de son engourdissement apparent, petit à petit la sève dissout le gluten qui colloit les écailles les unes sur les autres ; elles s'ouvrent, le duvet devient visible ; enfin le germe s'élance. Ces protecteurs subsistent autant de temps que le germe en a besoin ; et, après avoir rempli le but de la nature, le duvet et les écailles se dessèchent et tombent. Les bourgeons du maronnier d'Inde fournissent un exemple bien prononcé de ce développement. Que de merveilles dans un si petit objet ! (R.)

DYSSENTERIE. MALADIE DES BESTIAUX. On distingue plusieurs sortes de dyssenteries, qu'on peut classer en *bénignes* et *épizootiques.*

DYSSENTERIES BÉNIGNES. La première sorte, qui doit être regardée comme salutaire, se reconnoît au peu de fétidité des matières, à la continuation de l'exercice des autres fonctions ; elle vient ordinairement d'un changement de nourriture ; elle ne dure pas long-temps, ou dure seulement jusqu'à ce que l'estomac de l'animal soit accoutumé à la nourriture qu'on lui donne. Par exemple, un cheval mis au vert a la dyssenterie pendant quinze jours ou trois semaines ; il en est de même d'un bœuf qui, après avoir été nourri de foin et de paille pendant l'hiver, est mis au printemps dans les pâturages. Cette sorte de dyssenterie n'exige point de traitement ; l'arrêter aussitôt qu'elle paroît, seroit troubler la nature qui, par ces évacuations, purge les animaux. Si cependant elle dure trop long-temps, et qu'elle affoiblisse l'animal, alors elle n'est plus un bien ; et ce qu'il y a de mieux à faire en pareil cas, c'est de remettre au sec l'animal qui en est attaqué.

La seconde sorte se reconnoît lorsque le malade n'a pas tout-à-fait perdu l'appétit ; qu'il paroît peu accablé ; que les forces vitales et musculaires sont seulement un peu affoiblies ; que les déjections de matières sanguinolentes ne sont pas copieuses ; qu'elles ne donnent pas une odeur bien fétide, et qu'elles sont ordinairement accompagnées ou mêlées avec des matières excrémentielles liquides, jaunâtres et muqueuses. Le bœuf et le cheval sont plus sujets à cette maladie que la brebis. On attribue cette sorte de dyssenterie à des alimens qui contiennent une trop grande quantité de mucilage aqueux, aux eaux de mauvaise qualité, à un long séjour dans des écuries mal exposées, à des pâturages marécageux, et à une atmosphère humide.

On donne à l'animal pour nourriture, dans cette sorte de maladie, du son qui contienne beaucoup de farine, et pour boisson de l'eau blanchie avec de la farine, l'un et l'autre aiguisé de sel marin : on lui administre en lavement une légère décoction de racine de gentiane, tenant en solution du nitre. Si ces moyens sont insuffisans, on a recours, pour le cheval et pour le bœuf, à un breuvage composé d'une infusion de racine de gentiane et d'une once de cachou ou de thériaque dans le vin, qu'on réitère deux fois par jour ; et, après leur usage infructueux, à la racine d'ipécacuanha dans de l'eau en décoction, à la dose d'une demi-once sur une livre d'eau pour breuvage, et à celle d'une once pour trois livres d'eau en lavement.

DYSENTERIE ÉPIZOOTIQUE. Elle s'annonce par des déjections abondantes, visqueuses, sanieuses, sanguinolentes, très fétides, ordinairement chargées de parties dissoutes de la membrane interne des intestins ; ces évacuations sont toujours précédées de coliques ou tranchées douloureuses, de tenesmes, d'une fièvre assez légère : dans les bêtes à corne, il y a dès le principe cessation de la rumination ; vers le troisième ou le quatrième jour l'animal fait entendre des mugissemens qui ne cessent qu'avec la vie ; la bouche et la membrane pituitaire éprouvent une sécheresse très sensible ; dans toutes les espèces, la soif est quelquefois inextinguible, et quelquefois aussi elle n'existe pas ; les yeux s'enfoncent dans l'orbite, les flancs se creusent, l'animal se dessèche et meurt dans le marasme. Cette maladie est contagieuse ; son développement est toujours plus ou moins éloigné de l'époque de son introduction dans le corps.

Cette sorte de dyssenterie exige les adoucissans et les antiputrides, tels que l'eau blanche saturée de crème de tartre pour boisson, la paille saupoudrée de nitre pour aliment, des lavemens d'eau de riz, saturés de crème de tartre, un mélange de cendre d'absynthe avec de l'eau aiguisée de vinaigre, des bols composés d'une once de crème de tartre, d'un demi-gros de camphre, et de suffisante quantité de vinaigre miellé, donnés trois fois par jour ; ce dernier remède est fort estimé.

L'animal attaqué de cette maladie doit être séparé des autres ; il faut lui changer de litière cinq à six fois par jour, et enterrer profondément son fumier, et ne le point remettre à son écurie, ou au pâturage, que la dyssenterie ne soit entièrement passée.

On suivra pour la DÉSINFECTION des bergeries, bouveries et écuries, le procédé indiqué par M. Guyton-Morveau. *Voyez* CHARBON, *maladie épizootique.* (TES.)

E.

EAU. Sans eau point de végétation. L'étude des qualités physiques et chimiques de l'eau, de son action sur les plantes aux différen es époques de l'année, de leur croissance, etc., est donc une des plus importantes de celles auxquelles tout cultivateur doit se livrer.

Long-temps on a cru l'eau un être simple, un élément; aujourd'hui on sait qu'elle est composée, d'après les expériences de Lavoisier, de quinze parties d'hydrogène et de quatre-vingt-cinq d'oxigène, ce qui permet d'expliquer une foule de faits relatifs à l'agriculture, qui ne pouvoient pas l'être lorsque Rozier écrivoit l'article dont elle est l'objet.

L'eau est transparente, pesante, sans couleur, sans odeur, sans saveur; c'est un fluide qui jouit de la propriété de se combiner avec un grand nombre de corps, de les pénétrer, de les dissoudre. Jamais elle n'est pure dans la nature, et ce n'est qu'avec beaucoup de soins qu'on peut la rendre telle par des distillations dans des vaisseaux sur lesquels elle n'ait aucune action.

On avoit cru, d'après les expériences de l'académie del Cimento, que l'eau n'étoit pas élastique et par suite nullement compressible; mais Mongès, dans un mémoire inséré dans le Journal de Physique, a prouvé que c'étoit une erreur.

Si je puis employer cette expression, l'eau n'est eau qu'accidentellement. L'air la dissout ou l'enlève sous forme de vapeurs, avec d'autant plus de rapidité, que la température est plus élevée, et lorsque cette température s'abaisse jusqu'au dessous du zéro du thermomètre de Réaumur elle se solidifie, se change en glace. *Voyez* aux mots Vapeur, Nuage et Glace.

Mise dans un vase sur le feu, l'eau se dilate, s'échauffe, s'évapore. Bientôt ses molécules inférieures, plus échauffées, s'élèvent à sa surface et y impriment un mouvement bruyant, qu'on appelle bouillonnement; mais, quelque degré de chaleur qu'on lui applique ensuite, elle ne s'évapore pas plus vite qu'au premier instant où elle a commencé à bouillir.

Le degré de chaleur que reçoit l'eau avant de cesser d'augmenter son évaporation est en raison de la pesanteur de l'atmosphère. La chaleur de la main suffit pour la faire bouillir dans le vide. Elle bout plus tôt sur les hautes montagnes et dans les temps secs.

On appelle eau distillée celle qu'on a fait ainsi évaporer et qu'on a reçue dans un appareil convenable. Cette eau est très pure, mais elle est impropre à apaiser la soif et à servir à l'arrosement des plantes.

Exposée au feu, dans un vaisseau fermé, elle acquiert un degré de chaleur telle qu'elle fait fondre le plomb, qu'elle décompose les corps organiques les plus durs tels que les os et les bois. C'est sur cette propriété qu'est basée l'utilité de la marmite de Papin avec laquelle on retire des os une gelée très agréable au goût et très nourrissante.

L'expansibilité de l'eau est telle qu'elle ne connoît point d'obstacles, et que les vases les plus solides, les canons même les plus épais éclatent lorsqu'on continue à la chauffer ; aussi l'usage de la marmite de Papin n'est-il pas sans danger, aussi ne peut-on prendre trop de précautions lorsqu'on est obligé d'exposer au feu, ou seulement à la chaleur du soleil, des vases exactement fermés qui en renferment. Quelle est la ménagère qui n'a pas acquis la connoissance de ce fait à ses dépens ?

L'eau réduite en vapeur, d'après Laplace et Lavoisier, occupe environ huit cents fois plus d'espace qu'auparavant.

Des expériences récentes ont prouvé que l'air à la température de dix degrés du thermomètre de Réaumur, et à l'élévation moyenne du baromètre, pouvoit absorber dix à douze grains d'eau par pied cube.

Le froid condense les vapeurs et les réduit en eau. De là la circulation continuelle par laquelle elle passe de la terre ou de la mer dans l'air, et de l'air sur la terre ou dans la mer.

Ainsi c'est parceque l'eau a la propriété de se dissoudre dans l'air au moyen de la chaleur et de se condenser par l'effet du froid, qu'on voit des Brouillards, de la Rosée, du Givre, des Nuages ; qu'il tombe de la Pluie, de la Grêle, de la Neige ; que les Fontaines et les Puits s'alimentent ; enfin que la vie animale et végétale s'entretient. *Voyez* tous ces mots.

Les chaînes des montagnes étant la cause la plus commune de la direction des vents et de la chute des pluies, il ne tombe pas par-tout la même quantité d'eau. C'est au sommet de ces montagnes qu'il en tombe le plus ; de là les nombreuses rivièresqui en découlent. Il est certains pays, comme l'Egypte, le Pérou, où il ne pleut presque jamais. Quelques cantons de la France sont souvent quatre à six mois sans voir tomber d'eau. Il est des années où les terrains ordinairement les plus favorisés sont autant de temps sans en voir. Ces irrégularités font le désespoir des cultivateurs ; mais il n'est pas en leur pouvoir de les faire cesser. Seulement par des irrigations bien entendues, par des arrosemens faits en temps opportun, ils peuvent, jusqu'à un certain point, suppléer au défaut des pluies ; leurs moyens pour arrêter les effets non moins funestes de la trop grande abondance des eaux sont encore plus foibles.

Plus on s'avance du côté du midi, et moins les pluies sont

abondantes. Il a été constaté, par des observations suivies pendant très long-temps, qu'il tomboit, année commune, vingt-deux pouces d'eau à Paris.

La connoissance de la quantité d'eau qui tombe chaque année dans tel lieu peut servir à déterminer le genre de culture qu'on doit y établir de préférence. Ainsi la première chose qu'un agriculteur doive faire, après qu'il a pris possession d'un domaine qu'il se propose de cultiver, c'est de disposer au sommet de sa maison un appareil propre à mesurer la quantité d'eau qui y tombe annuellement. Cet appareil sera simplement un entonnoir de fer blanc d'un pied carré, dont le goulot se rendra dans une grosse bouteille de verre blanc placée à hauteur d'appui dans le grenier. Chaque fois qu'il pleuvra, ou même seulement toutes les semaines, il mesurera la quantité d'eau tombée dans la bouteille et le notera pour en faire l'addition à la fin de l'année. Cinq ans d'observation lui fourniront un terme moyen suffisamment exact pour son objet. *Voyez* MÉTÉRÉOLOGIE.

Il y a des signes presque certains qui indiquent quelquefois plusieurs jours à l'avance lorsqu'il doit tomber de l'eau. Je les indiquerai au mot PRONOSTIC.

La quantité d'eau qui tomboit autrefois en France étoit beaucoup plus considérable qu'elle l'est en ce moment, ainsi que le prouve la largeur de l'ancien lit de toutes les rivières et les documens historiques. Cette diminution est due, 1º à l'abaissement des montagnes ; 2º à la destruction des bois qui en couvroient les sommets. C'est donc un devoir du gouvernement, non seulement de s'opposer aux défrichemens nouveaux sur le sommet de ces montagnes, mais d'employer des moyens coercitifs pour obliger les propriétaires de les replanter en bois.

C'est de la juste proportion d'eau qui tombe chaque année, et de l'époque où elle tombe, que provient l'abondance des récoltes.

Si l'air dissout beaucoup d'eau, l'eau absorbe un peu d'air, comme le prouvent les premiers phénomènes de l'ébullition et les expériences de la machine pneumatique. Il est très difficile de la priver entièrement de cet air, et il faut peu de temps pour qu'elle le reprenne. Presque toujours une petite quantité de gaz acide carbonique est jointe à cet air ; c'est ce qui rend l'eau désaltérante, car celle qui n'en contient pas manque de cette qualité.

Soit seule, soit par intermédiaire, l'eau dissout presque tous les corps. Quelques métaux et quelques pierres seules résistent à son action. Cette propriété de l'eau a en agriculture des effets extrêmement importans à considérer.

Les animaux et les végétaux ont également et continuellement besoin de réparer la perte de l'eau qui existe dans leurs vaisseaux comme partie constituante. La boisson dans les premiers, la succion dans les seconds, sont les moyens donnés par la nature pour remplir cet objet. Je traiterai successivement de l'un et de l'autre.

L'eau la plus claire, la plus légère, est la plus pure, et par conséquent la meilleure à boire ; mais il est rare d'en trouver de telle, sa faculté dissolvante faisant qu'elle se charge des matières sur lesquelles elle passe ; ainsi on y trouve ordinairement du sulfate de chaux, du carbonate de chaux et de fer avec ou sans excès d'acide, de la silice, et plus rarement du sulfate d'alumine, de magnésie, de soude, de potasse, des muriates ayant les mêmes bases, le gaz hydrogène sulfuré, etc. Ces dernières avec les eaux chaudes constituent ce qu'on appelle les eaux minérales, eaux qui n'intéressent l'agriculture que d'une manière très indirecte, et dont il ne sera pas fait mention ici.

Outre ces substances minérales, la plupart des eaux séjournant ou coulant sur la surface de la terre, même quelques unes de celles qui sourdent dans les terrains tourbeux, contiennent un mucilage provenant de la décomposition des animaux et des végétaux, mucilage qu'on appelle aussi *matière extractive*, et qui est quelquefois assez abondant pour les colorer et leur donner une saveur désagréable. Ces mêmes eaux tiennent aussi assez souvent en suspension de l'argile et de la silice en plus ou moins grande quantité, sur-tout après les grandes, pluies ou par suite des inondations.

La vase qui, remuée, trouble l'eau qui est dans son voisinage, est un composé de ces trois dernières substances et de parcelles de végétaux non encore décomposées.

On voit souvent les eaux des pluies, coulant sur la surface de la terre et trouvant un obstacle, se changer en écume permanente. Cette écume est le produit de la matière extractive ou du terreau animal ou végétal dissous par ces eaux et enlevés aux terres sur lesquelles elles ont coulé. Ainsi les pluies, sur-tout les pluies d'orage, tendent toujours à diminuer la fertilité des terrains en pente et à augmenter celle des vallées et des plaines.

Les eaux courantes rejettent toujours sur leurs bords, où il se décompose, le mucilage qu'elles contiennent ; mais les eaux stagnantes le conservent jusqu'à ce qu'il se précipite, et comme lorsqu'il croît des plantes dans leur sein, ou qu'elles sont placées de manière à recevoir les eaux des plus petites pluies, il se régénère ou y afflue perpétuellement, il y en a toujours à peu près la même quantité. Ces dernières eaux laissent dégager continuellement de l'hydrogène phosphoré ou sulfuré, selon que les parties animales ou végétales y dominent; très souvent ces deux gaz y existent à la fois. Ce sont principalement eux qui rendent le séjour du voisinage des marais si malsain pour les hommes et les animaux domestiques.

Les eaux qui ne contiennent que de la terre en suspension se clarifient par le repos, et sont excellentes à boire; il n'en est pas de même de celles qui contiennent beaucoup de mucilage en dissolution; et toutes celles qui sont stagnantes en contiennent plus ou moins, à raison de la multitude d'animaux et de la grande quantité de plantes qui y naissent et y périssent tous les ans. Bien des cultivateurs connoissent celles de ces eaux qui deviennent rouges comme du sang pendant l'été, par suite de l'immense quantité de DAPHNIES, de CYCLOPES, de CYPRIS, d'HYDRACHNES qui s'y voient; mais peu savent que, dans celles de ces eaux qui sont les plus claires, il se trouve, par chaque goutte, plusieurs centaines, quelquefois même plusieurs milliers d'êtres vivans de la famille des vers infusoirs.

Jusqu'à ces derniers temps on n'a pas su les moyens de purifier ces eaux, de les rendre aussi bonnes à boire que celle de la source la plus limpide; en conséquence on laissoit les animaux domestiques exposés à des épizooties dont on cherchoit bien loin la cause, et auxquelles on ne pouvoit apporter de remèdes. Que de millions ont été perdus en France par cela seul! *Voyez* au mot ÉPIZOOTIE. Ces moyens sont simples et à la portée de toutes les fortunes. En effet, il ne s'agit que de mettre au fond d'un tonneau défoncé par un bout, de l'y retenir avec un faux fond percé d'un grand nombre de trous, un pied de charbon grossièrement pulvérisé, et de faire passer l'eau à travers ce charbon. Le même charbon peut servir pendant six mois, et être ensuite remis après avoir été chauffé au rouge, ou servir aux usages de la cuisine, ou employé à l'amendement des terres; ainsi il ne peut être perdu. A combien peu de dépense entraînera donc l'établissement de deux ou trois filtres semblables chez les cultivateurs qui habitent un pays où il n'y a que des eaux de mares pour boisson, non seulement pour les animaux, mais même pour les hommes, pays fort communs en France, même à une très petite distance de Paris?

Puisque l'eau la plus pure est la meilleure, et que celle des mares, même des étangs, est rarement bonne, il faut, lorsqu'on est appelé à faire construire une habitation rurale, la placer à portée d'une source, d'un ruisseau, d'une rivière, ou y faire creuser un PUITS ou une CITERNE. *Voyez* ces mots.

Les eaux des sources sont généralement préférées, et elles doivent l'être; cependant on en trouve rarement de parfaitement exemptes de matières étrangères, sur-tout lorsqu'elles sourdent dans le calcaire, ou dans le schiste, ou dans la marne, ou dans le plâtre, ou dans les sols tourbeux. Comme leur température est en été beaucoup inférieure à celle de l'atmosphère, il ne faut pas les donner aux bestiaux échauffés par le travail, sans l'avoir laissé exposée à l'air pendant quelques heures. *Voyez* au mot Fontaine. Il en est de même quand on les emploie à l'arrosement, afin qu'elles ne retardent pas, par le froid qu'elles porteroient dans la terre, la végétation des plantes. Cependant quelquefois les maraîchers de Paris en font usage dans cette dernière intention. *Voyez* Maraicher.

Les eaux des ruisseaux n'ont pas ce dernier inconvénient, et en général elles conviennent beaucoup à la boisson des animaux. Pour l'homme elles ont souvent le désagrément d'avoir un goût de terre ou de plantes pourries désagréable. *Voyez* Ruisseau.

Les eaux des grandes rivières sont les meilleures de toutes, après sur-tout qu'on leur a donné le temps de déposer, par le repos, le limon qu'elles tiennent presque toujours en suspension.

Les eaux des puits partagent les inconvéniens des eaux de source, et ce à un degré plus éminent. Elles sont de plus exposées à être gâtées par les matières étrangères qu'on jette du dehors, et par la vase qui s'infiltre par le bas. Ce sont cependant celles qui, probablement, abreuvent la majeure partie des habitans de la France. Un cultivateur jaloux de conserver la santé de ses bestiaux, placera toujours à côté de son puits au moins une auge, pour, pendant tout l'été, y faire mettre la veille l'eau destinée à les abreuver.

Les eaux des citernes provenant des pluies ne tiennent en suspension que les matières étrangères qu'elles ont dissoutes en coulant sur les toits, sur la terre, et dans leurs canaux. Elles sont excellentes pour tous les usages domestiques. Il est fâcheux qu'on ne cherche pas à s'en procurer par-tout où il n'y a que de mauvais puits ou des mares infectes. C'est une erreur de croire qu'il faille de grands bâtimens pour les rassembler. Celles qui descendent des montagnes, au moment de l'orage, peuvent être réunies avec succès, comme l'expérience de beaucoup de cantons le prouve, au moyen de précautions qui seront indiquées au mot Citerne.

Si les eaux froides, qu'on appelle quelquefois *eaux crues*, sont, pendant les chaleurs, nuisibles aux animaux qui les boivent, les eaux chaudes, soit parcequ'elles ont été exposées en petite quantité au soleil, soit parcequ'on les a mises sur le feu, ne le sont pas moins, parcequ'elles sont relâchantes et affoiblissantes. Ce n'est que comme remède, c'est-à-dire dans leurs maladies qu'il faut leur en donner. (B.)

EAU. *Des eaux considérées sous les seuls rapports agricoles.* Je considérerai l'eau sous quatre rapports qui offrent des combinaisons différentes de principes analogues à l'agriculture.

1° Les eaux pluviales telles que nous les verse l'atmosphère.

2° Les eaux connues sous le nom d'eaux douces : ce sont celles des sources, lacs, étangs, fleuves et rivières.

3 Les eaux de mer qui, dans quelques circonstances, peuvent être employées utilement.

4° Enfin les eaux que j'oserai appeler composées et artificielles, et dont l'industrie de l'homme peut tirer un grand parti pour féconder nos champs.

Eaux pluviales. On sait que les eaux pluviales sont très fécondantes par les principes dont elles sont saturées dans l'atmosphère; elles servent non seulement à l'irrigation, mais à la fécondation, par les principes qu'elles rendent au sol en le pénétrant. Par quelle inconséquence les laissons-nous traverser nos champs en larges torrens, en ruisseaux rapides, sans chercher à les y faire séjourner pour y former les dépôts précieux des principes qu'elles contiennent. Ainsi abandonnées à elles-mêmes, elles enlèvent souvent l'humus de nos terres, qu'elles appauvrissent au lieu de les enrichir.

Si les Égyptiens n'eussent pas su diriger les inondations du Nil, auroient-ils obtenu l'étonnante fécondité de leurs plaines.

Pendant la dernière assemblée des Israélites à Paris, un de ses membres a présenté au gouvernement français des expériences très bien faites sur l'étonnante fécondation qu'il avoit obtenue en forçant, par de légères digues, faites à la charrue, les eaux pluviales à séjourner sur ses champs pour y déposer leur précieux limon, et en les laissant écouler lentement, pour qu'elles ne l'entraînent pas avec elles. Rien de plus simple, de plus ingénieux; mais tel est l'esprit de l'homme; il va chercher bien loin des combinaisons que la nature lui offre elle-même. On les a sous les yeux et l'on n'y pense pas. En dirigeant de simples ruisseaux dans nos champs, en les y contenant par un sillon tracé à la charrue, nous aurions aussi, avec moins de dangers que les habitans du Caire, nos utiles inondations. Ce moyen est si simple qu'on doit l'indiquer à nos cultivateurs par-tout où il sera possible, c'est-à-dire par-tout où il y a la plus légère pente ou inclinaison du sol.

A l'article *eaux composées* on verra des essais très ingénieux d'un cultivateur habile (M. de Perthuis), qui en a obtenu les plus heureux effets.

Eaux douces ou naturelles. Les eaux douces ne sont pas aussi riches en principes fécondans que celles de l'atmosphère, *tant qu'elles sont courantes*; mais rendues *stagnantes* elles s'enrichissent de sels et d'émanations atmosphériques. Pourquoi donc ne pas les rendre *stagnantes* ? Pourquoi les laisser se perdre inutilement? Pourquoi ne pas les diriger par de simples rigoles dans des fosses ou réservoirs, d'où elles sortiroient à volonté pour l'irrigation des terres, *par-tout où la chose est possible.* Un orage peut ainsi nous offrir des ressources pour des mois de sécheresse ; mais nous n'y pensons pas, et nous nous réservons le plaisir de nous plaindre du temps et de la nature, qui nous crie avec raison : *Aide-toi, je t'aiderai.* Quelles ressources ne nous offre pas la simple *mare* placée près de la maison d'habitation? (*Voyez* à l'article MARE.) Pourquoi ne pas la multiplier . placer l'utile mare près de nos champs quand elle pourroit les arroser, en les combinant toutefois avec plusieurs fossés d'irrigation? elle serviroit encore à d'autres usages. *Voyez* dans cet article *eaux composées.*

Eaux de mer. Ces eaux peuvent être utiles ou nuisibles à l'agriculture : si elles séjournent trop long-temps sur le sol, elles y déposent un limon bitumineux qui rend la terre imperméable à l'atmosphère, et souvent aux instrumens aratoires. Tels sont les vastes terrains de la Flandre, appelés les Moëres. Il faut encore ici appeler l'art au secours de la nature, et par de légères chaussées forcer les eaux pluviales à séjourner sur le terrain, et ne leur donner passage que lorsque la charrue peut entrer dans le terrain. On doit prendre pour exemple les travaux industrieux dans les Moëres près Dunkerque, dirigés par MM. Herwyn, dont l'un est aujourd'hui membre du sénat.

On peut, au contraire, sur les rives de la mer, se procurer d'excellentes prairies, en retenant et dirigeant sur le terrain les eaux de l'Océan. On connoît la bonté des bestiaux nourris sur ce qu'on appelle *prés salés*, que la mer couvre et découvre alternativement. Combien de localités où l'on pourroit, par de légers travaux, multiplier ce bienfait de la nature ; mais on est loin d'y penser. Nous ne connoissons pas en France *l'art des irrigations.* Je ne citerai point l'exemple de la Chine, que je ne connois point ; mais bien ceux de la Lombardie, de la Toscane, de la Suisse, de quelques contrées de l'Angleterre. L'emploi, l'utilité, la direction des eaux, sont la partie foible et très foible de l'agriculture française.

Je ne puis, dans un ouvrage élémentaire, qu'indiquer les principes généraux ; mais je crois en avoir assez dit pour diriger l'homme intelligent. Il faut bien connoître les divers tempéramens pour indiquer des remèdes.

Eaux composées ou préparées par l'industrie de l'homme pour l'utilité de l'agriculture. M. de Perthuis, que je citerai encore, parceque j'aime mieux donner des exemples et des expériences que des théories et des systèmes, emploie un moyen simple et facile pour combler les bas-fonds dans les prairies. Des rigoles sont conduites vers ces bas-fonds; on jette dans le courant des terres bien ameublies, ou autres amende-mens que l'eau entraîne toujours vers les parties les plus basses pour les y déposer. Cette simple opération dispense de trans-ports de terres très dispendieux.

En substituant à la terre simple des terreaux, des fumiers bien consommés, des *amendemens* nécessaires pour améliorer le sol, des sables, des terres calcaires, des pierrailles pour amender un terrain trop argileux, trop compacte, des argiles sèches et réduites en poudre pour féconder des sables arides, l'eau des pluies et torrens, les eaux douces, celles même de la mer, par-tout où elles peuvent être portées et dirigées, peuvent changer, amender, améliorer la nature du sol sans aucuns frais; de simples rigoles, quelques sillons pour partager le terrain, quelques planchettes dans les conduits pour retenir et diriger l'eau chargée des principes qu'on lui a confiés. Ces moyens simples, dirigés avec industrie, suffisent dans beau-coup de localités pour niveler, amender, féconder les terres les plus ingrates. J'ai donc cru devoir consigner ici ces utiles et ingénieuses expériences; car ce sont des expériences et des faits que je cite. J'ai précédemment indiqué les moyens de ménager, de rassembler les eaux pluviales dans des réser-voirs factices, lorsque l'on n'a point d'autres eaux à sa dis-position. Je finirai en répétant que l'art des irrigations est presque par-tout ignoré parmi nous. Je laisse à une main plus habile que la mienne à en tracer les règles dans cet ouvrage.

A l'article DESSÈCHEMENT on trouvera tout ce qui concerne cette importante partie de l'art agricole. (CHAS.)

EAU DE CHAUX. Dissolution de la chaux dans l'eau, qui ne s'en charge jamais de plus de la cinq centième partie de son poids. Cette combinaison jouit d'une partie des propriétés des alkalis et est très avide d'acide carbonique. Je la cite parce-qu'elle s'emploie à quelques expériences de physique végétale, qu'elle sert à purifier l'air, les lieux infectés, et à panser les ul-cères des animaux.

On donne aussi par extension le même nom, dans quelques lieux, à ce qu'ailleurs on appelle *lait de chaux*, c'est-à-dire à l'espèce de bouillie qui résulte du mélange de la chaux vive ou éteinte avec une certaine quantité d'eau. C'est de cette bouillie dont entendent parler ceux qui conseillent de blanchir les écuries avec de l'eau de chaux pour détruire les mauvais effets des miasmes contagieux qui ont pu être déposés sur leurs murs, ceux qui disent qu'il faut tremper le blé infecté de carie ou de charbon dans le l'eau de chaux pour détruire les germes de cette peste des moissons. *Voyez* au mot CHAUX et CARIE. (B.)

EAU-DE-VIE. On appelle eau-de-vie une liqueur extraite par la distillation de toutes les substances qui ont éprouvé la fermentation vineuse.

On lui donne le nom d'*eau-de-vie de vin*, *de grain*, *de cidre* ou *de poiré*, selon qu'elle est retirée du vin, de la bière, du cidre, du poiré; et celui de *kirchenwasser*, *taffia*, lorsqu'elle est le produit de la distillation du suc fermenté des cerises ou de la mélasse.

Quoique les eaux-de-vie soient distinguées dans le commerce sous des noms différens, et qu'elles varient par la qualité, elles se rapprochent toutes par des propriétés qui leur sont communes.

L'eau-de-vie, quelle que soit son origine, a une odeur forte sans être désagréable, une saveur piquante; elle est blanche comme l'eau lorsqu'elle est pure; elle s'enflamme aisément par le contact d'un corps embrasé, ou par l'application d'une chaleur assez modérée; elle dissout les résines, le sucre, le camphre, les huiles volatiles, etc.

L'eau-de-vie, *Aqua vitæ*, a été ainsi appelée par rapport aux propriétés qu'on lui a attribuées dès le principe; on l'a encore désignée sous le nom d'*Aqua ardens*, d'après la facilité avec laquelle elle s'enflamme : les chimistes modernes l'ont appelée alcohol, et ont compris sous le même nom l'esprit-de-vin, quoique ces deux substances méritent des dénominations particulières, attendu qu'elles forment deux produits très distincts dans le commerce et que les anciens ne donnoient le nom d'alcohol qu'à l'esprit-de-vin le plus rectifié.

Depuis que l'eau-de-vie est devenue une boisson presque générale, on a cherché par-tout à extraire une liqueur analogue de diverses substances autres que celles dont nous avons déjà parlé.

Les Tartares de la Crimée et les peuplades vagabondes qui campent dans les vastes déserts, entre la Sibérie, la Laponie et la Chine, délayent la farine d'avoine ou celle de riz dans du lait de jument; ils font fermenter ce mélange qu'ils distillent ensuite dans un pot de terre coiffé d'un couvercle et percé d'un trou latéral, auquel ils adaptent un tuyau de bois pour conduire le produit de la distillation dans un autre pot de terre qui sert de récipient. Ce sont les Kalmoucks, les Usbecks et les Nogays qui font cette espèce d'eau-de-vie, qu'ils nomment arak. On la distille une seconde fois pour lui donner plus de force. Elle est d'un goût désagréable, fade et empyreumatique.

Les Chinois préparent encore une eau-de-vie en distillant le riz fermenté.

Dans les pays méridionaux de la Chine, aux Philippines, sur la côte de Coromandel, et notamment dans le pays de Cochin, on fait un vin appelé *fari* par la fermentation du fruit du cocotier. On en extrait une eau-de-vie par la distillation ; cette eau-de-vie porte le nom de *calou*.

Dans les pays où croît le palmier, on extrait des dattes un suc qui fournit par la fermentation une boisson vineuse qui, distillée, donne de l'eau-de-vie.

A l'île de France, à Madagascar, etc. , on prépare une eau-de-vie qu'on appelle *guildive* en distillant le vin des cannes; c'est un vrai rum qui est en usage dans tous les pays où l'on cultive la canne à sucre.

Dans l'Amérique septentrionale on retire par la distillation du suc fermenté de la pêche une eau-de-vie d'un goût extrêmement agréable et qui communique au punch un parfum délicieux.

Dans une grande partie de l'Europe on fait *de l'eau-de-vie de genièvre*, c'est-à-dire qu'on mêle un quart de genièvre avec trois parties d'orge pour les faire fermenter ensemble. L'eau-de-vie qu'on retire ensuite par la distillation conserve l'arome du genièvre, et parfume cette boisson, qui sans cela a une odeur et un goût très désagréables.

Dans plusieurs contrées d'Allemagne il croît un cerisier sauvage dont le fruit est austère. On écrase le fruit, on le met dans des barriques et on y ajoute, par quintal de cerises, cinq liv. de feuilles fraîches de cerisier légèrement froissées; la fermentation s'y établit, et dès que la masse est affaissée, on distille pour extraire toute la partie spiritueuse. On redistille cette première eau-de-vie dans un alambic, en y ajoutant des noyaux de cerises concassés : quelques uns y mettent des feuilles de pêcher, ou une nouvelle quantité de feuilles de cerisier. On obtient le kirchen-wasser en rectifiant cette eau-de-vie par la distillation.

On peut à volonté aromatiser les eaux-de-vie en les distillant sur des aromates quelconques : c'est ainsi qu'on fait la fenouillette de l'île de Ré, en mettant dans la chaudière une poignée de graine de fenouil concassée ou une botte de la plante en fleur sur 240 pintes de vin.

On modifie et varie encore la qualité des eaux-de-vie en y mêlant un seizième de sirop, ou une eau distillée telle que celle d'anis. Le mélange du sirop l'adoucit et la rend plus moelleuse, l'addition de l'eau distillée la parfume.

Le temps donne seul à l'eau-de-vie une supériorité qu'on imite difficilement par des procédés chimiques. L'eau-de-vie d'Andaye doit sur-tout sa renommée à la vétusté de celle qu'on répand dans le commerce.

En général les meilleures eaux-de-vie sont celles que fournissent les vins. Néanmoins elles sont rarement exemptes de cet empyreume ou goût de feu qui provient des vices de la distillation. C'est sur-tout vers la fin de l'opération qu'elles prennent le goût de brûlé, parceque, dans ce moment, la chaudière ne contient plus qu'une liqueur épaisse dans laquelle nagent les principes fixes du vin, tels que la lie, le tartre, la matière colorante : ces substances se déposent sur les parois, s'y colent, s'y brûlent et communiquent le mauvais goût à l'eau-de-vie. Ces vices ne sont pas à craindre lorsque la distillation est bien conduite; et, dans les appareils perfectionnés de nos jours, on obtient des eaux-de-vie exemptes de tout empyreume.

Le goût de feu a été si général jusqu'à ces derniers temps, les habitans du nord avoient tellement contracté l'habitude de ces eaux-de-vie empyreumatiques, que, lorsqu'on leur a envoyé des eaux-de-vie qui n'étoient plus empreintes d'empyreume, ils les ont repoussées, et que pendant long-temps on a été contraint de leur donner le goût détestable d'empyreume pour en assurer la consommation : ils prétendoient qu'elles étoient plus foibles par cela seul qu'elles étoient plus douces; ce qui prouve, comme l'a observé Montesquieu, que pour donner de la sensibilité à un paysan moscovite il faut l'écorcher.

Le goût empyreumatique est indifférent pour quelques usages auxquels on fait servir l'eau-de-vie, mais il ne l'est pas lorsqu'on en fait la base des liqueurs. La fabrication des liqueurs en fait une consommation énorme, puisque l'eau-de-vie est l'excipient ou le véhicule de tous les aromates qui font la principale qualité de cette nombreuse série de boissons que prépare le liquoriste.

Les eaux-de-vie de grain, de poiré, de cidre, etc., sont toutes plus ou moins empyreumatiques, parceque la liqueur qu'on distille a une consistance presque sirupeuse, et qu'il est bien difficile de ne pas la brûler lorsqu'elle s'épaissit et se précipite dans la chaudière. Elles ont encore un goût fade qui dépend de ce que la fermentation vineuse est très imparfaite, ce qui communique toujours un goût de fruit au produit de la distillation. On obvie à une partie de ces inconvéniens en ne distillant ces liqueurs fermentées que long-temps après qu'elles sont faites, c'est-à-dire après qu'elles ont bien déposé.

On y remédiera plus efficacement encore en adoptant les procédés de distillation que nous avons fait connoître au mot DISTILLATION DU VIN.

Lorsque les eaux-de-vie ont séjourné quelque temps dans une futaille neuve, elles sont colorées et prennent quelquefois un goût acerbe, ce qui dépend de ce que l'eau-de-vie dissout le principe extracto-résineux du bois. On ne peut les blanchir et leur ôter ce mauvais goût qu'en les redistillant.

Pour éviter des répétitions nous renvoyons au mot DISTIL-

LATION, où l'on a fait connoître la manière de déterminer le degré de spirituosité des eaux-de-vie. (CHAP.)

EAUX CROUPIES. Les eaux de fumiers, les eaux qui ont servi à rouir le chanvre et le lin, ne peuvent servir à entretenir la vie des plantes qu'on y plonge, ainsi que Th. de Saussure et autres l'ont prouvé; mais ces eaux employées à arroser des composts les améliorent singulièrement; mais ces eaux répandues en petite quantité à la fois, au printemps, sur les prairies ou les cultures en activité de végétation augmentent prodigieusement cette activité. Rarement, du moins à ma connoissance, on fait usage en France de ce moyen pour se procurer d'abondantes récoltes; mais il paroît qu'on ne le néglige pas en Angleterre. Toutes ces eaux contiennent des quantités considérables de mucilage en dissolution, et doivent par conséquent porter immédiatement beaucoup de nourriture aux plantes qui en sont arrosées. M. Billingsley a trouvé par des expériences répétées que l'eau du rouissage est plus efficace que l'urine. Elle a porté de dix à cinquante le produit d'une prairie. (B.)

EAUX CRUES. Ce sont celles qui tiennent de la sélénite en dissolution, et même, selon quelques auteurs, celles qui sont chargées de carbonate de chaux ou de carbonate de fer.

Les eaux séléniteuses sont nuisibles aux animaux, à qui elles occasionnent des pesanteurs d'estomac, et aux plantes, dont elles encroûtent les racines. On ne peut les employer ni à la cuisson des légumes ni au savonnage du linge, parceque la sélénite se fixe sur la surface des légumes et empêche l'eau de pénétrer dans leur intérieur, et qu'elle décompose le savon. Les détails dans lesquels je suis entré au mot SÉLÉNITE me dispensent de traiter ici cet objet plus au long. Je dirai seulement que les cultivateurs qui croient corriger ces eaux en y mettant pourrir du fumier ne font qu'aggraver leurs inconvéniens; les eaux de fumiers donnant la mort aux plantes qu'on en arrose avec trop d'abondance. Le seul vrai moyen c'est de décomposer la sélénite par l'intermède de la potasse ou de la soude, comme le font les ménagères qui mettent un sachet de cendre dans la marmite où cuisent les choux ou les haricots. La petite quantité de sélénite qui se trouve dans les eaux les plus crues rend cette opération très peu coûteuse. Deux ou trois poignées de cendres de bois neuf suffisent pour rendre propre à la boisson, à la cuisson ou à l'arrosement, le seau d'eau le plus chargé; par conséquent une seule dans les cas ordinaires.

Il suffit de laisser exposées à l'air les eaux qui contiennent du carbonate de chaux (pierre calcaire) pour qu'il se précipite. Quelques unes de ces eaux en sont si chargées, qu'elles incrustent les corps sur lesquels elles passent. On les appelle eaux pétrifiantes. Ces dernières peuvent quelquefois nuire comme celles qui sont séléniteuses; mais elles sont rares, et on peut presque toujours éviter de les employer.

Quelques eaux tiennent, non en dissolution, mais en suspension, des marnes qui leur donnent une apparence laiteuse et savonneuse. Elles sont excellentes pour laver les étoffes de laine. Leur effet sur les plantes qu'on arrose avec elles est presque toujours favorable; mais elles sont rares. On pourroit, dans beaucoup de lieux, en faire d'artificielles en mettant de la marne dans de l'eau.

Enfin il est des eaux, et elles ne sont pas aussi rares qu'on le croit, qui se chargent d'oxide de fer encore par l'intermède de l'acide carbonique, en passant sur les mines de ce métal. Ces eaux seroient très nuisibles aux plantes qu'on arroseroit avec elles, et donneroient un mauvais goût aux légumes qu'on feroit cuire en les y plongeant; mais on les reconnoît facilement au goût et à la rouille qui se dépose dans leurs canaux. Elles sont très utiles dans certaines maladies des hommes et des animaux où il faut ranimer l'action des vaisseaux trop relâchés. (B.)

EAUX AUX JAMBES. Maladie cutanée, à laquelle sont sujets les jeunes chevaux qui n'ont pas jeté, ou qui n'ont jeté qu'imparfaitement, ainsi que les chevaux de tout âge, qui sont épais, dont les jarrets sont pleins et gras, dont les jambes sont chargées de poils, et qui ont été nourris dans des terrains gras et marécageux, etc.

Elle se décèle par une humeur fétide et par une sorte de sanie qui, sans ulcérer les parties, suinte d'abord à travers les pores de la peau. Dans le commencement elle attaque les paturons, principalement ceux de derrière; mais à mesure que le mal fait des progrès, il s'étend, il monte jusqu'au boulet, et même jusqu'au milieu du canon; la peau s'amortit, devient blanchâtre, se détache aisément et par morceaux, et le mal cause l'enflure totale de l'extrémité qu'il attaque. L'animal boite; quelquefois la liaison du sabot et de la couronne à l'endroit du talon est en quelque façon détruite.

Dans ce cas, il faut pratiquer une légère saignée à la jugulaire, le même soir du jour de cette saignée donner à l'animal un lavement émollient, afin de le disposer au breuvage purgatif qu'on lui administrera le lendemain matin, et dans lequel on aura soin de faire entrer l'*aquila alba*, ou mercure doux.

La tisane des bois est encore, dans ces sortes de cas, d'un très grand secours; on fait bouillir de la salsepareille, du sassafras, du gayac, de chaque sorte trois onces, dans environ quatre pintes d'eau, jusqu'à réduction de moitié; on passe cette décoction ; on y ajoute deux onces de *crocus metallorum* ; on remue et l'on agite le tout ; on humecte le son que l'on présente le matin à l'animal avec une chopine de cette tisane. Le son est donné en plus ou moins grande quantité suivant l'état du malade. La poudre de vipère entière desséchée, et jetée chaque jour dans le son, produit également un très bon effet.

Quant aux remèdes extérieurs, on ne doit jamais en tenter l'usage que l'animal n'ait été suffisamment évacué. Jusque-là il suffit de couper le poil, et il est important de laisser fluer la matière corrompue ; mais l'enflure se dissipant et la partie attaquée se desséchant elle-même, il faut la laver avec du vin chaud et la maintenir nette et propre. Si l'on aperçoit encore un léger écoulement, on substitue au vin de l'eau-de-vie et du savon ; et si le flux est plus considérable, on bassinera l'extrémité affectée avec de l'eau dans laquelle on aura fait bouillir de la couperose blanche et de l'alun, ou avec de l'eau seconde ; ensuite il faudra repurger l'animal pour la dernière fois. (Tes.)

EAUX SAUVAGES. Cette appellation s'applique dans beaucoup de lieux aux eaux des pluies qui coulent ou séjournent sur la terre pendant quelque temps, soit à raison de la disposition du terrain, soit à raison de sa nature. Ces eaux sont quelquefois extrêmement nuisibles à l'agriculture. (B.)

ÉBARBER. Les jardiniers emploient fréquemment ce mot pour désigner l'opération de couper le chevelu des plantes ou des arbres qu'ils mettent en terre, opération presque toujours inutile et souvent nuisible. On applique aussi quelquefois le même mot comme synonyme de la tonte des haies et des charmilles. *Voyez* PLANTATION et TONTE. (B.)

EBENIER DES ALPES. *Voyez* au mot CYTISE.

ÉBOTTER. On appelle ainsi, dans quelques endroits, l'opération de couper les grosses branches d'un arbre près du tronc, pour lui en faire pousser de nouvelles et le rajeunir ; c'est presque le synonyme de RAPPROCHER, d'ÉTÊTER et de REBOTTER. *Voyez* ces mots. (B.)

ÉBOULEMENT. Se dit de terres en pente qui, par quelque cause que ce soit (ordinairement les eaux), sont entraînées à une distance plus ou moins éloignée du lieu où elles étoient. Il est souvent difficile de prévoir les éboulemens, et souvent fort coûteux d'en réparer les désastreux effets. *Voyez* au mot MONTAGNE. (B.)

EBOURGEONNEMENT DES ARBRES DANS LES PÉPINIERES. Les arbres qui ont été disposés en tige l'année précédente, ceux qui ont été greffés à quelque époque que ce soit, poussent presque toujours aux deux sèves, et sur-tout à celle du

printemps, des bourgeons sur leur tige, bourgeons qui tendent
à détruire l'effet de la première opération, et à empêcher la
greffe de prospérer. Il faut donc les détruire, mais il ne faut
pas le faire inconsidérément. Lorsque par exemple on enlève
en un instant tous les bourgeons d'une tige de trois à quatre
ans, il se fait une déperdition de sève par les plaies, telle que
non seulement l'arbre en souffre et en est retardé dans sa
croissance, mais même qu'il meurt souvent, sur-tout lorsque,
comme cela arrive quelquefois, la production de ces bourgeons
est déjà un signe de foiblesse dans l'arbre. On doit donc
dans ce cas n'enlever ces bourgeons que les uns après les autres, en commençant par les inférieurs. Il vaudroit même mieux
ne les supprimer qu'après les avoir tordus quelques jours à l'a-
vance, afin de donner à la sève le temps de prendre le cours
ascendant. J'ai vu une plantation de l'année, en acacia, périr
presque en entier parcequ'on l'avoit ébourgeonnée trop tôt, et
pendant la force de la chaleur et de la sécheresse de juillet. Les
mêmes inconvéniens ont lieu lorsque c'est une tige greffée qu'on
ébourgeonne ; et comme la greffe est une véritable crise végétale, ils sont plus graves dans ce cas. J'ai vu bien des fois des
greffes de la plus belle apparence périr en quelques jours par
ce seul effet. Il ne faut donc ébourgeonner les jeunes arbres
greffés qu'avec la plus grande lenteur, c'est-à-dire n'enlever que
deux ou trois bourgeons par jour, avec intervalle de deux à trois
jours, et toujours laisser au moins un petit bourgeon au-dessus
de la greffe, si c'est une greffe en écusson, pour attirer la sève
dans cette partie. Ce bourgeon est pincé à son extrémité huit
jours après pour faire refluer sa sève dans la greffe, et enfin
totalement supprimé lorsque cette dernière a pris assez de
feuilles pour se suffire à elle-même.

L'opération de l'ébourgeonnement se fait lorsque les bourgeons ont acquis quatre à cinq pouces de longueur. Trop tôt,
elle n'empêche pas la production de nouveaux jets ; et c'est par
conséquent fatiguer inutilement l'arbre. Trop tard, elle donne
lieu à de trop grandes plaies, et laisse employer inutilement
une sève qui eût beaucoup accru la grosseur et la hauteur de
l'arbre. C'est au jardinier à savoir choisir le moment, qui varie
chaque année et la même année, sur chaque espèce d'arbres.

Quant à l'ébourgeonnement des têtes de ces mêmes arbres,
ébourgeonnement qui devient quelquefois utile, mais qui doit
être extrêmement discret, il a lieu d'après les principes développés plus haut pour les arbres fruitiers. En général, je n'aime
point à voir ébourgeonner dans ce cas, parceque la croissance
de l'arbre souffre toujours de la diminution de ses feuilles.

On appelle aussi quelquefois ébourgeonnement, ou mieux,
on confond avec l'ébourgeonnement le pincement de l'extré-

mité des tiges et des rameaux des plantes annuelles, comme
Pois, Fèves, Melons, etc., ou des bourgeons des arbres qui
comme la Vigne donnent leur fruit sur le bourgeon même.
Voyez ces mots et le mot Pincement. Cette opération a pour
but de faire produire plus de fruit ou de plus beaux fruits, et
d'avancer la maturité de ces fruits. (B.)

EBOURGEONNEMENT DES ESPALIERS. C'est retran-
cher les *bourgeons superflus*. Tout le monde ébourgeonne, et
très peu de personnes se doutent des principes sur lesquels
cet art est fondé : chacun regarde sa méthode comme la meilleure, sans réfléchir ni même vouloir examiner s'il en existe de
meilleure. Prévenu comme les autres, je me transportai à Montreuil, afin de juger sur les lieux si les merveilles qu'on racon-
toit de la taille et de la conduite des arbres, par ces jardiniers
physiciens, méritoient les éloges qu'on leur donnoit. J'avoue
de bonne foi que ma surprise fut extrême, et je revins chez moi
en confessant que jusqu'alors je n'avois pas eu les premiers élémens de la taille des arbres. Je relus l'excellent ouvrge de Roger
de Schabol, et je fis autant de fois le voyage de Montreuil qu'il
se présentoit de nouvelles difficultés à mon esprit ; enfin j'ai
vu, étudié, réfléchi, examiné, et j'invite les amateurs en ce
genre d'imiter mon exemple, puisque c'est le seul moyen de
s'instruire. Cette manière de tailler, etc., éprouve de grandes
contradictions en province, parcequ'on ne sait pas assez les
liaisons d'un principe à un autre ; on aime mieux laisser char-
penter un arbre par un ignorant jardinier, et tous les huit ou
dix ans replanter ses pêchers. Je dois ma conversion à M.
Roger de Schabol ; il est donc naturel que l'écolier se taise
lorsque le maître doit parler.

« Le but de l'ébourgeonnement est, 1° de retrancher les rameaux superflus; 2° de maintenir entre les branches un équilibre exact ; 3° d'assurer la fécondité de l'arbre, non seulement pour l'année présente, mais encore pour celles qui doivent la suivre.

« Les arbres, après avoir fait de rapides progrès, ont besoin d'être ébourgeonnés. Depuis le printemps leurs bourgeons
allongés et multipliés forment un tissu difforme ; les uns demandent qu'on leur assigne une place, en les étalant pompeuse-
ment sur la muraille ou sur le treillage, les autres semblent
s'attendre à être retranchés comme membres superflus, afin
de donner à ceux-là plus de nourriture et de relief.

« L'ébourgeonnement, j'ose le dire, est au-dessus de la taille
pour l'importance ; il la dispose pour l'année suivante. On
peut jusqu'à un certain point suppléer à une taille défectueuse, au lieu que rien ne peut réparer un ébourgeonnement
vicieux ; de là dépend la fécondité de l'arbre, comme sa santé

et sa durée. Il est question ici de la saison de l'ébourgeonnement, et de la méthode qu'il faut suivre.

« C'est en conséquence de l'empire absolu de l'art sur la nature que les hommes se sont avisés de donner aux arbres en
espaliers cette forme et cette étendue, qui de chaque branche
fait autant d'éventails; et que, par le retranchement de celles
de devant et de derrière, ils ont forcé la sève de se porter sur
les côtés afin de la rendre féconde en la gênant dans son cours.
Le pêcher a plus besoin qu'un autre arbre d'être ébourgeonné;
il produit tous les ans une si grande quantité de bourgeons,
qu'abandonnés à eux-mêmes ils n'offriroient à la vue qu'un
objet informe, et que, devenant le jouet des vents, ils seroient
immanquablement brisés; le fruit, outre qu'il profiteroit moins,
acquerroit aussi moins de saveur.

« L'exactitude de l'ébourgeonnement est moins essentielle
dans les autres arbres, parceque le touffu de leurs feuilles,
qui sont d'ordinaire plus larges et plus serrées que celles du
pêcher, en cache la difformité, et de plus le préjudice qu'on
peut leur faire, en les dégarnissant en quelques endroits, est
réparable par ces branches que j'appelle ADVENTICES (*voyez*
ce mot) qui percent à travers la peau.

« L'art de l'ébourgeonnement n'est autre chose que la suppression sage et raisonnée des rameaux superflus, que le choix
judicieux de ce qu'il faut palisser, que ce goût et cette intelligence pour n'en conserver qu'une quantité suffisante. Il se
répète autant de fois que les bourgeons, en s'allongeant et se
multipliant, donnent lieu à le renouveler. Le point essentiel
est de fuir également la confusion et le vide. Pour éviter
celui-ci, il faut toujours tirer du plein au vide, mais sans
forcer, sans croiser, sans causer aucune difformité. On évite
la confusion, en laissant entre les bourgeons un espace suffisant pour qu'ils ne se touchent point, et que leurs feuilles ne
jaunissent ni ne tombent.

« L'époque de l'ébourgeonnement n'est pas plus fixe que
celle de la taille. On doit se régler sur la saison, l'âge, la
valeur des arbres, le climat, les expositions différentes, et les
circonstances particulières de l'abondance ou de la disette des
fruits.

« Les Montreuillois le diffèrent jusqu'à la mi-mai, ou dans
le mois de juin, lorsque les bourgeons de leurs arbres ont un
pied ou quinze pouces de long. C'est moins la propreté et la
régularité que le besoin des arbres qui les guide. Voici leurs
principales raisons. 1° En ébourgeonnant de bonne heure, on
met le fruit au grand air; comme en avril et au commencement de mai il est encore fort tendre, il est en danger d'être
frappé du soleil et de tomber. 2° En retardant et laissant allon-

ger les bourgeons , ne supprimant que tard les surnuméraires, les arbres ne s'épuisent point à en repousser de nouveaux. 3° La gomme est plus à portée de fluer au mois d'avril que lorsque l'écorce est plus formée. 4° A peine les arbres commencent-ils à se remettre des fatigues qu'ils ont essuyées par les tailles faites à leurs rameaux , à peine les cicatrices commencent-elles à se recouvrir, qu'on leur en fait de nouvelles. 5° Tant que le fruit est à couvert sous cette espèce de forêt hérissée de bourgeons, il jouit d'une fraîcheur qui contribue beaucoup à son accroissement; les bourgeons d'ailleurs se trouvent à l'aise , poussent et s'allongent; leurs yeux , leurs boutons , pour l'année suivante , se forment et se façonnent. Tous ces avantages disparoissent dans l'ébourgeonnement précipité ; ce qui vient d'être dit est relatif au climat de Paris , et attendre jusqu'au mois de juin seroit trop tard pour les provinces méridionales : le climat dicte le temps de l'ébourgeonnement.

« Doit-on ébourgeonner par provision , et remettre à PALISSER (*voyez* ce mot) à un autre temps? Cette façon de travailler a des suites fâcheuses. 1° Les fruits dénués de l'appui des bourgeons qu'on leur a ôtés sont abattus par les vents. 2° Les feuilles des bourgeons du bas , après avoir jauni , touchent et font avorter les yeux pour l'année suivante. 3° De nouvelles occupations font oublier le palissage. 4° En ébourgeonnant à vue de pays , en court risque de supprimer certains bourgeons mieux placés que ceux que l'on conserve , ou d'épargner ceux qu'il faudroit jeter à bas ; il peut arriver aussi qu'on ne trouve pas son compte dans le nombre des branches qu'on a laissées comme suffisantes. 5° Ces mêmes branches non palissées, venant à être cassées par les vents , opèrent encore des vides. En palissant au contraire à mesure qu'on ébourgeonne , on prévient tous ces inconvéniens.

« Beaucoup de jardiniers n'envisageant que la régularité et l'uniformité, commencent à palisser par un bout de l'espalier, et finissent par l'autre. Je crois que les arbres exposés sur la hauteur à la fureur des vents, ceux qui ont le plus poussé , qui portent des fruits plus hâtifs et plus nombreux , ont droit d'être travaillés les premiers, ensuite les plus foibles , puis les vieillards et les infirmes. Parmi les expositions, celle du midi exige toujours la préférence. Je ne dis point qu'un arbre vigoureux doit être moins ébourgeonné qu'un foible qui , n'étant pas soulagé , feroit seulement des pousses chétives.

« On ne perdra point de vue la nourriture actuelle du fruit , et la provision pour la récolte suivante; on pourroit ajouter une troisième considération qui est la grace et la régularité de l'arbre. Il faut être bien économe , et se ménager successivement des fruits chaque année. On excelle en cela à Montreuil; tous les ans leurs arbres en donnent, au lieu que dans nos jardins on en a abondamment dans une année, et peu ou point les suivantes. On laisse, à cette fin moins de bourgeons à un arbre bien chargé de fruits qu'à un qui l'est moins, afin que le premier puisse les nourrir. On réserve ensuite des bourgeons de bois bien franc, de distance en distance, soit pour regarnir, soit pour remplacer, l'année suivante, ceux qui seront épuisés ou retranchés.

« En ébourgeonnant les arbres de deux ou trois ans, leur disposition et la distribution de leurs branches doivent être consultées. Ce moment décide de leur sort avec la taille de l'année suivante; mais je donne, en général, beaucoup de charge à des arbres quoique jeunes quand ils sont extrêmement vides. Mon but est de leur procurer un plus prompt avancement et de conserver, dans leur totalité, une plus ample circulation de sève. »

Autrefois on ébourgeonnoit en décollant ou éclatant les bourgeons avec la main, mais aujourd'hui on préfère le faire avec la serpette. Par le moyen de cet instrument on peut mieux ménager l'opération. En automne, lorsqu'on est dans le cas de *repasser les arbres*, on peut décoller sans conséquence les petits bourgeons tardifs, et on le fait ordinairement.

« A L'égard des Gourmands (*voyez* ce mot), on doit, 1° les conserver, tant qu'on peut, proportionnément à la force de l'arbre; 2° ne les abattre que dans le cas de nécessité; 3° les palisser de toute leur longueur avec leurs bourgeons latéraux, en ôtant ceux de devant et de derrière; 4° palisser aussi sans rogner ni pincer les bourgeons qui croisent de droite à gauche des yeux de ces gourmands; 5° au cas qu'il n'y eût point de place pour les étendre sur le mur, les supprimer en les coupant à une ligne près de chaque œil, le plus tard qu'il se peut, afin d'éviter la pousse de nouveaux bourgeons; si l'arbre n'avoit point d'autres branches que les chiffonnes et de faux bois, et que sa jeunesse pût faire présumer son rétablissement, on palisseroit de toute leur longueur ces branches foibles, mais en petit nombre. L'arbre seroit alors en état de les nourrir, et à la taille on les couperoit fort court, jusqu'à ce qu'il se remît : s'il n'y a pas lieu d'espérer du succès, il faut lui chercher un successeur.

« Quatre sortes d'arbres se présentent actuellement pour être ébourgeonnés ; les uns sont nouvellement plantés, ou le sont depuis trois ou quatre années; les autres. qui ont huit à dix ans, composent la classe des jeunes; ceux d'un âge formé, et dont l'embonpoint est aussi parfait que l'étendue est vaste.

viennent ensuite ; les vieillards se présentent enfin au dernier rang.

« Parmi ces différentes sortes d'arbres, je distingue ceux qui sont extrêmement vigoureux de ceux qui sont plus sages et plus réservés ; ceux qui sont malades depuis long-temps, de ceux dont les maladies sont passagères. Les uns ont été bien conduits, et les autres l'ont été fort mal. Quantité de gourmands et de branches, tant fécondes que stériles, se remarquent à tous ; enfin la plupart, pour avoir été plantés trop près, se touchent, et leurs rameaux allongés s'entrelacent : il s'agit de prescrire des règles pour ces différentes classes.

« Une des plus essentielles est de considérer la nature des bourgeons qui ne doivent pas indiscrètement être jetés à bas. Comme le pêcher est le plus difficile à ébourgeonner, je le prends pour exemple. Ses fruits, au premier palissage sur-tout, n'étant pas fort gros, et étant cachés sous les feuilles, tombent aisément, si on n'a soin de tâter les branches qu'on veut ébourgeonner, afin d'épargner tous les bourgeons chargés de pêches. Il faut en outre, avant d'en jeter aucun en bas, le présenter en place ; on connoîtra par-là s'il est dans son ordre naturel, s'il ne forcera pas ou s'il n'éclatera point du bas.

« Deux sortes de branches doivent être supprimées dans les arbres lors de l'ébourgeonnement ; d'abord celles qui sont irrégulières, infécondes, tortues, chancreuses, gommeuses, contre l'ordre de la nature, mortes ou mourantes, et on ne doit tirer que sur les bonnes ; ensuite les bourgeons surnuméraires, quoique branches fructueuses pour l'année suivante et les gourmands inutiles. Après avoir fait choix de ceux qui sont le mieux placés, on en supprimera un entre deux, ou même deux de suite, suivant que la muraille est plus ou moins garnie.

« Les mêmes règles doivent s'observer à l'égard des arbres en contre-espaliers et en éventail, avec cette différence que les premiers étant moins gênés que ceux d'espaliers, on peut leur laisser plus de bourgeons, et que les seconds, qui présentent un double parement, demandent à être ébourgeonnés par devant comme par derrière. Les buissons qu'on évide en seront dédommagés par la quantité des bourgeons bien placés au pourtour qu'on leur laissera. Il faut plus d'intelligence pour les ébourgeonner à propos que les autres arbres. On coupera à ceux en plein-vent tous les bourgeons maigres qui poussent par pelotons, et on n'en laissera qu'un ou deux bien placés. On leur retranchera les pousses qui croissent et s'entrelacent, et certains gourmands qui emporteroient tout l'arbre, en appauvrissant leurs voisins. Elaguer peu à peu les bourgeons du haut de la tige, pour ne laisser que ceux qui doivent fournir une belle tête, est le moyen de n'avoir que des arbres chargés de fruits nombreux, gros et exquis, et qui présentent un coup d'œil charmant.

« Un point capital de l'ébourgeonnement, relativement aux arbres en espalier, est de ne jamais abattre le bourgeon qui termine la branche, à moins qu'il ne fût manqué, et que celui de dessous ne fût meilleur. A la taille, on rapproche, on resserre, on concentre ; à l'ébourgeonnement, on ne peut donner trop d'extension aux arbres, quand ils poussent vigoureusement, et que tous les milieux sont garnis. Il se trouve souvent de grosses branches de vieux bois mortes depuis la taille du printemps, et qu'on ne sait si on doit abattre ou laisser. Je pense que de fortes incisions faites aux arbres en juin et en juillet leur sont très préjudiciables, et qu'elles doivent être remises à l'année prochaine ; néanmoins on peut diminuer la difformité, en palissant dessus ou à côté des bourgeons voisins.

« Rien de plus ordinaire aux gourmands que de produire à leur extrémité deux ou trois branches ; on ne laissera que celle qui sera le plus avantageusement placée, et on coupera les deux autres. A l'égard des bourgeons que la nature place uniformément dans tous les arbres, pour servir de mères nourrices aux fruits, loin de les supprimer ou de les couper à deux ou trois yeux, un bon ouvrier les coulera le long d'une branche de vieux bois, ou les retournera en anse de panier sur le devant ou sur un côté. Cette difformité est passagère ; elle disparoît lorsque le fruit est mûr, ou à la taille suivante. Les bourgeons que la gomme aura pris seront raccourcis à un œil au-dessus du mal, afin qu'ils en poussent de nouveaux.

« Point d'arbres ni d'arbustes qu'on ne puisse ébourgeonner, si on veut qu'ils prennent une figure régulière. Les cerisiers, guigniers, bigarreautiers, par exemple, tant en espaliers qu'en contre-espaliers, ressemblent, sans l'ébourgeonnement, à des hérissons. Comme ils poussent différemment qu'un pêcher et qu'un pommier, ils doivent aussi être ébourgeonnés d'une autre manière. Ils n'exigent pas non plus la même précision, ni la même correction. Leurs boutons toujours gros et nourris, parceque leurs fruits sont par paquets, sortant du même œil, et qu'ils sont abondans en sève, ont besoin d'un plus grand nombre de branches, pour servir de réservoir et de mères-nourrices : ils poussent moins de branches à bois seulement que de branches à fruit.

« Le cerisier fait aussi éclore sur le vieux bois quantité de BRINDILLES en devant (*voyez* ce mot), qui sont précieuses, et des branches fortes souvent aplaties, avec des côtes cannelées, qui prennent beaucoup de sève : on ne conservera celles-ci qu'autant qu'elles seront en nombre égal de chaque côté. La figure qu'il doit avoir est celle d'un éventail régulier. Jamais

ses branches perpendiculaires ou demi-perpendiculaires ne
s'approprient toute la sève comme celles du pêcher. S'il s'emporte du haut, quoiqu'il se dégarnisse rarement par le bas,
rapproché à la taille, il pousse assez aisément. La façon de le
travailler à l'ébourgeonnement est de lui ôter les rameaux
trop nombreux, de laisser tous ceux qu'on peut palisser, quand
même ils seroient trop durs, de conserver les LAMBOURDES de
côté (*voyez* ce mot), et celles qui sont droites et courtes en
devant. Ces dernières donnent les plus beaux fruits et les plus
abondans. On les retranche ensuite lorsque de nouvelles lambourdes les remplacent.

« Un cerisier en espalier au levant, bien dressé, ébourgeonné à propos, et palissé suivant les règles, forme un riche
coup d'œil, sur-tout lorsque, paré de ses fruits, il étale ses rameaux souples, dont le feuillage d'un vert brun et obscur
contraste avec le bel incarnat de ses fruits, qui pendent négli-
gemment au bout d'une queue allongée.

« L'ébourgeonnement, fait de la manière indiquée, influe
tellement sur la suite de l'ouvrage, qu'on est sûr de ne pas le
reprendre à plusieurs fois ; on n'a plus qu'une simple recherche
à faire de temps en temps. Les arbres, ayant eu le loisir de jeter
leur feu, deviennent plus sages, sans être épuisés, altérés ni
fatigués. » R.)

C'est ainsi que M. de Schabol s'explique, et parle en maître
de l'art. Que de préceptes et d'exemples instructifs pour ceux
qui se livrent à la taille des arbres, et en particulier pour ceux
qui n'ont jamais été à même d'examiner sur les lieux les arbres
conduits par les Montreuillois !

Comme c'est principalement par le moyen des feuilles
que les arbres croissent et que les fruits grossissent, l'é-
bourgeonnement est toujours nuisible sous ces deux rapports. Il ne faut donc pas y joindre, comme on ne le fait que
trop souvent, un effeuillement sur les bourgeons conservés,
sous prétexte de donner de l'air, du soleil aux fruits. Cette
même considération doit engager à ébourgeonner moins rigoureusement les arbres foibles ou très chargés de fruits. J'ai vu
des abricotiers, des pêchers trop rigoureusement ébourgeonnés, dont toutes les feuilles s'étoient fanées, dont tous ou
partie des fruits sont tombés, ou n'ont pas pris toute leur croissance, ou sont restés sans saveur : j'ai vu même de ces arbres
qui en sont morts.

En général le palissage est une opération très délicate et
difficile à bien faire. Elle doit être étudiée avec soin sous un
maître habile avant d'être entreprise. *Voyez* ESPALIER, BUIS-
SON arbre), PÊCHER, ABRICOTIER, CERISIER, POMMIER, POI-
RIER et VIGNE. (B.)

EBOURGEONNEMENT DE LA VIGNE. Cette opération est inconnue en général dans nos provinces, où on cultive la vigne à la charrue. Je conviens qu'elle est moins essentielle que par-tout ailleurs, parceque le climat lui est très favorable; cependant pourquoi laisser épuiser le cep à produire du bois inutile? Dans les provinces, au contraire, où l'on nourrit beaucoup de chèvres et de vaches à l'écurie, le paysan ébourgeonne trop sévèrement; il est aisé d'en sentir les raisons : non seulement il détruit les sarmens inutiles, mais encore raccourcit les sarmens chargés de fruits, ce qui les oblige à pousser de nouveaux bourgeons sur les côtés, bourgeons qui épuisent la vigne, et nuisent à son fruit. On ne doit point ébourgeonner avant que le raisin soit formé. Au mot VIGNE, nous traiterons plus particulièrement de cet article. (R.)

ÉBOURGEONNER. On applique aussi ce mot à la séparation de la laine qui est autour des oreilles, au bas des cuisses et sur la queue des moutons, laine inférieure en qualité, et qu'on vend séparément. *Voyez* au mot MOUTON.

EBOURGEONNEUR. On donne vulgairement ce nom aux insectes du genre ATTELABE (*voyez* ce mot), qui coupent les bourgeons des vignes et autres arbres, et à quelques oiseaux tels que les bouvreuils, les gros becs et le pinçon d'Ardenne. J'ai vu ces oiseaux, sur-tout le premier, ne point laisser de boutons à fruits sur tous les pruniers d'un verger situé dans un pays de montagne. La terre étoit couverte des débris de ces boutons. Les agriculteurs doivent donc leur faire une guerre à mort, les écarter sur-tout à force de coups de fusils de leurs vergers, à la fin de l'hiver, époque de leurs ravages. Plus tard ils ne font plus de tort aux arbres. (B.)

EBOURGEONNOIR. Outil d'élagueur. C'est une espèce de serpette fixée à un manche terminé par un bouton. On s'en sert principalement pour couper les jeunes branches qui croissent sur les troncs des arbres hors de la portée de la main. (D.)

EBOUTURER. C'est dans quelques lieux enlever les drageons qui naissent au pied des arbres. *Voyez* DRAGEON.

EBRANCHEMENT, EBRANCHER. C'est couper ou rompre les branches d'un arbre, les détacher. L'ordonnance des eaux et forêts veut que l'on condamne ceux qui ont ébranché ou dégradé des arbres dans une forêt aux mêmes amendes que s'ils les avoient abattus. Toute amputation considérable faite à un arbre lorsqu'il commence à entrer ou qu'il est en pleine sève lui est toujours préjudiciable, et souvent funeste. C'est la raison pour laquelle, en concluant du grand au petit, les chèvres, les moutons, etc., causent un si grand dégât, lorsqu'à cette époque ils broutent les jeunes pousses des bois.

L'ébranchement a lieu ou par la malice ou l'ignorance de celui qui ébranche, et par l'effet des météores. La foudre frappe un arbre, elle l'ébranche, et presque toujours il en meurt. On connoît l'effet terrible de ces trombes de vent, qui fracassent tout ce qui s'oppose à leur impétuosité et se rencontre sur leur passage, tandis que l'arbre voisin est respecté. On doit aussitôt après faire monter des hommes sur ces arbres, armés de hâches ou autres instrumens tranchans; ils abattront toutes les branches cassées ou tordues, et couperont jusqu'au vif, afin que les arbres déshonorés puissent encore profiter de la sève, et pousser de nouveaux bourgeons.

Si on veut réparer le mal fait à un arbre précieux, et que ses branches soient simplement éclatées, et sa tête défigurée, il est possible de rejoindre les parties, de les envelopper après leur réunion avec l'onguent de Saint-Fiacre, de recouvrir le tout avec des éclisses, et de les maintenir au moyen des ligatures; alors donnant deux ou plusieurs tuteurs à cet arbre ou à ses branches, leur plaie se cicatrisera, peu à peu l'écorce se réunira; enfin la branche, conservée dans sa forme et dans la direction de ses rameaux, conservera à la tête de cet arbre précieux la même forme qu'il avoit auparavant.

Je ne crois pas qu'on ait l'exemple d'un ébranchement aussi singulier et plus terrible que celui arrivé au mois de décembre 1782 dans le territoire de S. Pons. Les vents se contrarioient, des nuages avoient leur direction du sud au nord, et d'autres du nord au sud; la colonne venant du nord étoit noire, épaisse, très chargée; elle donna une pluie par torrent; à mesure que chaque goutte tomboit sur une branche elle s'y geloit; la goutte suivante éprouvoit le même sort, et ainsi de suite, jusqu'à ce que toutes les branches fussent chargées de glaçons de plusieurs pieds de longueur, et même de six à huit pouces de diamètre. Qu'on se figure un chêne, un châtaignier, recouvrant une étendue de plus de quarante à soixante pieds, dont chaque rameau porte au moins le poids de six à sept livres, dont la pesanteur augmente en raison de l'éloignement du point d'appui, et l'on comprendra sans peine comment les plus grosses branches ont été obligées de céder enfin à la pesanteur du fardeau qu'elles soutenoient. En moins d'une heure et demie tout a été fracassé, et les troncs des arbres partagés jusqu'à leurs racines. L'œil n'a jamais vu un si beau spectacle avant l'ébranchement, ni rien de si affreux quelques momens après. Il faudra plus de vingt ans pour que ce malheureux et pauvre pays se remette de ce désastre. La marche de cette colonne a été aussi singulière que ses effets. (R.)

On ébranche aussi fréquemment les arbres, soit dans la vue de les faire croître en hauteur, soit dans l'intention de tirer parti des branches pour le chauffage. Dans le premier cas, on manque souvent son but ; car s'il est constant que, lorsqu'on ôte à la sève une partie de son aliment dans les parties inférieures de l'arbre, elle monte et augmente l'accroissement des parties supérieures, il l'est également que les arbres vivent autant par leurs feuilles que par leurs racines, et que par conséquent tout ce qu'on retranche de feuilles nuit à leur croissance. Il suffit d'avoir observé deux arbres voisins, et de même espèce, dont l'un aura été ébranché et l'autre abandonné à lui-même, pour être convaincu de la vérité de ce principe. Ce ne sont que les jeunes arbres qu'il faut se permettre d'ébrancher dans l'intention de les faire croître en hauteur, et encore faut-il le faire avec réserve, c'est-à-dire n'enlever chaque année que les deux ou trois branches les plus inférieures, et ce aux époques où la sève est en repos. Quant aux arbres qu'on ébranche dans l'intention d'avoir du bois, de diminuer leur ombre, etc., ils éprouvent bien les mêmes inconvéniens, mais ces inconvéniens doivent céder devant les avantages qu'on espère retirer de cette opération. *Voyez* au mot ELAGUER. (B.)

EBROUEMENT, VÉTÉRINAIRE. Mouvement convulsif des muscles de la membrane pituitaire, accompagné d'une expiration sonore, et de la sortie du mucus des naseaux.

C'est, dans les animaux, ce que l'éternuement est dans l'homme, et ses suites sont sans danger. (B.)

EBROUFFER. C'est la même chose qu'EFFEUILLER.

EBRUN. L'ergot porte ce nom dans quelques cantons.

EBULLITION. Mouvement produit dans l'eau ou dans tout autre liquide au moyen de la chaleur. Il est l'effet de la volatilisation d'une partie de ce fluide plus échauffée que l'autre.

Chaque fluide exige un degré différent de chaleur pour entrer en ébullition, et le même fluide, selon le plus ou le moins de pesanteur de l'atmosphère. Ainsi l'alcohol bout plus promptement que l'eau ; cette dernière plus promptement que l'huile ; ainsi la chaleur de la main suffit pour faire bouillir de l'eau renfermée, sans air, dans une sphère de verre mince.

Arrivée à un certain degré l'ébullition n'augmente plus, d'où on doit conclure qu'ils agissent mal ceux qui, si souvent, pressent toujours le feu autour ou sous des vases qui renferment l'eau à évaporer, pensant accélérer par-là l'évaporation.

On peut faire bouillir l'eau éternellement sans qu'elle se décompose, mais il n'en est pas de même des fluides qui contiennent des principes altérables ; le vin, par exemple, en perdant son alcohol à un assez foible degré de chaleur, cesse d'être du vin. Les huiles dans les mêmes circonstances prennent plus de disposition à rancir.

L'emploi de l'eau en ébullition est très fréquent dans les

arts et dans l'économie domestique. Les cultivateurs ne sont pas ceux qui en ont le moins besoin ; mais cet article n'a pas besoin malgré cela de plus grands développemens. (B.)

EBULLITION DE SANG. Médecine vétérinaire. L'ébullition de sang est caractérisée dans le bœuf et le cheval par des élevures considérables accompagnées de démangeaisons. Les élevures sont plus ou moins multipliées et serrées dans une plus ou moins grande étendue de la surface du corps de ces animaux. Quelquefois aussi elles se manifestent seulement à de certaines parties, telles que la tête, l'encolure, les épaules, les côtes et les environs de l'épine.

Les maréchaux de la campagne confondent très souvent les échauboulures avec le farcin, et les traitent de même. Nous croyons devoir placer ici les signes qui distinguent les échauboulures et qui les caractérisent, pour l'instruction de ceux qui sont incapables d'en faire la différence.

On distingue les échauboulures des boutons de farcin, 1° par la promptitude avec laquelle les échauboulures se forment et sont formées ; 2° elles n'ont ni la dureté ni l'adhérence qu'on observe aux boutons de farcin : 3° elles ne sont jamais aussi volumineuses ; 4° elles sont circonscrites, n'ont point d'intervalle de communication, et ne sont point disposées en cordes ni en fusée ; 5° elles ne s'ouvrent jamais d'elles-mêmes et ne dégénèrent jamais en pustules ; 6° elles ne sont point contagieuses, et cèdent promptement aux remèdes indiqués.

Un exercice outré, un régime échauffant, tel qu'un usage immodéré de luzerne et d'avoine, le trop long repos, la suppression de la transpiration ou de la sueur ; en un mot tout ce qui peut susciter la rarescence des humeurs, l'épaississement de la lymphe, sont les principes ordinaires de cette maladie.

On remédie aux échauboulures qui reconnoissent pour cause la rarescence des humeurs, par la saignée, par un régime humectant et adoucissant. Un régime de cette nature calme l'agitation désordonnée des humeurs, diminue leur mouvement intestin, corrige l'acrimonie des sucs lymphatiques ; aussi aperçoit-on bientôt les fluides qui occasionnoient les échauboulures reprendre leur cours, et les échauboulures elles-mêmes disparoître de la surface des tégumens. Les ébullitions qui sont une suite d'une transpiration ou d'une sueur arrêtée ou supprimée cèdent à l'usage de quelque léger sudorifique, tel que la noix muscade que l'on fait bouillir pendant deux ou trois minutes dans une demi-pinte de bon vin, et dans un vase bien couvert, et que l'on fait prendre à l'animal à titre de breuvage. On doit sentir qu'il seroit dangereux de saigner l'animal dans cette circonstance. (R.)

ÉCAILLE. Ce nom s'applique à des objets fort différents, en agriculture et en histoire naturelle.

Les enveloppes des boutons, des fleurs disposées en chaton, et de beaucoup d'autres objets, sont appelées des écailles.

Ces écailles, dont la forme, la grandeur et le nombre varient sans fin, sont sèches et coriaces, ordinairement très dures; leur destination dans le premier cas est de garantir les jeunes feuilles des gelées et autres météores, et dans le second de tenir lieu de calice et de corolle.

Dans les fleurs composées il y a quelquefois des écailles sur le réceptacle, d'autres fois le calice en est composé en tout ou en partie. On en voit sur la tige de l'orobanche et de plusieurs autres plantes. Les racines de la plupart des polypodes en sont couvertes. Il est des oignons écailleux, tels que ceux des diverses espèces de lis. *Voyez* PLANTES.

La plupart des poissons sont couverts d'écailles qui, étant de la nature de la corne, peuvent fournir un bon engrais, mais d'un effet très lent, et par conséquent peu employé.

Les coquilles d'huîtres sont généralement appelées écailles. Fraîches, elles offrent un excellent engrais à raison du sel marin et des matières animales qu'elles contiennent; calcinées, elles forment une chaux très pure dont l'action, comme amendement, est très puissante sur les terres de toute espèce, et principalement les argileuses. *Voyez* au mot COQUILLE et au mot CHAUX. (B.)

ÉCALÉE. On appelle dans le pays de Caux *terre écalée* celle qui, ne faisant partie d'aucune ferme, se loue isolément à des particuliers, sans bâtimens, et même à des fermiers qui ont des bâtimens appartenans à d'autres propriétaires. On recherche beaucoup l'acquisition des terres écalées, parceque n'étant attachées à aucun corps de ferme, leur exploitation n'exige aucun frais de réparation de la part du propriétaire. (TFS.)

ÉCALER. C'est, dans quelques lieux, enlever le brou des noix, des châtaignes, des amandes; dans d'autres, c'est écosser les pois, les fèves, etc.

ÉCALOT. Nom du HANNETON dans certains lieux.

ÉCANGUER. Synonyme de broyer le CHANVRE ou le lin.

ÉCARLATE. Nom vulgaire de la LYCHNIDE CROIX DE CHEVALIER.

ÉCART. Accident qui peut arriver à tous les animaux, mais auquel le cheval est plus sujet que les autres. Il consiste dans l'écartement de la tête de l'humérus de la cavité où elle s'articule. Lorsque cet écartement est très considérable, on l'appelle ENTRE-OUVERTURE. *Voyez* ce mot.

Les causes les plus ordinaires de cette maladie sont une chute ou un effort que le cheval aura fait en se relevant, ou bien lorsqu'en marchant, l'une des jambes de devant ou toutes les deux auront glissé de côté et en dehors.

Le gonflement et la douleur des muscles, sur-tout du muscle commun à l'épaule et au bras, ainsi que la claudication, sont les signes certains de cet accident lorsqu'il est grave ; mais lorsque l'extension a été foible, ce gonflement n'existe pas, et la claudication seule l'annonce ; mais beaucoup de causes peuvent faire boiter un cheval ; il faut donc parcourir toutes ces causes pour juger que c'est à un écart qu'est due celle de l'animal qu'on a sous les yeux. *Voyez* au mot CLAUDICATION.

Lorsque le cheval est sain, et que la tête de l'humérus est rentrée dans sa cavité immédiatement après l'effort, la petite et même la grande inflammation qui en est la suite se guérit facilement par le seul effet du repos et de l'application des remèdes émolliens et rafraîchissans, soit à l'extérieur, soit à l'intérieur ; mais lorsqu'il est malsain, et que la réduction ne se fait pas naturellement, on court risque de voir souffrir l'animal pendant long-temps, et boiter pendant tout le reste de sa vie.

Je dis lorsque l'animal est sain, parceque l'humeur du farcin, de la gourme, de la gale et autre se jette presque toujours dans ce cas sur la partie affectée, et y cause une complication de maux à laquelle il n'est pas toujours facile d'apporter des remèdes efficaces.

Un cheval qui vient de prendre un écart doit être sur-le-champ conduit à l'eau, et y rester, plongé jusqu'au-dessus de l'épaule, pendant au moins une demi-heure, la fraîcheur de l'eau étant un répercutif qui peut produire de très bons effets. A la sortie du bain on saigne l'animal à la jugulaire pour empêcher les progrès de l'inflammation, et pour aider à la réduction par l'affoiblissement de l'action des muscles. La saignée pratiquée, on mettra en usage les topiques résolutifs aromatiques et spiritueux, tels que les décoctions de sauge, d'absinthe, de lavande, l'eau-de-vie camphrée, etc. Si la douleur est telle que la fièvre survienne, on lui opposera des lavemens émolliens, et un régime humectant et rafraîchissant. Des lotions sur l'épaule, et même des cataplasmes émolliens, sont toujours avantageux.

Si les humeurs ci-dessus dénommées, ou simplement les progrès de la maladie, occasionnent des engorgemens, des suppurations, etc., il faut avoir recours aux maturatifs, tels que l'onguent basilicon, etc., ou bien aux émonctoires, comme l'application du feu, d'un séton, etc. ; ensuite aux résolutifs aromatiques.

L'expérience prouve que les écarts, mal traités d'abord, ne guérissent jamais radicalement. On doit donc plutôt abandonner à la nature, dans un pâturage, le cheval qui en a pris un, que de le mettre entre les mains de ces maréchaux ignorans qui le tourmentent inutilement par l'emploi de remèdes directement opposés aux indications. (B.)

ECHALAS. Morceau de bois de trois, quatre, cinq, six, huit, dix, douze, quinze et même vingt pieds de haut, sur un demi, un, deux pouces de diamètre, qu'on fiche en terre à côté d'une plante sarmenteuse, ou d'une plante grimpante, ou d'une plante rampante, dans le but de les soutenir droites en les attachant à lui.

Le TUTEUR ne diffère de l'échalas que par son objet, qui est d'empêcher un jeune arbre de prendre une tige irrégulière, ou d'être arraché ou cassé par l'effort des vents. La RAME est un échalas garni de branches. Le PIEU est un échalas dont le diamètre est, relativement à sa longueur, dans une proportion plus forte. Ainsi un échalas qui auroit six pieds de haut et six pouces de diamètre seroit un pieu. *Voyez* ces trois mots.

C'est dans les vignobles du centre et du nord de la France que se fait la plus grande consommation d'échalas. Elle est immense cette consommation, et la rareté du bois la rend chaque année de plus en plus ruineuse. Il est bientôt temps que les propriétaires de vignes la diminuent d'un côté, en adoptant la culture en palissade basse, qu'on pratique dans le Médoc, et dans quelques parties de la basse Bourgogne et de la Champagne, c'est-à-dire la culture proposée par la société économique de Valence en 1772, celle indiquée dans le mémoire couronné par l'académie de Metz en 1776, dans un mémoire de M. Cherrier, imprimé dans les Annales de l'agriculture française de Tessier, etc.; culture dont les principes seront développés au mot VIGNE. De l'autre côté, en faisant choix d'échalas de meilleure qualité, sur-tout en faisant de nombreuses plantations d'acacias, arbre qui en donne le plus promptement et de plus durables. *Voyez* au mot ACACIA.

Les échalas que les cultivateurs éclairés doivent préférer dans le moment actuel sont ceux de chêne et de châtaignier refendus; mais leur haut prix ne permet pas à tous de s'en procurer. En effet, leur valeur est quadruple, sextuple même de celle des échalas fabriqués avec les jeunes pousses des mêmes espèces, et encore plus de celle du noisetier, du frêne, du saule, etc.; mais leur durée est décuple, plus que décuple peut-être, lorsqu'on en prend convenablement soin. La théorie et la pratique concourent à convaincre qu'il y a une grande différence de durée entre des échalas fournis par un taillis de cinq à six ans, et ceux tirés d'un taillis voisin de huit à dix ans, entre ceux du même âge coupés au nord ou ceux coupés au midi, entre ceux crus dans un terrain humide et ceux crus dans un terrain sec. Il faut donc ne pas les acheter au hasard.

Ce qui occasionne la ruine des vignerons qui n'ont pas les moyens de faire de grosses avances en échalas, c'est qu'ils sont obligés d'en faire des pousses d'un ou deux ans de nature d'arbre fort différente, encore pourvus de toute leur sève et garnis de leur écorce, et que la plupart ne durent que le même espace de temps. Ces échalas, souvent volés ou vendus par des voleurs, sont par conséquent le produit de la dégradation des bois. Ainsi double perte pour l'agriculture.

De pareils échalas ne sont point ceux dont je veux parler ici, mais ce sont ceux fabriqués avec des arbres dans la force de l'âge, et dont le bois supporte long-temps, sans se pourrir, les alternatives du sec et de l'humide, du froid et du chaud.

La précaution la plus importante à prendre lorsqu'on veut augmenter la durée de tels échalas, c'est d'enlever l'écorce de ceux qui en ont (je répète qu'il est avantageux qu'ils soient tous de refente).

Pour pouvoir faire facilement entrer les échalas en terre, il convient d'en aiguiser le bout. Cette opération se fait pendant l'hiver. Elle a besoin d'être surveillée par le propriétaire, parceque l'usage étant d'accorder au vigneron les copeaux de bois qui en résultent, il augmente, au détriment de la longueur, la masse de ces copeaux. Dans quelques cantons on aiguise les deux bouts, et on les fait servir alternativement; mais cette méthode, en définitif, n'a rien d'avantageux. Lorsque le bout employé est trop pourri on l'aiguise de nouveau, et ce jusqu'à ce que l'échalas soit devenu trop court; auquel cas il est porté à la maison pour le chauffage. Ici, et dans le compte des échalas cassés par suite du travail ou par accident, il faut encore une grande surveillance.

Sans doute il seroit très avantageux à la longue durée des échalas de pouvoir les mettre chaque hiver à l'abri sous des hangars; mais la dépense s'y oppose toujours dans une grande exploitation. Parmi le grand nombre de moyens dont on peut faire usage pour diminuer l'activité des causes de leur destruction, lorsqu'ils ne servent pas, les deux suivans passent pour les meilleurs. 1° On fiche obliquement en terre, en sens contraire, de forts échalas, de manière à se croiser par le milieu; trois pieds plus loin on en fiche deux autres parallèlement aux premiers, et disposés de même. Sur la fourche que forment ces échalas on en couche une certaine quantité d'autres, ordinairement un cent. Ces amas d'échalas s'appellent *moière* dans certains cantons. 2° On réunit les échalas en cône, en plaçant leurs têtes sur un cercle large de quatre à cinq pieds, et en faisant converger leurs pointes au-dessus du centre de ce cercle. Le centre est vide. Cet arrangement se nomme *bauge*.

Il est des vignes dont les échalas ne sont ôtés de terre que lorsqu'ils sont tombés de pourriture. Celles en palissade sont toujours dans ce cas. Les grands échalas qu'on emploie pour la culture du houblon y sont encore. (B.)

ÉCHALIS. Dans le département des Deux-Sèvres c'est un passage au-dessus d'une haie.

ÉCHALLIERS. Dans quelques cantons on donne ce nom à des haies sèches, parceque sans doute les bâtons dont on les forme sont ou peuvent devenir des échalas. Dans d'autres, on le réserve à des troncs d'arbres, de grosses pierres, ou de petites échelles, qu'on place contre une haie, et qui servent aux hommes pour passer par-dessus. Ici l'étymologie est sans doute escalier. (B.)

ÉCHALOTTE. Espèce du genre de l'ail qui est originaire de l'Orient, et qui se cultive depuis long-temps dans nos jardins pour l'usage de la cuisine. C'est l'*allium ascalonicum* de Linnæus, qui se distingue des autres espèces par son bulbe vivace et ovale, par son hampe nu, cylindrique, haut d'un pied, par ses feuilles cylindriques et subulées, par ses fleurs rougeâtres, disposées en tête, et par ses étamines jaunes et à trois pointes.

Sans doute l'échalotte, comme toutes les plantes cultivées depuis long-temps, fournit beaucoup de variétés, mais on n'y fait pas attention. On en cite seulement deux dans les jardins des environs de Paris, la grande et la petite.

La culture de l'échalotte est fort simple. Son bulbe, lors de sa maturité, si je puis employer ce terme, est composé de plusieurs petits, d'inégales grosseurs, renfermé sous une enveloppe commune. On déchire cette enveloppe et on plante les plus petits. Les autres sont gardés pour l'usage.

C'est dans le courant d'avril, plus tôt ou plus tard, selon le climat, qu'on plante les échalottes, à la distance de trois à six pouces, dans une terre bien labourée et bien fumée, à une exposition chaude. Souvent on les place en bordure. Deux binages ne sont pas de trop lorsqu'on veut avoir une belle récolte. Des arrosemens pendant les grandes chaleurs contribuent à la faire grossir et à adoucir sa saveur.

Ordinairement les tiges des échalottes se dessèchent au commencement d'août; ce qui indique le moment de les lever de terre. Si on les y laissoit plus long-temps, on risqueroit que des pluies chaudes, en septembre, ranimassent leur végétation; ce qui les rendroit impropres à être conservées l'hiver. Dès qu'elles sont arrachées, on les expose au soleil où

elles restent jusqu'à ce que leur eau surabondante de végétation soit évaporée, ensuite on les débarrasse de leur fane,
de la terre qui les entoure, et on les porte dans un lieu sec
et aéré ; elles se conservent sans aucun soin jusqu'à la saison
prochaine.

On cultive en grand l'échalotte dans l'île d'Oleron et sur
les côtes voisines. Les procédés qu'on emploie ne diffèrent pas
de ceux qui viennent d'être décrits.

Nulle part on ne sème la graine de l'échalotte, parcequ'il
faudroit en attendre trois ans les produits. Ce seroit cependant
le moyen d'obtenir de bonnes variétés.

Le goût de l'échalotte est beaucoup plus doux que celui de
l'ail ; aussi ne répugne-t-il à personne. Son emploi dans les
assaisonnemens est considérable. (Th.)

ECHALOTTE D'ESPAGNE. *Voyez* au mot AIL.

ÉCHANCRÉ. Une feuille qui offre un profond sinus à son
sommet est dite échancrée. Il est aussi des pétales, des écailles
qui sont échancrées.

ÉCHANGE DE TERRES MORCELÉES. Si l'on rassembloit
tous les propriétaires, tous les cultivateurs de l'empire ; qu'on
demandât à chacun d'eux, s'il est préférable de cultiver une
pièce de terre de vingt hectares, que vingt pièces de terre d'un
hectare, que quarante ou cinquante champs séparés dont la
totalité ne représenteroit que les vingt hectares réunis ; chacun
d'eux répondroit que cette question n'en est pas une, qu'il
faut bien plus de temps pour cultiver, pour récolter les fruits
de champs morcelés, qu'il est bien plus difficile, plus coûteux
de les clore, que les clôtures emportent beaucoup plus de
terrain, qu'elles gênent la marche de la charrue, que les limites de tant de champs séparés multiplient les empiètemens,
les procès, etc.

Si l'on disoit alors à ces mêmes cultivateurs : Pourquoi vous
tous qui possédez tant de champs morcelés, ne les réunissez-
vous pas par des échanges ?

Chacun d'eux répondroit qu'il le désireroit, mais que son
voisin ne le veut pas, qu'il estime trop haut son terrain, qu'il
faut des actes sujets à des droits, que les terres sont frappées
d'hypothèques légales ou conventionnelles, qu'il n'est pas en
leur pouvoir de faire lever ou de transporter, etc., etc.

Il faut l'avouer, ces réponses sont fondées à plusieurs égards ;
ce qui n'empêche pas les cultivateurs instruits de vaincre ces
difficultés réellement existantes, et qui sont l'un des plus grands
obstacles au progrès de l'agriculture française, et à l'élévation
de valeurs de fonds ruraux. Aussi n'hésité-je pas à dire qu'il
importe plus encore au gouvernement qu'aux cultivateurs de
vaincre ces difficultés.

On l'a tenté avec succès dans le Danemarck, dans la Suède, l'Angleterre, l'Ecosse, la Prusse, et même dans la France, que l'immortel auteur de l'Esprit des Lois appeloit la patrie des lois sages.

Là, des prud'hommes sont nommés dans chaque village par la communauté d'habitans. Si quelqu'un se refuse à un échange proposé, les prud'hommes décident si l'échange est utile aux deux parties; ils fixent la valeur de chaque objet, la plus value, s'il y en a, et l'échange s'effectue. On ne peut dire qu'il y ait ici atteinte à la propriété, puisque chacun a concouru ou pu concourir à la nomination des prud'hommes; d'ailleurs personne ne peut jouir d'une manière contraire au bien de tous.

On voit dans un ouvrage intéressant de M. François (de Neufchâteau) que les propriétaires d'une grande commune (celle de Rouvres près Dijon.) ont réuni leurs terres par des échanges volontaires, et se sont adressés au gouvernement pour vaincre tous les obstacles qu'opposoient aux réunions les droits des décimateurs, des seigneurs, etc., les chemins, les cours d'eau qu'il falloit changer. Le gouvernement seconda leurs efforts; l'échange, la réunion furent générales, chacun y gagna, et cette commune est florissante et heureuse. Son exemple a été imité en Lorraine et ailleurs.

Pourquoi donc cet exemple n'est-il pas général ? Pourquoi les propriétaires instruits ne recourent-ils pas au gouvernement pour obtenir la même autorisation, la même exemption de droits qu'obtinrent les habitans de Rouvres ?

Quant au transfert de l'hypothèque, M. Garnier-Deschènes, dans d'excellens mémoires, a démontré la facilité de cette opération, sans nuire à l'hypothèque, sans nuire aux droits de qui que ce soit. Tout est prévu, tout est possible et facile, hors le concours des volontés.

Habitans des campagnes, consultez donc vos véritables intérêts; mais si vous les méconnoissez, le gouvernement éclairé, sollicité par les cultivateurs vraiment instruits, par l'exemple de la Suède, du Danemarck, par les écrits du grand Frédéric, qui traça sur le papier des vues qu'il n'eut pas le temps de réaliser, le gouvernement, dis-je, fera votre bonheur sans votre concours, droit qu'on ne lui contestera pas, quand le bien de l'état s'unit avec l'avantage de chaque citoyen, et qu'il s'agit d'un objet dont l'avantage est devenu une opinion *vraiment européenne*. (CHAS.)

ÉCHANVROIR. Instrument au moyen duquel on sépare la filasse de la chenevotte dans les préparations du CHANVRE et du LIN. *Voyez* ces deux mots et SÉRANÇOIR.

ÉCHAPPER. On dit qu'un arbre s'échappe lorsqu'il pousse un ou plusieurs gourmands qui s'élèvent rapidement et affament ses autres branches. C'est presque toujours un mal qu'il faut arrêter, soit en pinçant l'extrémité des gourmands, soit en les tordant vers leur base, soit en les recourbant en demi-cercle, soit en leur enlevant un anneau d'écorce, etc. Presque jamais il n'est bon de couper immédiatement ces gourmands, parcequ'outre la grande déperdition de sève, qui seroit la suite de leur amputation, il est probable qu'il en pousseroit d'autres à côté, et que cela n'auroit pour fin que la mort de l'arbre.

Beaucoup de causes peuvent déterminer un arbre à s'échapper; mais il est fort souvent difficile d'assigner celle qui vient d'agir. *Voyez* au mot ARBRE. (B.)

. ÉCHARDONNER. C'est ôter les chardons des champs où ils nuisent beaucoup. *Voyez* au mot CHARDON.

. ECHARDONNETTE ou ECHARDONNOIR. Instrument de fer crochu et tranchant qui dans quelque pays sert à couper les chardons dans les champs ensemencés. Dans d'autres endroits on se sert d'une espèce de houlette pour cet objet. Le meilleur de tous les instrumens inventés pour remplir le même objet est sans contredit la tenaille de bois, dont on se sert dans le pays de Caux, parceque par son moyen on arrache la plus grande partie de la racine, ce qui empêche le reste de pousser vigoureusement, au moins la même année, et la fait même souvent périr. *Voyez* CHARDON. (B.)

ECHASSERI. Variété de poire. *Voyez* POIRIER.

ECHAUBOULURES. Tumeurs petites et nombreuses qui apparoissent souvent instantanément sur la peau des animaux domestiques, et qui quelquefois disparoissent de même. On en attribue ordinairement la cause à l'altération des humeurs suite d'un travail excessif pendant les grandes chaleurs, mais il y a lieu de croire que d'autres circonstances peuvent les faire naître. Un régime rafraîchissant et le repos sont les remèdes à employer dans ce cas. Rarement les véritables échauboulures sont suivies d'accidens graves. *Voyez* TUMEUR et EBULLITION DE SANG. (B.)

ÉCHAUDÉ. On nomme *blé échaudé* celui dont le grain maigre, sec, ridé et flétri contient peu de farine. Il y a des endroits où on le nomme *blé retrait*. Le blé échaudé fait de bon pain, et sa farine est belle; il peut être semé sans craindre qu'il ne vienne pas, à moins qu'il ne survienne de la gelée au moment où il est en lait, c'est-à-dire ramolli par un commencement de végétation. On attribue cet effet au défaut de nourriture dans l'épi lorsque le blé est versé, ou aux grandes chaleurs qui surviennent tout à coup. (TES.)

ÉCHAUDER LE BLÉ. Le mettre à la chaux. *Voyez* CARIE CHARBON et CHAULER.

. ÉCHAUFFEMENT. Maladie, ou commencement de maladie produite dans les animaux domestiques, soit par un travail forcé, soit par des alimens trop ou trop peu substantiels, soit par la disette, soit par un séjour prolongé au soleil ou dans des étables trop exactement fermées, etc. Ses suites sont presque toujours une constipation plus ou moins forte. Ses caractères sont, bouche et peau sèche; membrane du nez et conjonctive rouges; respiration et circulation plus accélérées; sentiment de chaleur intérieure; constipation plus ou moins forte, et couleur noire des excrémens; souvent boutons sur la peau ou quelque partie de la peau, souvent démangeaison et chute du poil.

On peut considérer l'échauffement comme le premier degré de plusieurs maladies, du moins il est assez souvent suivi de ces maladies pour en être regardé comme le symptôme avant-coureur. *Voyez* aux mots AMPOULES, ÉCHAUBOULURE, CHARBON, FOURBURE, MALADIE ROUGE, PÉRIPNEUMONIE.

Un tempérament vif, un caractère ardent, la jeunesse, sont des dispositions à l'échauffement. Cette maladie est plus commune dans les pays secs, et pendant les grands chauds ou les grands froids.

La première indication que fournit l'échauffement symptomatique des animaux c'est de rafraîchir et d'évacuer les excrémens. Ainsi on leur donnera des boissons copieuses d'eau blanche, tiède, aiguisée par du nitre; on les saignera, on les mettra autant que possible au vert; mais on ne les laissera jamais manger à leur appétit; on redoublera les soins de propreté, etc.

Si l'échauffement est le seul effet de la chaleur de la saison ou d'un travail forcé, on donnera d'abord des boissons acidulées avec du vinaigre, et aiguisées par du nitre, des fourrages très aqueux, tels que de la luzerne, des carottes, des raves, etc. On les tiendra en repos à l'ombre, et on les fera baigner à grande eau, ou laver avec de l'eau à la température de l'atmosphère et même un peu tiède. (B.)

ÉCHAUFFER UN TERRAIN. On dit qu'un terrain est froid lorsque la végétation des plantes y est plus tardive et moins rapide que celle des mêmes plantes dans un autre. Plusieurs causes concourent à cet effet, dont les quatre principales sont, 1° son exposition au nord; 2° sa nature argileuse; 3° les eaux qui l'abreuvent constamment; 4° sa couleur blanche. La première de ces causes ne peut être détruite lorsqu'elle est produite par une montagne. La seconde peut être diminuée ou par des amendemens divisant, tels que le sable, la terre calcaire, la marne maigre, des pailles, des feuilles non consommées, etc. La troisième peut l'être également par des rigoles, des fossés, des puisards, etc. Quant à la quatrième il n'y a que le mélange d'une terre noire qui puisse être utile. Il est cependant un moyen d'échauffer pour quelque temps toute espèce de terrain, c'est d'y enfouir du fumier de cheval sortant de l'écurie, ou de la fiente de pigeon, de poule et autres oiseaux, ou encore mieux que tout cela les excrémens humains. *V.* aux mots ENGRAIS, FUMIER, COLOMBINE, POUDRETTE, TERREAU et TERRE. (B.)

ECHAUX. On donne ce nom, dans quelques endroits, aux fossés ou rigoles destinés à favoriser l'écoulement des eaux ou l'irrigation des prairies.

ECHELLE. Machine de bois composée de deux longues branches traversées d'espace en espace par des planchettes ou par des bâtons disposés de manière qu'on puisse s'en servir pour monter et pour descendre. Il y a une foule d'opérations en agriculture et dans le jardinage qu'on ne peut exécuter sans échelle. On en a besoin pour tondre les charmilles, pour cueillir beaucoup de fruits, pour tailler et élaguer les arbres, soit fruitiers, soit forestiers, pour les écheniller. On en a aussi besoin pour serrer toute espèce de grains ou de fourrage dans les granges et greniers, et les en retirer pour former des meules de grain, pour mettre la vendange dans les cuves, etc. On emploie pour ces divers travaux différentes sortes d'échelles qu'on peut réduire à trois principales, l'échelle simple, l'échelle double et l'échelle à roulette ou à chariot.

L'échelle simple n'a que deux montans plus ou moins longs, avec une seule rangée de traverses égales et parallèles entre elles. Les montans sont ordinairement faits de bois d'aune en grume, et les traverses avec du cornouiller mâle. Cette échelle doit être assez légère pour être transportée facilement par un seul homme. Quelquefois on place aux deux extrémités supérieures d'une échelle simple deux arcs-boutans de fer, ou deux chevilles en bois, pour la tenir écartée du mur auquel on l'applique, et pour ménager les rameaux et les fleurs ou fruits des arbres disposés en espaliers.

L'échelle double est composée de deux échelles simples réunies ensemble par leurs montans que traverse dans leur partie supérieure une grosse cheville de fer ou de bois, au moyen de laquelle elles peuvent se mouvoir et décrire par leur écartement un angle plus ou moins ouvert. Vers le tiers de leur longueur, à partir du sol, on attache ordinairement, soit aux traverses, soit aux montans correspondans, une corde ou une petite chaîne pour fixer l'échelle double et l'empêcher de trop s'écarter, ce qui seroit dangereux pour celui qui en veut faire usage. Il y a des échelles doubles de toutes les grandeurs ; quelques unes ont dix-huit à vingt pieds de hauteur. On doit construire, même les plus grandes, de manière que leur poids ne soit pas trop considérable et que deux hommes puissent les porter. Il y a aussi des échelles triples ou à trois branches.

L'échelle à roulette ou à chariot ne diffère en quelque sorte de l'échelle double que par les roues sur lesquelles posent les quatre montans, et au moyen desquelles on la déplace sans effort.

M. Bosc a vu en Suisse une échelle fort ingénieuse et propre aux pays escarpés. C'est une échelle simple et à deux montans. Mais les montans, au lieu d'aller jusqu'à terre, posent sur les extrémités de la dernière traverse qui est fort grosse. Le pied de l'échelle est composé d'un croissant, d'une poulie et d'un support ; le support est fixé, par un de ses bouts, au milieu de la traverse, et par l'autre à la poulie qui entre dans le croissant. Quand on veut se servir de l'échelle, on pose les deux branches du croissant sur le terrain où l'on se trouve. Quelque incliné qu'il soit, l'échelle peut toujours être maintenue dans une direction verticale, parcequ'au moyen de la poulie, on peut la faire tourner sur son pied de droite à gauche ou de gauche à droite. Cette échelle a été décrite et figurée dans le Journal des propriétaires ruraux. (D.)

ÉCHENILLER. Plusieurs espèces de chenilles dévorent les arbres et les plantes cultivés dans nos jardins, nos vergers, nos champs, sur nos grandes routes, etc. Les tuer par quelques moyens que ce soit, c'est écheniller ; cependant on applique plus particulièrement ce mot à la destruction qui se fait, pendant l'hiver, sur les ormes, les aubépines, les pommiers, poiriers et autres arbres fruitiers, des nids de la chenille commune, une de celles en effet qui causent le plus constamment de grands dommages aux cultivateurs. J'ai donné aux mots CHE-NILLE, PAPILLON, BOMBICE, NOCTUELLE, PYRALE, ALUCITE et TEIGNE, la nomenclature et l'histoire des chenilles que les cultivateurs sont le plus dans le cas de remarquer, et j'y ai indiqué tous les moyens connus de s'opposer à leurs ravages et de diminuer leur nombre. Malheureusement ces moyens n'ont généralement que des effets très circonscrits et très momentanés ; mais la nature n'a pas voulu que les espèces pussent s'anéantir, et elle a donné à celles qui sont les plus foibles et les plus exposées à leurs ennemis des ressources sans nombre pour se conserver.

Les variations de l'atmosphère et la multiplication outre mesure des chenilles sont les deux plus puissantes causes de leur diminution. En effet, j'ai vu plusieurs fois les arbres qui en étoient le plus infestés en être plus complètement débarrassés par suite d'une pluie froide, d'un orage violent (l'électricité agissant presque seule dans ce dernier cas). Je les ai vues périr presque toutes certaines années où elles étoient excessivement abondantes, parcequ'elles avoient consommé la totalité des feuilles des arbres avant leur dernière mue, c'est-à-dire avant l'époque de leur transformation. Le mal étoit fait, dira-t-on.

Oui, il étoit fait, mais on pouvoit au moins être assuré qu'il ne se renouvelleroit pas de plusieurs années dans le même lieu.

Les effets des ravages des chenilles sur les arbres forestiers sont de retarder leur croissance ; sur les arbres fruitiers de produire le même effet, et de les empêcher de donner du fruit, en certaine abondance, au moins pendant deux ans ; sur les légumes, souvent de les rendre complètement impropres à la consommation.

Il existe des lois coercitives qui obligent d'écheniller les arbres des grandes routes, ceux des jardins et des vergers, les haies, etc. Ces lois ont été la source de nombreux abus d'autorité et n'ont pas fait diminuer les chenilles. Guettard s'est élevé contre elles, et les raisons qu'il fait valoir sont la plupart très fondées ; mais je n'en suis pas moins de l'avis de l'échenillage des grandes routes, des promenades publiques aux dépens de l'administration ; car, lorsque les feuilles de ces arbres sont dévorées, leur objet est certainement manqué, au moins pour quelques mois de l'année. Je n'en recommanderai pas moins à tous les cultivateurs d'écheniller les arbres de leurs jardins, de leurs haies (par une tonte d'hiver) de leurs choux, de leur salade, etc. L'échenillage peut avoir quelques inconvéniens réels, mais le plus important est la dépense à laquelle il conduit ; or le gouvernement peut moins la craindre qu'un particulier et un particulier, peut s'arrêter quand il le juge à propos. Je me crois autorisé à parler avec assurance sur cet objet, puisque l'étude des insectes a été celle de toute ma vie, et qu'il est peu de chenilles, dans les environs de Paris sur-tout, dont je n'aie suivi l'histoire dans le plus grand détail. (B.)

ECHENILLOIR. Instrument qui sert à écheniller les arbres, c'est-à-dire à couper les petites branches élevées sur lesquelles se nichent les chenilles. Cet instrument est composé de deux pièces ou branches mobiles, et d'inégale longueur, réunies ensemble en forme de ciseaux ; les lames destinées à couper sont semblables. A la plus longue des deux branches est adapté un manche en bois très long. L'autre est mue par une corde fixée à son extrémité inférieure. L'ouvrier tient cette corde d'une main, le manche de bois de l'autre, et au moyen d'un petit ressort pratiqué au bas de l'une des branches, ou d'une corde attachée à la plus courte des branches, il ouvre ou ferme les ciseaux à volonté. (D.)

ECHINON. Boîte cylindrique de six pouces de haut, ouverte à ses deux extrémités, et où on met, dans le département des Ardennes, le caillé destiné à devenir fromage.

ECHIQUIER. C'est la même chose que QUINCONCE. *Voyez* ce mot.

ECHONELER. On appelle ainsi dans quelques cantons l'action de ramasser l'avoine avec des râteaux après qu'elle a été coupée.

ECHOPPE. Ustensile en bois employé à divers usages, mais dont on se sert principalement pour arroser le gazon dans le voisinage des eaux, et pour vider les eaux des fossés, des mares, ou qui se sont amassées dans les fouilles de terre. C'est une espèce d'auge étroite, longue, terminée en cuiller et garnie d'un manche. (D.)

ECIDIE, *Æcidium*. Genre de plantes cryptogame de la famille des champignons, constitué par une poussière blanche, jaune, rouge ou noire qui naît sous l'épiderme des feuilles vivantes et qui se répand, dans la maturité, par des traces circulaires et dentées qui se forment dans cet épiderme. Les diverses espèces qui le composent, au nombre de trente, nuisent souvent beaucoup aux plantes sur lesquelles elles se trouvent, en détruisant l'organisation de leurs feuilles et en empêchant par conséquent qu'elles remplissent leurs fonctions, si importantes à l'accroissement et même à la vie des végétaux.

Ce genre diffère à peine botaniquement des UREDO, et ses effets sont absolument les mêmes pour les cultivateurs. *Voyez* UREDO.

Les botanistes antérieurs à Peerson plaçoient les écidies parmi les VESSE-LOUPS ou les RÉTICULAIRES avec lesquelles elles ont en effet beaucoup de rapport; mais le défaut de réseaux porte-graines qu'on remarque en elles suffit pour les distinguer.

Les espèces qu'il est le plus important de citer ici pour exemple sont,

L'ÉCIDIE DES CHICORACÉES. Elle naît éparse sur les tiges et les feuilles des chicoracées, sur-tout sur la surface inférieure de ces dernières. Elle est d'abord jaune, ensuite noire et forme des tubercules de près d'une ligne de largeur. Souvent elle fait contourner les diverses parties du salsifi, du scorsonère, etc., au point de nuire beaucoup aux produits qu'on a droit d'en espérer *Voyez* au mot ERYSIPHÉ ce que je dis de l'espèce qui nuit aussi à ces plantes.

L'ÉCIDIE DE L'ÉPINE-VINETTE croît sur la surface inférieure des feuilles de l'épine-vinette et quelquefois sur ses fruits. De sa base commune, qui est rougeâtre, s'élèvent de petits tubercules jaunâtres qui s'ouvrent dans la maturité. Il est très fréquent de voir les vinettiers complètement couverts de cette plante qui doit nuire beaucoup à leur croissance. Il ne faut pas la confondre avec l'ÉRYSIPHÉ qui se voit aussi sur la même plante, souvent en même temps.

L'ECIDIE EN GRILLAGE, qui est le *Lycoperdon cancellatum*

de Linnæus, se trouve sur la surface inférieure des feuilles du poirier commun et de ses variétés. Il y forme des protubérances d'un jaune brun, qui quelquefois couvrent la majeure partie de sa surface, et qui s'ouvrent en automne pour donner leurs semences sous forme d'une poussière brune. Il est des années où cette parasite couvre toutes les feuilles des poiriers et nuit considérablement à la production des fruits, non seulement pour l'année même, mais encore pour la suivante. Souvent cette abondance se soutient plusieurs années de suite, et alors les arbres sont exposés à périr d'épuisement. On doit donc, dès qu'on en remarque des feuilles qui en sont attaquées, les couper et les brûler avant la dispertion des semences pour empêcher leur multiplication.

Je renvoie pour le surplus aux mots Uredo, Lycoperde et Champignon. (B.)

ECIMER. Ce terme est employé dans l'administration forestière pour indiquer que la tête d'un arbre a été emportée par les vents.

ECLAIR. Nom vulgaire de la Chelidoine. *Voyez* ce mot.

ECLAIR. Lumière instantanée, mais remplissant un grand espace du ciel, qui se développe en même temps que la foudre et quelquefois sans elle. *Voyez* au mot Tonnerre.

La plupart des physiciens supposent que l'éclair n'est que l'étincelle produite par un nuage surchargé d'électricité et qui en rencontre un qui n'en contient point; d'autres pensent que c'est une inflammation du gaz hydrogène mêlé avec du gaz oxigène qui a lieu par suite de la production de cette étincelle. *Voyez* Electricité. Le fait que l'éclair a lieu sans tonnerre, c'est-à-dire ce qu'on appelle vulgairement dans les campagnes *éclair de chaleur*, est favorable à cette dernière opinion.

Comme indiquant une surabondance d'électricité, et l'électricité ayant une action sur la végétation, les éclairs doivent être regardés comme une annonce favorable par les cultivateurs; cependant l'ignorance et les préjugés ne les leur font voir qu'avec effroi.

Comme précurseur du tonnerre ils doivent faire craindre la destruction ou l'incendie des arbres ou des maisons, la mort des hommes ou des animaux. Ils offrent cependant un motif de sécurité pour ceux qui savent que la lumière et le coup sont instantanés, et que dès qu'on a pu voir la première on n'a plus rien à craindre du second. Le temps qui s'écoule entre l'un et l'autre est la mesure de la distance où on se trouve du lieu d'où part la foudre; lorsque ce temps est long, le danger est très éloigné. (B.)

5.   8

ECLAIRCIR. Lorsqu'on sème trop épais les graines des plantes et des arbres, les plants qui en proviennent s'affament mutuellement, se privent des utiles influences de l'air et de la lumière, et il en résulte que la plupart périssent, et que ceux qui restent, ayant perdu l'avantage d'une végétation vigoureuse dans les premiers jours de leur existence, restent foibles pendant toute leur vie. Pour éviter cet inconvénient on les éclaircit, c'est-a-dire qu'on arrache les pieds les plus maigres et qui sont les plus près les uns des autres, de manière qu'ils se trouvent à une distance les uns des autres proportionnée à la grandeur qu'ils doivent acquérir. Il vaut cependant mieux semer clair que d'être obligé d'éclaircir, et ce encore par la raison ci-dessus. *Voyez* DRU.

On éclaircit un bois qui est trop épais en coupant une partie des tiges qui ont crû sur chaque pied d'arbre. Cette opération, ainsi que l'a prouvé Varennes de Fenilles dans ses Mémoires sur l'administration forestière, est utile sous tous les rapports. Elle sert de base au système de cet excellent observateur sur le meilleur mode d'exploitation des FORÊTS. *Voyez* ce mot.

On éclaircit aussi les branches et les fruits d'un arbre qui en est trop chargé.

Dans tous ces cas on a l'intention d'obtenir vigueur et grosseur, et on y parvient presque toujours; mais il ne faut cependant pas éclaircir inconsidérément, parcequ'alors il pourroit y avoir perte réelle. Un bois trop éclairci file moins bien que celui qui l'est peu.

En général, il vaut mieux éclaircir à différentes reprises et à mesure du besoin qu'en une seule fois. (B.)

ÉCLAIRCISSEMENT (COUPE D'UN BOIS PAR), ou par ESPURGADE. Cette opération se fait dans un taillis de bois feuillus, lorsqu'il a acquis l'âge de huit ou dix ans, et dans le cas où il est trop épais. Alors on le coupe çà et là pour l'éclaircir et lui donner de l'air, ce qui favorise singulièrement la végétation des brins restans que l'on a dû choisir parmi les plus beaux et les plus robustes. Mais autant cette pratique est bonne et avantageuse, lorsqu'elle est exécutée avec réserve et convenance, autant elle devient désastreuse quand on en fait un objet d'adjudication; car l'adjudicataire, visant toujours à son plus grand bénéfice, coupe ordinairement les brins les plus beaux, ne laisse que les plus *mal venans*, et ruine ainsi les taillis les *mieux venans*.

C'est par cette raison que l'ordonnance de 1669 proscrit les éclaircissemens dans les bois feuillus du domaine. (DE PER.)

ÉCLAIRETTE. *Voyez* au mot FICAIRE.

ÉCLAT. Variété de pomme qu'on cultive principalement dans le pays de Caux.

ÉCLAT. On donne ce nom à des portions de végétaux qui ont été séparées par fractures. On dit un éclat de bois, un éclat de racines. En agriculture on l'applique plus particulièrement aux morceaux de racines, ou mieux, du collet des racines qu'on sépare soit à la main, soit avec un instrument pointu ou tranchant, dans l'intention de les replanter pour former de nouveaux pieds. Ce mode de reproduction est souvent employé dans les jardins pour multiplier les plantes vivaces. Quelques arbres et arbustes en sont également susceptibles. Il a l'avantage précieux de faire gagner deux, trois, et même quatre ans sur les semis des graines, et les inconvéniens dont il est suivi ne se font sentir que très à la longue. Ces inconvéniens sont que le principe vital de ces plantes n'étant point renouvelé, si je puis employer ce mot, par l'acte de la fécondation, s'affoiblit et finit par n'avoir plus assez de force pour former de nouveaux germes; ainsi le bananier, le rima ou fruit à pain, et plusieurs autres arbres anciennement cultivés et qui se multiplient par éclats de racines, ou, ce qui est presque la même chose, par drageons ou boutures, ne produisent plus de semences; leurs fruits sont infertiles. Aussi, dans les pépinières conduites sur de bons principes, doit-on ménager ce moyen de reproduction, et autant que possible préférer celui du semis.

Quelle que soit la plante dont on éclate les racines, et sur-tout si c'est un arbre ou un arbuste délicat, il faut procéder avec précaution pour ne pas agrandir inutilement la plaie, et unir cette plaie, la *parer*, pour se servir de l'expression technique, afin que l'eau ne séjourne pas dans ses inégalités, ce qui amèneroit la carie et la mort.

Le savant professeur Thouin recommande de peu arroser les éclats avant l'époque où ils commencent à pousser leurs bourgeons, parceque généralement ils ont de la disposition à pourrir à raison de la large plaie dont ils sont le résultat.

Les écailles de certains oignons, telles que ceux des martagons, et qui sont employées à leur reproduction, peuvent être considérées comme des éclats. Ces écailles, après avoir été exposées à l'air, dans un endroit ombragé, pendant quelques heures, sont mises en terre de bruyère en automne. Elles poussent au printemps une seule feuille, et au bout de cinq ans les nouveaux oignons qu'elles ont formés donnent des fleurs.

Roger de Schabol a proposé d'éclater les branches des arbres fruitiers qui s'emportent pour les domter. Pour cela, dès que la branche a craqué on la relève et on lie avec de l'osier la blessure. Cette hardie et savante pratique réussit presque toujours. (B.)

ÉCLATER, ÉCLATEMENT. Le premier mot se dit d'une branche ou d'une racine qu'on détache avec force, soit volontairement ou involontairement, de l'endroit où elle étoit attachée. ECLATEMENT, mot introduit dans la pratique du jardinage par Roger de Schabol. Nous l'avons établi et introduit, dit cet auteur, sur des faits constans, afin de domter et réduire des branches intempérantes, et les bourgeons fougueux d'un arbre qui s'emporte. L'éclatement se fait en pliant, comme si l'on vouloit casser tout-à-fait, et sitôt que le bourgeon ou la branche a craqué l'on s'arrête et l'on rapproche ensuite les parties disjointes qu'on lie ensemble avec un osier ou du jonc et un peu d'onguent de Saint-Fiacre; par ce moyen la branche est domtée et ne meurt pas. (R.)

ÉCLISSE. On appelle ainsi, dans quelques cantons, les moules dans lesquels on fait égoutter les fromages. On les fait en osier, en bois, en faïence. On leur donne une forme ronde, carrée, en cœur, etc. Leur grandeur varie de deux pouces à deux pieds. Le plus important est de les tenir toujours très propres pour empêcher qu'elles ne communiquent un goût d'aigre au lait caillé que l'on met dedans. *Voyez* au mot FROMAGE. (B.)

ÉCOBUE. Instrument d'agriculture et de jardinage, ainsi nommé parcequ'il sert à écobuer les terres. C'est une espèce de pioche recourbée comme une houe, qui a seize pouces de longueur et sept à huit de largeur; elle est armée d'un manche long de trois pieds. Ce manche est un peu recourbé en dessus, afin que l'ouvrier soit moins obligé de se pencher en travaillant, et qu'il puisse en frappant la terre enfoncer l'instrument plus perpendiculairement. Le trou par où passe le manche est rond, et a deux pouces environ de diamètre en dedans. (D.)

ÉCOBUER. C'est enlever la superficie d'un terrain chargé de plantes, à un ou plusieurs pouces d'épaisseur, couper ces tranches carrément, en former de petits fours, y mettre le feu, et répandre ensuite cette terre réduite en cendre sur le sol.

On écobue de deux manières, ou à bras d'hommes, en se servant de l'écobue, ou avec la forte charrue à versoir; la dernière manière est la plus économique, mais n'est pas la meilleure.

On écobue ordinairement les friches chargées de bruyères et de mauvaises herbes, les prairies destinées à être converties en terres à grains, au moins pendant quelques années; les luzernières, les esparcettes qu'on veut *dérompre*, etc. Le grand art de l'écobuage consiste à enlever seulement la portion de terre pénétrée par les racines; la portion simplement terreuse devient inutile.

Le grand art est encore de conserver à ces tranches toute la terre attachée aux racines, soit qu'on les enlève avec l'écobue ou avec la charrue; on les coupe ensuite carrément, et après les avoir laissé sécher au soleil, elles sont disposées les unes sur les autres, ou carrément ou en rond, et forment de petits fourneaux. Il faut observer que la partie inférieure de la tranche soit à l'extérieur du fourneau, et que la supérieure chargée d'herbes soit dans l'intérieur. On met le feu au milieu de ce fourneau rempli d'herbes ou de feuilles, et la petite ouverture qui lui sert de porte est presque bouchée, afin de ne point établir de courant de flamme, mais un feu étouffé, qui gagnera lentement de proche en proche, et consumera les racines jusqu'à l'extérieur de la tranche. On doit, plusieurs fois dans la journée, visiter ses fourneaux, afin de boucher exactement les gerçures ou crevasses qui s'y formeront sûrement si le feu a trop d'activité. La fumée pénètrera la terre comme l'eau pénètre une éponge, et se dissipera peu à peu dans le vague de l'air. J'ai vu des agriculteurs mouiller extérieurement ces fourneaux avant d'y mettre le feu, et pétrir la terre tout autour. Cette opération est fort bonne, lorsque l'eau est dans le voisinage; on lute pour ainsi dire les tranches les unes contre les autres, car c'est toujours dans leur point de réunion que la flamme s'ouvre un passage lorsqu'on ne prend pas cette précaution, ou du moins lorsque la terre n'est pas assez serrée dans ces endroits.

Ceux qui veulent promptement faire sécher les tranches de terre les réunissent les unes contre les autres par leur sommet; et ainsi disposées elles forment un triangle dont le sol est la base. De cette manière elles sont de tous les côtés environnées d'un courant d'air qui, aidé par la chaleur du soleil, accélère l'évaporation de l'humidité. Si on est moins pressé, cette opération coûteuse est inutile, le soleil seul suffit, excepté dans les provinces naturellement froides, ou sous un ciel pluvieux.

Plusieurs jours après, lorsque les fourneaux ne fument plus, et sur-tout lorsqu'en tirant au dehors la tranche qui formoit la porte, on ne sent plus en dedans aucune chaleur, c'est le moment de briser l'édifice, de l'émietter, et de répandre uniformément les débris sur le sol.

Les avantages de l'écobuage se réduisent, 1° à détruire les mauvaises herbes et leurs semences; 2° à fournir un engrais. Examinons actuellement les vrais résultats de cette opération, et quelle espèce de terrain l'exige.

Lorsqu'on écobue, même à feu lent et couvé, on sent au loin une odeur désagréable de corne brûlée, et si l'on se trouve dans l'atmosphère de la fumée, les yeux cuisent et larmoient; c'est l'effet de l'acrimonie de cette fumée. Il s'échappe donc avec cette fumée des principes autres que ceux de l'eau réduite en vapeurs. S'ils s'échappent, c'est donc une soustraction réelle des principes dont le sol auroit été bonifié. Mais quels sont ces principes? Les volatils les plus actifs et les plus spiritueux, si je puis m'exprimer ainsi, c'est la partie huileuse et animale, auparavant combinée avec les sels, et il ne reste plus que ceux-ci. Actuellement je demande si les sels seuls constituent la végétation. Voilà donc de grands frais, de grandes dépenses faites uniquement pour se procurer un peu de cendres chargées de sel. Je ne crains pas d'avancer, 1° qne l'écobuage détruit les parties animales contenues dans la terre et les parties huileuses des plantes; 2 que de leur union avec les sels la sève est formée; 3° que le sel résultant de cette opération est plus nuisible qu'utile, si la terre sur laquelle on le répand ne contient pas des substances huileuses et animales; 4 que de la chaux pulvérisée et répandue sur le sol produit le même effet; 5° que l'écobuage dans les provinces voisines de la mer est nuisible, parceque la terre est chargée de sels, et qu'elle a besoin de substances graisseuses et huileuses; l'écobuage dans aucun de ces cas n'est avantageux; 6° que le vrai, le seul et unique mérite de cette opération, c'est de priver la terre d'une quantité de mauvaises graines, et de la purger du chiendent.

Plusieurs auteurs peu partisans de l'écobuage ont dit que la terre se cuisoit en manière de briques, et d'autres qu'elle se vitrifioit; c'est pousser la chose à l'excès, ou n'avoir pas d'idée de l'opération. Un feu couvé a très peu d'activité; il faut un grand courant de flamme soutenu pendant plusieurs jours pour cuire la brique, et si l'on veut vitrifier les terres le feu doit être bien autrement violent, plus long; enfin, le feu poussé à son plus haut degré, on parviendra a vitrifier l'argile; peut-on faire la plus légère comparaison des petits fourneaux d'écobuage à ceux de chimie ou des arts? On veut renchérir sur ce qui a été dit, et l'on ne sait ce que l'on dit.

Plus les terrains sont maigres, moins ils sont chargés de substances huileuses et animales, et c'est précisément parcequ'ils sont pauvres en principes qui constituent la terre végétale qu'ils sont maigres; les écobuer, c'est les amaigrir encore.

Les terrains maigres, la *bruyère*, sont presque toujours ferrugineux, et l'expérience la plus décisive a démontré que toute la terre ferrugineuse devient plus stérile après l'incinération. Les terrains sont maigres, parcequ'il y a peu de liaison entre leurs molécules ; écobuer c'est détruire encore plus le lien de leur adhésion.

Les terrains forts sont ou secs ou humides, ou argileux en différentes proportions.

Plus un sol est naturellement sec, plus il a besoin d'engrais qui tiennent ses parties divisées ; les sels et les cendres produits par l'écobuage sont une petite ressource. La quantité d'herbes, de racines qui les a fournis, enfoncée dans la terre par les labours, agiroit mécaniquement pendant beaucoup plus de temps, fourniroit au sol la même quantité de sels, et, ce qui vaudroit encore mieux, les substances huileuses et savonneuses qui ont déjà servi à leur végétation.

L'écobuage des terrains naturellement humides ne me paroît pas contraire aux bons principes de l'agriculture. Je le crois avantageux jusqu'à un certain point. Comme ces sols sont chargés de beaucoup d'herbes, ils sont par conséquent couverts d'une multitude d'insectes : ici la partie animale ne manque pas, et souvent elle excède la partie saline ; aussi l'écobuage fournit le sel nécessaire à la combinaison de la partie savonneuse, et rend la terre moins compacte. Un peu de chaux produiroit le même effet et coûteroit moins.

Si la terre est argileuse, que résultera-t-il de l'écobuage ? Rien, ou presque rien, relativement à son atténuation ; quelques tombereaux de sable pur vaudroient beaucoup mieux.

Somme totale, l'écobuage occasionne beaucoup de dépenses et produit peu d'effet. Brulez plusieurs années de suite la même terre, et l'expérience vous démontrera combien vous l'appauvrirez.

Plutôt que d'écobuer, semez des herbes afin de les enterrer ; il vous en coûtera moins, et le produit sera plus réel.

On citera, j'en conviens, l'exemple et la coutume de certains pays ; mais je prie les partisans de l'écobuage de juger par comparaison ; il faut créer de la terre végétale, les matériaux de la sève, et non pas les détruire.

Il résulte que l'écobuage n'est une bonne opération que dans les terrains substantiels et humides, remplis d'herbes et de broussailles qu'il faut détruire. (R.)

Les excellens principes contenus dans cet article n'ont plus besoin d'être défendus au tribunal des hommes éclairés ; mais il me semble qu'ils ne sont pas établis avec assez de vigueur. C'est avec des faits sous les yeux qu'il faut parler aux agriculteurs ; or quel bien a fait l'écobuage dans les landes stériles, sur les montagnes arides où on le pratique depuis des siècles? Il a produit une récolte de seigle et une d'avoine tous les six, huit, dix, vingt ans, et chaque fois ces récoltes ont été moins abondantes. J'ai habité ou voyagé dans des sols ainsi régulière-

ment écobués, et je n'y ai vu que la misère. Cependant, dira-
t-on, l'écobuage produit un bien, puisque de deux terrains
voisins, celui qui aura été écobué produira une plus belle récolte (je suppose toujours un terrain sec). Oui, répondrai-je,
parceque la cendre qui en résulte, ou mieux, l'alkali qu'elle
contient, ainsi que le charbon, attirent et fixent l'humidité, et
facilitent la décomposition des gaz atmosphériques pendant les
premiers mois de la végétation des plantes qu'on y a semées,
même rendent soluble la petite quantité d'humus qui a échappé
à la combustion (*voyez* Humus) ; ce qui, soit dit en passant,
ne fait qu'accélérer l'époque de l'infertilité complète.

Mais un peu de potasse, un peu de sel marin, quelques boisseaux de chaux, qui n'eussent pas coûté la dixième partie de
la dépense de l'écobuage, auroient produit les mêmes effets
sans inconvéniens. Je voudrois donc voir abandonner l'écobuage dans les sols sablonneux et calcaires, comme nuisible aux
intérêts de la postérité ; mais il n'en est pas de même des terrains argileux et des terrains tourbeux. Je soutiens que là il est
toujours utile et souvent nécessaire.

En effet, les terrains argileux sont moins fertiles, parceque
leurs molécules trop tenaces ne permettent pas aux racines et
aux gaz atmosphériques de pénétrer facilement, et qu'ils retiennent trop long-temps l'eau des pluies. Le meilleur des amendemens qu'on peut leur donner est donc d'y porter du sable,
de la marne calcaire, ou autres substances qui, mêlées avec
eux par les labours, les rendent plus perméables aux racines,
à l'eau et à l'air atmosphérique. *Voyez* aux mots Amendement
et Argile. Mais il est souvent coûteux de faire faire des trans-
ports de ce genre, et tout le monde sait que l'argile cuite n'est
plus dissoluble par l'eau. Elle peut donc remplacer le sable, la
pierre calcaire. Or, quoi de plus facile que de faire une espèce
de ciment avec une petite portion du sol, pour, après l'avoir
réduit en poudre grossière, le mêler avec le sol même. Je puis
dire ici avoir vu des effets étonnans de cette pratique, effets
durables comme on peut bien le penser, puisque le ciment ne
se décompose que d'une manière insensible, et après bien des
siècles, comme le prouvent les briques et les poteries anciennes
qui se sont trouvées enfouies.

Sans doute on dira que rarement il y aura assez de végétaux
sur le sol pour calciner l'argile suffisamment et en suffisante
nquatité ; mais quelle est l'opération agricole qui ne soit pas
coûteuse ? Il suffit que le champ soit amené à produire une augmentation de récolte telle que la vente de cette augmentation
paye l'intérêt de l'avance pour qu'il n'y ait pas d'objection à
faire. Je tiens qu'il est souvent avantageux de calciner ainsi les
argiles avec des fagots apportés exprès, et il est peu de cantons,

excepté ceux de quelques plaines, où on ne puisse trouver dans les haies ou les buissons épars des supplémens pour cet objet.

Les livres agronomiques des Anglais ne cessent de vanter les bons effets de l'écobuage des sols argileux et marécageux. M. Maxey avoit écobué deux tiers d'un de ses champs, et ses récoltes comparées furent comme un à cinq. Une chose très remarquable, c'est que là où se trouvoient les fourneaux la terre étoit beaucoup plus fertile, quoique la terre eût été calcinée jusqu'à la glaise, et après trente ans on s'apercevoit encore, à la beauté des récoltes, de leur emplacement. Arthur Young indique des faits presque aussi marquans. Je ne m'en étonne point. Il est telle terre dont il faudroit réduire la moitié en ciment pour lui donner la légèreté convenable.

Actuellement il faut passer à l'écobuage des terrains tourbeux.

Il est prouvé par l'expérience que les tourbes, tant qu'elles sont pures et en place, ne peuvent nourrir que les végétaux qui leur sont propres, et que les arbres principalement n'y réussissent jamais quand ils y sont immédiatement plantés.

Deluc, qui, dans ses lettres à la reine d'Angleterre, a si bien décrit les moors de Hollande, le plus grand des amas de tourbe connu, et la manière de les rendre propres à la culture, dit positivement qu'on n'y parvient qu'en faisant des fossés autour du terrain qu'on veut cultiver, fossés qu'on élargit et approfondit tous les ans, et dont on brûle les déblais sur la surface du terrain, jusqu'à ce qu'on ait une certaine épaisseur, six à huit pouces par exemple. Le résultat de ces combustions se mélange avec la tourbe inférieure ; ce qui la rend apte à produire des légumes de toute espèce, et même à recevoir les graines des arbres. Qui ne reconnoît encore ici l'influence de la potasse et de la cendre pour rendre la tourbe soluble, pour la transformer en un excellent engrais. La chaux il est vrai produit le même effet sur la tourbe sans écobuage, et augmente l'effet de l'écobuage ; mais ici on peut en économiser la dépense et on fait bien. *Voyez* aux mots Tourbe, Chaux, Cendre et Terreau.

Par-tout on se plaint en France que les prairies tourbeuses ne produisent qu'un foin aigre que les bestiaux repoussent. Ecobuez-les, et vous aurez moyen d'y semer ensuite des plantes plus propres à la nourriture des bestiaux. J'observerai de plus que l'opération sera sans doute généralement plus facile dans les tourbières de France, dont peu ont autant d'épaisseur et ont aussi pures que celles de Hollande.

Arthur Young, dans son voyage en Irlande, cite à chaque page les avantages que les habitans de ce pays ont retirés de l'écobuage de leurs nombreuses tourbières, tourbières qu'on peut, d'après ce qu'il en dit, fort bien assimiler à la plupart de celles que nous possédons, et que j'ai eu l'intention d'indiquer.

Les terrains marécageux qui peuvent être regardés comme des tourbières imparfaites, et qui reposent le plus souvent sur des argiles, peuvent être écobués avec avantage. Mais souvent c'est la partie inférieure du sol qu'il faudroit soumettre à cette opération. L'inspection de la localité peut seule guider dans ce cas.

M. Braconnot, dans un mémoire inséré dans les Annales de Chimie, mars 1807, émet l'opinion que l'écobuage est principalement utile, parcequ'il détruit les matières excrémentielles et les racines des plantes mortes qui nuisent à la végétation des vivantes. J'ai quelques raisons de croire, avec le savant Thouin, que les matières excrémentielles d'une plante peuvent nuire à une plante de même espèce qu'on plante à sa place après sa mort, quoique cela ne soit pas rigoureusement prouvé ; mais il me semble que M. Braconnot outre beaucoup le principe, et est en opposition directe avec l'expérience de tous les siècles et de tous les pays ; car qu'est-ce que la terre végétale, qu'est-ce que le fumier, si ce ne sont des résultats de la décomposition des plantes ? N'emploie-t-on pas les raves, les carottes, et autres racines enfouies vivantes comme engrais. (B.)

ÉCOCHELER. Mot appliqué dans quelques pays à l'opération par laquelle on ramasse avec des râteaux ou fauchets les tiges que la faux a étendues en les coupant. Quand on coupe les grains à la faucille, on les met par petits tas ou javelles, dont on réunit deux ou trois pour former des gerbes, et on se sert des mains pour faire cette réunion. Mais lorsqu'on a employé la faux, les tiges étant pressées les unes contre les autres sans interruption, et souvent en sens contraire, on ne peut les relever et ne faire des gerbes qu'en les séparant par tas à l'aide du râteau. C'est ce qu'on désigne sous le nom d'*écocheler*, *effaucheter*. (Tes.)

ECOISSON. Nom qu'on donne dans le département des Deux-Sèvres aux sillons plus courts que les autres.

ÉCONOMIE. Architecture rurale. Par ce mot nous n'entendons pas la *parcimonie* que l'on met trop souvent dans l'exécution des travaux de la campagne, et qui est une cause prochaine d'augmentation dans leur dépense, mais cette circonspection sage et éclairée au moyen de laquelle on peut construire un établissement aux moindres frais possibles, sans compromettre ni sa solidité, ni la convenance d'aucune de ses parties ; en un mot, une *économie bien entendue*.

La pratique de cette vertu est devenue plus nécessaire que jamais à tout homme qui veut se livrer à l'amélioration de ses propriétés, à raison du renchérissement excessif de la main-d'œuvre, des matériaux et des autres objets de consommation dont le prix est aujourd'hui hors de toute proportion avec celui des denrées.

L'économie doit porter ici, 1° sur le nombre et l'étendue des bâtimens que peut exiger chaque espèce d'établissement rural; 2° sur le choix des matériaux disponibles, et sur la manière de les employer sans nuire à la solidité des bâtimens; 3° sur la convenance de leur décoration; 4° sur les dépenses de leur entretien.

SECTION PREMIÈRE. Economie sur le nombre et l'étendue des bâtimens d'un établissement rural.

Il est de l'intérêt bien entendu d'un propriétaire de procurer à cet établissement le nombre et l'étendue des bâtimens que peuvent exiger les besoins naturels et industriels de son exploitation.

S'il y avoit insuffisance, il ne retireroit pas de sa propriété un fermage aussi élevé qu'elle en seroit naturellement susceptible, parceque le fermier ne pourroit pas y exercer toute son industrie; et s'il y avoit surabondance, la condition du propriétaire seroit également désavantageuse, parceque les bâtimens superflus lui occasionneroient annuellement une augmentation de dépense d'entretien, et quelquefois de reconstruction, qui diminueroit d'autant le fermage qu'il en obtient.

Ainsi, *tout le nécessaire et point de superflu* est la maxime qu'il faut d'abord admettre quand on bâtit à la campagne.

Mais pour pouvoir la pratiquer en toute circonstance il faut connoître dans le plus grand détail les besoins naturels et industriels de chaque classe de cultivateur; c'est une condition sans laquelle il seroit impossible de calculer avec précision le nombre et l'étendue des bâtimens qui sont nécessaires à chaque établissement particulier.

On s'en fera une idée assez exacte, en lisant au mot AGRICULTURE le tableau des occupations et des moyens de culture de ses différentes classes. Nous allons en indiquer l'usage dans la discussion des projets des différentes espèces de constructions rurales, en suivant pour chacune l'ordre naturel de ses besoins.

§. 1. *De l'habitation.* L'habitation doit être projetée suivant l'aisance de celui qui doit l'occuper. Si c'est un manouvrier, ou un très petit propriétaire, il se trouvera très bien et très commodément logé avec une chambre au rez-de-chaussée, un petit cabinet à côté pour resserrer ses outils, ou pour y exercer son industrie intérieure pendant les temps morts pour le travail extérieur, et un grenier au-dessus de ces deux pièces. *Voyez* le mot CHAUMIÈRE.

Si c'est un métayer, on ne lui donnera au rez-de-chaussée qu'une chambre et un cabinet, comme au manouvrier, mais il faudra que leurs dimensions soient un peu plus grandes, parcequ'il est dans le cas d'avoir des domestiques et de nourrir quelquefois des journaliers ; et, en y ajoutant une laiterie, un petit cellier et un escalier intérieur pour monter au grenier dans lequel on prendra une chambre à blé, on procurera à ce métayer, dans son habitation, tout le nécessaire sans superflu. *Voyez* MÉTAIRIE.

Si c'est un fermier de grande culture, l'habitation exigera un appartement plus complet, et des pièces accessoires assez nombreuses et de dimensions assez grandes pour pouvoir satisfaire à tous les besoins de son ménage. *Voyez* FERME DE GRANDE CULTURE.

Enfin, si c'est un propriétaire riche, il lui faut une maison de plaisance. *Voyez* MAISON DE CAMPAGNE.

§. 2. *Logemens des animaux domestiques.* Le nombre des animaux domestiques d'un établissement rural est ordinairement dans un rapport constant avec l'étendue de l'exploitation, et, avant de le construire, cette étendue est toujours connue. On pourra donc aisément calculer le nombre et l'étendue des bâtimens nécessaires pour les loger tous, tant en santé qu'en état de maladie ; car le nombre des bestiaux de chaque espèce étant connu, on sait la place que chacun d'eux doit tenir dans son logement pour y être sainement et commodément. *Voyez* les mots BERGERIES, ÉCURIES, ÉTABLES, etc.

§. 3. *Bâtimens nécessaires pour resserrer les récoltes et les fourrages.* On calculera aussi facilement le nombre et la capacité de ces bâtimens, au moyen des produits présumés des terres de l'exploitation, dont l'étendue et la fertilité sont connues.

§. 4. *Bâtimens destinés à la conservation des grains battus et des autres fruits de la terre.* On supputera de la même manière le nombre et l'étendue des chambres à blé, des greniers à avoine, des celliers, des caves, etc., de l'établissement ; seulement on pourra modifier les résultats de ces calculs, et fixer les dimensions de ces différens emplacemens, d'après les usages locaux et les besoins particuliers des fermiers. Par exemple : dans une ferme de grande culture, il n'est pas nécessaire de donner aux chambres à blé autant d'étendue qu'il le faudroit pour resserrer à la fois la totalité de sa récolte annuelle.

D'abord, la consommation du ménage en enlève journellement une certaine portion ; et les fermiers de cette classe sont dans l'usage de ne faire battre les grains qu'à mesure du besoin, soit pour éviter les frais d'entretien dans les chambres à blé, soit parce que le blé se conserve mieux en gerbes que lorsqu'il est battu, soit enfin pour mieux en conserver les pailles. On peut donc, sans inconvénient, proportionner les chambres à blé de ces fermes aux besoins effectifs du fermier, et conséquemment diminuer, autant qu'il sera nécessaire, les dimensions que le calcul des produits leur avoit assignées.

Mais il n'en est pas de même pour l'établissement des chambres à blé destinées à conserver les blés de fermages dus au propriétaire. Leurs dimensions doivent être calculées de manière que ces chambres puissent contenir jusqu'à trois années consécutives de redevances en grains, afin que le propriétaire puisse attendre le moment favorable à leur vente la plus avantageuse.

C'est avec le même esprit de prévoyance que, dans les grands vendangeoirs, il faut construire les caves dans des proportions beaucoup plus grandes que ne semblent l'exiger les produits des récoltes moyennes et annuelles de l'exploitation.

SECTION. II. *Economie sur le choix des matériaux disponibles et sur la manière de les employer.* La solidité est la principale qualité que l'on doit procurer aux bâtimens ruraux. Elle est la conséquence naturelle d'une économie bien entendue; car, sans solidité, ils ne peuvent avoir de durée, et l'expérience apprend que lorsqu'on est obligé de remédier à la solidité d'un édifice par de grands entretiens annuels, ou par des reconstructions fréquentes, leur dépense en résultat est beaucoup plus grande que si on l'avoit construit solidement du premier jet.

Mais cette qualité est absolument relative à l'espèce des matériaux disponibles, et à la manière dont on les emploie.

D'un autre côté, l'économie et les couvenances exigent que les différens bâtimens ne soient pas *tous* construits avec la même solidité, car ils ne supportent pas *tous* le même poids, n'ont pas *tous* la même élévation, et ne sont pas *tous* exposés aux mêmes chocs. Il n'est donc pas nécessaire de les construire *tous* avec les matériaux les meilleurs, et l'on peut se contenter de procurer à chacun d'eux une solidité suffisante pour sa destination.

Enfin, dans toutes les localités, on ne trouve pas toujours les meilleurs matériaux à sa disposition.

Cependant l'agriculture ne sauroit se passer de constructions rurales, et, dans quelque localité que l'on se trouve placé, il faut des habitations et des bâtimens d'exploitation.

Il est donc nécesaire qu'un propriétaire connoisse les matériaux qu'il doit choisir pour ces différentes constructions, si la localité lui en fournit d'espèces différentes; ceux qu'il peut faire fabriquer si elle n'en présente aucuns en nature; et enfin la meilleure manière de les employer.

§. 1. *Choix des matériaux.* La nature a généralement favorisé la France en matériaux propres aux constructions ; et, dans les cantons qu'elle en a privés, l'art est parvenu à en fabriquer d'assez bons pour les remplacer utilement.

Nous habitons le sol même où les Romains et nos ancêtres ont laissé des monumens incontestables de la solidité qu'ils savoient procurer à leurs constructions avec toute espèce de matériaux.

Nous possédons encore des pierres de taille, des moellons, des pierres à chaux, du sable, des terres à bâtir, des bois, des fers, des ardoises.

Nous avons conservé l'art de faire des briques cuites, des briques crues, ou carreaux de pierre factice, des carreaux, des tuiles, ainsi que celui de construire en BÉTON et en PISÉ. *Voyez* ces deux mots.

Nous avons de plus que les Romains, dans quelques unes de nos localités, des carrières abondantes de pierres gypseuses avec lesquelles on fabrique le *plâtre.*

Enfin nous connoissons la composition de tous leurs mortiers, et si nous sommes privés du *bitume de la Babylonie*, qu'ils faisoient entrer dans la composition des ciments pour les constructions hydrauliques, les mémoires de *Loriot*, de *La Faye*, de *d'Etienne* et de *Mongez* nous enseignent les moyens de le suppléer.

Parmi ces différens matériaux, le choix d'un propriétaire doit être éclairé par le calcul et guidé par les convenances. Par exemple, s'il est placé dans une localité qui offre pour la maçonnerie des pierres de taille, des moellons, de la terre à bâtir, de bonne chaux et de bon sable, il sait d'avance que l'habitation d'un établissement rural, ainsi que les écuries et les étables, doivent être bâties le plus solidement possible ; la première, à raison des intempéries des saisons et des accidens du feu, et les autres, afin de pouvoir résister aux chocs des bestiaux et de prévenir leurs dégradations. Or, il peut remplir ce but, ou en construisant les bâtimens en pierres de taille, ou en les bâtissant en moellons avec mortier de chaux et sable ; mais l'un de ces moyens est nécessairement plus coûteux que l'autre avec une solidité à peu près égale ; il choisira donc celui qui lui occasionnera le moins de dépense.

Il se conduira d'une manière analogue dans le choix des matériaux destinés à la construction des autres bâtimens de l'établissement, et il s'attachera à leur procurer, aux moindres frais possibles, une solidité suffisante pour leur destination.

Autre exemple : si la localité ne lui présentoit aucunes pierres propres à bâtir, il seroit forcé d'employer dans ses constructions ou le bois, ou la brique cuite, ou la brique crue, ou le pisé, suivant la nature des terres disponibles. Alors, après avoir consulté les ressources locales, il assigneroit, pour l'élévation des murs de chaque bâtiment de son établissement, l'espèce de matériaux fabriqués la plus économique et en même temps la plus convenable à sa destination, et il n'auroit à faire venir du dehors que ceux nécessaires pour établir solidement les fondations de ces différens bâtimens.

Son choix étant ainsi fixé pour toutes les espèces de matériaux dont il a besoin, il calculera la quantité de chaque espèce, et il trouvera une grande économie à les rassembler tous d'avance, parcequ'il pourra profiter des temps les plus favorables, soit pour en faire faire l'extraction, ou en commander la fabrication, soit pour les faire ensuite transporter sur les lieux.

§. 2. *De la meilleure manière de les employer.* On trouve encore dans les grandes villes d'excellens ouvriers en tous genres, et là les propriétaires n'ont, pour ainsi dire, qu'à choisir entre ceux qui à l'intelligence réunissent la probité la mieux reconnue. Mais il n'en est pas de même dans les campagnes éloignées de ces cités.

La routine la plus aveugle et l'ignorance la plus crasse sont le partage de ces prétendus ouvriers, et souvent avec les meilleurs matériaux ils ne peuvent parvenir à faire un bâtiment solide.

Ce vice de construction se fait particulièrement remarquer dans celles qui appartiennent à des propriétaires trop inexpérimentés pour pouvoir diriger eux-mêmes les mauvais ouvriers.

Pour prévenir ces inconvéniens, autant que cela est possible, nous nous sommes déterminés à entrer dans quelques détails sur les travaux des principaux ouvriers que l'on emploie à la campagne. On les trouvera aux mots MAÇONNERIE, CHARPENTE, MENUISERIE, SERRURERIE et COUVERTURES.

SECTION III. *Décoration des bâtimens ruraux.* La décoration de ces bâtimens doit être simple et modeste, car elle n'ajoute rien à leur solidité ni à leur commodité. Dès-lors la dépense que l'on feroit pour leur procurer des ornemens plus recherchés seroit nécessairement une dépense superflue.

Leur décoration doit donc plutôt consister dans la propreté et l'uniformité d'exécution que dans des recherches extérieures; et cette condition est d'autant plus facile à remplir, que souvent il en coûte moins définitivement à employer de bons ouvriers qu'à se servir de mauvais.

SECTION IV. *Entretien de ces bâtimens, ou moyens d'en obtenir la durée.* Avec quelque solidité que l'on construise un édifice, il ne pourroit avoir une longue durée, si un entretien annuel et scrupuleux ne le garantissoit pas des lentes injures du temps. C'est le sort attaché à ces travaux dans nos climats septentrionaux.

L'entretien annuel des bâtimens ruraux doit donc entrer dans les calculs d'une sage économie, car il est définitivement moins coûteux de les entretenir que d'attendre pour les réparer qu'ils soient tombés dans un état de dépérissement.

L'humidité et la gelée sont les destructeurs les plus actifs des maçonneries ; c'est donc de leurs effets qu'il faut les garantir pour leur procurer une longue durée.

L'art n'offre aucuns moyens pour conjurer les grandes gelées ; mais comme leur effet sur les maçonneries n'est dangereux que lorsqu'elles sont imprégnées d'humidité, c'est donc principalement de l'humidité qu'il faut les préserver.

A cet effet, on éloignera soigneusement des bâtimens toutes les eaux qui pourroient en approcher de trop près, en pratiquant dans leur pourtour extérieur, et à un mètre au moins de distance de leur pied, des fossés de dimensions suffisantes pour contenir les eaux. On leur procurera ensuite l'écoulement le plus direct et le plus prompt, afin qu'elles n'aient pas le temps de pénétrer par infiltration jusque dans les fondations de leurs murs.

On empêchera les égouts des toits des bâtimens de laver les pieds de leurs murs, en donnant aux couvertures la plus grande saillie en dehors qu'il sera possible.

Cependant, lorsqu'il survient de la pluie avec un vent violent, la saillie de la couverture n'empêche pas toujours l'eau de fouetter contre les murs et d'en dégrader les crépis ou les enduits. Alors il faut réparer sur-le-champ ces dégradations, afin d'éviter qu'elles ne deviennent plus grandes.

Dans l'intérieur de la cour, les bâtimens sont garantis de l'humidité par une chaussée pavée qui règne dans tout son pourtour.

En général, les soubassemens des bâtimens présentent les premières dégradations de ce genre, sur-tout à l'exposition des vents pluvieux. Il faut soigneusement les réparer aussitôt qu'on les aperçoit ; sans cette attention leur maçonnerie seroit bientôt à découvert, les eaux pénétreroient dans les fondations, et à la première forte gelée les mortiers en seroient détruits.

Il faut aussi préserver de l'humidité l'intérieur des bâtimens. Mais la pluie ne peut y pénétrer que par les couvertures, et particulièrement par les arêtiers, les noues, les lucarnes ; et pour diminuer le nombre des causes de cet inconvénient, autant que par économie, nous conseillons de supprimer dans les constructions rurales l'usage des arêtiers, des noues, des lucarnes et des mansardes. Alors l'humidité ne pourroit plus y pénétrer que par des dégradations apparentes dans les couvertures, et on les répareroit sur-le-champ.

Il résulte de ces observations que pour obtenir la durée des bâtimens ruraux, le propriétaire doit les visiter tous les ans dans le plus grand détail, afin de reconnoître par lui-même jusqu'aux petites réparations qui seroient à y faire, et les ordonner de suite. Elles ne sont jamais dispendieuses quand on les fait sur-le-champ; mais lorsqu'on les néglige, elles peuvent souvent devenir considérables. Il ne doit s'en rapporter à personne à cet égard, pas même à son fermier, parceque personne ne peut être aussi intéressé que lui à tout voir et à bien voir. (De Per.)

ECORCE. Partie extérieure du tronc et des branches de la plupart des végétaux. Je dis de la plupart, parceque Desfontaines a prouvé, dans un excellent mémoire sur l'organisation des plantes de la classe des monocotylédones, que celles de cette classe n'en avoient réellement pas. Ainsi les fougères, les palmiers, les graminées, les liliacées, les orchidées, etc., en sont privées.

Les considérations qui résultent de l'usage et des propriétés physiologiques de l'écorce sont d'une grande importance pour le cultivateur; mais quoiqu'on ait considérablement écrit sur ce qui la concerne, il reste encore beaucoup de choses à désirer.

Quand on coupe transversalement un arbre de la famille des dicotylédons, on voit par la couleur, la contexture et la densité de son écorce qu'elle est fort distincte du bois. On s'en assure encore plus au temps de la sève, puisqu'alors on lève cette écorce avec la plus grande facilité.

Comme le bois, l'écorce offre des couches concentriques indiquées par la différence de largeur ou de nombre des vaisseaux perpendiculaires, par le plus de densité des parties solides. On les a divisées en trois parties dans l'ordre suivant: 1° l'Épiderme; 2° les Couches corticales; 3° le Liber. *Voyez* tous ces mots.

Quelques physiologistes pensent qu'il faut regarder l'écorce des plantes herbacées, sur-tout des plantes annuelles, et des plantes qui vivent dans l'eau, comme un simple épiderme semblable à celui qui recouvre les feuilles, les pétales, les étamines, les pistils, les fruits, etc. Cependant Saussure, dans son ouvrage intitulé *Observation sur l'écorce des feuilles et des pétales*, a démontré que cette écorce étoit composée d'un véritable épiderme, d'un réseau cortical et de glandes.

La formation de l'écorce ne peut pas plus être expliquée que celle des autres parties des plantes. L'homme raisonnable doit donc se borner à étudier les phénomènes qu'elle présente.

Le premier de ces phénomènes c'est sa régénération. Elle a lieu au moyen de l'extravasion de la sève par les bords de la plaie, ainsi que je l'ai expliqué à l'article BOURRELET. *Voyez* ce mot. Le second, c'est la faculté dont jouissent beaucoup d'écorces, d'espèces différentes, de se souder les unes aux autres par le moyen de la GREFFE. *Voyez* ce mot et le mot ÉCUSSON. La troisième c'est son accroissement qui ne s'arrête jamais, mais qui diminue à mesure que l'arbre vieillit.

Dans les pays intertropicaux, la plupart des arbres sont en végétation toute l'année, et n'ont par conséquene pas d'époque de sève, proprement dite; aussi ne peut-on pas les dépouiller de leur écorce comme on le fait aux arbres d'Europe, au commencement du printemps et à la fin de l'été; aussi ne peut-on pas les greffer en écusson. Ces arbres se reconnoissent par-tout à leurs boutons, qui ne sont pas protégés par des écailles, ainsi que le sont ceux des pays froids.

L'accroissement de l'écorce en largeur et en hauteur est assez facile à comprendre; mais celui en épaisseur offre les mêmes difficultés que la formation des couches ligneuses, et les sentimens des auteurs qui ont traité cette matière sont également partagés. *Voyez* au mot PLANTE.

Les sucs propres de l'écorce sont quelquefois différens du bois. Souvent, quoique de même nature, ils y sont beaucoup plus abondans. C'est principalement de l'écorce des pins, des sapins et des mélèzes qu'on tire les résines. De celle des acacias (*Mimosa*), des cerisiers, des pruniers, des amandiers, etc., qu'on obtient les gommes.

Toute la puissance régénératrice des arbres paroît être dans l'écorce. Lorsqu'un jardinier fait une marcotte, une bouture, c'est de l'écorce que sortent les racines qui doivent les constituer individus. Lorsque cette écorce est trop dure ou trop épaisse, cet effet ne peut avoir aussi facilement lieu. Voilà pourquoi c'est sur ou avec des branches encore jeunes qu'il doit opérer.

J'ai l'expérience que tel arbre, dont les branches d'un an ne peuvent s'enraciner lorsqu'on les met en terre, le font lorsqu'elles n'ont que six mois, c'est-à-dire qu'elles ne sont pas encore AOUTÉES. *Voyez* ce mot.

Il en est de même des greffes de toutes espèces. Leur écorce, ou l'écorce dont on les tire, doit être de la dernière formation.

La partie véritablement active de l'écorce, celle dont l'influence produit presque exclusivement les phénomènes précédens, c'est le LIBER, c'est-à-dire la plus intérieure et la plus nouvelle des couches corticales, celle qui crée en même temps et l'aubier et l'écorce. Il faut aussi parler de l'ENVELOPPE CELLULAIRE de notre Duhamel, qui se trouve immédiatement sous l'épiderme, et à qui on a attribué des fonctions analogues à celles de la moelle et par conséquent supposées d'une grande importance. *Voyez* ces mots.

Il sembleroit, d'après une multitude de raisons, que l'écorce ne devroit jamais se changer en bois ; cependant il est un cas où elle le fait, c'est lorsqu'on fait une greffe par approche, ou lorsque deux branches ou deux racines se soudent naturellement. Dans tous ces cas l'écorce disparoît sans qu'on sache encore comment.

L'éllaboration des sucs circulans, l'obstacle qu'elle apporte continuellement à une évaporation trop forte ou trop prompte, sont les principaux avantages de l'écorce. Lorsqu'on l'enlève pendant l'hiver, l'arbre semble d'abord pousser avec la même vigueur au printemps ; mais ses feuilles n'arrivent qu'à la moitié de leur croissance, les fleurs tombent sans donner de fruit. Il meurt l'automne suivant ou au plus tard au retour du printemps. Il suffit qu'on laisse une bande d'écorce, quelque peu large qu'elle soit, dans la longueur de l'arbre, pour qu'il continue de vivre, mais alors il cesse de grossir dans toute la partie écorcée, il devient par conséquent irrégulier.

L'aubier d'un arbre dont on a enlevé l'écorce sur pied se solidifie de deux manières, 1° par l'accumulation, dans ses vaisseaux, des sucs qui devoient l'augmenter en grosseur ; 2° par l'évaporation de la surabondance de sève qui auroit été retenue. Aussi, ainsi que Buffon, Varennes de Fenilles et autres l'ont prouvé, cette opération est-elle infiniment avantageuse pour augmenter la dureté et la durée des bois de haut service. Elle change véritablement l'aubier en bois. *Voyez* au mot Aubier.

M. Malus, dans un mémoire inséré tom. 10 des Annales d'Agriculture, cite des expériences faites par lui sur des pins, des sapins et des mélèzes des hautes Alpes, dont les résultats sont à peu près les mêmes que ceux ci-dessus, c'est-à-dire que ceux de ces arbres qu'il a écorcés étoient plus durs, plus forts et annonçoient plus de durée que les autres. Il n'a fallu que 3180 livres pour rompre une solive de pin de 10 pieds de long et de 4 pouces d'écarrissage, coupée un an d'avance, et 4420 livres suffisoient à peine pour rompre pareille solive prise dans un arbre écorcé sur pied à la même époque.

En enlevant un anneau d'écorce à un arbre ou à une branche on diminue la quantité de sève qui refluoit de sa partie supérieure et on la fixe : de là vient qu'elle produit moins de bois et fournit plus de fruit. *Voyez* au mot Incision annulaire.

Plusieurs écorces servent directement aux besoins de l'homme. Le chanvre, le lin, le genêt d'Espagne, la grande ortie, etc., etc., lui fournissent leurs fibres pour faire la toile avec laquelle il s'habille et dont il fait un si grand emploi en articles de ménage, en cordes, etc., dont il fait un si grand usage, ainsi que le papier sur lequel j'écris ceci. Celles du tilleul se transforment en cordes, que leur bas prix fait rechercher. Plusieurs, comme la cannelle, le quinquina, le simarouba, etc., donnent des drogues à la médecine. D'autres, comme les chênes, des matières employées dans les arts ou dans l'économie domestique, le tan, le liège, etc. (B.)

Écorce pour faire du tan. C'est celle du chêne que l'on destine à cet usage, et on la lève au mois de mai lorsque la sève est en pleine activité.

Il est défendu de lever de l'écorce sur pied dans les bois impériaux, et beaucoup de propriétaires se déterminent difficilement à accorder cette permission aux acquéreurs de leurs bois, parcequ'ils appréhendent que cette opération, en retardant l'abattage du bois, ne nuise au recru des cépées. Nous croyons qu'il faut réduire cet inconvénient à sa juste valeur, afin de ne pas priver la consommation générale de cette marchandise dont les tanneurs ne peuvent se passer pour la préparation des cuirs; nous pensons donc, d'après notre propre expérience, que les cépées dont on a enlevé l'écorce repoussent peut-être plus vigoureusement que celles des taillis abattus pendant l'hiver, lorsqu'on a soin de les faire couper immédiatement après. La perte du propriétaire se réduit donc à une perte de temps de végétation pendant cette année, qu'on peut évaluer au plus à la moitié, ou, suivant l'expression usitée, à une demi-feuille. Il en est ordinairement dédommagé par la plus-value que donne à la vente l'excessive cherté de l'écorce. (De Per.)

ÉCORCELER. *Voyez* ÉCORCHELER.

ÉCORCER. C'est enlever l'écorce des arbres. Par exemple, on écorce le chêne pour fabriquer du tan et pour durcir son aubier. *Voyez* TAN et AUBIER. On écorce le tilleul pour en faire des cordes avec son liber. *Voyez* TILLEUL. On écorce le chêne liège pour faire des bouchons et autres articles, etc. Dans tous les cas, excepté peut-être ce dernier, l'écorcement d'un arbre le fait mourir. Toujours il se fait au printemps.

On écorce aussi fréquemment les arbres coupés, et ce pour étendre leur conservation, car on a remarqué que les insectes et la pourriture agissoient d'abord sous l'écorce et s'étendoient graduellement ensuite jusqu'au cœur. *Voyez* au mot BOIS. (B.)

ÉCORCHURE, EXCORIATION. MÉDECINE VÉTÉRINAIRE. Nous donnons en général le nom d'écorchure ou d'excoriation à une plaie qui n'a point de profondeur, et qui ne s'étend qu'en longueur et en largeur.

Les causes de l'écorchure sont très nombreuses : les coups

portés obliquement, le froissement des corps durs et autres causes de cette espèce.

Ces accidens, quoique légers, occasionnent de la douleur dans la partie ; le beurre et tous les balsamiques doux sont indiqués dans ces circonstances ; les brûlures superficielles , les vésicatoires sont des véritables écorchures. Les résolutifs anodins, tels que la décoction des fleurs de sureau, le cérat de Gallien, font cesser la douleur qui accompagne les excoriations. Il arrive souvent que ceux qui tondent des moutons font des écorchures ; il faut alors frotter la partie avec un mélange d'huile et de vin. Lorsque la queue du cheval se trouve écorchée par le frottement de la croupière , on doit l'envelopper d'un morceau de linge un peu fin, et laver de temps en temps l'écorchure avec du vin chaud. (R.)

ECOSSER. Action d'ouvrir avec les mains les cosses des pois, des haricots, des fèves, pour en ôter les semences. Toutes les légumineuses s'écossent, et encore d'autres fruits qui ont des rapports de forme avec elles. (B.)

ECOT. En terme d'administration forestière on appelle ainsi les souches d'arbres qui s'éclatent en les coupant. Comme cet évènement nuit à la reproduction du bois , il y a des peines portées contre les bûcherons que leur négligence conduit à le faire naître trop souvent. (B.)

ECOUAILLES. Nom qu'on donne dans le département des Deux-Sèvres à la laine de dessous le ventre et de la queue des moutons.

ECOUBER. C'est la même chose qu'ÉCOBUER.

ECOUCHE ou ECOUSSE. C'est l'espade des ouvriers qui préparent le CHANVRE et le LIN. *Voyez* ces mots.

ECOUCHER. *Voyez* ESPADER.

ECOUPE. Nom d'une pelle de fer très large dont on se sert dans le département des Ardennes.

ECOURGEON. C'est la même chose qu'ESCOURGEON.

ECRAI. Dans le département des Deux-Sèvres c'est le milieu de la raie faite par la charrue.

ECRÊTER. C'est couper les sommités du blé de Turquie.

ECREVISSE. Espèce de crustacé du genre qui porte son nom, et qui est trop fréquente dans les eaux pour qu'il n'en soit pas dit ici quelques mots.

Les caractères qui font reconnoître les écrevisses sont un corps cylindrique ; un corselet terminé en avant par une pointe courte, accompagnée de deux yeux pédonculés et de quatre antennes inégales dont les intérieures sont divisées presque jusqu'à la base ; une bouche armée de plusieurs mâchoires ; dix pattes dont les deux antérieures sont plus grosses et armées d'une large pince ; une longue queue demi-cylindrique, articulée, susceptible de se recourber en dessous et terminée par cinq larges écailles plates et mobiles. Toutes ces parties et autres, non énumérées, sont recouvertes d'une enveloppe d'un brun verdâtre pendant la vie de l'animal et d'un rouge de brique après sa mort, sur-tout lorsque cette mort a été causée par le feu.

Les anciens naturalistes plaçoient l'écrevisse parmi les poissons, parcequ'elle vit dans l'eau et qu'elle respire par des ouïes ou branchies semblables aux leurs. Les modernes l'ont mise parmi les insectes, à raison de ses antennes, de ses pattes articulées et du test qui les recouvre. Le vrai est qu'elle n'est ni poisson ni insecte, et qu'elle appartient à un ordre intermédiaire.

Plusieurs choses rendent l'écrevisse très remarquable, entre autres la propriété qu'elle a de régénérer ses pattes lorsqu'elles sont cassées, et de se dépouiller tous les ans de son test pour en prendre un nouveau. Ce sont les deux corps demisphériques qui se trouvent, quelque temps avant sa mue, sous son corselet, corps généralement connus sous le nom impropre d'*yeux d'écrevisse*, qui servent de matériaux pour cette dernière opération.

C'est uniquement de chair que se nourrissent les écrevisses. Ordinairement elles se contentent des cadavres de poissons, de vers, d'insectes, etc., qu'elles trouvent dans les eaux; mais elles savent aussi, dans l'occasion, saisir les animaux vivans qui passent à leur portée. Elles croissent lentement, mais peuvent exister pendant long-temps.

On dit généralement que les écrevisses marchent à reculons; cela est même passé en proverbe; mais le vrai est qu'elles vont en avant comme les autres animaux lorsqu'elles cherchent leur proie ou qu'elles se promènent sans crainte au fond des eaux; ce n'est que lorsqu'elles se sauvent du danger qu'elles nagent dans ce sens : je dis nager, parcequ'en effet alors leurs pattes, après avoir donné la première impulsion, restent dans le repos.

Pendant le jour les écrevisses se cachent sous les pierres, dans les fentes des rochers ou dans des trous qu'elles se creusent sur les bords des rivières et des ruisseaux. Elles aiment les eaux courantes et limpides. Rarement elles réussissent dans les étangs lorsqu'ils sont boueux et très abondans en poissons.

La position des organes de la génération des écrevisses est très singulière. Dans le mâle c'est à la base du premier article des pattes postérieures; dans la femelle c'est au même article des deux pattes de la troisième paire. Cette dernière pond, au commencement du printemps, un grand nombre d'œufs qu'elle attache à des filets qui se remarquent sous sa queue.

Ils y éclosent, et les petits y restent pendant une quinzaine de jours, c'est-à-dire jusqu'à ce qu'ils aient acquis assez de force pour se garantir des nombreux ennemis qui les recherchent. Ce n'est qu'au milieu de l'été que mâle et femelle de tout âge changent de test, et prennent instantanément l'accroissement qui, dans les autres animaux, a toujours insensiblement lieu. Je ne décrirai pas le mode de cette curieuse opération, ni celui de la régénération de leurs pattes cassées, parceque cela me mèneroit trop loin. Il suffit de renvoyer les lecteurs qui voudroient connoître les phénomènes qu'ils présentent aux écrits de Réaumur, le physicien qui les a le mieux observés, ou au nouveau Dictionnaire d'histoire naturelle, imprimé chez Déterville, où ils sont rapportés en détail.

Par-tout les écrevisses sont un manger fort recherché. La consommation qu'on en fait en France est considérable. Il est de l'intérêt des propriétaires de les laisser se multiplier dans leurs eaux, en régularisant leur pêche, c'est-à-dire en ne les prenant qu'à une certaine grosseur, et seulement après l'époque de la ponte. Les manières les plus simples et les plus usitées de les pêcher c'est de les aller chercher avec la main, pendant le jour, dans les trous ou sous les pierres où elles sont cachées; ou pendant la nuit, avec des flambeaux, sur le sol des eaux, qu'elles parcourent alors pour chercher leur nourriture. Dans ces deux cas il faut que l'eau soit peu profonde; mais cela est fréquent, les écrevisses réussissant mieux dans les petits ruisseaux qu'ailleurs. La manière la plus agréable, la plus sûre, et qui fournit de plus belles pièces, est celle dans laquelle on emploie des appâts pour les attirer. Cette manière consiste à placer au milieu d'un fagot d'épines, ou mieux, au centre d'un cercle de fer garni d'un filet, et attaché par trois cordes à l'extrémité d'un long bâton, un morceau de viande pourrie, une grenouille écorchée. Ce fagot ou ce cercle mis au fond de l'eau dans le lieu qu'on sait le plus peuplé d'écrevisses en est bientôt garni, et lorsqu'on voit ou qu'on suppose qu'elles sont fortement occupées à manger, on les retire doucement de l'eau et on s'en empare. C'est principalement pendant l'été et le commencement de l'automne que cette pêche est fructueuse.

On peut conserver les écrevisses en masse pendant quelque temps dans des vases sans eau, placés dans un lieu frais ou garnis d'herbes fraîches, ou dans des vases qui ne contiennent que quelques lignes d'eau. Lorsqu'on les accumule dans une petite quantité d'eau qui les recouvre, elles ne tardent pas à mourir d'asphyxie, parcequ'elles consomment une quantité prodigieuse d'air pour leur respiration, et que l'eau en contient peu. Comme leur décomposition est très rapide après leur mort, et qu'elle est accompagnée d'une odeur et d'une saveur très repoussantes, on ne mange jamais celles qui sont mortes naturellement. On les fait pour ainsi dire cuire en vie.

Tout ce qui a été écrit sur les vertus médicales des écrevisses, et sur-tout de ce qu'on appelle leurs yeux, ne mérite pas d'être rapporté. Ces prétendus yeux ne sont que de la chaux mise à la gélatine. (B.)

ÉCUISSÉ (BOIS). S'entend d'un taillis mal coupé dont les souches n'ont pas été tranchées net avec la cognée, et qui restent éclatées. Ce vice d'exploitation nuit beaucoup au recru à cause de la déperdition de sève que les éclats occasionnent; et il est justement blâmé et signalé dans l'ordonnance de 1669. (DE PER.)

ÉCUISSER. Dans quelques endroits on appelle ainsi l'action de rompre un baliveau en le courbant ou pliant.

ÉCUME. On appelle ainsi un assemblage de bulles qui ont pour paroi extérieure une eau chargée de matières mucilagineuses ou savonneuses, et dont l'intérieur contient de l'air.

L'écume qui s'élève au-dessus de l'eau dans les vases où on fait cuire de la viande est produite par l'albumen du sang.

Celle qui se forme dans les lieux où l'eau des pluies d'orage trouve un léger obstacle à son écoulement est le résultat des matières extractives animales et végétales que ces eaux ont enlevées aux terres sur lesquelles elles ont coulé; aussi sont-elles très fertilisantes. *Voyez* EAU. (B.)

ÉCUME PRINTANIÈRE. *Voyez* au mot CERCOPIS la cause de ce phénomène.

ÉCUREMENT. On appelle ainsi dans quelques cantons de plaines argileuses les raies irrégulières qui traversent les champs ensemencés en divers sens, et qui sont destinées à faciliter l'écoulement des eaux. La pratique seule du canton peut guider sur le mode de leur direction. Elles se font toujours après les semailles. D'elles dépendent presque toujours la beauté de la récolte, sur-tout si l'année a été pluvieuse. (B.)

ÉCUREUIL. Quadrupède de l'ordre des rongeurs, que sa forme élégante, sa queue touffue, sa couleur agréable, ses manières gentilles font remarquer; mais que les cultivateurs doivent chercher à éloigner des jardins, à raison des dommages qu'il peut y causer. Le corps de l'écureuil est allongé, roux en dessus, blanc en dessous. Sa tête est presque cubique. Ses oreilles sont terminées par un pinceau de poil. Sa queue est longue et garnie de quantité de longs poils, sur-tout sur les côtés. Ses pattes de devant sont plus courtes que celles de derrière, et toutes armées d'ongles rétractiles très aigus.

On trouve des écureuils dans toute l'Europe, mais principalement dans le nord. Il vit solitaire dans les grandes forêts, où il trouve abondamment les fruits qu'il préfère, c'est-à-dire ceux des pins et sapins, les faînes, les glands, les noisettes, les cerises, etc. ; mais quelquefois il les quitte pendant l'été pour aller dans les vergers et les jardins qui les avoisinent. Il se jette principalement dans ce cas sur les abricots, les pêches, les prunes, les noix, les amandes, etc. J'ai eu occasion d'observer ses ravages dans ma jeunesse et d'apprécier combien un seul individu pouvoit causer de dommage en peu de jours. Ordinairement il se construit un nid sphérique d'herbes et de mousse au sommet d'un arbre, nid dans lequel il entre par un petit trou ; mais aussi quelquefois il se retire dans les trous d'arbres, où il dépose ses provisions pour l'hiver, car il en fait, et même d'abondantes. Sa course sur terre est sautillante et peu rapide, mais il grimpe sur les arbres avec la plus grande célérité. Il saute de branches en branches, et même d'arbre en arbre à des distances considérables et sans presque jamais manquer son but. Aussi, quand il a à craindre le danger, c'est toujours à leur sommet qu'il se réfugie. Lorsque des coups de fusil lui annoncent l'augmentation de ce danger, il s'allonge, s'étend, s'aplatit, si je puis employer ce terme, dessus une grosse branche où, en s'éloignant même beaucoup, on peut à peine apercevoir le bout de ses oreilles. Souvent plusieurs coups de fusil dirigés contre lui ne peuvent lui faire abandonner cette position. Le mieux pour le chasseur est de se cacher derrière un arbre, après avoir tiré le premier, parceque, ne voyant plus son ennemi, il se hâte de quitter le lieu où il sait qu'il peut être retrouvé, pour s'aller cacher plus loin, et qu'on peut facilement le tuer quand il court sur les petites branches.

La chair de l'écureuil est assez bonne à manger, sur-tout celle des jeunes. Le poil de sa queue est fort recherché pour faire des pinceaux.

On élève fréquemment des écureuils en domesticité. Leur manière de manger assis sur leurs talons, portant les fruits à leur bouche avec leurs pattes de devant, leur queue souvent relevée et étalée sur leur dos, leur joli petit minois, leur gaieté, etc., les rendent très intéressans pour beaucoup de personnes. Le plus grand inconvénient qu'ils offrent c'est l'odeur forte de leur urine. (B.)

ECURIES. Architecture rurale. Les écuries sont les logemens des chevaux, de ces animaux que le Pline français appelle *la plus noble conquête de l'homme*, et qu'il auroit pu nommer aussi la plus utile.

Parmi les causes des maladies des chevaux, depuis qu'ils sont en état de domesticité, on doit signaler la mauvaise construction des écuries, et la malpropreté avec laquelle on les tient communément.

Que l'on visite les écuries de la grande culture, même celles des maîtres de poste, presque par-tout on les trouvera sans pavés, sans airs croisés et avec une odeur insupportable.

Les écuries de la moyenne culture sont encore plus malsaines. Souvent elles sont enterrées, sans autre air ni jour que par la porte; et les chevaux, les jumens poulinières et leurs poulins y sont couchés sur une litière fangeuse que l'on ne retire que tous les mois. Non seulement le séjour des chevaux dans ces écuries est très nuisible à leur santé, mais l'air vicié par leur abondante transpiration s'attache aux bois des planchers, et en accélère singulièrement la pourriture.

Indépendamment de l'orientement des écuries et de la place qu'elles doivent tenir dans l'ordonnance générale des bâtimens d'un établissement rural, et que l'on trouvera aux mots ORIENTEMENT et ORDONNANCE, il est également nécessaire de connoître les dimensions qu'il faut leur donner, suivant le nombre et l'espèce des chevaux, pour qu'ils y soient à l'aise, et que les écuries présentent un service commode.

On distingue deux espèces d'écuries : les *écuries simples*, et les *écuries doubles*. Les premières sont celles où l'on ne peut placer les chevaux que sur un seul rang; dans les secondes, on peut en mettre deux rangées.

§. 1. *Des écuries simples.* La longueur de ces écuries est subordonnée au nombre de chevaux que l'on veut y loger, ainsi qu'à l'espèce de ces chevaux; car un cheval de carrosse tient plus de place devant un râtelier qu'un petit bidet.

On calcule cette place à raison d'un mètre à un mètre un tiers par cheval, afin que chacun puisse manger et se coucher à l'aise, et y être soigné convenablement. Ainsi, si l'on veut construire une écurie simple pour cinq chevaux, il faudra lui procurer une longueur de râteliers, ou de mangeoires, d'environ six mètres deux tiers (dix-huit à vingt pieds), et cette longueur de râteliers sera celle de l'écurie.

Quant à sa largeur, elle sera la même pour toutes les écuries de cette espèce, parceque toutes doivent présenter la même commodité et la même sécurité à ceux qui soignent les chevaux.

Or, 1° le râtelier et la mangeoire, construits comme nous l'indiquerons tout à l'heure, occupent une largeur d'environ six décimètres (vingt-deux pouces); 2° on estime à environ trois mètres (neuf pieds) la longueur que peut occuper un cheval attaché à la mangeoire, y compris son recul; 3° enfin, il faut encore se ménager un espace d'un mètre à un mètre un tiers (trois à quatre pieds) derrière les chevaux, afin de pouvoir éviter les ruades en allant et en venant dans l'écurie, et aussi pour placer les lits des charretiers. En réunissant ensemble ces différens espaces, on trouvera, pour la largeur totale des écuries simples, environ cinq mètres (quatorze à quinze pieds).

Leur hauteur sous plancher sera proportionnée à leur longueur, ou, ce qui est la même chose, au nombre de chevaux qu'elles doivent contenir, afin de pouvoir y maintenir l'air dans un état convenable de salubrité. Cependant cette hauteur a des limites que l'on ne pourroit dépasser sans inconvéniens; car si elle étoit trop grande, l'écurie seroit trop froide en hiver, et trop petite elle seroit malsaine. C'est pourquoi l'on a fixé ses limites entre trois ou quatre mètres (neuf et douze pieds).

§ 2. *Écuries doubles.* La longueur des écuries doubles se détermine de la même manière que celle des écuries simples, c'est-à-dire par le nombre des chevaux que l'on veut placer dans l'une de leurs deux rangées, et à raison d'un mètre à un mètre un tiers par cheval.

Leur largeur est également constante, et est fixée d'une manière analogue, et par les mêmes raisons. Cette largeur doit être dans les limites de huit à neuf mètres (de vingt-cinq à vingt-sept pieds) suivant l'espèce de chevaux. A l'égard de leur hauteur, elle sera dans les limites d'environ trois mètres un tiers à quatre mètres deux tiers (de dix à quatorze pieds).

Dans la construction des écuries de l'agriculture, on peut, sans inconvéniens, économiser quelque chose sur ces dimensions, parceque les chevaux qu'elle emploie sont généralement moins turbulens que ceux du commerce.

D'ailleurs, on voit qu'il est plus économique de construire des écuries doubles que des écuries simples pour loger le même nombre de chevaux.

§. 3. *Dispositions communes à ces deux espèces d'écuries.* Après avoir établi les dimensions qu'il faut donner à leur cage pour lui procurer toute l'aisance, la sécurité et la salubrité que demande leur destination, il est d'autant plus nécessaire d'entrer dans le détail des constructions intérieures qui leur assurent ces avantages, qu'elles sont moins connues, ou plus négligées par les propriétaires.

La salubrité des écuries dépend de plusieurs dispositions intérieures.

1° Le sol des écuries doit être sain et exempt de toute humidité; ainsi il ne doit pas être enfoncé, ni même terrassé d'aucun côté. Il suffit de l'établir, autant qu'il est possible, à environ deux décimètres (six à sept pouces) au-dessus du niveau du terrain environnant. Et si une écurie étoit terrassée de plusieurs côtés, il seroit indispensable de l'isoler des pentes supérieures, de la manière que nous l'indiquerons au mot SALUBRITÉ. 2° Le sol des écuries doit être pavé ; et au moyen de son élévation au-dessus du terrain environnant, il sera facile de disposer leur pavé en pente, de manière que les urines des chevaux s'écoulent naturellement au dehors, et le plus promptement possible. Il faut encore que cet écoulement soit dirigé sur une fosse à fumier, ou dans un compost disposé à cet effet, afin que les urines ne soient pas perdues pour les engrais.

Il faut donner au pavé des écuries une pente de cinq ou six centimètres (deux à trois pouces) depuis les mangeoires jusqu'à la rigole qui conduit les urines à l'extérieur, et une pente un peu plus forte à cette rigole, afin d'accélérer l'écoulement des urines qui s'y réunissent. 3° A ces deux précautions, nécessaires pour assurer la salubrité d'une écurie, il faut encore ajouter celle d'y établir des courans d'air capables de renouveler continuellement celui que les chevaux consomment par la respiration, et chasser l'air méphitique qu'ils exhalent par la transpiration. Ce dernier, si malsain lorsqu'il est trop concentré, s'élève au plancher et en pourrit les bois, ainsi que nous l'avons déjà observé. Les ouvertures destinées à produire les courans d'air doivent donc être particulièrement placées immédiatement au-dessous du plancher, et, afin que rien ne puisse en arrêter l'effet, il faut que le plancher soit voûté, ou au moins plafonné.

Les courans d'air seront d'autant plus actifs que les ouvertures auront moins de hauteur, et qu'elles seront placées plus directement en face les unes des autres. L'auteur allemand que nous avons déjà cité substitue à ces ouvertures des tuyaux de cheminée, dont l'entrée est placée au niveau intérieur du plancher. Cette heureuse innovation paroît imitée des *bures d'airage* que l'on voit dans les mines de charbon de terre, pour en soutirer l'air méphitique et le remplacer par un air plus salubre. Il est fâcheux que la construction de ces cheminées soit aussi dispendieuse, car nous regardons ce moyen comme le meilleur que l'on puisse employer pour maintenir la pureté de l'air dans les logemens des animaux domestiques.

Indépendamment des ouvertures dont nous venons de parler, les écuries doivent aussi avoir des fenêtres, afin d'y obtenir une lumière suffisante pour la conservation des yeux des chevaux et faciliter leur pansement. Elles serviront aussi à donner passage à l'air méphitique déplacé par la ventilation.

4° Dans les écuries de l'agriculture on pourroit peut-être économiser la dépense du plafonnage entier de leur plancher ; mais nous regardons comme indispensable celui de la partie au-dessus des mangeoires, sur une largeur d'environ deux mètres, afin de faciliter la propreté intérieure si nécessaire à la santé des chevaux.

D'abord ce plafond favorise, comme on l'a dit, le déplacement de l'air méphitique qui seroit arrêté par la saillie des poutres et des solives, et il préserve les chevaux de la poussière qui tombe des entrevous et de celle qui s'amasse dans les toiles d'araignées que l'on y voit souvent en si grand nombre. Cette poussière tombe sur le manger et même sur les yeux des chevaux, et leur occasionne des ophtalmies ou d'autres maladies.

Le plus grand nombre des cultivateurs se gardent bien de détruire ces toiles d'araignées. Ils croient qu'elles sont pour les chevaux un grand préservatif contre les mouches, et qu'ils commettroient une grande faute en les balayant.

Ce préjugé est d'autant plus pernicieux, qu'il est facile de préserver les écuries, même les plus mal orientées et les plus mal aérées, de cette quantité de mouches qui tourmentent si vivement les chevaux pendant l'été. On y parvient, 1° en perçant des ouvertures au nord ; 2° en garnissant celles exposées au midi avec des châssis recouverts en toile légère ou en treillis ; 3° en fermant tout-à-fait les volets et les portes une heure au moins avant la rentrée des chevaux.

Une bonne disposition de mangeoires et de râteliers est aussi une chose importante pour toutes les espèces d'écuries, et leur construction ne demande pas moins d'attention que celle des autres parties.

Les mangeoires doivent être élevées au-dessus du pavé des écuries à une hauteur telle, que les chevaux puissent y manger ou y *barbotter* sans être obligés pour cela de prendre une position forcée ; et comme tous les chevaux ne sont pas de la même taille, on a fixé les limites de cette élévation des mangeoires entre douze et quinze décimètres (trois pieds six pouces et quatre pieds six pouces).

On fait les mangeoires en pierres de taille lorsqu'on peut s'en procurer à un prix raisonnable, ou bien en madriers de chêne : les meilleures sont en pierres de taille. Lorsque les mangeoires sont en bois, il faut avoir le soin d'en arrondir et d'en bien raboter les angles, afin que les chevaux, en s'y frottant, ne puissent pas prendre d'écharpes. On place les mangeoires sur un contre-mur ou sur des pilastres espacés convenablement.

Les râteliers sont scellés dans le mur au-dessus des mangeoires. Le roulon inférieur se place immédiatement sur le bord postérieur de la mangeoire, et le roulon supérieur est contenu à environ quatre décimètres (quatorze pouces) en saillie du mur. Dans la position déversée des râteliers, la tête des chevaux, lorsqu'ils mangent, se trouve presque tout-à-fait au-dessous.

Les graines et la poussière des fourrages tombent sur leur tête, souvent même dans leurs yeux, et il en résulte quelquefois des accidens.

Pour les éviter complètement, il faudroit, comme le propose l'un des auteurs du recueil des constructions rurales anglaises, que le râtelier fût vertical ; mais alors il tiendroit plus de place dans l'écurie qu'un râtelier déversé, et, ce qui est encore un plus grand défaut de cette position, c'est que les chevaux auroient souvent de la peine à en retirer le fourrage.

Pour remplir le but, nous avons pris un moyen terme entre ces deux positions de râteliers. Nous les plaçons sur un petit contre-mur d'environ deux décimètres (huit pouces) d'épaisseur, élevé sur celui qui supporte la mangeoire, auquel nous donnons à cet effet une surépaisseur de deux décimètres. Notre râtelier, dans sa partie supérieure, est éloigné du mur de refend d'environ quatre décimètres (quatorze pouces), suivant l'usage ordinaire, et celle inférieure repose sur le petit contre-mur élevé d'environ deux décimètres (six pouces) au-dessus de la mangeoire et terminé en biseau. Par ce moyen, la saillie du râtelier sur la mangeoire n'est plus que d'environ un décimètre (quatre pouces) ; les chevaux ont toute l'aisance nécessaire pour se procurer leur nourriture, et les graines de fourrages tombent naturellement dans la mangeoire au profit des chevaux, et sans qu'on soit obligé de les retirer comme dans le râtelier anglais.

Il est prudent d'établir dans toutes les écuries des poteaux de séparation, garnis de barres mobiles, afin que les chevaux ne puissent pas se battre avec leurs voisins ; et pour éviter que les chevaux ne s'y entravent, il faut avoir l'attention de les attacher à ces poteaux de manière que l'on puisse les détacher sur-le-champ en cas d'accident.

§. 4. *Des écuries de luxe.* Ces écuries pourroient être construites de la même manière et dans les mêmes dimensions que celles de l'agriculture ; seulement il seroit convenable de leur donner un peu plus de largeur, à cause de la turbulence ordinaire des chevaux de luxe ; ils s'y porteroient tout aussi-bien que dans des écuries plus somptueuses.

Mais les architectes sont parvenus à persuader aux riches propriétaires que leurs chevaux ne devoient pas être logés aussi simplement que ceux des cultivateurs, et qu'il falloit leur assigner des corps de bâtimens particuliers, et décorés d'ornemens analogues à leur destination.

Il en est résulté de véritables monumens d'architecture qui ont établi la réputation de leurs auteurs. Telles étoient avant la révolution les superbes écuries de Chantilly et de l'Île-Adam.

Ces monumens n'étoient point déplacés auprès des magnifi-
ques maisons de plaisance où nos princes se rendoient dans la
belle saison pour s'y délasser des fatigues ou de l'ennui de la re-
présentation.

Mais que des architectes anglais et allemands comprennent
ces monumens dans la classe des bâtimens ruraux ; qu'ils admettent en principe *que les chevaux ne peuvent se conserver
long-temps et en vigueur que dans des stalles* construites avec
tout le luxe et la recherche que leur imagination a pu leur sug-
gérer ; voilà ce qu'ils ne parviendront jamais à persuader à un
homme raisonnable, et sur-tout au cultivateur français.

Cependant, comme nous écrivons pour toutes les classes de
propriétaires, nous allons entrer dans quelques détails sur la
construction de ces stalles.

On leur donne ordinairement un mètre deux tiers (cinq
pieds) de largeur entre poteaux, sur trois mètres de longueur.
D'après cet usage, une écurie simple destinée à loger quatre
chevaux devroit avoir environ sept mètres un tiers (22 pieds)
de longueur de râteliers ; mais cette largeur des stalles nous paroît un peu trop grande, parcequ'elle permet à un cheval de
se tourner de côté pour se frotter le croupion contre la menuiserie, ce qui est un grand inconvénient, comme on le sait.
Nous pensons donc que, suivant la taille des chevaux, la largeur des stalles pourroit être fixé à 13 ou 15 décimètres (quatre
pieds ou quatre pieds six pouces) au plus dans œuvre.

La largeur d'une écurie de cette espèce doit être plus grande
que dans une écurie semblable de l'agriculture, afin de faciliter le passage des chevaux dans leurs stalles respectives.

On donnera donc cinq mètres deux tiers à six mètres de largeur à ces écuries simples, et neuf mètres un tiers à dix mètres
à leurs écuries doubles.

La hauteur de ces écuries sera la même que dans celles de
l'agriculture.

§. 5. *Du service des écuries.* On emploie beaucoup de temps à
la distribution du fourrage dans une grande ferme. On monte
dans les greniers, on jette le fourrage dans la cour ; on descend
ensuite pour reprendre ce fourrage, et on l'entre à la main
dans chaque logement ; enfin on le jette ainsi préparé dans
les râteliers.

Lorsqu'il fait beau temps, l'on n'éprouve d'autres pertes
dans cette manœuvre journalière que celles du temps et de
quelques graines ; mais si le temps est mauvais, le fourrage se
mouille, il se charge de boue, et, dans cet état, il n'est plus
aussi bon pour les bestiaux.

Pour éviter ces inconvéniens dans les écuries, on pratique

dans leurs planchers des trappes placées au-dessus des râteliers, et c'est par leurs ouvertures qu'on y jette le fourrage.

Cependant il ne faudroit pas trop multiplier ces trappes, parcequ'elles donneroient une communication directe de l'air des écuries avec celui du grenier supérieur, et cette communication pourroit altérer la qualité du fourrage. Une seule dans les écuries simples, et deux dans les écuries doubles suffiront pour la commodité et pour l'économie du temps dans la distribution des fourrages.

On trouvera au mot ÉTABLE une disposition de trappes encore plus parfaites que celles dont il est ici question. (DE PER.)

ÉCUSSON. On a donné ce nom, tiré de l'armorial de la ci-devant noblesse, à des petits morceaux allongés d'écorce d'arbre, munis d'un bouton, et destinés à être appliqués sur le bois d'un autre arbre de même genre ou de genre voisin, pendant que la sève est en action, à l'effet de substituer une espèce ou une variété à une autre.

L'action de lever et de placer un écusson s'appelle *écussonner* ou *greffer en écusson Voyez* au mot GREFFE.

Il est plusieurs considérations auxquelles il faut faire attention lorsqu'on veut greffer en écusson.

1° Que la branche sur laquelle on prend l'écusson n'ait pas plus d'une année, et soit aoûtée, c'est-à-dire ait le bois consolidé jusqu'à un certain point.

2° Qu'elle soit en état actuel de végétation, ce qu'on reconnoît à la facilité avec laquelle l'écorce se lève, ou à l'abondance de la sève qui sort de la plaie qu'on lui fait.

Comme il y a de l'avantage à ce que la sève soit plus active dans le sujet que dans la greffe, et que souvent la greffe est en végétation lorsque le sujet n'y est pas encore, on coupe les greffes plusieurs jours, même plusieurs semaines, avant d'en faire emploi, et on les enterre dans un lieu ombragé.

3° Que le bouton (appelé œil par les jardiniers) soit bien formé. Ceux du milieu des branches sont souvent préférables, parceque ceux du bas sont trop foibles, sur-tout dans le pêcher, et que ceux du haut ne sont pas assez aoûtés. Il faut rejeter les yeux doubles, ceux qui sont développés, etc.

Lever un écusson n'est pas chose aussi facile qu'on pourroit le croire. Il faut de l'habitude et de l'intelligence pour le faire convenablement. Sa largeur dépend de la force de la branche sur laquelle on opère. Sa longueur doit être au moins le double de sa largeur. Il faut avoir attention d'enlever la petite portion de bois qui a été coupée avec lui, sans arracher ou blesser le *point vital* qui servoit d'union entre cette portion de bois et le bouton. Il est quelques arbres, ceux à bois mou, où on peut se dispenser de faire cette dernière opération.

Le point vital dont je viens de parler est le germe de la nouvelle branche. Il faut donc avoir soin de s'assurer s'il existe et s'il est entier avant d'employer l'écusson. On le reconnoît à une petite saillie ronde ou ovale ordinairement luisante.

Lorsque ces opérations sont terminées, et il faut qu'elles le soient promptement, sans quoi l'air desséchant l'intérieur de l'écusson, il seroit exposé à manquer, on le place sous l'écorce du sujet, au préalable fendue en forme de T, et ouverte autant que de besoin, dans la même position qu'il avoit sur la branche, en le faisant glisser en descendant, puis on coupe son bout supérieur de manière qu'il touche l'écorce du sujet dans son épaisseur.

Il ne reste plus alors qu'à faire la ligature, c'est-à-dire à assujettir l'écorce du sujet sur l'écusson au moyen de plusieurs tours de fil de laine. *Voyez* au mot GREFFE.

Le sujet croissant, la ligature serre le sujet et la greffe au point de former bourrelet au-dessus et au-dessous quelquefois de manière à *l'étrangler*, comme disent les jardiniers. Il est donc nécessaire de visiter les greffes de temps à autre, et de desserrer cette ligature à mesure qu'on le juge nécessaire. Lorsque l'écusson est fixé ou soudé au sujet, on l'enlève.

J'ai oublié de dire que la greffe en écusson ne pouvoit se faire que sur de jeunes arbres, parceque l'écorce qui a plus de trois ou quatre ans est trop épaisse ou trop cassante pour se prêter à l'écartement indispensable qui la constitue. Lorsqu'on veut l'exécuter sur un arbre plus vieux, on l'etête pour lui faire pousser du jeune bois, sur lequel on opère.

La théorie de la greffe en écusson est fondée sur ce que le morceau d'écorce pourvu de son liber et de son point vital placé sur le bois du sujet y trouve, en circulation, une sève analogue à la sienne, et qu'elle s'approprie après qu'il s'est formé un bourrelet et sur les bords de l'écusson et sur la partie de l'écorce du sujet qui est encore fixée au bois. L'objet de la ligature est autant de favoriser l'établissement de ces bourrelets, que d'empêcher les parties ouvertes de l'écorce du sujet de s'écarter davantage par suite de leur dessiccation, et de déterminer cette même dessiccation dans l'écusson.

On doit à M. Juge quelques observations sur l'écussonnage qui méritent place ici.

1° Il a placé un écusson au milieu d'une large amputation d'écorce, et de manière à ce qu'il ne touchoit à aucune partie de cette écorce, puis il l'a recouvert pour qu'il ne fût pas exposé à l'action desséchante de l'air. Cet écusson a poussé. La jonction des deux écorces n'est donc pas nécessaire.

2° Il a placé un écusson de travers ou horizontalement, et cependant cet écusson a fourni son bourgeon, qui s'est relevé pour prendre la direction perpendiculaire. La rencontre des vaisseaux n'est donc pas nécessaire.

3° Il a fendu longitudinalement une greffe de six mois, et il a remarqué que le bourgeon avoit poussé des fibres à travers la partie ligneuse jusqu'à la moelle.

Ces conséquences tirées par M. Juge lui-même sont rigoureuses ; cependant il faudroit observer avec plus de soin qu'il paroît l'avoir fait ce qui se passe dans les circonstances où il a mis les écussons, pour regarder comme détruite l'explication simple et généralement avouée qui précède.

On pose des écussons à deux époques de l'année ; savoir,

Au printemps, et alors on les appelle *écussons à œil poussant*, parcequ'ils se développent sur-le-champ. Dans ce cas on coupe, au moment même de l'opération, la tête du sujet à deux ou trois pouces, quelquefois six pouces au-dessus de la greffe, et on supprime toutes ses branches en dessous.

En été, et alors on les appelle *écussons à œil dormant*, parcequ'ils ne se développent qu'au printemps suivant, et qu'ils semblent dormir pendant près de six mois. Dans ce cas on ne coupe la tête du sujet que lorsque le bouton annonce qu'il va pousser.

La greffe en écusson est la plus généralement préférée dans les pépinières, parcequ'elle est la plus expéditive, la plus certaine, et qu'elle consomme le moins de branches. On peut en effet lever douze ou quinze yeux sur une branche qui n'auroit fourni que deux greffes en fente. Des deux sortes, celle à œil dormant est même la seule habituellement pratiquée à raison de ce que sa réussite est assurée, ou presque assurée lorsqu'on coupe la tête au sujet, et que lorsqu'elle a manqué on peut la recommencer au printemps suivant à œil poussant, ou en été à œil dormant.

Quelquefois les yeux sont doubles et même triples, offrent un bouton à fruit à côté d'un bouton à bois. Le pêcher surtout est fréquemment dans ce cas. Il faut rejeter les écussons ainsi disposés ; mais ils sont susceptibles d'être employés avec succès dans les cas où on ne peut faire autrement.

Les greffes à écusson sont exposées à manquer par plusieurs causes, dont la plus commune est la suspension subite de la sève par un vent froid ou par un vent très sec ou très chaud. Dans les derniers de ces cas des arrosemens, souvent même des abris, suffisent pour assurer leur reprise.

Il arrive assez souvent que les yeux des écussons boudent, c'est-à-dire ne poussent pas pendant une ou deux et même un plus grand nombre d'années.

Le plus grand inconvénient des greffes à écusson, c'est qu'elles sont sujettes à être décollées par les vents, par la pluie, par la neige, et par l'attouchement le plus léger des hommes et des animaux. Les petits oiseaux sur-tout en se perchant dessus en font perdre beaucoup dans les grandes pépinières. La cause en est que la jonction de la greffe au sujet n'est complète que lorsqu'il y a du nouveau bois de formé, et qu'il ne s'en forme souvent qu'à la seconde et même qu'à la troisième année dans celles de ces greffes faites sur des arbres d'espèces différentes, comme le poirier sur cognassier, le pêcher sur prunier. On empêche cet accident en donnant des tuteurs aux greffes, ou seulement en les attachant à un long onglet qu'on réserve à cet effet au-dessus d'elles au sujet qui les porte, onglet qu'on ne rabat que pendant le troisième hiver.

On peut écussonner tant qu'il y a de la sève; mais dans les grands établissemens, il est bon de ne le faire que dans les deux saisons indiquées. S'il arrivoit des greffes hors de ce temps, on pourroit les placer sur des gourmands, à l'extrémité de branches en retard, et il y en a pendant presque tout l'été.

Pour aller vite on partage, dans les grandes pépinières, la besogne entre deux ou trois ouvriers. L'un prépare le sujet, c'est-à-dire coupe ses branches latérales au lieu où doit être placé l'écusson, et fait la fente destinée à le recevoir. L'autre lève l'écusson, le nettoie de son bois, le place sur le sujet. Le troisième fait la ligature. Ces trois hommes peuvent expédier dix fois plus de greffes qu'un seul, tant l'économie du temps est importante à considérer.

Les branches sur lesquelles se prennent les écussons se mettent dans des pots où il y a un à deux pouces d'eau et suivent les greffeurs.

Lorsqu'on coupe pendant l'été des branches destinées à fournir des écussons à œil dormant, il faut sur-le-champ couper leurs feuilles à deux ou trois lignes des yeux, et l'extrémité de la branche, si elle n'est pas encore complètement aoûtée, parceque ces parties transpirant beaucoup, et la chaleur étant considérable, elles auroient bientôt perdu leur sève. (Th.)

ÉCUSSONNER. *Voyez* Greffer.

ÉCUSSONNOIR. Instrument propre à écussonner.

ÉDUCATION AGRICOLE. Dans un ouvrage consacré au bonheur du cultivateur nous nous garderons bien de discuter les nombreux systèmes présentés depuis dix ans sur les avantages des grands établissemens d'instruction publique pour l'art agricole. Le gouvernement a réalisé les plus utiles. L'école vétérinaire d'Alfort, le cours d'agriculture pratique qu'on y professe; l'établissement de l'école pratique d'arts et métiers placé à Châlons; enfin la protection spéciale qu'il accorde aux hommes qui se sont réunis dans les sociétés d'agriculture, pour propager les préceptes utiles et les bons exemples, tels

sont les moyens employés par le gouvernement. Ce ne sont
point les préceptes ni les exemples qui manquent aux cultivateurs français, c'est l'envie d'en profiter, c'est l'éducation
domestique et l'exemple du *toit paternel* qui s'oppose à *l'instruction publique et à l'exemple des hommes instruits*. Le pouvoir de l'habitude a une force morale invincible, qu'il n'est
pas au pouvoir de l'homme peu instruit de surmonter. En vain
voit-il à côté de lui une meilleure charrue, un instrument
aratoire qui abrège le travail, des prairies artificielles, des
bestiaux d'un grand prix. L'exemple glisse, l'habitude reste,
et, comme St.-Augustin, le cultivateur pourroit dire : Je vois
le bien, je l'aime, je suis le mal malgré moi : *Video meliora
proboque, deteriora sequor.*

Cultivateurs, il n'est qu'un moyen de vaincre cette résistance
et de vous vaincre vous-mêmes: faites voyager vos enfans ; faites-
leur adopter des habitudes contraires aux vôtres ; faites-les parcourir les départemens où l'on a adopté un bon mode de culture. Voilà l'*éducation agricole* que j'ose vous conseiller. Quoi !
quand il s'agit de former de bons artisans, de bons ouvriers,
vous savez bien faire voyager vos enfans et leur faire
faire leur *tour de France*. Le marchand, le négociant sait
que ce n'est pas chez lui que son fils se formera aux habitudes
du commerce ; il l'envoie chez un correspondant éloigné, et reçoit chez lui le fils de son ami. L'agriculture n'est-elle donc pas
aussi un art, un métier ? et cet art, ce métier peut-il se perfectionner par d'autres principes que tous ceux qui concourent
au bien être de la société ? Ce n'est point ici un système, c'est
l'expérience qui me guide, celle même du cultivateur, et depuis
la révolution, depuis qu'un grand nombre de jeunes gens appelés
dans nos camps, forcés par-là de quitter le toit paternel, ont vu
ailleurs l'exemple d'une meilleure culture. Les administrateurs
se sont aperçus que quelques exemples utiles se sont propagés
dans les départemens qui les repoussoient depuis longues années.
Cultivateurs, voulez-vous hâter cet élan heureux? faites voyager vos enfans; envoyez-les dans les départemens où l'on *cultive bien* les mêmes produits que vous *cultivez mal ;* et puisse le
gouvernement vous y inciter par les récompenses et les moyens
puissans que lui seul peut développer. Voilà la meilleure, la
plus utile *éducation agricole que je puisse conseiller.* CHAS.)

EFFANER. Oter les fanes. Cette opération, qui consiste
à couper la sommité des feuilles une, deux ou trois fois, selon
la force de la *végétation*, est nécessaire lorsque les fromens,
seigles, orges et avoines, trop chargés de feuilles, ou chargés
de feuilles trop vigoureuses, sont en risque de verser. Souvent
il ne faut effaner dans une pièce de terre que certaines places,
particulièrement celles où le sol a le plus de fond, et celles

où ont séjourné les monceaux de fumier, ou des corps d'animaux morts; quelquefois c'est la pièce entière qui est trop forte et qui a besoin de cette opération. Son effet est d'empêcher que la sève ne s'élève trop rapidement.

L'usage bien entendu où sont des cultivateurs de faire passer, en hiver ou de bonne heure au printemps, leurs troupeaux de moutons sur les champs qui ont trop poussé et qu'ils craignent de voir verser, est une sorte d'effanage plus facile et moins dispendieux. Si on a la précaution de ne l'exécuter que par un temps sec, la dent de la bête à laine n'arrache aucun plant.

Le plus souvent ce sont des hommes ou des femmes qui effanent avec une faucille. On doit le faire avant que les épis soient montés, et cesser quand il y auroit à craindre ou qu'on ne coupât, ou qu'on ne rompît des tiges en marchant.

Les fanes coupées se donnent aux bestiaux, qui en sont très friands; il est nécessaire de les laisser auparavant flétrir une journée. (Tes.)

EFFAUCHETTER. C'est ramasser les avoines avec une espèce de râteau, qu'on appelle *fauchet*, pour les lier en bottes et les apporter à la maison. (B.)

EFFAUMER. C'est effaner.

EFFEUILLAGE. C'est l'action d'enlever les feuilles des plantes et des arbres, soit pour faire jouir leurs fruits de l'influence des rayons du soleil dans le but de les colorer et d'accélérer leur maturité, soit pour les donner à manger aux bestiaux et aux vers à soie. *Voyez* Effaner.

Les plantes se nourrissant autant par leurs feuilles que par leurs racines, l'effeuillage est toujours une opération nuisible à la croissance de l'arbre, sur-tout à la reproduction des branches et des fruits; aussi voyons-nous les arbres dont les feuilles ont été rongées par les chenilles ne faire que de foibles pousses, et rester stériles pendant deux ou trois ans. *Voyez* au mot Feuille.

Cependant il faut distinguer les époques. Les effeuillages faits au printemps avant que les feuilles aient atteint toute leur grandeur sont les plus dangereux, en ce qu'ils font immanquablement avorter tous les boutons, espoir de l'année suivante; mais la sage nature répare presque toujours ce grave inconvénient aux dépens de la grosseur de l'arbre, en allongeant les bourgeons et en garnissant la pousse nouvelle d'un plus grand nombre de boutons. C'est ce qu'on voit annuellement dans les mûriers et dans les arbres fruitiers et autres dépouillés par les chenilles avant la fin de mai.

Dans ce cas il n'y a pas de seconde sève, ou elle est peu sensible, et les fruits noués tombent toujours.

Lorsque l'effeuillage a lieu entre les deux sèves, c'est-à-dire en juin ou en juillet, les autres attendent la seconde sève pour pousser leurs nouveaux bourgeons, qui sont également plus foibles qu'ils ne l'eussent été sans l'effeuillement, et les fruits ne parviennent pas à la grosseur qui leur est propre; ils sont de plus sans saveur.

Un effeuillage exécuté après la seconde sève, lorsque les fruits sont près d'être à leur point de maturité, a sans doute moins d'inconvéniens; mais il n'est pas possible de croire, d'après les faits cités plus haut, et qui sont incontestables, que, quelque tard qu'il se fasse, il ne nuise à la grosseur et à la saveur des fruits ainsi qu'aux pousses de l'année suivante. Que penser donc de ces jardiniers qui enlèvent la plus grande partie des feuilles de leurs treilles, de leurs espaliers, etc.? J'ai vu des raisins d'une branche de treille ainsi effeuillés se rider du jour au lendemain, et se distinguer au bout de huit jours par une moindre grosseur et une diminution de saveur de ceux d'une branche qui ne l'avoit pas été; quoique l'effeuillage de la première ait dû influer sur le fruit la seconde. J'ai vu des pêches et des abricots tomber avant leur maturité, parcequ'on avoit effeuillé trop tôt et trop rigoureusement les arbres qui les portoient. Aussi Roger Schabol dit avec raison : « Que l'effeuillage est une des opérations les plus délicates du jardinage; qu'on ne doit jamais arracher les feuilles des arbres fruitiers que sur les branches qui doivent être retranchées à la taille suivante; qu'un bouton à fruit effeuillé ou avorté c'est la même chose. Que la feuille est la mère nourrice du bouton, et que si on la lui ôte, il meurt de faim. En conséquence il veut qu'on n'en enlève que le moins possible, même lorsqu'il devient nécessaire d'effeuiller pour colorer les fruits, et sur-tout que jamais on ne les arrache. C'est en les coupant avec l'ongle ou avec des ciseaux, au-dessus de leur pétiole, qu'il faut faire cette opération. »

En effet, en arrachant une feuille, non seulement on prive la branche des principes nutritifs que cette feuille auroit puisés dans l'atmosphère; mais on fait à l'écorce une large plaie par laquelle la sève s'évapore en grande quantité pendant plusieurs jours, tandis que quand on coupe le pétiole la plaie est moins grande, indirecte, et ce pétiole se dessèche très rapidement à sa partie supérieure, ce qui ne permet plus aucune extravasion de sève.

L'effeuillage, observe M. Thouin, n'est pas sans dangers pour la santé des arbres, et sur-tout pour la conservation des yeux. Si on enlève les mères nourricières à ces yeux avant qu'ils soient formés, ils deviennent de *faux yeux*, des *yeux éteints*, comme disent les jardiniers. Pour diminuer l'effet de cet inconvénient, on n'effeuille les arbres qu'aux lieux où se trouvent les fruits, et on choisit l'époque à laquelle la sève du printemps est passée, que les yeux sont bien formés.

Quelqu'influence nuisible que l'effeuillage ait sur les productions des années suivantes, et sur le grossissement des arbres, il est quelquefois utile de le faire ainsi, quand on veut se procurer des feuilles pour la nourriture des bestiaux, soit pour les consommer en vert, soit pour les faire sécher pour l'hiver; il en est de même quand on veut élever des vers à soie. *Voyez* au mot Murier.

La tonte des charmilles, des haies, des arbres de ligne pendant l'été est aussi une sorte d'effeuillage utile, en ce qu'il empêche ces charmilles, ces haies, ces arbres de prendre leur accroissement avec toute la rapidité qui leur est propre, accroissement qui nuiroit au but que le cultivateur s'est proposé en plantant les arbres qui les composent. (B.)

EFFEUILLAISON. On appella ainsi l'époque de la chute des feuilles. Cette époque varie selon les espèces de plantes, et dans chaque espèce selon l'état de la saison. *Voyez* au mot Feuille.

EFFEUILLER LES BLÉS. *Voyez* Effaner.

EFFILÉE. On dit qu'une plante est effilée lorsqu'elle pousse des tiges longues, grêles et d'une consistance foible. C'est l'effet ou d'une maladie, ou du manque de nourriture, ou du défaut de lumière. Dans ce dernier cas, c'est un commencement d'étiolement. *Voyez* au mot Etioler.

EFFILER. *Voyez* Affiler.

EFFLORESCENCE. Dans sa stricte signification, ce mot ne s'applique qu'aux sels qui tombent en poussière en perdant leur eau de cristallisation. Les deux sels les plus communs qui sont dans ce cas sont le *sulfate d'alumine* ou *alun*, et le *sulfate de soude* ou *sel de glauber*.

Dans l'acception ordinaire on dit que le nitre s'effleurit sur la surface des murs, des celliers, des étables, etc. parcequ'il s'y forme sous l'apparence de poussière.

Une terre imprégnée d'une dissolution de sel marin laisse monter à sa surface le sel marin sous la forme d'une poussière blanche lorsque la surabondance d'eau qu'elle contenoit s'est évaporée, et on dit encore que ce sol est effleuri.

Quelquefois aussi on appelle efflorescence cette poussière blanche que Proust a prouvé être de la résine, qui couvre la surface des prunes, des raisins, etc., à l'époque de leur maturité; mais on la connoît plus généralement sous celui de *fleurs des fruits*. (B.)

EFFONDRER. Synonyme de défoncer, mais qui n'est presque plus d'usage.

Cependant on entend par ce mot un défoncement plus profond, défoncement qui détruit une couche de gravier, de tuf, d'argile, de craie, de pierre, etc.

C'est une bonne opération que d'effondrer, quand on plante des arbres principalement, mais elle est presque toujours plus coûteuse que le comporte l'augmentation de revenu qui en est la suite; aussi le fait-on rarement. *Voyez* DÉFONCEMENT. (B.)

EFFORT. MÉDECINE VÉTÉRINAIRE. Ce terme désigne en hippiatrique, non seulement le mouvement forcé d'une articulation, mais encore une extension violente de quelques uns des muscles, des tendons et des ligamens de l'articulation affectée.

L'épaule, le bras, les reins, la cuisse, e jarret et le boulet sont plus sujets aux efforts que les autres parties. Nous allons entrer dans le détail des causes, des signes et de la cure de chacun en particulier.

Les efforts de l'épaule et du bras s'expriment par les mots d'écart, d'entr'ouverture. *Voyez* ÉCART, ENTR'OUVERTURE.

On doit envisager les efforts des reins comme une extension plus ou moins considérable des ligamens qui servent d'attache aux dernières vertèbres dorsales, et aux vertèbres lombaires, accompagnée d'une forte contraction de quelques muscles du dos et des muscles des lombes.

Une chute, des fardeaux trop pesans, un effort fait par l'animal, soit en voulant sortir d'un mauvais pas, soit en glissant, soit en sautant, soit en se relevant de dessus la litière même, peuvent en être la cause.

Lorsque l'effort a été violent, l'animal n'est pas libre de reculer, il peut à peine faire quelques pas en avant; et pour peu qu'on veuille le contraindre, le train de derrière fléchit et se montre sans cesse prêt à tomber; si l'effort n'a pas été extrême, le cheval ressent une peine infinie et une vive douleur en reculant; il se berce en marchant, la croupe chancelle, et elle balance quand il trotte : cet accident, qui s'annonce par un mouvement alternatif qu'on remarque sur les côtés, est appelé *tour de bateau*.

Il s'agit d'abord de mettre en usage les remèdes généraux de l'inflammation, c'est-à-dire la saignée, les lavemens, l'eau blanche, sur-tout si l'effort a été extrême, frotter ensuite les reins avec l'eau-de-vie camphrée dans le commencement, empêcher l'animal de se coucher, parcequ'en se relevant il pourroit prendre un nouvel effort. Ces remèdes peuvent être insuffisans, comme nous l'avons remarqué plus d'une fois; pour lors il est à propos d'appliquer des boutons de feu sur les reins, à l'endroit des vertèbres lombaires. Cette pratique nous a réussi à merveille dans plusieurs mules de charrettes,

Il est fort rare cependant de guérir radicalement l'effort des reins. Les chevaux et les mules s'en ressentent long-temps, et même tant qu'ils existent, d'autant plus que, lorsque les animaux travaillent, le derrière se trouve plus occupé que le devant. S'il y a des maréchaux qui se flattent d'opérer constamment la guérison de tous les efforts des reins, il faut que le mal soit de petite conséquence, et qu'on puisse le regarder comme un simple et léger détour dans cette partie.

On confond encore aujourd'hui à la campagne la cuisse avec les hanches, puisqu'on dit improprement qu'un animal a fait un effort des hanches, au lieu de dire qu'il a fait un effort de cuisse. Si l'on avoit observé, comme nous, que le *fémur*, c'est-à-dire l'os qui forme la cuisse, est supérieurement articulé avec les os innominés, comme on peut le voir à l'article cuisse (*voyez* Cuisse), on comprendroit facilement que cette articulation seule est susceptible d'extension, et par conséquent d'effort, et dès-lors on diroit qu'un cheval a un effort dans la cuisse, et non dans les hanches. *Voyez* Hanches.

L'effort de cuisse est occasionné par une chute, un écart, qui, le plus communément, se fait en dehors, qui tiraille ou qui distend plus ou moins les ligamens capsulaires de l'articulation, ligamens qui, d'une part, sont attachés à la circonférence de la cavité cotyloïde, et de l'autre, à la circonférence du col du fémur, ainsi que le ligament rond, caché dans l'articulation même qui, d'une part, a son attache à la tête du fémur, et de l'autre, au fond de cette même cavité cotyloïde. Les muscles de la cuisse qui les entourent, et qui assujettissent cet os, souffrent aussi; il peut y avoir même rupture de plusieurs vaisseaux sanguins, de plusieurs fibres musculaires ou ligamenteuses, et conséquemment perte de ressort et de mouvement dans les unes et dans les autres; tous ces accidens, joints à une douleur plus ou moins vive, rendent cette maladie très fâcheuse.

Le cheval boite plus ou moins; il semble baisser la hanche en cheminant (c'est sans doute ce qui fait dire à certains connoisseurs que l'animal boite de la hanche), et entraîne toute la partie lésée. Nous avons vu des personnes examiner si le cheval tournoit la croupe en trotte : nous trouvons que ce signe est équivoque dans cette circonstance, et qu'il est seulement univoque dans l'effort des reins.

L'effort de cuisse, sur-tout s'il est extrême, demande que la saignée soit plus ou moins répétée. C'est donc à l'hippiatre à décider, sur sa multiplication, selon les cas et les circonstances. On administrera, si la fièvre subsiste, des lavemens émolliens; on tiendra l'animal au son mouillé et à l'eau blanche;

et on appliquera des résolutifs aromatiques, tels que la sauge, l'absinthe, la lavande, le romarin, etc., qu'on fera bouillir dans du gros oing, et dont on fomentera le siège du mal trois fois par jour pendant un gros quart d'heure chaque fois, après quoi on fera des frictions résolutives avec l'eau-de-vie camphrée et ammoniacale.

Ce mal peut avoir été négligé ou mal traité, comme il n'arrive que trop souvent à la campagne, ce qui fait que les chevaux en ressentent presque toujours une impression. Le meilleur moyen alors est d'appliquer, après l'usage des résolutifs ci-dessus, une charge fortifiante sur la partie : ce topique n'a-t-il pas l'effet désiré, on appliquera le feu en roue (*voyez* FEU) à l'endroit de l'articulation du fémur avec les os des hanches, et non sur le haut des hanches, ainsi que nous le voyons pratiquer communément : le feu est préférable à cette foule de remèdes et de recettes indiquées par certains auteurs. Ce n'est point dans la connoissance de toutes les formules dont la plupart offrent un amas bizarre et monstrueux de drogues d'une vertu différente que consiste le savoir, mais dans la connoissance de leur vertu propre, et du temps précis dans lequel les médicamens doivent être appliqués : ce qui distinguera toujours l'hippiatre du maréchal.

Le grasset est cette partie arrondie du cheval qui forme la jointure de la cuisse avec la jambe, proprement dite. *Voyez* GRASSET. Cette partie est aussi sujette aux efforts, et reconnoît à peu près les mêmes causes.

Cette maladie s'annonce toujours par le peu de mouvement que l'on observe dans cette partie, lorsque le cheval commence à mouvoir la jambe pour cheminer, et par la contrainte dans laquelle il est de la porter en dehors, et sur-tout par l'obligation où sont les parties inférieures de la jambe de traîner et de rester en arrière : on peut joindre à tous ces accidens l'inflammation, la douleur et l'enflure de la partie.

L'effort du grasset cède également à la saignée, aux émolliens, aux résolutifs spiritueux ; et dans les cas où la maladie seroit rebelle, on pourra se conduire par les vues que nous avons suggérées ci-dessus, en parlant de l'effort de la cuisse.

L'effort du jarret mérite autant et peut-être même plus d'attention que ceux dont nous venons de parler, parceque, quelque légers que soient les défauts de cette partie, ils sont toujours considérables. Un cheval, par exemple, ne peut être agréable sous l'homme qu'autant que le poids de son corps est contrebalancé sur son derrière, et que ce même derrière supporte une partie du poids de devant, et la plus grande charge ; d'où l'on doit conclure que tout effort dans cette partie, qui tend à en affoiblir et à en diminuer la force et le jeu, ne sauroit être regardé comme un accident médiocre.

Le tendon qui répond à la pointe du jarret essuie quelquefois seul tout l'effort. Cette corde tendineuse, qui dépend des muscles jumeaux et sublimes, peut être comparée au tendon d'achille de l'homme, et qui, comme lui, est susceptible d'effort, toutes les fois qu'il arrivera à ces muscles une contraction assez forte et assez violente pour produire une forte distension dans les fibres musculaires et tendineuses.

Les accidens que nous venons de décrire ont lieu lorsque les mouvemens de l'animal sont d'une véhémence extrême; dans un temps, par exemple, où une mule attelée au brancard d'une charrette, étant trop assise sur ses jarrets, sera forcée violemment de s'acculer; dans cette action forcée, les fibres, portées au-delà de leur état naturel, perdent leur ressort et leur jeu, les filamens nerveux sont tiraillés; de là l'engorgement et la douleur de la partie affectée.

Outre l'engorgement et la douleur du jarret, il y a quelquefois impuissance dans le mouvement; un autre signe encore est l'inspection de la jambe ou du canon qui demeure comme suspendu, et qui ne peut se mouvoir que lorsque l'animal range sa croupe.

Dans le commencement, les bains d'eau de rivière, lorsqu'on est à portée d'y conduire l'animal sur-le champ, sont très nécessaires, la saignée est pareillement indiquée; mais soit que la corde tendineuse, dont nous avons parlé précédemment, soit principalement affectée, soit qu'il y ait contusion dans les ligamens antérieurs ou postérieurs de l'articulation, ou dans les ligamens capsulaires, il faut, de toute nécessité, avoir égard à l'état actuel de la partie affectée. Ainsi, lorsque la douleur et la chaleur sont vives, si l'engorgement et le gonflement sont considérables, s'ils sont accompagnés de dureté, les topiques résolutifs seront alors plutôt nuisibles que salutaires; on doit au contraire avoir recours aux émolliens, dans la vue de relâcher, d'amollir les solides et d'augmenter la fluidité des liqueurs; on emploie les topiques en deux manières, en fomentation et en cataplasme. Dans le premier cas, on fait bouillir manne, pariétaire, bouillon blanc dans suffisante quantité d'eau commune, et on bassine quatre fois par jour, avec une éponge, la partie malade avec la décoction de ces plantes. Dans le second, on prend les feuilles bouillies et réduites en pulpes de ces mêmes plantes, on les fixe sur le mal par un bandage convenable, et on arrose de temps en temps l'appareil avec cette même décoction. L'inflammation, la douleur ayant diminué, et le gonflement étant ramolli, on mêle les résolutifs aux émolliens, en faisant bouillir avec les plantes émollientes quelques herbes aromatiques, telles que l'absinthe, la sauge, l'origan, etc.; on agit de même, et, après quelques jours de ce traitement, on supprime en entier les émolliens pour ne se servir que des plantes aromatiques, qu'on abandonnera également dans la suite pour n'employer que des remèdes plus forts et plus capables d'opérer la résolution, tels que les frictions d'eau-de-vie ou d'esprit de vin camphré.

EFFORT DE BOULET. *Voyez* ENTORSE.

L'effort du bas-ventre n'est autre chose qu'une tumeur œdémateuse qui se forme sous le ventre de l'animal, par un épanchement de sérosité dans le tissu cellulaire de cette partie. Quant aux causes de cet accident, et au traitement qui lui convient, *voyez* ŒDÈME SOUS LE VENTRE. (R.)

EFFRITER UNE TERRE. C'est l'épuiser, la rendre stérile; ces mots sont synonymes. Lorsque les salpêtriers, par des lexiviations répétées, ont tiré de la terre tous les sels qu'elle contient, et que l'eau mère est chargée de toutes les parties graisseuses, huileuses et animales; alors la terre est parfaitement effritée, et le lien d'adhésion qui réunissoit les molécules les unes aux autres est rompu, enfin cette terre n'a plus de consistance; on sèmeroit en vain par dessus des graines quelconques. Si elles germent elle lèveront mal, à moins que cette terre ne s'approprie les principes répandus dans l'atmosphère; les plantes chevelues sur-tout, et les trop fréquens labours opèrent chacun dans leur genre et effritent la terre.

Prenons pour exemple la plante du tournesol, nommée vulgairement *soleil*. Sa tige s'élève souvent à la hauteur de six à sept pieds, se partage dans le haut en plusieurs rameaux, et chaque rameau porte une ou plusieurs fleurs de cinq à six pouces de diamètre. Fouillons actuellement la terre, découvrons ses racines, et nous trouverons un nombre prodigieux de chevelus de neuf à douze pouces de longueur, sur une épaisseur de cinq à six pouces. Supposons encore que le tournesol ait végété dans une terre compacte, on trouvera cependant que la terre mêlée entre les chevelus sera presque réduite en poussière, parcequ'ils en auront épuisé tous les sucs et les sels, et ils auront pour ainsi dire, à la manière des salpêtriers, détruit tous les liens d'adhésion. La terre qui aura avoisiné les chevelus sera également effritée. On doit conclure de cet exemple que plus une plante, un arbre, etc., sont garnis de chevelus, plus ils effritent la terre. Toute racine chevelue effrite la terre à peu de profondeur; toute racine pivotante n'épuise pas la partie supérieure, mais l'inférieure; voilà pourquoi après le blé on ne doit pas semer du blé, ni de la luzerne après de la luzerne, mais le blé réussira très bien après la luzerne, et ainsi tour à tour. La forme des racines est la base de la culture ; c'est encore pour cette raison que la luzerne, prise pour exemple, fait périr tous les arbres au pied desquels elle est semée ; sa racine pivote profondément, et enlève la substance qui leur étoit destinée. D'après ces observations, le jardinier prudent ne plante pas dans le même sol, par exemple, des scorsonères après des carottes ; il alterne ses plantations, et fait succéder des plantes traçantes à celles qui pivotent. Il en est de même du cultivateur en grand; il ne sème du lin sur le même sol que plusieurs années après celle du premier semis.

Les labours trop multipliés, et sur-tout coup sur coup, n'effritent pas la terre tout-à-fait dans le même sens que les chevelus du tournesol ; mais 1° ils ouvrent ses pores et facilitent l'évaporation des parties les plus volatiles produite par la fermentation et la combinaison des principes de la sève; 2° ils détruisent le lieu d'adhésion des molécules terreuses, et rendent la terre trop friable. Les partisans de la fréquence des labours diront que la fertilité de la terre des jardins vient de sa division et de son atténuation, ce qui est vrai jusqu'à un certain point ; mais son gluten subsiste toujours, et il est sans cesse augmenté par l'addition des engrais animaux. Le sable sec charrié par les fleuves rapides est bien divisé ; il devroit donc produire d'excellentes récoltes, puisqu'il possède au suprême degré la divisibilité que l'on veut faire acquérir aux terres par la fréquence des labours ; et l'expérience prouve que cette extrême division des molécules est préjudiciable, à moins qu'un gluten quelconque ne leur donne du corps et ne fournisse les matériaux de la sève.

Le seul moyen de réparer une terre effritée consiste dans la multiplication des engrais. L'alterner vaudra infiniment mieux que de la laisser en jachères.

On reproche à des fermiers d'effriter leurs terres, quand ils sont à la fin de leurs baux. Un fermier cherche à tirer du terrain qu'il loue tout le parti possible en y semant les plantes dont il espère obtenir le plus de produit. Le propriétaire a le droit de lui imposer des conditions au moment où il lui donne un bail, en les stipulant dans ce bail, et il ne doit pas oublier d'exiger que les dernières années il cultive une certaine quantité de plantes propres à former des engrais et qu'il laisse tous les engrais dans la ferme ; dans ce cas on aura de quoi réparer les champs qui pourroient avoir été effrités les années précédentes. Tes.)

EGAGROPILES. Ce sont des corps plus ou moins arrondis, formés de poils ou de laine et recouverts d'un enduit extérieur plus ou moins épais. Les animaux ruminans ou à plusieurs estomacs, tels que les bêtes à cornes et les bêtes à laine, y sont très sujets ; on les trouve le plus souvent dans le quatrième, c'est-à-dire dans celui d'où partent immédiatement les intestins , et que nous connoissons sous le nom de *caillette ;* le séjour de ces corps dans les estomacs altère la couleur des poils et de la laine , de manière qu'on les prend pour de la vieille bourre ; l'enduit qui les recouvre est formé par les sucs toujours contenus dans les estomacs, pour servir à la digestion ; ces sucs s'attachent et se collent aux poils ou à la laine par leur viscosité. Tous les hommes qui ont observé avec attention les habitudes des animaux ruminans ont remarqué que c'étoit particulièrement en léchant leurs petits , ou en se léchant eux-mêmes, que leur langue ramassoit des poils ou de la laine , qui passoit ainsi dans l'ésophage , et de là dans les estomacs. Les moutons sur-tout sont plus sujets aux égagropiles , parce-qu'ils avalent de la laine en mangeant soit aux râteliers en hiver, soit dans les broussailles en été. Les plus avides s'enfoncent dans les râteliers et couvrent leurs toisons de foin , ou de trèfle, ou de luzerne, ou d'épis de blé , que les autres s'empressent de ramasser, en arrachant des filamens de laine qu'ils avalent en même temps. En été, lorsque les troupeaux passent dans les broussailles, quelques flocons de laine s'accrochent aux branches ; les bêtes qui veulent brouter les feuilles n'en séparent pas la laine. Telles sont en général les principales causes des égagropiles.

L'ignorance et le préjugé, qui toujours l'accompagne , les ont fait souvent regarder comme des compositions artificielles faites par des hommes méchans et jetées dans les endroits où passent les troupeaux , afin qu'alléchés par quelques uns des ingrédiens , ils les avalent et soient empoisonnés ; et pour cela on leur a donné le nom de GOBBE. *Voyez* ce mot.

Cette opinion erronée a bien des fois , parmi les gens de la campagne , causé des haines envenimées , des querelles sanglantes ; elle a été la cause d'un procès criminel qui a été jugé au tribunal d'Evreux en 1792 , en faveur de l'accusé , parce-que les juges s'entourèrent de toutes les lumières que la physique, l'anatomie et la raison peuvent procurer. (*V.* dans l'Encyclopédie méthodique, les mots AGRICULTURE et EGAGROPILES.)

Les égagropiles ne sont que le simple effet d'une opération de la nature qui ne suppose pas un état maladif. On doit donc attribuer à d'autres causes la mort des bêtes à laine , quoiqu'on leur trouve des égagropiles dans l'un de leurs estomacs. (TES.)

EGAYER. Les agriculteurs suisses ont consacré ce mot pour l'arrosement ou irrigation des terres ; ainsi on dit égayer un pré. *Voyez* IRRIGATION. (TES.)

EGAYER UN ARBRE. C'es le débarrasser des branches surnuméraires , établir un équilibre parfait entre elles, le palisser sans confusion; en un mot offrir un coup d'œil agréable, et présenter à la première inspection toutes les parties dont l'arbre est composé, s'il est en espalier, et près de la moitié s'il est en buisson. Ce mot n'est plus d'usage. (R.)

EGLANTIER. Rosier sauvage.

EGOBUER. *Voyez* ECOBUER.

EGOUT. CONDUITE DES EAUX. Un cultivateur intelligent fait écouler les eaux des lavoirs de sa cuisine, des écuries et vacheries sur les fumiers ou dans des réservoirs d'où on la tire pour la répandre dans les champs; le plus souvent on en imprègne des pailles ou feuilles de végétaux pour former un bon engrais; il est prudent d'éloigner ces foyers d'infection des habitations des hommes, qui peuvent en être incommodés. (TES.)

Dans les villes il y a des égouts publics qui reçoivent les eaux et les immondices, et qui fournissent une boue d'un excellent effet en agriculture. Tout cultivateur intelligent doit donc se mettre sur les rangs pour en obtenir la concession. Il est des cantons où ces boues sont si recherchées, qu'elles forment un des meilleurs revenus des villes. Elles ont réellement toutes les qualités qu'on peut désirer pour l'engrais des terres. *Voyez* au mot BOUE.

On appelle aussi égout les raies ou les fossés destinés à l'écoulement des eaux dans les campagnes. (B.)

ÉGOUTTER LES TERRES. Pour égoutter un champ trop humide, il suffit de pratiquer autour un bon fossé; on réussira pour peu qu'il y ait de la pente, sur-tout si on le laboure en planches ou sillons ou BILLONS. *Voyez* ce mot.

Dans le cas où il y auroit un fond dans le milieu de la pièce, il sera nécessaire de pratiquer de petits fossés qui communiquent avec celui du pourtour; l'art consiste à leur donner la direction la plus avantageuse pour que l'eau se dissipe promptement.

Quand l'inégalité du terrain est peu considérable, on se contente de former de profonds sillons, qu'on pourroit regarder comme de petits fossés. On se sert pour cela d'une forte charrue qui ait deux écussons ou grands versoirs fort évasés, avec un long soc fort pointu et un dos d'âne à la partie supérieure. Cette charrue n'a pas besoin de coutre, parcequ'il ne s'agit pas de fendre la terre endurcie, mais d'ouvrir dans la terre labourée un large et profond sillon qui tienne lieu de fossé. Ces sillons se nomment *maîtres.*

On a coutume dans les terres argileuses de former des sillons où l'eau se ramasse et s'écoule comme par ruisseaux; mais on doit observer de ne pas les faire trop près les uns des autres, tant pour éviter la perte du terrain, que parcequ'il n'est pas nécessaire de trop faciliter l'écoulement des eaux, qui entraîneroient beaucoup de plantes, et la meilleure qualité de la terre, celle de la superficie, inconvénient déjà très grave sans doute.

Il y a des pays où les cultivateurs doivent toujours labourer à plat, parceque leurs terres sablonneuses ou calcaires, très divisées, laissent trop aisément filtrer l'eau; mais il y en a où l'on est forcé de labourer en planches ou billons, parcequ'elles retiendroient trop d'eau. *Voyez* LABOUR.

Souvent on fait des tranchées éloignées les unes des autres de quatre, huit à douze mètres; ce qu'on retire se répand sur les espaces intermédiaires; on rabat la crête de ces fossés et on laboure. Quelques auteurs conseillent d'en garnir le fond de pierres, et de les recouvrir d'un peu de terre; mais outre que ce travail est coûteux, il arrive que la terre ferme les interstices des pierres, et que l'eau ne s'écoule que difficilement. Les pierres elles-mêmes s'enfoncent dans la vase quand le terrain est mou. On doit préférer un fascinage en le couvrant de terre; on y recueille de l'herbe, dont les racines ont la facilité de s'étendre. Pour les fascines on emploie l'épine, l'aune, etc.

Les pierrées sont plus praticables dans les potagers, encore est-on obligé de les relever de temps en temps.

Il faut curer tous les trois ans les fossés qui sont à découvert; ils ont l'avantage de servir de clôture. (TES.)

On réussit souvent à égoutter les terres en faisant, après les semailles, de profonds sillons dans diverses directions, tous tendans à la partie la plus basse du champ. *Voyez* au mot ÉCUREMENT.

Mais dans les bois, les prés, et autres lieux qu'on ne laboure pas, on ne peut faire d'égouts qu'au moyen des fossés. Varennes de Fenilles, à qui l'agriculture doit beaucoup de précieuses observations, propose, pour ne pas perdre de terrain, de les recouvrir de la manière suivante : On place, de deux pieds en deux pieds, des piquets d'aune en forme de X, et on place dans la partie supérieure de ces X des fagots d'aune qu'on recouvre de terre. On peut faire de la même manière des ponts sur les ruisseaux et les fossés. Rien de plus économique en effet. Personne n'ignore que l'aune se conserve fort long-temps sans pourrir lorsqu'il est dans la terre ou dans l'eau. Il y a lieu d'être surpris qu'un moyen aussi simple ne soit pas plus généralement employé dans tous les pays où se trouve l'aune. *Voyez* les mots FOSSÉ, EMPIERREMENT, FASCINAGE et PUISARD. (B.)

ÉGRAIN ou ÉGRIN. Jeune poirier ou jeune pommier, provenant des graines de fruits cueillis dans les forêts, ou de fruits employés à faire du cidre, qu'on réserve dans les pépinières à raison de la beauté de sa tige, pour être greffé en fente hors de la pépinière, à l'âge de trois à quatre ans et plus, à la hauteur de cinq à six pieds.

Les égrains se vendent souvent autant que les arbres greffés, quelquefois même plus ; il est presque toujours de l'intérêt des pépiniéristes d'en faire autant que possible. Dans les pays à cidre et à poiré, les pépinières sont toutes montées en cette sorte de plant, parcequ'on y est persuadé qu'un arbre greffé dans la pépinière, sur-tout en écusson et plus jeune, ne vit pas aussi long-temps que celui greffé sur place, en fente et à l'âge indiqué plus haut. Je ne discuterai pas ici la valeur de cette opinion qui, quoique fondée sur des faits, ne doit pas être admise, selon moi, en principe absolu. *Voyez* aux mots GREFFE, SAUVAGEON et FRANC. (B.)

ÉGRAINER. On dit égrainer le blé, égrainer le raisin, c'est-à-dire ôter à la main les grains de leur épi, le séparer de sa grappe. On dit encore que le blé et autres céréales s'égrainent lorsque leurs grains sortent de la balle, ou par l'effet des vents, ou dans les manipulations qu'elles reçoivent avant d'arriver à la grange. Il est prodigieux combien il se perd ainsi de grains dans l'opération du sciage des blés, du fauchage des avoines, etc., dans leur javelage, liage, transport, etc. On pourroit croire, à l'indifférence de la plupart des cultivateurs et de leurs ouvriers que ce n'est que pour la paille qu'ils ont semé et récolté. C'est un véritable délit contre la société, et un acte de folie de leur part. L'absurde méthode du javelage fait certaines années perdre la moitié et plus du produit des avoines. Il faut que tout le monde vive, m'ont plusieurs fois répondu des fermiers de qui j'excitois la surveillance à cet égard, voulant dire que les moineaux, les perdrix, les campagnols, etc., profiteroient des grains laissés dans les champs. Que dire après une pareille réponse ? hausser les épaules et se taire. Tristes effets d'une mauvaise éducation ! Mais tous les cultivateurs heureusement ne pensent pas de même. Il en est de soigneux qui font lier les gerbes avec précaution, qui les font enlever le matin, qui placent des toiles dans les charrettes, etc. Ceux-là sont les amis de leur famille et de la société entière.

Quand on veut faire un vin délicat, sans s'inquiéter de sa durée, on égraine les raisins. *Voyez* aux mots VIN et ÉGRAPPOIR. (B.)

EGRAINOIR, ÉGRAPPOIR. On donne indifféremment l'un ou l'autre de ces noms à toute machine ou instrument servant à séparer le grain de raisin de la grappe. Il y a plusieurs sortes d'égrappoir. Dans quelques pays, c'est un filet à mailles larges formé avec de petites cordes d'une forte ligne de diamètre, tendu et assujetti sur un cadre de bois placé sur l'ouverture de la cuve. La vendange, telle qu'on l'apporte de la vigne, est jetée sur ce filet, et des hommes armés de râteaux en passent et repassent le dos sur les raisins jusqu'à ce que les grains soient séparés de la grappe; ensuite retournant le râteau du côté de ses dents, ils retirent la grappe égrainée. Par cette méthode les grains sont, il est vrai, séparés, mais ils ne sont pas assez écrasés, et tombent presque entiers dans la cuve. On remédie autant qu'on peut à cet inconvénient en les piétinant dans la cuve même, et malgré cela ils ne sont jamais bien foulés.

Dans certaines provinces l'égrappoir est une large table en plan incliné, dont la base correspond à la cuve. Sur cette table et à la hauteur de trois pouces est placé un treillis en bois, dont les ais sont formés par des tasseaux de la longueur de la table, et placés les uns à côté des autres, en laissant entre eux un vide d'un demi-pouce. Des hommes marchent sans cesse sur les tasseaux, pressent la vendange; et lorsque les grains de raisin sont détachés et assez foulés, ils enlèvent les grappes qu'on jette dans un vaisseau à part, rempli d'eau, pour en faire du petit vin. Cet égrappoir présente quelques inconvéniens. L'espace entre les barreaux du treillis est quelquefois tellement rempli par les grappes foulées, que la liqueur s'écoule avec beaucoup de peine. On est obligé alors de soulever le grillage, de le nettoyer et de le remettre sur la table, ce qui fait une perte de temps. D'ailleurs, par ce procédé on perd beaucoup de vin, parceque le mucilage et le suc du raisin se logent entre les pédoncules de la grappe, et y restent. Il y a des cantons où l'on foule la vendange simplement sur la table, sans se servir de treillis, et on rassemble la grappe dans un des coins, après qu'elle est bien foulée, afin qu'elle laisse couler une partie du suc qu'elle contient.

L'égrappoir à table, avec ou sans treillis, est préférable au filet. Avec celui-ci on ne fait que séparer les grappes, sans les presser ni fouler. Avec le second égrappoir que je viens de décrire on égrappe et on foule en même temps; et les grappes froissées et meurtries par le piétinement communiquent mieux leur âpreté au mout.

Dans le Bas-Languedoc on se sert d'un égrappoir particulier, et on a une manière d'égrapper qui diffère de celle des autres pays. Ce n'est pas dans le cellier que se fait cette opération, mais dans les vignes mêmes; et ce sont ordinairement les femmes qui en sont chargées. L'égrappoir est un morceau de bois d'un pouce environ de grosseur, long de dix-huit à vingt-quatre pouces, divisé à peu près dans son milieu en trois parties, et qui forme une fourche à trois branches. On met la vendange dans une petite baille nommée *banne*. La femme qui doit égrapper prend cette banne, la soulève d'un côté, et la maintient dans cet état entre ses deux genoux, au quart ou au tiers pleine de raisins non foulés. D'une main elle tient le manche de la fourche, et de l'autre une de ses branches, et avec les deux autres branches elle foule le raisin, en sépare la grappe et la jette. De cette banne elle passe à une autre, fait la même opération, et les suit toutes les unes après les autres. Si la banne est trop remplie, l'ouvrière a beaucoup plus de peine, et l'opération est mal faite. Si elle est remplie dans la proportion convenable, c'est un jeu pour elle. Des hommes viennent ensuite, rassemblent ce qui a été égrappé, en remplissent des bannes, et les chargent sur les charrettes. Les bannes sont placées sur les lisières de la vigne, et une égrappeuse suffit à dix ou douze vendangeuses.

Dans le Médoc, qui produit les meilleurs vins rouges de Bordeaux, on n'a pour tout égrappoir qu'un simple râteau. La vendange est jetée dans un pressoir où elle est foulée à plusieurs reprises. Lorsque les grains de raisin sont détachés des grappes et tout-à-fait écrasés, on rassemble les grappes avec le râteau dans un des coins du pressoir, et un moment après on les retire. (D.)

ÉGRAPPER. Oter les grains des grappes. Quand on veut faire de bon vin on égrappe, c'est-à-dire on sépare les grains de raisin des grappes qui, dans la fermentation, donneroient de l'âpreté au vin.

Dans beaucoup de pays on appelle grappes les épis d'avoine. Egrapper les avoines seroit en ôter les grains. *Voyez* VIN et ÉGRAPPOIR. (TES.)

ÉGRAVILLONNER. TERME DE JARDINAGE. On dit égravillonner une motte d'oranger, de figuier, etc., lorsqu'ayant retranché avec la hache, la serpe ou la bêche, environ les deux tiers de cette motte tout autour et au-dessous, on détache avec la pointe d'un instrument un peu de terre qui est engagée dans les racines, afin que, posées dans une nouvelle terre, elles ne soient pas gênées dans leurs progrès.

Cette opération est nécessaire toutes les fois qu'on dépote ou qu'on décaisse. (TES.)

ÉGRUGEOIR. On donne ce nom au vase qui sert à réduire le sel en poudre, ainsi qu'à celui qui est destiné à séparer la graine du lin de sa capsule.

L'instrument qui sert à broyer le chanvre ou le lin porte aussi quelquefois le même nom. (B.)

ÉGUILLE. On appelle ainsi la flèche des charrettes dans quelques endroits. Presque par-tout les jardiniers donnent ce nom au pistil des fleurs des arbres fruitiers.

ÉGUILLETTE. C'est le CERFEUIL PEIGNE DE VÉNUS.

ÉHOUPER. C'est la même chose qu'ÉCIMER. *Voyez* ce mot. C'est aussi séparer les têtes du trèfle de leur tige. Pour entendre cela, il faut savoir qu'on bat les graines de cette plante en deux fois. *Voyez* TREFLE.

EISSAMP. ESSAIM.

ÉLAGAGE, ELAGUER, ÉLAGUEUR. Ce mot se prend dans plusieurs acceptions. Ainsi, on dit que l'élagage consiste à couper toutes les branches d'un arbre, la plus grande partie des branches inférieures d'un arbre, à diminuer la longueur des branches d'un arbre. La seconde me paroît la plus généralement adoptée. Il faut conserver à la première le nom TONTE NUE, et à la dernière le nom de TAILLE EN CROCHET. *Voyez* ces mots qui ont également plusieurs acceptions.

Le véritable élagage est donc celui qu'on pratique dans beaucoup de lieux, et principalement sur presque toutes les grandes routes, c'est-à-dire celui où les arbres sont dépouillés de leurs branches rez le tronc dans une plus ou moins grande partie de leur hauteur.

La suppression de la plus petite branche d'un arbre doit, d'après les principes de la physique végétale, retarder l'accroissement en grosseur de cet arbre. Que penser donc des suites de cette manie de ne laisser aux arbres qu'un petit bouquet de branches à leur sommet en les élaguant tous les trois ou quatre ans sous le prétexte qu'il faut les décharger de leur bois surabondant, qu'il faut donner de l'air au sol environnant, etc. ? Toujours cette blâmable opération est l'effet de la plus grande ignorance ou d'une coupable avidité. Qu'on compare deux arbres du même âge et dans le même terrain, dont l'un aura été régulièrement élagué, et l'autre abandonné à lui-même, et on verra combien ce dernier l'emporte en grosseur sur le premier ! Cette comparaison peut être faite presque partout, ainsi ce ne sont pas les exemples qui manquent à la pratique, mais presque par-tout le produit des élagages est ou abandonné aux élagueurs pour salaire de leur travail, ou destiné à être vendu ; ainsi on est toujours déterminé à le forcer.

Sans doute l'élagage convenablement exécuté est souvent utile. En tous lieux il force les arbres à monter plus rapidement, il les empêche de nuire par leur ombre aux productions des champs voisins, et sur le bord des routes. Il favorise le dessèchement de ces routes, dessèchement si nécessaire à la facilité des communications. En le faisant il faut imiter la nature, qui nous offre, dans les grandes forêts, des arbres si droits, si élancés, et cependant si gros. Là, les branches les plus basses seulement sont successivement frappées de mort par suite de l'ombrage et du défaut d'air produits des arbres voisins, et elles restent long-temps attachées au tronc après leur mort. Je dis donc que lorsqu'on veut élaguer dans d'autres intentions que celle de faire du bois, il faut réduire l'élagage annuel à la coupe des deux ou trois branches les plus basses, et les couper au moins à six pouces du tronc. Alors ils ne seront pas à craindre ces nombreux rejetons qu'on voit pousser autour du tronc de tous les arbres élagués à la manière ordinaire, ni ces déperditions de sève qui ont lieu par les larges plaies qui sont la suite de ces élagages; rejetons et déperditions qui concourent tous deux si éminemment à l'affoiblissement de l'arbre, au ralentissement de sa croissance; ni ces chancres, ces gouttières, qui sont presque toujours le résultat des larges plaies produites par l'élagage.

Mais, dira-t-on, les plaies faites rez le tronc se recouvriront plus vite que celles faites à la distance indiquée. Oui, mais si elles sont larges, et ce sont principalement celles-là que j'ai en vue, elles ne se recouvriront pas assez rapidement pour que leur centre ne soit pas frappé de carie; et cette carie gagnant insensiblement le cœur de l'arbre altère sa qualité au point de diminuer sa valeur de plus de moitié, sur-tout dans l'orme, le chêne, le frêne et autres arbres de haut service. Le chicot peut être désagréable à la vue; mais comme son extrémité se dessèche d'abord, la sève cesse de suite d'y affluer en même quantité, et ne tarde pas à prendre une autre direction; ce qui occasionne la mort successive de toutes ses parties, sa destruction sans carie, sa chute, et enfin la disparition totale de la plaie. Je cite encore les arbres dans les forêts, sur lesquels on ne voit jamais de traces de branches qui garnissoient les parties inférieures du tronc.

Quoique je proscrive l'élagage tel qu'il se pratique le plus généralement, sur-tout aux environs de Paris, sur les arbres fruitiers et sur ceux destinés à fournir un jour du bois de charronnage, des poutres, des planches et autres articles de haut service, etc., cependant je ne blâme pas ceux qui consacrent un certain nombre de pieds d'arbres à donner par leur élagage, ou mieux, leur tonte nue, tous les trois, quatre, cinq et six ans, même plus, du bois pour leur chauffage, des feuilles pour la nourriture de leurs bestiaux, etc., c'est même une manière très avantageuse de tirer parti des arbres qui sont isolés dans les haies, au milieu des villages, sur la lisière des bois, ceux qui servent de limites aux propriétés, etc. *Voy.* au mot TÊTARD. Dans ce cas il ne faut pas s'occuper de la beauté du tronc, ni de la bonté de son bois. Il est cependant des circonstances où ce bois peut acquérir une valeur plus considérable que celui d'un arbre abandonné à lui-même. Celui de l'orme ainsi conduit est presque aussi filandreux que sa variété qu'on appelle tortillard, et sert avantageusement pour faire des moyeux de roues. Depuis quelques années, on en fait à Paris, en le colorant, des meubles qui rivalisent en beauté avec ceux fabriqués avec les bois étrangers les plus précieux. Il en est de même du brouzin de l'érable.

Je n'ai plus qu'à dire un mot sur l'élagage des arbres dans les massifs des jardins paysagers, élagage qui détruit tout l'effet que doivent produire ces massifs, et auquel cependant on se livre généralement, du moins aux environs de Paris.

Le désir de jouir promptement et l'ignorance où sont la plupart des propriétaires des lois de la physique végétale, et les insinuations intéressées des jardiniers et des marchands pépiniéristes, font que la presque totalité des massifs de ces jardins sont si abondamment garnis d'arbres ou d'arbustes, qu'ils se touchent presque et qu'il est impossible que leur croissance s'effectue. On les éclaircira l'année prochaine, dans deux ans, dans trois ans : telle est la réponse qui m'a toujours été faite lorsque je me suis permis quelques observations sur des plantations de ce genre. On n'éclaircit point la première, la seconde, ni la troisième année, mais on élague et on élague d'autant plus rigoureusement que les arbres et arbustes sont plus près. Les suites de cette vicieuse méthode sont que les arbres et arbustes filent d'abord, c'est-à-dire s'élèvent sans prendre du corps, que la plupart d'entre eux, et ce sont ordinairement les plus précieux, périssent au moment où ils devoient commencer à remplir leur destination. On a pour perspective des perches terminées par quelques feuilles, et les amis de la belle nature et les amis du bon goût se plaignent. On dit que la terre ne valoit rien, que la plantation a été mal faite. On dépense de l'argent pour améliorer la terre ; on recommence la plantation d'après de semblables principes et les suites en sont les mêmes. Voilà pourquoi il y a si peu de jardins paysagers anciens aux environs de Paris, où cependant on en plante depuis près de cent ans une grande quantité tous les ans. S'il est des lieux où il faille peu élaguer, c'est certainement dans ces sortes de jardins et dans les vergers. Les arbres verts sur-tout redoutent l'élagage au dernier point. C'est détruire leur beauté et s'opposer à leur croissance que de leur faire sentir le tranchant de la serpette à quelque âge que ce soit. Je connois deux cèdres du Liban qui ont trente ans et qui n'ont que deux à trois pouces de diamètre, parcequ'on leur a toujours voulu une tête.

Toute plaie un peu forte produite par le résultat d'un élagage doit être recouverte sur-le champ avec de l'onguent de
Saint-Fiacre, si on veut diminuer ses inconvéniens.

Les arbres habituellement élagués risquent de perdre leur
tête lorsqu'on ne continue pas à les élaguer, et c'est un des
faits que les entrepreneurs d'élagage ne manquent pas de citer
lorsqu'on veut mettre des bornes à leur nuisible activité. La
cause en est dans la production des nouveaux bourgeons qui,
étant tous ou presque tous des gourmands, absorbent la sève
avant qu'elle soit montée au sommet de l'arbre, qui par conséquent meurt d'inanition. Le remède est facile, mais n'est
jamais indiqué par les élagueurs ; c'est de couper l'hiver suivant tous ces bourgeons à six ou huit pouces du tronc, et de
répéter cette opération deux ou trois années de suite, en allongeant toujours. Alors la sève, se trouvant trop déviée dans les
rameaux du tronc, monte jusqu'au haut de l'arbre et donne
une nouvelle amplitude à ceux de la cime, qui renouvellent sa
tête comme on dit communément. (B.)

ÉLANCÉ, S'ÉLANCER. Lorsqu'un arbre a été ELAGUÉ par
le bas (voyez ce mot), sa tige s'élance, monte, et reste toujours
maigre et fluette, de manière qu'il ne se trouve aucune proportion entre sa grosseur et sa hauteur. Cet arbre sera toujours
languissant.

Quelquefois la sève s'élance au sommet de la tige, et laisse
le bas sans nourriture ; quelquefois elle s'élance dans une branche particulière, et abandonne les voisines ; quelquefois enfin
elle se porte toute ou presque toute à droite ou à gauche d'un
espalier, d'un arbre en buisson, etc. Le reste devient rachitique. Dans le premier cas, c'est toujours la faute du jardinier,
parceque, ainsi qu'il a été dit, il a fortement supprimé les bourgeons du bas ; dans le second, le simple coup-d'œil prouvera
que la branche qui s'élance part de la ligne perpendiculaire ;
au lieu que si elle avoit pris naissance sur une mère-branche
inclinée vers l'angle de quarante-cinq degrés, la sève ne seroit
pas montée avec une fougue pareille. Dès qu'on s'en aperçoit,
il faut aussitôt coucher cette branche, et la tirer, autant que
faire se peut, vers la ligne horizontale ; ce moyen bien simple
modèrera l'impétuosité de la sève. Alors la sève, gênée dans
son cours, par la pression des canaux et par leur moins grand
diamètre, est obligée de refluer dans les branches voisines.
Cette branche ainsi couchée sera peut-être désagréable à la vue
pendant toute la saison ; mais il vaut mieux qu'elle soit ainsi,
plutôt que de perdre l'arbre en entier. A la chute des feuilles,
on verra si on doit la supprimer ou la conserver, lors de la
taille. Les jardiniers peu instruits cherchent moins de façon :
la branche leur déplaît, eh bien, ils la suppriment, la coupent

impitoyablement. Il résulte de cette mauvaise opération que l'arbre souffre dans toutes ses parties, jusqu'à ce que la sève se soit distribuée dans les autres branches ; et comme elle afflue en grande abondance vers l'endroit coupé, les bourgeons sans nombre ne tarderont pas à pousser, et ils appauvriront les branches qu'ils vouloient enrichir. Si ces bourgeons ne poussent pas, à coup sûr il se forme un chancre dans cette partie, ou un amas prodigieux de gomme, si l'amputation est faite sur un arbre à noyau. Règle générale, l'inclinaison des branches modère le cours de la sève ; et les bourgeons, sagement ménagés au bas et le long de la tige, lui donnent la facilité de prendre consistance et de ne pas s'élancer. (R.)

ÉLANDRÉ (ARBRE). S'entend d'un baliveau ou autre arbre de réserve, dont la tige trop élevée n'est pas dans une proportion convenable avec sa grosseur. Dans cet état, ces réserves sont tourmentées par les vents qui les tordent quelquefois, et elles réussissent bien rarement. (De Per.)

ÉLÉAGNUS. *Voyez* Chalef.

ÉLECTRICITE. Les anciens connoissoient la propriété qu'a l'ambre jaune d'attirer et de repousser les corps légers qu'on en approche après l'avoir fortement frotté, et donnèrent à cette propriété le nom latin de l'ambre (*electrum*).

Dans les temps modernes on acquit la preuve que toutes les substances résineuses, le soufre, le verre, la soie, la laine, etc., jouissoient de la même faculté, et que toutes celles qui n'en jouissoient pas, principalement les métaux, l'eau, etc., pouvoient la prendre par communication. Bientôt on reconnut que c'étoit à un fluide extrêmement subtil à qui elle étoit due, et on parvint à l'accumuler dans les derniers de ces corps en assez grande quantité pour, lorsqu'on approchoit d'eux un autre corps de même nature, l'en tirer instantanément sous forme d'une étincelle bruyante.

La découverte de ce dernier phénomène dut exciter et excita en effet l'attention des physiciens de cette époque, c'est-à-dire du commencement du siècle précédent ; aussi multiplièrent-ils les expériences, et imaginèrent-ils des moyens très nombreux de tirer l'électricité des corps où elle existe, et de l'accumuler dans ceux qui sont susceptibles de la recevoir.

Aujourd'hui c'est presque exclusivement d'un disque de verre qui frotte contre quatre coussins qu'on la tire ; et c'est dans un cylindre creux de cuivre, supporté sur une tige de verre, ou suspendu sur des cordons de soie, qu'on l'accumule, au moyen de deux branches terminées par des pointes qui sont attachées à une de ces extrémités, et qui touchent presque au disque.

On peut tirer sans discontinuer la matière électrique du disque de verre sans qu'il s'épuise ; d'où on a conclu que c'étoit l'air qui la lui fournissoit.

Quand, après avoir fait tourner le disque de verre pendant un temps plus ou moins long, selon que l'atmosphère est humide ou sèche, et que l'électricité qu'il a fournie est concentrée dans le cylindre, on peut l'en faire sortir pour la faire passer dans un autre corps de même nature, 1° rapidement au moyen d'une verge de métal terminée en boule, et alors il y a étincelle et bruit ; 2° lentement au moyen d'une verge de métal terminée en pointe, et alors il n'y pas d'étincelle. Lorsque dans le premier cas le fluide électrique passe à travers le corps d'un homme, cet homme éprouve une violente commotion aux articulations des bras, des jambes, etc. ; il peut même être tué, lorsque cette commotion est forte. S'il passe à travers une petite masse de métal il la fond ou l'oxide. S'il passe à travers de la poudre à canon, de l'esprit-de-vin, etc., il l'enflamme. Lorqu'on laisse le cylindre chargé, il se décharge petit à petit dans l'air.

On appelle bouteille de Leyde, une bouteille dans laquelle il y a de l'eau ou des feuilles, ou des grains métalliques, et dont l'extérieur est, pour la plus grande partie, recouvert d'un amalgame d'étain. Une verge de métal terminée en boule à son bout extérieur passe à travers le bouchon. Lorsqu'on a accumulé l'électricité dans cette bouteille, on la fait sortir, avec bruit et commotion, en mettant en rapport, avec un morceau de métal ou avec les mains, et la boule de la verge et l'amalgame.

Une batterie électrique est une réunion de bouteilles de verre disposées comme il vient d'être dit, ou simplement des bocaux ou des verres plans, en partie couverts, extérieurement et intérieurement, d'un amalgame d'étain.

Une petite batterie tue une dinde, un chat ; une moyenne, un cochon, un mouton ; une forte, un bœuf, un cheval. L'électricité est d'autant plus abondante dans l'air qu'il est plus sec. Il est des jours où les machines électriques les plus puissantes peuvent à peine donner des indices d'électricité.

La flamme de l'électricité est bleuâtre et a une odeur intermédiaire entre celle du soufre et du phosphore.

Deux corps suspendus à une petite distance l'un de l'autre, et pouvant se mouvoir librement, celui dans lequel on introduit du fluide électrique attire l'autre ; et lorsqu'il lui a communiqué une partie de ce qu'il en a en surabondance, il le repousse, ensuite il l'attire de nouveau, et cela jusqu'à ce que le second en ait autant que le premier ; après quoi ils restent stationnaires.

Pendant qu'on s'occupoit le plus en Europe d'expériences sur l'électricité, que Gray, Nollet, Dufay et nombre d'autres physiciens imaginoient des théories plus ou moins spécieuses pour les expliquer, Francklin, quoique jusqu'alors étranger aux méditations scientifiques, conclut des faits connus, et de ceux qu'il découvrit, que tous les corps avoient une dose propre d'électricité qui ne se développoit point, mais qui augmentoit ou diminuoit naturellement dans quelques circonstances, et qu'on pouvoit augmenter ou diminuer à volonté. Il appela le premier de ces deux derniers cas *électricité positive*, et le second, *électricité négative*. Quelques années plus tard, le même Francklin devina l'identité de la matière électrique avec celle du tonnerre, et la prouva par des expériences incontestables, c'est-à-dire en faisant descendre la foudre du ciel. De là le beau vers mis au bas de son portrait,

> *Eripuit cœlo fulmen sceptrumque tyrannis.*

Vers dont le second membre a trait à la révolution des États-Unis d'Amérique, à laquelle il concourut si puissamment.

La matière de l'électricité étant répandue dans tous les corps, l'air en contenant tantôt en plus, tantôt en moins, le tonnerre n'étant que le résultat de son accumulation dans les nuages, cette matière doit nécessairement avoir une grande influence sur les animaux et sur les végétaux. En effet, nous ressentons dans les temps d'orage un malaise bien marqué ; nous éprouvons que les maladies qui tiennent aux nerfs ou qui ont leur siège dans le périoste prennent alors un caractère plus grave ; de là la fréquence des affections convulsives, des douleurs de rhumatisme, les ressouvenirs de ceux qui ont eu les os cassés, qui ont été mordus par des vipères. En effet, les graines ne germent jamais mieux, les plantes ne poussent jamais avec plus d'activité, les fleurs n'exhalent jamais plus de parfums qu'au moment des orages.

Personne ne nie l'influence directe de l'électricité sur les animaux, mais les physiciens sont divisés sur son action relativement aux plantes. Tant de causes agissent sur la végétation, qu'il n'est jamais facile de décider laquelle de ces causes est la plus dans le cas d'être prise en considération. Nollet et quelques autres ont cru voir que l'électricité artificielle favorisoit la germination des graines et la pousse des bourgeons ; mais des expériences comparatives, faites dans ces derniers temps, ont prouvé le contraire. *Voyez* l'exposition de quelques unes de ces expériences, publiées par mon collaborateur Silvestre.

Il résulte des observations précédentes, que le cultivateur a peu de moyens d'employer l'électricité d'une manière directement utile au succès de ses travaux ; qu'ainsi il n'est pas nécessaire que je m'étende plus au long sur ses causes et ses effets. C'est aux traités de physique que je renvoie en conséquence ceux qui voudroient acquérir des notions plus détaillées sur les phénomènes qu'elle présente.

L'action évidente de l'électricité sur les nerfs et sur tous les fluides des animaux a fait penser qu'elle pourroit être employée avec succès à la guérison des maladies qui avoient pour résultat cessation de fonction des premiers, comme la paralysie, ou diminution du mouvement des seconds, tels que les obstructions, les dépôts, les suppressions de règles, etc. Beaucoup de personnes ont été radicalement guéries par ce moyen, un plus grand nombre ont été soulagées, mais plusieurs n'en ont éprouvé ni bien ni mal, probablement parceque ces maladies ont différentes causes, et qu'on ne peut pas toujours reconnoître quelle est la véritable. Ceci porte à croire qu'il seroit possible d'utiliser l'électricité pour les maladies des animaux du même genre; mais je ne sache pas qu'on l'ait essayé sur d'autres que sur des chiens.

Comme tous les autres fluides, l'électricité tend toujours à se mettre en équilibre; j'ai déjà dit que celle qu'on faisoit accumuler dans un cylindre de cuivre se perdoit petit à petit dans l'atmosphère. Cette déperdition est d'autant plus rapide, que l'air est plus dépourvu lui-même d'électricité, qu'il est plus humide, que le cylindre est plus voisin des murs, des meubles et autres corps susceptibles de s'en charger comme lui. Lorsqu'on approche de ce cylindre un morceau de métal arrondi, cette déperdition, comme je l'ai déjà dit, se fait instantanément, par parties, et il y a étincelle. Lorsqu'on en approche un morceau de métal pointu, elle a lieu très rapidement, mais d'une manière continue et sans étincelle; seulement dans l'obscurité on voit une radiation de flamme bleuâtre à la pointe.

C'est sur cette propriété des pointes de soutirer sans explosion l'électricité des corps qui en sont surchargés, que sont fondées la théorie et la pratique des paratonnerres, dont on doit l'invention à Francklin, théorie et pratique qu'il a portées seul au dernier degré de perfection, ou du moins auxquelles on a peu ajouté depuis. C'est de cette propriété que les cultivateurs peuvent tirer de si grands avantages pour garantir leurs maisons de la foudre, leurs récoltes de la grêle, etc.; mais pour ne pas me répéter, je renvoie au mot PARATONNERRE ce qu'il convient qu'ils sachent pour les élever et les utiliser. Le lecteur voudra bien aussi consulter les mots TONNERRE, ORAGE, GRÊLE et GALVANISME, mots qui servent de complément à cet article. B.)

ÉLECTROMÈTRE. Dès que Francklin eut découvert les

rapports qui existoient entre l'électricité artificielle et celle qui
produit la foudre et le tonnerre, on conçut qu'il étoit possible
de reconnoître celle de l'air, au moyen de deux corps légers
qui s'attireroient et se repousseroient alternativement, c'est-
à-dire de la même manière qu'on s'assuroit de sa production
dans nos cabinets de physique. De là l'instrument appelé électromètre.

Le plus simple de tous les électromètres consiste en deux
boules de moelle de sureau, de deux à trois lignes de diamètre,
au plus, suspendues, par un fil de soie de deux à trois pouces
de long à un point commun, au sommet d'une perche terminée par une pointe de métal. Dès qu'un nuage chargé d'une
surabondance d'électricité passe au-dessus de cette perche, les
deux boules s'écartent et se rapprochent successivement, de
sorte qu'on est assuré de la présence de l'électricité dans ce
nuage.

Un autre consiste en trois petites clochettes écartées d'un
pouce et suspendues à la même perche. Deux de ces clochettes
sont isolées par des fils de soie ou des tiges de verre, et dans
leur intervalle se trouvent deux boules également isolées ; lorsqu'il passe un nuage électrique, les boules forment un carillon
continu.

Je n'indique ici ces instrumens que parcequ'il est quelquefois utile aux cultivateurs de savoir s'il y a à craindre un orage
dans la journée, et qu'ils lui en indiquent la possibilité. *Voyez*
aux mot ELECTRICITÉ et TONNERRE. (B.)

ÉLÉMENS. On a cru pendant des siècles que les corps
n'étoient composés que d'eau, de terre, d'air et de feu, et on
a appelé ces substances des élémens, c'est-à-dire des corps qui
ne pouvoient pas être décomposés. Aujourd'hui on sait que
l'eau est formée d'hydrogène et d'oxigène ; l'air, d'oxigène,
d'azote, de carbone, de calorique ; le feu, de calorique et
de lumière, qu'il y a cinq à six terres différentes et peut-être
plus. Le mot élément ne doit donc plus être pris que dans une
acception générale, ou lorsqu'on veut parler des derniers principes encore inconnus d'un corps. (B.)

ELEN. C'est le ROSEAU et l'ELYME DES SABLES qu'on emploie
pour fixer les DUNES. *Voyez* ces trois mots.

ÉLÉVATION DU SOL. Les montagnes s'abaissant journellement par l'enlèvement de la terre qui les couvre, et par
la décomposition des pierres qui les forment, les vallées et les
plaines s'élèvent donc dans la même proportion. Il n'est point
de lieu qui ne montre des preuves d'un de ces deux résultats.
Voyez aux mots MONTAGNE, VALLÉE, GALET, CAILLOUX, SA-
BLON, SABLE, TORRENT, RIVIÈRE.

L'action de l'homme sur ces grands phénomènes est fort

foible; mais il est cependant très souvent possible de retarder par divers moyens l'abaissement ou le surhaussement du sol. J'ai parlé au mot MONTAGNE de l'abaissement; je vais présenter quelques considérations sur le surhaussement.

Tantôt il est nuisible, tantôt il est avantageux aux propriétaires d'être exposés à un surhaussement du sol. L'infertilité de beaucoup de vallées des Alpes, des bords de quelques grandes rivières, de certaines parties des rivages de la mer tient à l'énorme masse de cailloux ou de sable que les grandes eaux, que les tempêtes y accumulent. La fertilité de la basse Égypte, de quantité de localités de la France et du reste du monde dépend de l'épaisseur de la couche de limon que le Nil et les rivières de ces localités y déposent.

J'ai indiqué au mot TORRENT les procédés à suivre pour les empêcher de couvrir annuellement les vallées de sable, et aux mots RIVIÈRE et DÉBORDEMENT ceux propres à s'opposer aux élévations du sol qu'on n'est pas dans le cas de désirer.

Il est un grand nombre de lieux marécageux dont il n'est pas possible d'effectuer le dessèchement par des saignées, parceque leur niveau est au-dessous de celui de la mer, ou par d'autres causes; et alors il n'y a pas d'autres ressources que de chercher à en élever le sol. Ces lieux sont très multipliés sur les bords de la mer qui baigne la Hollande et pays voisins. *Voyez* POLDER. Les marais Pontins paroissent être dans le même cas, ainsi que ceux qui environnent Rochefort. Celui de Bourgoin, quoiqu'éloigné de la mer, peut être assimilé à ces derniers, ainsi que je m'en suis assuré sur les lieux. Il est des millions d'endroits moins étendus, auxquels on peut encore faire la même application. Les environs de Paris même en offrent beaucoup d'exemples.

Pour produire cet effet, il suffit de diriger le cours des eaux pluviales, ou celui d'une rivière sujette à devenir boueuse, vers le lieu à élever, et de disposer le terrain de manière à retenir ou faire écouler les eaux à volonté. Chaque orage, chaque crue de la rivière amèneront une petite portion de limon qui se déposera sur le terrain et l'élèvera nécessairement. Ce moyen est lent, mais certain, mais peu coûteux comparativement à tout autre. On l'appelle dessèchement par ACCOULIN.

Mais tous les terrains à dessécher ne sont pas susceptibles de l'emploi de ce moyen, et, pour l'exécuter dans quelques uns de ceux qui le sont, il faudroit des dépenses de canaux, de digues, d'écluses, etc., plus considérables que le comporte la valeur du terrain; aussi le plus généralement est-ce à la nature et au temps qu'on en abandonne le soin. Elle produit toujours l'effet, mais il lui faut des centaines, des milliers d'années.

La Valdichiana, vallée voisine de Sienne, offre un exemple des avantages qu'on peut retirer d'un système d'exhaussement du sol conduit avec science et constance ; d'incultivable et d'insalubre qu'elle étoit il y a cinquante ans, elle est devenue riche et très peuplée. Le mécanisme consiste à rompre la chaussée de la Facnna, rivière, ou mieux, torrent qui y coule, et à faire couler ses eaux dans les lieux les plus bas lorsqu'elles sont le plus chargées de limon. Par ce moyen, avec le laps de temps, le sol s'élève, se fertilise, et rend plus facile l'écoulement des eaux. C'est ainsi que l'on prépare par des améliorations partielles toutes les parties de cette vallée, dont la situation étoit précaire et incertaine relativement aux récoltes, et sur-tout d'un séjour très dangereux pendant l'été, à devenir riches et saines.

On a dernièrement cité un marais près de Meaux qui a été élevé et offert à la culture par un moyen du même genre.

Il y a déjà près de vingt ans que le gouvernement a tenté de combler ainsi un des étangs qui bordent la mer aux environs de Béziers, et on va reprendre cette opération.

Comme il a déjà été parlé de cet objet au mot Canal, et qu'il sort un peu des travaux ordinaires de la culture, je ne m'étendrai pas davantage sur ce qui le concerne.

Un autre moyen plus à portée des cultivateurs, parcequ'ordinairement il demande plus de temps que de dépense, est celui de la végétation. Il est également dans la nature. Tout étang devient marais, et tout marais terre cultivable, par le seul effet de l'accumulation annuelle du détritus des racines, des tiges et des feuilles des plantes qui y croissent. L'homme peut favoriser l'accélération de ce moyen, en substituant des plantes qui fournissent plus de détritus à celles qui en fournissent moins. Ainsi le roseau élève plus promptement le fond des étangs que le jonc. L'aune, à raison de la rapidité de sa croissance et de la longueur de ses racines, convient parfaitement pour élever les marais. *Voyez* aux mots Tourbe, Marais. (B.)

ELEVER. On dit élever un animal, une plante, lorsqu'on les soigne pendant les premières années de leur vie. On dit aussi qu'un arbre s'élève lorsqu'il croît en hauteur. L'influence des premières années des animaux, comme des plantes, s'étend sur toute la durée de leur vie. Ceux qui s'occupent de les élever ne doivent donc négliger aucun des moyens propres à faire jouir les premiers de tous les avantages physiques et moraux dont la nature les a rendus susceptibles, et ne pas contrarier la nature dans le développement des secondes. *Voyez* aux mots Animal et Végétal. (B.)

ELLEBORE. *Voyez* Hellebore.

ELLEBORE NOIR ET BLANC. *Voyez* VERATRE.

ELYME, *Elymus.* Plante graminée, vivace, à racines traçantes, très longues et très nombreuses; à tiges articulées, feuillées, hautes de deux ou trois pieds; à feuilles longues, striées, très glauques; à épis de plus d'un demi-pied de long, qui croît dans les sables des bords de la mer, et qui est une des plus propres à fixer ceux de ces sables qui sont mouvans.

Cette plante, qu'on appelle *élyme des sables*, appartient à un genre peu nombreux en espèces, qui toutes peuvent lui être substituées.

Outre l'utilité de l'élyme des sables pour l'usage que j'ai déjà cité, elle peut encore, à raison de la grosseur de ses touffes et de la grandeur de ses feuilles et de ses tiges, être employée à chauffer le four, ou à augmenter la masse des fumiers. Quand on sait combien de dunes sont inutiles en France, parcequ'on ne peut fixer les sables qui les composent et leur fournir la quantité d'engrais qu'elles exigent pour devenir fertiles, on se demande pourquoi donc on ne multiplie pas davantage l'élyme et le roseau des sables, tous deux si propres à remplir cet objet? Par ignorance d'un côté, par insouciance de l'autre. *Voyez* au mot DUNE.

Si on vouloit se procurer une quantité de graines d'élyme des sables pour faire des semis en grand, il faudroit commencer par cultiver de petites parties de cette plante; car elle n'est pas commune. C'est au printemps, après les vents de l'équinoxe, qu'il conviendroit de confier cette graine à la terre, parcequ'alors elle seroit moins long-temps exposée à être emportée ou trop enterrée par les vents, ou mangée par les oiseaux qui en sont très avides. (B.)

EMBALLAGE DES PLANTES. Lorsqu'on se contente des arbres, des arbustes et des plantes de sa propre culture pour effectuer ses plantations, on peut arracher et mettre en terre ces objets le jour même, et par conséquent ne les laisser exposés que quelques instans à l'air; mais lorsqu'on désire se procurer des articles qui ne se trouvent qu'à quelques lieues, qu'à cent lieues, qu'en Amérique ou dans l'Inde, il faut les faire emballer pour qu'ils arrivent en état de végétation, et ne *manquent pas à la reprise*, comme disent les pépiniéristes.

Pour arriver à ce but, il y a différentes méthodes dont je vais faire l'énumération.

Lorsque la distance est peu considérable, et les objets d'un gros volume, comme des arbres fruitiers en tige, des ormes, des peupliers, etc., on les entasse sur une voiture garnie de litière sur son fond et sur ses côtés, de manière que, s'ils sont longs, les racines soient sur le devant, et s'ils sont courts, elles soient alternativement sur le devant et sur le derrière, et de niveau. Ensuite on garnit ces racines, ainsi que le dessus de la charge, de litière un peu humide, et on l'assujettit au moyen de cordes ou de harts. On peut ainsi pendant l'hiver, lorsqu'il ne gèle pas, faire faire à des arbres cinquante lieues et plus. Quelques personnes pensent qu'il est avantageux de beaucoup mouiller la litière, mais c'est une erreur ; car loin de favoriser la conservation des arbres, cette opération les fait noircir et même périr. Il suffit, comme je viens de l'observer, que la litière soit humide. L'important c'est qu'elle entoure exactement les racines, et qu'elle empêche l'action desséchante de l'air sur elles.

Quand les objets sont en pots, on les met debout dans une charrette, et on fixe les pots en remplissant leurs intervalles le plus possible avec de la litière. On met ensuite une épaisseur de cinq à six pouces de la même litière sur les pots, et on l'assujettit soit avec des perches, soit avec des cordes. Ainsi disposées, les plantes pourroient aller au bout du monde, puisqu'elles sont sur la charrette comme elles étoient dans le jardin. Il suffit de les arroser légèrement, et de temps en temps.

Mais cette excellente méthode de transporter des plantes est coûteuse, en ce qu'il n'en peut pas tenir beaucoup sur la plus grande voiture, et dangereuse en ce que tous les passans, toutes les personnes qui se trouvent dans les auberges peuvent les détériorer, même les voler ; aussi les pépiniéristes l'emploient-ils peu.

Les deux méthodes d'emballage qu'ils suivent sont,

1° De mettre les plantes en pot après avoir garni la surface de la terre de ces pots avec de la mousse fixée au moyen de ficelles croisées, après avoir assujetti la tige de la plante à un tuteur proportionné à sa force, dans un panier circulaire ou carré dont la profondeur soit le double ou le triple de la hauteur des pots, et à remplir l'intervalle de ces pots avec de la mousse la plus tassée possible, après quoi on fixe au panier, par une de leurs extrémités, un certain nombre de baguettes plus longues d'un demi-pied que la plus grande des plantes, et on réunit toutes ces baguettes en un point au-dessus du centre du panier par leur autre extrémité.

Cette méthode est la méthode anglaise. Elle seroit excellente, si les pots n'étoient pas aussi sujets à se casser par suite de la foiblesse du panier.

2° De dépoter les plantes après les avoir légèrement arrosées et attaché leurs tiges à un tuteur aussi long qu'elles, et d'entourer la motte de mousse fortement assujettie autour d'elle par plusieurs tours de ficelle. Cela fait, on range ces mottes en remplissant leurs intervalles de mousse sèche et bien comprimée aux deux extrémités d'une caisse dont la capacité est proportionnée à leur nombre, et la longueur un peu supérieure à la hauteur de la plus grande tige, de manière que les tiges alternent en sens contraire. Cela fait, on garnit la base de ces tiges de mousse qu'on assujettit au moyen de ficelles ou de liteaux de bois, on ferme la caisse, et on y fait, vers le milieu de sa longueur, un certain nombre de larges trous de tarière pour lui donner de l'air intérieurement.

Cette méthode est la méthode française. Elle remplit aussi bien son objet que possible quand elle a été convenablement exécutée. Son principal inconvénient est la privation de la lumière, et cet inconvénient est nul quand les plantes ne restent pas plus de six à huit jours dans la caisse.

Lorsqu'on veut envoyer des plantes dans les colonies des deux Indes, ou en faire venir de ces contrées lointaines, il y a aussi deux méthodes qui ne sont que des modifications, appropriées à la différence des circonstances, de celles dont je viens de parler.

Ainsi le panier anglais se transforme en une caisse par exemple de six pieds de long sur deux de large et deux de haut, surmontée d'un châssis vitré susceptible de se lever en totalité et en partie. C'est une serre ou une bâche en miniature qu'on remplit de plantes, et qu'on place sur le pont d'un vaisseau. Lorsqu'il fait beau temps, on tient le châssis ou une partie du châssis levé. Lorsque la mer est orageuse on les ferme.

On peut voir au jardin du Muséum d'Histoire naturelle de Paris de ces caisses fabriquées sous la direction de mon estimable confrère Thouin. Elles ne laissent rien à désirer.

Ainsi la caisse française se transforme en une simple caisse percée de beaucoup de petits trous, garnie intérieurement, contre ses parois, de longue paille, entièrement remplie de terre ni sèche ni humide, dans laquelle sont noyées autant que possible des racines surmontées de quelques pouces de tiges lorsqu'elles appartiennent à des arbres ou à des arbustes.

J'ai vu recevoir, et j'ai reçu moi-même pour les pépinières impériales et nationales, des envois de l'Amérique septentrionale, faits par Michaux père et par Michaux fils, renfermant des objets précieux dont peu ont manqué à la reprise.

Trois circonstances peuvent empêcher de remplir ce but. Le trop de sécheresse de la terre, son trop d'humidité ou son tassement qui laisse un vide. C'est par des soins qu'on peut empêcher ces circonstances de n'être ; mais il n'est pas facile de calculer d'avance leurs résultats.

Les plantes arrivées par laquelle que ce soit de ces méthodes d'emballage sont fatiguées, étiolées, souvent même en partie mortes. On doit les rempoter, les mettre à l'ombre, même à l'abri du grand air, les arroser légèrement et souvent. Celles qui veulent de la chaleur seront placées sous une bâche toujours à l'abri du soleil, et peu à peu accoutumées au grand air.

L'emballage des graines ne consiste, pour beaucoup, qu'à les mettre dans des sacs. Pour d'autres (ce sont celles qui sont huileuses et qui rancissent facilement, ou celles qui sont cornées, et qui une fois desséchées ne peuvent plus prendre l'eau nécessaire à leur développement), il faut les stratifier avec de la terre ou de la sciure de bois ou de la mousse, le tout ni trop sec ni trop humide. Il est des baies qui se transportent assez bien à de grandes distances, lorsqu'on les met avec de l'eau dans une bouteille exactement fermée; mais pour d'autres cela ne réussit pas. (B.)

EMBLAISON. C'est la saison des semailles.

EMBLAVER. Vieux mot encore employé dans quelques cantons, et qui est synonyme d'Ensemencer. *Voyez* ce mot.

EMBLAVURES. Ce sont les terres ensemencées.

EMBLAY. Partie d'une Charrue. *Voyez* ce mot.

EMBONPOINT. On dit qu'un animal a de l'embonpoint lorsque ses muscles ne sont ni trop ni trop peu saillans, c'est-à-dire qu'il a justement la proportion de graisse convenable pour exécuter ses mouvemens avec souplesse et vigueur en même temps.

Il est toujours de l'intérêt des agriculteurs d'entretenir leurs bestiaux en état d'embonpoint par une nourriture suffisante et des travaux modérés. Le plus pauvre d'entre eux ne peut pas s'excuser d'avoir un cheval étique, puisque mieux conduit il peut gagner beaucoup plus qu'il ne coûte. C'est à l'ignorance, à la seule ignorance qu'on doit attribuer la triste situation du bétail dans tant de cantons de la France; ainsi il suffiroit d'éclairer l'enfance pour la faire cesser partout. Qu'on aille en Suisse, en Allemagne et en Angleterre, et on verra la preuve de ce fait. Les lumières amènent la bonne conduite; la bonne conduite la richesse et réciproquement, lorsqu'il n'y a pas excès. (B.)

EMBOUCHE. Pré d'Embouche. Dans le Charolais on donne ce nom à un pré destiné à l'engrais des bœufs. Ailleurs on dit: *Herbage de graisse ; pré à engraisser les bœufs*. (Tes.)

EMBROCATION. (Médecine vétérinaire.) Les embrocations ou onctions sont des médicamens liquides qu'on applique à l'extérieur de l'animal comme les fomentations.

Elles ne diffèrent de ces dernières que parceque, dans les premières on y fait entrer des huiles, des graisses, des onguens, etc. Quelquefois elles ont pour base des infusions, des

décoctions de plantes , souvent aussi ce ne sont que des mélanges d'huile , d'onguens et de liqueurs spiritueuses.

Quand on dit donc, en médecine vétérinaire , faire une embrocation , on doit entendre que ceci n'est autre chose qu'arroser une partie avec des eaux , des huiles , des onguens , etc.

On approprie les embrocations à l'état de la partie malade
et aux indications qui se présentent.

EMBROCATION ÉMOLLIENTE ET ADOUCISSANTE. Prenez huile
d'olive ou d'amandes douces ; infusion de millepertuis , deux
onces de chaque ; mêlez.

EMBROCATION RÉSOLUTIVE ET FORTIFIANTE. Prenez huile de
rosat et de laurier , deux onces de chaque, mêlez ; ajoutez-y
eau-de-vie camphrée ou esprit-de-vin. On peut laisser une
estoupade sur la partie. (R.)

EMBUNEAUTER. terme de la Suisse pour dire FUMER.

EMERUS. *Voyez* CORONILLE DES JARDINS.

EMINE. Ancienne mesure de grains. *Voyez* MESURE.

EMINE , ÉMINÉE. Noms de mesures de terre qui étoient
en usage dans le ci-devant Dauphiné. *Voyez* MESURE. (TES.)

EMMANEQUINER. C'est mettre les racines d'un arbre
qu'on vient de lever avec la motte dans un panier à claire-voie,
qu'on appelle à Paris un mannequin , afin d'empêcher cette
motte de se briser.

On emmanequine principalement les arbres verts dont les
racines sont si délicates que quelques instans d'exposition à
l'air suffisent pour les frapper de mort. *Voyez* aux mots PIN
et SAPIN.

Quelquefois on enterre le mannequin avec l'arbre, et l'année suivante on le transporte avec certitude de la reprise au
lieu qui lui est destiné. *Voyez* PLANTATION. (B.)

EMMEULAGE. On donne ce nom à l'opération par laquelle
on réunit en tas coniques, en meules, et sur place , les foins
qui viennent d'être coupés et séchés.

EMMIÉLURE. Certaine quantité d'onguent qu'on met
dans le pied d'un cheval pour adoucir et détendre la corne.
De la filasse trempée dans l'eau simple et souvent humectée
produit le même effet ; les maréchaux composent un très grand
nombre d'espèces d'emmiélures plus ou moins chargées ; le
tout est très inutile. (R.)

EMMIÉLURE. Aux environs de Landrecies , département
du Nord , on appelle *emmiélure* un amaigrissement des blés
qui restent long-temps verts et mûrissent difficilement. Cette
maladie paroîtroit avoir beaucoup de rapport avec le *rachi-
tisme* ou *blé-avorté*. Les gens du pays l'attribuoient à l'usage
où l'on étoit d'employer pour engrais une terre noire sul-

fureuse qu'ils tiroient de loin ; mais rien ne prouve que ce fût là la cause de l'*emmiélure*. On assure qu'ils ont abandonné presqu'entièrement l'usage de cet engrais ; je ne sais si depuis cette époque l'emmiélure a cessé. *Voyez* MIELAT, maladie dont l'emmiélure pourroit être l'effet. (TES.)

EMOLLIENS. Classe de remèdes qui ont pour objet de distendre les parties, de les rendre plus molles, et par-là de diminuer la douleur produite et par leur roideur et par les humeurs que cette roideur empêche de circuler.

Beaucoup de personnes prétendent que l'eau, aidée de la chaleur, est le seul véritable émollient; que toutes les substances auxquelles on donne ce titre ne sont que des véhicules de ces deux principes. Cela peut être vrai; mais il n'en reste pas moins certain que la plupart de ces substances produisent mieux l'effet désiré que l'eau simple, et peuvent s'employer avec beaucoup plus de facilité à raison de leur consistance épaisse.

Les émolliens sont très nombreux. Ceux dont l'art vétérinaire fait le plus d'usage se réduisent à l'eau tiède, aux feuilles et aux racines des malvacées, à la farine d'orge ou autres céréales, à la graine de lin, au son, à la mie de pain, et aux corps gras, tels que les graisses et les huiles récentes, l'onguent populéum et autres préparations pharmaceutiques. Je dis les graisses et les huiles récentes, parceque devenues rances elles sont irritantes par l'effet de l'acide sébacique qu'elles développent, et qu'alors elles remplissent des indications opposées. (B.)

EMONDER. Ce mot s'applique le plus généralement à l'action d'enlever à un arbre les branches sèches, les chicots, les lichens et autres causes de défectuosité. On émonde aussi ou monde le riz, les lentilles, les pois, c'est-à-dire qu'on sépare, à la main, une portion de ces graines, celles qui sont gâtées, et les pierres, les morceaux de bois, etc, qui s'y trouvent mêlés. Au reste, ce mot n'est plus guère d'usage. (B.)

ÉMONDEUR. Sorte de CRIBLE percé de trous en partie ronds, en partie oblongs, qu'on emploie dans quelques départemens pour nettoyer les blés.

ÉMOTOIR. Espèce de BATTE, *voyez* ce mot, ou même simple bâton terminé par une massue avec lequel on casse les mottes des champs dont la terre est compacte. *Voyez* ÉMOTTER. (B.)

EMOTTER, *briser les mottes.* Il est bon quelquefois que, dans les terres légères et qui se déchaussent facilement, il y ait un peu de mottes, pourvu qu'elles ne soient pas trop grosses. Pendant l'hiver elles se réduisent en terre et rechaussent le pied des plantes ; mais dans un terrain compacte, elles sont nuisibles, sur-tout quand elles sont grosses. D'abord elles s'opposent à la levée des grains, qui n'ont pas la force de les soulever, et ne peuvent se jeter de côté ; elles se durcissent à l'air et gênent les moissonneurs ; enfin c'est une terre agglutinée qui est absolument perdue pour les plantes qui végètent aux environs. Lorsque les labours ont été faits par un temps humide, suivi d'un grand hâle, il y a beaucoup de mottes. On les casse avec un maillet à long manche ou masse de bois appelée *brise-motte*, *casse-motte* ; ou profitant du lendemain ou du surlendemain d'une petite pluie, on y fait passer le rouleau ou une herse tournante, qui n'est autre chose que la herse unie au rouleau. (TES.)

EMOUSSER. Rendre obtus un instrument tranchant ou pointu, en frappant sur un corps dur, et enlever la mousse et le lichen de dessus les arbres. Ces deux acceptions sont employées en agriculture.

Quoique je ne regarde pas les mousses et les lichens comme des plantes parasites, c'est-à-dire vivant aux dépens de la sève des arbres où ils se trouvent, je pense, avec la plupart des agriculteurs, qu'ils nuisent à leur végétation, en conservant une humidité constante sur leur écorce et en empêchant leur transpiration, et par conséquent qu'il est bon de les enlever. On fait cette opération, en hiver, avec un couteau dont le tranchant est émoussé, ou avec une grosse brosse, ou un bouchon de paille. Varennes de Fenilles a remarqué que le meilleur moyen d'émousser les arbres étoit de les enduire d'eau de chaux au moyen d'une brosse à batijotter. Cette eau fait périr toutes ces plantes sans nuire en aucune manière à l'arbre.

On émousse aussi les prairies humides et même sèches qui se couvrent de mousses en y passant un râteau de fer pour en enlever la plus grande partie, et en la saupoudrant ensuite de chaux. Au reste, comme la production de la mousse dans ce cas annonce l'épuisement du sol, il vaut autant labourer ces prairies pour y cultiver pendant quelques années des céréales ou autres objets, et ensuite la semer en luzerne, en sainfoin, etc.

Il est remarquable que l'abondance des lichens et des mousses sur les arbres annonce toujours un mauvais sol ou une maladie. Ceux qui poussent vigoureusement en ont beaucoup moins. J'ai vu des arbres d'agrément en sol aride, qui en étoient couverts, les perdre lorsqu'on eut fait passer sur leurs racines un filet d'eau qui leur donna une nouvelle vie. Fréquemment on les fait disparoître des arbres fruitiers en renouvelant la terre de leurs racines ou en lui donnant de puissans engrais. Une simple fente longitudinale faite à l'écorce a aussi une fois, sous mes yeux, produit le même effet. (B.)

EMPAILLER. Se dit, 1° des cloches de jardin, lorsque pour

les retirer et les conserver dans les serres on les emboîte les
unes dans les autres , ayant soin de mettre entre elles un peu
de paille, afin qu'elles ne se cassent pas ; 2° des pieds de car-
dons et d'artichauts, qu'on entortille de paille pour les faire
blanchir en interceptant la lumière ; 3° des arbres d'espalier ,
exposés à la trop grande ardeur du soleil, qu'on abrite par
un petit paillasson fixé sur les tiges ; 4° des arbres fruitiers
tels que les pommiers, placés dans les terres cultivées, qu'on
est obligé de garnir de liens de paille jusqu'à une certaine
hauteur, afin que la charrue en passant n'endommage pas leur
écorce , ou que les bestiaux ne leur nuisent pas en se frottant
contre ; 5° les arbres et arbustes qui craignent les gelées de nos
hivers. *V.* COUVERTURE. (TES.)

EMPAN. Nom d'une ancienne mesure en usage dans les
Pyrénées. *Voyez* MESURE.

EMPEAU. C'est la greffe en COURONNE. *Voyez* ce mot.

EMPHYSÈME. Air renfermé sous la peau et qui forme une
tumeur molle , élastique, indolente.

Des coups sont le plus souvent la cause de l'emphysème dans
les animaux domestiques.

Ordinairement l'emphysème se guérit par le bénéfice du
temps. On peut accélérer sa guérison par des emplâtres d'herbes ou de semences aromatiques ou astringentes. La ponction
guérit encore plus vite, mais peut quelquefois avoir des suites
graves. (B.)

EMPHYTÉOSE , EMPHYTÉOTIQUE. *Voyez* le mot
BAIL.

EMPIERREMENT. C'est empiler des pierres dans un trou ,
ou dans un fossé, pour donner de l'écoulement aux eaux entre
leurs interstices.

Il est un grand nombre de cas où un empierrement augmente de beaucoup la valeur d'un terrain, et où on ne doit
pas craindre par conséquent de faire quelque dépense pour y
en pratiquer.

De toutes les pierres, les meilleures pour faire un encaissement sont les meulières, à raison de leur indestructibilité et
de leur porosité. Au reste, on doit toujours employer celles
qu'on a le plus à proximité, quelle que soit leur nature.

Comme petit à petit les eaux pluviales introduisent de la
terre entre les interstices des pierres des empierremens, on est
obligé de loin en loin de les relever pour l'ôter.

On fait des empierremens dans les jardins, sous les allées,
afin qu'elles soient toujours sèches , et sous les routes pour la
même raison et de plus pour augmenter leur solidité. (B.)

EMPLATRE. On a transporté ce mot du langage de la
médecine dans celui du jardinage. Dans ce dernier art, comme

dans le premier, on a cru long-temps que les onguens les plus compliqués étoient les meilleurs. Aujourd'hui qu'on sait que les emplâtres agissent principalement en privant les plaies du contact de l'air et en les entretenant dans une humidité et une température égale, les plus simples paroissent préférables. L'onguent de Saint-Fiacre, qui est un mélange de terre et de bouse de vache, est donc la matière que je préfère pour recouvrir les plaies des arbres les plus communs, ou dont on peut espérer que les plaies seront bientôt cicatrisées. Pour ceux qui sont plus précieux ou dont les plaies sont d'une telle grandeur qu'on ne peut pas croire qu'elles seront fermées dans le courant d'une année, il faut en employer un plus durable. Celui dont la recette a été publiée par Forseyth, jardinier du roi d'Angleterre, quoiqu'à mon avis trop compliqué, ayant beaucoup été préconisé dans ces derniers temps, peut être alors préféré. Voici sa composition :

« Prenez un boisseau de bouse de vache, un demi-boisseau de plâtre de vieux bâtimens (celui des plafonds est le meilleur), un demi-boisseau de cendres de bois, et la sixième partie d'un boisseau de sable de rivière. On doit tamiser ces trois objets avant de les réunir, et les bien mélanger avec une spatule de bois.

« On peut employer cette composition dans la consistance du mortier et sous la forme d'emplâtre ; mais il est plus avantageux d'en faire usage sous une forme plus liquide, parcequ'elle adhère plus fortement à l'arbre et malgré cela permet plus facilement à l'écorce de croître. On la délaie donc avec de l'urine ou de l'eau de savon jusqu'à ce qu'elle ait la consistance d'une couleur un peu épaisse.

« On a soin de rendre la coupure de la blessure bien unie, d'arrondir les bords de l'écorce et de la rendre aussi mince que possible, ensuite on applique dessus la composition avec un pinceau. On prend alors une certaine quantité de poudre sèche composée de cendres de bois, mêlées avec une sixième partie d'os brûlés. On la met dans une boîte qui ait des trous à son sommet, et on secoue cette poudre sur la surface de la composition jusqu'à ce que le tout en soit couvert. On la laisse ainsi pendant une demi-heure pour qu'elle absorbe l'humidité. On remet ensuite davantage de poudre. On la bat légèrement avec la main et on répète l'application de la poudre jusqu'à ce que tout l'emplâtre devienne une surface sèche et unie. »

Je me suis extrêmement bien trouvé pour guérir les plaies des arbres de les recouvrir, après les avoir bien unies, d'une vescie ou d'un parchemin sur lequel je mettois de l'onguent de Saint-Fiacre ou simplement de la terre contenue avec un vieux linge ou un tampon de paille fixé avec un osier. Il y a complète suppression du contact de l'air et cependant facilité à l'écorce de se prolonger sous le parchemin pour recouvrir la plaie, tandis qu'elle a, ou doit avoir, car je n'ai pas d'expériences à cet égard, de grands efforts à vaincre pour arriver au même but sous l'emplâtre pierreux de Forseyth.

Dans tous les cas il est extrêmement avantageux de mettre l'emplâtre aussitôt que la plaie a été faite. On gagne par-là considérablement de temps. *Voyez* Enclumen, Onguent et Plaie. (B.)

EMPOIS. L'amidon mis dans l'eau bouillante se dissout et forme une espèce de colle dans laquelle les blanchisseuses trempent les mousselines, les gazes, le linge fin qu'elles ont lavés, afin de donner à ces tissus un certain degré de fermeté; c'est cette colle qu'on appelle empois. On colore très souvent l'empois avec du bleu d'azur, car le blanc bleuâtre est plus ami de l'œil que le blanc pur. Il sert aussi fréquemment dans les arts à des objets analogues.

L'empois se conserve beaucoup plus long-temps sans se corrompre que la colle de farine, parcequ'il ne contient pas la matière glutineuse qui fait la plus forte partie de la farine de froment, et qui se rapproche beaucoup des matières animales; cependant une ménagère économe n'en prépare à la fois que ce qui est justement nécessaire pour *empeser* le linge qu'elle vient de laver. *Voyez* Lessive. (B.)

EMPOISSONNEMENT. *Voyez* au mot Etang.

EMPORTER, S'EMPORTER. On dit qu'un arbre s'emporte lorsqu'il ne pousse que du haut et que ses pousses sont considérables. C'est presque la même chose qu'Elancer, s'Elancer. *Voyez* ce mot.

EMPOTER, REMPOTER. C'est mettre une plante dans un pot avec de la terre. Cette opération, si simple au premier aperçu, doit cependant être accompagnée de certaines précautions. D'abord, comme la plante ne pourra pas étendre ses racines au-delà du pot, et par conséquent aller chercher au loin la nourriture qui lui est nécessaire, il faut que la terre qu'on lui donne soit, relativement à la nature de la plante, d'une qualité supérieure à la terre commune. Aussi presque toujours sont-ce des terres composées et où abondent les principes fertilisans, c'est-à-dire les substances animales et végétales en décomposition, des terres qu'outre cela on a laissé s'imprégner pendant deux ou trois ans des gaz atmosphériques qu'on emploie dans ce cas. Souvent aussi pour les plantes à racines délicates sont-ce des terres où le sable de bruyère domine. Ces terres, de quelque espèce qu'elles soient, doivent être pulvérulentes et presque sèches pour pouvoir se tasser facilement autour des racines des plantes.

L'acte de l'empotage dans les grandes pépinières se fait ordinairement sur une table à hauteur d'appui, afin que les ouvriers qui y concourent se fatiguent moins et aillent plus vite. On en divise le travail au moins entre trois personnes. Une apporte là terre et les pots sur la table et les enlève lorsqu'ils sont pleins ; une autre met une coquille d'huître, ou un tesson de pot, ou une petite pierre, ou du gros sablon dans le fond du pot et le remplit à moitié de terre ; enfin la troisième enlève les plants des autres pots, les sépare, dispose leurs racines dans le nouveau pot, les recouvre de terre, qu'elle tasse par la percussion ou quelques légers coups du dos de la main.

Les matières solides et irrégulières qu'on met dans le fond du pot sont destinées à empêcher les racines de passer par les trous réservés pour l'écoulement des eaux, et à faciliter en même temps l'écoulement de ces mêmes eaux. Il est très important de veiller à ce qu'elles soient bien disposées, car beaucoup de plantes précieuses périssent uniquement parcequ'elles ont le pied dans une eau stagnante.

Quelques personnes croient bien faire en comprimant fortement la terre avec le pouce et même avec un refouloir de bois autour des racines ; mais elles agissent directement contre leur but, ces racines, gênées dans leur position, ne pouvant plus reprendre celle qui leur étoit naturelle, ou aller chercher les sucs qui leur sont nécessaires. Il faut laisser à l'eau des arrosemens le soin d'achever de les entourer complètement de terre, et seulement veiller à ce qu'il n'y ait pas entre elles de trop grands vides, et sur-tout des vides qui ne puissent pas se remplir ; or la pulvérulence de la terre le permet.

La séparation du plant demande aussi des précautions. S'il est petit, il faut, autant que possible, lui conserver une motte. S'il est grand, on ne peut se dispenser de lui couper le pivot. Quand il sort des pots, on peut assez facilement couper avec un couteau, la terre qu'on a au préalable arrosée, et de manière qu'il n'éprouve par la transplantation aucun retard dans sa végétation. Une demi-heure de travail en apprend plus à cet égard que des journées de lecture. *Voyez* PÉPINIÈRE.

Aussitôt qu'on a rempli une suffisante quantité de pots pour consommer l'eau d'un arrosoir, on les arrose non rapidement, mais petit à petit, c'est-à-dire qu'on emploie un arrosoir à petits trous, et qu'on y revient à différentes fois jusqu'à ce qu'on juge que toute la terre est abreuvée. Ce soin est sur-tout indispensable quand on emploie de la terre de bruyère, naturellement très sèche et qui prend difficilement l'eau. J'ai vu bien des plantes précieuses périr dans ce cas, pour n'avoir mouillé que la surface de la terre.

Les empotages peuvent se faire toute l'année ; mais le printemps et l'automne sont les saisons où on en fait le plus. Quelques jardiniers de la vieille école ne manquent jamais de couper à outrance le chevelu des jeunes plantes qu'ils placent dans des pots ; mais quoique cette opération, ainsi que je l'ai fait voir au mot PLANTATION, soit moins inconvenante que les écrivains en agriculture l'ont cru, il est mieux de se contenter d'ébarber légèrement, pour employer l'expression technique, les parties de ce chevelu, qui sont contournées, qui dépassent trop les autres, ou celles qui sont malades ou mortes.

Les plantes nouvellement empotées doivent être tenues à l'ombre pendant quelques jours, et même, s'il est possible, hors de l'action d'un air trop vif, dans une orangerie par exemple. Cela assure d'autant plus leur reprise. On les arrosera plutôt abondamment que pas assez, sans cependant les noyer. Lorsqu'au bout de ce temps celles qui s'étoient fanées se sont relevées, on peut être assuré qu'elles sont sauvées, et il n'y a plus de danger à les placer dans l'endroit qui leur est destiné.

Celles de ces plantes qui ont été semées sur couche et sous châssis demandent ordinairement à y être remises après leur rempotage. Dans ce cas, on recouvre la couche ou le châssis avec des paillassons ou des toiles pour intercepter les rayons du soleil, et on ne donne que le moins d'air possible aux châssis.

Le rempotage diffère de l'empotage, en ce qu'il s'exerce sur des plantes et des arbustes de plus d'un an d'âge et qui étoient déjà en pot. Ici, après avoir enlevé la plante du pot avec toute la terre qui s'y trouve, et qui ordinairement ne se rompt pas, sur-tout si on a eu soin de faire un arrosage copieux la veille, comme on le doit toujours, on coupe avec un couteau un tiers du diamètre de la motte et un sixième de sa hauteur. Dans ce cas, tout le chevelu qui s'y trouve est coupé, à moins que la plante ne soit très précieuse et très délicate, car alors on le ménage. Ainsi *paré*, on dégage encore un peu de terre d'entre les racines, et on remet la plante dans un plus grand pot avec de la terre préparée ; on arrose et laisse à l'ombre, comme il a été dit plus haut.

On rempote pendant toute l'année, mais principalement au printemps et à la fin de l'été. Il est des plantes qui peuvent n'être rempotées que tous les trois à quatre ans, un plus grand nombre tous les deux ans, et d'autres tous les ans. C'est à la pratique à indiquer quelles sont les espèces qui en ont besoin. En général, on gagne toujours plus à le faire souvent ; cependant il est quelques arbustes que cela fatigue toujours et même risque de faire périr.

C'est ordinairement quand on rempote qu'on fait les multiplications par cayeux, rejetons, déchirement de racines, éclats, etc. Ces opérations ne diffèrent pas assez de celles de pleine terre pour être spécialement décrites ici.

C'est aussi alors qu'on taille la tête des arbustes, qu'on les nettoie de leur bois mort, etc.

L'encaissement et le rencaissement ne diffèrent de l'empotage et du rempotage que parcequ'ils ont lieu dans des caisses de bois. Cependant le rencaissement de l'oranger et autres arbres de sa force est soumis à des différences ; mais elles ne tiennent qu'au mode, c'est-à-dire ne sont relatives qu'à la grosseur des pieds et à la disposition des caisses. *Voyez* Oranger, Caisse, Encaissement, Pot, Rempotage. (B.)

EMPOUILLER. C'est, dans quelques endroits, semer les blés.

EMPYREUME. Odeur particulière que prennent toutes les substances animales, et toutes celles des substances végétales qui contiennent de l'huile, lorsqu'on les expose au feu. C'est ce que dans le langage ordinaire on appelle odeur de brûlé. Cette odeur, que le défaut de soin laisse si souvent se développer dans les alimens, peut être masquée jusqu'à un certain point par des assaisonnemens relevés, mais n'est complètement enlevée par aucun moyen.

L'huile empyreumatique, dont on fait aujourd'hui un assez fréquent usage dans la médecine vétérinaire comme spécifique contre les vers intestinaux et les insectes qui fatiguent les animaux domestiques, contre la gale, etc., se fait avec des poils, des ongles, des cornes, et autres matières analogues, qu'on fait brûler dans une cornue et dont on reçoit les produits dans un ballon plus ou moins rempli d'eau. (B.)

ENARREMENT. *Voyez* Arruer.

ENCAISSEMENT. Ce mot a deux acceptions en agriculture dont la seconde dérive de la première. C'est mettre une plante ou un arbre en caisse, ou faire un large trou, dans une terre non encore remuée, pour y rapporter une terre de bonne nature, ou des pierres, selon l'objet.

Comme la théorie et la pratique de l'encaissement ne diffèrent pas de celles de l'empotage, je renverrai à ce dernier mot.

Ordinairement on ne met dans les caisses que les arbres ou arbustes qui ne peuvent plus tenir dans des pots à raison de leur grandeur, et alors il n'est pas facile de les changer. Pour suppléer à la foiblesse de l'homme on emploie des moufles placées au sommet d'une grande échelle double, et qui enlèvent perpendiculairement et sans secousses les arbres les plus gros. On peut voir cette manœuvre à l'orangerie de Versailles, où se trouvent les plus gros arbres en caisse qui soient sans doute en France. Pour que l'écorce du tronc que la corde doit embrasser ne soit pas déchirée par elle, on l'entoure d'un ou plusieurs coussins rembourrés de foin ou de mousse.

On fait un encaissement de la seconde sorte lorsqu'on veut planter des arbres dans un mauvais sol, lorsqu'on veut donner de l'écoulement aux eaux d'un terrain aquatique, lorsqu'on veut établir une route sur une base solide. Dans ces deux derniers cas ce sont des pierres qu'on met dans le trou, et alors on doit donner à l'opération le nom d'EMPIERREMENT. *Voyez* ce mot.

On encaisse aussi un canal, un ruisseau, en soutenant les terres de ses bords au moyen de planches fixées par des pieux. (B.)

ENCASTELURE. Médecine vétérinaire. Ce n'est autre chose qu'un resserrement de la partie supérieure de la muraille du sabot du cheval, du côté des talons, de manière que l'articulation de l'os de la couronne avec l'os du paturon semble surpasser en diamètre la terminaison de la peau à la muraille.

Nous distinguons deux sortes d'encastelures, la naturelle et l'accidentelle. L'une vient de conformation, tandis que l'autre vient communément de ce que le maréchal a trop paré le sol de corne, détruit les arcs-boutans, râpé souvent la muraille, sur-tout à l'endroit de la couronne, près de la terminaison du poil. Cette partie, étant naturellement humide, ne peut que s'altérer par une pareille opération.

Nous pouvons joindre à toutes ces causes la FOURBURE (*voyez* ce mot), un EFFORT de l'os de la couronne avec l'os du pied, la DESSOLURE trop fréquente, et sur-tout les RAIES de feu appliquées trop profondément.

L'encastelure de la première espèce est incurable ; mais quant à l'accidentelle, on parvient à la guérir, en tenant continuellement le pied humecté avec des cataplasmes émolliens, de la terre glaise mouillée ou avec des emmielures, et en ne parant jamais le pied. (R.)

ENCAUSSEMENT. Nom que les bergers donnèrent à l'hydropisie des bêtes à laine. *Voyez* HYDROPISIE.

ENCHAULER LE BLÉ. *Voyez* CHAULER.

ENCHAUSSER LE BLÉ. Le mettre en CHAUX. *Voyez* ce mot et CARIE.

ENCHEVÊTRURE. Médecine vétérinaire. L'enchevêtrure est une plaie que le cheval se fait au paturon et quelquefois plus haut avec sa longe ou la barre.

Nous avons vu des chevaux se prendre tellement dans leurs longes, qu'ils se coupoient la peau jusqu'au tendon; d'autres dont la peau n'étoit que froissée, mais où il y avoit distension des ligamens sans gonflement.

Des étoupes imbibées de vin chaud miellé guérissent l'enchevêtrure lorsqu'elle est récente ; mais on doit se servir de l'eau-de-vie à la place du vin lorsqu'elle est un peu ancienne, et ensuite dessécher la plaie avec la colophane pulvérisée. (R.)

ENCLOS. Enceinte faite autour des terres en cultures pour mettre leurs produits à l'abri des dommages causés par les hommes ou les animaux, mais qui procure encore d'autres avantages importans dont beaucoup d'agriculteurs ne se doutent pas. *Voyez* CLOTURE.

Tous les anciens peuples agricoles regardoient les enclos comme indispensable au succès de leurs travaux, ainsi qu'on le voit dans les écrits de Pline, de Columelle, de Varron, etc. En effet, c'est principalement par leur moyen qu'on peut s'assurer la jouissance complète du fruit de ses travaux, et, de plus, deux sortes de clôtures, les MURS et les HAIES VIVES, fournissent des abris toujours si avantageux à la végétation. *Voyez* au mot ABRI. Qu'on compare les produits d'un terrain enclos avec ceux d'un autre de même nature qui ne l'est pas, et on jugera facilement de la différence. Arthur Young cite des exemples propres à convaincre les plus incrédules que c'est aux clôtures que l'agriculture anglaise doit la plus grande partie de sa prospérité. Deluc, dans ses lettres sur la Vestphalie, prouve par des faits que les bruyères les plus arides peuvent être changées en champs fertiles avec le secours des clôtures. Il est peu de personnes parmi celles qui ont été dans le cas de voyager qui ne puissent étendre la masse des exemples du même genre. Les clôtures sont en faveur dans quelques parties de la France, mais dans le plus grand nombre elles sont inconnues; on s'y borne à défendre des voleurs, par leur moyen, les jardins et les vergers. D'où vient cette insouciance ? 1° De l'habitude, y ayant eu anciennement des lois qui s'opposoient à leur établissement ; 2° de la misère, car on ne peut se dissimuler que les enclos exigent un capital ; 3° de l'ignorance, puisque j'ai entendu souvent déclamer contre elles.

Les adversaires des clôtures disent qu'elles gêneroient le parcours, et que par conséquent les bestiaux et sur-tout les bestiaux appartenans aux pauvres, ne pourroient plus subsister ; mais ils en jugent par certaines localités, où les bestiaux errent une journée entière sur des landes stériles sans pouvoir se rassasier : qu'ils visitent la Suisse d'où il sort chaque année un si grand nombre de bœufs, de vaches et de chevaux ; qu'ils visitent la Flandre, certaines parties de la Normandie, du Limousin, où s'élèvent tant de chevaux ! Bon, dira-t-on ; mais les moutons, ne leur faut-il pas un sol découvert ? Oui, répondrai-je ; mais sont-ce des enclos de quelques toises carrées dont il s'agit ici ? ce sont des clôtures de dix, de vingt, de

cinquante, de cent arpens, et les moutons ne seront-ils pas
à l'aise dans de tels enclos.

Quelle espèce de clôture est préférable ? Je ne puis satisfaire
à cette question autrement que d'une manière générale ; car le
choix dépend et du but qu'on se propose, et du lieu dans lequel on se trouve.

Ainsi un jardin, un verger, une pépinière, etc., doivent
être enclos de murs qui les défendent le mieux des maraudeurs et leur donnent de plus puissans abris.

Ainsi dans les pays de montagnes il est non seulement très
avantageux, mais encore économique, d'entourer les champs,
les vignes, même les bois de murs en pierres sèches tirées du
sol même et successivement, par suite des labours annuels.

Cependant dans la grande culture, dans les pays de plaine
et dans les bons fonds, il faut autant que possible faire ses enclos en haies vives, parcequ'elles sont économiques, durent long-
temps et produisent un revenu qui dédommage bien amplement de leur dépense d'entretien annuel.

C'est principalement dans les pays secs que les haies produisent des effets qui tiennent presque du miracle. J'ai plusieurs
fois traversé les déserts de la Champagne et vu que, par-tout où
on avoit enclos un terrain d'une haie, ce terrain donnoit des
récoltes dix fois meilleures que celles de la plaine. Ceci se rapporte à l'observation de Deluc citée plus haut. En effet, ce qui
manque à ces sortes de terrains c'est l'humidité. Or les arbres
et arbustes conservent cette humidité en interceptant l'action
directe des rayons du soleil et celle des vents, souvent encore
plus desséchante. Il en est de même, par d'autres motifs, relativement aux terrains exposés aux grands vents, tels que ceux
des bords de la mer, du sommet des montagnes, etc., etc., car
ces grands vents nuisent toujours au produit des récoltes, en
s'opposant à la fécondation, en froissant les feuilles dans leur
jeunesse, en brisant les tiges, etc. Une haie, sur-tout une haie
garnie de grands arbres, suffit, non seulement pour garantir
un terrain des pernicieux effets de ces vents, mais même tout
un canton.

Les haies, quoiqu'attirant la fraîcheur autour d'elles, accélèrent cependant la maturité des récoltes; car c'est moins
une grande chaleur de quelques jours qu'une température
égale pendant toute une saison qui l'amène; et qui ne sait que
ce sont les vents qui causent le plus souvent les variations de
cette température. L'expérience de tous les temps le prouve,
et on peut facilement le vérifier, en comparant un arbre à fruit
exposé à tous les vents, à un autre de même espèce abrité.

Les parties de la France où l'on voit le plus de clôtures sont
en général les montagneuses, et ce sont celles cependant où

elles sont le moins nécessaires, parcequc les montagnes mêmes servent le plus souvent d'abri.

Je voudrois donc que le système des enclos fût généralement adopté en France, même dans les pays de grande culture, puisqu'il leur est également applicable. Une haie, accompagnée d'un fossé extérieur, est certainement une dépense ; mais cette dépense peut se faire petit à petit, ou être retardée jusqu'à ce qu'il arrive des rentrées extraordinaires. Et quel est le cultivateur qui, dans le cours de sa vie, n'ait pu sacrifier deux ou trois cents francs qu'il peut en coûter pour enclore un espace de trois ou quatre arpens !

Des considérations qui militent encore en faveur des enclos et que j'ai oublié de faire valoir plus tôt, c'est qu'ils complètent l'idée de la propriété ; c'est qu'ils s'opposent, ou au moins retardent la marche des armées, et par conséquent les empêchent de passer ou de s'établir dans les cantons où ils sont d'un usage général. L'expérience de tous les siècles le prouve. On dit que la largeur des haies fera perdre un terrain précieux ; mais la plus grande production du champ n'en dédommagerat-il donc pas d'un côté, et le produit du bois de la haie n'est-il donc rien ? Je dis plus, c'est un des moyens le plus certain de suppléer à la diminution des forêts, diminution qui croît dans une effrayante progression. Ne voyons-nous pas plusieurs de nos départemens, ceux de la Normandie par exemple, se suffire pour le chauffage, et même la bâtisse, avec le bois de leurs haies.

Dans les terrains en pente les enclos produiront encore un autre effet utile, c'est d'arrêter les terres entraînées par les eaux, et par conséquent de retarder la dénudation du sol des parties supérieures. Aussi est-il des pays de montagnes où on bâtit des murs, où on plante des haies uniquement dans cette intention, tels que la Suisse, quelques parties de la ci-devant Bourgogne, etc., ainsi que j'ai eu occasion de m'en assurer sur les lieux. Là, on remarque toujours au pied de ces murs, de ces haies, du côté du sommet de la montagne, une élévation de terre plus ou moins considérable, c'est-à-dire une véritable terrasse faite par la nature.

Toute espèce de culture gagne à être abritée ; si dans les pays froids et humides les clôtures, sur-tout les clôtures en haie vive, nuisent quelquefois en favorisant l'action des gelées du printemps, en retardant la végétation, en diminuant la production du grain ou du raisin dans une petite largeur à l'exposition du nord, cela ne doit pas arrêter. On peut avec des précautions diminuer ce léger inconvénient, qui est de beaucoup compensé par les avantages des clôtures.

De tous les biens-fonds, ce sont les forêts qu'il est le moins nécessaire d'enclore; cependant que de dégâts produits par les bestiaux seroient évités si elles l'étoient ! Et la difficulté qu'oppose la plus simple clôture aux maraudeurs doit-elle être comptée pour rien ?

Mais il faut bien se convaincre que, dès qu'on s'est décidé à faire enclore son champ, il faut s'assujettir à entretenir en bon état ses murs, ses haies, etc. Il n'est point de voyageur qui ne se soit aperçu que, presque par-tout, on manque de soins à cet égard? Un mur dont quelques parties sont abattues, une haie qui laisse de fréquentes trouées, offrent-ils les avantages qui les avoient fait établir ? Le simple bon sens suffit pour répondre à ces questions.

Dans les cas où on ne peut pas, où on ne veut pas enclore avec des murs, des haies vives, des fossés, on a la ressource des HAIES SÈCHES, des PALISSADES, des TREILLAGES, des TRAVERSES, etc. *Voyez* ces mots et le mot CLOTURE. (B.)

ENCLOUURE. MÉDECINE VÉTÉRINAIRE. L'enclouure est une plaie faite au pied du cheval, lorsque le maréchal, au lieu de faire traverser la corne du pied aux clous destinés à faire tenir le fer, les enfonce au contraire dans la chair vive.

L'enclouure ne diffère de la piqûre qu'en ce que dans la première le maréchal enfonce le clou dans le pied, et que dans l'autre il le retire sur-le-champ, de façon que l'on peut dire que l'un et l'autre de ces accidens reconnoissent les mêmes causes.

Le cheval boite toujours dans l'enclouure. Pour s'assurer encore du clou qui pince la chair vive, il faut frapper tous les clous avec un brochoir, et observer les mouvemens que fait l'animal à chaque coup que l'on frappe. Cette pratique n'est pas encore bien sûre, puisque nous voyons des chevaux qui, par crainte ou par surprise, font à chaque coup de brochoir des mouvemens qui pourroient en imposer à un maréchal ignorant. Le moyen donc qui est à préférer consiste à déferrer le pied, à le parer; on voit alors le clou qui est dans la chair, et en pressant tout le tour du pied avec des tricoises, dont un des côtés sera appuyé sur les rivets, et l'autre vers l'entrée des clous, le cheval feindra en retirant le pied, surtout quand le maréchal touchera l'endroit de l'enclouure, la pression faisant reconnoître l'endroit affecté.

Il faut retirer le clou sur-le-champ, lorsqu'on s'aperçoit que le cheval est encloué; et quoique le sang sorte par la sole de corne et par la muraille, il n'y a aucun danger à craindre; le mal est alors si léger qu'il guérit de lui-même, sans le secours d'aucun remède. Si l'on ne s'aperçoit de l'enclouure que quelques jours après, et si le pus se trouve formé par le séjour du clou dans la chair, il faut aussitôt déferrer le pied, faire une ouverture profonde entre la sole de corne et la muraille avec une tenette ou la cornière du boutoir, pénétrer jusqu'au vif de la substance cannelée, et panser la plaie avec de petits plumasseaux imbibés d'essence de térébenthine. Il arrive souvent que la matière fuse jusqu'au-dessus du sabot vers la couronne ; ce que les maréchaux appellent *souffler au poil*. Dans ce cas, il faut bien se garder de s'opposer à la sortie du pus de ce côté-là, comme nous le voyons pratiquer journellement par les maréchaux de la campagne, qui appliquent des remèdes détersifs et astringens, ou qui donnent des raies de feu sur la couronne, pour arrêter, disent-ils, la fougue de la matière. Quel est le résultat d'une pareille méthode, sinon, comme le dit fort bien M. Lafosse, d'enfermer le loup dans la bergerie ? En effet, le pus, ne trouvant pas d'issue conséquemment à l'action de ces topiques, séjourne dans la muraille, creuse en dedans, fuse et produit des ravages qui rendent la maladie longue et difficile à guérir. Il s'agit au contraire de favoriser la sortie du pus du côté de la couronne, par l'application des cataplasmes émolliens. Ces topiques, donnant à la matière la liberté de s'écouler, suffisent ordinairement sans avoir recours aux suppuratifs ; et il est démontré par l'expérience que le cheval guérit dans l'espace de huit à dix jours.

Si le maréchal rencontre quelque portion de clou dans l'endroit de la piqûre, il faudra le retirer et panser la plaie avec des plumasseaux imbibés d'essence de térébenthine.

L'os du pied peut avoir été piqué par le clou ; on découvre aisément cet accident par la quantité de matière qui sort par le trou, et encore mieux à l'aide de la sonde ; pour lors il faut dessoler le cheval (*voyez* DESSOLER) afin de découvrir le foyer du mal, de donner issue à l'esquille pour la faire exfolier de la manière que nous l'avons indiqué à l'article CARIE. *Voyez* ce mot. L'expérience prouve que c'est le moyen le plus sûr et le plus prompt, sur-tout si l'on voit que ce mal affecte entièrement la sole.

Lorsque l'enclouure a son siège vers les talons, et que la matière, par son séjour, a gâté le cartilage, il est indispensable d'extirper la partie gâtée par l'opération du javart encorné. *Voyez* JAVART ENCORNÉ, CLOU, CLOU DE RUE. (R.)

ENCRES. Liqueurs noires qui servent à écrire, à imprimer et à beaucoup d'autres usages.

Comme il n'est pas toujours facile de se procurer de la bonne encre à écrire dans les campagnes, je crois devoir donner ici la composition de l'encre la plus noire et la plus indestructible.

A un mélange d'une partie de bois de Brésil, de trois parties de noix de galle, d'une et demie de sulfate de fer (couperose verte), d'une partie un quart de gomme arabique, et d'un quart de sucre, le tout dissous dans quarante-six parties d'eau, on ajoute une partie un quart de bon indigo réduit en poudre très fine, et de trois quarts de noir de fumée.

Les véritables principes de l'encre sont l'acide gallique et l'oxide de fer; ainsi les autres ingrédiens qu'on y met ont pour objet, ou de foncer sa couleur (le bois de Brésil), ou de la rendre inattaquable par l'acide muriatique oxigéné (l'indigo et le noir de fumée), ou de lui donner du corps (la gomme), ou de lui donner de la fluidité (le sucre).

Les recettes pour la fabrication de l'encre sont très nombreuses, et leur résultat est souvent très peu satisfaisant. Je crois que celle ci-dessus, qui est de Vestrumb, remplit toutes les données désirables.

L'encre des imprimeurs est un composé de thérébenthine, d'huile de noix ou de lin et de noir de fumée, réduit par la cuisson et par le broiement en une espèce de pâte liquide, à peu près semblable à de la bouillie un peu épaisse.

Celle qu'on appelle de *la Chine* (la véritable s'entend, car à la Chine on en fait aussi avec du noir de fumée et de la farine de riz), est la liqueur desséchée qui se trouve dans un mollusque appelé *sèche*. *Voyez* le nouveau Dictionnaire d'histoire naturelle, imprimé chez Déterville, article SÈCHE. L'encre des imprimeurs et celle de la Chine étant plutôt des articles de commerce que d'agriculture, nous ne nous étendrons pas davantage sur ces deux objets. (B.)

ENCROUER. On dit qu'un arbre est encroué, lorsqu'en le coupant il tombe sur un autre arbre, et enchevêtre ses branches dans les siennes de manière qu'on est obligé de couper également le dernier. C'est un cas d'administration forestière, lorsque le second arbre est un baliveau de réserve *Voyez* FORÊT. (B.)

ENDEMIE. On donne ce nom aux maladies qui attaquent en même temps les hommes et les animaux de tout un canton. Les causes de ces maladies, qui sont presque toujours bilieuses, sont ou la stagnation de l'air ou les émanations des gaz délétères, principalement de celles des marais. Quelquefois aussi cependant elles tirent leur origine d'un régime vicieux, d'une nourriture ou d'une boisson malsaine.

Comme les endémies, sur les animaux, ne se distinguent pas bien des ÉPIZOOTIES, je renvoie le lecteur à cet article. (B.)

ENDIVE. Espèce de plante du genre CHICORÉE (*voyez* ce mot), qui est originaire des Indes, et qui se cultive fréquemment dans les jardins, pour ses feuilles qu'on mange en salade ou cuites, et dont on fait une consommation assez étendue dans presque toute l'Europe.

On distingue l'endive de la SCARIOLE ou ESCAROLE (*voyez* ce dernier mot) a ses feuilles bien plus profondément décou-pées, ou presque décomposées, et toujours couchées sur terre. Il s'en cultive six sous-variétés dans les jardins des environs de Paris.

L'ENDIVE PROPREMENT DITE OU ENDIVE GRANDE ESPÈCE. Ses feuilles sont de médiocre grandeur. C'est celle qu'on cultive le plus généralement, et que, faute de renseignemens positifs, il faut regarder comme le type de l'espèce.

L'ENDIVE DE MEAUX a les feuilles plus grandes, un peu moins découpées que celles de la précédente. Elle est d'une plus vigoureuse végétation, et résiste mieux aux intempéries des saisons, ce qui devroit en faire étendre davantage la cul-ture; mais elle est un peu moins tendre et moins fine au goût. On la réserve pour la cuisson.

L'ENDIVE CÉLESTINE, plus petite que la première, plus douce et plus tendre. Elle lui est préférable pour la salade.

L'ENDIVE FINE D'ITALIE, à feuilles encore plus courtes et plus découpées.

L'ENDIVE DE LA RÉGENCE. C'est la plus petite et la plus déli-cate. Ses feuilles sont si déliées et si frisées qu'à peine peut-on voir leurs nervures. Elle est très agréable à voir. Ses feuilles ont à peine cinq pouces de long.

L'ENDIVE TOUJOURS BLANCHE a les feuilles assez semblables à la seconde, mais toujours blanches.

Ce n'est que dans les jardins qu'on cultive les endives. Une terre légère, très fumée et très arrosée est celle qu'il leur faut. Elles ne font que de foibles pousses dans celles qui sont trop argileuses ou trop maigres, et sont amères dans celles qui sont trop sèches. Cependant la surabondance du fumier, sur-tout du fumier trop chargé de principes animaux, lui est nuisible, en ce qu'elle altère leur saveur. C'est donc ou de la litière ou du terreau qu'on doit donner à la terre où on est dans l'inten-tion d'en planter.

Lorsqu'on veut avoir des endives de primeur dans le climat de Paris, on en sème la graine en janvier, sur couche à châssis. Le plant qui en provient se repique en mars, dans une plate-bande exposée au midi, bien labourée et convenablement fumée à la distance de huit à dix pouces. Ce plant est couvert pendant les nuits, et même les jours froids, avec des paillassons soutenus par des perches ou des piquets à la hauteur de trois à quatre pouces. Ces endives peuvent être mangées en mai.

Pour en avoir pendant tout l'été, il faut en semer tous les quinze jours, d'abord sur couche, ensuite en pleine terre; mais il n'y a guère qu'à Paris qu'on suive cette pratique, parceque dès que les chaleurs se font sentir elles montent en graine, et que ce n'est que par une surveillance continuelle et des arrosemens abondans qu'on peut arrêter sa tendance à le faire. Partout ailleurs les endives sont des salades d'automne et d'hiver.

C'est ordinairement en avril qu'on sème en pleine terre les endives destinées à être repiquées en septembre et même en octobre ; car on gagne souvent à retarder cette opération si l'automne est chaud, parceque ce retard arrête leur disposition à monter en graine. Toutes expositions, excepté la méridionale, sont propres pour cet objet, et il est bon de les varier pour multiplier les chances à raison de l'incertitude de la saison. Une distance de douze à quinze pouces pour les petites variétés, et de dix-huit ou vingt pour les grandes, est celle qui est alors la plus convenable. On doit les biner tous les quinze jours, et les arroser abondamment pendant la chaleur. Généralement on coupe leurs feuilles et leur pivot avant de les transplanter ; mais cette pratique doit être repoussée toutes les fois qu'elle n'est pas indispensable.

Lorsque l'endive annonce des dispositions à monter en graine peu après sa transplantation, il y a deux moyens de l'arrêter. Le premier, en la liant ; le second, en la couvrant d'un pot renversé. Dans les deux cas elle blanchit en peu de jours et devient propre à être mangée. Ce n'est que lorsque les jours ont commencé à devenir froids qu'on n'a plus à craindre cet évènement, qui certaines années s'oppose à ce qu'il s'en conserve pour l'hiver.

L'époque où il convient de lier l'endive pour la faire blanchir doit être, rigoureusement parlant, celle où elle cesse de croître ; mais beaucoup de motifs la font souvent avancer ou retarder, tels que le besoin d'en manger et le désir de prolonger le plus possible la jouissance. Un jour sec est indispensable pour le succès de cette opération, afin qu'on n'enferme pas de l'eau qui feroit pourrir ses plus jeunes feuilles (son cœur.) Voici comme on procède. On relève toutes les feuilles, ensuite on les lie au milieu de leur longueur avec de la paille mouillée ou de l'osier, sans trop les serrer. Il en résulte un cône ouvert par en haut. Huit jours après on place un second lien au-dessus du premier, de manière que l'ouverture du cône soit fermée, ou mieux, presque fermée. Quelquefois, dans les variétés d'une vigoureuse végétation, il faut mettre trois liens, parceque les feuilles du centre s'allongent avec beaucoup de rapidité. Si, en relevant les feuilles et en attachant les liens, on les a inclinés d'un côté, il est à craindre que le cône crève, ce qui diminue de beaucoup la valeur du pied ; ainsi il faut prendre beaucoup de soin pour éviter cet effet. Lorsqu'il a lieu , il faut consommer sur-le-champ les endives qui l'offrent, ou les couvrir d'un pot.

Les endives liées n'ont plus besoin d'aucune sorte de culture, à moins que, l'hiver approchant, on ne juge utile de les butter, pour les préserver de la gelée. Le buttage, dans ce cas, consiste à mettre de la terre autour de chaque pied jusqu'à deux pouces de son sommet. Ceux qui les arrachent pour les disposer ainsi ont tort, puisque cela ne sert qu'à accélérer leur pourriture que leur végétation retarde toujours. Lorsque les gelées arrivent, on couvre avec de la paille , des feuilles sèches , de la fougère , etc. , la totalité de la planche où elles sont et on les en garantit ainsi ; mais comme on ne peut en prendre, pendant cet intervalle , pour la consommation journalière, tous les jardiniers, qui en font commerce, ou tous les propriétaires qui ont des serres à légumes ou des chambres basses susceptibles d'en tenir lieu , les arrachent et les replantent, près à près, dans du sable. *Voyez* au mot SERRE A LÉGUMES. On conserve ainsi des endives jusqu'au printemps, en ayant soin de les débarrasser de temps en temps de leurs feuilles pourries et de consommer toujours les premières celles qui annoncent devoir se garder le moins long-temps.

Pour avoir de la graine on replante, au printemps, un nombre de pieds proportionné au besoin dans une planche quelconque ; on leur donne un binage un mois après, et ensuite on les abandonne à eux-mêmes. La graine est, à la fin de juillet ou au commencement d'août, mûre pour la plus grande partie. Je dis pour la plus grande partie , parceque les fleurs se développent et s'épanouissent successivement , et que souvent il y en a encore à l'époque précitée. On reconnoît qu'il est temps de couper ou d'arracher les tiges à leur changement de couleur, c'est-à-dire lorsqu'elles sont devenues blanchâtres. Ces tiges se portent au grenier et s'y conservent pendant l'automne. Comme elles ont encore un reste de végétation, la graine se perfectionne dans cet intervalle. On ne la bat que pendant l'hiver pour la mettre dans des sacs où elle se conserve jusqu'à l'emploi. Elle est encore bonne après dix à douze ans; cependant la plus nouvelle est toujours la meilleure.

La graine d'endive n'est pas facile à séparer de son réceptacle et de son calice. Quelques auteurs recommandent de mouiller les tiges pour rendre cette opération plus aisée.

Le ver blanc ou man , c'est-à-dire la larve du HANNETON , ainsi que la COURTILLIÈRE (*voyez* ces mots), sont les deux plus grands ennemis des endives. Après la laitue c'est la plante que le premier aime le plus; aussi cause-t-il beaucoup de dommages aux plantations de ce légume.

La culture de l'ESCAROLE OU SCARIOLE (*voyez* le premier de

ces mots), qu'on regarde généralement comme une variété perfectionnée de la Chicorée sauvage (*voyez* ce mot), mais qu'il est permis de soupçonner en être une de l'espèce dont il est ici question, ne diffère en rien de celle que je viens d'indiquer. (B.)

ENDOSSER. Labourer de manière que les sillons se trouvent relevés dans leur milieu. Ce terme est employé dans les Vosges. *Voyez* Billon.

ENELER. Oter les *nèles*. On donne dans beaucoup de pays le nom de *nèle* à la nielle des blés, *Agrostemma githago*, L. Cette plante, ayant une grande influence sur la qualité du pain, on a beaucoup d'intérêt à la détruire.

Il y a plusieurs manières ; l'une est de l'enlever du milieu des blés ou des seigles, soit à la main, soit avec le sarcloir, l'autre de l'ôter des gerbes, en les déliant et choisissant les tiges de cette plante qu'il faut brûler et non jeter sur les fumiers ; une troisième consiste à s'en débarrasser par le moyen des cribles. *Voyez* Nielle des blés.

ENELER. Terme usité pour dire ôter la laine. (Tess.)

ÉNERVER. Médecine vétérinaire. C'est une opération pratiquée encore aujourd'hui par les maréchaux de la campagne, par laquelle ils prétendent rendre le bout du nez du cheval plus fin et plus agréable.

Elle se fait en coupant et en enlevant le tendon des muscles releveurs de la lèvre supérieure, en les mettant à découvert par une incision qu'on fait à la peau, en les détachant ensuite avec la corne de chamois, et en les coupant transversalement avec l'instrument tranchant.

Un hippiatre instruit et éclairé ne sauroit jamais approuver cette opération, d'autant plus que la section des tendons des muscles releveurs de la lèvre supérieure la rend en quelque sorte paralytique. (R.)

ENFTANT (BOIS). Bois sur pied.

ENÉILADE. C'est le nom que dans les jardins, dits français, on donne aux salles de verdures qui se suivent et se communiquent par des ouvertures pratiquées dans la même direction. (B.)

ENFLURE ou GONFLEMENT. Maladie plus particulière aux bêtes bovines et aux moutons.

On n'entend point ici parler des tumeurs locales, inflammatoires ou froides qui font enfler la partie de l'animal où elles se forment ; ces maladies ont reçu des noms particuliers, tels qu'Emphysème, Tympanites, etc. *Voyez* ces mots.

Ce qu'on appelle véritablement enflure dans les bestiaux, c'est un gonflement subit du ventre, qui les feroit périr en très peu de temps, si l'on n'y remédioit promptement. Les bêtes à laine et les bêtes à cornes y sont plus sujettes que le cheval. On s'en aperçoit à leur retour des champs, parceque leur corps a pris un volume considérable, qu'elles se soutiennent à peine en marchant, et qu'elles respirent difficilement.

La cause de cette maladie paroît être le développement d'une grande quantité d'air qui se dégage des herbes que ces animaux ont mangées en abondance ; car c'est sur-tout lorsqu'ils ont brouté dans une tréflière, une luzernière ou un champ de sainfoin, le plus souvent le matin ou le soir, parceque sans doute à ces heures ils mangent avec plus d'avidité. Cet air n'a pas besoin d'être corrompu pour tuer les bœufs et les moutons ; il suffit qu'en se dilatant il distende outre mesure les parois des estomacs qui, comprimant les gros vaisseaux, arrêtent le cours du sang. On croit encore devoir l'attribuer à des toiles d'araignées qui se trouvent sur les prairies. Dans ce cas, il me semble que les toiles d'araignées nuiroient moins aux animaux que les insectes de tout genre qui s'y prennent et y restent. Plusieurs fois je l'ai observé dans les premiers brouillards de l'automne.

Quoi qu'il en soit, la maladie étant très rapide, il est nécessaire que le remède soit très prompt. Les uns font avaler aux animaux de la thériaque dans du vin, ou un breuvage composé d'huile et d'eau-de-vie, d'autres les font courir à coup de fouet, d'autres les tiennent presque dans un état de sueur dans les étables ; d'autres enfin avec un bistouri ou un couteau leur percent la panse en ouvrant la peau, le péritoine et les membranes de cet estomac. Ce qu'il y a de certain, c'est que dans l'instant l'air en sort avec impétuosité, et qu'aussitôt le ventre reprend son premier volume. J'ai vu une vache à laquelle on venoit de faire cette opération se rétablir en peu de temps. Les parois des plaies de l'estomac ont apparemment la facilité de se réunir. On doit mettre à une sévère diète les animaux qui sont enflés.

Quand le cheval a le ventre enflé pour avoir trop mangé, on le met aussi à la diète et on lui donne des lavemens ; il guérit plus aisément que les ruminans, parcequ'il digère plus vite. (Tess.)

ENFONCÉE. Dans quelques cantons on dit qu'une terre est *bien enfoncée*, lorsqu'après plusieurs jours de pluies elle se trouve complètement imbibée d'eau.

ENFOUIR. Enfoncer quelque chose en terre. On enfouit les semences, c'est-à-dire qu'on les recouvre de terre. On enfouit le fumier, les bêtes mortes de maladie. Les pierres qu'on retire d'un champ s'enfouissent dans le chemin ou dans un trou profond qu'on fait dans le champ même. (B.)

ENFOURCHEMENT. Espèce de Greffe peu usitée. *Voyez* ce mot.

ENGARDE ou GARDE. On donne ce nom, dans quelques vignobles, à un sarment qu'on taille extrêmement long, dans l'intention de faire beaucoup produire de fruit aux bourgeons qui en sortiront.

L'arçon remplit mieux ce but que l'engarde; mais les suites de son emploi sont plus graves relativement à la durée du cep. *Voyez* Arçon et Vigne.

Un propriétaire ne doit laisser faire des engardes et encore moins des arçons que sur les ceps les plus vigoureux. Quant aux vignerons, ils les multiplient le plus possible, parceque la récolte prochaine est toujours la seule qui les intéresse, et qu'elle est nécessairement augmentée par cette pratique. (B.)

ENGERBER. C'est mettre en gerbe le seigle, le blé, l'avoine et l'orge lorsqu'ils sont coupés, pour pouvoir les transporter plus facilement dans le grenier. Cette opération doit être faite avec précaution pour ne pas faire tomber les grains. *Voyez* aux mots Gerbe et Egrainer.

ENGLUMEN. Nouveau nom donné aux diverses compositions qui peuvent être employées à recouvrir les plaies des arbres. C'est ce qu'on appeloit ci-devant, mais mal à propos, Onguent et Emplâtre. *Voyez* ces mots.

Les englumens qui ont été proposés par divers écrivains sont en assez grand nombre. Je ne crois pas nécessaire de les énumérer ici tous; mais je dois émettre mon opinion sur leur manière d'agir, sur leur utilité, sur le mode de leur emploi, etc.

L'expérience a prouvé que la condition essentielle à la plus prompte guérison des plaies des arbres étoit de les priver du contact de l'air, probablement soit parceque l'air favorise leur dessiccation, soit qu'il retarde la formation du bourrelet qui doit les recouvrir, soit par toute autre cause. Il ne s'agit donc, en appliquant un englumen, que de produire cet effet. Or beaucoup de substances peuvent être employées avec un égal succès dans cette occasion; mais la nécessité de faire le moins de dépense possible doit nécessairement diminuer leur nombre.

L'argile, ou mieux, la glaise est le plus simple des englumens, mais elle se fendille par la chaleur, et se laisse entraîner par la pluie. Le plus avantageux de tous est celui connu depuis des siècles sous le nom d'*onguent de Saint-Fiacre*. C'est un mélange de bouse de vache et de terre franche, environ par moitié. Ses matériaux se trouvent presque par-tout, sa composition et son application sont faciles. Il est si lentement détruit par l'effet alternatif de la sécheresse et de la pluie, qu'il a presque toujours rempli la plus grande partie de ce qu'on en attend lorsqu'il tombe naturellement. On doit donc en recommander l'emploi pour les plaies des arbres, sur-tout de ceux dont la grosseur est considérable et la valeur médiocre. Peut-être même est-il le meilleur de tous.

Un englumen composé qui, dans ces derniers temps, a été vanté, par divers écrivains, est celui dont Forseyth, jardinier du roi d'Angleterre, a donné la composition. Je ne doute pas de sa bonté ; mais sa composition est si compliquée et si ridicule aux yeux de ceux qui ont quelques connoissances en chimie et en physique, qu'il est étonnant qu'on ait osé le proposer dans le siècle où nous sommes. *Voyez* au mot EM-PLATRE, où j'en donne la composition et indique le mode de son emploi.

Une partie de cire et de poix, ou de poix et de suif, ou de la cire pure ou du suif pur, passent pour d'excellens englumens. Quelquefois même on emploie la résine unie à des corps gras. Le secours de la chaleur est presque toujours nécessaire pour appliquer ces derniers mélanges, et la chaleur peut avoir une action nuisible sur les organes des plantes, aussi faut-il procéder avec beaucoup de précaution lorsqu'on en fait usage sur certains arbres. D'un autre côté, leur ténacité rend plus difficile et par conséquent plus lent le développement du bourrelet qui doit recouvrir la plaie. Quelques observations qui me sont propres tendent même à me faire croire qu'ils empêchent quelquefois le recouvrement complet de ces plaies. Je ne partage donc pas l'avis de ceux qui les recommandent.

Je crois en général être autorisé à dire que les englumens ne sont réellement utiles que dans les premiers jours ou les premiers mois de leur application, pour empêcher, 1° l'extravasation de la sève ; 2° le dessèchement trop prompt du bois ; 3° l'introduction des eaux pluviales dans les fentes.

Les greffes en fentes étant des plaies fort dangereuses, un englumen est toujours nécessaire. Les poupées dont on est dans l'usage de les entourer en est un. Depuis quelque temps on fait usage des résines pour celles des arbres ou arbustes précieux, sur-tout dans les greffes dites à *l'anglaise*, à la *daphné*, à la *pontoise*, etc. Quelques cultivateurs s'en louent beaucoup, d'autres s'en plaignent, de sorte qu'on doit croire que leurs inconvéniens égalent leurs avantages. *Voyez* GREFFE. (B.)

ENGRAIS. Il a été publié tant de volumes sur les engrais, qu'il semble que nos connoissances sur ce qui les concerne devroient être arrivées à leur dernier terme ; cependant le vrai est que nous sommes encore si peu avancés à leur égard, que les agriculteurs ne sont pas même d'accord sur le nombre des substances qu'on doit appeler ainsi.

En effet, beaucoup d'écrivains, d'ailleurs fort estimables, appellent engrais toute matière qui, mise en terre, peut augmenter le produit des récoltes, malgré que, d'après l'étymologie, il n'y ait que celles de ces matières qui sont grasses ou engraissantes qui puissent le porter. Comme plus on précise ses idées, et plus on les rend claires; qu'en agriculture la manière d'agir de la MARNE, de la CHAUX, du PLATRE, est fort différente de la manière d'agir des matières animales et végétales, je restreindrai à ces deux dernières l'acception du mot engrais, et j'appellerai AMENDEMENT (*voyez* ce mot) tout ce qui sert à activer, augmenter ou améliorer les produits de la culture, et qui ne provient pas immédiatement des corps organisés. En cela je ne fais que suivre l'opinion de mes confrères Thouin et Tessier, mes maîtres en agriculture.

La terre ne s'épuise point tant qu'elle reste abandonnée à elle-même, parceque les débris des végétaux et des animaux qu'elle a nourris se décomposent à sa surface, et lui rendent beaucoup plus qu'ils n'en ont tiré, et qu'à une plante en succède toujours immédiatement une autre de famille, de genre ou au moins d'espèce différente. Mais lorsque l'homme la force de nourrir exclusivement, et surabondamment, une même espèce un grand nombre d'années, ou de séries d'années de suite, et qu'il en enlève les produits pour son usage, sur-tout si ces produits sont des graines, il faut, s'il veut obtenir dans l'avenir des récoltes également abondantes, qu'il répare artificiellement ses pertes par des engrais.

La première chose qui se présente à l'esprit, en réfléchissant sur le sujet que j'entreprends de traiter, c'est de savoir ce que perd la terre dans l'acte de la végétation.

Il y a un siècle qu'on expliquoit très facilement tous les phénomènes de la nutrition des plantes par l'action des sels et des huiles de la terre, des nitres de l'air, etc., mots vagues, même vides de sens; mais aujourd'hui, on exige des expériences concordantes et entre elles et avec les principes de la physique et de la chimie, ce qui rend très scabreuse la tâche d'entreprendre d'établir une théorie sur la manière d'agir des engrais.

Il n'y a pas de doute que les engrais ont été connus dès l'origine des sociétés agricoles, car le hasard a dû faire voir que les plantes poussoient plus vigoureusement là où un animal mort avoit pourri, là où un homme, un cheval, une vache avoient laissé tomber leurs excrémens. De cette observation à l'idée de porter les cadavres et les excrémens des animaux dans les lieux où on vouloit obtenir une plus belle ou une plus abondante végétation, il n'y a qu'un pas, et il a été bientôt franchi.

Les écrits des Grecs et des Romains constatent l'importance que les anciens agriculteurs mettoient à la multiplication et au bon emploi des engrais. Les Maures, qui cultivoient avec tant de succès l'Espagne pendant que le reste de l'Europe étoit dans la barbarie, n'y attachoient pas une moindre valeur. On voit, par quelques documens, que, malgré les guerres perpétuelles qui ont affligé la France sous les deux premières races de ses rois, malgré l'établissement de l'absurde féodalité qui a fait tomber les cultivateurs dans le dernier degré de l'avilissement et de la misère, nos pères ont continué à en faire usage. Olivier de Serres, dans son immortel ouvrage publié en 1660, ne cesse de les recommander. Après lui, on a beaucoup multiplié les écrits dans l'intention d'en étendre l'usage, d'en indiquer le meilleur emploi, etc. ; mais ce n'est que depuis quelques années qu'on a recherché le mode de leur action, qu'on a tenté d'expliquer leurs effets.

Je n'entreprendrai pas de faire ici l'énumération des divers systèmes qui ont été émis avant la publication du dictionnaire de Rozier, pour rendre raison des avantages que présentent les engrais, attendu que cela seroit peu utile, aucun n'étant fondé sur la connoissance de leurs parties constituantes et sur l'observation des phénomènes de la vie végétale, bases sans lesquelles on ne peut rien entreprendre de bon sur cet objet.

« L'analyse chimique des plantes, dit Rozier, démontre jusqu'à l'évidence qu'elles sont composées d'air (de gaz), d'eau, d'huile, de sel et de terre. Ces substances existoient donc en partie dans la terre et en partie dans l'atmosphère, puisque c'est dans ces deux immenses réceptacles qu'elles ont végété.

« La terre végétale, ou humus, quoique soluble dans l'eau, ne pénètreroit pas dans les infinimens petits calibres des racines, si elle ne formoit de nouvelles combinaisons avec d'autres substances ; et quand même elle y monteroit seule avec l'eau, cela ne suffiroit pas pour la végétation. Les autres substances à combiner avec la terre soluble sont les différens sels contenus dans la terre, et les substances graisseuses et huileuses fournies par la décomposition des animaux et des végétaux.

« L'eau, l'air (les gaz), l'huile, la terre soluble ou humus se combinent dans la terre matrice. L'eau dissout l'humus et les sels ; chargée de l'un et des autres, elle devient miscible à l'huile et à la graisse. Une semblable eau est donc un vrai savon dans lequel est incorporé l'humus. Or, toute substance savonneuse est susceptible de la plus grande solubilité et de la plus grande extension ; donc cette combinaison peut entrer dans les filières des racines et constituer la sève, donc la sève est une substance savonneuse qui porte dans la plante les élémens ou les principes qui la constituent.

« Les trois principes les plus matériels n'auroient point entre eux de lien d'adhésion sans l'air fixe (acide carbonique) qu'ils contiennent chacun séparément avant de s'unir, et sans celui que les plantes absorbent de l'atmosphère pendant leur végétation. »

Cette théorie de l'action des engrais a fait beaucoup d'honneur à son auteur. J'en ai été enthousiasmé au moment où j'en ai pris connoissance pour la première fois. Aujourd'hui les nouvelles découvertes dues aux chimistes français ne permettent plus de l'admettre sans modifications.

Sans doute il se forme des savons par le mélange des huiles ou des graisses avec les sels ou autres substances susceptibles de se combiner avec elles, et qui se trouvent dans la terre ; mais ces savons sont presque aussitôt décomposés que créés, puisqu'on n'en trouve que rarement des traces. D'ailleurs, les plantes peuvent fort bien germer et croître dans de la terre, dans de l'eau ou dans des matières de différentes natures, où il n'y en a certainement pas un atome. De la lumière, de l'air et de l'eau, voilà, en toute rigueur, définitivement ce qui leur suffit. Les expériences de Priestley, d'Ingenhouze, de Sennebier, etc., etc., dernièrement répétées avec tant de supériorité par Th. de Saussure, prouvent que l'acide carbonique est le seul aliment nécessaire des plantes. La lumière et le terreau soluble semblent ne venir qu'en seconde ligne, puisque la vie végétale se soutient sans eux, ainsi que je le ferai voir autre part.

Cependant, en dernier résultat, il faut considérer le terreau comme essentiel à l'accroissement des plantes, comme formant leur véritable nourriture solide, comme l'engrais par excellence. On savoit, à l'époque où Rozier écrivoit, qu'il étoit dissoluble en partie dans l'eau ; mais c'est seulement dans ces derniers temps qu'on a acquis la preuve, résultant des expériences de Th. de Saussure et de Bracconnot, qu'après avoir été privé de sa portion soluble par des lotions répétées, il reprenoit la faculté de se dissoudre encore, par sa simple exposition à l'air, pendant un temps plus ou moins long ; que de plus les alkalis, la chaux, et quelques autres substances, pouvoient le rendre entièrement soluble. On ne peut cependant pas dire qu'il se forme un savon dans ce cas, puisqu'il n'y a que les huiles qui puissent en composer et que le terreau n'est qu'un mucilage.

Quelques écrivains, entre autres Fagraeus et Sennebier, ont soutenu que l'engrais n'agit que comme ferment ; c'est-à-dire que les matières animales et végétales ne peuvent servir d'engrais qu'à l'époque de leur fermentation, et qu'elles ne sont d'aucune utilité avant et après. C'est évidemment une erreur, car le terreau, dernier résultat de la décomposition des corps organiques exposés à l'air (*voyez* TOURBE et CHARBON DE TERRE), n'en est plus susceptible, ainsi que l'ont fait voir Th. de Saussure et autres ; cependant l'expérience de tous les temps et de tous les lieux prouve qu'il n'y a que des végétations languissantes sans terreau. Il est vrai qu'il n'agit pas ordinairement uniquement comme engrais, qu'il fait aussi l'office d'amendement, 1° en attirant le carbone de l'air; car quoiqu'entièrement composé de carbone il en est encore fort avide; 2° en retenant avec une grande ténacité l'eau surabondante qu'il a reçue des pluies. D'ailleurs le mot fermentation est vague, il n'indique pas réellement ce qui se passe dans la décomposition des animaux et des végétaux. On est disposé en l'employant à comparer la fermentation du fumier par exemple à la fermentation du vin, à la fermentation du pain; mais le seul phénomène qui leur soit commun, c'est le dégagement de la chaleur, car le gaz acide carbonique, loin d'être produit, est absorbé, puisqu'on peut impunément dormir sur le fumier le plus en fermentation ainsi que dans les étables les mieux closes.

Cette question au reste n'est pas encore suffisamment éclaircie pour pouvoir la résoudre complètement. Il seroit digne des chimistes français, à qui on doit de si beaux travaux sur les fermentations vineuses et panaires, d'étendre leurs recherches sur elle.

Comme on a vu fermenter le fumier mis en tas, on en a conclu que la terre fermentoit aussi. J'ai fait voir que le terreau ne fermentoit pas. Il est plus que probable que la décomposition des fœtus de paille, des feuilles et autres parties des végétaux, se fait sans fermentation quand ils sont isolés. Il est certain que l'argile, la craie, le quartz ne sont pas susceptibles de fermenter. Cependant on croit tout expliquer lorsqu'on dit *que la fermentation de la terre au printemps causoit la mise en activité de la sève; que ce qui excite le plus la fermentation dans la terre c'est le fumier.* Il est fâcheux pour les hommes éclairés d'être continuellement obligés de faire usage de semblables expressions lorsqu'ils parlent à des cultivateurs praticiens, pour indiquer des effets dont ils connoissent d'ailleurs fort bien la théorie, parceque cela perpétue les erreurs. C'est la chaleur du soleil qui en s'accumulant dans la terre développe les gaz, vaporise l'eau, distend les vaisseaux des plantes, et donne lieu à la circulation de la sève. Les engrais n'y concourent qu'en fournissant aux racines une plus grande quantité de mucilage en état de dissolution et uni à une surabondance de carbone. La seule chose sur laquelle on soit aujourd'hui dans l'incertitude c'est de savoir si cette eau entre dans les suçoirs des racines en état de liquide, ou en état de vapeur. Il y a beaucoup de présomption en faveur de la dernière opinion.

Enfin je crois que, toutes circonstances accessoires mises de côté, le véritable but des engrais est de rendre à la terre autant (ou plus) d'humus qu'elle n'en a perdu par suite de la végétation des plantes qu'elle a nourries l'année ou les années précédentes.

N'en déplaise à Fabroni, auquel on doit d'ailleurs un très beau travail sur l'objet que je traite, les engrais tirés du règne animal sont les meilleurs, parcequ'ils renferment infiniment plus de parties nutritives sous le même volume, et qu'elles sont, pour la plus grande portion, en état soluble. Ceux mi-parti de matières animales et végétales viennent ensuite, c'est-à-dire toutes les espèces de fumiers. Enfin les engrais purement végétaux se trouvent les derniers dans l'ordre de leur puissance fertilisante.

Voici la liste des matières qui sont ou peuvent être employées comme engrais.

Le fumier des quadrupèdes.
Le parc des moutons.
La colombine.
Les matières fécales.
L'urine.
La chair des animaux.
Les os, la peau, les poils, les cornes, les ongles des animaux.
Les poissons.
Les insectes et les coquillages.
Les plantes des champs ou des bois.
Les plantes des rivières ou des étangs.
Les plantes marines ou varecs.

Les récoltes enterrées en vert.
La tourbe.
Le tan.
La drèche.
Les huiles.
Les restes des semences dont on a tiré de l'huile, ou tourteaux.
La suie.
La vase ou le limon.
La boue des rues des villes.
Les balayures des grandes routes.
Les terres végétales.

Voyez tous ces mots.

Il y a deux moyens d'employer les engrais, en les enterrant profondément avec la charrue ou avec la bêche, et en les répandant sur le sol. Suivant les idées que je me suis formées de l'action des engrais, tous deux remplissent mal leur objet. En effet, s'il faut, d'après les expériences de Th. de Saussure, le concours de l'influence de l'air et de l'eau pour rendre soluble le terreau, et, par conséquent, le fumier, ce dernier qui est trop enterré n'a pas d'air, et qui ne l'est pas n'a pas d'eau; s'il faut, comme toutes les observations le prouvent, le contact immédiat, ou presque immédiat, pour que les engrais agissent, une partie du fumier trop enterré ne remplit pas son objet sur les racines lorsqu'elles sont superficielles; la totalité du fumier est sans utilité lorsqu'il est répandu à la surface et que les racines sont profondes.

La pratique de répandre les engrais, seulement sur le sol, a eu beaucoup de partisans parmi les écrivains, parcequ'ils s'étoient persuadés que c'étoient des sels, facilement solubles, qui, seuls, agissoient dans l'acte de la fertilisation ; mais aujourd'hui on ne peut plus soutenir cette opinion. Les eaux entraînent sans doute quelques portions en nature des engrais dans les interstices de la terre, lorsque sur-tout elle est nouvellement labourée ; mais quelques recherches qu'on ait faites on n'a jamais trouvé ni sels, ni mucilage, dans la couche de terre qui se rencontre immédiatement au-dessous de celle entamée par la charrue, à moins qu'elle ne soit une alluvion, ou que des racines d'arbres ne l'ait pénétrée ; de plus on ne voit jamais les sources, quelque superficielles qu'elles soient, en donner le plus petit indice, mais les SUINTEMENS en offrent souvent.

Pour procéder d'une manière véritablement utile, il faudroit donc enterrer les engrais justement au degré de profondeur des racines des plantes qui les ont les plus courtes, et un peu au-dessus de l'extrémité de celles qui les ont les plus longues. Ainsi les engrais pour les céréales seroient enterrés de deux ou trois pouces au plus.

Mais, dira-t-on, comment les engrais, s'ils ne sont pas dans le cas d'être entraînés dans les profondeurs de la terre, agiront-ils sur les racines pivotantes des arbres qui ont quelquefois huit à dix pieds et plus de longueur ? Je répondrai qu'ils n'agissent pas. Les engrais sont utiles, mais ne sont pas nécessaires à la végétation, comme l'observation le prouve, et comme les dernières expériences de Bracconnot le confirment ; car on ne peut pas dire qu'il y eût d'engrais dans le plomb, dans le sable calciné au rouge et lavé à l'eau bouillante, dans lesquels ce physicien a fait végéter des plantes.

Le sentiment de ces principes a déterminé quelques agriculteurs praticiens, en Angleterre et ailleurs, à mettre les grainés qu'ils semoient, ou les racines qu'ils plantoient, immédiatement sur l'engrais, et ils ont obtenu des récoltes plus belles avec beaucoup moins de fumier. Cette excellente pratique mérite donc d'être promulguée et appliquée à toutes les cultures qui en sont susceptibles. Il est remarquable qu'elle est employée pour certaines cultures et négligée pour les autres. Tel est l'effet de la routine qui ne se rend pas raison de ses procédés. Aux environs de Paris, par exemple, on ne manque jamais de semer ainsi les pois de primeur dans les plaines du Point du Jour, de Clichy, de Genevillers, de Nanterre, et jamais on n'y plante de même les haricots, les pommes de terre et autres objets qui se mettent également en trochées.

Les grains de blé entourés d'engrais qu'on a proposé de semer, sous le nom de *boulettes*, dans ces derniers temps, n'ont produit de si beaux épis que par la cause ci-dessus ;

cependant il n'y avoit pas une demi-ligne d'engrais autour de chacun de ces grains.

On dit que les Anglais ont actuellement un semoir qui répand l'engrais en même temps que la semence, et qui par conséquent remplit complètement le but. Je ne suis point partisan des semoirs, dont je trouve l'emploi trop long et trop difficile ; en conséquence, je ne le conseillerai pas ; mais je ferai des vœux pour que l'engrais soit toujours moins enterré dans les cultures des céréales qu'il ne l'est en ce moment généralement en France.

Il est cependant indispensable d'observer ici que les engrais trop chargés de principes fertilisans, ceux qu'on appelle vulgairement *chauds*, demandent à être employés en petite quantité dans le mode ci-dessus ; car, ainsi qu'on le voit tous les jours, ils détruiroient (brûleroient) les semences et les plantes qu'on mettroit en contact avec eux.

Cependant les engrais qui ont été employés de la manière ordinaire ne sont point perdus ; le terreau qu'ils ont formé, s'il ne sert pas à la production des végétaux qu'on confie à la terre la même année, se trouve, par l'effet du hasard, tantôt plus tôt, tantôt plus tard, en contact immédiat, ou presque immédiat, avec les racines des plantes qu'on sème ou qu'on plante par la suite dans la même terre. Seulement ils ne remplissent pas, à l'époque où on s'y attendoit, le but qui les avoit fait répandre.

Au reste, ce que je dis ici, en point de vue théorique, ne s'applique réellement qu'aux cultures qui sont très espacées ; car les céréales, les plantes fourrageuses et autres dont les pieds sont très rapprochés, peuvent presque toujours atteindre toutes les parcelles des engrais, d'autant plus que des expériences positives prouvent que les racines jouissent de la faculté de se diriger vers elles, de les aller chercher là où elles se trouvent.

Les plantes de la famille des graminées peuvent pousser des racines de leurs nœuds, et elles en poussent toujours de ceux qui sont les plus près de terre lorsqu'on les butte, ou seulement lorsque l'année est pluvieuse. Ces dernières racines doivent être et sont en effet très superficielles. Par cela seul on explique les étonnans effets des engrais en poudre ou en liqueur qu'on répand en petite quantité sur les fromens, les seigles, les avoines, les orges, le maïs et sur les prairies naturelles, et au moment où la végétation est dans toute sa première activité, en avril, par exemple. Les cultivateurs flamands et anglais dirigent souvent leur culture sous ce point de vue, et en tirent des bénéfices considérables. C'est au pouvoir presque magique de cette pratique que les fermiers du Hertfordshire doivent, au dire de M. Maurice, leurs belles récoltes qui ne manquent jamais. Il l'emploient sur-tout lorsque quelques circonstances ont nui à leurs semailles pendant l'hiver ; aussi trouve-t-on toujours chez eux un tas d'engrais réservé pour ce cas.

Par-tout on répète que la terre s'épuise, parceque réellement on voit par-tout que lorsqu'on sème deux fois, trois fois, quatre fois du blé ou autre plante, ou même lorsqu'on substitue des céréales les unes aux autres, des légumineuses les unes aux autres, etc., sans que, jusqu'à ces derniers temps, on ait pu dire pourquoi la même plante, les plantes de même genre, de la même famille, épuisoient plus que les plantes de familles différentes, même comment s'effectuoit cet épuisement.

La presque totalité des cultivateurs pensent que le fumier le plus consommé est le meilleur, et en conséquence ils n'emploient celui qu'ils font que lorsqu'il est totalement pourri, qu'il forme une masse noire, compacte, semblable à de la tourbe; c'est-à-dire une année après qu'il est sorti de l'écurie, et quelquefois plus. De cette manière ils perdent tous les principes volatils et une partie des principes fixes qui constituent le bon fumier.

L'expérience des jardiniers et de quelques fermiers militoit depuis long-temps en faveur de l'emploi du fumier au moment même de sa sortie de l'écurie. Il résulte des faits cités par Arthur Young, dans son Essai sur les engrais, que ce dernier usage commence à prendre faveur en Angleterre, et qu'on gagne considérablement à le suivre. Cependant il faut observer que le fumier nouveau, ou à longue paille, n'agit pas d'abord avec autant d'intensité, sur-tout dans les terres sèches et dans les années où les pluies sont rares; car alors il ne peut pas facilement se décomposer.

Un moyen d'allier les avantages du fumier consommé avec ceux du fumier frais, c'est d'en faire des composts, parceque la terre qui entre dans ces composts se charge des émanations gazeuses et des parties solubles du fumier, et les conserve, au moins, en majeure partie. Je reviendrai sur cet objet aux articles Fumier et Compost. Cependant j'ajouterai que la chair pourrie, les fumiers consommés, contiennent beaucoup plus de parties solubles que la chair fraîche, que les fumiers nouveaux, et que par conséquent ils agissent bien plus promptement et bien moins long-temps.

La chaux, en rendant solubles les matières animales et végétales, produit en peu de minutes, en peu d'heures, en peu de jours, ce que, dans les méthodes ordinaires, on n'obtient qu'avec le temps; mais aussi, quand on n'agit pas avec prudence on perd beaucoup de principes fertilisans, les plantes ne pouvant en absorber qu'une quantité proportionnelle et à leur nature et à leur grandeur, etc. *Voyez* Chaux.

Outre leurs effets directs, les engrais en présentent encore d'autres qui, dans certaines circonstances, ont beaucoup d'influence sur l'augmentation des récoltes; par exemple, à raison de la faculté qu'ils ont de conserver, ou même d'attirer l'humidité, ils portent dans les terrains arides celle qui est nécessaire à toute bonne végétation. Ce fait, auquel on n'a fait attention que dans ces derniers temps, est prouvé de la manière la plus positive. Il suffit de parcourir, après plusieurs jours de sécheresse, un champ fumé et labouré pour le vérifier. Cette circonstance milite en faveur de l'opinion de ceux qui pensent que les engrais les plus consommés sont les meilleurs; car ce sont eux qui offrent cet avantage au degré le plus élevé. Il y a long-temps en effet qu'on a remarqué que de deux terrains voisins, et dans les mêmes circonstances, celui qui contenoit le plus de terreau étoit constamment le plus frais. *Voyez* Terreau.

Si l'emploi raisonné des engrais fait la richesse des cultivateurs, leur exagération peut causer leur ruine.

En effet, outre la grande dépense, le blé qu'on sème dans une terre excessivement fumée pousse en paille, n'offre que des épis grêles, où on trouve seulement quelques grains fort allongés et peu chargés de farine. C'est ce qu'on est dans le cas de remarquer souvent dans les pays où on porte le fumier sur le champ plusieurs mois avant de le répandre, parceque les places qui l'ont reçu sont toujours surchargées d'engrais.

La rareté et la cherté du fumier en France rend ce cas peu fréquent pour tout un champ, encore moins pour toute une exploitation; mais il ne falloit pas moins le signaler aux cultivateurs.

Lorsqu'on répand moins de fumier, mais cependant plus qu'il n'est indispensable, les blés offrent des épis si beaux, si garnis de grains, que leurs tiges ne peuvent plus les supporter lorsqu'ils approchent de l'époque de leur maturité. Un vent un peu fort, une averse un peu considérable suffit alors pour les faire verser. De là ces pertes énormes qui affligent les cultivateurs peu éclairés et trop avides. Depuis six ans j'observe près de Versailles les résultats de la culture d'un de ces fermiers qui ont adopté l'adage que *le fumier fait le grain*, et je me suis convaincu chaque année, à l'époque de la moisson, que, malgré la beauté de ses champs, il eût serré dans sa grange autant de blé s'il eût fumé moitié moins. Il a donc mal calculé.

Un autre inconvénient de la surabondance des engrais, c'est de donner un mauvais goût aux produits de la récolte. Cet effet se fait sentir principalement sur les racines, sur les vignes et sur les arbres fruitiers; mais j'ai mangé du pain qui en offroit aussi les caractères. Les mauvais fumiers, les immondices des villes, les vidanges des fosses d'aisance le causent plus souvent que les fumiers frais; cependant, comme le prouvent les légumes des jardins maraîchers de Paris, le meilleur peut aussi, par son excès, produire les mêmes résultats.

Ces inconvéniens de l'abondance des engrais ou de leur mauvaise nature se font aussi sentir sur les fourrages. Il n'est pas de cultivateur qui n'ait remarqué que ses bestiaux ne mangent point l'herbe qui croît sur son fumier, sur les places où ses vaches ont fienté l'année précédente, où ses chiens sont dans l'habitude de pisser, où ses domestiques sont dans l'usage de déposer leurs excrémens, quoique par sa grandeur et sa verdure elle soit propre à les attirer. Je pourrois citer, s'il en étoit besoin, des fermiers qui ont été obligés de faire de la litière avec leur foin, leur luzerne, leur trèfle, parceque le terrain qui les portoit avoit été trop fumé ou fumé avec du mauvais fumier.

On voit par ce qui précède combien il seroit important à un cultivateur de proportionner rigoureusement ses engrais aux besoins de sa terre, lors même que l'économie ne l'y engageroit pas. *Voyez* au mot ASSOLEMENT.

L'époque où les engrais sont répandus sur les terres varie non seulement dans chaque pays, mais même dans chaque ferme. Il y a parmi les cultivateurs la plus grande discordance de principes à cet égard. Indiquer des procédés de pratique applicables à toutes les localités et à tous les genres de culture seroit impossible. Je ne puis mieux faire que d'inviter les cultivateurs à étudier la nature de leur sol et de leur climat, à réfléchir sur le but qu'ils se proposent en cultivant telle ou telle plante, et de lire ensuite l'article de cet ouvrage qui a rapport à cette plante et où ils trouveront les principes d'après lesquels ils pourront se déterminer.

Arthur Young, qui doit faire autorité dans tant de cas, pense qu'il faut transporter les engrais sur les terres aussitôt que les circonstances ou l'ordre des récoltes le permettent; qu'il est plus à propos, et particulièrement à l'égard du fumier long (non consommé), de l'avoir enfoui d'avance dans le champ; que le fumier fait pendant l'hiver peut être répandu en mars ou avril pour les pommes de terre, celui qui se fait plus tard doit servir pour les turneps et les choux, celui de juillet et d'août pour les mêmes grains, ceux de septembre, d'octobre et de novembre pour les fèves.

Selon le même agriculteur, le meilleur moment pour donner

l'engrais aux prairies est celui qui suit immédiatement la coupe des foins.

Il n'est pas question de blé dans cette série d'opérations, parceque le système de culture anglais repousse les engrais l'année où on le sème, principalement pour éviter la multiplication des mauvaises herbes dont le fumier porte les semences.

Si les agriculteurs peuvent, sans inconvéniens graves, varier sur l'instant où il convient de transporter les engrais, ils doivent tous être convaincus qu'il n'y a aucun avantage et de graves inconvéniens à le laisser long-temps sur le sol sans l'éparpiller et l'enterrer. En effet l'évaporation d'un côté, les pluies de l'autre ne peuvent que lui enlever ses principes volatils et solubles, et ce sont, comme je l'ai déjà fait remarquer plusieurs fois, les seuls réellement actifs qui s'y trouvent. Que penser donc de ces cultivateurs qui laissent leurs fumiers en petits tas et même éparpillés pendant des mois entiers, pendant tout un hiver? Ces fumiers ne ressemblent plus qu'à de la paille à demi pourrie et ne doivent pas produire plus de bien qu'elle. En effet, une partie de leur portion soluble peut bien avoir été entraînée dans la terre, mais aussi une autre a certainement été emportée par les eaux sur les champs voisins ou dans la rivière. Il est donc convenable que les fumiers, aussitôt leur arrivée sur le sol, soient dispersés et enterrés, plus ou moins profondément, selon la nature des plantes auxquelles ils sont destinés. Agir différemment est contraire au but et par conséquent nuisible aux intérêts de la culture. *Voyez* au mot FUMIER.

Les Anglais ont ajouté à leurs charrues une partie qu'ils appellent *coutre en écumoir*, au moyen de laquelle chaque parcelle de fumier est suffisamment enterrée. Je ne connois pas cette innovation qu'Arthur Young qualifie d'admirable, mais j'ai souvent gémi de voir la manière incomplète avec laquelle le fumier est généralement enterré en France. Je fais donc des vœux pour l'introduction de cette machine dans notre culture.

L'expérience seule peut, dans chaque localité et pour chaque genre de culture, faire connoître la quantité précise d'engrais qu'on doit employer. En général l'économie commande d'en répandre plutôt moins que plus, et, ainsi que je l'ai fait voir autre part, cette économie se trouve souvent d'accord avec la raison. J'ai donné, à l'article Fumier, un tableau des expériences que propose mon excellent confrère Yvart pour arriver d'une manière certaine à ce but. J'y renvoie le lecteur. (B.)

ENGRAIS, ENGRAISSEMENT DES ANIMAUX. Les hommes, que la nature a destinés à se nourrir indifféremment de chair ou de fruits, ne durent pas tarder à s'apercevoir que la viande des animaux les plus gras étoit la plus savoureuse, et, en conséquence, il est très probable qu'ils s'occupèrent des moyens de rendre les bestiaux plus gras dès qu'ils les eurent réduits en domesticité. Aujourd'hui que, d'un côté, les jouissances du luxe se sont multipliées, et de l'autre que l'emploi des différentes espèces de graisses dans l'économie domestique et dans les arts s'est considérablement étendu, la nécessité d'engraisser ceux qu'on destine à la consommation est plus impérieuse que jamais. Les cultivateurs, propriétaires de ceux des bestiaux ou des volailles qui se mangent habituellement, ne peuvent trop se pénétrer de l'avantage qu'il y a pour eux à les engraisser, et ils doivent chercher les moyens les plus prompts et les plus économiques d'y parvenir. En effet, il y a pour eux plus de certitude de vendre ceux de ces bestiaux ou celles de ces volailles qui sont plus grasses, et plus de bénéfice à le faire.

Il est prouvé que la nature forme la GRAISSE (*voy.* ce mot) avec l'excédant des sucs nourriciers qui servent à augmenter la masse du corps des animaux, ou à réparer les pertes qu'ils éprouvent pendant tout le cours de leur vie. De là on doit conclure, 1° que l'engrais doit être plus long et plus difficile dans la jeunesse et dans la vieillesse des animaux; que le véritable moment à choisir est celui où ils cessent de croître; 2° que les substances les plus nourrissantes sont les plus propres à engraisser sûrement et promptement les animaux, et qu'il ne faut pas en épargner la quantité; 3° qu'il faut employer tous les moyens possibles pour diminuer les pertes de substances qui peuvent en diminuer la graisse de ces animaux en les châtrant, ou au moins en les empêchant de travailler à la propagation de leur espèce; en les tenant dans un repos continuel; même en évitant tout ce qui pourroit trop les distraire.

Mais il est des animaux dans chaque espèce dont l'organisation est plus favorable à l'engrais que les autres; et ici la connoissance des signes qui indiquent cette organisation est ce qu'un cultivateur doit tenter d'acquérir, et ce qui ne s'acquiert que par l'expérience. Les marchands de Bœufs et de Cochons sont ceux qui la possèdent le mieux. *Voyez* ces deux mots.

Le premier degré de l'engrais se nomme *embonpoint*. Il est caractérisé par la diminution des cavités musculeuses et osseuses, par la légèreté, la gaieté, la vigueur des animaux. Alors toutes leurs fonctions se font régulièrement.

Une bonne constitution est donc la qualité la plus importante qu'on doive désirer dans les animaux qu'on veut engraisser. Ceux qui sont maladifs étant exposés à perdre en quelques jours le fruit de plusieurs mois de soins dirigés vers

ce but ; les vieux animaux dont la fibre est devenue roide ;
ceux qui sur-tout ont travaillé avec excès, s'engraissent bien
plus difficilement que ceux d'un âge moyen et qui ont été ménagés.

La graisse se forme d'abord sous la peau et entre les muscles. Ce n'est qu'après que ces parties en sont à moitié saturées qu'elle se dépose autour des viscères du bas-ventre. Ainsi
un animal peut paroître gras aux yeux d'un homme peu exercé,
et ne l'être cependant pas complètement. Les jeunes animaux
ne s'engraissent généralement à l'intérieur que quand ils sont
arrivés à leur accroissement complet ; ainsi ce n'est qu'après
cette époque qu'il faut commencer leur engrais. Je fais ces
remarques, parceque la quantité de graisse qui se trouve
dans l'intérieur est souvent considérable (cent livres de suif
dans un bœuf), et que c'est de là seulement qu'on peut facilement retirer celle qu'on veut vendre séparément pour l'usage
de l'économie domestique et des arts.

Les animaux mâles qui n'ont pas été châtrés jeunes s'engraissent toujours plus difficilement que les autres. Ceux qui
ne l'ont pas été, comme les vieux taureaux, les vieux beliers,
ne peuvent pas l'être souvent du tout. Il en est de même, mais
à un moindre degré, des femelles, que très rarement on
châtre. Dans tous ces cas, la chair de ces animaux est coriace
et a une saveur désagréable.

C'est donc à cinq ou six ans pour le bœuf, un an et demi
pour le mouton et le cochon, à six mois pour toutes les volailles, qu'il convient de les mettre à l'engrais ; mais la nécessité de tirer parti du travail du bœuf et de la tonte de la laine
du mouton retarde ordinairement leur engrais jusqu'au double de cet âge, ce qui empêche qu'ils deviennent aussi prompt-
tement et aussi complètement gras, et oblige cependant à plus
de dépense. Je renvoie aux articles de ces deux animaux la
discussion de la question de savoir si, sous les rapports économiques, il est plus convenable de ne les élever que pour la
boucherie, c'est-à-dire de les engraisser jeunes.

Lorsqu'on veut élever des animaux uniquement pour les engraisser, il faut les châtrer le plus tôt possible après leur
naissance, et par l'enlèvement complet des testicules si c'est
un mâle, et des ovaires si c'est une femelle. *Voyez* au mot
CASTRATION. Ceux qu'on châtre tard et incomplètement (*voyez*
BISTOURNER) s'engraissent plus difficilement et moins parfaitement.

Presque dans tout l'univers les hommes repoussent la chair
des animaux uniquement carnivores, et le cochon est le seul
des quadrupèdes omnivores qui se mange en Europe. C'est
donc avec de l'herbe, des racines et des graines qu'on en-

graisse exclusivement en France ceux qui ont été réduits en domesticité. Je dis en France, parcequ'il paroît qu'en Norvège et dans quelques autres lieux du nord on engraisse quelquefois les bœufs avec des poissons de mer, ce qui ne doit pas rendre leur chair fort agréable au goût et leur suif bien solide.

Les bœufs et les moutons qu'on met en liberté dans des pâturages abondans pour les engraisser, ou qu'on fait souvent sortir pendant qu'on les engraisse à l'écurie, n'importe de quelle manière, arrivent plus tard *à point*, comme disent les engraisseurs, que ceux qu'on a tenus sans mouvement et sans distraction. Il en est de même des volailles. On pourroit croire d'après cela que l'intérêt de tous les spéculateurs est de ne pas employer les premiers moyens; cependant on en fait souvent usage, soit par habitude, soit parceque le repos absolu, joint à une nourriture abondante, affoiblit la constitution des animaux et donne lieu à des maladies qui les emportent. De plus, les animaux ainsi engraissés ont la chair moins savoureuse que ceux qui ont constamment joui du bénéfice de respirer un air pur et de faire un exercice modéré; ce qui fait qu'on les recherche moins.

Dans l'engrais à l'herbe, il suffit de laisser les animaux dans des enclos abondans en herbe, et où ils ne soient troublés par rien. La vue fréquente de personnes inconnues, les aboiemens des chiens, les coups suffisent pour en retarder la fin. C'est le meilleur, mais le plus long et pour ainsi dire le plus incomplet; car il est très difficile, dans ce cas, d'augmenter la quantité de graisse, lorsqu'elle est parvenue au degré ordinaire. Le moyen artificiel qu'on emploie pour arriver plus sûrement et plus promptement au but par cette méthode, c'est de saigner plus ou moins copieusement l'animal, afin de l'affoiblir, de disposer sa fibre à se relâcher, et ses vaisseaux à être moins stimulans.

Les pâturages élevés donnent moins d'herbe, mais une herbe plus propre à l'engrais que les prés bas. De plus, la chair des animaux qui y sont engraissés est plus savoureuse. Il en est de même de ceux qui sont trop ombragés, et de ceux où l'herbe est trop jeune.

L'engraissement artificiel, c'est-à-dire à l'étable avec des fourrages secs, des racines et des graines, demande plus de connoissances. C'est celui sur lequel je dois par conséquent m'arrêter davantage. On l'appelle assez généralement *engrais de pouture*.

Une température un peu chaude et la moins variable possible, une obscurité complète, ou au plus, un jour suffisant pour pouvoir se conduire, un silence presque absolu, sont les trois circonstances qu'il faut que les animaux trouvent dans les étables où on les enferme pour les engraisser. On dit qu'en Angleterre, pays où l'engrais des bœufs est beaucoup plus perfectionné qu'en France, on entoure la tête et le corps de ces animaux de deux et même trois et quatre couvertures de laine, qui les tiennent toujours en moiteur, et qui les empêchent complètement de voir et d'entendre. En France on met les grands animaux dans des étables basses, peu aérées et peu éclairées, on crève les yeux aux petits; mais on n'est nulle part, que je sache, arrivé à ce point de perfection.

Cette opération de crever les yeux, si fréquente dans l'engrais des oies, des dindes, des poules et des canards, a le grave inconvénient de les faire souffrir, et par-là de le retarder; il vaut toujours mieux leur couvrir la tête d'un chaperon, ou les tenir perpétuellement dans une chambre obscure.

D'après cela, que faut-il penser de l'habileté des cultivateurs qui contournent les ailes de volailles lorsqu'ils les mettent à l'engrais, de ceux qui leur clouent les pattes au plancher, soit directement (les oies), soit indirectement par le moyen d'une ficelle?

En Allemagne les étables destinées à l'engrais sont souvent accompagnées d'une galerie extérieure, de laquelle, au moyen de trous pratiqués vis-à-vis la mangeoire de chaque animal, on lui donne sa nourriture sans troubler en aucune manière son repos. On n'entre dans l'écurie qu'une fois par jour pour mettre de la nouvelle litière, et on ne fait sortir les animaux qu'une fois par semaine, pendant une ou deux heures du milieu du jour, pour leur faire respirer l'air et avoir le temps d'enlever les fumiers. *Voyez* ÉTABLE.

La propreté est une condition essentielle de l'engrais des animaux à l'étable. Dans le Limousin et la Vendée on étrille même tous les jours les bœufs qu'on y a soumis.

Ce ne sont pas les animaux qui mangent le plus considérablement et le plus vite qui s'engraissent le plus promptement. Ce sont ceux qui mangent peu souvent et lentement. Il faut que leur digestion soit complète pour que la faim renaisse, et toutes choses égales, un bœuf qui a mangé deux fois plus qu'un autre, a besoin de trois fois plus de temps que cet autre pour digérer ce qu'il a mangé. Donner peu à la fois et souvent doit donc être le principe de tout bon engraisseur.

Dans l'engrais de pouture on commence toujours par des herbes fraîches, des feuilles de choux, des raves qui rafraîchissent les animaux; ensuite on leur donne du foin de bonne qualité, et non des foins de RELAIS, de REGAIN, de BAS-PRÉS (*voyez* ces mots), comme on ne le fait que trop souvent, et on entre mêle cette nourriture de panais, de carottes, de pommes de terre, de topinambours, etc., puis en dernier de farine d'orge, d'avoine, de sarrasin, de fève de marais, de pois gris, de vesces, etc. Quelquefois au lieu de faire moudre ces graines on les fait bouillir. Un peu de sel tous les jours est encore utile pour les animaux ruminans. Au foin près, les volailles se conduisent de même. La boisson doit être suffisante, mais peu abondante.

Dans quelques lieux on engraisse avec de la graine de lin, des marcs de bière, des résidus de toutes espèces d'huile (*voy*. au mot Tourteau), avec des châtaignes, des glands, etc.

La paille, comme contenant fort peu de principes nutritifs, ne vaut rien. Il en est de même du son, lorsqu'il est, comme il devroit l'être toujours, bien dépouillé de toute farine.

Il est des lieux où on donne toutes les farines ou graines dans de l'eau tiède, où on trempe même le foin dans cette eau. On ne peut qu'approuver cette méthode, qui accélère les digestions, mais seulement dans les derniers temps de l'engrais, parcequ'elle affoiblit l'estomac lorsqu'elle est long-temps prolongée. Il faut, je le répète, soutenir l'action des organes digestifs, et c'est pour cela qu'on donne peu à manger à la fois, et qu'on varie d'alimens cinq à six fois par jour, et plus s'il est possible.

On juge que l'engrais est achevé à la disparition des saillies, soit musculeuses, soit osseuses du corps, à l'arrondissement du ventre, à la lenteur des mouvemens de l'animal, à son insensibilité même. Un cochon gras semble ne plus exister que pour manger et dormir. On trouvera aux mots Bœuf, Mouton, Cochon, Oie, Dinde, Poule, Canard, etc., les caractères auxquels on reconnoît qu'un de ces animaux est parvenu au degré convenable de graisse, car rarement on les amène au degré le plus complet, à raison de la dépense et du danger de la mort.

De tous les animaux domestiques c'est le cochon qui, proportionnellement, prend le plus de graisse, ensuite l'oie et la poule.

On appelle bêtes brulées celles qui ne sont pas susceptibles d'être engraissées, soit parcequ'elles ont quelques lésions organiques dans les poumons, soit par toute autre cause.

Les animaux gras qu'on ne tue point pour la consommation ne tardent pas, le plus souvent, à périr par la fonte de cette graisse, c'est-à-dire sa résorption dans la masse du sang. C'est principalement dans les moutons que cet inconvénient a lieu. On appelle Pourriture la maladie qui les emporte alors. *Voyez* ce mot.

Les veaux et les agneaux s'engraissent avec du lait donné en surabondance, et dans lequel, vers la fin, on met des jaunes d'œufs, de la farine d'orge, de pois, de fève, etc. On les tient dans une étable propre, et dans l'état de tranquillité le

plus complet possible. Quelquefois on les fait téter deux, trois
et même quatre vaches, mais le plus souvent on les fait boire
le lait dans un seau. (B.)

ENGRUNA. C'est, dans le département de la Haute-Garonne,
l'action d'égrainer le maïs contre une barre de fer carrée.

ENJAVELER. C'est l'action de réunir le blé ou autres
céréales en petits tas, à mesure qu'on les coupe, pour pouvoir
plus facilement ensuite en former des gerbes. *Voyez* JAVELER.

ENNÉANDRIE. C'est le nom de la neuvième classe du système de botanique de Linnæus, classe qui comprend les plantes
qui ont neuf étamines. *Voyez* PLANTE.

ENRACINÉ. Plante qui a pris racine ou qui a beaucoup de
racines, car on emploie indifféremment ce mot sous ces deux
acceptions. Dans le langage des jardiniers, c'est la seconde qui
prévaut. Cette marcotte est bien enracinée, c'est-à-dire qu'elle
a beaucoup de chevelu.

ENSEMENCEMENT, ENSEMENCER. Opération par la-
quelle on répand des grains dans la terre ou sur la terre, afin
de donner naissance à des plantes dont on attend un produit.
Voyez le mot SEMER.

Une nouvelle méthode d'ensemencement, pratiquée, dit-on,
avec succès dans quelques parties de l'Angleterre, avoit été
apportée en France par M. de La Rochefoucault-Liancourt.
(*Voyez Annales de l'agriculture française,* tomes 9 et 13.) Elle
consiste à répandre des grains de blé ou de seigle dans des trous
espacés à dix ou quatorze centimètres, suivant la qualité du
terrain. On a donné à l'instrument dont on se sert pour former
ces trous le nom de *plantoir.* Il est presque tout en fer, et consiste en un manche, au bout duquel est une poignée garnie de
bois pour en rendre le maintien plus doux; il se divise infé-
rieurement en deux branches, terminées par des cônes renversés, dont le sommet est destiné à former les trous pour placer le grain. Un homme tient un plantoir à chaque main; il
marche à reculons, dirigé par les petites raies des sillons: il
fait ainsi à la fois quatre trous, que l'habitude lui apprend bientôt à espacer également. La pesanteur du plantoir aide les
efforts de l'homme, qui supporte long-temps ce travail sans se
fatiguer parcequ'il est peu incliné. Ceux qui placent les grains
dans les trous sont, par économie, des femmes ou des enfans;
toujours baissés et presque à genoux, ils se lassent bien plus
aisément. Pour éviter la confusion, on attache un enfant à
chaque rang de trous, et quand il est un peu exercé, il est rare
qu'il y ait de l'erreur; au reste, quelques erreurs seroient de
peu de conséquence. Un homme et quatre enfans peuvent en
quatre jours ensemencer de cette manière un demi-hectare
(un arpent de 100 perches à 22 pieds pour perche.)

On a pu croire que l'ensemencement du blé au plantoir devoit procurer de grands avantages : cela doit arriver quand la semence est très chère et la main-d'œuvre à bon marché, parceque cette pratique exige trois fois moins de semence et trois fois plus de main-d'œuvre; mais aussi elle n'est pas sans inconvénient.

Elle exige une quantité de bras qu'il ne seroit pas possible de se procurer dans les pays de grande culture. Elle ne convient point aux terres fortes et compactes, parcequ'on ne peut semer de cette manière sans que la terre ne soit battue par le trépignement des hommes; elle ne convient pas davantage aux terres légères et peu substantielles, parcequ'il faudroit semer dru et qu'il n'y auroit pas d'avantage. D'ailleurs le blé semé au plantoir, plus rare que l'autre, croît et mûrit plus lentement; ses pailles sont aussi bien plus fortes et bien plus dures; dans une année pluvieuse, il pousse entre les pieds beaucoup d'herbes qui occasionnent des sarclages répétés et dispendieux.

Je pense que l'ensemencement au plantoir ne peut convenir qu'à un particulier possesseur de quelques champs seulement, qui peut lui-même, avec sa famille, les ensemencer; il peut être encore tenté avec succès dans les pays où les bras sont nombreux et les salaires à bon marché, et dans les années de disette, parcequ'il laisse plus de grains à la consommation. Dans tous les autres cas, il faut y renoncer. *Voyez* au surplus, dans le tom. 20, pag. 289 et suiv. des *Annales de l'agriculture française*, les expériences qui ont eu lieu à ce sujet, et dont le rapport a été fait à la classe des sciences physiques et mathématiques de l'institut de France. (TES.)

ENTER. C'est la même chose que greffer; mais cependant c'est plutôt greffer en fente qu'autrement. *Voyez* GREFFE.

ENTERRER. On enterre le blé à la charrue ou à la herse, les semences de légumes avec le râteau. On enterre dans les pays secs et chauds, principalement sur la côte nord de l'Afrique, les blés pour les conserver. *Voyez* MATAMORE. On enterre, aux approches de l'hiver, les pommes de terre, les betteraves, les châtaignes et autres articles de consommation pour les préserver de la gelée. On doit enterrer profondément les animaux morts enragés ou de maladies contagieuses. On enterre les pierres qu'on retire de la surface d'un champ pour qu'elles n'occasionnent pas une perte de terrain. On enterre le gazon d'un pré qu'on défriche afin que ses débris, pourrissant, fournissent de l'engrais aux plantes qu'on doit y semer. On doit bien enterrer le fumier répandu sur les champs, parceque celui qui est laissé à la surface se dessèche, et n'est d'aucune utilité à la végétation qu'il étoit destiné à augmenter, etc., etc. (B.)

ENTOIR. C'est la même chose que GREFFOIR.

ENTONNER, ENTONNOIR. Le premier mot désigne l'action de verser de la bière, du vin, dans un tonneau, etc.; et le second, l'instrument qui sert à cet usage. Les entonnoirs communs sont en fer-blanc, et représentent des cônes renversés, terminés par une queue ou gouttière qui pénètre dans le vaisseau. Ces instrumens sont nécessaires pour les besoins journaliers dans une cave, et pour les petites opérations : dans les celliers, il en faut de plus grands, de plus solides; ils sont en bois et la douille en fer.

Pour l'ordinaire, on creuse un billot de bois de la longueur de trente à trente-six pouces sur dix-huit à vingt pouces de largeur, et de six à dix pouces de hauteur. Quelques uns le creusent carrément du haut en bas, et d'autres arrondissent la partie inférieure, soit à l'intérieur, soit à l'extérieur : enfin ils pratiquent un trou dans le milieu par où passe la douille; elle est formée par une feuille de tôle ou de fer battu; sa queue est arrondie, traverse l'épaisseur du bois, l'excède de trois à quatre pouces; sa partie supérieure est rabattue, repliée sur le bois, enfin assujettie par des clous, afin qu'elle se colle exactement sur le bois, et ne laisse pas échapper le vin.

Les entonnoirs faits en gondole doivent nécessairement avoir un rebord qui règne tout autour de la partie intérieure et supérieure. Si le constructeur n'a pas la précaution de le conserver, en creusant son billot, on perdra beaucoup de vin; car pour peu qu'on en vide à la fois, la force de la chute, aidée par la courbure, pousse le fluide au dehors.

Je préfère les entonnoirs coupés carrément, soit à l'intérieur, soit à l'extérieur. Le fluide est moins sujet à passer sur les bords lorsqu'on le vide, et l'entonnoir placé sur le tonneau l'est bien plus solidement que celui dont la base décrit un demi-cercle. Le premier touche par tous ses points la superficie du tonneau déjà ronde, tandis que deux corps courbés, mis l'un sur l'autre en sens contraire, n'ont qu'un seul point de contact.

Il est rare que ces entonnoirs ne laissent échapper le vin entre la douille et le bois. On a beau faire très juste le trou par où elle passe, le bois, en séchant, prend de la retraite, et par conséquent le trou s'élargit; mais la cause majeure provient de la maladresse et de la précipitation des valets, lorsqu'ils placent l'entonnoir sur le tonneau : souvent avant que la douille enfile le trou du bondon, elle frappe contre les bords de cette ouverture, ébranle les clous, comprime le bois, enfin disjoint plus ou moins cette douille. Le moyen de remédier à cet inconvénient est de placer sur l'entonnoir, et d'y clouer, une seconde douille dans laquelle la première doit entrer : cette seconde supportera tout le poids de la maladresse des ouvriers, et celle de l'intérieur ne recevra aucun dommage.

Les fabricans des entonnoirs à billot choisissent de préférence les bois blancs ; ils sont plus aisés à creuser, à unir, et l'ouvrage fait plaisir à la vue. Ces bois sont sujets à se tourmenter, parcequ'ils passent successivement de l'humidité à la grande sécheresse : dès-lors ils se gercent, ils se fendent ; on a beau ajouter coton sur coton pour boucher les gerçures, le vin répand toujours. Le propriétaire vigilant, plusieurs jours avant de se servir de ces entonnoirs, et lorsqu'ils sont dans le plus grand état de siccité, doit les faire garnir avec du coton ou de la filasse trempée dans du goudron très chaud ; les brins se collent alors parfaitement les uns contre les autres, et ce calefat prévient la perte du vin. Ceux qui pourront se procurer un billot de châtaignier bien sain commenceront par l'écorcer, et le tenir ensuite dans un lieu très sec, au moins pendant deux à trois ans : lorsque ce bois a acquis une grande siccité, c'est le cas alors de le débiter, de le travailler, etc. On aura plus de peine, j'en conviens, mais on en sera amplement dédommagé par sa durée.

Une *comporte*, *banne* ou *benne*, sert à former l'entonnoir de la seconde espèce, avec cette différence cependant que le derrière est de six à huit pouces plus élevé que le devant, afin de retenir le vin lorsqu'on le vide en grande masse dans cet entonnoir : il est percé dans le milieu comme le précédent, et garni de sa douille.

La même comporte, garnie dans le milieu d'un vaste entonnoir de fer-blanc, dont la partie la plus large est clouée sur le fond de la comporte, fournit la troisième espèce. Ce cône est criblé de trous par lesquels le vin s'écoule vers la douille, et de la douille dans le tonneau : il sert à retenir dans le grand entonnoir les pepins, les grains de raisin, les écorces, les grappes, etc., de manière que le vin est entonné entièrement dépouillé de tout corps étranger. Le haut du cône est ouvert et terminé par un tuyau de quatre à six pouces de hauteur, et dont le diamètre est un peu plus considérable que celui de la douille qui correspond à l'ouverture du tonneau : ce tuyau reçoit un morceau de bois presque de son diamètre, un peu moins gros dans le bas et garni de filasse ; de manière que, lorsque le tonneau est plein ou presque plein, on le laisse tomber à fond ; il bouche l'ouverture de la douille, et retient le vin dans l'entonnoir.

La convexité des tonneaux ne permet pas que les entonnoirs soient bien assis. On doit avoir des coins en bois d'une grandeur et d'une longueur proportionnées, que l'on glisse entre la partie supérieure du tonneau et l'inférieure de l'entonnoir : sans cette précaution, on perd beaucoup de vin. (R.)

ENTONNOIR. On donne ce nom aux fleurs monopétales régulières qui ont la forme d'un entonnoir. *Voyez* Fleur.

ENTONNOIR (ARBRE EN.) Sorte de disposition des arbres fruitiers qui représente la forme d'un entonnoir. On n'emploie plus guère cette expression, celle d'arbre en buisson ayant prévalu. *Voyez* Buisson (arbre en.)

ENTORSE. Maladie du cheval et du bœuf. C'est une distension du ligament de l'articulation du boulet, avec un gonflement à la partie. L'animal boite plus ou moins fortement, selon que le gonflement est plus ou moins considérable. Quelquefois, mais rarement, un cheval boite très-sensiblement, quoique le gonflement soit léger en apparence.

Les causes de l'entorse sont un faux pas ou les efforts que fait un animal pour retirer son pied engagé dans une ornière ou entre deux corps quelconques.

Le plus souvent on prévient les suites d'une entorse en conduisant sur-le-champ l'animal dans une rivière ou une mare ; et lorsqu'on en est loin, en lui mettant le pied dans un seau d'eau froide, ou au moins en l'étuvant avec de l'eau fraîche ; peu après on le frictionne avec une dissolution de savon dans l'eau-de-vie, ou avec de l'eau-de-vie camphrée.

On peut saigner l'animal, si le gonflement est considérable, ou au plat de la cuisse, ou à la veine céphalique, selon que l'entorse est aux jambes de derrière ou à celles de devant. (Tes.)

ENTORTILLÉ. On donne vulgairement ce nom aux tiges des plantes qui montent sur les arbres en formant une spirale autour de leur tige. *Voyez* au mot Plantes grimpantes.

ENTRAVES. Moyen qu'on emploie pour ralentir ou entièrement empêcher les mouvemens des pieds des gros animaux domestiques lorsqu'on les met au pâturage ou qu'on veut les Assujettir. *Voyez* ce mot.

Les entraves ne sont souvent qu'une corde qui lie les pieds de devant ou de derrière entre eux, ou un des pieds de devant avec celui de derrière correspondant, ou avec la tête. Mais cette corde est dans le cas de blesser le cheval ou le bœuf qui la porte, et on doit toujours lui préférer une lanière de cuir ou une sangle.

Il est un grand nombre de sortes d'entraves plus compliquées, et chacune offre plusieurs modes dans leur emploi. Celles qui doivent être préférées, comme ayant le moins d'inconvéniens, sont des lanières de cuir doublées ou triplées, de la hauteur et de la longueur du pourtour des paturons, qui se ferment au moyen de trois courroies et de trois boucles, et au milieu desquelles est fixé un fort anneau de fer. On met ces entraves aux paturons, et, au moyen de leur anneau et d'une corde, on les lie les uns avec les autres, ou à la tête ou à des pieux, des arbres, etc. La grande quantité d'accidens qui arrivent aux animaux, par suite des entraves moins perfectionnées qu'on leur met, doit faire désirer que les cultivateurs adoptent généralement ces dernières, malgré la plus grande dépense à laquelle elles obligent, dépense au reste compensée par leur durée. Outre l'avantage de moins souvent blesser les chevaux, les bœufs, etc., elles ont encore celui de pouvoir, après que la liberté des mouvemens a été rendue à ces animaux, être laissées à leurs pieds pendant plusieurs jours sans inconvéniens.

Il est des pays où on ne met jamais les bestiaux au pâturage sans entraves pour les empêcher de s'écarter et sur-tout d'aller dans les champs ensemencés, les bois et autres lieux défendus. Ces bestiaux ne peuvent jamais être pourvus d'embonpoint, car la gène et la douleur que leur causent ces entraves les empêchent de manger et de digérer aussi bien que ceux qui sont libres dans leurs mouvemens. Comment faire, diront tous les cultivateurs de ces pays? Devrons-nous passer toute la journée à garder notre vache, notre cheval, notre âne? Formez des clôtures, leur répondrai-je. (B.)

ENTREE. En terme forestier, le bois d'entrée est synonyme de bois qui commence à se couronner.

ENTRE-HIVER. Labour fait pendant l'hiver. *V.* ENTRE-HIVERNER. (TES.)

ENTRE-HIVERNER. Donner un labour aux champs pendant l'hiver, c'est-à-dire entre les gelées, qui sont comme autant d'hivers quand elles sont interrompues. Ces labours se donnent plutôt au commencement qu'à la fin de l'hiver. (TES.)

ENTRETENIR. On dit entretenir un jardin, entretenir un bois, etc., pour avoir soin que toutes ses parties soient toujours dans le même état d'agrément ou d'utilité.

ENTR'OUVERTURE. C'est la disjonction portée au plus haut degré du bras du cheval d'avec son corps. L'*entr'ouverture* est un écart plus considérable. *V.* le mot ÉCART.

Dans l'entr'ouverture le muscle commun à l'épaule et au bras est gonflé; le cheval en marchant fauche ou décrit un demi-cercle, et porte toujours, dans son repos, la jambe malade en avant.

Il faut le mener à l'eau, l'y laisser une demi-heure; le saigner à la veine jugulaire aussitôt qu'il en est sorti; appliquer sur le mal des topiques résolutifs, aromatiques et spiritueux, tels que les décoctions de sauge, d'absinthe, de lavande, et de l'eau-de-vie camphrée.

Dans le cas où les résolutifs ne suffiroient pas, il faudroit avoir recours aux maturatifs, et on appliqueroit un séton à la partie supérieure interne de l'avant-bras. La matière étant écoulée, on en viendra à une charge résolutive fortifiante, et ensuite aux aromatiques et aux spiritueux. (Tes.)

ENTRURE. Une charrue a beaucoup d'entrure lorsqu'elle enfonce bien avant en terre. *Voyez* aux mots CHARRUE et LABOUR.

ENTURE. *Voyez* au mot GREFFE.

ENULE CAMPANE. *Voyez* INULE AUNÉE.

ENVELOPPE. C'est tantôt un membre, tantôt une sorte de feuille qui protège les organes de la génération des plantes. Quelquefois même les pétales et le calice prennent ce nom. *Voyez* PLANTE. (B.)

EON. Synonyme d'œuf dans le département de Lot - et-Garonne.

EOUVÉ. Nom du CHÊNE VERT.

EPAMPRER. Synonyme d'ÉBOURGEONNER lorsqu'il est question de la vigne. Ce mot est peu employé.

ÉPANOUI, ÉPANOUIR, ÉPANOUISSEMENT. Se dit des fleurs qui sont arrivées au dernier degré de leur accroissement, dont les pétales ou les divisions des pétales sont écartées par leur sommet et laissent voir les organes de la fécondation, qui, à cette époque, dans la plupart des plantes, agissent les uns sur les autres, c'est-à-dire effectuent l'acte de la reproduction. C'est le moment du plus grand luxe de la végétation; car alors les fleurs jouissent de tout leur éclat, et exhalent l'odeur qui leur est propre avec le plus d'intensité. Dès qu'il est passé elles se flétrissent et tombent. *V.* au mot FLEUR. (B.)

EPARETTE. C'est le SAINFOIN dans quelques cantons.

EPARGNE. Variété de POIRE. *Voyez* POIRIER.

EPARVIN ou EPERVIN. MÉDECINE VÉTÉRINAIRE. Nous distinguons trois sortes d'éparvins; l'éparvin sec, l'éparvin de bœuf et l'éparvin calleux.

Nous désignons sous la dénomination du premier, une maladie externe, dont l'effet est de susciter une flexion convulsive et précipitée de la jambe du cheval qui en est attaqué, au moment où elle entre en action pour se mouvoir. Ce mouvement irrégulier est exprimé par le terme de *harper*. On s'en aperçoit dès les premiers pas que fait l'animal, et jusqu'à ce qu'il soit échauffé, puisqu'alors il n'est presque point visible, à moins que le mal ne soit parvenu à une certaine période caractérisée par l'action continuelle de la jambe qui *harpe* toujours. Un cheval crochu avec ce défaut devient presque totalement incapable de service.

Cette maladie n'existe point dans l'articulation du jarret,

comme certains auteurs l'ont prétendu, mais dans les muscles mêmes qui servent au mouvement de flexion, ou dans les nerfs qui y aboutissent. Si le cheval paroît boiter au bout d'un certain temps, la claudication ne peut pas être l'effet de cette affection, mais de quelque autre maladie qui survient ordinairement au jarret fatigué par la continuité de l'action forcée qui résulte de la flexion convulsive dont il s'agit.

L'éparvin du bœuf est une tumeur humorale qui occupe dans le bœuf presque toute la portion de la partie latérale interne du jarret. Cette tumeur est produite dans cet animal par des humeurs lymphatiques arrêtées dans les ligamens de l'articulation du jarret avec le *tibia* ou l'os qui forme la jambe. Elle est molle dans son origine; mais elle se durcit dans la suite par le séjour de l'humeur qui l'occasionne, et qui devient insensiblement plâtreuse. Le bœuf ne boite jamais dans le principe de ce mal, mais seulement à mesure que la tumeur s'accroît et se durcit.

Les fomentations émollientes et les cataplasmes de même nature sont indiqués dans le commencement de la maladie, s'il y a inflammation, chaleur, douleur; après quoi on termine la cure par de fréquentes frictions avec le vin aromatique et l'eau-de-vie camphrée.

L'éparvin calleux est la seule tumeur qui devroit être regardée dans le cheval comme éparvin. La tumeur est calleuse, et son siège est dans l'os même, et à la partie du canon que les anciens appeloient *éparvin*, c'est-à-dire à la partie latérale interne et supérieure de ce même os.

Ce gonflement de l'os étant produit par les mêmes causes que la courbe, et étant de même nature, on doit le traiter de même; ainsi *voyez* COURBE.

Nous voyons encore aujourd'hui à la ville et à la campagne confondre l'éparvin avec la COURBE : le siège de l'un et de l'autre est bien différent, puisque celui-ci occupe la partie inférieure interne du *tibia*, tandis que celui-là se retrouve placé à la partie supérieure interne du canon. (R.)

ÉPAULÉ. On dit, dans quelques cantons, qu'un arbre est épaulé lorsqu'une ou plusieurs de ses branches ont été à moitié cassées vers le tronc, qu'elles se sont repliées sur ce tronc.

Un arbre épaulé peut être quelquefois rétabli par le redressement des branches cassées et par un BANDAGE (*voyez* ce mot) propre à favoriser la soudure de la plaie. Lorsque cela ne se peut pas, il faut se hâter de couper la ou les branches à moitié cassées quoiqu'on puisse souvent en attendre des produits très abondans (plus que du reste de l'arbre) pendant plusieurs années. (B.)

ÉPAUTE ou ÉPAUTRE, aussi appelée *locular*, *locar* et *froment rouge*, n'est pas une variété du froment, comme on le croit communément, mais une espèce distincte, caractérisée par des fleurs tronquées obliquement, pourvues de courtes barbes, au nombre de quatre dans le même calice, dont l'une, celle du sommet, avorte et n'a pas de barbe.

Cette espèce, dont le pays natal n'étoit pas connu, a été trouvée sauvage en Perse par Michaux et Olivier. Elle étoit très estimée des anciens, et cultivée préférablement aux meilleures variétés de froment. Aujourd'hui on ne la trouve plus que dans les pays des montagnes, telles que la Suisse, les Vosges, les Cevennes, le Limousin. Elle s'élève peu, tasse rarement; ses épis sont aplatis, peu allongés, et renferment de petites semences dont la farine est peu abondante, mais d'un excellent goût. La meilleure bouillie que j'aie jamais mangée est celle faite avec cette farine. Si le pain fabriqué m'a paru de beaucoup inférieur à celui du froment, c'est probablement parcequ'on y avoit laissé tout le son, et qu'on n'avoit pas suivi les bons procédés usités dans les grandes villes; car ce n'est que chez des cultivateurs très pauvres que j'ai eu occasion d'en goûter.

On connoît deux variétés d'épautre, la grande et la petite. La première est en tout point préférable. Elles s'accommodent des plus mauvais terrains. Les résultats de la décomposition des granits, des gneis et des schistes lui conviennent fort bien, ainsi que je l'ai fréquemment observé. Comme c'est le grain qui reste le plus long-temps en terre, il faut le semer immédiatement après la moisson. Il passe quelquefois quatre mois sous la neige sans inconvéniens. Du reste sa culture ne diffère pas de celle du FROMENT et du SEIGLE. *Voyez* ces deux mots.

Il se fait de l'excellent gruau et de la bière délicieuse avec le grain de l'épautre. Je n'en ai pas goûté.

On a encore beaucoup d'estime pour l'épautre dans quelques parties de l'Allemagne, sur-tout dans la Souabe, parcequ'elle ne gèle jamais. On la sème depuis le commencement de septembre jusqu'au milieu d'octobre dans les terres jaunes et fortes peu propres au froment et même au seigle. Elle craint l'eau. On la coupe quand la paille est devenue d'un beau jaune. Elle produit communément six pour un.

Le grain de l'épautre peut se conserver dans son enveloppe sans craindre les charançons, et autres ennemis du froment, mais il a besoin d'être débarrassé de cette enveloppe pour être mangé. L'opération se fait comme quand on fait du gruau d'orge ou d'avoine, c'est-à-dire au moyen d'un moulin construit exprès, moulin dont les meules sont écartées et accompagnées d'un ventilateur qui chasse au loin les paillettes du son.

En Allemagne on regarde la paille de l'épautre comme un bon manger pour les bestiaux. En France on n'en fait aucun cas sous ce rapport. Je n'ai pas eu occasion de prendre une opinion personnelle sur ce fait. (B.)

EPEAUTRE. *Voyez* EPAUTRE.

EPERNAUX. C'est le nom qu'on donne aux ouvertures des claies des parcs à moutons dans quelques endroits.

EPERON. Prolongement de la base de la corolle de quelques plantes, telles que la linaire, le pied d'alouette, les orchis, etc.

L'éperon est le plus souvent creux; sa forme, sa grosseur et sa longueur varient beaucoup. Quelquefois il contient du miel. Les abeilles savent l'aller chercher dans celui de la linaire, en y faisant avec leurs mandibules un trou suffisant pour passer leur trompe. *Voyez* au mot PLANTE. (B.)

EPERONS. On appelle ainsi dans certains cantons les grains de seigle qui restent dans les épis.

EPERVIER. Oiseau de proie du genre des faucons qui quelquefois cause des pertes aux cultivateurs, en attaquant leurs volailles et principalement leurs pigeons. Il fait aussi une grande destruction de gibier, sur-tout de perdrix. Le tuer est donc un bien, quoique d'un autre côté il rende quelques services aux cultivateurs en mangeant les rats, les mulots, les campagnols, les taupes, les belettes, les alouettes, les moineaux et autres oiseaux qui se nourrissent de grains.

On reconnoît les éperviers à leur dos recourbé, à leurs pattes grêles, à leurs ailes courtes, à leur couleur rousse mêlée de brun et de blanc avec des raies longitudinales sur le cou et transversales sous la poitrine et le ventre. Le mâle est plus petit que la femelle, et porte vulgairement le nom de TIERCELET.

La plupart des éperviers passent en Afrique aux approches de l'hiver. Ils nichent dans les grandes forêts. On en dresse pour la chasse du lièvre, du lapin, du faisan, de la perdrix, de la grive, de l'alouette et autres oiseaux. Une fois qu'un d'eux a pris un pigeon sur un colombier, sans être inquiété, il y revient jusqu'à ce qu'il soit tué. Outre le moyen de le détruire avec le fusil il y en a encore un autre; c'est de poser sur une planche fixée au haut d'une perche, plantée au milieu d'une plaine, un piège à ressort, appelé *piège à rats*, sur la bascule duquel on attache une alouette ou autre petit oiseau. Il se prend par les pattes lorsqu'il vient pour s'en emparer. (B.)

ÉPERVIÈRE, *Hyeracium.* Genre de plantes de la syngénésie égale, et de la famille des chicoracées qui renferme plus de soixante espèces, dont plusieurs sont assez communes et d'autres assez utiles ou assez agréables pour mériter d'être connues des cultivateurs, et qui, par conséquent, sont dans le cas de trouver place dans cet ouvrage.

Une partie des épervières n'ont que des feuilles radicales ; les autres les ont alternes. Leurs fleurs sont communément jaunes, grandes et portées sur de longs pédoncules terminaux ou axillaires. Toutes rendent un suc blanc lorsqu'on les blesse.

Parmi les premières il faut principalement faire remarquer :

L'ÉPERVIÈRE PILOSELLE, ou simplement la *piloselle*, ou l'*o- reille de souris*, qui a les racines vivaces, fusiformes et fibreu- ses ; les tiges stolonifères ; les feuilles ovales oblongues, très entières, velues en dessous, étalées sur la terre ; les fleurs larges de six à huit lignes, et solitaires à l'extrémité de hampes de trois à quatre pouces de haut. Elle croît dans toute l'Eu- rope aux lieux secs et arides, sur les pelouses des montagnes, et fleurit au milieu du printemps ; quelquefois elle est si abon- dante qu'elle couvre le sol et l'embellit par ses nombreuses fleurs. Elle est très propre à entrer par place dans les gazons des jardins paysagers. Sa saveur est amère. On la regarde comme astringente, vulnéraire et détersive. Sa racine mâchée détermine une grande sécrétion de salive, et je l'ai souvent employée pour apaiser ma soif dans des excursions botaniques. C'est mal à propos qu'on a écrit que ses feuilles étoient mor- telles pour les moutons ; seulement il ne paroît pas qu'ils les recherchent autant que les chevaux, qui en sont très friands.

L'ÉPERVIÈRE ORANGÉE a les racines vivaces, fibreuses ; les feuilles oblongues, aiguës, hérissées de poils, la plupart éta- lées sur la terre ; les tiges également hérissées de poils, hautes de cinq à dix pouces, quelquefois garnies de quelques feuil- les, et portant à leur sommet plusieurs fleurs couleur orangée, larges d'un pouce, disposées en corymbe. Elle croît naturelle- ment dans les forêts de la Suisse, de l'Italie et de l'Alle- magne. On la cultive depuis long-temps dans les jardins, qu'elle embellit par la vive couleur et la durée de ses fleurs. C'est en bordure ou en touffe qu'on la place ordinairement. Les jardi- niers lui reprochent de trop tracer, et en effet, il faut l'ar- rêter deux ou trois fois par an dans ceux de ces jardins où on ne veut pas qu'une feuille passe l'autre ; mais dans ceux qui imitent la nature on l'abandonne complètement à elle-même. Cette facilité de se multiplier dispense de la semer. Il suffit de déchirer un de ses pieds pour en faire des douzaines d'au- tres. Cette opération doit avoir lieu pendant l'hiver.

Parmi les secondes je citerai,

L'ÉPERVIÈRE DES MURS, qui est proprement l'*herbe à l'é- pervier* des herboristes. Elle a la racine vivace ; la tige droite, velue, simple ; les feuilles ovales et profondément dentées à leur base ; leurs fleurs jaunes et disposées en panicules terminales. On la trouve dans les lieux secs et pierreux, sur les vieux murs. Elle fleurit au milieu du printemps, et s'élève à un ou deux pieds. Tous les bestiaux la mangent et les chevaux sur-tout la recherchent beaucoup. Ses feuilles radicales sont souvent un peu rougeâtres en dessous et marbrées ou tachées de brun en dessus, ce qui lui a valu le nom de *pulmonaire des Francais* qu'elle porte aussi. On la regarde comme vulnéraire et adoucissante ; mais ses vertus sont plus imaginaires que réelles.

L'ÉPERVIÈRE EN OMBELLE a la racine vivace ; la tige droite, simple ; les feuilles linéaires et légèrement dentées ; les fleurs nombreuses et disposées en corymbe ombelliforme. Elle croît dans les pâturages secs, fleurit au printemps et s'élève à deux ou trois pieds. C'est une très belle plante.

Il y a plusieurs épervières propres aux Alpes et autres montagnes élevées, qui sont assez belles pour mériter d'être introduites dans les jardins paysagers ; mais comme elles n'y sont pas cultivées je me dispense de les citer. (B.)

ÉPHEMERINE, *Tradescantia.* Genre de plantes de l'hexandrie monogynie et de la famille des joncoïdes, qui renferme une douzaine d'espèces toutes exotiques, et dont une est cultivée dans les jardins d'agrément pour ses fleurs.

L'ÉPHÉMÉRINE DE VIRGINIE a des racines vivaces, charnues ; des tiges droites, articulées, charnues, lisses ; des feuilles alternes, plissées en gouttière, engaînées à leur base, fort longues, d'un beau vert ; les fleurs violettes ou blanches et disposées en bouquets, accompagnées de deux bractées spathiformes à l'extrémité des rameaux. Elle croît naturellement dans les parties méridionales de l'Amérique septentrionale, et se cultive dans les jardins, comme je l'ai dit plus haut. Elle fleurit pendant une grande partie de l'été, mais chaque fleur ne dure qu'un jour. Sa hauteur est d'environ un pied. Les gelées ne lui font aucun tort. Un terrain frais, léger et ombragé est celui qui lui convient le mieux. C'est en automne qu'il faut s'occuper de sa multiplication par le déchirement des vieux pieds, et c'est dans les jardins paysagers, sous les arbustes des premiers rangs des massifs, sur le bord ombragé des lacs et des rivières qu'il convient de la placer. Là, elle ne demande aucune sorte de culture ; mais dans les parterres on a souvent besoin de la régler, tant elle a de propension à s'étendre et tant ses semences lèvent facilement. (B.)

ÉPI. Sorte de disposition des fleurs des plantes qui se voit dans le froment, l'orge, le plantain, etc. Dans cette disposition les fleurs sont presque sessiles, rapprochées et fixées sur un axe commun. *Voyez* au mot PLANTE.

ÉPI D'EAU. Nom vulgaire des POTAMOTS.

ÉPI FLEURI. On donne ce nom aux ORNITHOGALES et à quelques STACHIDES.

ÉPI DE LAIT. Espèce d'ORNITHOGALE.

ÉPICÉA. Espèce de SAPIN. *Voyez* ce mot.

ÉPIDÉMIE DES ANIMAUX. *Voyez* ÉPIZOOTIE.

ÉPIDERME. Pellicule membraneuse, lisse, qui recouvre toutes les parties des plantes.

Les botanistes physiologistes ont beaucoup écrit sur l'épiderme; mais ce qu'on sait à son égard ne satisfait pas complètement. L'opinion qu'il faut ne la considérer que comme le résultat du simple dessèchement de la couche extérieure de l'écorce ne peut prévaloir, puisqu'il est des arbres, le cerisier par exemple, où elle ne se régénère pas. Il est certain que cette partie a été donnée aux végétaux pour défendre leurs organes des effets trop actifs des agens extérieurs. Elle se détache d'elle-même de quelques uns d'entre eux, tels que le platane, la vigne, le groseiller, etc. On peut l'enlever impunément à quelques autres; mais il en est aussi pour qui cette opération est une cause de mort.

On regarde communément l'épiderme comme simple, cependant Duhamel l'a vu composé de six membranes au moins dans le bouleau. Au microscope il présente un réseau qui se déchire circulairement dans le cerisier, longitudinalement dans la vigne, en spirale dans l'hydrangea. Ce dernier cas a été reconnu par Dupetit-Thouars.

Je pourrois beaucoup allonger cet article si je voulois parler de l'épiderme sous tous ses rapports physiologiques; mais une connoissance approfondie de tout ce qu'on a écrit sur ce qui le concerne ne seroit d'aucune utilité aux cultivateurs. C'est dans les ouvrages de notre Duhamel, de Hill, de Compareti, de Saussure, de Bonnet, de Hedwige et de Sennebier, que ceux qui voudroient approfondir cette matière en trouveront le moyen.

Par sa nature, souvent coriace, l'épiderme des arbres présente un obstacle à leur grossissement. Dans les uns, il se fend facilement par le seul effort de l'action vitale, et l'écorce est de bonne heure ce qu'on appelle *gercée*. Dans les autres, comme dans le cerisier, il résiste long-temps à cet effort, de sorte qu'on accélère beaucoup leur grossissement en faisant une incision longitudinale. Cette opération est presque généralement pratiquée dans quelques cantons, notamment dans la vallée de Montmorency; mais elle n'est pas aussi répandue qu'elle mérite de l'être. Les inconvéniens dont elle est accompagnée ne peuvent être mis en comparaison avec ses avantages. Non que je conseille de la faire par-tout et sur toutes sortes d'arbres, mais seulement sur ceux qui en ont évidemment besoin, ce qu'on reconnoît assez facilement par la seule inspection. Les arbres plantés en terrain sec et d'une belle venue le demandent principalement, sur-tout à la suite d'un printemps humide et chaud. *Voyez* aux mots ÉCORCE, PLANTE. (B.)

ÉPIER, MONTER EN ÉPI. Se dit des céréales.

ÉPIERREMENT, ÉPIERRER. C'est enlever les pierres dont un champ se trouve couvert.

On doit examiner avant d'entreprendre cette opération de quelle nature sont les pierres. Si elles sont calcaires ou susceptibles d'une prompte division à l'air, il faut n'enlever que les plus grosses ; les autres retiennent l'humidité de la terre et attirent la rosée. On a vu des champs où il y avoit beaucoup de pierres devenir inféconds après qu'elles en ont été retirées. Si elles sont graniteuses et vitrifiables, alors il ne faut pas balancer à épierrer ; jamais ces sortes de pierres ne se décomposent à l'air; et quand elles se décomposeroient, elles seroient plus nuisibles qu'utiles à la végétation.

On épierre à la main ou avec des râteaux de fer, qu'on traîne pour amonceler les pierres; on les enlève ensuite dans des paniers ou des tombereaux. Quand on n'a qu'un petit champ dont on veut ménager la terre, on peut passer à la claie les mêmes pierres, toujours mêlées de terre, et les porter dans les chemins. (TES.)

ÉPIHYSOSSOPE. Nom vulgaire de la CUSCUTE.

ÉPILEPSIE. Maladie périodique dont chaque accès fait perdre sur-le-champ la connoissance, même le sentiment, et est accompagnée de mouvemens convulsifs dans un plus ou moins grand nombre d'organes, et très souvent de l'expectoration d'une écume épaisse. Au reste, les symptômes qu'elle montre varient non seulement dans presque toutes les espèces d'animaux, mais même dans chaque animal. On l'appelle aussi *mal caduc, haut mal, mal sacré.*

Les causes de l'épilepsie dans l'homme sont mieux connues que dans les animaux ; mais il est probable qu'elles sont à peu près les mêmes. Ainsi il faut mettre au nombre, 1° une peur ; 2° une colère ; 3° l'excès ou la privation des jouissances de l'amour ; 4° des maladies de l'estomac ; 5° des vers ; 6° des coups ou des blessures à toutes les parties du corps, sur-tout à la tête ; 7° des dépôts sur le cerveau ; 8° des lésions de cet organe ; 9° des humeurs répercutées ; 10° l'hérédité, etc., etc.

On voit, par cette énumération des causes de l'épilepsie, combien difficile il est d'appliquer, dans les animaux, les remèdes convenables, puisqu'il faut connoître celle à qui est due la maladie, dans l'individu qu'on a sous les yeux, pour le faire avec succès, et qu'il est rare que cela soit. Je crois, en conséquence, qu'après avoir fait usage pendant quelques mois des remèdes généraux, tels qu'un régime rafraîchissant, des purgatifs répétés, et des cautères ou sétons, on doit tuer tous les animaux qui y sont sujets, les chevaux de selle sur-tout, à raison des dangers.

Ce qu'il est le plus important aux cultivateurs de considérer, c'est de ne jamais permettre à un animal épileptique de concourir à la reproduction de l'espèce. C'est parceque les chiens et les chats sont moins gênés à cet égard que les chevaux et les vaches que l'épilepsie est plus commune parmi eux. C'est toujours avec le désir de le tuer que je vois un chien tomber d'épilepsie. (B.)

EPILLET. Petits épis qui par leur réunion forment une panicule, et qui se remarquent principalement dans les graminées. Le froment appelé *blé à miracle* a des épillets; il en est de même de l'IVRAIE, des BROMES, etc. *Voyez* PLANTE.

EPILOBE, *Epilobium*. Genre de plantes de l'octandrie monogynie, et de la famille des onagraires, qui renferme une douzaine d'espèces, toutes propres à l'Europe, la plupart d'un aspect agréable, et dont quelques unes sont si grandes et si abondantes dans certains lieux, qu'elles frappent nécessairement ceux qui les voient.

L'ÉPILOBE A ÉPIS, *Epilobium angustifolium*, Lin., a des racines vivaces, traçantes, charnues; des tiges cylindriques, simples, hautes de trois ou quatre pieds; des feuilles alternes, lisses, entières, lancéolées; des fleurs rouges ou violettes, à pétales inégaux, et disposées en long épi terminal accompagné de bractées. On le trouve dans toute l'Europe, dans les bois humides et peu fourrés. On le connoît vulgairement sous les noms de petit *laurier rose*, *laurier de St.-Antoine*, *osier fleuri*. Il fleurit pendant tout l'été. C'est une très belle plante qui embellit les lieux où elle se trouve, et qu'on doit planter dans les jardins paysagers. Sa place est dans les enfoncemens de l'aspect du nord, sous les grands arbres voisins des eaux, entre les arbustes du second rang des massifs. On la multiplie très facilement par séparation des racines en hiver, ou par le semis de ses graines. Le plus petit morceau des premières suffit pour, au bout de deux ans, avoir une grosse touffe. Dans quelques cantons du nord de l'Europe on mange ses racines, ses jeunes pousses et la moelle de ses tiges. Les vaches et les chèvres aiment extrêmement ses feuilles. On les fait entrer dans la composition de la bière. Les aigrettes de ses semences forment une ouate qu'on a inutilement tenté de filer, et de faire entrer dans la composition des draps et des chapeaux.

L'épilobe amplexicaule, *Epilobium hirsutum*, Lin., a les racines charnues; les tiges très rameuses et velues; les feuilles tantôt opposées, tantôt alternes, presque amplexicaules, ovales, lancéolées, dentées, velues sur leurs nervures; les fleurs rouges, grandes et disposées en panicules. On le trouve dans les marais, sur le bord des étangs, des bois humides, etc. Il s'élève à trois ou quatre pieds, et fleurit tout l'été.

L'épilobe mollet, *Epilobium pubescens*, Wild., a les racines charnues; les tiges cylindriques, très rameuses et velues; les feuilles tantôt opposées, tantôt alternes, sessiles, lancéolées, dentées, velues en dessus et en dessous; les fleurs rouges et petites. Il croît dans l'eau des marais, des ruisseaux, des étangs, etc., s'élève autant que le précédent, et fleurit en même temps.

Ces deux plantes, quoique moins belles que la première, peuvent être également employées à la décoration des jardins pay agers. Tous les bestiaux les mangent, et l'homme même ne les dédaigne pas toujours. Elles sont quelquefois si abondantes que l'agriculteur ne doit pas négliger de les faire couper, soit pour donner à ses bestiaux, soit pour faire de la litière et du fumier, soit pour chauffer le four, soit enfin pour en retirer de la potasse. Il seroit peut-être possible d'en obtenir de plus grands avantages par une culture en grand, puisqu'elles viennent dans des lieux peu propres à d'autres genres de productions; mais j'avoue que j'ignore si on a fait quelques tentatives à cet égard.

L'épilobe des montagnes a les racines petites, fibreuses; les tiges anguleuses; les feuilles opposées, ovales, dentées; les fleurs rouges et médiocres. On le trouve dans les bois montagneux, où il subsiste souvent un grand nombre d'années presque sans végétation sous les grands arbres, mais où il devient quelquefois très abondant lorsqu'on a coupé ces arbres. J'en ai vu des taillis si surchargés qu'ils couvroient presque complètement le terrain. Il s'élève d'un à deux pieds, et fleurit à la fin de l'été. Tous les bestiaux le mangent. Quoique plus petit que les précédens, il peut partager leur utilité. (B.)

EPIMÈDE, *Epimedium*. Plante à racines vivaces, traçantes; à feuilles radicales longuement pétiolées, et deux fois ternées par des folioles en cœur inégal, pointues, ciliées sur leurs bords, pendantes, luisantes et longues de plus de deux pouces; à fleurs rougeâtres ou jaunes, disposées en panicules sur une tige à peine plus haute que les feuilles, c'est-à-dire d'environ un pied.

Cette plante qui croît naturellement dans les Alpes, aux lieux frais et ombragés, se cultive quelquefois dans les jardins paysa-

gers, sous le nom vulgaire de *chapeau d'évêque*. Elle n'est pas
sans élégance et produit des effets agréables sous les grands arbres, contre les murs exposés au nord. Elle fleurit au milieu du
printemps. Une fois introduite dans un jardin dont le sol lui
convient, il n'est plus nécessaire de s'en occuper, elle multiplie
toute seule autant qu'on peut le désirer. Si on veut la transporter autre part, il suffit d'en arracher quelques pieds en
hiver, d'en couper les racines de la longueur d'un pouce et
de placer les morceaux à la destination projetée. On peut aussi
la multiplier de semences, mais elle en donne rarement dans
le climat de Paris. (B.)

EPINARD , *Spinacia*. Genre de plantes de la diœcie pentandrie et de la famille des chénopodées , qui ne renferme
que deux espèces dont l'une se cultive de temps immémorial
dans les jardins pour ses feuilles qu'on mange cuites et assai-
sonnées de diverses manières.

L'ÉPINARD COMMUN , *Spinacia oleracea* , Lin., est annuel et
originaire de la Perse et contrées voisines, ainsi que l'a prouvé
Olivier en en rapportant des graines cueillies dans les campagnes de ce pays. Sa racine est blanche et peu fibreuse ; sa tige
cylindrique, fistuleuse, cannelée, rameuse, haute d'un à deux
pieds ; ses feuilles alternes, pétiolées, hastées, anguleuses ,
d'un vert foncé et très glabres ; les fleurs mâles sont disposées
en petites grappes axillaires et les fleurs femelles en paquets
axillaires et sessiles. Naturellement ces fleurs doivent se développer au printemps ; mais on en voit pendant tout l'été
dans la plupart de nos jardins.

On cultive dans les jardins des environs de Paris quatre
variétés principales d'épinards.

L'ÉPINARD à graines piquantes et à petites feuilles.

L'ÉPINARD à graines rondes et à petites feuilles.

L'ÉPINARD à graines piquantes et à très larges feuilles.

L'ÉPINARD à graines rondes et à larges feuilles, connu sous
le nom d'*épinard de Hollande*.

La première variété est préférée à la seconde pour les semis,
dont les produits doivent être consommés à la fin de l'hiver ,
parcequ'elle craint moins l'humidité de cette saison. La troisième a sur toutes les autres l'avantage de donner beaucoup
plus de feuilles et des feuilles plus grandes. La quatrième est
aussi digne d'estime sous ces deux rapports. Ce sont les seules
que doivent choisir un propriétaire jaloux de la beauté et de la
bonté des légumes qui paroissent sur sa table.

On peut se procurer des épinards toute l'année en en semant chaque mois ; mais comme pendant les chaleurs de l'été
ils montent promptement en graine, quelque fraîche que soit
la terre et l'exposition dans laquelle on les a placés, et qu'alors

on ne manque pas d'herbages, on ne cherche généralement à
en avoir que pendant l'hiver. Dans les parties méridionales de
la France il est sur-tout superflu d'en semer pour la première
de ces saisons.

Dans cette dernière intention, on en sème à la mi-août pour
le commencement d'octobre, à la mi-septembre pour le mois
de décembre, à la fin d'octobre pour le mois de mars, et au
commencent de février pour avril et mai.

Une terre bien labourée, bien fumée, et un peu fraîche,
est celle qui convient aux épinards. On sème la graine en rayons
écartés de cinq à six pouces et on l'enterre de six à huit lignes.
Celle de l'épinard commun lève en peu de jours; celle de l'é-
pinard de Hollande reste quelquefois trois semaines en terre.
Elle demande à être arrosée dans les sécheresses. Le plant levé
sera sarclé et même biné ou serfoui.

On est généralement dans l'usage de couper les feuilles des
épinards rez terre et à la poignée lorsqu'on en a besoin; mais
cette méthode est nuisible à la reproduction; aussi les maraîchers de Paris n'en agissent pas ainsi. Ils se donnent la peine
de cueillir une à une celles de ces feuilles qui ont acquis tout
leur développement; et par-là, pendant les six mois d'hiver,
ils obtiennent, sur le même espace, une récolte double de
celle des jardins particuliers. Les motifs de cette pratique sont
trop sensibles pour qu'il soit nécessaire de les développer.

La graine d'épinard se récolte sur une planche semée pendant l'hiver, et qu'on destine à cet objet. On doit la ménager
plus que les autres dans l'enlèvement des feuilles. Lorsque
la fleur est passée, c'est-à-dire au milieu de mai, pour le climat
de Paris, on arrache les pieds mâles, et on soutient, avec des
perches parallèles et fixées à un pied de terre, les tiges des
pieds femelles pour empêcher le vent de les verser. Les deux
dernières variétés principalement demandent qu'on prenne
cette précaution à leur égard, à raison de la grandeur et du
nombre de leurs feuilles. Lorsque la graine commence à jau-
nir on coupe les tiges, on les met à l'ombre sur un drap, où
cette graine achève de mûrir. Elle se conserve bonne pendant
trois ans, pourvu qu'on la dépose dans un local ni trop sec
ni trop humide.

Les semences venues sur les planches semées après l'hiver
sont moins grosses et par conséquent moins bonnes que les
autres.

Les feuilles des épinards sont aqueuses, inodores, d'une
saveur particulière et légèrement amères. On les regarde
comme émollientes et détersives. Cuites elles tiennent le ventre
libre et rafraîchissent. On les a appelées le *balai de l'estomac*;
et en effet on peut les considérer comme le fagot d'épines qu'on

emploie dans les campagnes pour nettoyer les cheminées, c'est-à-dire que passant facilement dans les intestins et purgeant par indigestion, elles entraînent avec elles les matières qu'elles rencontrent. On doit malgré cela ne les donner que très finement hachées aux estomacs délicats. La sauce fait réellement le plus grand mérite des plats de ce légume. (B.)

EPINARD. Variété de LAITUE.

EPINCER. On appelle ainsi, dans quelques cantons, l'opération de supprimer, entre les deux sèves, les bourgeons qui ont poussé au printemps sur le tronc des arbres de ligne. *Voyez* ARBRE et ELAGAGE.

EPINES. Saillies ou prolongemens durs, aigus, qui se remarquent sur presque toutes les parties des végétaux, et qui font corps avec elles. Ainsi les rameaux sont épineux dans le prunelier, le bord des feuilles dans le houx, les écailles du calice dans le chardon, l'enveloppe du fruit dans l'épinard. Le plus souvent elles sont simples, mais quelquefois elles sont rameuses comme dans le févier.

Quelques plantes perdent leurs épines par la culture, d'autres par la vieillesse.

On appelle quelquefois les aiguillons épines, mais c'est par abus, car ils ne tiennent jamais au bois même. *Voyez* le mot AIGUILLON.

Les épines ont été sans doute données aux plantes pour les défendre de l'approche des animaux. L'homme a su en tirer parti pour son avantage. Il plante ses haies avec des arbustes épineux, pour empêcher les malfaiteurs et les bestiaux d'aller ravager ses récoltes. Il en entoure les jeunes arbres qu'il vient de planter, pour que les mêmes bestiaux ne les ébranlent pas en se frottant contre eux. Il en répand sur le sol qu'il vient de semer, pour que les poules et autres oiseaux n'aillent pas manger les graines.

Il est des pays où les arbustes épineux sont si communs qu'on les brûle pour en débarrasser le sol. Il vaudroit bien mieux en tirer parti pour fabriquer de la POTASSE. *Voyez* ce mot. Par-tout on les emploie pour chauffer le four ou faire bouillir la marmite. (B.)

ÉPINE BLANCHE, ou simplement ÉPINE. Nom vulgaire de l'AUBÉPINE. *Voyez* ce mot. Cet arbuste si employé, et avec raison, dans la fabrication des haies, sert à greffer toutes les autres espèces de son genre, et de plus, la plupart des espèces d'AMÉLANCHIER, de SORBIER, de POIRIER, et autres genres voisins. (B.)

ÉPINE DE CHRIST. C'est le PALIURE. *Voyez* ce mot.

ÉPINE D'ÉTÉ. Variété de poire, aussi connue sous le nom de FONDANTE D'ÉTÉ. *Voyez* POIRIER.

ÉPINE FLEURIE. C'est le PRUNIER ÉPINEUX.

ÉPINE D'HIVER. Variété de POIRE. *Voyez* POIRIER.

ÉPINE NOIRE. *Voyez* PRUNIER ÉPINEUX.

ÉPINE ROSE. Variété de poire. On l'appelle aussi la POIRE ROSE. *Voyez* le mot POIRIER.

ÉPINE VINETTE, VINETTIER, *Berberis*. Arbrisseau de l'hexandrie monogynie, et de la famille des berbéridées, à racine rampante, ligneuse, jaunâtre; à tiges droites, rameuses, couvertes d'une écorce grise, quelquefois hautes de huit à dix pieds; à rameaux pourvus à leur base d'une, deux et trois épines; à feuilles alternes, légèrement pétiolées, ovales, coriaces, luisantes, crennelées et épineuses en leur circonférence; à fleurs jaunes, disposées en petites grappes axillaires et pendantes; à fruit rouge, ovale, aplati, qui croît naturellement dans les montagnes du milieu et du midi de l'Europe, et qu'on cultive sous plusieurs rapports d'utilité et d'agrément.

Les terrains les plus arides et les plus pierreux sont ceux qui conviennent le mieux à l'épine vinette. J'ai vu des montagnes aux environs de Dijon donner un revenu uniquement parcequ'elles en étoient couvertes; et souvent depuis je me suis demandé pourquoi les déserts de la ci-devant Champagne-Pouilleuse, pourquoi tant d'autres terrains de même nature, qui existent en France, et qui ne rapportent absolument rien, n'en étoient pas plantés? Par-tout on peut tirer parti de son bois, en le coupant tous les trois ou quatre ans, pour chauffer le four, cuire les briques, la chaux, etc.; pour fabriquer de la potasse. Les bestiaux aiment beaucoup ses feuilles et ses jeunes pousses, qui sont acides, et que l'homme même mange, dans quelques endroits, en guise d'oseille. Ses fruits, encore plus acides que les feuilles, et d'une acidité plus fine, ou dégagée de tout goût herbacé, plaisent à tout le monde, et servent à faire des boissons et des confitures très agréables. Ces fruits, lorsque l'arbre est très vieux et qu'il a été multiplié de drageons pendant plusieurs générations, perdent leurs pepins, et alors deviennent bien plus précieux pour ces derniers usages. J'ai vu à quelques lieues de Dijon, ville depuis long-temps célèbre par l'excellence des confitures d'épines vinettes qui s'y fabriquent, quatre arbres de cette espèce, auxquels on donnoit plus d'un siècle, et qui rapportoient certaines années plus de cent francs chacun à leurs propriétaires. Les drageons et les marcottes de ces arbres ou de leurs semblables donnent plus promptement des fruits sans pepins que les autres; mais souvent il y a de gran-

des irrégularités à cet égard. J'ai lieu de croire que la loi
générale de la cessation de la puissance reproductive, lors
d'une multiplication par marcottes ou par boutures long-temps
continuée, est celle qui agit dans ce cas; mais il n'est point
d'observations positives qui le constate.

Les racines et le bois de l'épine vinette donnent une couleur jaune assez belle et assez solide : cependant, malgré cela,
on les emploie peu. Le dernier est recherché, à raison de
cette couleur, par les tourneurs et les ébénistes ; mais il est
rare d'en avoir des échantillons de la grosseur du bras.

Lorsqu'on cultive l'épine vinette pour son fruit, il est
très avantageux de la mettre sur un brin, c'est-à-dire d'empêcher qu'elle ne pousse des rejetons de ses racines, comme
elle le fait dans l'état sauvage, sur-tout quand on la coupe,
parceque la sève se portant à la reproduction du bois, il se
développe moins de fleurs, et que ces fleurs avortent plus
communément. Au reste, elle ne demande que peu ou point
de culture. Comme c'est à la finesse, c'est-à-dire à la bonté
de ce fruit qu'on doit principalement tendre, il est bon de
placer les pieds qu'on destine à en fournir à l'exposition la
plus chaude, parceque c'est là que son acidité s'adoucit le
plus, qu'il prend plus de matière sucrée. Ce fruit, par la
même raison, doit se cueillir le plus tard possible, afin qu'il
se perfectionne de plus en plus; et en conséquence on le laisse
sur l'arbre jusqu'à ce qu'il commence à tomber naturellement, ce qui arrive plus tôt ou plus tard suivant la chaleur de
l'été, souvent seulement aux premiers froids.

Le fruit de l'épine vinette cueilli se garde encore quelques
jours, étendu sur des tables, toujours par la même raison, et
s'emploie en confiture, soit en grappes entières, soit égrainé
et avec les pepins, soit égrainé et sans pepins. On en fait aussi
des sirops, des robs, des liqueurs de table, agréables et saines, fréquemment d'usage dans les maladies inflammatoires.
Verts et confits au vinaigre, ils remplacent avantageusement
les capres.

Il y a des variétés d'épine vinette à fruits violets, à fruits
blancs, et à fruits moins acides. Ces derniers sont préférables
dans le climat de Paris, où le défaut de chaleur rend l'espèce
commune, non seulement trop acide, mais même acerbe.

Dans ce climat et dans ceux qui sont plus au nord, on ne
cultive guère l'épine vinette que pour faire des haies, et pour
l'ornement des jardins.

Cet arbuste poussant beaucoup de rejetons de son pied, et
ses branches étant susceptibles de se plier, est très propre à
faire des haies, impénétrables aux quadrupèdes et aux oiseaux

de basse-cour, mais qui ont l'inconvénient d'être mangées dans leur jeunesse par les bestiaux, et d'être d'une foible défense contre les voleurs. En conséquence, on l'emploie rarement seul à cet usage ; mais on le recherche beaucoup pour boucher les trouées des haies d'aubépine, de prunelier, de charmille, etc., pour solidifier leur base, lorsqu'elle se dégarnit. J'en ai fréquemment observé les excellens effets sous ces rapports. La densité de ses touffes et leur forme arrondie, son feuillage d'un vert agréable, ses nombreuses fleurs et ses fruits brillans lui font produire des effets très avantageux au second ou troisième rang des bosquets, ou sur les rochers, ou même isolément, dans les jardins paysagers. Il ne dépare même pas les plates-bandes des jardins d'ornement. On peut seulement lui reprocher l'odeur désagréable de ses fleurs, odeur qui a quelques rapports avec celle du sperme.

Puisque j'en suis revenu sur l'article de ces fleurs, il faut que je dise qu'elles ont des étamines si irritables, qu'il suffit de toucher leur filet avec une épingle pour les faire replier contre le pistil, et qu'on croit dans les campagnes qu'elles sont la cause de la coulure et de la carie des blés. Je suppose qu'il n'est pas nécessaire ici de chercher à prouver l'absurdité de cette opinion. *Voyez* aux mots COULURE et CARIE.

L'épine vinette se multiplie par graines, par drageons, par déchirement et par marcottes.

Les graines se sèment, aussitôt qu'elles sont cueillies, dans une terre légère et bien meuble. Le plant lève au printemps suivant, s'éclaircit, se sarcle, et se bine au besoin. La seconde année on le repique à six à huit pouces dans une terre de même nature, où il reste encore deux ans, après quoi il est bon à mettre en place.

On lève les drageons en automne ou au commencement du printemps pour les mettre en pépinière, où ils restent également deux ans. Il y en a toujours abondamment de produits, lorsque la terre est légère et que les racines sont dans le cas d'être blessées par les labours.

Le déchirement des racines est le moyen qu'on emploie le plus communément dans les pépinières, parcequ'il est le plus rapide. En effet, en éclatant les tiges des pieds de deux ans, on en peut faire autant de pieds qu'il y a de ces tiges ; ce nombre en est quelquefois d'une douzaine, et les plus forts peuvent être mis en place sur-le-champ, car ils pousseront l'année suivante assez de jets pour qu'on ne s'aperçoive pas qu'on en a enlevé.

Les marcottes se font au printemps, et sont généralement enracinées en automne, à moins que l'été ne soit trop sec. On fait rarement usage de ce moyen, excepté lorsqu'il s'agit de multiplier les variétés encore rares, principalement celle sans pepins. On lève les marcottes en hiver, et on les place pendant un ou deux ans en pépinière pour leur donner le temps de se fortifier.

Il y a encore plusieurs espèces de ce genre, dont les plus communes sont les ÉPINES VINETTES DE CHINE, de CRÈTE, du CANADA. Elles sont peu remarquables. (B.)

ÉPINETTE. Espèce de cage très étroite destinée à renfermer la volaille qu'on veut engraisser. Chaque épinette contient une seule pièce ; et le malheureux chapon, ou dinde, ou poulet s'y retourne avec peine. Un bâton traverse cette cage, l'oiseau se perche dessus, et vis-à-vis sont placés son abreuvoir et sa mangeoire. Si on se contente de cette captivité, ce n'est encore que le prélude de la barbarie, dictée par la gourmandise. Avant de l'emprisonner on lui plume la tête et les entrecuisses, afin, dit-on, que ces plumes n'absorbent pas les sucs nourriciers ; ensuite on lui crève les yeux, afin qu'il ne cherche à faire aucun mouvement, attendu que la digestion est trop hâtée par le mouvement. *Voyez* ENGRAIS DES ANIMAUX, et POULE, DINDE, OIE, CANARD. (R.)

ÉPINETTE. C'est la même chose que SAPINETTE. *Voyez* SAPIN.

ÉPINEUX. Tige, branche, feuille, fruit armés d'ÉPINES. *Voyez* ce mot.

ÉPITHIQUE. C'est le nom de la CUSCUTE.

EPIZOOTIE. On a donné ce nom, vers le commencement du dernier siècle, aux maladies qui attaquent en même temps une grande quantité d'animaux. Il correspond à ce qu'on appelle ÉPIDÉMIE relativement à l'homme.

Beaucoup de personnes, même instruites, confondent les épizooties avec les maladies contagieuses ; mais il est très important de les distinguer, et on le peut toujours quand on considère que les dernières se communiquent par le contact médiat ou immédiat, et que les premières tiennent presque toujours à une constitution atmosphérique particulière, à des alimens ou à des boissons altérés. *Voyez* au mot CONTAGION. Cependant il est des temps et des lieux où certaines maladies contagieuses sont si générales, qu'il est permis de les appeler épizootiques.

D'autres personnes encore confondent ces maladies avec celles qu'on a appelées endémiques, parcequ'elles ne se montrent que dans des localités très circonscrites ; et en effet, elles ne devroient pas être distinguées, car, quelque étendue de pays qu'une épizootie embrasse, elle peut être toujours regardée comme étant bornée par la cause qui l'a produite. *Voyez* ENDÉMIQUE.

Les symptômes les plus communs des maladies épizootiques se confondent avec ceux de la DYSSENTERIE, de la PÉRIPNEU-MONIE, de l'ESQUINANCIE, du MAL DE CHÈVRE, du VERTIGO, du CHARBON, de la PHTHISIE. *Voyez* tous ces mots.

Les fonctions digestives, et sur-tout la bile, paroissent jouer un grand rôle dans la plupart des maladies épizootiques ; mais on n'a pas encore suffisamment considéré ces maladies sous ce rapport.

Il y a encore peu d'années que l'opinion qu'il étoit indispensable de tuer tous les animaux soupçonnés d'épizootie, et tous ceux qui avoient communiqué avec eux, étoit regardée comme la seule raisonnable. En conséquence, bien des milliers de chevaux, de bœufs, de vaches, de moutons, etc., qui auroient pu se sauver au moyen des précautions les plus simples, ont été massacrés sur l'avis des médecins, et par ordre de l'autorité. Aujourd'hui, grace à l'institution des écoles vétérinaires, on soupçonne que ce moyen d'empêcher les bestiaux de mourir d'épizootie n'est pas le plus conforme à la raison et à l'intérêt général ou particulier, et qu'en recherchant la cause de la maladie, on peut arrêter, plus ou moins, ses ravages.

Je n'entreprendrai pas ici de faire un traité sur les épizooties, attendu que cela me mèneroit trop loin, et seroit peu utile aux cultivateurs, chacune de ces maladies se présentant presque toujours avec des circonstances propres à embarrasser ceux qui ne sont pas familiarisés avec elles. Un vétérinaire instruit est ce qu'il faut dans ce cas. Je me contenterai donc de présenter au lecteur quelques considérations générales d'hygiène propres à le guider dans les moyens de garantir ses bestiaux d'épizootie.

J'ai dit plus haut que les épizooties prenoient leur origine dans la constitution de l'atmosphère ; et en effet, les observations ont constaté que c'étoit pendant les grandes chaleurs de l'été et pendant les brumes de l'automne qu'elles naissoient le plus souvent. On en a vu disparoître presque du jour au lendemain par le changement de l'état de l'air, par le changement de climat, ou même seulement de position ; par exemple, en conduisant les troupeaux de la plaine sur la montagne, d'un lieu découvert dans des bois touffus, d'un marais sur des terres sèches, d'une vallée sans courant d'air sur des sommets battus par tous les vents.

Des écuries trop basses, trop rarement nettoyées, et par conséquent trop humides, trop susceptibles de dégager des gaz délétères, peuvent aussi donner lieu à des épizooties, parce-que, malheureusement, elles sont très communes.

5.   16

J'ai dit aussi qu'elles étoient encore dues à la mauvaise nature des alimens et des boissons, car il a été constaté que plusieurs avoient été la suite, 1° d'inondations ou de pluies qui avoient altéré la qualité du foin, ou qui s'étoient opposées à ce qu'il devînt bon; 2° de sécheresses qui avoient amené positivement les mêmes résultats en sens contraire; 3° de la multiplication outre mesure de certaines plantes nuisibles dans les pâturages; 4° de l'altération des eaux servant à abreuver les bestiaux.

Cette dernière cause est très commune, et n'est presque jamais observée. Le vétérinaire ne doit pas manquer de la prendre en considération. Telle mare, même tel étang où on a abreuvé sans inconvénient les bestiaux d'une ferme pendant onze mois de l'année, peut devenir pestilentielle après une grande sécheresse pendant les jours les plus chauds de l'été, par la putréfaction de l'eau qu'elle contient, putréfaction résultant de la mort des animaux qu'elle contenoit, de la concentration des matières végétales qui s'y trouvoient dissoutes, etc. *Voyez* Eau et Mare.

Le défaut de boisson est encore une cause très fréquente d'épizootie.

On peut conclure de ce que je viens de dire que les maladies épizootiques proprement dites ne se communiquent ni par l'air, ni par l'attouchement, quoique l'état de l'air les fasse quelquefois naître, et que tous les animaux d'un troupeau, tous les troupeaux d'un pays en soient quelquefois attaqués en même temps. Isoler tous les troupeaux d'un canton, et même toutes les bêtes d'une ferme, lorsque les premiers symptômes d'une épizootie s'annoncent dans ce canton, n'est pas moins une opération nécessaire, car excès de précaution nuit rarement; mais le plus important c'est de changer, le plus promptement possible, le troupeau de localité, de nourriture, de boisson, etc.

Rozier, dans le long article qu'il a consacré à l'objet qui m'occupe en ce moment, passe en revue les principales épizooties qui ont eu lieu dans le courant du siècle dernier.

La première se manifesta en Italie au mois d'octobre de l'année 1713; elle fit périr 30,000 bœufs. C'étoit une dyssenterie, probablement causée par un air humide après de grandes chaleurs, c'est-à-dire par une suppression de transpiration.

La seconde se développa aux environs de Londres en juillet 1714. Elle frappa sur les bêtes à cornes, et fut très meurtrière. Il y a tout lieu de croire que c'étoit une maladie bilieuse causée par l'excès des chaleurs, une véritable jaunisse ou fièvre jaune.

La troisième régna en 1742 dans les Vosges, on ne dit pas dans quel mois. Ses symptômes différoient peu de ceux de la précédente, et elle agissoit également sur les bêtes à cornes, de sorte qu'on peut lui assigner la même cause.

La quatrième attaqua les bêtes à cornes de la Hollande pendant les années 1744, 1745, et partie de 1746. D'après la description il paroît que c'étoit une maladie charbonneuse, et non une véritable épizootie; c'est pourquoi elle a duré si long-temps.

Il en est de même d'une prétendue épizootie qui régna en Angleterre sur les mêmes animaux en 1757.

La cinquième agit sur les moutons dans les environs de Boulogne, à la fin d'octobre 1761, et continua tout l'hiver. Il est évident, par la description qui en a été faite, que cétoit la Pourriture *(voyez* ce mot), causée par la température constamment froide et humide de cet hiver.

La sixième parut en 1762 aux environs de Beauvais, et se porta également sur les moutons; c'étoit une clavelée; ainsi elle n'étoit pas une épizootie.

La septième exerça ses désastres, en 1763, aux environs de la Rochelle, sur tous les bestiaux, excepté les cochons. C'étoit une fièvre bilieuse produite par les exhalaisons pestilentielles des marais. On doit donc placer cette maladie parmi les endémiques, et non parmi les épizootiques.

Quelques années avant la révolution il se manifesta une épizootie sur les bestiaux des montagnes du ci-devant Languedoc, contre laquelle Vic d'Azir, envoyé par le gouvernement, ne trouva d'autre remède que de faire tuer tous ces bestiaux dans un rayons très étendu, sous le prétexte de couper la communication avec le canton où se trouvoit le foyer du mal. Cette opération, qui excita l'indignation de beaucoup de personnes éclairées, et les sarcasmes de beaucoup de celles qui ne l'étoient pas, ouvrit les yeux sur l'absurdité de la marche adoptée par le gouvernement dans tous les cas d'épizootie, et elle est la dernière du même genre qui ait eu lieu. Actuellement on ordonne bien encore quelquefois d'avancer la mort des bêtes évidemment attaquées de la maladie, mais non de tuer les saines lorsqu'une épizootie se déclare. Des vétérinaires sont envoyés sur les lieux pour étudier les causes et en arrêter les effets si cela leur paroît possible. La persuasion est la principale arme avec laquelle ils agissent vis-à-vis des propriétaires, et elle est appuyée sur des instructions imprimées aux frais du gouvernement, et répandues avec profusion. Aussi entend-on moins parler aujourd'hui que ci-devant des ravages des épizooties.

Les volailles de toutes sortes sont aussi dans le cas d'être atteintes par des épizooties, et ce sont les mêmes causes qui agissent sur elles. (B.)

EPLUCHER. C'est séparer avec la main les ordures ou les grains étrangers, ou diminuer sur un arbre le nombre des fruits lorsqu'ils sont trop multipliés, afin que ceux que l'on conserve acquièrent plus de grosseur. (R.)

EPOUVANTAIL. On appelle ainsi des simulacres d'hommes, d'objets extraordinaires, des machines mues par des rouages ou par le vent, tous objets destinés à faire fuir les quadrupèdes et les oiseaux qui vivent aux dépens des récoltes. Un épouvantail qui fait girouette, c'est-à-dire qui tourne avec le vent, produit toujours plus d'effet que les autres. Pour lui donner cette faculté il ne s'agit que de faire entrer le bâton qui le traverse perpendiculairement dans un trou creusé dans un gros pieu enfoncé en terre, et de rendre les bras un peu plus larges.

Ces épouvantails, de quelque nature qu'ils soient, doivent être fréquemment changés; car les animaux, qui s'accoutument peu à peu à leur vue ou à leur bruit, finissent toujours par n'y plus faire attention. A ces moyens je préfère les pièges qui, variés selon l'espèce d'ennemis qu'on a à craindre et selon les saisons, vont à leur but d'une manière plus certaine, et produisent de plus une augmentation de subsistance ou des peaux d'une valeur quelquefois importante. On trouvera à l'article des quadrupèdes et des oiseaux destructeurs la description de ces pièges. (B.)

EPROUVETTE. Instrument avec lequel on mesure la spirituosité des eaux-de-vie. Il en sera fait mention aux mots DISTILLATION et EAU-DE-VIE.

EPUISÉE. Lorsqu'une terre produit plusieurs années de suite, par exemple du blé, la récolte de la seconde est moins bonne que celle de la première, celle de la troisième encore plus mauvaise que celle de la seconde, et on dit alors que cette terre est épuisée. En effet elle ne contient plus autant de principes propres au blé puisqu'elle ne peut pas l'amener au même degré de vigueur. *Voyez* aux mots TERREAU, ENGRAIS, AMENDEMENT, ASSOLEMEENT, SUCCESSION DE CULTURE. (B.)

EPUISEMENT. MÉDECINE VÉTÉRINAIRE. C'est une foiblesse de tous les membres de l'animal.

Les signes de cette maladie ne sont point équivoques. Les animaux qui en sont attaqués ressentent à chaque mouvement qu'ils font des douleurs dans les membres; les muscles destinés à les transporter d'un endroit à un autre ne se contractent que lentement et avec peine, et s'ils sont quelquefois obligés de marcher long-temps, on s'aperçoit que les forces diminuent, et qu'ils sont souvent obligés de tomber et de se coucher.

Il y a quatre espèces d'épuisemens. Première espèce. C'est une fatigue outrée, connue particulièrement dans le cheval sous le nom de *fortraiture. Voyez* FORTRAITURE. Seconde espèce. C'est une foiblesse occasionnée par défaut de nourriture

La maigreur est manifeste, la foiblesse des muscles est considérable, l'animal peut à peine marcher, et il succombe ordinairement au moindre poids qu'on lui fait porter. Cette maladie vient le plus souvent de la cruauté des bouviers, qui, sous prétexte d'économiser sur les alimens des bœufs, leur font souffrir la faim, en exigeant encore de ces animaux la même somme de travail.

Troisième espèce. Elle est une suite des alimens de mauvaise qualité. L'animal est dégoûté, lâche, peu ardent au travail; les boulets s'engorgent à la moindre fatigue, sur-tout s'il habite des endroits marécageux.

Quatrième espèce. Elle est produite par un excès de l'acte vénérien. Cet état regarde seulement l'étalon et le taureau, qui en sont ordinairement atteints lorsqu'on leur laisse saillir en liberté un trop grand nombre de jumens et de vaches. Il est aisé de s'en apercevoir par la chute des poils, et sur-tout par ceux de la crinière et de la queue, par la maigreur, la tristesse, le dégoût, et par l'habitude qu'ils ont de se coucher rarement.

D'après cette division il est très facile de comprendre que chaque espèce d'épuisement exige un traitement particulier.

Dans la première espèce il faut mettre en usage les remèdes indiqués à l'article FORTRAITURE.

Dans la seconde nous invitons les bouviers, au lieu de faire endurer la faim à leurs bœufs, d'augmenter insensiblement la nourriture, de leur donner du foin et de l'avoine, de leur faire boire de l'eau blanche chargée de beaucoup de farine, et, pour leur donner plus d'appétit, de laver la langue avec du sel et du vinaigre.

Dans la troisième on doit nourrir le bœuf et le cheval avec du foin choisi contenant beaucoup de plantes aromatiques, leur donner pendant deux ou trois jours, à jeun, une chopine de vin vieux, les étriller tous les matins, leur faire boire de l'eau pure aiguisée de sel marin, et les tenir dans une écurie propre et bien aérée. Si l'on s'aperçoit que l'animal rend des excrémens de mauvaise qualité, s'il a la langue toujours blanche, et s'il est dégoûté on terminera la cure en lui faisant prendre le matin à jeun un breuvage purgatif composé de la manière suivante : prenez séné deux onces, jetez dans une chopine d'eau bouillante, retirez du feu, couvrez, laissez infuser trois heures, coulez avec expression, ajoutez à la colature une once d'aloès succotrin, mêlez, agitez et donnez à l'animal, et ne lui donnez à manger que quatre heures après l'administration de ce breuvage. Cette dose est celle des bœufs d'une taille moyenne. On aura à l'augmenter ou à diminuer d'un ou deux

gros pour ceux d'une taille supérieure et inférieure. On aura
la même attention pour le cheval et le mouton.

Quant à l'épuisement de la quatrième espèce, il ne faut jamais permettre la monte en liberté à l'étalon, ni au taureau,
et ne leur présenter, dans le temps de la monte, que le nombre
de jumens et de vaches relatives à son âge et à sa vigueur. Il
faut le nourrir de foin de bonne qualité, lui donner pour boisson de l'eau blanche chargée de beaucoup de farine, lui administrer de temps en temps une chopine de bon vin vieux ; si
les forces de l'animal sont entièrement abattues, il convient de
les r lever, en administrant deux ou trois breuvages d'une forte
infusion de feuilles de sauge dans du bon vin vieux, ou bien
dans de l'eau commune aiguisée de sel marin. On parvient à
rétablir de cette manière l'appétit vénérien de l'animal,
sans avoir recours au camphre et aux autres aphrodisia-
qu s. (R.)

EPURGE. Espèce d'Euphorbe. *Voyez* ce mot.

ERABLE, *Acer*. Genre de plantes de la polygamie monœcie
et de la famille des malpighiacées, qui renferme une vingtaine
d'espèces d'arbres, presque tous utiles sous des rapports
particuliers, parmi lesquels il en est six propres aux bois de
l'Europe, et autant d'étrangers qu'on cultive généralement
dans nos jardins, et qu'on peut regarder comme naturalisés.

Quelques érables exotiques sont dioïques, c'est-à-dire que
sur quelques pieds tous les ovaires avortent, tandis que sur
d'autres ce sont toutes les étamines. Leurs feuilles sont toujours
opposées, et, dans une seule espèce exceptée, toujours lobées ou
palmées. Leurs fleurs sont petites, verdâtres ou rougeâtres, et
disposées en corymbes ou en grappes pendantes, sortant avant
ou en même temps que les feuilles de boutons très garnis d'é-
cailles de forme différente.

L'ÉRABLE CHAMPÊTRE, *l'érable commun*, ou le *petit érable
des bois*, est peu élevé et très rameux. Son écorce est crevassée
et souvent subéreuse, fauve sur les jeunes rameaux. Ses feuilles
sont longuement pétiolées, glabres, d'un vert noir, et à cinq
ou trois lobes obtus. Ses fruits sont pubescens et très divergens, même souvent opposés. Il se trouve très fréquemment
dans les bois, les haies, sur-tout dans les terrains secs et pierreux. Il fournit plusieurs variétés dont une est dioïque, l'autre
tortillarde, l'autre a les feuilles panachées. Son bois est dur,
prend un beau poli et est recherché par les tourneurs, les
menuisiers, les ébénistes et les luthiers. Il pèse sec cinquante
et une livres une once trois gros par pied cube, et ne perd qu'un
seizième de son volume par la dessiccation. Son BROUZIN sur-tout
se vend fort cher. Après la charmille c'est lui qui est le plus
propre à former des palissades, car il souffre très bien la tonte

et se garnit de branches dès la racine lorsqu'on le désire. On doit sur-tout le préférer dans les lieux secs et arides où la charmille ne vient pas bien. Il forme aussi de très bonnes haies, ou mieux, il entre avec avantage dans les haies, qu'il rend impénétrables aux animaux domestiques et aux volailles. Il jouit de l'avantage de pouvoir être couché et de prendre facilement racine, de sorte qu'un seul pied peut garnir un long espace, ainsi que j'en ai fréquemment fait l'observation. Tous les bestiaux et sur-tout les chèvres en aiment les feuilles avec passion, et dans beaucoup d'endroits on les cueille, au milieu de l'été, pour les faire sécher et les employer comme fourrage pendant l'hiver. Il tient fort bien sa place dans les jardins paysagers, soit au troisième ou quatrième rang des massifs, soit isolé et tenu bas de tige. Pourquoi donc ne le cultive-t-on pas davantage, et pour l'utilité et pour l'agrément? Est-ce parcequ'il est trop commun? Qu'il vient trop aisément? On peut l'obtenir de rejetons et de marcottes; mais c'est de semences qu'on doit principalement désirer le multiplier, parceque c'est seulement par ce moyen qu'il peut, lorsqu'il est en bon fond, devenir un grand arbre. Il donne souvent des quantités prodigieuses de semences. C'est ordinairement au printemps qu'on les sème dans un sol bien préparé; mais j'ai acquis la preuve qu'il est plus avantageux de le faire en automne.

Lorsqu'on sème la graine en place, pour regarnir un bois, former une haie, on abandonne le plant à lui-même, tout au plus lui donne-t-on un sarclage ou un binage dans le courant de l'année suivante; mais quand on le sème en pépinière, il faut l'éclaircir et lui donner plusieurs façons. On le repique à la fin de la seconde année à quinze ou dix-huit pouces de distance; on le met sur un brin et on le fait monter au moyen de la taille à crochet comme tous les autres arbres. Ce n'est guère qu'à la cinquième année qu'il est propre à être mis en place. Ce plant est très propre à recevoir la greffe des autres espèces, cependant on préfère celui de la suivante dans les pépinières des environs de Paris, parcequ'elle croît plus rapidement.

L'ÉRABLE SYCOMORE, *faux sycomore*, *faux platane*, *érable blanc*, *Acer pseudo-platanus*, Lin. Arbre de seconde grandeur et droit, dont l'écorce est brune et raboteuse, la tête étalée, les feuilles larges, à cinq lobes pointus et inégalement dentés, d'un vert noir en dessus et blanchâtre en dessous, les fleurs verdâtres et disposées en grappes pendantes. Il croît dans les bois des montagnes du milieu de la France, ordinairement à l'aspect du nord. Il fleurit en mai, lorsque ses feuilles achèvent de se développer, et il fournit beaucoup de miel aux abeilles. C'est un très bel arbre qu'on multiplie beaucoup dans les jardins paysagers et autres. Il demande

un sol léger, mais de bonne nature. Les terres argileuses
ne lui conviennent point. On le multiplie presque exclusivement de graines qu'on doit semer positivement comme
celles du précédent. Il croît très vite, c'est-à-dire que, lorsqu'il a été bien conduit, il peut être mis en place à la quatrième année. Son bois est blanc ou cendré, et sans être très
dur, susceptible de recevoir un très beau poli. Il pèse sec, par
pied cube, 51 livres 7 onces 3 grains, et sa retraite est d'un peu
plus d'un douzième. Il se travaille aisément, et est fort recherché par les ébénistes et les tourneurs ; c'est à lui que nous
devons la plupart de nos violons et autres instrumens de musique,
beaucoup de bois de fusils, quelques parquets, etc., en sont
faits. Ses racines sont souvent veinées d'une manière très agréable et se vendent fort cher. Il en est de même de son brouzin,
c'est-à-dire des souches sur lesquelles on a coupé des taillis
pendant plusieurs générations ; ces souches sont analogues aux
vieilles têtes de saule. J'ai vu des ébénistes de Paris les venir
chercher dans les montagnes où est la source de la Seine, et
payer fort cher celles qui avoient deux à trois pieds de haut
sur la moitié de diamètre.

On place l'érable sycomore soit en avenues, soit en massif,
soit isolément. Par-tout il plaît par sa belle forme, par son ombrage et par sa propreté ; aussi est-il très multiplié dans les
environs de Paris. On en connoît plusieurs variétés, dont une
est panachée de blanc, de rouge et de jaune, et produit des
effets magiques dans les bosquets. Les pépiniéristes le recherchent beaucoup pour greffer les autres espèces, parcequ'il est
plus propre à cet objet qu'aucune de celles qui sont communes.
Miller dit qu'il rend sa variété par le semis de ses graines,
ce qui est remarquable.

Comme arbre de chauffage, ce bois est peu estimé, ne donnant qu'une foible chaleur, et se consumant fort vite ; cependant, ainsi que je l'ai déjà dit, comme il croît rapidement, on
peut en faire des taillis qui, à cinq ans, seront aussi forts
que des taillis de chêne de douze ou quinze, et qui pourront
être coupés avantageusement pour faire des fagots propres à
chauffer le four, cuire la chaux, le plâtre, etc. Nulle part
cependant je n'ai vu planter cet arbre dans les bois ; car les
pieds qu'on trouve dans ceux des environs de Paris paroissent
plutôt échappés des jardins que placés à dessein.

L'ÉRABLE DURET, *Acer opulifolium*, Villars, qu'on appelle
aussi *ayart*, ressemble au précédent ; mais il paroît s'élever
un peu moins. Son écorce est brune et pointillée, ses feuilles
sont orbiculaires, blanchâtres en dessous, à cinq lobes courts
et obtus ; ses fleurs sont disposées en grappes pendantes et
tronquées, ses fruits renflés et peu divergens. Il croît dans

les Alpes françaises et dans les Pyrénées. Son bois est plein, dur, d'un grain homogène et fin. Sa couleur est d'un blanc jaunâtre ou grisâtre. Il pèse, sec, 52 livres onze onces un grain, par pied cube. Il ne se fend point par la dessiccation et ne montre pas d'aubier. On l'emploie au charronnage, et il est excellent pour cet objet. Lorsqu'on le sème au printemps, ses graines ne lèvent que la seconde année. Il faut donc les semer immédiatement après la récolte. Cet arbre est encore rare aux environs de Paris, mais je viens d'en faire un semis considérable.

L'ÉRABLE PLANE, *Acer platanoides*, Lin., qu'on appelle aussi *plasne*, *faux sycomore*, *érable de Norwège*, *érable à feuilles de platane*, s'élève un peu moins que l'érable sycomore, mais est plus propre à l'ornement des jardins. Il est droit et d'un beau port. Ses feuilles sont vertes des deux côtés, à cinq lobes très pointus et anguleux, avec des angles rentrans obtus ; ses fleurs sont verdâtres et en grappes à demi relevées ; ses fruits sont très larges, très aplatis et plus divergens que dans les autres espèces. Il croît naturellement dans les hautes montagnes de l'intérieur de la France, dans le nord de l'Europe et dans l'Amérique septentrionale ; ses fleurs sont dioïques. Lorsqu'on casse le pétiole de ses feuilles, il en sort un suc laiteux très âcre, ce qui le distingue de l'érable à sucre, auquel il ressemble beaucoup par son feuillage. Il fleurit en avril, avant la pousse des feuilles, et est fort agréable à cette époque. Son bois est blanc moiré, ferme sans être dur, se travaille avec facilité, prend toutes sortes de couleurs, ne perd qu'un vingt-quatrième de son volume par la dessiccation, et pèse sec 43 livres 4 onces 4 gros par pied cube. On l'emploie aux mêmes usages que celui des précédens, mais principalement à la fabrication des instrumens de musique. Les pianos en reçoivent toujours quelque pièce dans leur composition.

On multiplie l'érable plane de graines qui demandent à être semées peu après leur récolte ou à être mises en jauge pendant l'hiver, si on veut qu'elles lèvent toutes au printemps suivant. Du reste, sa culture est absolument la même que celle de l'érable sycomore. Il ne vaut rien pour la greffe des autres espèces, c'est-à-dire que les greffes qu'on lui confie manquent très souvent, probablement à cause du suc laiteux qu'il contient. On en fait des avenues, des allées, des massifs ; on le plante isolément ; par-tout il produit des effets agréables. Lorsqu'il est dans un bon sol, et il aime ceux de cette nature, il conserve ses feuilles très tard ; lorsqu'il est dans le sable ou l'argile, il les perd au contraire de bonne heure.

Cet arbre fournit deux variétés. Une à feuilles panachées, peu remarquable, et par conséquent moins recherchée que celle de l'érable sycomore ; et une à feuilles laciniées et crispées fort singulières. Cette dernière, dont les feuilles semblent avoir été à moitié frites, est fort estimée des amateurs de jardins paysagers, comme propre à contraster avec les autres feuilles ; aussi la multiplie-t-on beaucoup par la greffe sur lui-même ou sur le sycomore dans les pépinières des environs des grandes villes. On l'appelle *érable à feuilles de persil.* C'est une véritable maladie qui occasionne cette variété ; aussi ne fleurit-elle jamais, et ne vit-elle pas long-temps.

L'ÉRABLE DE MONTPELLIER est un arbre de moyenne grandeur, très rameux, dont l'écorce est rougeâtre ; les feuilles petites et à trois lobes pointus, rarement dentées, coriaces et d'un vert noir ; ses fleurs sont peu nombreuses, et ses fruits rougeâtres et peu divergens. Il croît naturellement dans les terrains les plus arides des parties méridionales de l'Europe, au milieu des pierres provenant de la décomposition des rochers. Cette propriété le rend précieux pour l'agriculture même dans le climat de Paris, où il réussit fort bien ; mais malheureusement il n'est connu que dans quelques jardins paysagers. J'en ai vu dans le Piémont et dans les vallées de la Suisse italienne d'excellentes haies dans des lieux où fort peu d'autres arbres pouvoient réussir, c'est-à-dire sur des rochers, n'ayant de terre que dans leurs fissures. Il est extrêmement propre à ce genre d'emploi par l'entrelacement naturel et la tenacité de ses rameaux, et par la propriété qu'il a de conserver ses feuilles pendant la plus grande partie de l'hiver. Dans un meilleur sol il parvient quelquefois à trente ou quarante pieds, mais ce avec beaucoup de lenteur. Son bois est très dur. C'est un des arbres qui produit le plus d'effets dans les jardins paysagers, soit qu'on le place au troisième rang des massifs, soit qu'on le plante isolément à quelque distance d'eux ou au milieu des gazons, soit qu'on le tienne en buisson, ou qu'on en fasse des palissades. Il doit cet avantage à sa tête globuleuse et très dense, à ses feuilles persistantes et d'un vert foncé luisant qui le font contraster avec tous les autres arbres. On le multiplie de semences qu'on met en terre avant l'hiver, ou de marcottes qui s'enracinent dans le courant de l'année. On dit aussi qu'il vient de boutures, lorsqu'on sait les placer et les soigner convenablement.

Il ne faut pas cesser de dire aux cultivateurs des pays de montagnes : plantez l'érable de Montpellier dans les parties les plus arides de vos propriétés, dans les endroits où les pierres ne permettent aucune culture ; servez-vous-en pour faire des haies ou pour fermer les ouvertures de celles qui existent déjà, et croyez que vous travaillez utilement pour vos enfans et pour l'avantage général de la société.

L'ÉRABLE DE CRÈTE est plus petit que le précédent, et a été

regardé comme une de ses variétés ; mais il fait certainement
espèce. Ses feuilles sont coriaces, trilobées, à lobes entiers,
les latéraux plus courts. Il est originaire de Crète, et se cultive depuis long-temps dans nos jardins, où il se multiplie de
semence ou de greffe. C'est comme le précédent qu'il demande
à être traité et placé.

L'ÉRABLE OPALE ou l'ÉRABLE A FEUILLES RONDES croît en
Italie et en Espagne. Il est encore regardé comme une variété de l'érable de Montpellier par quelques botanistes ;
mais j'ai lieu de croire que c'est par l'effet d'une erreur ; car
ses feuilles coriaces, constamment à cinq lobes obtus et obtusément dentés, glauques et velues en dessous ; ses fruits plus
petits, et cependant à ailes plus larges et plus divergentes, l'en
distinguent bien. Il a été rapporté par Richard de l'île de
Mahon, et se cultive dans nos jardins depuis cette époque.
On en fait des avenues aux environs de Rome. Il supporte fort
bien les hivers du climat de Paris. On le multiplie de semences,
de marcottes, et par la greffe sur le sycomore. Cette dernière
manière réussit constamment, mais donne des arbres qui durent
fort peu d'années. Ce qui a été dit des deux dernières espèces
lui convient en grande partie.

L'ÉRABLE HYBRIDE a les feuilles à demi coriaces, à trois lobes
fortement et inégalement dentés. Il se cultive dans les jardins
et pépinières des environs de Paris ; mais on ignore de quel
pays il est originaire. Il tient le milieu entre l'érable de Montpellier et celui de Tartarie. On le multiplie par la greffe sur
le sycomore, greffe qui réussit fort bien.

L'ÉRABLE DE TARTARIE a les feuilles cordiformes, inégalement dentées, légèrement lobées ; les fleurs rougeâtres, et les
fruits glabres et convergens. Il est originaire de Tartarie, et
se cultive dans nos jardins pour l'ornement, quoiqu'il ne
soit pas un des plus beaux du genre. Il s'élève à quinze à vingt
pieds, et reste toujours fluet, du moins je n'en ai pas encore
vu de plus gros que le bras. On le multiplie de graines qu'il
fournit abondamment dès l'âge de quatre à cinq ans, ou par
les rejetons qu'il pousse quelquefois du pied, ou par les rameaux dont on fait des marcottes qui s'enracinent la même
année lorsqu'elles ont été faites avant l'hiver Il ne craint point
les froids des hivers dans le climat de Paris. On dit qu'il se
plaît dans les terres humides, ce que je n'ai pas eu occasion
de remarquer. Sa place est au troisième rang des massifs dans
les jardins paysagers. Il ne fleurit qu'en mai et en juin, c'est-
à-dire quand ses feuilles sont déjà développées.

L'ÉRABLE JASPÉ, *Acer pensylvanicum*, Lin., a la tige droite,
d'un vert glauque strié de blanc ; les feuilles larges, arrondies, à trois lobes, inégalement dentées en scie ; les fleurs

verdâtres, en grappes pendantes, et les fruits glabres et peu divergens. Il est originaire de l'Amérique septentrionale. On le cultive dans nos jardins, qu'il orne au suprême degré par la beauté de son feuillage et de ses tiges. Il ne craint point le froid de nos hivers. Sa place est au second ou au troisième rang des massifs. Il produit aussi de brillans effets isolé, ou en avenue, ou en salle circulaire. Cependant il ne s'élève qu'à vingt ou trente pieds. On le multiplie de graines qu'il produit abondamment dans nos jardins, quoique cette graine avorte souvent en majorité; cependant comme le plant qui en provient croît très lentement les premières années de sa vie, qu'il boude, comme disent les pépiniéristes, on préfère généralement le greffer en écusson sur l'érable sycomore, opération qui se fait au printemps ou en automne rez terre, et dont le résultat donne, dès la première année, des jets de deux à trois pieds, d'une couleur rose fort agréable. Il se plaît dans les terrains secs et chauds.

L'ÉRABLE DE MONTAGNE, *Acer spicatum*, Lamarck, est un arbre de la seconde grandeur, dont les feuilles sont grandes, pubescentes et glauques en dessous, avec trois ou cinq lobes pointus et dentés; ses fleurs sont jaunâtres, disposées en épis relevés, et ses fruits à demi divergens. Il croît dans les montagnes de l'Amérique septentrionale, se rapproche beaucoup du précédent par la forme et la grandeur de ses feuilles, et se plante comme lui dans les jardins d'agrément. On le multiplie principalement par la greffe en écusson sur l'érable sycomore, greffe qui réussit fort bien.

L'ÉRABLE COTONNEUX ou l'ÉRABLE DE VIRGINIE. *Acer eriocarpum*, Mich. Arbre de la seconde grandeur, dont le tronc est blanchâtre, uni; les rameaux glabres et rouges; les feuilles à cinq lobes pointus et dentés, glauques en dessous, les fleurs rouges disposées en ombelles sessiles et latérales; les fruits larges, peu divergens et légèrement velus. Il croît naturellement dans l'Amérique septentrionale: c'est le *plaine* des habitans du Canada, pays où on en retire du sucre. Il est dioïque. On le cultive dans les jardins des environs de Paris, où il fournit abondamment des graines qui, quoiqu'avortant souvent, laissent espérer pour l'avenir une abondante multiplication. Peu d'arbres sont plus agréables et peuvent devenir plus utiles. L'élégante découpure, la belle couleur glauque de ses feuilles, et le rouge éclatant de ses rameaux et de ses fleurs au printemps, et de ses feuilles en automne, lui feront toujours tenir un rang distingué dans les jardins paysagers, soit qu'on le laisse monter en arbre, soit qu'on le tienne en taillis. On en peut faire de superbes avenues. Son bois, plus dur que celui de l'érable sycomore, peut être employé aux mêmes usages. Les Anglais en tirent tous les ans une grande quantité de troncs pour l'usage de leurs ébénistes et de leurs luthiers. En Amérique, on en fait un grand emploi pour meubles et instrumens aratoires.

Les semences de cet érable, mûrissant au milieu de l'été, peuvent être semées sur-le-champ, et donner dans la même année du plant de huit à dix pouces de haut, si la terre où on les a placées a été bien ameublie, et si on les a arrosées suffisamment pendant les grandes chaleurs. Cet avantage, qu'il partage avec peu d'autres arbres, augmente de beaucoup aux yeux des cultivateurs, qui gagnent ainsi, une année, l'intérêt dont il est déjà sous les autres rapports. On peut repiquer ce plant dès l'hiver suivant, ou attendre la seconde année, et on l'espace de dix-huit à vingt-quatre pouces. Il pousse avec assez de rapidité pour pouvoir être mis en place à la quatrième ou cinquième année. Les terrains légers et chauds paroissent mieux lui convenir que ceux qui sont argileux et humides.

L'ERABLE ROUGE, *érable de Charles Wager*, *érable tomenteux*, se rapproche infiniment du précédent; mais ses rameaux sont moins rouges, ses feuilles plus allongées, plus dentées, et velues en dessous; ses fruits plus petits, moins divergens, et très velus dans leur jeunesse. Il est dioïque comme lui, et est, aussi comme lui, originaire de l'Amérique septentrionale, mais s'élève beaucoup moins. On le cultive dans plusieurs jardins des environs de Paris, et il y donne chaque année des fruits qui mûrissent avant ceux du précédent, et qui se sèment de même. Les soins que demande son plant sont absolument semblables, et les arbres faits se placent dans les mêmes lieux des jardins paysagers.

L'ÉRABLE DE CAROLINE a les rameaux rouges, les feuilles à trois lobes courts et obtusément dentés; les fleurs rouges et disposées en bouquets sessiles et latéraux; les fruits petits, glabres, et peu divergens. Il se trouve en Caroline, dans les marais, où je l'ai observé en grande quantité. Il fleurit au premier printemps. Il est à l'érable cotonneux, ce que l'érable plane est à l'érable sycomore. C'est aussi un fort bel arbre; mais je ne le connois pas dans les jardins des environs de Paris, malgré le grand nombre de graines que j'en ai envoyées, probablement parcequ'on aura confondu son plant avec celui du sycomore. Michaux l'appelle *barbu*, parceque ses fleurs mâles sont intérieurement remplies d'une laine rouge. Il est dioïque comme les précédens, et doit partager tous leurs avantages.

L'ERABLE A SUCRE est un arbre de seconde grandeur, dont l'écorce est cendrée, unie; les feuilles assez grandes, à cinq lobes aigus, d'un vert presqu'aussi foncé en dessous qu'en dessus, sinués, mais non dentés; les fleurs verdâtres, disposèes en grappes peu garnies; les fruits bruns, renflés, et à ailes à demi divergentes. Il croît dans l'Amérique septentrionale. On l'appelle *érable plane* ou *platanoïde* au Canada. C'est principalement de lui qu'on tire le sucre qu'on appelle *sucre d'érable*, comme je le dirai plus bas, quoiqu'on en tire également de l'érable rouge et de l'érable negundo, et qu'on en puisse tirer probablement aussi des érables cotonneux et de Caroline, qu'on confond généralement avec le rouge. Ses feuilles ressemblent si fort à celles de l'érable plane, que, lorsqu'on ne les a pas sous les yeux, il n'y a que les personnes très exercées qui puissent les distinguer ; mais on peut toujours fixer son incertitude en arrachant une feuille, la plaie, dans l'érable sucre, ne laissant pas fluer une liqueur laiteuse comme dans le plane.

Cet arbre précieux se cultive depuis long-temps en France; mais cependant il y est encore rare. Je ne connois, aux environs de Paris, que deux à trois pieds assez forts pour donner de la graine; aussi ne peut-on le multiplier qu'au moyen de celle qu'on fait venir d'Amérique, ou par la greffe. Cette greffe réussit fort bien sur l'érable rouge et sur le sycomore, mais très difficilement sur l'érable plane, quoique plus rapproché en apparence, sur-tout lorsqu'on la fait à œil dormant.

Quant à la graine, il faut la semer aussitôt qu'on le peut, et savoir attendre deux ans, car lorsqu'elle n'est plus fraîche, elle lève rarement la première année. Il lui faut une terre légère et ombragée. Lorsque le plant a six ou huit pouces, on peut le transplanter à cette même distance, et, au bout de deux ans, le relever encore pour le placer dans un autre endroit, à vingt ou trente pouces : là il restera jusqu'à transplantation définitive, c'est-à-dire, pendant encore deux à trois ans, car il pousse un peu moins vite que les autres. Il est très propre à faire des avenues, des allées, à être placé au quatrième rang des massifs. Il fait également un bon effet lorsqu'il est isolé, car il file droit et forme une belle tête.

On a, dans plusieurs ouvrages récens, proposé de planter des forêts de cet érable, pour, dans l'avenir, suppléer aux colonies à sucre. Je désire beaucoup le voir multiplier en France, et il ne dépendroit certainement pas de moi qu'il y en ait des forêts entières; mais je ferai voir plus bas qu'il ne peut remplir utilement le but que se proposoient les auteurs de ces ouvrages. Il faut, dans la grande agriculture, que le profit arrive tôt ou tard; or jamais, dans ce cas, on ne peut espérer de couvrir les dépenses par la production du sucre.

L'ÉRABLE A FEUILLES DE FRÊNE, *Acer negundo*, Lin., est un arbre de première grandeur, qui se distingue très facilement des autres érables par ses feuilles ailées à cinq folioles, d'un vert gai, lancéolées et dentées. Ses rameaux sont d'un vert glauque et son tronc gris; ses fleurs petites, verdâtres, en longues grappes pendantes; ses fruits allongés et peu divergens. Il est originaire de l'Amérique du nord, et a été apporté en France par La Galissonnière, à qui on doit tant d'autres arbres précieux de ce pays. C'est de tous les érables celui qui croît le plus rapidement et qu'il est le plus intéressant de multiplier sous le point de vue de l'utilité. Quoique peut-être moins agréable que quelques autres par son feuillage et son port, il remplit cependant parfaitement bien sa place en avenue, en allée et au quatrième rang des massifs dans les jardins paysagers. Il est dioïque et fleurit en avril, avant que ses feuilles soient complètement développées. Ses fruits avortent souvent, mais arrivent bien à maturité dans le climat de Paris. Les plus fortes gelées de ce climat ne lui font aucun tort. Ses branches sont facilement cassées ou éclatées par les orages, c'est pourquoi il faut toujours, autant que possible, l'abriter des vents dominans. Son bois est blanc, dur et excellent pour toute espèce d'usage auquel on emploie les autres érables, sur-tout pour fabriquer des meubles et des instrumens, ainsi qu'on peut le voir dans un mémoire lu par M. Cubières l'aîné à la société d'agriculture de Versailles, et publié par elle. Il donne du sucre comme les précédens.

On multiplie l'érable à feuilles de frêne de semences et de boutures. Les unes et les autres doivent être mises en terre en automne, si on veut être assuré de leur réussite. Les premières donnent dès la même année, lorsque le terrain où on les a placées a été bien préparé, et qu'on les a arrosées dans le besoin, des jets de deux à trois pieds et plus, qui peuvent être repiqués l'hiver suivant à quinze à vingt pouces de distance. A la troisième année ils sont déjà assez forts pour être mis en place. J'en ai fréquemment vu fournir des jets de six pieds dans une année. Il demande une terre légère et fraîche et vient bien à l'ombre des autres arbres, ce qui est une bonne qualité dans certains cas. Les boutures poussent également avec vigueur; mais elles ne donnent jamais d'aussi beaux arbres, et en conséquence il ne faut y avoir recours que lorsqu'on ne peut se procurer des graines.

On doit faire des vœux pour que le goût qu'on témoigne en ce moment pour cet arbre ne s'affoiblisse pas, et qu'il se multiplie autant que possible en France.

Outre ces érables, il y en a encore quelques autres connus des botanistes, presque tous venant du Japon, et décrits par Thunberg. J'en ai trouvé un en Caroline, distinct de tous les autres par ses fruits aussi larges que ceux du sycomore, et couverts de poils blancs; mais je ne connois pas ses feuilles qu'il ne pousse que fort tard. Michaux fils en a apporté un autre du même pays, qui ne tardera pas à devenir commun dans nos pépinières. Quant à l'érable toujours vert de Linnæus, il paroît que c'est une simple variété de l'érable de Montpellier. Tournefort en cite un du Levant qui, selon Fougeroux de Boudaroy, auteur d'un bon mémoire sur les érables, inséré dans les Mémoires de l'ancienne société d'agriculture de Paris, année 1787, est une espèce bien distincte.

Quoique j'aie demeuré dans le pays où on tire du sucre des érables, je n'ai jamais été témoin de cette opération, et en conséquence je dois me borner à rapporter ce que d'autres en ont dit; cependant, comme j'en ai fréquemment mangé de brut et de raffiné, et que j'ai eu des notes des personnes qui l'avoient récolté et fabriqué, je puis confirmer ce qui a été écrit à ce sujet.

On distingue dans le Canada deux sortes de sucre que l'on retire de deux sortes d'érables. Le premier, qu'on appelle sucre d'érable, est fourni par l'érable à sucre proprement dit, et le second, qu'on nomme sucre de plaine, est produit par l'érable rouge. J'ignore si celui qu'on tire de l'érable à feuilles de frêne a un nom particulier, cependant je ne puis douter qu'on n'en retire également, d'après les renseignemens particuliers qui m'ont été donnés dans le pays. Je ne doute pas non plus, comme je l'ai déjà dit, que les érables cotonneux et de Caroline n'en fournissent aussi ; mais ils sont confondus avec l'érable rouge, comme je m'en suis assuré en Caroline pour le dernier de ces arbres qui n'y a pas d'autre nom.

La liqueur des deux premiers de ces arbres est au sortir du tronc clair et limpide comme l'eau la mieux filtrée ; elle est très fraîche, et elle laisse dans la bouche un petit goût sucré fort agréable. L'eau d'érable est plus sucrée que celle de plaine; mais le sucre de plaine est plus agréable que celui d'érable ; l'une et l'autre espèce d'eau est fort saine, et on ne remarque point qu'elle ait jamais incommodé ceux qui en ont bu, même après des exercices violens, et étant tout en sueur ; elle passe très promptement par les urines. Cette eau, étant concentrée par l'évaporation, donne un sucre gris, roussâtre, et d'une saveur assez agréable mais herbacée.

On tire la liqueur des érables en faisant des incisions ; elles sont ordinairement ovales, et l'on fait en sorte, non seulement que le grand diamètre soit à peu près perpendiculaire à la direction du tronc, mais aussi qu'une des extrémités de l'ovale soit plus basse que l'autre, afin que la sève puisse s'y rassembler. On fiche au-dessous de la plaie une mince rigole de bois, qui reçoit la sève et la conduit dans un vase que l'on place au pied de l'arbre. Si on n'emportoit que l'écorce, sans entamer le bois, on n'obtiendroit pas une seule goutte de liqueur ; il faut donc que la plaie pénètre dans le bois, à la profondeur d'un à trois pouces, parceque ce sont les vaisseaux ligneux, et non pas les vaisseaux corticaux qui fournissent la liqueur sucrée. M. Gautier remarque expressément que, dans le temps que la liqueur coule, le liber est alors très sec et fort adhérent au bois, et que cette liqueur cesse de couler lorsque les arbres entrent en sève, lorsque leur écorce se détache du bois, et enfin quand l'arbre commence à ouvrir ses boutons. On peut faire les entailles dont on vient de parler, depuis le mois de novembre, temps où les érables sont dépouillés de leurs feuilles, jusqu'à la mi-mai, qui est la saison où les boutons commencent à s'ouvrir ; mais les plaies ne fourniront de sève que dans le temps des dégels : s'il a gelé même assez fort pendant la nuit, la sève pourra couler le lendemain ; mais on n'obtiendra rien si l'ardeur du soleil n'est pas supérieure à la force de la gelée. De ce principe il suit,

1° Qu'une plaie faite du côté du midi donnera de l'eau, pendant que celle faite au même arbre, du côté du nord, n'en donnera pas ; 2° que l'arbre qui est à l'abri des vents froids et à l'exposition du soleil donnera de la liqueur, pendant que celui qui sera à couvert du soleil ou exposé au vent n'en donnera pas ; 3° que par un petit dégel il n'y a que les couches ligneuses les plus extérieures qui donnent de la liqueur, et que toutes en donnent lorsque le dégel est plus général, 4° que les grands dégels arrivant rarement dans les mois de décembre, janvier et février, on ne peut espérer de tirer beaucoup de liqueur que depuis la mi-mars jusqu'à la mi-mai. Dans les circonstances favorables, la liqueur coule si abondamment, qu'elle forme un filet gros comme un tuyau de plume, et qu'elle remplit une pinte, mesure de Paris, dans l'espace d'un quart d'heure. 5° M. Sarrazin pensoit qu'il étoit important que la neige fondît au pied des érables pour obtenir beaucoup de liqueur, et M. Gautier observe que lorsque la neige fond la récolte est abondante ; mais il ajoute que ce n'est que parcequ'alors l'air est assez doux pour occasionner un dégel. 6° Les entailles faites en automne fournissent de la liqueur pendant l'hiver toutes les fois qu'il arrive des dégels ; mais cependant plus ou moins, suivant les circonstances déjà indiquées. Ces sources tarissent entièrement lorsque les boutons sont épanouis, et l'année suivante il faut ouvrir de nouvelles plaies, parceque les anciennes ne fournissent plus rien. 7° M. Gautier a remarqué que si l'on fait deux plaies à un arbre, savoir, une au haut de la tige et l'autre au bas, celle-ci donne plus de liqueur que l'autre. Il assure encore qu'on ne s'aperçoit point qu'un arbre soit épuisé par l'eau qu'il fournit, si l'on se contente de ne faire qu'une seule entaille à chaque arbre ; mais si on en fait quatre ou cinq dans la vue d'avoir une grande quantité de liqueur, alors les arbres dépérissent, et les années suivantes ils donnent beaucoup moins de liqueur. 8° Les vieux érables donnent moins de liqueur que les jeunes, mais elle est plus sucrée. 9° M. Gautier prouve, par de fort bonnes expériences, que la liqueur coule toujours par le haut de la plaie et jamais par le bas de l'entaille. 10° Afin de ménager les arbres, on a coutume de ne faire des entailles que depuis la fin du mois de mars jusqu'au commencement de mai, parceque c'est dans cette saison que les circonstances sont plus favorables pour que la liqueur coule abondamment. Il est bon d'être averti que la liqueur qui tombe en mai a souvent un goût d'herbe désagréable ; les Canadiens disent alors qu'elle a un goût de sève.

Après avoir recueilli une quantité de suc d'érable, par exemple deux cents pintes, on le met dans des chaudières de cuivre ou de fer, pour l'évaporer par l'action du feu ; on enlève l'écume quand il s'en forme ; et lorsque la liqueur commence à s'épaissir, on a soin de la remuer continuellement avec une spatule de bois, afin d'empêcher qu'elle ne brûle, et afin d'accélérer l'évaporation. Aussitôt que cette liqueur a acquis la consistance d'un sirop épais, on la verse dans des moules de terre ou d'écorce de bouleau ; alors en se refroidissant le sirop se durcit ; et ainsi on a des pains ou des tablettes d'un sucre doux et presque transparent, qui est assez agréable, si on a su attraper le degré de cuisson convenable ; car le sucre d'érable trop cuit a un goût de mélasse ou de gros sirop de sucre, qui est peu flatteur.

Deux cents pintes de cette liqueur sucrée produisent ordinairement dix livres de sucre : quelques uns raffinent le sirop avec des blancs d'œufs, cela rend le sucre plus beau et plus agréable ; il y a des habitans qui gâtent leur sirop, en y ajoutant deux ou trois livres de farine de froment sur dix livres de sirop cuit. Il est vrai que ce sucre est alors plus blanc, et qu'il est même quelquefois préféré par ceux qui ne connoissent pas cette supercherie ; mais cela diminue beaucoup l'odeur agréable et la saveur douce que doit avoir le sucre d'érable lorsqu'il n'est pas sophistiqué.

La liqueur sucrée qu'on retire au printemps, dans le temps que les boutons d'érable commencent à s'ouvrir, a non seulement un goût d'herbe désagréable, mais encore elle se dessèche difficilement, et absorbe facilement l'humidité de l'atmosphère ; ce défaut oblige les habitans à en faire un sirop semblable à celui de capillaire. Le sucre d'érable, pour être bon, doit être dur, d'une couleur rousse, être un peu transparent d'une odeur suave et fort doux sur la langue.

Un arbre peut ainsi fournir du sucre pendant un certain nombre d'années plus ou moins, selon qu'il est dans un sol plus fertile et qu'on l'a davantage ménagé; mais enfin il périt d'épuisement. Comment donc voudroit-on élever une plantation pendant vingt à trente ans de ces arbres en Europe uniquement pour en avoir le sucre? Les frais de plantation, de culture, d'imposition, etc., feroient certainement revenir ce sucre à un taux bien plus élevé que celui qui provient des cannes. Dans le pays même on n'en récolte que ce qui est nécessaire à la consommation intérieure, et on ne le raffine pas, au rapport de Michaux fils, dernier voyageur qui ait écrit sur ces contrées. (Voyez *Voyage à l'ouest des monts Alléghanis*, chez Levrault, page 71.) Cependant les arbres y sont par millions; ils n'ont rien coûté à planter, le terrain où ils croissent ne paye presque pas d'imposition, etc., etc. Je crois donc qu'il ne faut pas spéculer sur le sucre d'érable en France, mais malgré cela planter de ces arbres à foison comme objet utile et agréable.

On a essayé de tirer du sucre de l'érable rouge, de l'érable sucre et de l'érable à feuilles de frêne, dans les environs de Paris, et on n'a pas réussi à en obtenir, probablement parcequ'on n'a pas su choisir le moment favorable. Les érables d'Europe peuvent en donner également, puisque Ray, Lister, Fougeroux de Bondaroy et autres en ont retiré des deux premières espèces. Cependant je ne sache pas que nulle part on ait tenté quelque spéculation sous ce rapport. (B.)

ERAN. Toit à porc dans le département des Vosges.

ERANDOU. C'est dans le département des Deux-Sèvres celui qui chante quand les bœufs travaillent. On fait cas d'un bon érandou, parcequ'il fait faire plus de travail dans le même temps. (B.)

ERANT. L'estimable Creuzé-Latouche nous a appris, dans sa *description topographique du district de Châtellerault*, qu'on donne ce nom, dans ce canton, à une espèce de charrue à soc mince et effilé sans coutre et sans versoir. *Voyez* au mot CHARRUE. (B.

ÉRÉSIPÈLES. MALADIE DES BESTIAUX. Le cheval, les bêtes à cornes et les bêtes à laine sont quelquefois attaqués de l'érésipèle. Ces dernières y sont les plus sujettes.

Les signes de cette maladie, dont le siège est la peau, sont la douleur, la tumeur et le gonflement. En écartant les poils du cheval et du bœuf, et la laine des moutons, on aperçoit une rougeur vive; presque toujours la fièvre accompagne cette maladie.

Elle peut affecter toutes les parties du corps. Lorsqu'elle attaque les extrémités elle est moins dangereuse. Les jeunes sujets et ceux qui sont bien nourris la supportent le mieux.

Quelquefois la tumeur érésipélateuse change de situation. Sa rentrée, comme celle des autres humeurs repercutées, cause promptement la mort de l'animal.

L'érésipèle se termine, ou par suppuration, ou par résolution, ou par gangrène.

Il paroît occasionné par le passage subit d'une grande chaleur à un grand froid, par une trop longue exposition aux rayons d'un soleil ardent, par la malpropreté ou l'abondance des poils et de la laine, par des applications de matières grasses, telles que les charretiers ou maréchaux en emploient, etc.

On doit au commencement d'un érésipèle pratiquer quelques saignées, mettre l'animal à l'eau blanche nitrée pour toute nourriture ; on appliquera sur la tumeur des compresses imbibées de décoction de fleur de sureau, animée d'eau-de-vie, à moins que les douleurs et l'inflammation ne soient très vives, ce qu'on reconnoîtra en touchant la partie. Dans ce cas, on supprimera l'eau-de-vie, et on ajoutera aux fleurs de sureau celles de mauve et de guimauve. Mais si, au lieu d'être inflammatoire, la tumeur s'affaissoit ou devenoit édémateuse, il faudroit employer l'eau-de-vie, ou pure, ou camphrée. Enfin quand, malgré les remèdes, elle se gangrène, on doit avec l'instrument tranchant séparer les parties mortes des chairs vivantes. (Tes.)

ERESYPHÉ , *Eresyphe.* Genre de plantes de la famille des champignons, qui renferme des espèces qui, comme celles des Uredo et des Écidies (*voyez* ces mots), naissent sur les feuilles vivantes, nuisent à leurs fonctions, et par conséquent à la croissance et à l'abondante fructification des plantes.

Ces espèces ont toujours pour base une poussière blanche sur laquelle se développent des tubercules ovoïdes, d'abord jaunes, puis roux et enfin noirs. La plus commune est,

L'érésyphé de l'épine vinette. Elle couvre souvent toutes les feuilles de l'épine vinette, qui paroissent alors comme poudrées. Ses tubercules jettent de leur base des rayons bifurqués et blancs comme la poussière qui les entoure, mais d'une autre nuance. Il m'a paru, par la comparaison des fruits des arbres qui en étoient affectés, et de ceux qui n'en avoient point, que les premiers étoient plus petits, moins acides et plus précoces. Sans doute l'arbre est ralenti dans sa croissance. *Voyez* au mot Écidie ce que je dis de l'espèce de ce genre, qui croît aussi, et souvent en même temps, sur cet arbre.

Les plants d'aubépine ont quelquefois leurs feuilles entièrement poudrées de même, et leur croissance en est également retardée, comme j'ai eu occasion de m'en convaincre ; mais je n'ai jamais pu observer sur eux de tubercules jaunes ; peut-être est-ce un genre particulier et voisin. Persoon et Décandolle, a qui j'ai montré des milliers de plants qui en étoient couverts, ont craint de se faire une opinion erronée sur son compte. J'ai essayé sans succès d'en débarrasser les semis des pépinières de Versailles.

L'érésyphé des pois a été observée par Décandolle sur les pois cultivés. J'ignore si elle y est assez abondante dans quelques lieux pour nuire à la production de leurs fruits ; je ne l'ai pas remarquée aux environs de Paris.

L'érésyphé des chicoracées se trouve sur plusieurs espèces de chicoracées, entre autres sur le scorsonère et le salsifis, dont elle fait recoquiller les feuilles, et à la croissance desquels elle nuit souvent. Il ne faut pas la confondre avec l'écidie qui vit aussi sur les mêmes plantes.

Bénédict Prevôt a observé que les globules de la carie du blé, c'est à dire des uredo ou autres genres voisins et par conséquent de celui-ci, étoient composés par des champignons microscopiques que Décandolle appelle, avec raison, *parasite intestines*, champignons qui croissent après leur sortie du tubercule capsulaire où ils étoient renfermés, poussent des branches qui renferment les bourgeons séminiformes qui les reproduisent lorsqu'ils sont dans des milieux assez humides et assez chauds. Cette observation peut avoir des résultats importans pour la physiologie végétale et même l'agriculture. (B.)

ERGOT. Altération des grains du seigle qui cause, dans certains cantons, et dans certaines années, des pertes considérables aux cultivateurs, et peut donner lieu à de graves accidens aux hommes et aux animaux qui en mangent.

Les grains ergotés peuvent avoir cinq à six fois la longueur et deux fois la grosseur des grains sains ; mais ces mesures varient beaucoup en moins, non seulement dans des épis différens, mais même dans un seul épi. Ils sont presque toujours plus ou moins arqués. Leur couleur est un violet terne. Ils se cassent facilement, et offrent, dans leur intérieur, une substance d'un blanc terne d'une odeur légèrement vitreuse, et d'une saveur légèrement mordicante.

Quelquefois il n'y a qu'un grain ergoté sur un épi. D'autres fois il y en a deux, trois, jusqu'à vingt. Lorsqu'il y en a peu, les autres grains ne paroissent pas en souffrir ; mais quand il y en a beaucoup, ils sont retraits et la tige est foible.

Mon collaborateur Tessier, à qui on doit de si excellens travaux sur les maladies des grains, et des ouvrages desquels je ne puis mieux faire que d'extraire ce que j'ai à dire de l'ergot, a vu des grains mi-partie de bon seigle et d'ergot.

Jusqu'à présent les efforts qu'ont faits les naturalistes pour connoître la cause et la nature de l'ergot ont été sans résultats. (Moi-même je me suis livré à des recherches qui n'ont servi qu'à me prouver la difficulté du sujet.) On a bâti des systèmes que je crois superflus d'indiquer, parcequ'aucun ne repose sur des faits évidens. Je dois donc me borner à présenter les observations agronomiques et économiques qui l'ont pour objet.

Il est des pays qui produisent immensément d'ergot; tel est la Sologne. Il en est qui en produisent peu. M. Tessier a remarqué,

Que plus le terrain étoit humide, et plus il y avoit d'ergot;

Que les champs les plus exposés aux courans d'air en offrent moins que ceux qui sont abrités;

Que dans les lieux en pente la partie basse en offre plus que la partie haute;

Qu'il est plus abondant sur la lisière des champs que dans leur milieu;

Que les semis sur défrichement en montrent plus, toutes choses d'ailleurs égales, que ceux faits dans les terres cultivées;

Que les années pluvieuses semblent le faire naître.

On peut présumer d'après cela que la quantité d'ergot est extrêmement variable dans un espace donné, et en effet, il n'y a rien de régulier à cet égard, ni la même année dans des champs différens, ni des années différentes dans le même champ.

C'est au commencement de l'été que l'ergot commence à se montrer, c'est-à-dire long-temps après que la fécondation est opérée. L'époque précise de son apparition varie au reste beaucoup.

Quelques personnes pensent que l'ergot est dû à des insectes, d'autres à des vers. Le vrai est que tout ce qui a été écrit dans ces deux opinions ne prouve rien, et que je n'ai moi-même rien vu qui puisse les appuyer.

M. Tessier ayant aperçu dans un épi de seigle, à la place d'un grain, une substance blanchâtre plus allongée que du seigle et sans organisation, a soupçonné qu'il étoit l'origine d'un ergot. Les balles étoient adhérentes et couvertes de miélat; la couleur blanche s'altéra petit à petit, et huit jours après c'étoit un ergot violet et bien caractérisé.

Nouvellement formé, l'ergot est mou, et exhale, lorsqu'on l'écrase, une odeur de miel altéré. Dans cet état les fourmis et les mouches le recherchent. Il se solidifie petit à petit, et s'allonge tantôt d'une ligne, tantôt d'une ligne et demie chaque jour. Des grains observés par M. Tessier ont cessé de croître au bout de douze jours. Leur croissance n'a pas suivi la température.

L'analyse chimique de l'ergot a été entreprise par plusieurs savans, tels que Smiéder, Model, Parmentier, Réad et Tessier. Tous y ont trouvé de l'eau fétide, de l'huile en abondance, même par expression, et un charbon difficile à incinérer. Son extrait se putréfie en peu de temps et exhale alors l'odeur la plus infecte. Les gaz trouvés sont l'acide carbonique et l'hydrogène. Le principe colorant n'est dissoluble que par les alkalis.

On peut faire des émulsions avec les grains cariés, ce qui est très remarquable dans l'altération d'une graine de graminée.

Les opinions sur les causes de l'ergot sont aussi variées que les individus qui en ont émis. Généralement dans les campagnes on l'attribue aux brouillards. On ne peut disconvenir, en effet, qu'il vient plus abondamment dans les terres humides et dans les années pluvieuses. Il résulteroit, selon plusieurs observateurs, qu'il est un mole, c'est-à-dire une monstruosité produite par le défaut de fécondation des grains ; mais pourquoi dans les épis de seigle trouve-t-on tant de grains qui ont avorté sans se changer en ergot, principalement à leurs deux extrémités. Les expériences de M. Tessier constatent d'ailleurs, d'une manière indubitable, que du seigle arrosé à outrance sur les épis avant, pendant et après la floraison, n'a pas donné d'ergot.

Aucune des observations faites jusqu'à ce jour ne nous met donc pas sur la voie de reconnoître la cause et la nature de l'ergot.

Mais si les savans sont dans l'ignorance à cet égard, les cultivateurs ne savent que trop combien l'ergot nuit au produit de leurs récoltes, et altère la qualité du pain qu'on fabrique avec le grain qui en contient beaucoup.

La Sologne paroît être, comme je l'ai déjà dit, le canton de France où l'ergot est le plus constamment surabondant. Il paroît qu'il est des champs et des années où on y perd un cinquième de la récolte, que rarement cette perte est moins d'un quarantième. Heureusement il n'en est pas de même dans les autres cantons à seigle de la France.

« On a vu, remarque M. Tessier, que, toutes choses étant d'ailleurs égales, plus un terrain étoit humide et plus il produisoit d'ergot. On a vu aussi que des terres récemment défrichées avoient, à humidité égale, plus d'ergot que les terres ameublies et en culture réglée. Il est donc possible d'espérer d'en voir d'autant moins qu'on élèvera d'autant plus les billons, qu'on procurera plus d'écoulement aux eaux, qu'on ne sèmera que sur des terres en culture. »

Les moyens de séparer l'ergot du bon grain sont assez sûrs. Par exemple, le crible à larges trous, le van, le bluteau-crible, le simple ventage. Le petit ergot résiste, il est vrai, au premier de ces moyens, mais non aux trois autres, en ce qu'il est encore plus léger que le gros, qui lui même l'est plus que le seigle lorsqu'il est sec. Enfin on a pour dernière ressource l'épluchage à la main, qui n'est pas très long ni très difficile à raison de la grosseur et de la couleur de l'ergot.

Il sembleroit d'après cela que les cultivateurs ne devroient jamais laisser entrer un grain d'ergot dans leur farine. Cela se fait en Beauce et autres lieux ; mais en Sologne l'ignorance est si grande qu'on n'y connoît pas même le van, et la misère si profonde qu'on y regarde comme une perte tous les mauvais grains qu'on retranche de la masse. Que dire à une population de cette nature ! Il lui faut et plus d'aisance et plus d'instruction. Le gouvernement et le temps peuvent seuls agir utilement sur elle.

S'il n'y avoit que la diminution du produit des récoltes à craindre dans les pays sujets à l'ergot, cette diminution, quelque considérable qu'elle soit quelquefois, pourroit paroître indifférente, puisqu'on ne peut l'empêcher, et qu'on calcule en conséquence ; mais son usage a une conséquence très grave pour les habitans de ces pays ; elle leur donne une affreuse maladie qu'on appelle *gangrène sèche*.

Déjà depuis un grand nombre d'années on soupçonnoit l'ergot de causer cette maladie, lorsque MM. de Salerne, Réad, Schleger et Model firent sur des animaux des expériences qui le prouvèrent.

Depuis, mes confrères Parmentier et Tessier en ont fait une multitude d'autres avec l'exactitude qui leur est propre. De sorte qu'il n'y a plus le plus petit doute sur les effets délétères de cette substance.

Je vais exposer la première des expériences rapportées par M. Tessier, et je renverrai pour le détail des autres, au nombre de neuf, à son excellent traité des maladies des grains, et à l'Encyclopédie méthodique, où elles sont rapportées.

Je dois dire d'abord que tous les animaux quadrupèdes ou volatiles sont mieux guidés par leur instinct que les malheureux habitans de la Sologne, c'est-à-dire qu'ils repoussent tous l'ergot lorsqu'on le leur présente à nu, et qu'il faut le mêler avec d'autres substances, pour le déguiser et les engager à en manger.

« Le 22 septembre 1777 M. Tessier renferma deux canards de quatre mois, mâle et femelle et leur donna de l'ergot en grain auquel ils ne touchèrent pas. Le lendemain il y substitua une pâtée faite avec de la farine de seigle et de la poudre d'ergot. Ils n'en mangèrent que très peu. Il les fit promener pour leur donner de l'appétit, mais ce fut inutilement. Il fallut donc leur en faire avaler de force. Les jours suivans on les nourrit ainsi, avec l'attention de les faire boire. D'abord ils mangèrent un dix-septième d'ergot, dose qui fut successivement augmentée jusqu'à un neuvième.

« Dès le cinquième jour il suintoit par les ouvertures du nez de la femelle des gouttes de sang noirâtre. A cette époque elle n'avoit encore pris qu'une once deux gros d'ergot. Sa langue jaunissoit et paroissoit gonflée et mollasse sur ses bords.

« Le sixième jour la couleur du bec commençoit à changer sensiblement. L'humeur qui sortoit par les ouvertures du nez étoit moins rouge : elle s'éclaircit par degré, et devint limpide. Le bec se brunit ensuite, et se noircit principalement vers sa racine. La peau, qui supérieurement la recouvroit, se gonfla en plusieurs endroits. Il devint froid, ainsi que la langue dont l'extrémié pâlit et se sphacela au point qu'on pouvoit en détacher des parties. L'oiseau fut plus triste de jour en jour; quelquefois il appuyoit son bec, qui étoit infect, contre la muraille. Ses plumes n'étoient plus lisses et luisantes. Il mourut dans la nuit du neuvième au dixième jour. Il avoit mangé une once sept gros d'ergot.

« Le canard mâle ne fut sensiblement attaqué que le huitième jour, et vécut jusqu'au quatorzième. Du reste, les symptômes qu'il éprouva différèrent peu de ceux qui viennent d'être cités. Il avoit mangé deux onces six gros d'ergot.

« A l'ouverture des cadavres, la maladie parut concentrée dans le bec. On y voyoit une grande tache violette. L'épiderme étoit soulevé et gonflé, rempli en quelques endroits d'un sang noir et fétide. La pointe de la langue étoit sphacelée, la membrane pituitaire étoit entièrement réduite en bouillie noire extrêmement fétide. Les os même offroient déjà des traces de carie.

« Les poules, les dindes, les cochons soumis aux mêmes expériences périrent à la suite de symptômes peu différens. L'ergot ancien parut être aussi délétère que le récent. »

Les résultats des observations sur la gangrène sèche, qui est presque endémique à la Sologne, prouvent les grands rapports qui existent entre ces symptômes et ceux ci-dessus. On peut donc conclure qu'elle est une suite de l'usage de laisser l'ergot dans le pain. Je renvoie aux écrits des médecins ceux qui désireroient plus de détails sur cette affreuse maladie où les hommes meurent par degrés, c'est-à-dire perdent leurs doigts, leur nez, leurs oreilles, leurs jambes, leurs bras par la pourriture sans presque aucune douleur.

Le seigle n'est pas la seule espèce de graminée qui soit sujette à l'ergot. On en a cité un grand nombre parmi celles qui ne servent que de fourrage, sur lesquelles il en a été trouvé, et j'en pourrois augmenter personnellement la liste; mais on y fait peu attention. On en a aussi vu sur le froment et l'épeautre.

Il ne me reste plus qu'à témoigner au lecteur mon regret de ne pouvoir lui indiquer un moyen d'empêcher la production de l'ergot. M. Tessier avoit commencé dans cette intention, sur le chaulage du seigle, des expériences qui n'ont pas eu de suite, et que par conséquent il seroit bon de renouveler, quoique l'organisation de l'ergot, fort différente de celle de la Carie et du Charbon (*voy.* ces mots), n'annonce pas des succès. C'est du concours des cultivateurs, des observateurs, qu'on peut attendre quelques données propres à mettre sur la voie. (B.)

ERGOT OU ARGOT. On donne généralement ce nom dans les jardins aux restes des branches mortes qui ont été cassées à quelque distance des autres branches ou du tronc, et encore plus souvent aux restes des branches qui ont été coupées dans l'opération de la taille, restes qui se sont refusés à donner des bourgeons. Dans l'un et l'autre cas, il faut couper ces ergots rez des branches, à la taille de l'hiver suivant, afin de donner moyen à l'écorce de recouvrir la place, et de rendre l'arbre moins désagréable à la vue. *Voyez* Taille des arbres. (B.)

ERIBLE. Nom des arroches dans le Médoc.

ERS. Nom vulgaire de la lentille dans quelques cantons. *Voyez* au mot Lentille.

ERYNGIUM. *Voyez* Panicaut.

ESCAPITUN. Panicule mâle du maïs dans le département de Lot-et-Garonne. On la coupe après la fécondation pour la donner aux bestiaux.

ESCARBOT. On donne quelquefois ce nom à des insectes de la classe des coléoptères, tantôt à l'un, tantôt à l'autre, selon les pays. Il n'est plus d'usage parmi les entomologistes, et doit aussi cesser de l'être parmi les cultivateurs.

ESCAROLE OU SCARIOLE. Plante que quelques personnes regardent comme une variété de la chicorée sauvage, mais qu'on peut également croire appartenir aux endives, quoique fort différente par ses feuilles lancéolées et sinuées, mais jamais découpées : comme elle se reproduit de ses graines, on peut également soutenir qu'elle forme une espèce particulière et intermédiaire.

Quoi qu'il en soit, on fait une grande consommation d'escarole en France pour manger crue en salade, ou cuite et assaisonnée de diverses manières. Sa culture est en conséquence fort étendue, sur-tout autour des grandes villes. Elle ne se fait que dans les jardins. L'absolue similitude qui a lieu entre cette culture et celle de l'endive me dispense d'en détailler

ici le mode. En conséquence je renvoie le lecteur au mot
ENDIVE.

On distingue quatre à cinq variétés d'escarole, dont les plus
importantes à connoître, outre la commune, sont, 1° l'ESCA-
ROLE DE HOLLANDE, qui est presque du double plus grande que
la précédente. Elle passe pour plus dure qu'elle dans les environs de Paris, et pour plus tendre dans les parties méridionales de la France. 2° L'ESCAROLLE A FEUILLES RONDES, dont
les feuilles sont plus courtes, plus arrondies et aussi larges,
et tendent à pommer. C'est la plus recherchée en ce moment. (B.)

ESCAT. Ancienne mesure en usage dans quelques parties de
la Guienne. *Voyez* MESURE.

ESCAYOLA. C'est L'ALPISTE.

ESCOUBÉ. C'est un balai dans le département du Var.

ESCOURGEON. Espèce d'orge qui a quatre rangs de grains.
On l'appelle aussi ORGE CARRÉ, ORGE D'AUTOMNE, ORGE PRIME.
Voyez au mot ORGE. (B.)

ESCOURSOIR. Machine employée dans quelques cantons
pour séparer la filasse de la tige du CHANVRE. *Voyez* SERANSOIR.

ESPACER. Ce mot s'emploie fréquemment dans le jardinage
pour indiquer la distance à mettre entre les plantes ou rangées
de plantes. Il est toujours plus avantageux d'espacer trop que
trop peu ; mais cette vérité est presque généralement mécon-
nue. On doit plus espacer dans un sol riche que dans un sol
pauvre. *Voyez* aux mots PLANTATION et SEMIS.

ESPALIER. On appelle espalier un ou plusieurs arbres
plantés contre un mur et dont les branches sont palissadées
contre lui. On dit tous les arbres de cet espalier sont bien
garnis de fruits, voilà un espalier en pêcher qui a été bien
conduit.

La méthode de placer les arbres en espalier n'étoit pas connue des anciens. C'est même une découverte très moderne,
c'est-à-dire peu ou point antérieure aux premières années du
seizième siècle, puisque le célèbre La Quintinie assure l'avoir
vue naître.

C'est principalement dans les pays froids ou tempérés qu'on
cultive les arbres en espaliers. Ils sont bien moins nécessaires,
en effet, en Espagne ou en Italie qu'aux environs de Paris,
puisque leur principal avantage c'est d'accélérer et de compléter, par le puissant abri des murs, la maturité des fruits
de ces arbres, sur-tout lorsqu'ils sont d'espèces originaires des
pays chauds, comme les pêchers et les abricotiers. Aussi en
voit-on peu dans le midi de l'Europe et beaucoup dans le
nord.

La surface du sol étant crevassée, et plus ou moins noire,

absorbe une plus grande quantité de chaleur solaire pendant le jour que les murs qui sont plus denses et plus ou moins blancs ; mais tant parcequ'elle est crevassée que parcequ'elle est horizontale, elle rend plus facilement cette chaleur à l'air pendant la nuit. C'est pourquoi les fruits des espaliers qui sont dans le voisinage de la terre sont plus tôt murs que les autres. Cette observation, faite il y a sans doute long-temps, a, dit-on, déterminé quelques amateurs à planter des arbres fruitiers au bas des pentes rapides et d'en diriger les branches, autant que possible, horizontalement sur ces pentes mêmes, à quelques pouces du sol, au moyen de piquets fortement fixés en terre. Je n'ai jamais vu de ces sortes d'espaliers, mais l'analogie ne me permet pas de douter de leurs avantages. Les poiriers taillés en vase très surbaissés, les pommiers nains tenus très bas, la vigne, etc., doivent d'ailleurs les faire présumer.

On a fréquemment discuté la question de savoir s'il n'étoit pas plus avantageux de laisser les arbres fruitiers en plein vent que de les tenir en espalier. Elle est jugée par ce fait dans tout le nord de la France et aux environs de Paris sur-tout. Il n'y a pas de doute que si les fruits des arbres en espalier sont moins abondans et moins savoureux que ceux des arbres en plein vent, ils sont plus gros, plus colorés, plus assurés et plus précoces. Un espalier bien conduit doit donner tous les ans à peu près la même quantité de fruit, et les arbres en plein vent, outre leurs récoltes biennes, sont exposés à toutes les influences nuisibles des variations du temps, des météores, etc.

La plantation et la conduite des espaliers est dans ces derniers climats, dont celui de Paris et même ceux de la plus grande partie de la France font partie, un des plus importans objets de l'art agricole. En conséquence cet article devroit être fort long; mais comme les divers objets qui le composeroient sont traités aux mots Mur, Arbre, Plantation, Taille, Ebourgeonnement, Palissage, Taille, Fruit, et ceux Pécher, Abricotier, Poirier, Pommier, Prunier, Vigne, etc., il ne sera que d'une très petite étendue.

Les murs de clôture destinés à recevoir des espaliers sont en pierre de taille, en moellon à chaux, en moellon à plâtre, en plâtre pur, en pisé, enfin des planches en tiennent lieu. Leur hauteur varie depuis deux pieds jusqu'à cinquante. Il suffit que leur épaisseur soit assez considérable pour donner une garantie suffisante contre leur chute.

Ceux en pierre de taille sont les plus durables, les moins sujets à réparations, les plus propres à éloigner les loirs et les insectes, mais les plus coûteux, et les plus indispensablement dans le cas d'être garnis d'un treillage. Ceux en plâtre pur et en pisé, les plus commodes pour palisser, en ce qu'on n'est point gêné dans la direction à donner aux branches qu'on peut fixer par-tout, au moyen d'une loque (petit morceau de chiffon) et d'un clou; mais ils sont de peu de durée et ils demandent de fréquentes réparations. Rarement on fait usage de planches.

Dans un jardin fruitier bien calculé les murs doivent regarder les quatre points cardinaux, c'est-à-dire être régulièrement orientés; cependant quelques amateurs éclairés, et en dernier lieu Dumont Courset, proposent de donner à leur ensemble une forme trapézoïde, en rapprochant en dedans et du côté du nord, les côtés qui regardent l'orient et l'occident. Par cette disposition ces côtés ont en effet le soleil plus long-temps, mais aussi l'ont toujours oblique, circonstances qui, probablement, se compensent dans leurs effets. Quelques personnes préfèrent de donner à leurs murs une direction du nord-est au sud-ouest, afin qu'ils aient le soleil perpendiculairement lorsqu'il a déjà de la force, et avant qu'il soit devenu brûlant.

Il est fort utile que les murs destinés à recevoir un espalier soient surmontés d'une saillie ou d'une tablette en pierres ou en briques, ou en bois, saillie qui doit avoir au moins six pouces, et au plus un pied. Ces tablettes servent principalement à empêcher les eaux pluviales de dégrader les murs et à diminuer, par le défaut d'air, la force avec laquelle les bourgeons supérieurs tendent à s'élever. Les autres avantages qu'on leur a donnés sont ou faux ou exagérés.

A quelques pouces au-dessous des tablettes on enfonce, de trois pieds en trois pieds, des morceaux de bois de deux à trois pouces de largeur, et un peu moins saillans qu'elles. On les appelle des rayons. Ils servent à attacher les paillassons destinés à garantir les espaliers des gelées.

Beaucoup de motifs, qu'il seroit trop long de déduire ici, mais qu'il est facile de deviner, doivent engager à recrépir les murs avec la plus grande exactitude. La couleur de ce recrépissage n'est pas indifférente, puisqu'elle peut accélérer la maturité des fruits lorsqu'elle est noire, et la retarder lorsqu'elle est blanche. C'est cependant cette dernière qui, à raison de la dépense, est le plus généralement celle des murs. Dans les pays où, comme aux environs de Paris, le plâtre est employé à la fabrication des murs, on peut à fort peu de frais les colorer en mettant du charbon grossièrement pilé avec ce plâtre lorsqu'on recrépit. *Voyez* au mot COULEUR.

Les diverses espèces et les diverses variétés d'arbres ne se placent pas indifféremment à toutes les expositions. Les pêchers, les abricotiers et la vigne préfèrent le midi, ainsi que les variétés

hâtives des poires, des prunes, des pommes, etc. L'exposition du
levant est celle qui convient le mieux à ces trois dernières sortes
de fruits : cependant il en est plusieurs variétés qui s'accommodent fort bien du couchant, et même du nord. Cette dernière exposition est la plus mauvaise de toutes, et on a presque toujours tort d'y placer des espaliers, attendu qu'ils portent rarement du fruit, et qu'il est toujours sans couleur et
sans saveur.

On peut avancer ou retarder à volonté la maturité de la
même variété de fruit, en en plaçant des pieds en espaliers au
midi, au levant et au couchant. On en agit ainsi à Montreuil
pour avoir, pendant trois mois consécutifs, des pêches des meilleures variétés.

Il est quelques espèces d'arbres qui se prêtent difficilement
à être mis en espalier, ou qui y donnent beaucoup moins de
fruits, ou des fruits moins bons qu'en plein vent. Les amandiers par exemple s'y emportent trop, les figuiers s'y dessèchent rapidement. J'indiquerai aux mots POIRIER et POMMIER
les variétés de ces fruits qu'il n'est pas avantageux de disposer
ainsi.

Comme les murs destinés à recevoir un espalier ont des
fondations qui empêchent les racines des arbres qui le forment
de s'étendre circulairement ; que d'ailleurs ces murs, quelque
peu élevés qu'ils soient, gênent la chute de la pluie quand le
vent souffle sur leur autre face ; il est très utile à l'accroissement et à la vigueur de ces arbres de les planter à quelque
distance du mur, sauf à les incliner ensuite sur lui.

Autrefois on plaçoit alternativement un arbre greffé à cinq
ou six pieds de haut, qu'on appeloit demi-tige, et un arbre
greffé à fleur de terre, qu'on appeloit un nain. Aujourd'hui,
dans les jardins bien dirigés, on ne met plus que des arbres de
la même hauteur, et même que de ces derniers, parcequ'on
a remarqué que les plus grands nuisoient aux plus petits. Dans
ce cas, on a soin de ne pas enterrer la greffe, à moins que la
jeunesse de l'arbre ne fasse espérer qu'elle puisse prendre racine, et la transformer en *franc de pieds*.

Les branches des arbres qui forment l'espalier étant destinées
à s'étendre dans le même plan et parallèlement au mur, on
doit, autant que possible, placer leurs deux plus grosses racines
de manière qu'il y en ait une de chaque côté, et que toutes
deux soient dans la même direction que le mur, d'après le
principe que la grosseur des branches est toujours proportionnelle à celle des racines qui les nourrissent, et qu'il faut
qu'il y ait deux principales branches ou membres à chaque
arbre.

La plantation des arbres en espaliers se fait pendant l'hiver comme celle de la plupart des autres arbres. *Voyez* PLANTATION.

La distance à mettre entre chaque espalier dépend de l'espèce de l'arbre et de ses variétés. Des notions générales peuvent difficilement être applicables ici. La théorie et la pratique seront indiquées à l'article particulier de chaque arbre. Je dirai donc seulement que comme le développement des racines est empêché du côté du mur, il faut qu'il puisse se faire sans obstacle des autres côtés, et que comme les arbres fruitiers portent la plus grande partie de leurs fruits à l'extrémité des branches, et que les circonférences des cercles croissent comme les carrés de leurs rayons, il est toujours plus avantageux de les espacer trop que trop peu.

Une plate-bande de cinq à six pieds de large, et où on place ou des légumes de primeur ou des légumes de peu de durée, s'établit toujours le long de l'espalier, afin que trois ou quatre labours ou binages puissent lui être donnés tous les ans.

Il y a différentes manières de former les arbres en espalier.

La plus célèbre et la plus conforme aux principes d'une saine théorie est celle qui est usitée à Montreuil près Vincennes. Elle a pour elle l'expérience d'un siècle, et les immenses bénéfices qu'elle procure annuellement aux industrieux cultivateurs qui l'ont inventée et perfectionnée.

Voici sommairement comment mon estimable et savant collaborateur Thouin indique le mode de cette formation.

« Après que l'arbre est planté, et avant que la sève entre en mouvement, on coupe la tête de l'arbre à quatre à cinq yeux au-dessus de la greffe. Chacun de ces yeux pousse ordinairement son bourgeon, et dans quelques espèces d'arbres il en pousse de l'écorce sans qu'il se montre des yeux. Il est des personnes qui suppriment, à fur et mesure qu'ils croissent, les bourgeons mal placés, et qui se trouvent sur le derrière ou sur le devant de l'arbre, et qui ne laissent croître que ceux destinés à former l'éventail sur le mur. D'autres laissent croître les bourgeons jusqu'à la fin de la cessation de la sève printanière, suppriment alors les inutiles et palissent les autres. Il en est quelques uns qui préfèrent de laisser croître tous les bourgeons, les gourmands du sauvageon exceptés, et de ne donner ni coup de serpette ni pincement à leurs arbres jusqu'au moment de la taille suivante. Ceux-ci agissent prudemment, par la raison qu'en diminuant les bourgeons on diminue le nombre des feuilles, et par conséquent le nombre des bouches qui nourrissent les racines ; et comme dans cette première année il est plus essentiel de consolider la reprise des arbres et de les assurer

sur leurs racines que de leur former la tête, cette pratique
me paroît préférable, et d'autant plus que les arbres une fois
bien *piétés* auront bientôt regagné le temps perdu, et devien-
dront ensuite plus vigoureux que ceux qui auront été taillés
dès l'année de leur plantation. Ainsi donc il est bon de ne pas
toucher à la pousse des arbres cette première année et de s'en
tenir à leur administrer la culture à tous les arbres nouvellement plantés.

« Pendant les jours doux, n'importe à quelle époque de
l'hiver, pour les arbres à fruits, à pepins, et au premier printemps pour les fruits à noyau, on choisit sur chaque pied les
deux bourgeons les plus favorablement placés ; il faut qu'ils
soient, 1° très sains et très vigoureux ; 2° en opposition des deux
côtés de l'arbre parallèlement au mur et le plus près possible.
Ce sont eux qui doivent servir de base à tout l'édifice. Ce choix
arrêté, on supprime sans distinction tous les autres bourgeons,
en les coupant, avec une serpette bien acérée, le plus près
possible de la tige, afin que l'écorce de l'arbre puisse recouvrir
sans peine et promptement ces petites plaies.

« Reste à opérer les deux branches mères. La longueur qu'on
laisse à chacune doit être déterminée par la vigueur de l'arbre
qui les a produites et par la leur particulière. Si l'arbre a poussé
vigoureusement on taille les branches au-dessus du sixième œil.
S'il n'a poussé que modérément on le raccourcit au quatrième ;
enfin, si la pousse est chétive, on la taille au second.

« Lorsque les deux rameaux sont d'inégales forces on laisse
plus de longueur à celui qui est le plus vigoureux et on raccourcit
davantage, au contraire, celui qui l'est le moins. Par ce moyen
très simple on rétablit promptement l'équilibre de vigueur
entre les deux branches. Ces coupes des deux rameaux doivent
être faites sur les yeux latéraux, afin que les bourgeons qui en
sortiront se dirigent naturellement dans le sens des branches
mères. On fixe ensuite par des attaches, soit au mur, soit au
treillage, ces deux mères branches, de manière à ce qu'elles
commencent à prendre leurs directions à l'angle de quarante-
cinq degrés. Si on ne peut arriver à ce but cette première
année, par la crainte de rompre les branches, on les en approche le plus qu'il est possible, et on remet aux années suivantes à les y amener insensiblement. Voilà tout ce qui appartient à la première pousse de l'arbre depuis qu'il a été mis en
place. Viennent ensuite l'ébourgeonnage et le palissage.

« L'époque la plus favorable à l'ébourgeonnement du plus
grand nombre d'espèces d'arbres est celle de la fin de la sève
du printemps, lorsque les bourgeons parvenus au maximum
de leur grandeur s'arrêtent et restent en repos jusqu'à la sève
d'automne.

« On supprime d'abord les bourgeons qui se trouvent placés sur le derrière, et qui se dirigent à angles droits sur le mur, et ceux qui ont poussé sur le devant de l'arbre. On abat encore ceux qui sont tortueux, mal venant, gommeux, et atteints de quelque vice de conformation. Les faux bourgeons, ainsi que les rameaux latéraux, qui croissent souvent à l'extrémité des gourmands, doivent être coupés aussi.

« Enfin, si les bourgeons qui ont crû sur les côtés de l'arbre sont trop rapprochés les uns des autres pour être palissés à une distance raisonnable, il convient d'en supprimer un entre deux, et quelquefois deux de suite. Cela dépend de la place qui est à garnir.

« Ces suppressions faites, il faut apporter attention à conserver les bourgeons qui ont crû à l'extrémité des deux mères branches, à moins que quelques uns, qui se trouvent au-dessous, n'offrent plus de vigueur et ne soient disposés d'une manière plus favorable à la prompte formation de l'arbre. Dans ce cas on rabat la branche mère sur le bourgeon qui en prend la place.

« Tous les autres bourgeons réservés doivent l'être dans toute leur longueur, sans être raccourcis, arrêtés ni pincés; pratique vicieuse, sur-tout pour les arbres en espalier. S'il se trouve quelque gourmand qui ne soit pas disposé à remplacer le canal direct de la sève, il faut le conserver dans toute sa longueur. Il peut devenir un membre très utile à l'arbre ; mais il convient de lui donner une position inclinée.

« Enfin, cette première année sur-tout, on doit chercher à donner à son arbre le plus d'étendue de branches qu'il est possible, et le garnir à peu près également dans toutes les parties.

« Si une des deux ailes de l'arbre se trouvoit plus foible que l'autre, il faudroit faire une opération inverse à celle de la taille, pour rétablir l'équilibre entre les deux parties : au lieu de tailler long le côté le plus vigoureux et de raccourcir celui qui l'est moins, il conviendroit au contraire de laisser plus de bourgeons sur le côté foible que sur le côté fort. La raison en est simple.

« Les bourgeons garnis de leurs feuilles pompent dans l'atmosphère les fluides aériformes qui s'y rencontrent, et sur-tout une humidité favorable à la végétation ; après s'en être alimentés, ainsi que les boutons qui se trouvent à la base des feuilles, le surplus descend dans les racines, et occasionne leur croissance. Ainsi, la série des racines, qui se trouvent desservies par un grand nombre de bourgeons garnis de leurs feuilles se trouve mieux nourrie, et devient plus vigoureuse que les autres racines qui sont moins fournies de bourgeons.

5.   18

« C'est pour cette même raison , et en même temps pour le parfait accroissement des boutons, qu'il convient de ne supprimer aucune des feuilles des bourgeons réservés.

« Cet ébourgeonnage convient non seulement aux arbres en espaliers , mais à ceux des contre-espaliers et des palissades qui sont conduits en V ouvert. Toute la différence consiste en ce qu'il faut ébourgeonner un peu moins sévèrement les deux derniers que les premiers , parceque ces arbres , étant à l'air libre de tous les côtés , sont plus en état de nourrir un plus grand nombre de rameaux que les espaliers qui ne reçoivent l'air que par devant.

« Il est plusieurs procédés pour opérer le palissage : le premier consiste à lier avec du jonc, du sparthe, ou du menu osier , les branches et les rameaux des arbres contre un treillage pratiqué le long des murs.

« Le second se fait avec les mêmes ligatures aux mailles d'un grillage en fil de fer, qui a été établi contre les murs.

« Le troisième a lieu lorsqu'on attache les branches immédiatement sur le mur , au moyen d'une petite lanière d'étoffe qui enveloppe chaque branche et d'un clou. On appelle cette manière PALISSAGE A LA LOQUE. *Voyez* ce mot.

« Chacun de ces procédés a ses avantages et ses inconvéniens ; mais comme on n'est pas toujours le maître de choisir , à raison de sa position pécuniaire et du lieu qu'on habite, on se dispensera d'entrer ici dans les détails qu'ils suggèrent ; on se contentera d'observer que la théorie du palissage est la même, soit qu'on préfère celui au treillage , au grillage , à la loque , soit qu'on le fasse contre un mur, on en contre-espalier. Elle consiste ,

« 1° A disposer sans efforts , sans occasionner des coudes aigus, les branches et les rameaux, et à leur faire occuper le plus d'étendue possible dans la forme d'un V ouvert ;

2° A faire en sorte que chaque branche avec ses rameaux ait la même disposition que l'arbre entier ;

« 3° A ce que toutes les parties intérieures de l'arbre soient garnies ainsi que sa base et ses côtés ;

« 4° Enfin, faire en sorte que toutes les ramifications de l'arbre soient également espacées à raison de leur grosseur , sans confusion, ni enchevêtrement, et que l'œil puisse les suivre dans toute leur étendue.

« Pour remplir ce programme , il faut éviter avec soin de contourner les bourgeons, ou de les couder trop brusquement pour leur faire occuper une position forcée et contre nature , comme, par exemple, celle au-dessous de l'angle de 90 degrés; de croiser les branches les unes au-dessous des autres, ou de leur donner la forme d'anse de panier , excepté dans le cas de

gourmands qu'on voudroit réduire, et qui seroient destinés à
remplacer les branches qu'ils croisent ; de laisser passer entre
les treillages ou grillages et le mur des bourgeons, qui, grossissant, ne pourroient plus être dépalissés sans les couper.

« Une chose essentielle est de ne pas placer les ligatures ou
les loques sur les feuilles ou sur les yeux des rameaux.

« Le palissage fini on enlève toute la dépouille des arbres ;
on donne un léger labour à la terre qui entoure leurs pieds,
afin de diminuer l'effet du piétinage qui a durci le sol, et on
donne un arrosement si le sol est sec. L'ébourgeonnement,
en supprimant beaucoup de branches couvertes de feuilles,
fatigue un peu les arbres et sur-tout leurs racines, qui ne reçoivent plus la quantité de fluide que leur fournissoient les
feuilles. Il faut donc les rafraîchir par des arrosemens.

« Voilà à peu près ce qui termine les travaux de la seconde
année de la plantation, y compris les menues précautions que
nécessitent la suppression des feuilles cloquées, la recherche
des chenilles et autres légères opérations qui appartiennent à
toute espèce de culture.

« La seconde taille, qui s'exécute au commencement de la
troisième année depuis la plantation des arbres, commence à
devenir plus compliquée ; mais comme la base en est la même
que la première, on se contente d'indiquer les différences.

« Par la première taille on s'est procuré les deux branches
mères, desquelles sont provenus autant de bourgeons qu'elles
portoient d'yeux. Il s'agit, dans celle-ci, d'établir des branches
montantes et descendantes, ou ce qu'on appelle membre. On
les choisit parmi les bourgeons des deux mères branches.

« Si l'arbre a poussé très vigoureusement et que les yeux
réservés, au nombre de dix, aient fourni chacun son bourgeon, il convient de tailler sur tous les rameaux qu'on a dé-
palissadés, et plus courts que l'année précédente, parceque
l'arbre a acquis de l'étendue.

« Mais telle vigueur qu'ait un jeune arbre la seconde année
de la plantation, tous les bourgeons ne sont pas également
forts et vigoureux. Ceux qui ont crû sur les mêmes branches,
dans l'intérieur du V, se trouvant dans une position plus favorable à l'écoulement de la sève, sont ordinairement plus
gros et mieux nourris que ceux qui sont placés à l'extérieur
du jambage du V, et qui se rapprochent davantage de la position horizontale.

« Enfin les deux bourgeons qui sont venus en prolongement des deux branches mères méritent encore un traitement particulier à raison de la place qu'ils occupent.

« Dans cette supposition plus favorable, il convient de tailler
les quatre branches de l'intérieur du V, qu'on appelle *bran-*

ches montantes, au-dessus du cinquième œil, celles de l'extérieur, ou branches descendantes, au troisième. Comme ces deux bourgeons de l'extrémité des deux branches mères sont destinés à les allonger, et qu'il est essentiel à la formation des arbres de leur donner toute l'extension dont ils sont susceptibles, on peut ne les tailler qu'au-dessus du troisième, cinquième, ou septième œil, suivant la force et la vigueur de ces bourgeons.

« Si une des ailes de l'arbre étoit plus vigoureuse que l'autre, il faudroit bien se garder de les tailler également. Il conviendroit au contraire de charger beaucoup ou d'allonger la taille de l'aile vigoureuse, et de raccourcir au contraire celle de l'autre; si la vigueur de cette aile menaçoit l'existence de sa voisine, il ne faudroit pas s'en tenir à la différence de taille pour maintenir l'équilibre entre les deux ailes de l'arbre, il seroit nécessaire de recourir à un remède plus actif, mais en même temps plus dangereux; c'est celui de découvrir à l'automne suivante les racines de l'arbre, de couper quelques unes de celles qui aboutissent au côté trop vigoureux, et au contraire de mettre sur celle du côté maigre, après en avoir coupé jusqu'au vif la carie, s'il y en avoit, une terre neuve et substantielle.

« Si la rupture de l'équilibre de vigueur entre non seulement les deux ailes de l'arbre, mais même entre les branches des membres d'une même aile, provenoit de la naissance d'un gourmand, ce qui arrive très fréquemment aux arbres à fruits à noyau, et particulièrement aux pêchers, cet évènement est dans le cas de changer tout le système de la taille; il ne faudroit pas couper ce gourmand, comme cela se pratique dans beaucoup de jardins, parcequ'il en croîtroit d'autres qui absorberoient la sève, et conduiroient l'arbre à sa ruine; il faut au contraire le conserver et le porter à donner de bonnes branches à bois et à fruit. Pour cet effet on doit lui faire de la place, et tailler dessus l'un des membres ou la branche mère sur laquelle il se trouve, afin qu'il la remplace. Si la belle ordonnance de la distribution des branches de l'arbre fait répugner à prendre ce parti, et qu'on puisse placer ce gourmand en supprimant quelques branches qui se trouvent dans son voisinage, il convient alors de le tailler très long, comme par exemple depuis un pied jusqu'à quatre, suivant la force de l'arbre et celle du gourmand. Devenu plus modéré lui-même, on le taille comme les autres branches. Si enfin ce gourmand devoit être absolument supprimé, il est un moyen de s'en défaire sans risque; c'est, lorsqu'il est parvenu au maximum de sa croissance, et lorsque sa sève commence à descendre, d'enlever à sa base un anneau d'écorce; sa végétation s'arrêtera, il se formera un bourrelet à la partie supérieure de la plaie, et à l'automne on pourra le couper sans danger. S'il provient d'un arbre que vous vouliez multiplier, et qu'il soit garni d'un bon bourrelet, vous aurez bientôt, en le mettant en terre, un nouvel arbre qui aura l'avantage d'être franc de pied.

« Tout ce qui vient d'être dit sur la taille de cette seconde année est dans la supposition d'un arbre plein de vigueur, placé en bon terrain, et sous un climat qui lui soit favorable. On va actuellement indiquer les procédés qu'il faut employer pour un arbre de même âge de plantation, qui se trouve en terrain de mauvaise nature, et sous un climat défavorable. Ces deux points les plus éloignés donneront la mesure de ce qu'il convient de faire dans les cas intermédiaires.

« L'arbre a poussé cinq bourgeons de chacune de ses branches. A l'ébourgeonnage on a supprimé ceux qui se trouvoient placés, soit par derrière, soit par devant l'éventail ; mais il en reste trois sur chaque tirant. Ils sont chétifs, maigres, et atteints de jaunisse. Il n'y a pas à balancer, il faut rabattre les deux bourgeons supérieurs avec les deux portions de branches mères qui les supportent, jusqu'à une ligne au-dessus du bourgeon qui se trouve le plus près du tronc. Ce bourgeon remplace la branche mère dans sa direction et dans son usage ; alors on la taille au-dessus du quatrième ou du cinquième œil. Ces yeux donnent autant de bourgeons qui, joints à ceux qui peuvent sortir des portions de branches tirantes réservées, fournissent la matière de la taille suivante.

« Ce procédé, employé par les cultivateurs instruits pour ménager leurs jeunes arbres qui n'ont pas encore pris de bonnes racines dans le nouveau terrain où ils sont plantés, ou qui sont malades, est cependant pratiqué indistinctement sur tous les arbres par un grand nombre de jardiniers. Ils ne distinguent ni les espèces d'arbre, ni leur état de santé et de maladie ; ils ravalent toujours sur le premier bourgeon poussé à côté de la tige de l'arbre, et ils se contentent d'allonger plus ou moins celui-ci, à raison de la vigueur de la pousse.

« Il résulte de cette pratique que l'arbre dépouillé chaque année de la plus grande partie de ses branches, perd inutilement la sève, forme une multitude de petits coudes rapprochés les uns des autres, devient rachitique avant d'avoir passé par l'état de vigueur. S'il donne des fruits plus tôt que ceux taillés par l'autre méthode, il parvient aussi bien plus vite à la caducité et à la mort.

« L'ébourgeonnement n'offre d'autre différence, cette seconde fois, qu'en ce qu'il porte sur un plus grand nombre de bourgeons. On supprime tous ceux qui sont sur le devant et sur le derrière de l'arbre, et on laisse les autres pousser dans toute leur longueur.

« Quant au palissage, il ne se distingue du premier que parcequ'il a pour objet de compléter la formation de l'arbre et de perfectionner la direction qu'on avoit craint de donner, la première fois, aux branches susceptibles d'être rompues.

« La première taille a formé les branches mères ou tirantes ; la seconde a procuré les branches du second ordre ou les membres ; la troisième doit donner les branches crochets. Pour les obtenir il suffit d'employer les mêmes procédés qu'on a mis en usage dans la taille précédente, avec cette différence seulement, qu'il faut supprimer quelques unes des anciennes branches. Cette suppression est indispensable, tant pour le placement des nouveaux bourgeons que pour l'espacement des fruits qui doivent naître des lambourdes, des brindilles, des bourses et autres branches à fruit.

» Dans les tailles des années suivantes il ne s'agit plus que d'entretenir les arbres en santé et en vigueur, par une taille proportionnée à la force des individus en général, et à celle de chacune de leurs branches en particulier ; à se servir des gourmands pour remplacer les membres foibles, malades, ou sur le retour ; à ne laisser sur les arbres que les fruits qu'ils peuvent porter sans s'appauvrir ; à établir une juste balance entre les branches à bois et les rameaux à fruits, afin de ménager les moyens de reproduction, et enfin à porter tous les soins à entretenir l'équilibre dans les ailes des arbres ou chacun des arbres qui les composent. »

La manière dont les Anglais disposent leurs espaliers diffère beaucoup de celle-ci. Ce sont, d'après Forseyth, des quenouilles ou des pyramides plantées contre un mur, et dont les branches latérales sont palissadées parallèlement au sol. Chaque année ces espaliers, malgré la taille la plus sévère, s'élèvent de quelques pouces, de sorte qu'au bout d'un certain temps il faut les rabattre sur le vieux bois ou les laisser dépasser le mur. La théorie repousse cette manière, qui est cependant employée par quelques jardiniers instruits des environs de Paris, mais pour les poiriers seulement. Comme la formation et la conduite de ces sortes d'espaliers ne diffèrent de celles des Quenouilles et des Pyramides que parceque leurs branches sont conservées seulement sur deux côtés opposés, et qu'on les palissade, je renverrai pour ce qui les concerne aux articles de ces dernières.

Les arbres fruitiers en espaliers, comme je l'ai déjà observé, lorsqu'ils sont bien conduits donnent des fruits, non pas en plus grand nombre, mais plus gros et plus précoces que ceux en plein vent. Quand on veut augmenter ou assurer la production de ces fruits, on y parvient ou par l'incision annulaire, ou par l'arqûre de l'extrémité des branches. Quelquefois cependant les espaliers, lorsque la saison est favorable, donnent une surabondance de fruits qui restent petits et épuisent l'arbre, de manière qu'il lui faut une et même plusieurs années pour se remettre. Les jardiniers habiles ne manquent jamais alors de proportionner, en les enlevant peu après leur formation, le nombre de ces fruits à la grandeur et à la vigueur de l'arbre. Quelquefois même pour rappeler cette vigueur ils ne leur laissent pas porter de fruits pendant un ou deux ans.

La durée des arbres en espalier est généralement moindre que celle des mêmes espèces placées en plein vent dans leur voisinage; mais cela tient principalement de ce qu'on les greffe sur des espèces différentes, ou sur des variétés d'une nature affoiblie, le pêcher sur l'amandier ou le prunier, le poirier sur le cognassier, le pommier sur doucin ou paradis, et à ce qu'on les conduit mal. Un jardinier, qu'il seroit superflu de caractériser, vient de faire arracher, du potager de Versailles, une demi-douzaine de poiriers à demi-tiges, greffés sur sauvageon, qui avoient été plantés par La Quintinie, et qui avoient par conséquent plus d'un siècle. Ils étoient encore pleins de vie, et s'ils ne rapportoient pas abondamment du fruit, c'est qu'ils se trouvoient à l'exposition du couchant, exposition peu favorable comme on sait. Leurs fruits étoient très beaux et très savoureux quoique très pierreux. Le respect qu'on doit à la mémoire de celui qui a fondé l'art du jardinage en France auroit dû les faire conserver, ou du moins les plus beaux d'entre eux. Depuis long-temps on ne les palissadoit plus, et c'étoit un exemple bon à conserver des effets de l'âge sur les arbres. J'ai vu des étrangers les saluer en signe de vénération à raison de leur viellesse ou des souvenirs qu'ils rappeloient. Combien leur chute m'a été pénible!

Rarement dans le climat de Paris on est dans le cas de craindre les effets de la gelée, sur les arbres fruitiers en espalier, pendant la plus grande rigueur de l'hiver. C'est au printemps, lorsque les feuilles, et sur-tout les fleurs, commencent à se développer, qu'elles donnent lieu à des pertes plus ou moins fréquentes, plus ou moins étendues. L'amandier, le pêcher et l'abricotier, à raison de leur précocité, y sont plus sujets que les autres. *Voyez* au mot GELÉE. Les espaliers les mieux exposés sont ceux que les accidens de ce genre frappent le plus souvent. Ce n'est point l'intensité ni la durée du froid qui tue si souvent les feuilles naissantes, les bourgeons qui commencent à se développer, les fleurs qui s'entr'ouvrent, une seule gelée blanche, suivie d'un soleil ardent, suffit pour opérer la perte complète de la récolte d'une année, et souvent de celle de l'année suivante, à raison de ce que les jeunes bourgeons, frappés de mort, ne repoussent qu'au moyen de la sève accumulée dans les racines, et qui devoit servir à la reproduction future. Des paillassons extrêmement peu épais, des toiles d'emballage du plus bas prix, conviennent donc autant que les moyens plus dispendieux qu'on emploie quelquefois. Les toiles offrent de plus l'avantage d'entretenir pendant la nuit une température presque égale à celle du jour autour des branches de l'espalier, ce qui concourt puissamment à hâter la végétation. *Voyez* au mot Nuit.

Pendant l'été les paillassons légers et les toiles ont un autre genre d'utilité qui peut passer pour contraire, puisqu'il est fondé sur les effets de la chaleur des rayons directs du soleil, rayons qui, sur-tout après la pluie, brûlent les feuilles et les fruits, qui même frappent de mort des branches ou des arbres par l'excès de l'évaporation qu'ils causent, ou par le degré de chaleur auquel ils amènent la sève, chaleur qui désorganise alors comme le feroit l'eau bouillante. *Voyez* aux mots Chaleur et Brulure.

Une quantité suffisante de toile d'emballage est donc nécessaire à acquérir lorsqu'on veut jouir des produits d'un espalier en belle venue. La dépense est considérable il est vrai ; mais, avec des soins, ses effets sont d'une longue durée. *Voyez* aux mots Abri et Couvertures. (B.)

ESPARCETTE. C'est un des noms vulgaires du sainofin.

ESPARGOUTTE. *Voyez* Spergule.

ESPAUTE. *Voyez* Epautre.

ESPÈCE. Les naturalistes et les cultivateurs ne sont pas d'accord sur l'application qu'il faut donner à ce mot.

Les premiers appellent espèce les individus qui se ressemblent par toutes leurs parties, ou qui n'offrent que des différences peu importantes, et qui se perpétuent les mêmes par le semis de leurs graines.

Les seconds, négligeant cette dernière considération, confondent avec les véritables espèces les variétés que leur art forme et multiplie, soit par le même moyen, soit plus sûrement par marcottes, par boutures, par greffes, etc.

Ainsi, pour un botaniste, le poirier sauvage est une espèce dont le bon-chrétien, le S.-Germain, la crassane, etc., sont des variétés. Pour le jardinier, le poirier sauvage est une espèce, et le bon-chrétien, le Saint-Germain, la crassane, etc., en sont également.

Selon moi, une variété est un *individu, ou une succession d'individus s'écartant de l'espèce par un ou plusieurs caractères, qui peuvent disparoître l'année suivante, et ne se propagent pas constamment par la génération.*

Lorsqu'on lit des ouvrages sur la culture, il faut donc faire attention au sens que l'auteur donne à ce mot. Dans cet ouvrage, j'ai eu soin d'appeler espèces les véritables espèces, et variétés les variétés : cependant j'ai pu quelquefois, par l'effet de la circonstance, prendre le mot espèce dans l'acception vulgaire ; je puis aussi avoir employé le mot *espèce jardinière*, proposé par quelques écrivains, comme synonyme de variété. D'ailleurs, j'ai pu aussi me tromper ; car, quelque habitué que je sois à observer les plantes, il est un grand nombre de cas où l'application des principes se trouve difficile. Un botaniste qui n'a étudié les plantes que dans l'état naturel distingue facilement les espèces des variétés ; mais l'influence de la culture est telle, qu'il est telle variété de choux, de laitue, de pêche, de poire, de raisin, etc., qui diffère plus du type de son espèce que telle espèce de ses congénères. Plusieurs de ces variétés ont même, comme les espèces, la faculté de se reproduire exactement par semences. L'irrégularité de la marche de la nature est telle que quelques personnes, même de bons esprits, ont soutenu qu'il n'y avoit pas d'espèces dans la nature.

Ce que je dis de la botanique s'applique aussi au règne animal. Il est telle espèce dont les variétés diffèrent plus entre elles que les espèces du même genre. Le chien en offre un exemple frappant. Le dogue, le barbet, l'épagneul et le lévrier sont plus éloignés l'un de l'autre que le chien de berger, qu'on regarde comme le moins éloigné du type de l'espèce, ne l'est du loup, du renard, de la hyenne, qui appartiennent à son genre. Ces variétés se propagent par la génération, se mêlent les unes avec les autres, ce qui multiplie les sous-variétés.

Une grande question qui n'est pas encore résolue est celle de savoir s'il se forme des espèces. Si on en juge par analogie de ce qui se passe dans les jardins, on dira qu'il s'en forme, car on y voit des variétés permanentes y naître et s'y conserver : malgré cela, je suis pour la négative. Dire mes raisons me mèneroit trop loin, et seroit inutile aux cultivateurs.

Les anciens naturalistes ont confondu les variétés avec les espèces, et on les a blâmés avec raison ; aujourd'hui on fait tout le contraire. Pour ne pas multiplier le nombre des espèces, on en range beaucoup parmi les variétés. Les animaux les plus gigantesques, l'éléphant, le crocodile, se sont même trouvés dans ce cas, ainsi que l'a si savamment prouvé Cuvier. Quant aux plantes, la pratique de la culture m'en donne journellement des preuves. A cet égard les jardiniers, qui à tous les instants de l'année jugent des différences que présentent les plantes, en savent plus que les botanistes ; aussi je crois que ces derniers ne consultent pas assez les premiers. Ceux-ci savent, par exemple, qu'il y a deux espèces dans le tilleul des jardins, dont l'une a l'écorce des bourgeons jaune et les fruits anguleux, et dont l'autre a les bourgeons rouges et les fruits parfaitement ronds : ils les distinguent sous les noms de tilleul de Hollande et de tilleul de Corinthe. Ces deux espèces, que je ne confonds à aucune époque de l'année, sont si obscurément connues des botanistes, quoiqu'extrêmement communes dans les jardins des environs de Paris, qu'aucun n'en a parlé d'une manière convenable, et qu'elles portent un nom commun, qui tantôt s'applique à la description de l'une, tantôt à celle de l'autre de ces espèces.

Dans certains genres, dans le genre rosier, par exemple, l'incertitude du type rend presque impossible la détermination rigoureuse de ce qu'on doit ranger parmi les espèces et les variétés. Dans certaines espèces, le grand nombre des variétés rend fort difficile la fixation des caractères propres à les distinguer par un raisonnement rigoureux. Il faut une grande habitude de l'observation pour se guider à cet égard dans la pratique avec quelque certitude. Les esprits irrésolus par caractère, ou accoutumés à ne se fixer que d'après des motifs solidement fondés, ne peuvent le plus souvent prendre de détermination dans ce cas.

Les caractères des véritables espèces se tirent des parties qui sont les plus importantes après celles qui ont servi à établir ceux du genre. Si c'est une plante, on les prend dans la forme des fruits, des feuilles, de la tige, même des racines, rarement de la couleur, comme sujette à varier. Si c'est un animal, on ne repousse pas la couleur, parceque les formes des parties sont souvent difficiles à indiquer par une simple description, et que les différences distinguables par ce moyen n'existent pas dans tous.

Je termine ici cet article, que j'aurois pu beaucoup allonger, si j'avois voulu me livrer à des discussions métaphysiques ; mais je me propose de le compléter au mot VARIÉTÉ, où je traiterai de l'influence de la domesticité sur les animaux, et de la culture sur les végétaux. *Voyez* aussi le mot HYBRIDE et le mot GENRE.

ESPEOUTE. *Voyez* ÉPAUTRE.

ESPIAUTE. Synonyme de l'ÉPAUTRE.

ESPIGA. Synonyme de glaner dans le département de la Haute-Marne.

ESPRIT ou ESPRIT-ARDENT. On donne souvent ce nom à l'ALCOHOL ; l'alcohol mêlé d'eau s'appelle plus particulièrement ESPRIT-DE-VIN ou EAU-DE-VIE. *Voyez* ces mots.

ESQUILLE. Morceaux qui se séparent lorsqu'on casse une branche ou un os.

ESQUINANCIE, ANGINE ou ÉTRANGUILLON. Maladie de la gorge produite par l'inflammation d'une partie, ou de la totalité des parties qui forment ou environnent la gorge, et qui parcourt ses périodes avec tant de rapidité, que quelques heures suffisent souvent pour qu'elle amène la mort. Elle est intérieure ou extérieure. La difficulté d'avaler et ensuite de respirer sont des symptômes communs à toutes les deux.

Les causes de l'esquinancie varient beaucoup. Le plus souvent on ne peut pas les reconnoître. Toutes celles générales ou particulières de l'inflammation peuvent la faire naître, ainsi que le passage du chaud au froid, les courses violentes, les travaux excessifs, etc., etc. Outre les signes indiqués plus haut, on la reconnoît encore à une fièvre aiguë, une bouche brûlante et livide, le cou roide, l'agitation extrême, des sons douloureux, etc.

Le danger est d'autant plus grand qu'il y a plus de parties affectées à la fois, soit dans l'arrière-bouche, soit dans le pharynx, soit dans le larynx. L'inflammation au reste gagne de proche en proche, lorsqu'elle suit sans interruption sa marche progressive, et se termine quelquefois par la suppuration et même par la gangrène.

Les chevaux, et sur-tout les jeunes, sont plus sujets que les autres animaux domestiques à l'esquinancie. Lorsqu'elle a son siège dans la cavité de la glotte, ils en périssent quelquefois au bout de douze ou quinze heures, par impossibilité de respirer; mais ils en réchappent ordinairement lorsqu'elle est extérieure.

La rapidité de la marche de cette maladie ne permet pas des moyens curatifs d'une action foible ou lente. Des saignées abondantes et répétées, qui diminuent les forces de l'animal, sont indispensables lorsque les symptômes sont très graves. Ces saignées doivent être suspendues ou diminuées dès qu'on s'aperçoit que ces symptômes deviennent moins inquiétans; alors on administre les purgatifs ou les lavemens, selon l'espèce de l'animal et les indications, mais on les accompagne d'une nourriture légère et substantielle, telle que du pain émietté et trempé dans du lait, une décoction de farine dans de l'eau tiède, etc., car dès-lors il faut réparer, petit à petit, les forces épuisées par les saignées, sans surcharger l'estomac d'alimens qu'il ne pourroit pas digérer. Pendant tout le temps de ce traitement, on injecte dans la gorge alternativement de l'eau acidulée par du vinaigre et de l'eau nitrée, aussi fréquemment que possible, et on applique extérieurement sous la gorge des cataplasmes émolliens et résolutifs. Des épipastiques placés au même endroit ont souvent produit de très heureux effets.

Si, malgré l'usage de ces remèdes, la maladie continue à faire des progrès, et qu'on doive craindre la suffocation, on n'a plus de ressource que dans la BRONCHOTOMIE, ressource extrême qu'on emploie trop souvent sans nécessité. Il faut avoir soin de ne faire l'ouverture de la trachée-artère qu'à environ six pouces au-dessous du lieu de l'INFLAMMATION. *Voyez* ce mot.

J'ai dit plus haut que l'inflammation se terminoit quelquefois par la suppuration et la gangrène. Au dernier degré, il y a peu d'espérance à avoir ; mais on n'en doit pas moins continuer le traitement en le modifiant conformément aux nouvelles indications. *Voyez* au mot GANGRÈNE. S'il n'y a qu'un simple abcès, on tâchera de le faire aboutir à l'extérieur par l'application de cataplasmes émolliens et relâchans, s'il n'y en a pas déjà, et ensuite on fera l'ouverture de la tumeur lorsqu'elle sera arrivée au point de maturité convenable. *Voyez* au mot ABCÈS. Si cet abcès aboutit intérieurement, on fera respirer à l'animal, aussi long-temps ou aussi souvent que possible, la vapeur d'une décoction de fleurs de sureau, et on lui fait avaler de l'oximel mêlé avec la même décoction.

Quelques personnes appellent fausse esquinancie des engorgemens lymphatiques qui ont lieu dans la gorge et parties voisines ; mais les symptômes en sont trop différens pour que cette dénomination puisse être conservée. *Voyez* au mot ENGORGEMENT.

Il faut conclure de ce que je viens de dire que les esquinancies dans lesquelles la respiration est gênée sont plus dangereuses que celles qui rendent la déglutition difficile; que celle qui a son siège dans la cavité du larynx, auprès de la glotte, est très dangereuse, et que celle dont le foyer est dans le pharynx est encore plus à redouter. Lorsque la douleur cesse tout à coup dans cette maladie, c'est signe de gangrène.

Quelquefois l'esquinancie devient épizootique et se présente avec quelques symptômes appartenant à d'autres maladies.

Les bêtes à cornes d'un canton du Dauphiné, dont Mezieux étoit le centre, en offrirent un exemple en 1762. Cette épizootie tiroit son origine de la sécheresse, de la mauvaise nourriture et de la mauvaise boisson ; aussi ne cessa-t-elle que lorsque les pluies eurent ramené la fraicheur dans l'air, eurent fait pousser des herbes nouvelles, eurent fourni de l'eau saine. La gangrène étoit toujours ou presque toujours la fatale terminaison de l'inflammation, c'est-à-dire que les sujets succomboient le troisième ou quatrième jour, lorsqu'on ne pouvoit pas combattre assez à temps la disposition à la putridité. *Voyez* au mot ÉPIZOOTIE. (B).

ESSAIM. C'est la sortie d'une partie des abeilles d'une ruche, partie où se trouve toujours une femelle, et qui va établir une nouvelle colonie. *Voyez* au mot ABEILLE.

ESSAIN. Ancienne mesure agraire. *Voyez* MESURE.

ESSARTER, ou arracher tous les arbres ou broussailles qui

couvrent un terrain, et enlever de dessus le champ les souches
et les racines.

Dans plusieurs pays de vignoble, où l'on emploie des
échalas, on appelle *essartage* ou *essarter* la première opération du travail de la terre dans laquelle la vigne est plantée.
On la commence communément au premier avril. Ce travail
consiste à fouiller le sol avec un instrument de fer nommé
pioche, plus ou moins pointu, suivant la qualité de la terre
plus ou moins mêlée de pierres ou de gravier. On commence
par fouiller la partie qui se trouve entre chaque rang de ceps,
et on approche successivement du pied de la vigne. Le terrain
qui l'avoisine est retiré sur la partie du milieu, y forme un
ados, et le pied du cep est un peu déchaussé. La terre relevée
en ados reste dans cet état jusqu'à la fin de juin, temps de biner
la VIGNE. *Voyez* ce mot. (R.)

ESSARTS. Terrains incultes qui sont dans le cas d'être
essartés.

ESSAYEUR. Cheval qu'on présente aux jumens dans les
haras, pour s'assurer si elles sont en chaleur. *Voyez* aux mots
CHEVAL et BOUTE EN TRAIN.

ESSEMENT. Altération du mot SEMENCE qu'on emploie
dans quelques départemens.

ESSENCE. On donne ce nom aux huiles essentielles odorantes, telles que celles de cannelle, de girofle, de rose, de
menthe, etc.

Toutes les parties des végétaux, excepté les cotylédons,
peuvent fournir des essences. On les obtient par la distillation ou par l'expression. Chacune a une odeur qui lui est
propre. Toutes sont évaporables par le seul effet de la chaleur de l'atmosphère, sont dissolubles dans l'alcohol, et s'enflamment par le contact d'un corps embrasé. Plusieurs contiennent du camphre. On en fait usage dans les parfums ; on
les fait entrer dans les liqueurs de table ; on les emploie
comme médicament. *Voyez* HUILE VOLATILE. (B.)

ESSÉS. C'est la LENTILLE dans le département du Var.

ESSIEU. Partie de la charrette qui sert de ligne de rotation aux ROUES. *Voyez* VOITURE.

ESSORER. Action du soleil sur les terres humides. C'est
presque le synonyme d'ÉVAPORER, de DESSÉCHER.

ESSOUCHER. C'est arracher les SOUCHES.

ESTABLÉ. C'est le toit à porc dans le département de Lot-
et-Garonne.

ESTACHANT. Nom des manouvriers ruraux dans le département de la Haute-Garonne.

ESTAMPURE. Nous entendons par ce mot les trous dont

le fer du cheval est percé, pour livrer passage aux clous, et pour en noyer en partie la tête.

Les estampures indiquent le pied auquel le fer est destiné ; celles d'un fer de derrière sont plus en talon ; elles sont plus maigres, c'est-à-dire plus rapprochées du bord extérieur du fer, dans la planche qui doit garantir et couvrir le quartier de dedans, et c'est par elle qu'on distingue celui qui est forgé pour le pied gauche ou pour le pied droit. *Voyez* FER-RURE. (R.)

ESTIBADE. Portion de récolte qui revient, dans le département de Lot-et-Garonne, à celui qui aide à la faire.

ESTIBAUDÉ. L'homme qui aide à faire la récolte dans le département de Lot-et-Garonne.

ESTIEUX. On appelle ainsi la récolte des grains d'été dans le département de la Haute-Garonne.

ESTOMAC. MÉDECINE VÉTÉRINAIRE. Il est inutile de répéter ici ce que nous avons déjà dit sur les estomacs du bœuf, et sur le mécanisme de la rumination. Nous nous bornerons seulement à décrire la structure et les usages de l'estomac du cheval, pour l'intelligence des causes qui empêchent cet animal de vomir.

Le cheval n'a qu'un estomac. Ce viscère est le principal organe de la digestion. Son usage est de recevoir les alimens liquides et solides, de les retenir ; ils s'y dissolvent, ils y sont assimilés aux autres parties de l'animal. Ce qui peut être changé en chyle en est extrait, le ventricule le laisse passer ensuite dans les intestins, après en avoir peut-être absorbé la partie la plus ténue et la plus subtile ; enfin, c'est dans l'estomac que réside la sensation que l'on nomme la faim, sensation merveilleuse, et qui semble avoir été accordée aux animaux pour les inviter à prévenir machinalement les suites du frottement des solides et de l'acrimonie des humeurs, en les adoucissant par une nouvelle nourriture ou par un nouveau chyle.

La situation de ce viscère dans le cheval est directement en arrière du diaphragme, assez près des vertèbres des lombes, et dans la partie moyenne latérale gauche de cette cavité, de manière que la portion droite est recouverte par le foie, la portion gauche par la rate, toute la face inférieure étant cachée par les gros intestins sur lesquels il repose.

Il est composé de cinq membranes. La première, qui est externe et la plus étendue de toutes, est lisse, polie, sa face interne est cellulaire, et n'est autre chose que la continuation ou la duplicature du péritoine. La seconde, charnue et musculeuse, est composée de sept plans de fibres, dont le premier entoure l'estomac circulairement ; le second est une bande transversale qui s'étend depuis le pilore ou l'orifice postérieur, et va se terminer à la grande courbure sur laquelle il s'épanouit; le troisième est un tissu de fibres transversales qui environnent le petit fond de l'estomac. Le quatrième est formé de fibres ramassées en faisceaux ou par bandes, qui, partant du bas de l'orifice cardiaque ou antérieur, entre l'orifice et l'hypocondre gauche, vont se terminer au grand fond de l'estomac. Le cinquième plan, situé au-dessous de ceux-ci, part de la partie postérieure de l'orifice dont je viens de parler, pour se porter également en forme de bande vers le petit fond de l'estomac dans le sens contraire à l'autre. Le sixième est situé dans le grand fond de l'estomac, et composé de fibres circulaires. Le septième enfin part de la courbure pour se répandre en faisceaux en divergence sur la grande courbure, la plupart de ces plans venant se réunir à cette courbure, en formant une petite ligne blanche, pour servir d'un côté aux différens mouvemens de la digestion, et de l'autre à empêcher la rétrogradation des alimens dans l'œsophage.

La troisième membrane offre un plan de fibres blanchâtres, rangées en tous sens; nous l'appelons nerveuse à raison de la quantité de filets nerveux qui se distribuent dans sa substance, et qui la rendent très sensible.

La quatrième est placée au dedans de l'estomac vers son grand fond; elle est blanchâtre, lisse et polie; quoiqu'elle paroisse ridée dans l'affaissement du ventricule, elle est une continuation de celle de l'œsophage, humectée de la même liqueur, ne tapisse pas toute la cavité de ce viscère, et surpasse par ses bords la membrane veloutée qui est la cinquième membrane.

Celle-ci est très distincte de la précédente, quoique tapissant de même la partie interne de l'estomac; elle est d'une couleur grisâtre, mamelonnée et entrecoupée de petites bandes blanchâtres. On y remarque de petits points olivâtres, qui ne sont autre chose que les glandes gastriques, dont l'usage est de fournir un suc de même nom, qui sert de troisième préparation à la digestion. On trouve dans presque tous les mulets et les chevaux cette membrane couverte de vers.

On remarque au pilore, c'est-à-dire à l'orifice postérieur de ce viscère, de petites bandes charnues et tendineuses qui servent à sa dilatation. Cet orifice est même muni d'un bourrelet qui est un trousseau de fibres circulaires. Les quatrième, cinquième et septième plans de fibres de la seconde membrane, dont nous avons déjà parlé, forment à leur origine l'orifice cardiaque ou antérieur qui répond à l'œsophage; c'est cette disposition et cet arrangement des fibres qui empêchent le cheval de vomir, et non une valvule que M. Lamorier, chirurgien de Montpellier, prétend avoir découverte à l'orifice

antérieur de l'estomac, et qu'il conjecture même pouvoir exister dans les autres solipèdes. La disposition des fibres en cet
endroit est telle, qu'après la mort de plusieurs chevaux, dont
j'ai disséqué l'estomac à l'école vétérinaire, l'eau que j'intro-
duisois dans ce viscère ne pouvoit pas sortir ; ce qui prouve
que plus les fibres sont tendues, plus elles ferment étroite-
ment l'orifice antérieur, dont le resserrement augmente toujours en raison des efforts que le cheval fait pour vomir, et
en proportion du spasme de ce viscère.

L'impossibilité de vomir dans laquelle se trouve le cheval
ne doit donc être attribuée qu'à la structure de l'estomac.
Rozier est du même sentiment que celui que je viens de rapporter.

« Les véritables obstacles au vomissement, dit ce savant dans
un de ses journaux de physique, sont, 1° les plis et replis amon-
celés, formés par la membrane interne de l'œsophage lorsqu'il est resserré ; 2° la force contractive des fibres de l'œsophage ; 3° les fibres musculeuses qui se prolongent de ce même
œsophage sur l'estomac, et qui s'entrelacent avec celles de ce
viscère ; 4° le paquet musculeux formant une espèce de cravate autour de cet orifice, dont la force des fibres diminue toujours en approchant de la partie postérieure de l'estomac ; 5°
les trois plans de fibres très fortes provenant de cette cravate ;
6° les fibres musculeuses qui entrent dans la composition de
ce viscère, diminuant en force ou augmentant en foiblesse, à
mesure qu'elles approchent de l'orifice postérieur ; 7° la foiblesse externe de cet orifice en comparaison de l'orifice antérieur ; 8° la direction de ces deux orifices presque horizontale,
tandis que dans l'homme elle est presque perpendiculaire ; 9°
la portion de la membrane mamelonnée qui est très lâche, et
toujours abreuvée depuis l'endroit de la ligne de séparation
jusqu'à l'orifice postérieur ; 10° l'orifice antérieur qui est toujours resserré long-temps après la mort de l'animal, tandis
que l'orifice postérieur est relâché ; 11° la position de l'estomac
qui se trouve à l'abri de la compression des muscles du bas-
ventre, et qui peut être regardée comme cause secondaire,
mais très éloignée. »

D'après toutes ces observations, il est aisé de conclure que
si l'estomac éprouve une contraction quelconque, elle sera
plus forte dans l'endroit où les parties, sujettes à se contracter,
se trouvent réunies en plus grande masse ; et c'est, comme on
vient de le voir, à l'orifice cardiaque ou antérieur. Ainsi les
matières contenues dans l'estomac passeront par l'ouverture de
l'orifice postérieur qui opposera toujours moins de résistance.
L'expérience prouve que si l'estomac devoit éclater, ce seroit
toujours du côté de la grande courbure ; j'en ai eu déjà une

preuve dans un mulet auquel on avoit inconsidérément donné de l'ers pour nourriture. L'ouverture de cet animal me montra l'estomac rompu à sa grande courbure. La sortie de cet aliment par les naseaux m'avoit caractérisé la rupture de ce viscère. (R.)

ESTRAGON. Espèce d'absinthe dont on fait usage comme assaisonnement. *Voyez* au mot ABSINTHE.

ESTRANGUILLE. Lettres ou chiffres, ou représentations quelconques, figurées en fer ou en bois, et placées à l'extrémité d'un bâton d'un à deux pieds.

On emploie l'estranguille à marquer les bestiaux, soit en la faisant chauffer et l'appliquant rouge sur leur peau, soit en l'enduisant d'une couleur à l'huile, de goudron ou autres matières non dissolubles par l'eau. *Voyez* MARQUÉ DES BESTIAUX. (B.)

ESTRAPOIRE. Espèce de croissant avec lequel on coupe le chaume dans quelques cantons.

ESTURCA. C'est émotter ou briser les mottes dans le département de la Haute-Garonne.

ESULE. Espèce du genre des EUPHORBES. *Voyez* ce mot.

ÉTABLES. ARCHITECTURE RURALE. Les logemens des bêtes à cornes ne se construisent pas de la même manière dans toutes les localités.

Dans celles où l'on est dans l'usage de tenir constamment les bestiaux dans les pâturages, même en hiver, leurs logemens habituels ne sont que des *abris temporaires*, des hangars sous lesquels ils vont se réfugier pour se soustraire aux intempéries des saisons, et manger le fourrage sec qu'on leur distribue journellement pendant l'hiver. On ne voit guère d'étables permanentes dans ces localités, si ce n'est pour affiner la graisse des bestiaux destinés à être vendus aux bouchers.

Dans d'autres cantons, on ne laisse les bestiaux dans les pâturages que pendant la belle saison, et les fermes exigent alors des *étables permanentes* de dimensions suffisantes pour les loger tous en hiver, comme s'ils devoient y être renfermés pendant toute l'année.

SECTION I. *Des étables temporaires.* Ces étables ne sont, comme on vient de le dire, que des hangars en charpente revêtus d'une couverture légère. Le plus souvent on ne construit ces abris que dans les herbages d'hiver, c'est-à-dire dans les enclos qui tiennent à l'habitation du fermier, et dans lesquels il renferme ses bestiaux pendant cette saison rigoureuse. On donne quelquefois le nom de *cour* à ces enclos, à cause de leur destination.

Dans les autres saisons, les bestiaux se garantissent des intempéries et de la grande chaleur, en se réfugiant sous des massifs d'arbres plantés à cet effet dans les herbages.

Les dimensions des étables temporaires se calculent d'après le nombre de bêtes à cornes qu'elles doivent recevoir pendant l'hiver, c'est-à-dire qu'il faut leur procurer une assez grande longueur développée de mangeoires et de râteliers pour que toutes puissent y manger à l'aise le fourrage sec, et y prendre les buvées qu'on leur distribue pendant cette saison morte pour la végétation. On détermine cette longueur à raison d'un mètre par tête de bétail.

On place les mangeoires et les râteliers au nord de ces hangars, et on les ferme de ce côté, ainsi qu'à l'ouest, afin que les bestiaux y soient mieux abrités du vent de bise, et de la température humide et froide des vents d'ouest : le surplus est à jour.

L'échafaud ou grenier de ces hangars sert à déposer la provision de fourrages secs.

Leur construction ne présente aucunes difficultés. Il faut seulement avoir la précaution d'en bien numéroter toutes les pièces, afin qu'après les avoir démontées, on puisse facilement les rétablir dans un autre herbage, ou dans une autre cour.

SECTION II. *Étables permanentes.* Ces étables sont de véritables écuries, et ne présentent avec elles d'autre différence que celle qui existe entre le caractère, les habitudes et le gouvernement des bestiaux auxquels elles servent de logemens.

Il y a des *étables simples* et des *étables doubles*, et elles prennent l'une ou l'autre de ces dénominations, suivant que les bêtes à cornes y sont placées sur un ou sur deux rangs.

La longueur des râteliers et mangeoires d'une étable permanente se calcule, savoir, à raison d'un mètre un tiers par bœuf, d'un mètre par vache, et de deux tiers de mètre par veau.

Il n'est pas nécessaire que la largeur des étables soit aussi grande que celle des écuries, parceque les bêtes à cornes ne sont pas aussi turbulentes que les chevaux. On est dans l'usage de la fixer à quatre mètres ou à quatre mètres deux tiers pour les étables simples, et à sept ou huit mètres pour les étables doubles, suivant la *branche* des bestiaux.

Leur construction intérieure doit être exécutée avec les mêmes soins et les mêmes précautions que celles des écuries, tant pour la position des mangeoires et des râteliers (qu'il faut cependant y placer à des hauteurs différentes et convenables à l'espèce du bétail), que pour l'écoulement des urines et les autres moyens de salubrité.

Les Anglais, qui font de l'éducation et de l'engraissement des bestiaux l'objet principal de leur agriculture, ont jugé avec raison que la construction ordinaire des étables étoit susceptible de perfectionnement, sur-tout depuis qu'ils ont reconnu que la nourriture la plus favorable pour entretenir les bêtes à cornes dans le meilleur état et dans la plus grande abondance de lait étoit des *buvées* copieuses de pommes de terre et d'autres racines cuites à l'eau, ou mieux encore à la vapeur de l'eau.

La bonté de ce régime a également été constaté en France; et aujourd'hui il est pratiqué par un grand nombre de propriétaires. Mais la construction intérieure de nos étables n'offre plus assez de commodité ni assez d'économie de temps dans leur service pour soigner ainsi les bestiaux; car si tous les jours on est obligé d'apporter à chaque tête de bétail une buvée le matin et une autre le soir, et de traverser à chaque fois l'étable pour la verser dans la mangeoire, on sent que, pour peu que le troupeau soit nombreux, le service exigera un temps considérable, et exposera les servantes à recevoir de fréquens coups de pied.

Pour éviter ces inconvéniens, l'un des auteurs du recueil des constructions rurales anglaises, et son estimable traducteur, proposent de disposer les étables comme on en rencontre dans quelques parties de l'Allemagne.

Les râteliers et les mangeoires n'y sont pas adossées aux murs de refend, comme dans nos étables ordinaires; ils en sont séparés par une galerie d'un à deux mètres de largeur dans les étables simples; dans les étables doubles, une seule galerie placée au milieu sépare les deux rangs de râteliers et mangeoires, et les bêtes à cornes y sont placées en face les unes des autres; et c'est par cette galerie que l'on distribue les buvées avec autant de facilité et de sécurité que d'économie de temps.

Avec l'établissement de cette galerie, il faut donner un peu plus de largeur aux étables, percer une porte particulière pour le service de la galerie, et ces différens travaux en augmenteront nécessairement la dépense.

Mais le supplément de dépense sera bien compensé par les grands avantages que leur nouvelle disposition présentera.

Cependant, en applaudissant à ce perfectionnement dans la construction des étables, nous ne pouvons approuver les stales que les architectes anglais multiplient beaucoup trop dans leurs projets de bâtimens ruraux; nous regardons généralement leur dépense comme superflue, en ce que les stales n'ajoutent rien à la commodité, ni à la salubrité des étables; et nous n'en reconnoissons la convenance, et peut-être même la nécessité, que dans les logemens des bestiaux que l'on veut engraisser, parcequ'il est de fait qu'avec une nourriture également bonne et abondante les animaux profiteront mieux et engraisseront beaucoup plus promptement, s'ils sont isolés dans des stales et privés du grand jour et de toute espèce de distraction, que mêlés ensemble dans des étables ordinaires.

Nous soupçonnerions même que c'est par des moyens analogues que les Anglais parviennent à obtenir des bestiaux gras dont le poids énorme nous paroît quelquefois si extraordinaire, et cependant, par une contradiction singulière, toutes les étables d'engrais que l'on voit dans le recueil des constructions rurales anglaises sont placées dans les cours sous des hangars. Dans cette position, comment empêcher les bestiaux d'y être continuellement distraits par les chiens, les volailles, les allans et venans? Comment les garantir des mouches qui viendront les y tourmenter, des alternatives de froid et de chaud, etc. ?

Quoi qu'il en soit, nous pensons que dans toutes les exploitations rurales il devroit y avoir des étables séparées pour les vaches laitières et pour les veaux; et que, dans celles où l'on s'occupe particulièrement de l'éducation et de l'engraissement des bestiaux, il seroit nécessaire de trouver encore une étable particulière pour les bœufs de service, et une autre pour les bestiaux à l'engrais.

Nous recommandons les galeries dans les logemens à ceux qui seront en état d'en faire les avances, et pour leur en faciliter l'adoption, nous allons entrer dans quelques détails sur leur construction.

On peut se borner à donner un mètre un tiers de largeur à ces galeries, soit pour une étable simple, soit pour une étable double. On y parvient du dehors au moyen d'une rampe assez douce pour pouvoir y monter avec une brouette. La galerie seroit élevée, non pas au-dessus des mangeoires, comme notre collègue Lasteyrie l'a vu pratiquer en Allemagne, pour économiser le temps encore davantage dans la distribution des buvées, mais seulement à un tiers de mètre au-dessous de ce niveau. Cette élévation est suffisante pour verser avec facilité les buvées dans chaque mangeoire par l'intervalle qui se trouve entre le roulon inférieur du râtelier et le dessus de la mangeoire.

Cette manière de verser les buvées dans chaque mangeoire nous paroît préférable à celle pratiquée en Allemagne, malgré l'économie plus grande de temps que celle-ci présente.

En effet, la galerie allemande est élevée au-dessus des mangeoires, et contient dans sa longueur des conduits latéraux, disposés en pente, pour, à l'aide d'ajutages, verser à la fois dans chaque mangeoire les buvées qu'ils ont reçues à leur entrée.

Mais, 1° la dépense de ces conduits, et celle de l'exhaussement au-dessus des mangeoires qu'il faut donner au sol de la galerie pour le jeu des conduits latéraux, n'existent pas dans notre construction ; 2° les buvées étant composées de liquide et de solide, et versées à un seul point de chaque conduit, les solides doivent s'arrêter bientôt dans leur cours, tandis que le liquide seul pourra parvenir aux mangeoires extrêmes ; ainsi, dans la pratique de ce procédé, les bestiaux seront nourris d'une manière très inégale, et ce grand inconvénient, réuni à un excédant de dépense de construction assez notable, ne pourra jamais être compensé par une économie de temps dans la distribution des buvées.

A l'extrémité de la galerie, il convient de placer un coffre, couvert par un grillage en bois, et sur lequel tombera le fourrage sec que l'on jettera du grenier supérieur par la trappe que l'on aura pratiquée à cet effet dans le plancher et immédiatement au-dessus. Par ce moyen les graines de fourrage se réunissent dans le coffre en tombant dessus, et on les en retire ensuite, sans aucune perte, pour les donner aux bestiaux.

Mais, ainsi que nous l'avons déjà annoncé aux mots Bergeries et Ecuries, il est possible de donner aux trappes de service des fourrages secs une disposition telle, qu'en remplissant leur destination dans toute son étendue, elles n'établissent jamais la moindre communication entre l'air intérieur des logemens des bestiaux et celui de leurs greniers supérieurs.

Pour parvenir à ce but, nous proposons de les établir extérieurement en forme d'*abat-jour*, dont la base pénètre dans l'intérieur, immédiatement au-dessus du coffre dont nous venons de parler, et dont la partie supérieure réponde extérieurement à la lucarne ou fenêtre du grenier qui est au-dessus. La construction de ces trappes extérieures ne présente d'ailleurs aucune difficulté, et peut être aisément exécutée par les ouvriers de la campagne.

Ici, la disposition de l'étable avec sa galerie de service suppose qu'il existe au fond de cette galerie une fenêtre en face de son entrée, et conséquemment qu'il y a une lucarne dans le grenier supérieur, placée immédiatement au-dessus de cette fenêtre ; et l'on doit se rappeler que le coffre aux graines de fourrages est situé au fond de la galerie, c'est-à-dire adossé à la fenêtre.

Cela posé, on établit extérieurement au niveau de l'appui de la lucarne du grenier, ou mieux même à un niveau un peu inférieur, une plate-forme ou balcon sur encorbellement ; cette plate-forme, garnie de ses écuyers, aura un mètre un tiers environ de longueur sur un mètre de largeur ; et son plancher sera mobile dans une largeur suffisante, pour qu'étant relevée sur l'écuyer du devant, une botte de fourrage jetée par la lucarne puisse y passer aisément.

Le fourrage sera ensuite dirigé sur le coffre par un abat-jour ou descente, formé par deux montans posés et consolidés dans leurs parties inférieures sur l'appui de la fenêtre de l'étable, et dont les bouts supérieurs seront assemblés à talons, tenons et mortaises dans les pièces de l'encorbellement de la plate-forme. Deux autres montans verticaux, placés le long du mur extérieur, et assemblés par le bas dans les montans inclinés, et par le haut dans les corbeaux de la plate-forme, achèvent la construction du châssis de la descente; et l'on en recouvre tout l'extérieur avec des planches jointives, ou, mieux encore, placées en recouvrement l'une sur l'autre pour empêcher les eaux pluviales de pénétrer dans la descente ; il faut avoir l'attention de percer de trous les planches, afin de faciliter le renouvellement de l'air intérieur. Les avantages de ces trappes sont incontestables, et la dépense de leur construction n'est pas assez considérable pour en empêcher l'adoption. C'est pourquoi nous engageons les propriétaires à en faire usage dans l'établissement des écuries, des étables et sur-tout des bergeries. (De Per.)

ÉTAGE. En terme de jardinage, il signifie les soins qu'on doit donner aux arbres nains ou en espalier, lors de leur taille, afin que les branches conservent entre elles une uniformité sur leur hauteur, de manière que chaque année elles s'allongent proportionnellement d'un étage. (R.)

ÉTAIN. Métal blanc, très ductile, très fusible, dont les cultivateurs faisoient autrefois un grand emploi pour les ustensiles de leur ménage, mais dont l'usage est beaucoup tombé parmi eux depuis un siècle.

Il est douteux pour moi si c'est un bien que les assiettes, les plats et autres vases d'étain qui sont si durables, si faciles à tenir propres, qui passoient presque sans perte de génération en génération, soient aujourd'hui dédaignés. Je sais que le haut prix auquel l'énorme consommation qu'on fait de ce métal pour les alliages, les étamages, les émaux, le polissage, la couverte de la faïence, etc., l'a mis hors de la portée de la plupart des cultivateurs; mais la nécessité de remplacer continuellement la faïence, ou la terre qu'on lui a substituée, n'occasionne-t-elle pas une dépense plus considérable, quand on calcule un certain nombre d'années ? Je ne sais pourquoi je ne me rappelle pas, sans une certaine émotion, ces buffets bien garnis de vaisselle d'étain aussi brillante que l'argent, que j'ai encore vus dans mon enfance chez quelques cultivateurs. Il me semble que les maisons avoient une apparence plus aisée, plus patriarcale alors qu'aujourd'hui.

Quoi qu'il en soit, je n'ai pas la prétention d'avoir assez d'influence pour rappeler les usages anciens dont je crois l'abandon désavantageux. Aussi je ne parle de l'étain que pour rappeler aux cultivateurs qu'il est le moyen le plus sûr d'empêcher les vases de cuivre de devenir nuisibles à la santé, et les vases de fer de se détruire promptement en s'oxidant. *Voy*. ÉTAMAGE.

Bayen a prouvé que c'est à tort qu'on a dit que l'étain contenoit de l'arsenic. (B.)

ÉTALON. On donne ce nom au cheval ou à l'âne destiné spécialement à la reproduction dans un haras. *Voyez* aux mots CHEVAL, ANE et HARAS.

On le donne aussi aux mesures de toutes espèces qui servent de titre légal pour juger de la justesse de celles qui servent à l'usage journalier des marchands.

ÉTAMAGE. C'est l'application d'une couche d'étain sur un métal pour l'empêcher de s'oxider, soit par la simple action de l'air atmosphérique, soit par celle des acides, des huiles et autres corps susceptibles de fournir de l'oxigène.

Le cuivre et le fer, dont on fait un si grand usage dans l'économie domestique et dans les arts, sont les métaux qu'on étame le plus souvent. Dans l'un, il s'oppose à la formation du vert-de-gris (oxide de cuivre), qui est un si dangereux poison. Dans l'autre, il s'oppose à la rouille (oxide jaune de fer), qui le détruit si promptement.

Les cultivateurs peu fortunés, qui le plus souvent habitent des maisons humides, ne peuvent pas toujours, malgré la plus extrême propreté, éviter les inconvéniens ci-dessus, dont les suites sont toujours nuisibles à leur santé et à leur bourse. Ils ne peuvent trop se convaincre de la nécessité de tenir toujours en bon état d'étamage les vases de cuivre ou de fer dont ils se servent pour la cuisson de leurs alimens, sur-tout les premiers. Que d'accidens arrivent chaque année par suite du défaut de précaution à cet égard ! Tout père de famille ne doit pas craindre une petite dépense tous les ans ou tous les deux ans pour assurer sa vie et celle de sa famille. D'ailleurs la plus longue durée des vases étamés l'en dédommage. *Voy*. au mot CUIVRE.

Le fer-blanc n'est que du fer étamé avant sa conversion en ustensiles de ménage ou autres. (B.)

ÉTAMINE. Une des deux parties les plus essentielles aux plantes, celle qui caractérise le sexe masculin. *Voyez* aux mots PISTIL, FÉCONDATION et FLEUR.

On distingue deux parties dans l'étamine, le filet ou support (qui manque souvent) et l'anthère. Cette dernière, qui constitue essentiellement l'organe mâle, est une bourse jaune ou rouge (rarement d'une autre couleur), à une ou deux loges renfermant la poussière fécondante.

Le nombre des étamines varie depuis un jusqu'à plusieurs centaines. Le lieu de leur insertion varie également beaucoup.

C'est sur elles, considérées d'abord sous le premier rapport, ensuite sous le second, puis d'après leur isolement du pistil dans des fleurs différentes, qu'est fondé le système sexuel de Linnæus, système si bon dans son ensemble, quoi qu'en disent des détracteurs jaloux. *Voyez* l'article PLANTE.

La plupart des étamines ne peuvent s'ouvrir, répandre leur poussière sur le pistil que lorsqu'il fait modérément sec et chaud ; cependant sans cette opération, il n'y a point de fécondation, et par conséquent de fructification. Aussi le succès des récoltes dépend-il complètement du temps qui a lieu à l'époque où les étamines sont arrivées à leur dernier degré d'accroissement. Une prolongation de froid ou de pluie fait manquer plus ou moins les récoltes du blé, du vin, qui jusqu'alors avoient donné l'espérance la plus fondée. On dit alors que la fleur a *coulé*, et cette expression est assez juste.

Comme l'homme ne peut pas influer sur les modifications de l'atmosphère, il faut dans ces circonstances qu'il se résigne pour les objets de la grande culture ; mais il peut s'opposer à ces tristes résultats pour quelques uns de ceux de la petite. Ainsi un espalier pouvant, par des toiles ou des paillassons, être garanti jusqu'à un certain point du froid et de la pluie, est dans le cas de donner du fruit, lorsque celui des autres arbres de même espèce manquera par leur suite de l'empêchement que ces circonstances apportent à la fécondation de leurs fleurs. Une plante en pot peut être rentrée dans l'orangerie pendant l'époque critique et échapper aux mêmes effets. Il est cependant bon de faire remarquer que dans ces deux cas il ne faut pas intercepter la lumière, car l'expérience a prouvé que les anthères des étamines s'ouvroient mal, et souvent pas du tout à l'obscurité. *Voyez* COULURE.

Les variétés de la même espèce, et encore plus les diverses espèces du même genre, ne se fécondant pas exactement au même moment, et les changemens de l'atmosphère étant fréquens au printemps, époque ordinaire de cette grande opération de la nature, les cultivateurs de toutes les classes gagnent toujours des chances favorables à semer ou planter une certaine quantité de variétés ou d'espèces hâtives ou tardives, pour suppléer à la récolte de celles intermédiaires, que je suppose le principal objet de leurs travaux. Il est même certaines variétés qui sont moins assujetties que d'autres aux accidens de cette sorte, soit parcequ'elles sont plus robustes, soit parcequ'elles le sont moins, soit parcequ'elles fleurissent pendant plus long-temps. Il est reconnu que le meunier (variété de raisin) est moins sujet à la coulure que le pineau ; et je connois un pommier (pomme de fer) qui est chaque année constamment chargé de la même quantité de fruit, parcequ'il fleurit pendant près de trois mois, et qu'il n'est pas possible que dans cet espace de temps il ne se trouve beaucoup de momens propres à favoriser la fécondation des fleurs alors ouvertes. L'aspect des cultures relativement au soleil, et la nature du sol, produisent aussi les mêmes effets. Tous les cultivateurs savent que les plantes placées au nord, ou dans un terrain frais, fleurissent plus tard que celles de même espèce qui sont exposées au midi ou qui vég tent dans un terrain sec.

Des causes de diverses sortes et quelquefois complètement opposées, indépendantes de celles ci-dessus énoncées, empêchent souvent aussi la fécondation de s'opérer. Une excessive sécheresse ou une surabondance d'eau, par exemple. Dans le premier cas, il n'arrive pas aux étamines assez de sève pour compléter leur développement; dans le second cas, cette sève est trop aqueuse pour l'effectuer. Il est aussi des plantes dont les étamines ne peuvent être fécondées dans un bon terrain, parceque toute leur énergie vitale se porte à produire des branches et des feuilles. Il n'est pas de cultivateur qui n'ait mille faits à citer dans ce genre. Je pourrois multiplier les exemples.

La sage nature a donné aux plantes un puissant secours pour les aider dans l'acte de la fécondation. Ce sont les abeilles, et en général tous les insectes si nombreux qui vivent de la poussière des étamines ou de miel. Ainsi l'abeille domestique et autres du même genre se présentent dès le matin sur toutes les fleurs qui viennent de s'épanouir, brisent avec leurs mandibules les bourses de leurs étamines, se couvrent la tête et le corselet de la poussière fécondante qu'elles contiennent, la ramassent ensuite avec leurs pattes de devant, pour l'amonceler sur leurs pattes de derrière et la porter à leurs petits. Le résultat de toutes ces opérations et de celle de sucer le miel qui est au fond des fleurs doit nécessairement répandre cette poussière sur l'extrémité du pistil de la même fleur, et favoriser sa dispersion sur les autres fleurs, soit au moyen de l'abeille même qui va de l'une à l'autre, soit au moyen du vent qui la porte sur les autres. Que doit-on donc penser de ces cultivateurs au milieu desquels j'ai vécu, et qui mettent du miel empoisonné dans leurs champs de sarrasin, pour faire mourir les abeilles qui viennent y butiner, dans la persuasion que ce sont elles qui font manquer leurs récoltes?

On a vu, au mot *Abeille*, que la poussière fécondante des étamines ne servoit pas à ces insectes pour faire la cire, comme on l'a cru jusqu'à ces derniers temps, mais à nourrir leurs petits. Cette poussière est quelquefois très abondante, sur-tout dans les plantes monoïques et dioïques, et peut, dans certaines circonstances, être emportée au loin par les vents : de là ces pluies de soufre qui, dans quelques cantons, ont jeté l'épouvante dans l'esprit des cultivateurs. Elle est si légère qu'elle peut être emportée à plusieurs lieues de distance, comme le prouvent ces palmiers femelles qui sont fécondés sans qu'on sache comment. Sa nature est résineuse et très inflammable ; aussi est-ce avec celle du lycopode qu'on produit ces flammes légères qu'on admire à l'opéra, et qui ne brûlent pas ceux qu'elles entourent. On doit à Fourcroi une excellente analyse de leur composition, analyse de laquelle il résulte qu'elle a les plus grands rapports avec le sperme des animaux ; rapports qu'on avoit déjà pressentis par l'analogie et par l'odeur de celle du CHATAIGNIER et de l'EPINE-VINETTE. *Voyez* pour le surplus au mot PLANTE. (B.)

ÉTANG. Nos pères construisoient des étangs par-tout où la nature et la disposition du sol le permettoient. Depuis deux siècles on en a considérablement desséchés, et aujourd'hui presque tous les écrivains les proscrivent. Ont-ils donc cessé d'être un moyen de revenu? Sont-ils vraiment plus dangereux qu'autrefois ? Je crois à l'affirmative de ces deux propositions ; mais je n'en suis pas moins partisan des étangs. Je m'explique.

Lorsque les diverses provinces de la France étoient sans arts et sans commerce, que des obstacles nombreux s'opposoient à l'augmentation de leur population, les terres avoient une très petite valeur pour les seigneurs féodaux qui les possédoient presque exclusivement ; aussi des forêts immenses faisoient presque toujours partie de leurs domaines. A la même époque régnoit, dans toute sa force, l'opinion que c'étoit déplaire à la divinité que de manger de la chair de quadrupède ou d'oiseau à certaines époques de l'année, du mois ou de la semaine. De quelque petit produit que fussent les étangs, ils donnoient donc toujours des revenus supérieurs à la même quantité de terre semée en blé ou plantée en bois. D'un autre côté, ces étangs, presque toujours entourés de bois et de grandes plantes aquatiques propres à décomposer les gaz délétères qu'ils développoient, abondamment fournis d'eau pendant l'été, avoient peu d'influence sur la santé des habitans du canton où ils se trouvoient.

Aujourd'hui que les arts et le commerce ont pris une grande amplitude, que la population s'est considérablement accrue, que les fortunes se sont divisées, que les bois ont disparu de beaucoup de lieux, que la culture s'est perfectionnée, les terres ont acquis une grande valeur, et il est toujours facile de retirer du sol d'un étang cultivé en blé, en prairie, etc., un revenu plus considérable que du poisson, quelque cher qu'il soit. Ce ne sont donc que les plus mauvais fonds, ceux qui ne produiroient presque rien par leur culture, qu'on peut mettre ou conserver utilement en étangs. Mais ces étangs ne se trouvent plus dans des vallées, au milieu des forêts, ne sont plus alimentés par des eaux vives; on les établit dans des plaines, avec des eaux pluviales qui diminuent tous les étés au point de mettre à sec la moitié, les deux tiers de leur étendue. De là une vase surchargée d'hydrogène sulfuré; de là des fièvres perpétuelles et la mort, comme cela existe dans la Bresse, la Sologne, le Forêt, les plaines les plus abondamment pourvues d'étangs de la France, parcequ'ils y sont encore avantageux à raison de la mauvaise nature de leur sol.

Quoiqu'une humidité permanente soit une cause de maladie, et que de vastes étangs ou des étangs très rapprochés la produisent, ce n'est pas spécialement à elle qu'on doit attribuer les maladies endémiques aux pays d'étangs; c'est aux miasmes délétères, à l'hydrogène sulfuré, qui émanent des vases qui les entourent. Or il est de fait que les plantes en général décomposent ces miasmes, chassent cet hydrogène sulfuré par le moyen des flots d'oxigène qu'elles transpirent pendant le jour. Donc, en entourant les étangs de plantation d'arbres et d'arbustes, et sur-tout de certains arbres et arbustes, on diminue les dangers de leur voisinage. Or, c'est ce qu'on ne fait presque nulle part. Je dis certains arbres et arbustes, parce qu'il a été reconnu que l'AUNE et le GALÉ (*voyez* ces mots) amélioroient beaucoup plus l'air des marais que les autres. La même observation a été faite en Amérique, les marais plantés de CIRIERS passant pour moins malsains que les autres. Certainement il y auroit beaucoup à gagner, sous tous les rapports, à planter un bois plus ou moins large, selon leur grandeur, autour de tous les étangs, bois que l'on n'exploiteroit qu'en jardinant, que de laisser leurs bords en vaine pâture, comme on le fait généralement.

Par-tout on peut donc établir sans dangers des étangs en prenant les précautions convenables; mais il ne faut pas moins éviter de les multiplier dans le même canton, et les éloigner des habitations. La loi qui, sous le régime de la terreur, les avoit proscrits indistinctement étoit attentatoire à la propriété.

Quoiqu'on soit dans l'habitude de regarder les étangs comme principalement destinés à nourrir du poisson, cependant la plupart, c'est-à-dire presque tous ceux qui sont dans des vallées, dont les eaux ont un écoulement rapide, ont des objets d'utilité d'un ordre encore plus important. Les uns alimentent les irrigations, si nécessaires en certains pays pour assurer le produit des récoltes; d'autres font tourner les moulins avec lesquels les cultivateurs transforment leurs grains en farine. Les roues qui servent à mouvoir les soufflets et les marteaux des forges, les pilons des bocards, des foulons, etc., etc.; d'autres enfin sont le réservoir des eaux fournies par des pluies d'hiver, et servent pendant l'été à la boisson des hommes et des animaux de certains cantons qui manquent de sources en cette saison.

A cela j'ajouterai qu'un étang jette beaucoup de vie dans un paysage, sur-tout lorsque ses eaux sont pures et ses environs en concordance avec lui. Cette considération ne paroîtra pas futile sans doute aux yeux de ceux qui pensent que l'homme est fait pour le bonheur, et qu'un séjour agréable y contribue. D'ailleurs si, comme je l'ai observé plus haut, une surabondance d'humidité est nuisible à la santé, une trop grande sécheresse ne l'est pas moins, et le voisinage d'un étang la tempère toujours.

Olivier de Serres, je crois, est le premier en France qui ait indiqué la manière de construire un étang, d'en augmenter les produits par une sage direction. Ses préceptes sont ceux qu'on suit encore en ce moment; mais quelque respect que je porte à ce patriarche, l'honneur de la France et le créateur des bons principes en agriculture, je dois dire que d'autres peuples, les Allemands, sont plus avancés que nous à cet égard; aussi c'est leur méthode que je me propose de développer à la fin de cet article, comme la plus avantageuse.

Une précaution de première importance, quand on veut construire un étang, c'est de s'assurer jusqu'à quel point le sol retient l'eau. L'inspection du local, après la pluie, combinée avec l'examen de la nature de la couche inférieure, est le plus sûr moyen. Un banc d'argile donne les plus grandes probabilités; mais cependant il arrive quelquefois qu'il offre des solutions de continuités. On s'en assure par des sondes. Il faut observer cependant que l'expérience, et l'expérience de plusieurs années, peut seule donner une entière certitude.

Les eaux des étangs sont, comme je l'ai dit plus haut, ou fournies par des sources, ou par les pluies. Dans l'un ou l'autre cas, le grand point est de s'assurer, avant d'entreprendre d'en construire un, si elles suffiront, pendant les grandes sécheresses, à la conservation du poisson. Cette connoissance ne peut être qu'approximative; mais il n'est pas difficile de l'acquérir avec assez d'exactitude pour la pratique.

Lorsqu'on veut établir un étang alimenté par des sources, il faut donc évaluer d'un côté combien d'eau ces sources lui fourniront par an, en calculant leur masse et leur vitesse à quatre époques différentes, c'est-à-dire, par exemple, aux équinoxes et aux solstices, et ensuite chercher combien il s'en évapore, année commune, d'une telle surface. Donner ici les élémens de tous ces calculs seroit inutile, puisqu'ils varient suivant les climats, les expositions, etc. Plus il y aura de surface et plus il y aura d'évaporation. Cette évaporation sera encore à raison de la profondeur ; car la chaleur du soleil agit puissamment sur la vase à raison de sa couleur. De là résulte la nécessité de tenir les bords des étangs, d'une certaine profondeur, soit en élevant la chaussée, soit en enlevant une quantité quelconque de terre. En général, on ne fait pas assez attention à cette importante considération, d'où résulte, outre l'insalubrité et la plus forte évaporation, une perte considérable de poisson, qui est plus facilement la proie des quadrupèdes et des oiseaux ictiophages lorsqu'il se trouve dans de basses eaux.

Ces deux points assurés, il convient de reconnoître par des nivellemens quelle étendue de terrain sera couverte d'eau, la chaussée ayant telle hauteur, ou de savoir quelle sera la hauteur de la chaussée pour que l'eau couvre telle étendue de terrain, supposant qu'elle n'est pas dans le cas de couvrir des propriétés voisines, ou seulement de leur nuire par suite de son infiltration, car cela donneroit lieu à des procès, dont les résultats pourroient être fort onéreux. Il faut aussi s'assurer si on a une pente suffisante pour donner aux eaux un écoulement facile lors de la mise à sec de l'étang, cet écoulement devant toujours partir d'un point plus bas que la surface du sol.

Enfin, ces premières observations en supposent d'autres, telles que de savoir si le poisson s'y plaît, y sera bon, se vendra bien. S'il sera ou non avantageux de tirer parti du local alternativement en nature d'étang et en nature de terre à blé, ou de prairie, etc, etc. ; car, je ne cesserai de le répéter, toute opération d'agriculture ou d'économie rurale dont le résultat n'est pas une augmentation probable de revenus, y compris l'intérêt des fonds d'avance, ne doit pas être conseillée aux cultivateurs. Il n'appartient qu'aux personnes très riches de sacrifier quelques portions de leurs domaines à de simples jouissances ; et ce n'est pas pour celles-là que j'écris. Aussi ne parlerai-je pas de ces étangs qu'il faut creuser dans toute leur étendue, ou dans quelque portion considérable de leur étendue, parceque la dépense de leur construction ne peut, dans aucun cas, être couverte par les produits du poisson. Je veux seulement indiquer la manière de construire et d'entretenir ceux qui sont formés par une simple retenue d'eau, c'està-dire par une chaussée et quelques fossés.

La chaussée est la partie sur laquelle repose le succès de l'entreprise. On ne peut trop y mettre de soin. En la construisant il ne faut pas regarder à la dépense, parceque la plus petite fausse économie relative à la bonté des matériaux, ou à leur emploi le plus parfait, peut donner lieu tous les ans à des travaux très coûteux, souvent même obliger de recommencer.

Lorsqu'on a arrêté la place, la direction et la hauteur de la chaussée, il faut faire un fossé plus large qu'elle, qu'on approfondira jusqu'à ce qu'on rencontre le banc solide d'argile. Puis dans l'endroit le plus bas, c'est-à-dire où se rendent les eaux actuelles, on bâtira la porte de l'écluse si on veut faire sortir l'eau au moyen d'une pale ou d'une vanne, ou on creusera un fossé de douze à quinze pieds de long et de même profondeur, mais qui n'aura que six pieds de large si on préfère faire servir une bonde à la sortie de l'eau.

Par une écluse, ou une pale, ou une vanne, elle sort horizontalement.

Par une bonde, l'eau sort perpendiculairement et tombe sous une voûte.

La bonde a l'avantage d'une moins grande perte d'eau et d'une plus grande solidité, c'est ce qui fait qu'on la préfère par-tout où cela est possible ; mais pour en établir une, il faut une chute au moins de quatre pieds, et on ne la trouve pas par-tout.

Supposons une chaussée de huit pieds de haut ; sa base doit avoir vingt-quatre pieds, et sa crête six. Il est même prudent de forcer ces mesures de largeur, sur-tout lorsque la hauteur de la chaussée est de plus de huit pieds ; car la force de l'eau est incalculable lorsqu'elle est refoulée par les vents. Il faut donner deux à trois pieds de hauteur à la chaussée au-dessus des plus grosses eaux, pour parer à l'inconvénient des vagues qui, lorsqu'elles ont commencé à l'entamer, achèvent promptement de la détruire, si on n'y apporte pas remède.

Ces proportions adoptées, je dirai que pour faire une bonde on bâtit dans le fossé perpendiculaire à celui destiné à recevoir la chaussée une voûte en maçonnerie de deux à trois pieds de large, plus ou moins suivant la masse d'eau qui sera dans le cas d'y passer. La base de cette voûte aura deux pieds d'épaisseur. Le tout sera fait en pierre de taille et à chaux et ciment, ou, si on n'en a pas, on emploiera le BETON. *Voyez* ce mot. Toute voûte faite en moellon, quelque bien faite qu'elle soit, est dans ce cas exposée à peu durer, à raison de l'infiltration des eaux dans les temps ordinaires d'une part, et de la violence de leur cours lorsqu'on les lâche. C'est vers l'extrémité de cette voûte, c'est-à-dire à six ou huit pieds de la chaussée, qu'on place la pierre de la bonde, pierre qui est percée d'un trou en cône renversé, de quatre, six ou huit pouces de diamètre extérieur, encore selon la quantité d'eau à laquelle il doit donner écoulement. Ce trou est destiné à recevoir un cône tronqué en cœur de chêne, attaché à une verge de fer, laquelle passe dans les traverses d'un cadre de bois établi au-dessus du trou de la bonde. Cette verge est destinée à ouvrir ou fermer la bonde, ordinairement au moyen d'une vis, auquel cas un écrou est fixé dans la traverse supérieure du cadre dont il vient d'être parlé. Une clef sert à tourner la vis. Lorsqu'on ne se sert pas d'une vis, il y a des trous à chaque six pouces dans la partie supérieure de la verge, et on lève la bonde au moyen d'un levier. Il est des bondes faites en plomb et en fonte de fer; mais celles en cœur de chêne bouillies dans de l'huile, pouvant durer un demi-siècle, suffisent. L'important est qu'elles soient si exactement calibrées sur le trou qu'il n'y passe pas une goutte d'eau.

Dans quelques étangs la bonde est entourée d'une cage en bois, composée de forts pieux écartés seulement d'un pouce, et liés entre eux par une traverse supérieure. Cette cage est destinée à empêcher le poisson de passer par la bonde lors de la pêche. Dans d'autres on la supplée au moment de la levée de la bonde, en fixant sur le trou, au moyen de quatre pieux, un claie de la largeur de l'écartement du cadre de la bonde.

Lorsqu'on veut former une écluse, on élève dans le fossé de la chaussée, vis-à-vis la ligne de l'écoulement, un massif en pierre de taille, de huit à dix pieds de large et de trois pieds d'épaisseur; et, à la hauteur précise de cet écoulement, on pratique une porte de deux à trois pieds de large, dans l'épaisseur de laquelle est creusée une rainure de deux pouces de large et de quatre de profondeur. Cette porte s'élève, ainsi que le massif, jusqu'à deux pieds au-dessus du sommet de la chaussée, et est fermée ou par une seule pierre de taille, ou par un madrier de bois percé en son milieu d'un trou de quatre à six pouces de long sur trois à quatre de large. Des planches de chêne en recouvrement et solidement clouées sur trois montans, dont l'intermédiaire est de deux pieds plus haut que la porte, forment un ensemble de la hauteur des eaux ordinaires ensemble qui se place dans la rainure, le montant intermédiaire passant par le trou de la pierre, ou de la pièce de bois du sommet. Lorsqu'on veut faire écouler les eaux, on lève cet ensemble au moyen des trous percés de six pouces en six pouces dans le montant intermédiaire, et d'un levier qu'on y introduit.

Il est différentes autres modifications de bondes et de vannes dont je ne crois pas devoir parler ici, pour ne pas trop allonger cet article.

La bonde ou la vanne terminée, on doit de suite travailler à l'établissement de la chaussée; mais comme on peut y procéder de différentes manières, il faut se déterminer selon les localités et l'argent dont on peut disposer.

La chaussée la plus solide seroit celle revêtue du côté de l'eau en pierres de taille réunies à chaux et à ciment; mais la grande dépense ne permet de l'établir que fort rarement.

La méthode que doivent préférer ceux qui aiment réunir la solidité à l'économie consiste à bâtir deux murs parallèles en moellon ; celui du côté de l'eau étant d'un tiers plus élevé que l'autre, c'est-à-dire atteignant la ligne des hautes eaux. L'intervalle de ces deux murs, après qu'ils se sont convenablement desséchés, est rempli d'une terre argileuse, bien corroyée et bien battue. Leur extérieur en dedans et en dehors est également garni de la même terre disposée en pente douce. Il en est de même du sommet qu'elle cache entièrement.

Enfin le moyen le plus économique, mais le plus incertain, est de composer la chaussée uniquement avec de l'argile, ou même de la terre végétale, et d'en recouvrir l'extérieur avec des gazons levés dans les prés et fixés avec de petits piquets. Une telle chaussée doit rester au moins un an sans servir, afin que les terres aient le temps de se tasser, que les trous se bouchent, etc.

Quelques personnes mettent un ou deux clayonnages au milieu de ces sortes de chaussées pour retenir les terres, tenir lieu des murs dont il a été parlé plus haut ; mais ells ont tort, le bois de ces clayonnages se pourrissant tôt ou tard, et pouvant donner des issues à l'eau.

Il a été reconnu, dans le nord l'Europe, que la tourbe étoit préférable, sous les rapports de bonté et d'économie, à l'argile, et par conséquent encore plus à la terre végétale, dans la formation des digues, toutes les fois qu'on peut l'encaisser. Je ne sache pas qu'on en ait encore fait usage en France.

Dans les étangs à bondes, et même quelquefois dans ceux à vannes, on pratique à une des extrémité de la chaussée, à la hauteur de la ligne des hautes eaux., une échancrure d'autant plus large que l'étang est plus considérable mais de six pieds terme moyen. Cette échancrure, qui est pavée et bordée en pierre de taille, ou au moins en moellon, et devant laquelle est une grille en bois assez serrée pour que le poisson de plus d'un an ne puisse pas s'échapper, sert à la décharge du surplus des eaux. Là souvent on place un moulin ou une autre usine, et alors on établit une vanne derrière la grille. Quelquefois cette vanne est placée à côté du déchargeoir et un peu plus bas qu'elle.

Dans les étangs à vanne on doit également placer une grille devant la vanne pour la retenue du poisson.

Autant que possible, il faut utiliser le cours d'eau qui sort des étangs. Le propriétaire et la société en général y trouveront toujours leur compte.

Une opération, dont j'aurois peut-être dû parler plus haut, donne souvent toute la terre nécessaire à la composition de la chaussée ; c'est celle du creusement de la poêle et des fossés.

On appelle poêle un enfoncement creusé autour de la bonde ou devant la vanne, et exactement à leur niveau. Sa grandeur dépend de celle de l'étang. Le plus souvent on le fait carré, et on lui donne, sur chaque face, autant de fois deux pieds, au-delà de douze, qu'il y a d'arpens couverts d'eau. Quelquefois, lorsque l'étang est grand, on fait deux poêles, une grande et une plus petite qui lui est intérieure. A cette poêle aboutit un fossé, large de six à vingt-quatre pieds, encore suivant la grandeur de l'étang, et qui se prolonge jusqu'à l'extrémité de l'étang, droit autant que possible, mais suivant, dans l'occasion, les anfractuosités du cours de l'eau ; et à ce fossé coïncident d'autres fossés transversaux plus petits, assez nombreux pour qu'il ne puisse rester aucune flaque d'eau dans l'étang lorsqu'on le mettra à sec. C'est la terre de la poêle et des fossés qu'on emploie à la construction de la chaussée.

Cette poêle et ces fossés se curent, lors de la pêche, aussi souvent que le besoin le requiert. C'est pour quelques étangs, où affluent des vases, une dépense importante, ce qui fait qu'on s'y refuse souvent ; mais ces vases sont un des meilleurs engrais qu'on puisse employer sur-tout dans les jardins. *Voyez* au mot ENGRAIS. Ces fossés sont destinés à donner, lorsqu'on pêche l'étang, écoulement aux eaux, et direction aux poissons qui se rendent dans la poêle où ils seront pêchés, soit avec des troubles, soit à la main, car cette poêle doit pouvoir être mise complètement à sec.

Pour la sûreté du poisson et des terres voisines, il est bon que l'étang soit entouré d'un fossé de six à huit pieds de large au moins, et de quatre à cinq de profondeur, dont les terres seront rejetées du côté de l'étang et feront obstacle pour empêcher les grandes eaux de se répandre au-delà. Ce fossé pourra être empoissonné de menuisailles et recevoir des écrevisses et des anguilles, dont la présence peut être dangereuse dans l'étang, à raison de leur disposition à creuser des trous dans la digue. Il réunira à cet avantage celui de servir au besoin de supplément au déchargeoir, et sera par conséquent un motif de sécurité pour le propriétaire lors des crues extraordinaires.

Une haie de toutes les variétés d'arbres et d'arbustes qui ne craignent pas l'eau sera utilement plantée sur la berge de ce fossé, ainsi qu'une ligne de peupliers, de saules, de frênes, etc., étêtés ou non ; mais il ne faut jamais souffrir le plus petit buisson sur la chaussée, à cause des trous qui peuvent résulter de la pourriture de leurs racines. Si on a à craindre les émanations délétères de l'étang, on plantera, comme je l'ai indiqué plus haut, une ceinture de bois plus ou moins large en dehors du fossé.

Il est cependant nécessaire que l'eau de l'étang ne soit pas par-tout profonde sur ses bords, car cela nuiroit beaucoup à la reproduction du poisson, et la multiplication des plantes et des insectes aquatiques qui servent à sa nourriture. Il faut qu'au moins sa partie supérieure aille en pente douce, de manière qu'il y ait tous les degrés de profondeur.

Comme les eaux pluviales amènent continuellement dans les étangs les dépouilles des montagnes voisines, et qu'il est à désirer qu'il conserve toujours la même profondeur, les propriétaires éclairés creusent un petit étang à l'affluve des ruisseaux qui l'alimentent, afin d'arrêter ces dépouilles. Tous les ans, tous les deux ans ou tous les trois ans, selon les localités, on cure ces petits étangs, et la terre qu'on en tire est portée sur les terres arables qu'elles améliorent.

Voilà l'étang fini. Il ne s'agit plus que d'en fermer la bonde ou la vanne, de le remplir d'eau et de l'empoissonner.

C'est en automne qu'on doit fermer les étangs, afin de profiter de la surabondance des eaux de l'hiver et du printemps pour les remplir. Cependant on peut le faire en toute saison dans certaines localités.

Il arrive souvent que, quelque bien faite que soit une chaussée, il s'y trouve des trous par lesquels l'eau s'infiltre. La première chose à faire est de les fermer, non pas seulement avec un simple tampon d'argile, mais en ouvrant des tranchées plus ou moins larges, plus ou moins profondes, et en les remplissant ensuite de cette terre bien choisie et bien corroyée. Il en est de même des issues que peut se faire l'eau à travers les terres du fond même de l'étang, issues qui ont souvent pour cause un trou de taupe, de campagnol, des racines d'arbres pourries, etc. Entrer dans des détails sur cet objet seroit superflu, puisque chacun peut y suppléer facilement.

Ordinairrment on empoissonne les étangs au printemps, parceque c'est l'époque où on les pêche, et où par conséquent on s'en procure le plus facilement les moyens ; mais cette époque est-elle la meilleure ?

On empoissonne les étangs ou avec des petits poissons d'un, deux et même quelquefois trois ans, ou avec des pères et mères de plus de trois ans.

Dans le premier cas, l'empoissonnement, au printemps, est sans inconvéniens. Dans le second, il retarde la production d'une année, parceque les pères et mères ont jeté leur frai, c'est-à-dire ont pondu.

Je dirai à cette occasion qu'en général tous les vieux poissons sont ceux qui frayent les premiers ; ensuite viennent ceux d'un âge moyen. Enfin, les vierges, ou ceux qui frayent pour la première fois, ne pondent que fort tard au printemps. Au reste, chaque espèce est plus ou moins précoce, soit par sa nature soit à raison des eaux dans lesquelles elle se trouve, et de la chaleur de la saison. Ainsi la ponte de la truite est antérieure à celle de la carpe, et celle de la carpe a plutôt lieu dans un étang peu profond et vaseux que dans une eau courante et roulant sur le sable. Cela tient au degré de chaleur que peuvent acquérir les eaux par l'action des rayons du soleil.

On appelle *feuille*, *alvin*, *menuaille* ou *fretin* les petits poissons de toutes espèces qu'on emploie à repeupler les étangs. Le mot feuille paroît cependant s'appliquer plus communément aux individus d'un an, et le mot fretin à ceux qui appartiennent à des espèces de petite stature et qui ont peu de valeur.

On calcule ordinairement sur un millier d'alvins ou sur vingt-cinq pères et mères pour empoissonner chaque arpent d'un étang, quelque grand qu'il soit. Cependant d'un côté le nombre d'individus qui peuvent être placés dans une quantité quelconque d'eau doit être proportionné à la nourriture qu'ils y trouveront ; de l'autre, la nature des espèces et sur-tout la quantité de celles qui sont voraces doit y puissamment influer. J'ajouterai, pour l'éclaircissement de la première de ces considérations, que les eaux pures, celles qui sortent immédiatement de la terre et reposent dans l'étang, sur l'argile ou le sable, fournissent beaucoup moins d'insectes et de plantes que celles qui ont longuement coulé et qui s'arrêtent sur un sol vaseux.

Au reste, ce n'est point à quelques milliers d'alvins, à quelques individus de père ou de mère, de plus ou de moins, qu'on doit s'arrêter ; car s'il y en a plus qu'il ne faut, ils ne périront as, et s'il y en a moins ils grossiront plus vite.

On transporte le poisson dans des tonneaux sur des charettes, ou mieux, dans des demi-tonneaux et à dos de cheval. 'important, pour éviter une trop grande mortalité, c'est de e le faire voyager que de nuit et lentement, ainsi que de hanger l'eau tous les jours, même plusieurs fois par jour, s'il urabonde dans le tonneau et s'il fait chaud. Les brochets, les ruites sont les plus difficiles à conduire à bien. Il n'en faut ettre que fort peu d'individus dans le même tonneau. Je n'ai as besoin de dire que si on peut effectuer totalité ou partie du ransport par eau, il faut préférer cette voie. Il y a des bateaux qui sont disposés pour cet objet ; mais rarement les propriétaires d'étangs en ont à leur disposition.

Les poissons d'eau douce qui sont susceptibles d'être mis dans les étangs sont l'*anguille*, le *brochet*, le *cobite loche*, la *lotte*, la *perche*, la *truite* et sur-tout les nombreuses espèces du genre cyprin, principalement la *carpe*, la *tanche*, le *barbeau*, le *caracin*, la *gibèle*, la *dorade*, le *vairon*, le *goujon*, l'*aphie*, la *vandoise*, la *dobule* ou *grislagine*, le *gardon* ou *rosse*, l'*ide*, l'*orphe*, le *buggenhagen*, le *rotengle*, la *chevane* ou *meunier*, la *nasse*, la *raphe*, le *spirlin*, l'*able*, la *brême*, le *rasoir*, la *sope*, la *bordelière*, parmi lesquels on ne connoît guère en France de gros que la Carpe, la Tanche, le Barbeau, le Gardon, la Vandoise et la Brême, et de petits que le Vairon, la Chévane et l'Able. La Dorade ou *poisson rouge de la Chine* commence à s'y multiplier. *Voyez* ces mots.

La carpe, la tanche, le gardon, l'anguille, le cobite, la lotte et la perche aiment, ou mieux, s'accommodent des étangs vaseux ; la truite, le brochet, le barbeau, la vandoise, la brême demandent une eau vive. On doit en conséquence les placer selon leur goût, si on veut les voir prospérer.

C'est principalement pour la carpe qu'on construit les étangs, parceque c'est elle qui réunit et la meilleure chair et la plus rapide croissance, et la plus grande multiplication et le plus facile transport. Elle doit toujours y dominer ; après elle vient la tanche et ensuite la perche. Le brochet, à raison de sa grande valeur dans les villes, peut être mis dans ceux qui n'en sont pas trop éloignés ; mais l'immensité de la consommation de poisson qu'il fait le rend toujours beaucoup plus nuisible qu'utile aux intérêts du propriétaire. Ce n'est que dans les très grands étangs, et lorsqu'il est en petit nombre, qu'on ne s'aperçoit pas de ses ravages. Lorsqu'on en veut, il faut lui donner pour pâture des gardons, des ables, des goujons et autres petites espèces très fécondes.

Quant à la truite, il y a si peu d'étangs qui lui conviennent, qu'on ne doit la mettre au nombre des poissons qui leur son propres que dans les pays de montagnes.

On est dans l'usage de pêcher les étangs de trois à six ans parcequ'on a remarqué que c'étoit dans cet intervalle que l poisson acquéroit la grosseur la plus convenable à son débit Plus tôt, il n'a pas la chair *faite*, comme on dit vulgairement plus tard, la progression de son accroissement ne dédommag plus du retard de la rentrée de l'intérêt du fonds. Auss n'est-ce que dans les grands lacs qu'on peut actuellemen pêcher des poissons monstrueux. Il est des étangs qui peuven être pêchés plus souvent que d'autres. Ce sont ceux qui con tiennent uniquement des carpes, et qui sont très abondans e nourriture. On verra au mot CARPE les moyens de procurer cet avantage à tous.

En pêchant un étang, on sépare chaque espèce de poissons, et on dispose pour cet effet, au-dessous de la bonde, plusieurs réservoirs remplis d'eau, réservoirs qu'on peut mettre à sec à volonté. Dans l'un on jette les brochetons et autres poissons voraces invendables; dans l'autre, les carpes au-dessous de la grosseur requise pour la vente, l'alvin et la feuille. Dans le troisième, toute espèce de *roussailles*, c'est-à-dire de poissons qui n'arrivent jamais à une grosseur considérable. Il est essentiel de maintenir toujours un petit courant d'eau dans ces réservoirs, parceque la multitude des poissons les auroit bientôt viciés, et qu'ils périroient tous. On connoît que l'eau commence à être viciée, c'est-à-dire privée de l'air propre à la respiration, lorsque le poisson monte à sa surface et sort son museau hors de l'eau.

J'ai indiqué plus haut l'époque de la pêche des étangs comme devant être fixée au commencement de l'hiver, quoique l'usage soit de les pêcher à la fin de cette saison. Mon opinion est fondée sur ce qu'au printemps les gros poissons ont jeté leur frai, et que ce frai est perdu, ensuite sur ce qu'il est alors souvent difficile de remplir certains étangs. L'intérêt qui engageoit à les pêcher pendant le carême étant beaucoup affoibli par suite des progrès de la raison, les propriétaires donneront sans doute toute l'attention convenable aux deux considérations que je viens de leur présenter. Au reste, on peut, lorsque quelque motif y engage, les pêcher en toutes saisons, les très grandes chaleurs de l'été seulement exceptées.

Un étang auquel on rend l'eau aussitôt qu'on a pris tout le poisson amené par le courant dans la poêle en offre quelquefois dès le lendemain une grande quantité, parceque beaucoup, des gros sur-tout, s'enfoncent dans la vase et y restent jusqu'à ce qu'ils sentent le retour de l'eau. C'est cela qui fait que les étangs pêchés tous les trois ans offrent quelquefois des anguilles et des carpes d'une grosseur considérable.

Des propriétaires, lors de la vente de leurs poissons, mettent pour clause qu'on rejettera à l'eau tant de pièces de gros échantillons, et cette méthode est digne d'approbation.

Il est des étangs qu'on ne peut mettre complètement à sec, et qu'il faut par conséquent pêcher avec des filets. Ceux-là n'ont pas besoin d'être rempoissonnés; cependant il est d'usage de leur rendre tout l'alvin qu'on prend. Leur grand inconvénient, c'est qu'on ne connoît jamais la quantité de poissons, qu'ils contiennent, et qu'on en vend la pêche bon marché, à raison de l'incertitude qu'ils offrent aux acquéreurs. Dans ces sortes d'étangs il doit toujours y avoir du brochet pour parer aux suites d'une trop forte population.

Les propriétaires riches, qui demeurent sur leurs terres, font pêcher dans leurs étangs avec des filets, à toutes les époques de l'année, le poisson nécessaire à leur consommation. Souvent ceux qui demeurent à la proximité des grandes villes trouvent un immense avantage à les imiter pour la vente ; mais alors il faut que les étangs renferment de belles pièces, des pièces de luxe. Je suis surpris que le nouveau propriétaire de l'étang de Montmorency n'ait pas adopté cette pratique, qui sans doute tripleroit, sextupleroit peut-être le revenu qu'il en tire. Il est bon d'observer qu'un étang ainsi pêché n'a plus de valeur aux yeux des marchands de poisson, et qu'il faut ou se résoudre à en vendre la pêche par dessèchement à très vil prix, ou à l'entreprendre soi-même.

Lorsqu'on a rendu l'eau à l'étang par la fermeture de la bonde ou de la vanne et qu'il commence à se remplir, on y jette l'alvin.

La force des individus et l'abondance de nourriture, comme je l'ai déjà dit, décident du nombre ; c'est donc à l'expérience locale à le fixer. La crainte que cet alvin multiplie trop engage souvent de mettre aussi des brochetons dans l'étang. Si ces brochetons sont aussi gros que les carpes, ces dernières ne produisant pas la première année et très peu la seconde, les premiers se jetteront sur eux et en diminueront prodigieusement le nombre. L'ancienne ordonnance des eaux et forêts établissoit pour règle de rempoissonnement des étangs qui étoient sous son autorité, que la carpe auroit six pouces au moins de long, la tanche cinq, la perche quatre, et qu'on ne pourroit y jeter du brocheton qu'un an après l'empoissonnement au plus tôt.

La méthode qu'on suit en Allemagne, relativement à la conduite des étangs, pare à tous ces inconvéniens, et produit de nombreux avantages. On dit qu'on la pratique dans quelques endroits en France ; mais, quoique j'aie beaucoup voyagé, je ne l'ai vue en usage nulle part. Je fais des vœux pour qu'elle soit adoptée ; car il n'y a pas de doute que c'est la plus conforme aux principes. Seulement elle ne peut avoir lieu partout, attendu qu'elle exige la possession de trois ou quatre étangs à la suite les uns des autres, ou au moins très rapprochés.

L'un, le plus petit, ne renferme que des grosses carpes, au nombre de vingt-cinq femelles et quinze mâles par arpent ou à peu près. Ces vingt-cinq femelles fourniront par an à raison de 300,000 chacune, terme moyen, 7,500,000 petits, qui, réduits au sixième à la fin de l'année par la mort naturelle et les accidens, font 1,250,000 de ce qu'on appelle *feuille*. Chaque automne, c'est-à-dire en novembre, on transporte la totalité de cette feuille dans le second étang. Si ce petit étang est supérieur, comme cela doit être autant que possible, cette feuille est entraînée par l'eau, et les pères et mères sont arrêtés par la grille. Elle ne demande par conséquent aucun frais de transport. Dans le second étang, plus grand que le premier, il n'y a pas non plus de poissons voraces ; les petites carpes y acquièrent donc de la force, sauf la destruction naturelle ou accidentelle que là on peut évaluer au plus à moitié. Au bout de l'année on pêche cet étang, dont les carpes auront six à huit, et même dix pouces, selon la chaleur du climat et l'abondance de la nourriture ; la plupart pèseront plus d'une demi-livre. On vend une partie de ces petites carpes, et on introduit le reste dans le troisième étang, dans le rapport de cinq cents à mille par arpent.

. Dans ce troisième étang on met, ou mieux, on laisse des brochetons d'un et de deux ans, qui sont peu dangereux pour les carpes, et qui détruisant tous les petits poissons qui sont descendus des étangs supérieurs, les grenouilles, les crapauds, etc., même le frai de ces carpes, car il paroît qu'il en est qui fraient à leur troisième année, leur laissent d'autant plus de moyen de subsistance. Dans cet étang, elles augmentent beaucoup plus en grosseur dans le courant d'une année, peut-être du double, qu'elles ne l'auroient fait dans le même espace de temps par la pratique ordinaire. On les vend donc davantage. L'augmentation de dépense qu'entraîne cette méthode est presque nulle quand elle se répartit sur un aussi grand nombre d'individus.

Quand on veut avoir des carpes d'un plus fort échantillon, on met dans un quatrième étang celles qui sont tirées de ce dernier, au prorata de moins de 500 par arpent, et on leur donne également des brochets pour manger les produits de leur frai. Là, on les laisse aussi long-temps qu'on le juge à propos, mais rarement plus de trois ans, sur-tout si elles sont destinées à la vente ; car, je le répète, une carpe qui a passé six ans croît avec trop de lenteur pour que l'augmentation de son prix doive engager à la conserver plus long-temps. Le luxe seul des grandes villes peut, dans des cas extraordinaires, en dédommager le propriétaire. A cette époque elle pèse trois à quatre livres.

On conçoit bien que j'ai développé la série des opérations au rebours de la pratique, puisqu'il faut que le troisième étang soit vide pour recevoir les produits du second, et le second pour recevoir ceux du premier.

Outre l'augmentation de nourriture que cette méthode procure aux carpes, outre la connoissance presque exacte qu'elle donne de la quantité de pièces qui se trouvent dans le second et le troisième étang, ce qui assure une surveillance plus facile et une vente en gros plus avantageuse, elle fait encore gagner à la feuille deux à trois mois de plus la première année, ce qui est extrêmement important, et ce parceque les vieilles carpes jettent leur frai les premières, c'est-à-dire en février ou en mars, selon le climat et la chaleur du local ou de l'année.

Mais je n'ai pas encore parlé du frai, et il convient d'en dire un mot.

Le poisson ne s'accouple pas comme les quadrupèdes et les oiseaux. La femelle fait sortir les œufs de son ventre à l'époque fixée par la nature, et les dépose sur les plantes, les pierres, etc., dans les endroits les moins profonds et les plus chauds des étangs ou des rivières, et ce n'est que lorsqu'ils sont ainsi fixés que le mâle va répandre sur eux sa laite, c'est-à-dire sa liqueur prolifique, ordinairement, quelquefois plusieurs heures après. Un mâle peut féconder les œufs de cinq à six femelles et peut être plus, mais comme le hasard le plus souvent les conduit, il faut qu'il y ait toujours un mâle pour deux ou trois femelles. C'est toujours au côté de l'étang exposé au midi, et le plus éloigné des sources, que se trouve le frai, parceque c'est là où la chaleur est la plus forte. Les étangs ombragés, alimentés par des eaux froides, dont le fond est argileux, dont les bords sont à pic, c'est-à-dire offrent plus d'un demi-pied d'eau, sont très peu favorables à la production et au développement du frai. J'en ai entendu citer dans lesquels il n'étoit pas possible d'obtenir des petits. Comme les grosses pierres sont très utiles aux poissons pour comprimer leur ventre et favoriser la sortie des œufs et de la laite, les propriétaires doivent en mettre quelques unes, de distance en distance, sur les bords méridionaux de l'extrémité de leurs étangs, et disposées de manière qu'elles ne soient couvertes, à l'époque du frai, que de deux ou trois pouces d'eau.

Le frai est une matière gélatineuse parsemée de points blancs ou bruns. Beaucoup de poissons vivent à ses dépens pendant le peu de jours qu'il subsiste.

L'observation que le frai est toujours sur les bords de l'étang doit engager à tenir l'eau de l'étang constamment à la même hauteur, à empêcher les bestiaux d'en approcher pendant tout l'espace de temps qu'il a lieu, c'est-à-dire depuis janvier jusqu'en juin, plus ou moins tôt ou plus ou moins tard, selon le climat et l'année. C'est alors aussi qu'il faut faire la chasse la plus rigoureuse à tous les quadrupèdes et les oiseaux qui vivent de poissons, parcequ'ils en détruisent plus alors en huit jours que pendant le reste de l'année, le poisson étant souvent à moitié hors de l'eau et ne faisant aucune attention au danger pendant qu'il s'occupe de jeter son frai. On fait par-tout généralement trop peu d'attention à ces circonstances.

Les grands étangs ne sont pas seulement productifs par leur poisson; ils fournissent aussi un revenu par les oiseaux d'eau qui y abordent pendant presque toute l'année, et principalement pendant l'hiver; ces légions de canards, de harles, qui couvrent leur centre, de foulques, de poules d'eau qui peuplent leurs bords lorsqu'ils sont garnis de roseaux, qui tous vivent aux dépens de la feuille, de la menuisaille et même de l'alvin, sont généralement d'un bon débit, sur-tout dans les grandes villes. En tout temps on peut les tuer avec le fusil, mais cela est difficile, long et coûteux. J'ai indiqué au mot CANARD des moyens plus commodes et plus avantageux. J'y renvoie le lecteur.

La plupart des étangs sont remplis par des plantes aquatiques d'un grand nombre d'espèces, les unes très hautes, les autres ne s'élevant pas au-dessus de leur surface. Ces plantes ont l'inconvénient de servir de repaire aux quadrupèdes et aux oiseaux qui vivent aux dépens des poissons, de combler annuellement l'étang avec leurs restes, et même quelquefois pendant l'été en corrompant l'eau, et pendant l'hiver en portant sous la glace des gaz délétères, de faire périr le poisson; mais elles fournissent immédiatement par leurs feuilles et par leurs graines de la nourriture aux carpes et autres poissons qui mangent des végétaux, et médiatement en nourrissant des milliards d'insectes qui servent de pâture à toutes les espèces de poissons. Elles ont de plus l'utilité de garantir le poisson des rayons d'un soleil trop ardent, de faciliter la sortie et d'assurer la conservation de son frai, et de le défendre des voleurs. Ainsi leurs avantages et leurs désavantages se compensent. On peut donc croire qu'il est bon qu'il y en ait, et qu'il est mal qu'il y en ait beaucoup. Les faire disparoître par le curage de l'étang seroit d'une énorme dépense. C'est par son assec et sa culture en céréales ou autres plantes annuelles qu'on y parvient. Un cultivateur intelligent trouve moyen d'en tirer annuellement parti, en coupant, pour couvrir les maisons, celles qui s'élèvent beaucoup, c'est-à-dire les ROSEAUX, les SCIRPES et les MASSETTES (voyez ces mots), et en arrachant celles qui nagent avec des râteaux à dents de fer pour les employer à l'engrais de ses terres. Voyez au mot ENGRAIS. Par-là on évite l'inconvénient du comblement du sol, et celui résultant de la décomposition des plantes pendant les chaleurs de l'été et les grands froids de l'hiver; celles de l'année précédente sont toujours les plus dangereuses dans ces deux cas.

Un grand étang doit avoir un garde spécialement chargé de détruire les loutres, les rats d'eau, les hérons, les cormorans et animaux pêcheurs autres que ceux dont il vient d'être parlé, et de veiller sur les voleurs, sur les pertes d'eaux qu'on nomme *larrons*, et, de plus, pendant l'été sur les assecs, et pendant l'hiver sur les grandes eaux ou sur les effets des fortes gelées.

Les assecs produits par la chaleur ne peuvent pas être empêchés. Le garde doit seulement avertir du moment où le poisson est dans le danger de périr faute d'eau, afin qu'on le pêche en tout ou en partie avec la seine ou autres filets. Ceux de ces étangs dont l'eau est stagnante, et où se trouvent une grande quantité de plantes, sont plus exposés à la mort du poisson, parceque cette eau se corrompt facilement par l'effet de l'action combinée de la mort de ces plantes et de la chaleur.

Les effets des grandes eaux sont peu à craindre lorsque l'étang est solidement construit, et que le canal de décharge est proportionné à sa largeur; cependant il est des cas extraordinaires où les eaux surabondent tellement, que ces précautions ne suffisent pas; alors il faut ouvrir la bonde ou la vanne, et risquer de perdre beaucoup de poisson, plutôt que de voir détruire la chaussée et perdre tout le poisson.

Lorsque l'étang est très profond, à six ou huit pieds, par exemple, dans une grande partie de sa largeur, les effets de la gelée sont peu à redouter pour le poisson qu'il contient; mais lorsqu'il a moins de la moitié de cette profondeur, que l'eau en est complètement stagnante, et que le fond en est très vaseux, il est à craindre que le poisson périsse ou faute d'air, ou parceque l'air se sera corrompu. On doit à Varennes de Fenilles, sur ce sujet, un excellent mémoire inséré dans le recueil de ses œuvres. J'y renvoie le lecteur, mon but ici étant seulement de dire qu'il faut que le garde casse la glace, chaque jour qu'il ne gèle pas, au-dessus de la partie la plus profonde de l'étang, et qu'il s'oppose à ce qu'on ne prenne pas le poisson qui se présente pour respirer à l'ouverture de ce trou.

Les considérations que je viens de faire passer en revue au lecteur auroient besoin, je le sais, de bien plus grands développemens; mais je pourrois faire un volume sur les étangs, sans cependant épuiser la matière, et j'ai encore à l'entretenir de la manière de tirer parti des étangs, en les mettant tous les trois ou quatre ans en culture; manière très avantageuse et d'usage dans plusieurs parties de la France.

L'affluve des eaux qui sont apportées dans les étangs y dépose presque toujours, ainsi que je l'ai déjà dit plus haut, un terreau extrêmement fertile : ce terreau est encore amélioré par la décomposition des animaux et des plantes qui vivent dans l'eau, par les déjections des poissons, etc. ; aussi le sol des étangs est-il regardé, dans certains lieux, comme un excel-

lent engrais, et employé comme tel. *Voyez* aux mots ENGRAIS,
VASE et FUMIER. Par-tout où on peut les mettre complètement
à sec, c'est une excellente opération que de les cultiver pendant quelques années. Une fois desséchés, la culture des étangs
ne diffère pas de celle des autres terres, mais elle demande
cependant quelques modifications. Le plus souvent, la trop
grande fertilité dont ils sont pourvus ne permet pas d'y semer
d'abord du blé, qui monteroit tout en herbe ; l'avoine lui est
préférable, et encore plus les fèves de marais, les vesces, les
pois gris et autres fourrages annuels pour couper en vert.
Souvent on est obligé de perdre une année entière, tant pour
effectuer le complet dessèchement que pour donner le temps de
pourrir aux racines des roseaux et autres plantes, attendu que,
lorsqu'il y en a beaucoup, il est impossible à la charrue de
les arracher.

Les prairies naturelles et artificielles réussissent presque
toujours sur le sol des étangs desséchés ; cependant ce n'est pas
immédiatement : il faut qu'ils aient été cultivés en céréales
pendant deux ou trois ans, afin de diviser la terre et de détruire les herbes nuisibles dont les graines avoient été entraînées
par l'eau.

On est assez généralement dans l'usage en France de tenir
les étangs, ainsi aménagés, trois ans en eau et trois ans en
assec. Je n'ai rien à opposer à cette pratique, mais elle peut
n'être pas adoptée. Les convenances particulières doivent être
toujours consultées dans ce cas. Actuellement, je le répète, dans
presque toute la France, il est plus avantageux de tirer du blé,
ou autres productions du sol des étangs, que d'y mettre du poisson ; aussi presque tous ceux qui appartenoient aux moines, et
qui n'alimentoient pas des usines, ont-ils disparu, même avant
la loi momentanée qui les avoit proscrits. Ce n'est que par
l'adoption du transvasement annuel des poissons d'un étang
dans un autre qu'on peut espérer, ainsi que je l'ai dit plus
haut, d'en obtenir un revenu constamment égal et toujours
avantageux.

M. Rougier de La Bergerie a publié, dans la Feuille du Cultivateur du 12 pluviose an 12, un excellent mémoire sur le
dessèchement et la culture des étangs : je ne puis mieux faire
que d'y renvoyer les lecteurs qui voudroient de plus grands
détails relativement à cet objet. (B.)

ETANT, COUPER UN BOIS A ETANT. C'est n'y laisser
aucun baliveau, ni aucun arbre de réserve. *Voyez* FORÊT.

ETAUPINER. C'est étendre la terre que les taupes ont
élevée en cône. Cette opération doit être rigoureusement faite
tous les ans dans les prés, avant que l'herbe pousse, afin de ne
pas embarrasser lors de la fauchaison.

ÉTÉ. La seconde des quatre saisons de l'année, celle où la chaleur se fait le plus vivement sentir, quoique pendant sa durée le soleil diminue chaque jour de force. C'est celle des récoltes des blés et autres céréales, de tous les fruits qui portent son nom, celle où les travaux de la campagne sont les plus pénibles pour les cultivateurs. Elle est composée des mois de JUILLET, AOUT et SEPTEMBRE. *Voyez*. ces mots.

L'été influe sur la quantité des récoltes lorsqu'il est trop sec et sur leur qualité quand il est trop pluvieux. Les orages, qui ont si souvent lieu pendant sa durée, sont encore une cause de désastres pour les cultivateurs. Des maladies graves pour les hommes et les animaux sont souvent la suite des chaleurs prolongées dans les cantons les plus sains, et toujours dans ceux qui sont marécageux. On peut reprocher en général aux cultivateurs de ne pas assez prendre ces précautions de régime que l'expérience prouve être si salutaires, telles que de se modérer sur le boire et le manger, de se tenir toujours très propres, de changer de vêtemens dès qu'ils ont été mouillés, de ne pas s'exposer le soir au serein sans nécessité urgente, etc., de laisser leurs bestiaux à l'étable plutôt que de les mener paître dans les endroits ombragés et non marécageux les jours de grande chaleur, de leur faire boire de temps en temps de l'eau acidulée avec du vinaigre, de leur donner quelquefois du sel, de ne les abreuver que dans des eaux de rivière, ou dans des eaux de puits ou de fontaine mises de la veille dans des auges ou baquets. (B.)

ETENDART. C'est le pétale supérieur des fleurs papilionacées ou légumineuses, celui qui se présente de face comme un étendart. *Voyez* FLEURS.

ETERNELLE. *Voyez* aux mots GNAPHALE et XERANTHÈME.

ETERNUE. On donne ce nom à l'ACHILLÉE STERNUTATOIRE.

ETÊTER. C'est couper, très près du tronc, toutes les branches d'un arbre qui forment une tête. Cette opération diffère de l'élagage, en ce que dans celle-ci on ne coupe que les branches inférieures et latérales. Elle se fait soit pour avoir du bois, soit pour déterminer la sortie de nouvelles branches qui rajeunissent l'arbre, pour employer le terme technique ; ce terme, quoiqu'on l'ait critiqué, est bon, car les pousses ont en effet l'écorce, les larges feuilles et les gros fruits, mais peu nombreux, qui distinguent le jeune arbre. Il est des arbres qu'en tout pays on étête régulièrement, tels que le saule, l'osier, etc. Il en est d'autres qu'on n'y assujettit que dans certains cantons, tels que le chêne, l'orme, le châtaignier, le peuplier, etc. Les arbres fruitiers proprement dits ne sont étêtés que lorsqu'ils deviennent trop vieux, c'est-à-dire qu'ils cessent de porter du fruit.

ou n'en portent plus que du très petit, et on ne réussit même pas toujours à remplir son but, car l'étêtement les fait souvent périr, sans qu'on puisse le prévoir facilement d'avance, à moins qu'on n'examine l'état des racines. On ne doit jamais étêter que dans l'hiver, et plutôt au commencement qu'à la fin. Il sera question de l'étêtage et de ses effets aux articles des arbres mentionnés plus haut, à celui des arbres fruitiers en général, et au mot TÊTARD. J'y renvoie le lecteur. (R.)

ETEULE. On donne ce nom aux chaumes dans le département du Jura, ou peut-être à toutes les terres dépouillées de leur récolte de l'année. C'est sur les éteules qu'on sème les raves.

ETHUSE. *Voyez* AETHUSE.

ETIOLÉ, ETIOLEMENT. Altération qu'éprouvent les plantes qui lèvent dans un lieu obscur, ou qu'on prive de la lumière lorsqu'elles sont parvenues à un certain degré d'accroissement.

Les plantes étiolées ont des tiges longues, effilées, de couleur blanche ou jaune; des feuilles petites, rares, blanches ou jaunes, ou très peu colorées; leurs pores corticaux sont en très petit nombre. Elles ne donnent presque jamais des fleurs, et encore moins des fruits. Leurs qualités sont également changées, c'est-à-dire que leur odeur, leur saveur, etc., sont considérablement affoiblies et même anéanties. L'art a profité de cette dernière altération pour rendre quelques plantes plus propres à être mangées. Ainsi le blanchiment des LAITUES, des CHICORÉES, des CHOUX POMMÉS, des CÉLERIS, etc., n'est qu'un étiolement factice, par lequel on parvient à donner une saveur plus douce et plus sucrée à ces plantes naturellement amères ou trop fortement odorantes.

Il est aujourd'hui si généralement reconnu que l'absence seule de la lumière est la cause de l'étiolement, que ce seroit chose superflue que d'en donner ici la preuve. C'est à Duhamel, Bonnet, de Meese, Ingenhouze, Sennebier qu'on doit les expériences les plus nombreuses et les mieux faites sur cet objet. Ces expériences constatent que les plantes semées dans l'obscurité absolue lèvent plus promptement, s'accroissent bien plus rapidement que les autres, toutes choses égales d'ailleurs, mais qu'elles n'y subsistent pas long-temps; 2° que les plantes, déjà grandes, totalement privées de lumière, ne tardent pas à perdre toutes leurs feuilles vertes, et à en pousser de nouvelles de couleur blanche ou jaune, qui subsistent long-temps, même jusqu'à la mort de la plante; 3° que la couleur pourprée ne change point dans ce cas; 4° que les fleurs des plantes mises dans l'obscurité se ferment le plus souvent ou ne s'ouvrent pas, et que même, lorsqu'elles s'ouvrent, il n'y a jamais de fécondation;

5° que le plus grand étiolement a lieu les premiers jours que la plante est privée de la lumière, et qu'ensuite il reste stationnaire.

L'attraction des plantes pour la lumière est si forte, que dans un local où elle n'entre que par un point, toutes leurs extrémités se dirigent vers ce point, et semblent se presser pour y arriver. Ce fait, quoique vulgaire, n'en est pas moins très remarquable et très digne des méditations des scrutateurs de la nature. Il a donné lieu à bien des hypothèses qui se sont succedées et ont fini par être abandonnées lorsque l'étude des phénomènes de la nature a commencé à suivre une marche régulière.

La chaleur humide agit sur les plantes étiolées avec plus de force que sur celles qui croissent à la lumière, parcequ'elles sont plus tendres, ont des vaisseaux plus larges, et par conséquent se prêtent plus à l'action des causes de la végétation ; mais elle ne produit pas l'étiolement comme le pensoit Changeux.

Bonnet a montré qu'une branche mise dans l'obscurité s'étioloit, tandis que le reste de la plante, laissée en plein air, conservoit sa couleur. Ce qui prouve que l'action de l'étiolement est locale.

Les jardiniers observent fréquemment qu'une plante étiolée mise au soleil reprend la couleur verte en vingt-quatre heures, mais qu'il arrive quelquefois, lorsque la transition est trop prompte et le soleil trop fort, qu'elle est frappée de mort. Ce fait tient à la foiblesse produite par l'étiolement et peut-être à la grande transpiration qui s'opère subitement dans ce cas; car il est prouvé, par beaucoup d'expériences, que les plantes étiolées transpirent très peu.

Il paroît par le résultat des analyses de Sennebier que les plantes étiolées contiennent moins de charbon que les vertes et par conséquent plus de gomme, la partie parenchymateuse verte, qui est essentiellement résineuse, manquant. Voici le raisonnement de ce célèbre physicien. « Le parenchyme, qui est le siège de l'étiolement, est aussi celui de l'élaboration des sucs. C'est le lieu où l'acide carbonique est décomposé par la lumière ; c'est dans cet organe que le carbone se décompose. Les parties des végétaux développées à l'obscurité sont blanches, parcequ'il n'y a pas assez d'acide carbonique décomposé et de carbone déposé pour les peindre. »

Bertholet pense que l'étiolement est produit par défaut de décomposition de l'eau, décomposition qui, selon lui, se produit par la lumière, en dégageant le gaz oxigène.

Au reste, tous ces raisonnemens de théorie intéressent peu les cultivateurs. Il suffit à un jardinier de savoir qu'en enterrant bien son céleri, son cardon, en liant exactement ses chicorées, en choisissant les variétés de chou, de laitue, de romaine les plus susceptibles de pommer, il aura des légumes plus blancs, plus tendres, plus doux, et par conséquent de plus facile vente.

J'indiquerai, aux articles qui les concernent, les procédés à suivre pour produire l'étiolement dans les divers légumes qu'on préfère dans cet état en conséquence je n'ai plus qu'à dire ici un mot des étiolemens incomplets.

Les étiolemens incomplets sont ceux qui sont causés par l'ombre aux plantes qu'on n'a pas intention de faire blanchir. Ainsi les plantes qui sont dans un appartement et loin de la fenêtre, celles qu'on tient dans des serres ou des orangeries, ou des baches peu éclairées, celles qu'on couvre de paillassons, de planches et autres corps opaques, celles qu'on place sous des arbres, dans certaines cours, derrière certains murs, celles enfin qui sont semées ou plantées trop épais, s'étiolent plus ou moins, c'est-à-dire s'allongent plus que leur nature le comporte, restent grêles, sensibles aux excès du chaud et du froid, ne donnent point ou presque point de fleurs et par conséquent de fruits.

L'expérience de tous les jours prouve combien il est contraire au but de la culture de mettre les plantes dans les positions ci-dessus, et cependant on ne cesse d'en sacrifier ainsi sans objet réel. Qu'une belle laisse un pied de narcisse s'allonger sur sa cheminée et avorter au moment de sa floraison, c'est ce qui s'excuse; mais qu'un jardinier entasse ses plantes dans une orangerie sans fenêtres, qu'il plante chaque année des arbres au milieu des massifs, qu'il entoure ses jeunes plantes de plantes plus âgées ou d'une végétation plus rapide, qu'il sème toujours extrêmement épais, c'est ce qui ne se conçoit pas. Que de millions sont perdus chaque année par des causes de ce genre? c'est-à-dire que d'arbres, que de plantes qui meurent, qui ne portent que peu ou point de fruits, et qui auroient vécu, qui auroient porté des fruits abondamment si on les avoit plantés ou semés moins épais, dans des lieux moins ombragés, etc. Je ne sais pas si j'ai encore vu un jardin paysager planté d'une manière convenable dans les environs de Paris! Mais, disent les jardiniers, monsieur veut jouir de suite, et l'année prochaine j'enlèverai une partie des arbres superflus, l'année suivante une autre et ainsi de suite. Oui, mais cet enlèvement empêchera-t-il ces arbres de filer en hauteur, de mourir même faute de lumière la première et la seconde année; et d'ailleurs cette opération qu'on veut faire s'effectue-t-elle réellement? Je dirai, d'après mes observations, qu'on la retarde toujours en projet et qu'on l'exécute rarement. Aussi combien est-il de ces jardins dont tous les arbres ont une belle forme qui produisent tout l'effet dont ils sont susceptibles? Point. Plus d'une fois j'ai conseillé aux propriétaires de faire abattre leurs massifs et de replanter leurs arbres isolés, tant ils étoient hideux. Faites donc attention, cultivateurs de toutes les classes, que la lumière, et la lumière dans toute sa plénitude, est indispensable à la bonne végétation.

Il est cependant des plantes qui ont moins besoin de lumière que d'autres, ce sont celles que la nature a destinées à croître sous les arbres, contre les rochers exposés au nord, celles dont la fructification s'effectue dès la fin de l'hiver, avant la pousse des feuilles des grands arbres. Je citerai le Bois-gentil, l'Auréole, la Ficaire, l'Anémone et le Narcisse des bois. *Voyez* ces mots. (B.)

ÉTIQUETTES. Dans les grands jardins, sur-tout dans ceux de botanique, dans les semis et pépinières, dans toute plantation enfin qui réunit un très grand nombre de végétaux de divers âges et de différentes espèces, il seroit difficile, même à celui qui les élève, de les reconnoître tous sans étiquettes. On appelle ainsi de petits écriteaux sur lesquels le cultivateur met ou les noms de ses plantes, ou des numéros correspondans à ceux qui se trouvent dans le catalogue manuscrit qu'il en a. On fait ces étiquettes de différentes formes et avec différentes matières. Quelques unes sont ovales ou rondes, d'autres carrées, d'autres triangulaires; et il y en a en parchemin, en bois, en plomb, en tôle, en ardoise, en terre cuite, en faïence.

Les étiquettes en parchemin ne sont bonnes que pour les plantes, arbres ou arbrisseaux qu'on emballe dans des caisses où il ne règne pas trop d'humidité, et seulement pour des voyages d'environ un mois. A défaut de parchemin on peut se servir, pour le même objet, de cartes simples ou ployées.

Les étiquettes en ardoise et en bois peuvent être renouvelées d'une manière très économique; mais elles sont peu durables. En ardoise, elles se cassent facilement; en bois, elles pourrissent et les empreintes sont bientôt défigurées ou effacées. On se sert des unes et des autres pour étiqueter des plantes en pots, des oignons de liliacées, et même des arbres fruitiers plantés en quenouille, en buisson ou en espalier.

Les étiquettes en tôle, petites, moyennes ou grandes, sont employées dans quelques écoles de botanique pour désigner les familles, les genres et les espèces de plantes, afin d'en rendre l'étude plus facile. Celles en terre cuite leur sont préférables pour le même usage. Celles en faïence, ou plates ou bombées, sont plus agréables que les précédentes; mais elles ont le double désavantage d'être trop coûteuses et sujettes à se briser.

Le plomb laminé me semble la substance la plus convenable pour faire des étiquettes. C'est une matière solide, dure et souple en même temps, qui ne change point et qui n'est attaquable ni par les pluies ou la trop grande chaleur, ni par l'humidité, ni par les insectes. Elle a une couleur obscure toujours la même ; et par cette raison, quelques nombreuses que soient dans un jardin les étiquettes faites de cette matière, elles n'en gâtent point le coup-d'œil. D'ailleurs le plomb en lames se trouve par-tout ; il n'est pas trop cher, il se découpe aisément, et il reçoit avec facilité l'impression des chiffres ou des caractères. Il est vrai que les empreintes faites sur cette substance sont moins apparentes que sur beaucoup d'autres, parcequ'elles ne tranchent point avec le fond ; mais elles sont durables, et cela suffit. J'ai vu dans un jardin qu'avoit M. de Malesherbes au haut de la rue des Martyrs, un grand nombre d'arbres et arbrisseaux étiquetés en plomb depuis long-temps, et dont les étiquettes étoient très lisibles. C'est avec de petites lames de plomb découpées en forme de coin, et fichées en terre au bord des pots, qu'on marque et qu'on numérote au jardin du Muséum Impérial toutes les plantes de serre sèche ou chaude. Enfin c'est en plomb chiffré ou écrit qu'on étiquette les végétaux envoyés dans les pays les plus éloignés. (D.)

ETOC. Les souches mortes des arbres qui ont été coupés trop haut dans les forêts portent ce nom dans le langage forestier.

ETOILE. On donne ce nom, dans les jardins et les parcs, au point de réunion de plus de quatre allées, point d'où l'on voit la longueur entière de toutes ces allées. Presque toujours il y a à ce point une salle ronde ou polygone garnie de bancs. *Voyez* au mot JARDIN. (B.)

ETOILE DE BETHLEEM. Nom vulgaire des ORNITHOGALES.

ETOILÉE, ou POMME D'ETOILE. Variété de pommes. *Voyez* au mot POMMIER.

ETONNEMENT DU SABOT. C'est un ébranlement occasionné dans le pied du cheval par un corps quelconque, soit une pierre, soit un chicot, etc. L'animal se tient mal sur le pied qui a éprouvé l'*étonnement*. On en découvre le siège en frappant avec le brochoir sur les diverses parties du sabot, parceque l'animal marque de la sensibilité à l'endroit même.

Dans ce cas il ne s'agit que de saigner en pince et d'enduire d'une emmiellure le tour du sabot et de la sole ; on saigne en pince, en enlevant un morceau de chair cannelée à sa réunion avec la sole charnue, et l'on panse avec de l'étoupe sèche ; la plaie guérit en peu de jours. (TES.)

ETOUFFER. En agriculture ce nom s'applique aux plantes, lorsque, trop rapprochées, elles se nuisent les unes et les autres et que les plus fortes font périr les plus foibles. Ce moyen qu'emploie la nature pour mettre en harmonie la croissance des végétaux ralentit singulièrement leur végétation ; aussi doit-on l'empêcher d'avoir lieu, soit en semant peu de graines, soit en arrachant le plant trop rapproché qu'elles ont produit. Il en est de même de la reproduction des bois. Varennes de Fenilles a prouvé, dans ses excellens mémoires sur l'administration forestière, que le moyen d'accélérer la pousse des bois étoit de couper tous les hivers, sur chaque trochée, ceux des jets que leur foiblesse indiquoit devoir être étouffés par les autres. L'étouffement a lieu par deux ou trois causes, le manque dans la terre des sucs propres à alimenter la sève, la privation de la lumière, et peut-être de la circulation de l'air. Des engrais abondans peuvent suppléer à la première de ces causes, mais il n'est pas de moyen de suppléer aux deux autres. (B.)

ETOURNEAU. Oiseau qui fait le type d'un genre de la division des passereaux, et que les cultivateurs ont souvent sous leurs yeux.

Un beau noir lustré, à reflets verts pourpres et violets, et des taches rousses allongées constituent la robe de cet oiseau. Son bec droit, long, est déprimé à sa pointe et de couleur jaunâtre. Ses pieds sont rougeâtres. Sa longueur est d'environ huit pouces. Les couleurs de la femelle sont moins vives et son bec est brun. Dans la jeunesse ni l'un ni l'autre n'ont de taches. Le mâle, déjà beau par son plumage, est de plus susceptible d'apprendre à siffler différens airs, et même à parler lorsqu'il est pris très jeune. Rien de plus commun que d'en voir en cage dans les pays où ils nichent ; c'est un amusement pour les enfans, et son éducation n'est pas difficile.

C'est au printemps que l'étourneau s'apparie. Il fait entendre alors un gazouillement presque continuel. Son nid est placé dans les trous des vieilles tours, des clochers, des rochers coupés à pic, des arbres, etc. La femelle ne pond que quatre à cinq œufs ; mais la première couvée élevée, elle en fait de suite une seconde. Dès que cette dernière couvée est en état de voler, tous les étourneaux du canton, vieux et jeunes, se rassemblent en troupes nombreuses et ne se quittent plus de tout l'hiver. C'est alors qu'ils suivent les troupeaux pour manger les taons, les asiles, les stomoxes, les mouches et autres insectes qui les tourmentent ; c'est alors qu'ils se jettent sur les vignes, les oliviers, les figuiers, et font en une seule matinée disparoître le résultat des travaux d'une année toute entière. Ils sont donc utiles au nord et nuisibles au midi.

On dit que l'étourneau vit sept à huit ans. Il se nourrit d'insectes, de vers de toute espèce, ainsi que de baies, de graines, etc. Sa chair est coriace et amère. Aussi sa chasse est-elle plus amusante qu'utile, excepté dans les pays chauds, où il s'agit de les détruire, par la raison exposée plus haut. On les tue au fusil au moyen d'une vache artificielle, ou le soir en les attendant sur le bord des étangs, au milieu des roseaux desquels ils aiment à se coucher. On les prend au lacet, à la panthère ou panthière, aux nappes à alouettes, etc. (B.)

ÉTRANGLEMENT. On donne ce nom en agriculture au bourrelet qui se forme sur une branche qu'on a entourée d'un lien fort serré.

La laine est la meilleure matière qu'on puisse employer pour lier les greffes ; mais quoiqu'elle cède un peu à l'action du grossissement des sujets, il arrive souvent que ces sujets s'étranglent et que les greffes périssent. C'est pourquoi il faut les desserrer, les *délainer*, comme on dit dans les pépinières. *Voyez* au mot GREFFE.

Il est des arbres et arbustes qui s'enracinent difficilement par marcottes. On les y force en faisant naître un bourrelet dans le point le plus bas de la partie enterrée. On appelle cette sorte de marcotte, *marcotte par étranglement*. Le jonc, le sparthe, l'osier, le chanvre, la laine, la soie, le fer, le laiton peuvent être employés à former des étranglemens ; mais le jonc dure peu de temps, le chanvre guère plus, à moins qu'il ne soit ciré, et le fer en s'oxidant nuit souvent plus qu'il ne sert. *Voyez* aux mots MARCOTTE et BOURRELET. (B.)

ÉTRANGUILLON. MÉDECINE VÉTÉRINAIRE. Le cheval et les bêtes à cornes sont, comme l'homme, sujets à des maux de gorge inflammatoires et catarrheux. Dans l'homme, on les appelle *angines*, *esquinancies* ; dans les animaux, on les nomme *étranguillons*, parceque cette maladie cause une suffocation, un étranglement.

Le siège en est dans les glandes amygdales, comme celui des *avives* est dans les glandes parotides. Elles sont quelquefois si engorgées, que l'animal ne peut plus respirer. Il n'est pas facile de deviner la cause de l'étranguillon. Elle dépend, ou des variations de l'air, ou d'une eau trop crue, ou de quelques corps âcres et irritans, et plus encore d'une disposition de l'animal.

A l'état de son pouls, à sa constitution pléthorique, à la rougeur de ses yeux et à la chaleur de sa bouche, on aperçoit que l'étranguillon est inflammatoire. Dans ce cas on emploie quelques saignées, des fomentations émollientes sous le gosier, des gargarismes d'eau d'orge miellée et acidulée. Si ces moyens sont insuffisans, on a recours à la *bronchotomie*, opération délicate, qui exige un artiste adroit et éclairé.

L'étranguillon catarrheux donne bien aussi de la fièvre et
gêne la respiration ; mais l'animal n'a ni autant de chaleur,
ni les yeux et la bouche aussi vermeils que dans l'étranguillon
inflammatoire ; on peut saigner aussi pour opérer une détente
et faciliter le dégorgement ; mais on saigne une fois ou deux
tout au plus. On applique sous la ganache une peau de laine
d'agneau ou un sachet rempli de cendres de bois. Je crois que
la suie de cheminée formeroit un très bon topique si on l'as-
pergeoit d'alkali volatil, à cause du sel ammoniac qu'elle contient : on pourroit la remplacer par des fomentations d'urine ;
on fait prendre à l'animal des gargarismes d'eau acidulée. Si
ces remèdes ne suffisent pas, on en vient enfin à l'opération de
la *bronchotomie*.

Souvent la suppuration des amygdales termine l'étranguillon. On aide la nature en exposant fréquemment la bête malade à la vapeur de l'eau bouillante et en injectant dans les
naseaux de la décoction d'orge miellée.

Les hommes éclairés condamneront la pratique déraison-
nable des maréchaux qui, pour évacuer plus promptement le
pus des amygdales, les pressent et les froissent fortement. On
sent combien d'inconvéniens elle entraîne ; au lieu de faire
cesser la maladie, elle la prolonge en renouvelant l'inflammation. Le plus simple est de laisser faire à la nature presque
toute la dépuration, et de lui en faciliter les moyens par les
gargarismes et les fomentations dont je viens de parler. (Tes.)

ÉTRILLE. Instrument de fer propre à panser les animaux
dont la peau est d'un tissu ferme et le poil court, tels que les
chevaux, les ânes, les mulets, les bêtes à cornes, etc. Son
effet est d'enlever les insectes ou les œufs d'insectes, la poussière et toutes les ordures qui s'amassent sur les différentes
parties du corps, et de favoriser la transpiration insensible, en
ouvrant les pores de la peau.

On donne encore ce nom à un instrument propre à racler
une mesure de grains. (Tes.)

ETRIPER UN ARBRE. Roger Schabol donne ce nom à une
espèce de taille très courte, ou très peu différente de l'élagage.
Ce mot n'est pas employé dans la pratique ordinaire. (B.)

ÉTRONÇONNER UN ARBRE. C'est lui couper toutes les
branches, ne lui laisser que le tronc. *Voyez* aux mots ARBRE,
ÉLAGAGE et TÊTARD.

ÉTROUBLE. Nom du CHAUME dans quelques endroits.

ÉTUVE. Comme une découverte n'a pas toujours, à son
origine, le degré de perfection auquel il est possible qu'elle
atteigne un jour, l'étuve fut d'abord construite en bois ; après
cela on a voulu y substituer l'étuve en fer, sans faire attention
qu'indépendamment de la dépense considérable qu'elle occa-

sionne, elle a, comme les autres étuves, le réchaud placé au centre ; et c'est un défaut, parceque d'abord le grain répandu sur les tablettes, n'éprouvant pas par-tout une chaleur égale, celui qui est le plus voisin du feu peut être trop desséché, tandis que l'autre, qui en est le plus éloigné, ne le sera pas suffisamment : ensuite l'humidité qui s'évapore du grain, n'ayant pas d'issue pour s'échapper de la chambre, réagit sur le grain lui-même, ce qui le blanchit, et puis le rougit.

Un des savans qui se soit le plus occupé de la méthode de conserver les grains par l'agent exclusif du feu, c'est Duhamel, qui a proposé le modèle des étuves de toutes les grandeurs, selon les approvisionnemens. Rozier, à l'article *Conservation du froment* par l'intermède de la chaleur, a présenté les propres dessins de Duhamel ; mais les ouvrages de cet estimable auteur sont trop connus pour ne pas y renvoyer le lecteur. Voy. *Traité de la Conservation des grains*, et en particulier *du froment*

Sans vouloir attacher à l'étuve plus d'imperfection qu'elle n'en a, il conviendroit de faire en sorte de la rendre moins dispendieuse, plus commode, et par conséquent plus utile. On pourroit en construire la charpente en bois, et les tablettes en fer poli, parcequ'on a éprouvé que la chaleur déjette le bois ; ce qui nuit à l'opération de l'étuve et exige des réparations continuelles. Si le fourneau étoit placé au centre, avec des tuyaux distribués dans les parties latérales et inférieures autour de l'étuve ; que les tablettes fussent percées comme un crible, au lieu d'être en treillis de fer, le blé ne s'arrêteroit pas dans les mailles ; et la chaleur, qui tend toujours à s'élever, se répandant du centre aux extrémités, elle agiroit en tout sens, et dessècheroit le grain d'une manière plus uniforme.

Ce seroit dans les grandes villes des pays fertiles en blés, et sur-tout dans les villes maritimes, qu'il seroit sage de construire exprès des étuves, ou au moins des fours d'une grande capacité, et d'y passer, pour une rétribution modique, tous les grains qui se présenteroient : mais il ne faudroit pas que le gouvernement s'immisçât dans de pareilles opérations, à cause des frais énormes qu'il lui en coûteroit ; c'est au commerce à spéculer sur l'usage de ces moyens : ils pourroient fixer l'attention de quelques capitalistes, parceque dans tous les temps, et principalement lorsqu'on seroit menacé d'une disette prochaine, ils se trouveroient à portée de tirer des grains de l'étranger, de réparer la détérioration que la denrée auroit pu éprouver pendant son trajet, et de procurer, par la perfection de leurs ustensiles une subsistance qu'on auroit pu perdre, au moins en partie, faute des moyens propres à la rendre utile et convenable à la nourriture. On pourroit, dans ces établissemens, laver les grains lorsqu'ils seroient salés.

leur enlever, au moyen des étuves, ce qui s'opposeroit à la perfection de la mouture, leur restituer les qualités que les intempéries des saisons ou les négligences auroient pu affoiblir, enfin appliquer la chaleur de ces étuves aux farines elles-mêmes, quand il s'agiroit d'augmenter leur sécheresse et de prolonger la durée de leur conservation. Tous les blés de l'intérieur de la France seroient en état de fournir des farines de minots moins chères et aussi susceptibles de soutenir la mer et de braver les voyages de long cours, que celles qui se fabriquoient autrefois dans les célèbres manufactures de Nérac et de Moissac.

Instruit des inconvéniens qu'ont toutes les étuves qu'il a visitées, M. Ovide, auquel on doit quelques bonnes observations sur la mouture économique, semble être sur la voie pour corriger leurs défauts les plus essentiels. Dans cette vue, il propose entre autres de substituer aux caisses en tôle, employées jusqu'à présent, des cylindres auxquels le moteur du moulin imprimeroit un mouvement égal, par le moyen d'un régulateur. Ces cylindres, d'un diamètre convenable, renfermeroient le blé, qui, à la faveur d'une légère inclinaison, seroit forcé de les parcourir et de s'échapper par l'autre extrémité où il seroit entré : alors le courant d'air qui s'établiroit dans l'intérieur de ces cylindres deviendroit plus que suffisant pour dissiper l'humidité et la mauvaise odeur ; il donneroit issue à la vapeur des grains et l'empêcheroit de rester comme un nuage et d'être réabsorbée par le grain lui-même dont elle résulte. On éviteroit encore qu'il ne prît un degré de chaleur excédant, celui que sa contexture permet, pour qu'il ne souffre aucune altération dans ses parties organiques. Il est probable qu'alors l'étuve opèreroit la plénitude de ses effets.

Nous en avons dit suffisamment pour faire entendre que l'étuve est encore loin de remplir tous les bons effets qu'on a droit d'en attendre, et que son succès complet dépend de plusieurs circonstances difficiles à saisir et à concilier : aussi depuis que j'ai consacré mes veilles à cet objet, si immédiatement nécessaire à la subsistance publique, je ne me lasse point de réclamer les secours de la mécanique pour ajouter à cet instrument ce qui lui manque, et le rendre plus commode, moins coûteux, et d'une utilité plus générale. Je laisse aujourd'hui aux hommes éclairés qui ont prétendu faire du feu l'agent exclusif de la conservation des grains et des farines, le soin de donner à l'étuve le degré de perfection dont elle est susceptible. (Par.)

EUBLE. C'est l'hyeble dans le département des Deux-Sèvres.

EUCHENNE. Ancienne mesure de capacité. *Voyez* Mesure.

EUDIOMÈTRE. Depuis qu'on sait que l'air atmosphérique est composé d'azote et d'oxygène, et que le dernier de ces gaz est seul propre à la respiration et à la combustion, on a cherché un moyen simple de connoître facilement la proportion dans laquelle il existe, et ce par un grand nombre de motifs qu'il est superflu d'indiquer ici, puisqu'ils n'intéressent que fort peu les cultivateurs.

Cependant comme j'ai parlé de l'eudiomètre dans plusieurs circonstances, il est bon que je dise ce que c'est, et que je donne la description de celui qui passe pour le plus simple et le plus commode à employer.

Un eudiomètre donc est un tube de verre gradué en lignes ou portions de lignes, fermé à sa partie supérieure, qu'on remplit d'eau, et qu'on renverse dans un vase qui en contient également, de manière à ce qu'il s'y soutienne debout, et qu'il reste plein. C'est dans ce tube qu'on fait passer une mesure connue d'air (ou de gaz) dont on désire savoir la composition. D'abord, suivant l'indication de Priestley, on employoit du gaz nitreux qui a la propriété d'absorber l'oxygène, et de devenir par-là acide nitreux ou acide nitrique; ensuite, d'après les principes de Volta, on se servit du gaz hydrogène qui ne s'allume qu'au moyen d'une certaine proportion d'oxygène. Enfin aujourd'hui on préfère l'usage du phosphore, à qui il faut également une certaine proportion d'oxygène pour brûler, ce qui a fait changer l'appareil à l'eau en appareil à mercure.

Ce nouvel appareil consiste en un tube d'un pouce environ de diamètre, et de sept à huit de hauteur, gradué en lignes, fermé à sa partie supérieure, et assez évasé à sa partie inférieure pour pouvoir se tenir debout sans grand danger de verser. On le remplit de mercure, et on le renverse sur un vase où il y a une hauteur de mercure un peu supérieure au diamètre de sa partie inférieure. Un petit morceau de phosphore est ensuite introduit dans ce tube, au sommet duquel il monte à raison de sa moindre pesanteur spécifique, et on le fait fondre à travers le verre à l'aide d'un charbon incandescent qu'on en approche. Puis on fait entrer dans ce tube une mesure commune d'air atmosphérique (ou de gaz) qu'on veut essayer. La combustion s'opère, et le degré où le mercure se soutient, lorsqu'elle est complètement terminée, indique la quantité d'oxygène que contenoit l'air essayé.

Sans doute l'eudiomètre est un instrument fort utile entre les mains d'un habile physicien, mais on ne peut cependant se refuser à douter de ses avantages relativement à la salubrité de l'air que l'homme et les animaux domestiques sont dans le cas de respirer. En effet, les expériences faites au sommet des montagnes, où l'air est évidemment si pur, si bienfaisant, ont donné des résultats à peine différens de celles faites au milieu des marais les plus infects, dans des salles de spectacles les plus surchargées de monde, dans les prisons et les hôpitaux où régnoient des maladies pestilentielles. Il faut donc, pour que l'eudiomètre remplisse réellement son plus important objet, qu'il n'indique pas seulement la quantité d'oxygène qui se trouve dans l'air que nous respirons, mais encore les différens miasmes qui peuvent s'y trouver aussi, et qui sont la cause des maladies qu'on éprouve dans le voisinage des marais, du malaise qui est la suite d'un séjour un peu long dans un endroit exactement fermé où beaucoup d'hommes sont renfermés, de la mort enfin qui frappe si souvent ceux que leur malheur conduit dans certaines prisons et dans certains hôpitaux. *Voyez* pour le surplus aux mots AIR, OXYGÈNE, MIASMES, DÉSINFECTION DES APPARTEMENS ET DES ÉTABLES, etc. (B.)

EUFRAISE, *Euphrasia.* Genre de plantes de la didynamie angiospermie et de la famille des rhinanthoïdes, qui renferme une douzaine d'espèces, la plupart propres à l'Europe. Ce sont de petites plantes annuelles à feuilles opposées et sessiles et à fleurs axillaires qu'on trouve dans les bois, sur les pelouses, le long des chemins, etc. Les deux plus communes sont,

L'EUFRAISE OFFICINALE, qui a les feuilles ovales, obtuses, dentées et les découpures de la lèvre inférieure émarginées. Elle s'élève à trois ou quatre pouces dans les bons terrains, mais n'a souvent que quelques lignes de hauteur. Ses fleurs blanches et rayées de violet s'épanouissent pendant l'été, et contrastent bien avec la couleur sombre de la tige et le luisant des feuilles; aussi est-elle d'un aspect agréable. Ses feuilles sont amères, mais cependant tous les bestiaux la mangent sans beaucoup la rechercher. On lui attribue de grandes vertus, comme de fortifier la mémoire, de remédier aux affections soporeuses, d'être diurétique, céphalique et ophtalmique. C'est sous ce dernier rapport qu'on l'emploie le plus généralement, d'où le nom de *casse lunette* qu'elle porte vulgairement.

L'EUFRAISE TARDIVE, *Euphrasia odontites*, Lin., a les feuilles linéaires, lancéolées, dentées, et les découpures de la lèvre inférieure obtuses. Elle est fort rameuse, et s'élève quelquefois à huit à dix pouces. Elle est beaucoup moins élégante, fleurit plus tard; mais du reste tout ce que j'ai dit de la précédente lui convient. On l'appelle *langeole* dans le département des Deux-Sèvres; souvent elle nuit aux blés, par son grain qui donne au pain un goût amer. Je l'ai souvent vue si abondante dans certains endroits, qu'il eût été utile de l'arracher pour augmenter la masse des fumiers ou pour brûler. (B.)

EUMOLPE , *Eumolpus*. Genre d'insectes nouvellement établi pour séparer des gribouris quelques espèces qui diffèrent des autres par leurs antennes à articles coniques, courts et grossissant insensiblement. Ces espèces sont justement celles qui font tant de tort aux récoltes de la vigne et de la luzerne, et que les cultivateurs éclairés connoissoient, d'après Geoffroy, sous le nom de Gribouri. *Voyez* ce mot.

Tous les eumolpes, dont on connoît une trentaine d'espèces, vivent aux dépens des plantes, soit sous l'état de larves, soit sous celui d'insectes parfaits ; mais il n'y en a en Europe que les deux espèces citées plus haut qui soient réellement dangereuses pour les cultivateurs.

L'eumolpe de la vigne, le *gribouri de la vigne* , Geoffroy, connu dans les campagnes sous les noms de *lisette , coupe-bourgeon*, *piquebrot*, et qu'on confond souvent, à raison de la similitude de leurs ravages , avec l'Attelabe vert (*voyez* ce mot) , est un insecte de deux à trois lignes de long, qui est tout noir, excepté ses élytres qui sont rougeâtres , ou fauve-brun. Il se trouve sur la vigne , principalement dans les parties moyennes de l'Europe. Il sort de terre dès les premiers jours du printemps , et commence ses ravages aussitôt que les bourgeons de la vigne commencent à poindre. Il cerne ces bourgeons, les ronge, les creuse à mesure qu'ils poussent , et si plusieurs individus s'attachent au même , il est bientôt séparé de la tige.

Ainsi donc l'eumolpe de la vigne détruit non seulement l'espoir de la récolte prochaine , mais encore dérange singulièrement celle de l'année suivante. Les boutons ou les bourgeons qui auroient donné du fruit et un bon bois pour la taille prochaine sont détruits ou tellement attaqués qu'ils restent maigres , poussent des faux yeux qui ne peuvent donner du bon bois et au milieu desquels on ne sait où asseoir la taille. Souvent ce n'est qu'après trois ou quatre ans perdus pour la reproduction qu'on peut remettre un cep à fruit , encore faut-il qu'il ait été bien conduit pendant cet espace de temps.

L'accouplement des eumolpes a lieu vers la fin d'avril ou le commencement de mai. Il dure plusieurs heures. C'est l'époque où il est le plus avantageux de le rechercher pour le détruire , parcequ'il se cache moins. Dès qu'on approche de lui il se laisse tomber , contrefait le mort, et comme il est de la couleur de la terre, il est souvent difficile à retrouver , lorsqu'on ne l'a pas saisi avant sa chute. Peu de jours après leur accouplement , souvent même le lendemain , les femelles déposent leurs œufs sur les feuilles de la vigne. Alors les pères et les mères meurent. Les larves qui proviennent de ces œufs sont brunes , ovales , ont six pattes et une tête armée de mâ-

choircs. Elles vivent pendant près de trois mois aux dépens de
la vigne ; mais leurs ravages sont d'une autre nature. Les bourgeons lorsqu'elles naissent ont déjà acquis une forte grosseur
et une grande dureté , ce n'est donc qu'aux dépens des branches latérales , et des feuilles qu'elles se nourrissent d'abord ;
mais bientôt ces branches et ces feuilles deviennent elles-
mêmes trop dures, et alors elles se jettent sur les grappes
qu'elles coupent et font périr. Elles détruisent donc en détail ,
pendant l'été, l'espérance de la récolte, comme leurs pères
et mères l'avoient détruite en gros au printemps. C'est vers le
mois d'août que ces larves descendent des ceps pour s'enfoncer
dans la terre, s'y transformer en nymphes et y passer l'hiver,
comme je l'ai dit précédemment.

Il n'y a en réalité d'autre moyen de détruire cet insecte que
de lui faire la chasse, soit à l'état parfait, soit à l'état de larve,
et ce moyen est de beaucoup insuffisant pour en purger un
vignoble. C'est par l'effet des météores que le cultivateur doit
attendre son anéantissement. On a vu un seul orage les faire
disparoître pour un grand nombre d'années. Un hiver rigoureux produit aussi le même effet, sur-tout si la vigne a été labourée avant les gelées. Il est pénible sans doute d'être obligé
d'attendre sa destruction de circonstances aussi incertaines ;
mais comment faire ?

On trouvera au mot VIGNE d'autres indications à l'égard de
cet insecte que j'ai eu occasion d'observer souvent aux environs
de Paris.

L'EUMOLPE OBSCUR est d'un noir brun , avec les pattes postérieures allongées. Sa forme est plus arrondie et sa grandeur
moindre que celle du précédent. Il se trouve en France,
principalement du côté du midi, et vit ainsi que sa larve
aux dépens de la luzerne. Je l'ai vu deux ou trois fois si
abondant aux environs de Paris dans des champs de luzerne
reservée pour graine, qu'il en avoit mangé toutes les feuilles
et coupé toutes les tiges. Il paroît à peu près à la même époque que le précédent, et sa manière d'être en diffère fort peu.
Sa larve est plus noire et plus petite.

Cet insecte est moins connu que le précédent des cultivateurs , parceque, quand il n'est pas très abondant, on ne
s'aperçoit pas du dommage qu'il cause et que la fréquence
des coupes du fourrage qu'il dévore s'oppose à sa multiplication. En effet, sa larve est à peine née qu'on fait la première
coupe, et qu'il n'y a que les individus qui peuvent saisir les
brindilles échappées à la faux qui peuvent éviter de mourir
de faim. Ces derniers ont encore une autre chance du même
genre à courir avant leur transformation ; aussi, je le répète,
on ne trouve abondamment cet insecte que sur les luzernes

réservées pour graine , ou abandonnées , ou sur les pieds isolés et crus spontanément , sur-tout ceux des terrains secs et
chauds.

' Ce que je viens de dire suffit pour guider le cultivateur dans
les moyens à employer pour s'opposer à ses ravages s'il en
éprouve le besoin. (B.)

EUPATOIRE , *Eupatorium*. Genre de plantes de la syngénésie égale et de la famille des corymbifères , qui renferme
plus de soixante espèces , dont une est propre à l'Europe, et
doit être connue des cultivateurs.

L'eupatoire commun , *Eupatorium cannabinum* , Lin. ,
anciennement appelé *eupatoire d'Avicene*, a une racine fu-
siforme , vivace ; une tige cylindrique, velue, rameuse, haute
de trois à quatre pieds; des feuilles opposées, sessiles, divisées
en trois parties très profondes , lancéolées, et d'un vert très
obscur; des fleurs violettes ramassées en corymbe à l'extrémité
des tiges et des rameaux. Il croît aux lieux humides , et
fleurit à la fin de l'été. Ses feuilles ont une odeur aromatique
forte et une saveur amère. Elles passent pour apéritives, détersives , et ses racines sont purgatives à un haut degré. On
emploie assez fréquemment les unes et les autres. Les chèvres
sont les seuls animaux qui mangent les premières.

Comme cette plante est souvent extrêmement abondante et
fournit un fanage considérable, les cultivateurs ne doivent
pas négliger de la faire couper au moment où elle entre en
fleur , soit pour augmenter la masse de leurs fumiers , soit
pour chauffer le four , soit pour en tirer de la potasse en la
brûlant dans des fosses faites exprès. L'expérience que j'en ai
vu faire sous le premier de ces rapports m'a paru si con-
vaincante, que je n'hésite pas à assurer qu'il est certaines
parties de marais qu'il seroit profitable de planter en eupatoire uniquement pour litière. Le bord des ruisseaux plantés
de saules , de l'intervalle desquels on ne tire ordinairement
aucun parti, seroit encore très convenablement planté en
eupatoire aux mêmes fins.

Parmi les eupatoires étrangers il en est quelques uns qui
sont assez agréables pour servir à orner les jardins paysagers,
et d'autres dont l'emploi en médecine est très important. L'A-
mérique septentrionale en fournit plus de vingt espèces. (B.)

EUPATOIRE DE MESUÉ. Nom vulgaire de l'Achillée
visqueuse. *Voyez* ce mot.

EUPHORBE , *Euphorbia*. Genre de plantes de la dodé-
candrie trigynie et de la famille des titymaloïdes , qui renferme plus de cent espèces , dont quelques unes , extrêmement communes en Europe, sont plus ou moins dangereuses
pour l'homme et les animaux, et servent dans la médecine ,

de sorte que les cultivateurs doivent apprendre à les connoître pour savoir les écarter dans le premier cas, et les choisir
dans le second.

Tous les euphorbes, qu'on appelle aussi TITHYMALES, laissent fluer un suc laiteux lorsqu'on les blesse, et c'est dans ce
suc, qui est âcre et corrosif, que résident leurs qualités délétères et médicales. Les uns, qui appartiennent principalement
à l'Afrique, ont une tige épaisse, charnue, dépourvue de
feuilles, souvent épineuses, et portant des fleurs à leur extrémité supérieure; les autres, parmi lesquels sont tous ceux
d'Europe, ont les feuilles alternes et les fleurs disposées en
corymbes plus ou moins dichotomes. Peu les ont en épis.

Parmi les euphorbes à tige épaisse, je ne citerai que l'EU-
PHORBE DES BOUTIQUES, *Euphorbia officinarum*, Lin., dont la
tige est droite, de la grosseur du bras, qui a des côtes saillantes garnies d'épines solitaires ou géminées. Il croît dans
les parties les plus chaudes et les plus arides de l'Afrique, et
s'élève à la hauteur de huit à dix pieds. Ses fleurs sont jaunâtres
et viennent également sur les côtes vers le sommet de la tige.
On le cultive dans plusieurs serres en Europe, et on le multiplie de bourgeons qu'il pousse quelquefois des mêmes côtes,
et qui, mis en terre, forment de nouveaux pieds.

Il sort naturellement ou par incision des tiges de cette plante
un suc concret en grains jaunes, d'une saveur très âcre et caustique, soluble en plus grande quantité dans l'eau que dans l'esprit-de-vin. C'est la gomme résine qu'on nous apporte d'Afrique
sous le nom d'*euporbe*, et qui est le plus violent des purgatifs.
A haute dose, il cause des coliques très vives, une soif brûlante, l'inflammation de l'estomac et la mort; elle ne doit donc
être employée qu'avec la plus grande précaution et par des
mains exercées. Cette gomme résine est indiquée à l'extérieur
pour résoudre et déterger les tumeurs scrofuleuses, pour arrêter la carie des os, etc. On s'en sert fréquemment dans la
médecine vétérinaire; c'est pourquoi j'en parle ici.

Parmi les euphorbes de France le plus communs ou les
plus employés en médecine sont,

L'EUPHORBE EPURGE, *Euphorbia lathyris*, Lin., qui a les
racines traçantes, vivaces; la tige ronde, solide, d'un vert
rougeâtre, rameuse, haute de deux à trois pieds; les feuilles
opposées, sessiles, lancéolées, lisses; les fleurs jaunâtres et
disposées en ombelles sur des pédoncules quadrifides. Il se
trouve dans les parties méridionales de la France, autour
des villages, dans les haies et autres lieux semblables, et
fleurit presque tout l'été. On le cultive fréquemment dans
les jardins du nord pour l'usage de la médecine, et il s'y
multiplie, par le moyen de ses racines, avec tant de facilité,

qu'il en devient souvent le fléau. Ses racines sont purgatives, émétiques, hydragogues et dépilatoires. Ses feuilles et ses semences ont les mêmes propriétés à un degré inférieur. L'emploi des unes et des autres est d'un grand danger pour l'homme, et ne doit être fait qu'avec précaution; aussi le réserve-t-on aujourd'hui pour les animaux.

Cette plante, par sa grandeur et le beau vert de ses feuilles, n'est pas déplacée dans un jardin paysager, et on peut en conséquence en planter quelques pieds sous les arbustes des premier ou second rangs des massifs.

L'EUPHORBE DES VIGNES, *Euphorbia peplus*, Lin., a les racines annuelles; les tiges cylindriques, rameuses à leur sommet, hautes de six à huit pouces; les feuilles pétiolées, ovales, entières; les fleurs disposées en ombelles sur des pédoncules trifides. On le trouve dans les vignes et les champs cultivés, quelquefois dans les jachères, en si grande abondance, qu'il semble avoir été semé exprès. Les chevaux l'aiment beaucoup, au rapport de Linnæus, mais les autres bestiaux n'y touchent pas. Comme il est en fleur et en fruit pendant presque toute l'année, il est souvent difficile de le détruire sans de grandes dépenses de journées d'ouvriers.

L'EUPHORBE RÉVEILLE MATIN, *Euphorbia helioscopia*, Lin., a les racines annuelles; les tiges cylindriques, rameuses à leur sommet, hautes de huit à dix pouces; les feuilles presque sessiles, cunéiformes, dentées, glabres, et les fleurs disposées en ombelles sur des pédoncules à cinq rayons. Il croît très abondamment dans les jardins, les champs cultivés, sur-tout lorsqu'ils sont un peu humides. Les observations faites à l'occasion du précédent lui conviennent complètement. On l'appelle *réveille matin*, parceque, lorsqu'après l'avoir sarclé, les jardiniers se frottent les yeux, ils ressentent pendant plusieurs jours des démangeaisons aux paupières qui les empêchent de dormir. Son suc mis sur les verrues les détruit quelquefois par l'âcreté dont il est pourvu.

L'EUPHORBE DES CHAMPS, *Euphorbia platiphyllos*, Lin., a la racine annuelle; les tiges hautes d'un pied et plus; les feuilles lancéolées, dentelées; les fleurs portées sur des pédoncules à cinq rayons, et les capsules hérissées. Il croît dans les champs, sur la berge des fossés, et, dans certains endroits, n'est pas moins commun que les précédens, dont il ne diffère pas pour les qualités physiques.

L'EUPHORBE ÉSULE a les racines vivaces; les tiges hautes de huit à dix pouces, les unes stériles, les autres fructifères; les feuilles linéaires, lancéolées; les fleurs disposées en corymbes sur des pédoncules multifides. On le trouve sur le bord des chemins, dans les champs incultes des montagnes calcaires.

Il est quelquefois si abondant, qu'il couvre des espaces considérables, et forme des touffes très denses. Les bestiaux n'y touchent pas.

L'EUPHORBE CYPARISSE a les racines vivaces; les tiges hautes de six à huit pouces, les unes stériles, les autres fructifères; les feuilles lancéolées sur les premières, et sétacées sur les secondes; les fleurs disposées en ombelle sur des pédoncules multifides. Il croît dans les sols secs et arides, principalement dans ceux qui sont sablonneux ou calcaires, et il les couvre quelquefois exclusivement dans de grandes étendues. Les bestiaux n'y touchent pas, excepté peut-être les chevaux, au printemps quand il commence à pousser. On l'appelle vulgairement *la petite ésule*. On l'emploie comme vésicatoire. Sa racine est purgative, mais devient dangereuse entre des mains peu habiles.

L'EUPHORBE DES MARAIS a les racines vivaces; les tiges simples, grosses, hautes d'un à deux pieds; les feuilles lancéolées, et les fleurs disposées en épis terminaux. Il croît dans les marais, et y forme quelquefois des touffes de plusieurs pieds de diamètre.

L'EUPHORBE DES BOIS a les racines vivaces; les tiges hautes d'un pied; les feuilles lancéolées, très entières; les fleurs jaunes et disposées en épis terminaux fort étalés. Il est extrêmement commun dans les bois, sur-tout dans ceux qui sont un peu humides. Rarement il forme des touffes. C'est une assez jolie plante qui n'est pas déplacée sous les massifs des jardins paysagers. Il fleurit au milieu de l'été. Il peut être avantageux dans certains endroits, à raison de son abondance, de la ramasser pour augmenter la masse des fumiers. Son suc est très corrosif.

L'EUPHORBE A FLEURS POURPRES, *Euphorbia characias*. Lin., a les racines vivaces; les tiges simples, frutescentes, hautes d'un à deux pieds; les feuilles lancéolées, entières, et les fleurs d'un rouge noir, disposées en épis dense à l'extrémité des tiges. Il croît dans les lieux arides des parties méridionales de la France, et y forme souvent des touffes d'une grande largeur, qui sont fort remarquables en tout temps, et principalement quand elles sont en fleur.

Toutes ces espèces partagent plus ou moins les propriétés délétères des précédentes. (B.)

EUPHRAISE. *Voyez* EUFRAISE.

EVAPORATION. C'est l'absorption par l'air de l'eau qui se trouve à la surface de la terre, ou combinée dans les animaux, les végétaux et même les minéraux, ainsi que de toutes les liqueurs que l'homme prépare pour son usage.

L'évaporation joue un grand rôle dans la nature, et influe

prodigieusement sur l'agriculture ; mais s'il est des moyens d'empêcher son action sur les liqueurs renfermées dans des bouteilles ou autres vases, il n'est pas possible de s'opposer à celle qu'elle exerce sur les campagnes. Elle varie à chaque instant dans son intensité à chaque point de l'univers, et selon les climats, les saisons, les localités, les vents, etc. Il est impossible de la soumettre à aucun calcul.

Un certain degré de chaleur et un certain espace sont indispensables pour toute évaporation. Elle augmente avec l'augmentation de ces deux circonstances, mais seulement jusqu'à un certain point. L'eau excessivement chaude ne s'évapore pas plus que l'eau simplement bouillante.

L'eau qui s'évapore se transforme en gaz élastique qui se dissout dans l'air, et cette dissolution est favorisée par l'agitation de l'air. Voilà pourquoi les grands vents, lorsque l'air n'est pas encore saturé, sont si hâlans.

Lorsque l'air est très chargé d'eau en dissolution, il a moins de disposition à en prendre de nouvelle. Aussi certains vents, comme ceux du sud, de sud-ouest et de l'ouest, dans le climat de Paris, sont moins desséchans que ceux de l'est et du nord.

Il y a toujours du froid produit par l'évaporation, ainsi que le prouve l'expérience de l'eau qu'on fait geler dans la boule d'un thermomètre, en plongeant à plusieurs reprises cette boule dans de l'esprit-de-vin, ou mieux, de l'éther, en l'exposant chaque fois à un grand courant d'air, ainsi que le prouvent encore ces vases de terre poreuse appelés *alcarazas*, qu'on expose pleins d'eau au soleil en Espagne, laquelle eau se rafraîchit d'autant plus qu'il fait plus chaud, et qu'il en transsude davantage à travers les parois de ces vases.

C'est l'évaporation des eaux de la mer, de la surface de la terre, des animaux et des plantes qui produit les nuages, la pluie et tous les phénomènes analogues ; ainsi elle est tantôt cause, tantôt effet, et dans l'une et l'autre circonstance agit puissamment, soit directement, soit indirectement sur les végétaux et même les animaux, et sur-tout sur l'acte même de la végétation.

Si un air saturé de vapeurs vient à se refroidir soit par l'effet de la rencontre d'un air plus froid, d'une chaîne de montagnes couvertes de neiges, soit par suite d'une commotion électrique, etc., ces vapeurs se condensent ou en pluie ou en sphéroïdes creux extrêmement petits, extrêmement légers ; ces sphéroïdes, qu'on voit facilement en examinant à la loupe une liqueur noire en évaporation, du café par exemple, forment par leur réunion les nuages et les brouillards. Elles se résolvent également en pluie lorsque leur température diminue.

Ces faits sont importans à connoître, parcequ'ils expliquent

beaucoup de phénomènes généraux qui intéressent les cultivateurs, et qu'ils peuvent quelquefois affoiblir leur action pour
leur avantage. C'est principalement en s'élevant au-dessus des
montagnes que les nuages se refroidissent, se résolvent en
pluie ; aussi pleut-il souvent sur les Alpes, presque continuellement sur les Cordilières. Ainsi en favorisant l'accélération de
la diminution de la hauteur des montagnes par des défrichemens indiscrets, on rend les pluies plus rares. On a vu la simple coupe d'un bois, placée sur un sommet de chaîne, interrompre la chute de ces pluies pour les cantons placés plus
bas.

Il est des jours d'hiver où l'évaporation est extrêmement considérable, ce sont ceux qui sont très froids, et où le vent est
très fort. Ces jours la neige et la glace disparoissent sans qu'on
en devine la cause, mais ils sont rares. C'est pendant les plus
grandes chaleurs de l'été que l'évaporation est réellement in-
fluente sur les résultats de l'agriculture. Qui n'a observé les
effets qu'elle produit alors ! Les plantes ne poussent plus, leurs
tiges sont penchées, leurs feuilles fanées, leur fécondationse
fait mal ou point. La terre est crevassée, ne donne plus passage aux racines, ne leur fournit plus de sève. Les sources tarissent, les rivières se rétrécissent, les étangs se dessèchent, etc.
Mais comme à cette époque l'air est ordinairement saturé
d'eau, et que les nuits sont toujours plus froides que les jours,
une partie de cette eau se dépose sur les plantes, en forme de
rosée, et pénètre dans leurs vaisseaux, leur restitue ce que l'évaporation leur a enlevé de trop ; aussi celles qui sont fanées le
soir ne le sont-elles plus le matin.

L'air en mouvement et la chaleur étant les conditions nécessaires dans la plupart des évaporations d'une certaine importance, on en doit conclure que toutes les fois qu'on diminue
ce mouvement et cette chaleur on diminue aussi l'évaporation.
Ainsi les cultivateurs qui veulent conserver les plantes qui aiment l'humidité les placent-ils à l'exposition du nord, au pied
de murs élevés, ou entre des allées d'arbres ou de buissons,
dont les feuilles rompent l'effort des vents, et s'opposent au
passage des rayons du soleil.

Les animaux éprouvent aussi les effets de l'évaporation de
leurs fluides, comme il n'est personne qui ne s'en soit aperçu
à la suite d'un fort travail, d'une longue course, etc., pendant
les chaleurs de l'été. Alors toutes les sécrétions diminuent, deviennent âcres, on a un grand besoin de boire. Rarement ces
circonstances amènent la mort en Europe ; mais cela a lieu
fréquemment dans les déserts brûlans de l'Asie et de l'Afrique.

Ce n'est pas seulement de l'eau que les animaux et les végétaux exhalent, ce sont encore des gaz de diverses sortes, même

des huiles et autres matières. *Voyez* aux mots GAZ et PLANTE.

L'évaporation se fait toujours en raison de la surface ; d'où il faut conclure qu'un étang doit être plutôt profond que large, et qu'un vase disposé à faire évaporer une eau chargée de sel, à distiller le vin, etc., doit être au contraire le plus large possible.

C'est par l'évaporation de leur eau surabondante que les foins, les pailles, les grains de toute espèce, les fruits, etc., se dessèchent. Le cultivateur peut l'accélérer par l'exposition au soleil ou par le moyen d'une chaleur artificielle, et il le fait souvent. *Voyez* aux mots DESSICCATION, ÉTUVE, etc.

Les eaux des pluies qui pénètrent dans la terre descendent en partie jusqu'aux couches d'argile les plus inférieures pour alimenter les fontaines, et restent en partie à la surface, où elles sont évaporées petit à petit. Ce sont ces dernières eaux qui entrent comme parties constituantes dans les végétaux. Leur diminution trop grande occasionne les sécheresses ; leur surabondance est souvent nuisible, soit directement en faisant pourrir les plantes, soit indirectement en s'opposant aux labours, aux semailles, etc. Comme c'est pendant l'hiver qu'il tombe le plus de pluie en France, la sage nature a voulu qu'à l'issue de l'hiver, en mars (ventose du calendrier républicain), des vents violens desséchassent la surface de la terre pour permettre aux graines de germer. Dans les pays plus méridionaux, entre les tropiques, par exemple, où l'évaporation est énorme à raison de la plus grande chaleur du soleil, il pleut presque tous les jours de l'été pendant une ou deux heures, et les rosées de la nuit sont si fortes qu'elles équivalent à une autre pluie. J'ai personnellement vérifié ces deux faits en Caroline pendant les deux années que j'y ai séjourné.

L'évaporation de l'eau des marais, en mettant à l'air les végétaux et les animaux qui, par leur décomposition, fournissent ces gaz délétères auxquels on attribue les maladies propres à ceux qui demeurent dans leur voisinage, donne par conséquent lieu à ces maladies. On en a conclu avec raison que le seul moyen de rendre ce voisinage sain lorsqu'il y a impossibilité de dessécher complètement ces marais étoit de les couvrir d'une plus grande masse d'eau. *Voyez* au mot MARAIS. (B.)

EVASER, ÉVASEMENT. C'est, en agriculture, faire prendre à un arbre fruitier la forme d'un entonnoir. On trouvera au mot BUISSON (ARBRE EN) la manière de le conduire pendant les trois ou quatre premières années de sa vie de manière à lui donner cette forme.

ÉVENT. Maladie du VIN. *Voyez* ce mot.

ÉVENTAIL. On donne ce nom à une sorte de treillis triangulaire ou arrondi formé de baguettes de bois ou de fils de fer, et représentant, soit un éventail, soit un espalier. Ces treillis sont portatifs et faits pour palisser et disposer les branches des plantes et arbustes étrangers qu'on cultive dans des pots, et qu'on est obligé de mettre dans les serres au commencement de l'hiver. Pour les plantes annuelles on les fait communément ovales, et en bois de châtaignier ; mais pour les plantes sarmenteuses vivaces, soit indigènes, soit exotiques, ils doivent être faits en lattes de chêne étroites, clouées les unes aux autres à chaque angle ou point d'intersection. Ceux-ci ont communément la forme d'un triangle. L'éventail de fil de fer est un châssis en fer plat, ayant trois montans traversés par des fils de fer ; à sa partie inférieure il est armé de deux fiches ou pattes qui entrent plus ou moins dans la terre, et qui servent à l'y fixer. Les œillets, que tout le monde connoît et recherche, sont ordinairement disposés sur des éventails, à cause de la foiblesse de leurs tiges. (D.)

EVENTAIL (ARBRE EN.) C'est celui dont les branches forment un éventail.

Dans l'enfance de l'art on disposoit presque toujours les arbres fruitiers en espalier ou en contr'espalier en éventail ; mais la difficulté d'établir une égalité parfaite entre des mères branches nombreuses a fait substituer la taille en V ouvert ou taille de Montreuil à cette forme. Aujourd'hui on ne voit plus guère d'éventail.

Voyez aux mots ESPALIER , CONTR'ESPALIER , QUENOUILLE, BUISSON, et sur-tout l'article PÊCHER, où la taille en V ouvert est décrite avec détail. (B.)

EVENTER LA SÈVE. C'est faire de grandes blessures à un arbre, ou par le retranchement de grosses branches, ou en taillant les petites en bec de flûte très allongé. Si la blessure est considérable, il est indispensable de la recouvrir avec l'ONGUENT DE ST.-FIACRE. *Voyez* ce mot.

EVEUX. Terrains qui deviennent boueux à la moindre pluie, et qui exigent par conséquent une culture particulière.

EVIDER. C'est, dans un sens, la même chose qu'EVASER ; dans un autre, c'est seulement ôter du centre de la tête d'un arbre quelconque les branches qui, n'étant pas frappées de la lumière, s'étiolent et ne sont utiles à rien. *Voyez* au mot ARBRE. (B.)

EVOLAGE. On donne ce nom, en Bresse, à l'alternat d'une portion de terre en étang et en culture de céréale ou de prairies. *Voyez* au mot ETANG.

EXANTHEME. MÉDECINE VÉTÉRINAIRE. On entend ordinairement par ce mot la sortie de quelque matière morbifique à la surface des tégumens des animaux, sous la forme de boutons.

Les maladies exanthématiques sont ordinairement épizootiques (*voyez* ÉPIZOOTIE); elles se manifestent constamment par une éruption de pustules à la peau. De ce genre sont la maladie éruptive des bœufs, la clavelée des moutons, la cristalline des brebis, dont on peut voir une ample description à chaque mot qui les désigne, avec les moyens de les traiter. *Voyez* CLAVEAU. (R.)

EXCAVATION. Roger Schabol a appliqué ce nom aux ulcères que des blessures et autres causes développent dans les arbres; mais quoique toute cavité soit réellement une excavation, on n'en fait pas usage dans ce cas.

On n'appelle généralement excavations que les trous qu'on fait dans la terre, les rochers, soit pour tirer des pierres, de la marne, de l'argile, des minéraux, etc. Elles peuvent être considérées sous deux rapports relativement à l'agriculture, c'est-à-dire ou comme faisant perdre une portion du sol, ou comme pouvant donner lieu à des accidens. Ainsi des hommes et des animaux domestiques peuvent tomber dans une excavation, et se tuer ou se blesser dangereusement; ainsi une excavation peut s'éfondrer sous une charrette, même naturellement, et produire des effets encore plus graves.

Tout cultivateur qui a des excavations au milieu de ses cultures doit faire tous ses efforts pour les combler; et s'il ne le peut pas, à raison de la grande dépense, il doit les consolider par des piliers et entourer leur ouverture, si elle est perpendiculaire, d'une barrière suffisamment élevée.

Cet article paroîtra superflu à ceux qui ne savent pas combien est grande l'incurie des habitans de certains cantons. Je pose en fait qu'il meurt chaque année beaucoup d'hommes et d'animaux en France, parceque les dangers qui ne sont que possibles sont regardés comme nuls. (B.)

EXCORIATION. Enlèvement d'une partie de la peau d'un animal ou d'une plante, par accident ou par suite de quelque maladie.

Lorsque l'excoriation est la suite d'un accident, les seuls efforts de la nature, sur-tout lorsque cette excoriation n'est pas très étendue, ne tardent pas ordinairement à la guérir; mais on peut accélérer cette guérison par divers moyens, qui tous ont pour objet et d'entretenir une humidité suffisante autour de la plaie, et de la garantir du contact de l'air. Les onguents graisseux pour les animaux, l'onguent de Saint-Fiacre ou autres analogues pour les végétaux, satisfont très bien à ces deux conditions.

Dans les arbres, l'excoriation peut être complète ou incomplète. Elle est complète lorsque le liber est entièrement enlevé ; elle est incomplète lorsqu'il ne l'est pas. Dans le premier cas, il y a toujours solution locale de continuité entre les anciennes et les nouvelles couches ligneuses ; dans le second, la reproduction est complète.

Je ne m'étendrai pas davantage sur cet objet, dont il sera question aux mots PEAU et PLAIE. (B.)

EXCRÉMENS DE CHAUVE-SOURIS. On a fait à Cosne des expériences qui constatent que les excrémens des chauve-souris sont un puissant engrais. Il est des cavernes, de vieux édifices où ces excrémens sont assez abondans pour mériter d'être recueillis. (B.)

EXCRÉMENS HUMAINS. Derniers résultats de la digestion des alimens dont l'homme fait usage. Ils varient beaucoup, selon l'espèce de nourriture dont ils proviennent, la constitution, l'âge, l'état actuel de maladie ou de santé de celui qui les rend. Ils ont une couleur jaune plus ou moins intense qu'ils doivent à la bile qui y est toujours mêlée, et une odeur fétide généralement causée par de l'hydrogène sulfuré ou phosphoré. Souvent ils sont acides. Toujours ils donnent du carbonate d'ammoniac à leur distillation. Ils renferment les élémens du soufre. Leur analyse n'a pas encore été faite d'une manière complète.

De tout temps les excrémens humains ont été regardés comme un des plus puissans engrais ; mais aussi de tout temps on a répugné à les employer, soit à cause des idées repoussantes qu'on y attachoit, soit par la difficulté de trouver des ouvriers qui voulussent, sans une énorme rétribution, se charger de les répandre. Aujourd'hui même il n'y a guère que les actifs et courageux cultivateurs des environs de Lille et de Grenoble qui, en France, les recherchent et s'en servent avec régularité.

Comme beaucoup de cultivateurs ont pu s'en apercevoir, les excrémens humains font périr l'herbe sur laquelle on les dépose, et il faut souvent plusieurs mois avant qu'il en paroisse de nouvelle. Il est certain que c'est par excès de principe fertilisant, (peut-être cependant d'azote) que les excrémens détruisent ainsi les plantes ; car lorsqu'on les divise extrêmement, ou que les insectes des genres SCARABÉ, BOUZIER, ESCARBOT, MOUCHE, etc., se sont nourris à leurs dépens, ils ne produisent plus les mêmes effets. *Voyez* AISANCE (FOSSE D').

On a beaucoup disserté sur la question de savoir si les excrémens humains, qu'on appelle dans quelques cantons *courte graisse*, *gadoue*, donnoient ou ne donnoient pas une saveur désagréable aux plantes ou produits des plantes dont ils augmentoient la masse. Il me semble que l'observation et le raisonnement pouvoient décider cette question. Quel est le cultivateur qui n'ait été à portée de voir que les bestiaux en général refusoient de manger l'herbe si belle, si verdoyante, qui croît dans les lieux où un homme a déposé ses excrémens six mois ou même un an auparavant ? Quel est le voyageur qui n'ait pas trouvé par-tout l'opinion établie des inconvéniens de cet engrais, relativement à la saveur des fruits ? Quant à moi, j'ai eu plusieurs fois l'occasion de juger que cette opinion n'étoit point un préjugé. J'ai usé à Langres d'un pain fait avec du blé crû dans le champ le plus voisin de Bellefontaine, une année qu'il avoit été fumé avec le produit des latrines de la ville, et il étoit d'un goût détestable. J'ai mangé à Meudon des poires d'un arbre qu'on avoit rétabli en bonne végétation par un fort bouillon de vidanges, et qui en avoient évidemment la saveur. J'ai goûté à Radegonde des laitues plantées contre un mur où auparavant on alloit faire ses besoins, et qui devoient leur mauvais goût à la même cause. Je pourrois peut-être multiplier ces citations, si je voulois tourmenter ma mémoire.

Mais quoique je reconnoisse les mauvais effets des excrémens humains sur la saveur des substances végétales alimentaires, je n'en proclame pas moins leurs avantages, et je ne fais pas moins des vœux pour que l'agriculture cesse de laisser perdre, comme elle le fait presque par-tout en France, un si précieux engrais. Ce n'est que l'excès qui nuit. Un emploi modéré pare à tous les inconvéniens.

On accuse les excrémens humains de ne pas produire des effets durables. Cela est vrai ; mais ils sont si marqués ! Qu'on en répande souvent et peu à la fois, et tout sera compensé. Il semble, à entendre dire certaines personnes, que tout dans la nature doit réunir les avantages que l'homme peut désirer. Sachons tirer parti de chaque chose, et n'exigeons pas l'impossible.

Aux environs de Lille, où, comme je l'ai dit plus haut, on estime beaucoup les excrémens humains, on les enlève tous les quinze jours des fosses des villes pour les transporter dans les campagnes, et on les dépose dans des citernes ou grandes fosses couvertes, nommées *tabatières*, jusqu'à l'époque où on doit les utiliser. C'est sous forme très liquide et avant de donner le dernier labour qu'on les répand sur les terres, au moyen d'une espèce de grande cuiller à long manche, qu'on appelle louche aux environs de Grenoble ; il n'est permis de vider les fosses que pendant l'hiver.

Ce moyen, quoique consacré par l'expérience et sans doute plus simple qu'aucun autre, ne me paroît pas le meilleur. Il me semble qu'il seroit moins dégoûtant et plus facile de mêler ces excrémens dans la fosse même avec de la terre, et de répandre cette terre, lorsqu'elle seroit à moitié, ou même totalement sèche, et qu'elle auroit perdu son odeur, en la transportant dans des tombereaux. J'ai développé aux mots FUMIER, ALGUES, COMPOST, etc., les avantages de la stratification; et ici ces avantages sont augmentés par la nature même de l'engrais. On gagne de plus par-là toute la partie la plus liquide des excrémens, qui s'infiltre dans les terres de la fosse et se perd dans la profondeur, parceque chaque fois qu'on en apporteroit on la stratifieroit sur-le-champ avec de la nouvelle terre. Ce bénéfice doit probablement compenser l'augmentation de la main-d'œuvre.

Les inconvéniens de la méthode flamande et dauphinoise paroissent avoir frappé les esprits à différentes époques; car depuis que je suis au courant de ce qui se passe dans le monde, c'est-à-dire depuis environ quarante ans, j'ai vu deux ou trois fois essayer de former des établissemens pour dessécher les excrémens humains, afin de pouvoir en faire usage plus commodément. En dernier lieu, M. Bridet en a créé un près Paris qui a eu un grand succès. Il appelle POUDRETTE le résultat de ce desséchement.

Il suffit de voir la fabrique de M. Bridet, établie à Montfaucon, pour juger qu'une grande partie des principes des excrémens se perd par l'évaporation lorsqu'il fait sec et chaud, et par l'infiltration lorsqu'il pleut. Il en reste toujours assez, dira-t-on! Oui, sans doute; mais en agriculture il faut perdre le moins possible. Or, la stratification a à cet égard un avantage marqué sur la dessiccation.

Le grand avantage de la poudrette c'est sa facile conservation, son facile transport, son facile emploi. En effet, mise dans un tonneau défoncé, dans un endroit sec, on peut la garder aussi long-temps qu'on le désire; deux ou trois setiers suffisent pour fumer un arpent. On la répand à la main comme les semences, et la légère odeur qu'elle conserve, fort différente de ce qu'elle avoit lorsqu'elle étoit liquide, ne répugne à personne.

Il résulte des calculs de M. Bridet que chaque individu peut fournir chaque année deux boisseaux de poudrette, c'est-à-dire à peu près le douzième de ce qu'il faut pour un arpent. Qu'on juge d'après cela du bénéfice qui résulteroit pour l'agriculture de l'emploi de toute celle qui est dispersée.

Pour ne point perdre des excrémens qu'on veut stratifier avec de la terre, il faut faire faire dans un lieu éloigné de la maison, et à portée des terres, un bassin plus profond que large, revêtu et pavé d'un mur à pierre et à chaux. La légère dépense de cette construction sera bientôt couverte par l'avantage annuel qui en sera la suite.

Ce n'est guère qu'à la portée des villes que les cultivateurs peuvent se livrer à des spéculations sur l'engrais provenant des excrémens. Dans les campagnes il faut se contenter de ceux qui proviennent des habitans de la maison, mais cependant les traiter en petit comme il vient d'être dit. Les jeter sur le fumier, comme on le fait dans beaucoup de lieux, ne remplit pas si bien son objet, et rend le transport et l'expansion fort désagréable. *Voyez* aux mots ENGRAIS et FUMIER.

Les Chinois, dit-on, tirent un grand parti des vidanges des latrines pour engraisser les terres froides et humides. Ils les répandent en petite quantité et mêlées avec une espèce de craie jaune (sans doute une marne); ce qui semble rentrer dans mon idée.

Je finis en répétant qu'ils sont coupables les cultivateurs qui, par de fausses idées de convenance, par la crainte de la mauvaise odeur ou autres causes, se refusent à profiter d'un aussi puissant moyen d'augmenter les productions du sol, d'assurer par conséquent les bases de la richesse de leur pays.

On doit à MM. Tessier et Parmentier un excellent rapport sur la fabrication de la poudrette. Il est inséré dans le second volume des Annales d'agriculture du premier de ces célèbres agronomes. *Voyez* aussi dans le même ouvrage, vol. 5, un mémoire de M. Saladin, sur l'emploi des matières fécales liquides aux environs de Lille. (B.)

EXCROISSANCE. Tumeur contre nature, qui se développe dans ou sur les animaux et les végétaux.

Les principales excroissances, pouvant exister sur ou dans les animaux domestiques, ont un nom particulier. Il en sera traité à ces noms. *Voyez* FIC, LOUPE, VERRUE, POIREAU.

Dans les plantes, la plupart des excroissances prennent le nom de LOUPE. Elles sont dues le plus souvent à des coups ou à des retranchemens de branches, du moins voit-on les arbres plantés sur les grandes routes en être plus affectés que ceux des forêts.

Toutes les excroissances nuisent nécessairement à la vigueur et à la beauté des arbres. Quelquefois on peut les extirper, sur-tout dans la jeunesse; mais quelquefois aussi les efforts qu'on fait pour y parvenir ne servent qu'à accélérer leur grossissement ou à faire mourir le pied. Presque toujours, lorsqu'elles sont sur des branches, la suppression de ces branches doit être préférée comme plus sûre et moins dangereuse.

Certaines excroissances sont unies, d'autres sont plus ou moins crevassées. Il en est sur lesquelles naissent une grande quantité de petites branches. Les variations qu'elles offrent dans leur forme et leur grosseur sont sans nombre. *Voyez* au mot Loupe. Quelquefois elles s'ulcèrent. Plus souvent elles ne s'altèrent que lorsque le tronc l'est déjà.

Il est des excroissances qui, dans certains arbres, comme l'érable sycomore et l'orme, acquièrent par l'entrelacement et la coloration de leurs fibres une valeur bien supérieure à celle du bois le plus sain, parcequ'on les emploie à faire de petits ouvrages de tour ou d'ébenisterie fort agréables et fort recherchés. *Voyez* au mot Brouzin. (B.)

EXCRU. En terme forestier ce sont les arbres isolés qui croissent hors des forêts, mais sur un terrain qui en dépend. Ils sont moins hauts que les autres, mais leur bois est plus dur à raison de leur situation aérée. Ils donnent aussi plus de graines. *Voyez* au mot Bois. (B.)

EXFOLIATION. On donne quelquefois ce nom aux maladies ou aux accidens qui soulèvent l'écorce, ou seulement quelques unes des couches corticales des arbres. La gelée, les coups de soleil, les blessures sont les causes les plus connues de l'exfoliation. Celles qui proviennent de maladies internes sont encore à étudier. Dans tous les cas, l'exfoliation se guérit comme les plaies simples, c'est-à-dire en couvrant la partie exfoliée avec de l'onguent de Saint-Fiacre ou tout autre. *Voyez* au mot Plaie des arbres.

Un arbre dont on a couvert l'écorce avec de la paille pour le garantir de la dent des bestiaux ou d'un frottement quelconque est, lorsqu'on le découvre, plus sujet que les autres à l'exfoliation, parceque son écorce s'est attendrie par l'excès d'humidité et privation du soleil. C'est toujours une fort mauvaise opération que celle-là lorsque ses résultats doivent durer long-temps. (B.)

EXHALAISON. Sorte de vapeur plus ou moins visible, qui s'élève des substances en fermentation, ou en corruption, ou en ignition, et se répand dans l'air. Il y a donc autant d'espèces d'exhalaisons que de sujets exhalans, et elles sont portées suivant la direction des vents. Toute exhalaison qui vicie l'air au point de le rendre *méphitique* est dangereuse (*voyez* le mot Mophette); l'exhalaison ou vapeur du charbon allumé est mortelle, si elle a lieu dans un endroit clos, et produit l'*asphyxie;* il en est de même d'une cuve en fermentation, des fosses d'Aisance (*voyez* ce mot), des égouts, etc.; leur effet se produit sur-le-champ. Il n'en est pas ainsi de celles qui s'élèvent des *étangs*, des *marais;* leur effet est plus lent, mais il n'en est pas moins redoutable. La prudence garantit des premières; la fuite, l'abandon des lieux sont indispensables, lorsque l'industrie humaine ou la misère s'opposent à la destruction de la cause des secondes. (R.)

EXOSTOSE. Médecine vétérinaire. Tumeur osseuse qui

s'élève sur la surface de l'os, et qui est faite de sa substance ; elle vient le plus souvent de cause externe dans le cheval, comme des coups, des chutes, des plaies faites à l'os.

Toutes les parties du corps du cheval sont exposées à l'exostose. Le Suros, l'Eparvin calleux, la Courbe, etc., sont des exostoses. *Voyez* tous ces mots. On connoît l'exostose à un gonflement surnaturel de l'os, accompagné d'une douleur très vive, qui augmente à mesure que la tumeur fait des progrès.

On emploie contre l'exostose les mêmes remèdes que nous avons indiqués pour l'anchylose. *Voyez* Anchylose. On peut aussi se servir de l'emplâtre de ciguë avant d'appliquer le feu. Cet emplâtre se fait de la manière suivante :

Prenez cire jaune, poix résine, de chaque demi-livre ; poix blanche, sept onces ; concassez ces substances, et mettez-les dans un pot de terre sur un petit feu ; et lorsqu'elles sont fondues, ajoutez gomme ammoniaque dissoute dans le vinaigre, huit onces ; suc exprimé de ciguë, six livres ; chauffez le tout à petit feu jusqu'à évaporation de toute l'humidité ; passez le mélange au travers d'un linge mouillé, exprimez fortement, laissez refroidir la masse, séparez-la de ses fèces ; ensuite faites liquéfier l'emplâtre dans un pot qui soit propre, et appliquez sur l'exostose.

Cet emplâtre nous a réussi parfaitement dans une courbe commençante d'une mule de charrette. (R.)

EXOTIQUE. Ce mot est synonyme d'étranger dans la langue botanique. Toute plante qui croît naturellement hors de l'Europe est exotique ; cependant il semble que, dans l'usage ordinaire, on veuille le circonscrire aux seules plantes des pays chauds, aux intertropicales qui exigent la serre dans le climat de Paris. (B.)

EXPÉRIENCE. On appelle expérience, en agriculture, et l'habitude acquise de la pratique des divers travaux dont elle se compose, et les essais faits pour obtenir des résultats nouveaux.

Dans le premier sens on dit que l'*expérience est un grand maître*, et cela est vrai ; mais quand cette expérience n'est pas accompagnée du raisonnement, elle devient routine.

La routine est sûre lorsqu'elle s'exerce dans un même local, sur les mêmes objets, pendant les mêmes circonstances atmosphériques ; mais sort-elle de ce local, entreprend-elle de nouvelles cultures, y a-t-il de grands dérangemens dans les saisons, elle fait faute sur faute, et cause par suite des pertes sans nombre à celui qui la suit aveuglément.

Il faut donc que pour que l'expérience soit réellement utile à l'agriculture, qu'elle soit accompagnée de la théorie, non de cette théorie fruit d'une imagination ardente et d'un charlatanisme coupable, telle que celle qui se trouve dans beaucoup de livres qui ont été imprimés dans ces derniers temps, et qui ne sert réellement qu'à égarer ; mais de celle qui est fondée toute entière sur l'étude de la géologie, de la physique, de la chimie, de la botanique, de la géométrie, etc., etc., enfin sur l'expérience prise dans le premier sens, ou les expériences prises dans le second. Cette sorte d'expérience s'applique à tous les climats, à tous les temps, à tous les terrains, à toutes les sortes de cultures, parceque tout se lie dans la nature quand on part d'un principe général, tandis que les conclusions qu'on tire d'un seul fait sont souvent erronées.

Un laboureur qui tient chaque jour pendant huit heures la queue de sa charrue, qui est obligé de porter son attention sur la quantité de terre qu'elle prend, sur la profondeur à laquelle elle pénètre, sur rectitude de la ligne qu'elle parcourt, sur les immondices dont elle se charge, sur la marche des animaux qui la traînent, etc., etc., peut acquérir beaucoup d'expérience dans le labourage du local qu'il cultive, et donner d'excellentes notions sur le meilleur mode de le faire ; mais il ne peut améliorer le labourage en général, parceque ce n'est qu'en voyant labourer avec beaucoup de sortes de charrues, dans des terrains très différens, avec des animaux de plusieurs sortes, etc., qu'on peut acquérir les dispositions propres à réfléchir sur ces améliorations, et par conséquent à les concevoir. Souvent un homme éclairé, qui verra travailler pendant une heure ce laboureur, sera plus instruit que lui sur les motifs qui le font agir, et pourra lui donner des indications utiles auxquelles il n'eût jamais pensé de sa vie. L'habitude de méditer est un avantage dont jouissent peu de cultivateurs, et comment pourroient-ils l'acquérir cette habitude, puisqu'elle est l'enfant du repos du corps et de la tranquillité de l'esprit, et que les habitans des campagnes sont presque par-tout constamment écrasés sous le poids des travaux, et tourmentés par des inquiétudes toujours renaissantes ! Il ne faut donc pas croire qu'il suffise d'avoir ce que l'on appelle communément de l'expérience en agriculture pour être bon cultivateur ; souvent même cette expérience, qui est la vraie routine, comme je l'ai fait remarquer plus haut, s'oppose à toute amélioration. On ne veut pas changer de méthode uniquement parcequ'on la suit depuis des siècles dans le canton. Quel est le voyageur éclairé qui n'ait pas eu à gémir des réponses des cultivateurs à qui il prouvoit, par des raisonnemens et des faits, qu'il étoit de leur intérêt d'introduire telle culture, de modifier la leur de telle manière, etc. !

Certainement il seroit ridicule d'exiger que tous les labou-

reurs, que tous leurs valets, leurs servantes fussent instruits de
la théorie des sciences sur lesquelles les fondemens de l'agriculture reposent; mais les véritables amis de l'humanité doivent
désirer que leur éducation soit moins négligée, qu'au lieu des
absurdes préjugés dont ils sont imbus, on leur inculque dès
l'enfance des principes généraux propres à les guider pendant
toute leur vie. *Voyez* au mot EDUCATION AGRICOLE.

Dans le second sens le mot expérience est synonyme du mot
essai. C'est une culture en petit, ou une opération faite dans la
vue de s'assurer, sans beaucoup de dépenses, s'il peut être
possible ou seulement avantageux de cultiver telle plante dans
tel climat, dans tel sol, de diminuer les effets ou les suites de
telle circonstance nuisible, etc., etc.

Pour faire utilement des expériences, il faut joindre à un
esprit juste des connoissances étendues et l'habitude de la réflexion; aussi ne sont-elles que des moyens d'erreurs pour
certaines personnes. Tant de causes peuvent influer sur tel ou
tel résultat agricole, que la sagacité la plus éminente ne suffit
pas toujours pour découvrir celle qui a agit dans une circonstance donnée. Aussi faut-il répéter les expériences, les varier
un grand nombre de fois avant d'en tirer des conséquences
définitives, théoriques et pratiques. Je crois qu'il est toujours
sage de ne pas s'en rapporter uniquement à soi pour porter
sur leur résultat un jugement définitif; car chaque homme
abonde dans son sens, et ne voit souvent que ce qu'il a intérêt
de voir. De la discussion naît toujours la vérité.

C'est ici le lieu de proclamer les avantages des sociétés d'a-
griculture, qui, placées dans les chefs-lieux de départemens,
entretenant une active correspondance les unes avec les autres,
composées en partie d'hommes instruits dans la théorie, en
partie d'hommes habiles dans la pratique, la plupart mus par
un zèle désintéressé, peuvent rendre, et rendent en effet des
services éminens à l'agriculture en provoquant, faisant ou
répétant, dans leur localité, les expériences qu'elles jugent
utiles, en publiant leurs résultats, en récompensant par des
louanges ou des gratifications appelées prix ou primes les cultures nouvelles ou perfectionnées. Il ne leur manque plus que
d'être, comme elles étoient ci-devant dans l'état de Venise,
une sorte de conseil du gouvernement pour remplir complètement leur honorable destination.

Je pourrois beaucoup étendre ces réflexions, mais il faut
que je les borne. Au reste, la plupart des articles de cet ouvrage sont des complémens à celui-ci. (B.)

EXPLOITATION. Ce mot a différentes applications. On
dit exploiter ses terres pour les cultiver et en retirer le pro-

duit, exploiter ses bois lorsqu'on les fait couper pour en vendre les arbres. (B.)

EXPLOITATION DES BOIS. Art du forestier. *Exploiter un bois*, c'est en couper le taillis, ainsi que les arbres abandonnés ; et les convertir ensuite en combustibles, en charpente, et en marchandises propres aux arts.

Ce n'est que depuis environ soixante ans que l'exploitation des bois a été soumise à des règles invariables. MM. de Buffon et Duhamel en ont, pour ainsi dire, créé la théorie, et ils l'ont déduite de belles et nombreuses expériences qu'ils ont faites sur la force des bois.

Cet art, autrefois borné au travail routinier du bûcheron, embrasse aujourd'hui, 1° la connoissance de tous les arbres forestiers et de leur manière de végéter sur les différentes natures de sols et sous les divers climats ; 2° celle des différentes marchandises que l'on peut retirer de chaque essence, suivant l'âge auquel on la coupe, ou les dimensions qu'elle a acquises, ainsi que des bois ouvrés les plus chers et les plus recherchés par le commerce ; 3° la faculté de pouvoir évaluer, avec autant de précision que la pratique peut le demander, le produit en matière d'un bois encore sur pied, à l'inspection de ses essences, de leurs dimensions présumées et de l'état de conservation dans lequel il se trouve ; 4° tous les détails de fabrication des différentes marchandises que l'on peut en retirer, les prix locaux des mains-d'œuvre, de transports, etc., dont nous ne parlerons cependant point ici, parceque si la connoissance particulière de ces différens détails est indispensable au marchand de bois exploitant, il suffit au propriétaire d'être en état d'en apprécier les résultats.

Section I. *Des arbres forestiers de la France*. La nomenclature de ces arbres n'est pas fort étendue, et leur nombre se borne à environ trente-une espèces principales, en y comprenant les arbres utiles qu'on ne peut planter qu'isolément.

Nous aurions pu cependant l'élever plus haut, mais nous avons cru devoir négliger dans leur nomenclature, 1° *les arbustes*, parcequ'ils ne présentent qu'une bien foible ressource à la consommation générale ; 2° *les variétés de chaque espèce*, parceque généralement leurs propriétés et leur végétation étant à peu près les mêmes, ces variétés ne changent rien dans le calcul de leurs produits en matière ; 3° *les arbres forestiers nouvellement naturalisés*, qui ne sont pas assez généralement multipliés dans les bois pour pouvoir influer sensiblement sur leurs produits ; tels sont les robiniers, les micocouliers, les noyers, les frênes, les érables et les peupliers étrangers.

D'ailleurs la richesse en bois d'un état consiste moins à en posséder le plus grand nombre possible d'essences qu'une étendue suffisante pour satisfaire à tous les besoins de la consommation, et des essences assez variées pour que les unes ou les autres puissent prospérer dans les différentes localités de cet état.

Sous ce point de vue, la France est encore un des états les plus favorisés de l'Europe, et si quelques natures de sols s'y montrent encore réfractaires à la végétation des arbres forestiers, nous avons l'espérance de les voir bientôt utilisées par des plantations d'arbres tirés de l'Amérique septentrionale, et qui y prospèrent dans des terrains et sous une température analogues.

Nous devrons ce nouveau bienfait à la prévoyance et à la sollicitude de notre gouvernement. Notre confrère M. Michaux a été chargé par lui de faire le choix de ces arbres et de leur graine, et leur culture est confiée en France aux soins de MM. les administrateurs généraux des forêts et de l'inspecteur des pépinières impériales et nationales, notre collaborateur Bosc.

Voici donc la nomenclature de nos principaux arbres forestiers indigènes.

1º Le chêne et ses variétés, *quercus ;* 2º le hêtre, *fagus sylvatica ;* 3º le charme, *carpinus betulus ;* 4º le bouleau, *betula alba ;* 5º l'orme et ses variétés, *ulmus ;* 6' l'érable, *acer campestre ;* 7' l'aune, *betula alnus ;* 8º le frêne, *fraxinus excelsior ;* 9º le tilleul, *tillia sylvestris ;* 10º le châtaignier, *fagus castanea ;* 11º le noyer, *juglans regia ;* 12º le poirier sauvage, *pyrus communis ;* 13º le pommier sauvage, *pyrus malus ;* 14º le merisier, *prunus avium ;* 15º l'alisier, *cratægus torminalis ;* 16" le sorbier des oiseaux, *sorbus aucuparia ;* 17º le cormier, *sorbus domestica ;* 18º le tremble, *populus tremula ;* 19º l'ypréau, ou blanc d'Hollande, *populus alba ;* 20º le peuplier dit de France, ou commun, *populus nigra ;* 21º le grisard, *populus cinerea vel canescens ;* 22º le peuplier d'Italie, *populus fastigiata ;* 23º le sycomore, *acer pseudo-platanus ;* 24º l'érable plane, *acer platanoïdes ;* 25º le noisetier, ou coudrier, *corylus sylvestris ;* 26º le saule marceau, *salix capræa ;* 27º le saule arbre, saule osier, *salix alba et salix viminalis ;* 28º le pin, *pinus sylvestris ;* 29º l'épicia ou épécia, *pinus picea ;* 30º le sapin, *pinus abies ;* 31º le mélèze, *larix Europæa.*

On est dans l'usage de classer les arbres suivant les rapports différens sous lesquels on les considère. Ici nous parlons en forestiers, et nous les envisageons sous les doubles rapports de leur longévité et de leurs produits suivant l'âge auquel on les coupe, afin de pouvoir en déduire les aménagemens les plus avantageux.

Sous ce point de vue, nous diviscrons les arbres en trois familles principales; savoir, 1º celle des *bois durs ;* 2º celle des bois blancs ; 3° et celle des *bois résineux* ; et ce classement, adopté par le commerce et les forestiers, désigne suffisamment la différence qui existe entre la qualité du bois de ces diverses essences et leur longévité particulière, laquelle est dans un rapport assez constant avec leur pesanteur spécifique.

Dans la première famille, on comprend, 1° le chêne ; 2° le frêne ; 3° le hêtre ; 4° le charme ; 5° le châtaignier ; 6° l'orme ; 7° le noyer ; 8° l'érable ; 9° le sycomore ; 10° l'érable plane ; 11° le platane ; 12° l'alisier ; 13° le sorbier ; 14° le cormier ; 15° le coudrier ; 16° le merisier ; 17° le poirier ; 18° le pommier.

Dans la seconde famille, 1° le tilleul ; 2° l'ypréau ; 3° le grisard ; 4° le bouleau ; 5° le peuplier noir ; 6° le peuplier de France ; 7° le peuplier d'Italie ; 8° le tremble ; 9° l'aune ; 10° le saule-marceau ; 11° le saule-arbre et le saule-osier.

Et dans la troisième, 1° le pin ; 2° l'ipécia ; 3° le sapin ; 4° le mélèze.

Les forestiers allemands, suivant M. Hartig, n'admettent que deux grandes divisions parmi les arbres forestiers ; celle des *arbres feuillus*, ou qui perdent leurs feuilles à l'automne, et la classe des arbres résineux.

Nous n'entrerons ici dans aucuns détails sur la description, la végétation et la culture des différentes espèces d'arbres forestiers, parcequ'on les trouvera à leur article particulier ; nous ne parlerons que de leurs usages et de leurs produits en massifs.

On trouvera également, en les cherchant, les arbres et arbustes forestiers que nous avons négligés dans cette nomenclature.

Section seconde. *Usages des différentes essences de nos bois forestiers.* Il est rare qu'on ne puisse tirer la même marchandise de plusieurs espèces de bois ; mais sa qualité n'est pas la même dans les essences différentes. Pour rendre plus reconnoissable la différence qui existe entre les qualités d'une même marchandise tirée de différentes essences, nous placerons en première ligne, dans le tableau que nous allons en donner, l'essence qui la produit de première qualité, et ainsi de suite jusqu'à celle qui la fournit de la qualité la plus inférieure.

Tableau des marchandises que l'on peut extraire des différentes essences de bois.

Art. 1er *Charbons.* On fait du charbon avec toute espèce de bois de petite grosseur. Le meilleur est celui qui provient de bois âgés de dix à trente-cinq ans. Au-dessus de cet âge, le charbon a d'autant moins de qualité que le bois est plus vieux.

Les essences qui produisent le meilleur charbon sont, 1° le charme; 2° le hêtre; 3° l'orme; 4° le chêne; 5° le frêne; 6° le châtaigner; 7° l'érable; 8° le coudrier; 9° le sycomore; 10° l'érable plane; 11° les arbres résineux; 12° le saule-marceau; 13° le bouleau; 14° l'aune; 15° le tremble; 16° le tilleul.

Art. 2. *Bois de chauffage.* On le tire, 1° de l'orme; 2° du chêne; 3° du frêne; 4° du charme; 5° du hêtre; 6° du châtaignier en rondain (fendu, il pétille beaucoup, et son usage est dangereux); 7° de l'érable; 8° du sycomore; 9° de l'érable plane; 10° du noyer (en rondin); 11° du merisier (en rondin); 12° du bouleau; 13° de l'ypréau; 14° des arbres résineux; 15° de l'aune; 16° du tremble; 17° du tilleul; 18° du peuplier noir; 19° du maronnier d'Inde (en rondin); 20° du peuplier de France; 21° du saule; 22° du peuplier d'Italie.

Dans cet ordre de la qualité des bois de chauffage, nous ne comprenons point le cormier, l'alisier, le poirier et le pommier qui fournissent d'aussi bon bois de chauffage que le frêne, non plus que le sorbier, le merisier, etc., parceque les essences sont généralement trop rares dans les bois pour être employées à cet usage.

Art. 3. *Bois ouvrés pour les besoins des constructions navales.* Les arbres futaies dont on peut tirer les bois propres à ces constructions sont, 1° le chêne pour le corps des vaisseaux; 2° le sapin et le pin pour la mâture et les bordages; 3° le mélèze pour le corps du vaisseau; 4° le hêtre pour la quille à défaut de chêne.

On se sert aussi quelquefois du hêtre pour les bordages du fond, mais ils durent moins long-temps que ceux qui sont en chêne.

Art. 4. *Bois ouvrés pour les besoins de la navigation intérieure.* On les tire, 1° du chêne; 2° des arbres résineux; 3° du hêtre.

Art. 5. *Charpentes des grandes constructions civiles.* Les arbres futaies qui les fournissent sont, 1° le chêne; 2° le châtaignier; 3° le pin.

On tire d'ailleurs les pièces secondaires des grandes usines; savoir, 1° les aiguilles, de l'orme; 2° les écroux et les plateaux de lanterne, de l'orme et du noyer; 3° les fuseaux et les alluchons, du cormier, de l'alisier et du pommier; 4° les vis, de l'orme, du cormier, de l'alisier et du charme.

Art. 6. *Charpentes des constructions civiles ordinaires.* On les tire, 1° du chêne; 2° du châtaignier; 3° des arbres résineux; 4° de l'orme; 5° du cormier; 6° de l'alisier; 7° du merisier; 8° de l'ypréau; 9° du tremble; 10° des peupliers, parmi lesquels celui d'Italie tient le dernier rang.

Art. 7. *Merrains à tonneaux et à bateaux.* On ne peut tirer

de bons merrains que du cœur de bois de chêne , choisi parmi
les arbres les plus âgés. A son défaut, on sera obligé d'avoir
recours au hêtre ; mais il n'aura pas la même qualité, sur-tout
pour les bateaux. Cependant pour les tonneaux, la propriété
qu'a cette essence de soutenir les vins foibles et délicats, et de
les faire durer plus long-temps, compensera en quelque sorte
l'infériorité de la qualité de son bois.

Art. 8. *Lattes à jalousies, à ardoises, etc.* Elles se tirent,
1° du cœur du chêne ; 2° du châtaignier ; 3° des bois blancs.

Art. 9. *Boissellerie, mesures à grains, caisses de tambour,
cercles à cribles et à tamis, moules à fromages, etc.* Les bois-
selleries et les mesures à grains se tirent exclusivement du
cœur du chêne ; et l'on fabrique les autres marchandises de
cet article, 1° avec le chêne ; 2° le hêtre ; 3° le sapin ; 4° avec
le tremble.

Art. 10. *Treillages, perches à vignes.* On fabrique ces perches avec des brins de taillis que l'on fend. Celle à vignes se
prend toujours dans le cœur du chêne , tandis que la perche
de treillage est souvent avec son aubier. On tire ces perches,
1° du chêne ; 2° du châtaignier ; 3° du frêne.

Depuis quelque temps on se sert, pour les treillages , de
perches de sciage. Elles sont plus chères que celles de fente ;
mais lorsqu'on a le soin de les peindre et de les bien entretenir , leur longue durée les rend définitivement plus économiques.

Art. 11. *Echalas ou paisseaux de fente.* On fait des échalas
avec, 1° le chêne, l'échalas de cœur est le meilleur ; 2° le
châtaignier ; 3° le frêne ; 4° le pin ; 5° le robinier ; 6° le saule
marceau ; 7° le tremble ; 8° le saule.

Art. 12. *Échalas, ou paisseaux ronds, non fendus.* On les
tire, 1° du châtaignier ; 2° du chêne ; 3° du frêne ; 4° du pin ;
5° du robinier ; 6° du coudrier ; 7° de l'érable; 8° du saule
marceau ; 9° et de tous les autres bois blancs.

Art. 13. *Sciages pour boiseries, meubles , etc.* Les arbres
futaies dont on tire du sciage sont , 1° le chêne ; 2° le hêtre ; 3°
l'orme ; 4° le sycomore ; 5° le châtaignier ; 6° le noyer ; 7° le
mélèze ; 8° le sapin ; 9° le pin ; 10° le merisier ; 11° le tilleul ;
12° l'ypréau ; 13° le maronnier ; 14° le peuplier noir ; 15° le
peuplier blanc ; 16° le tremble ; 17° le peuplier d'Italie.

Le commerce distingue d'ailleurs trois espèces de sciages
de chêne , 1° *le sciage rustique* ; c'est celui qui provient d'arbres isolés, ou de futaies sur taillis, âgés de 120 ans et au-
dessous ; 2° *le sciage dit des Vosges*, que l'on tire des vieilles
futaies pleines ; 3° *le sciage dit de Hollande* ; c'est le plus
estimé. Il ne diffère de celui des Vosges que par la manière
dont on le fabrique.

Art. 14. *Racleries.* Sous cette dénomination on comprend les fûts de bâts et de selles, les jougs des bœufs; les pelles à fours, à grains et à boue; les battoirs de lessive. Ces différens objets se tirent exclusivement du hêtre.

Art. 15. *Vasselleries.* Cet article comprend les seaux, les sebiles, les écuelles, les gamelles, les mortiers, les salières, les égrugeoirs et les moules à fromages. On tire ces différentes marchandises, 1° du hêtre; 2° du sapin; 3° du pin; 4° du tremble. Parmi elles le tremble ne fournit guère que les moules à fromages.

Art. 16. *Étaux de boucheries, tables de cuisine.* On les tire, 1° de l'orme; 2° du hêtre; 3° du noyer.

Art. 17. *Pilots.* On les fait avec, 1° le chêne; 2° l'aune.

Art. 18. *Copeaux des gaîniers, fourbisseurs et miroitiers.* Les copeaux, jusqu'à présent, ont été exclusivement fabriqués avec le bois de hêtre. Nous croyons cependant que l'on pourroit en faire avec l'ypréau, le platane et le tilleul.

Art. 19. *Charronnage grossier.* 1° *Charrettes et chariots.* Les limons, les raies des roues et quelques autres pièces se font en chêne et en frêne; les moyeux, les jantes et quelques petites pièces sont en orme; et les essieux, quand ils ne sont pas en fer, se font avec le frêne ou le charme.

2° *Charrues.* Toutes les grosses pièces sont en chêne, en orme ou en frêne; les herses et les menues pièces se font avec l'orme ou le chêne ou le frêne, et les moyeux des rouelles, avec l'orme.

Dans les pays de montagnes, où l'orme et le frêne sont très rares, on construit les voitures avec des bois de qualité inférieure; mais elles ne peuvent supporter que de foibles fardeaux.

Art. 20. *Charronnage de luxe.* Les bois les plus estimés pour ce charronnage sont, 1° le frêne pour les brancards, timons et autres pièces; 2° l'orme pour les moyeux, les jantes, les lisoirs, les coquilles, les empanons, armons, etc.; 3° le chêne, pour les raies; 4° le hêtre et le noyer, pour les panneaux.

Art. 21. *Corps de pompe et tuyaux de conduite.* On les fait avec, 1° le pin; 2° l'aune.

Art. 22. *Cuves à vin, cuveaux, foudres, baquets.* Tous les ustensiles qui sont nécessaires pour la fabrication du vin se font exclusivement avec le cœur de chêne.

Art. 23. *Cuviers à lessives, baquets.* Leurs douves et leurs fonds se tirent, 1° du pin; 2° du sapin.

Art. 24. *Cercles à cuves, cuveaux et à cuviers.* On les fabrique avec des brins de taillis des essences ci-après, 1° du

châtaignier ; 2" du frêne ; 3˙ du saule-marceau ; 4° du mé-
risier ; 5° du bouleau.

Art. 25. *Cercles à tonneaux.* On les tire des taillis, 1° de
châtaignier ; 2° de frêne ; 3˙ de saule-marceau ; 4° de bouleau ; 5˙ de coudrier ; 6° de chêne; 7° de saule ; 8° de tilleul.

Art. 26. *Ecuyers d'escaliers, manches d'outils.* On emploie
à ces usages ; 1° le frêne ; 2° l'aune ; 3° le tilleul.

Art. 27. *Bois à tourneurs.* 1° le frêne ; 2° le noyer ; 3° le
prunier ; 4° l'aune, etc.

Art. 28. *Bois à sabots.* 1° le hêtre ; 2° le noyer; 3° l'ypréau;
4° le bouleau ; 5° l'aune ; 6° le tilleul.

Art. 29. *Bois propres aux sculptures.* 1° le chêne ; 2° le
hêtre ; 3° le platane; 4° le tilleul; 5° le marronnier.

Il résulte de ce tableau, dont l'utilité sera appréciée par les
propriétaires et les marchands de bois,

1° Que le chêne y figure avec avantage dans vingt articles,
et que dans le plus grand nombre il tient le premier rang ;

2° Que le hêtre est employé dans quatorze articles ; 3° les
arbres résineux, dans treize; 4° le frêne, dans onze; 5° l'orme,
le châtaignier, le tilleul, le tremble, l'ypréau et le bouleau,
dans huit; 6° l'aune, dans six ; 7° et le charme, dans quatre.

Ainsi, après le chêne, le hêtre, les arbres résineux, le frêne
et l'orme, presque toutes les autres essences ne seroient que
d'une utilité très secondaire, si les premières étoient en France
en quantité suffisante pour subvenir à tous les besoins de ses
habitans.

Section troisième. *Estimation du produit en matières des
bois encore sur pied.* § I.er *Estimation des taillis.* Le bois de
chauffage est, parmi les différentes marchandises que produisent
les forêts, celle dont la société a le plus de besoin dans nos climats septentrionaux.

C'est aussi celle que le marchand de bois exploitant fait
fabriquer en plus grande quantité, et le nombre des mesures
de ce bois qu'un taillis peut produire sert de base à sa valeur
estimative.

Cette quantité de bois de chauffage est relative, 1° à la hauteur des brins ; 2° à leur grosseur ; 3° à leur nombre.

Ces élémens une fois reconnus sur le lieu, on réduit en mesures locales le cube que leur combinaison présente; le résultat
de ce calcul donne le produit du taillis en matières. Pour en
trouver ensuite la valeur présumée, on examine la qualité du
bois de chauffage ; l'on s'informe du prix que chaque mesure
pourra se vendre ; on en déduit les frais de main-d'œuvre ; et
en multipliant le nombre de mesures de bois de chauffage que
le taillis est présumé pouvoir donner à sa coupe par ce prix

ainsi réduit, le résultat de la multiplication est le prix que le propriétaire pourra vendre ce taillis.

D'après cet exposé, on sent que, pour parvenir à estimer avec une précision suffisante le produit en matières d'un taillis encore sur pied, il faut une bien grande expérience ; car, si à son inspection on peut en reconnoître aisément les essences dominantes, si l'on peut aussi s'assurer de la grosseur moyenne des brins, il n'est pas aussi facile d'en préjuger la hauteur, non plus que l'étendue des vides du taillis.

Cependant cette faculté est indispensable, et au marchand, afin de le guider dans le prix qu'il peut en offrir, et au propriétaire, pour connoître celui qu'il peut en exiger. Nous croyons donc utile de placer ici le tableau comparatif des produits en bois de chauffage des taillis placés sur différentes natures de terrains et coupés à différens âges. Il a été relevé sur les états des nombreuses exploitations de feu M. de Perthuis.

Pour simplifier les calculs, nous avons choisi les exploitations de bois de chênes sans mélange, ou de hêtres sans mélange, ou de bois mélangés de ces deux essences.

Nous avons compris le charbonnage et les bourrées dans les évaluations, afin d'être plus exacts dans les produits ; mais, pour ne pas multiplier les colonnes du tableau, nous comptons quatre cordes et demie de charbonnage, et cinq cent cinquante bourrées pour une corde de bois de chauffage.

La corde dont il est ici question est celle dite de *vente*, de cinq pieds de hauteur, sur huit pieds de couche ; et la bûche, de trois pieds six pouces de longueur sur six pouces de tour au petit bout.

Enfin, nous avons supposé que le taillis étoit aussi bien garni que la meilleure conservation puisse l'offrir ; en sorte que, pour faire usage de ce tableau, il sera nécessaire de déduire sur les différens produits qu'il présente une quantité relative à l'étendue des vides qui pourront se trouver dans le taillis sur lequel on opèrera.

TABLEAU du produit en matières des bois taillis, placés sur différens sols, et coupés à différens âges.

Ages de coupe.	Produits sur les mauvais sols.	Produits sur les meilleurs sols.	Produits sur les sols de qualité moyenne.	OBSERVATIONS.
ans.	cordes.	cordes.	cordes.	
10	2 «	4 $\frac{3}{4}$	3 $\frac{1}{4}$	Si le sol le meilleur est en chê-
15	2 $\frac{1}{4}$	9 «	5 $\frac{3}{4}$	nes mélangés de charme, le bois
20	3 $\frac{3}{4}$	15 «	9 $\frac{1}{4}$	produit d'autant moins de ma-
25	5 $\frac{1}{4}$	21 «	13 $\frac{1}{4}$	tière que le charme s'y trouvera
30	6 $\frac{2}{4}$	27 «	16 $\frac{3}{4}$	en plus grande abondance. Le
35	7 «	35 «	21 «	charme diminue aussi la quantité
40	7 «	42 «	24 $\frac{2}{4}$	de bois d'industrie que l'on pour-
50	6 «	56 «	31 «	roit y fabriquer, parcequ'il n'en
60	5 «	70 «	37 $\frac{2}{4}$	est pas susceptible. Il faudroit
70	3 «	80 «	41 $\frac{2}{4}$	faire de semblables déductions si
80	2 «	90 «	46 «	les bois étoient mélangés de bois
90	1 «	96 «	48 $\frac{2}{4}$	blancs qui commencent à dépérir
100	« «	102 «	51 «	à quarante ans, et qui disparois-
120	« «	114 «	57 «	sent ensuite à cent trente ans.
140	« «	124 «	62 «	
150	« «	128 «	64 «	
200	« «	135 «	67 $\frac{2}{4}$	
250	« «	120 «	60 «	
300	« «	110 «	55 «	

Avant que de déduire les conséquences que nous tirerons de ce tableau, il est nécessaire de faire observer, 1° que les bois âgés de dix ans ne produisent pas encore de l'espèce de bois de chauffage appelé *bois de corde* ou *bois de moule;*

2° Que ceux âgés de quinze ans en produisent très peu;

3° Qu'à vingt ans, les taillis en donnent davantage, et qu'à vingt-cinq ans et au-dessus, leurs produits en bois de moule augmentent progressivement avec l'âge, jusqu'à ce qu'ils *entrent en retour;*

4° Que la qualité du bois de chauffage des taillis âgés de quinze ans est inférieure à celle du bois provenant de taillis plus âgés, et qu'elle s'améliore progressivement avec leur âge jusqu'à l'âge de cinquante ans, où elle commence à décroître dans une progression analogue; en sorte que la qualité du bois de chauffage d'un gaulis, ou d'une futaie âgée de cent cinquante à deux cents ans, n'est plus qu'équivalente à celle du bois de moule provenant d'un taillis de vingt-cinq ans.

Les bois ressemblent, sous ce rapport, à tout ce qui existe : ils ont leur jeunesse, leur âge viril, et leur caducité. La jeunesse des bois se compte d'un à vingt ans ; leur virilité, de vingt à trente ans ; et leur caducité, de trente-cinq ans jusqu'à leur dépérissement total. Ces différentes périodes ont plus ou moins de durée, selon l'essence des bois, le terrain sur lequel ils sont placés, leur exposition, et la température du climat sous lequel ils existent. Dans leur jeunesse, les bois ne sont généralement propres qu'à faire du feu ; dans leur âge viril, ils présentent à la consommation générale des ressources de toute espèce, et dans leur caducité, ils en offrent encore de précieuses lorsqu'ils ne sont pas gâtés ;

5° Que le bois de même essence pèse moins spécifiquement à dix ans qu'à vingt ans, à vingt ans qu'à cinquante ans ; et qu'après cet âge sa pesanteur spécifique diminue progressivement, à mesure qu'il vieillit davantage : d'où il résulte qu'il y a beaucoup plus de matière combustible dans une corde de rondins provenant de taillis âgés de vingt-cinq à soixante-dix ans, que dans une corde de brins de taillis âgés de quinze à vingt ans. En sorte que si l'on suppose que les pesanteurs spécifiques de ces bois sont entre elles dans le rapport de six à cinq, et qu'un arpent de taillis âgé de vingt-cinq ans produise dix-huit cordes de bois de chauffage, ces dix-huit cordes entretiendront un feu aussi long-temps que vingt-une cordes prises dans un taillis de quinze à vingt ans, etc.;

6° Que plus les bois sont jeunes, et moins ils sont susceptibles d'être convertis en bois d'industrie. A dix et jusqu'à vingt ans, ils ne peuvent fournir que des cerceaux et des échalas communs ; à vingt-cinq ans, ils produisent déjà de la fente et de la petite charpente ; et, en avançant en âge, ils produiront d'autant plus de bois ouvrés et d'une qualité d'autant meilleure, que leur coupe sera faite à l'âge que la nature a fixé pour leur maturité.

Ces observations préliminaires nous ont paru indispensables pour remplir d'une manière incontestable le double but que nous nous sommes proposé en rédigeant cet article : 1° celui d'aplanir les difficultés que les propriétaires pourroient rencontrer dans l'estimation des produits en matière de bois encore sur pied ; 2° de leur démontrer les avantages qu'ils trouveront à fixer les aménagemens de bois aux époques les plus rapprochées de l'âge de leur maturité locale.

En effet, on voit par notre tableau comparatif,

1° Que deux arpens de bois âgés de dix ans ne produisent que six cordes et demie de bois de chauffage de la qualité la plus inférieure, tandis qu'un arpent de taillis âgé de vingt ans produit neuf cordes un quart d'une qualité moins inférieure ;

2° Que deux arpens de bois âgés de quinze ans ne produisent que onze cordes et demie de bois de chauffage d'une qualité très médiocre, tandis qu'un arpent de taillis âgé de trente ans en produit seize cordes trois quarts d'une bien meilleure qualité. etc.

Nous pourrions pousser plus loin les rapprochemens qui sont à l'avantage des aménagemens basés sur l'âge naturel de la maturité des bois, et répondre victorieusement aux partisans des aménagemens rapprochés ; mais nous croirions faire injure à nos lecteurs, et nous ne voulons pas abuser de leur patience.

§. 2. *Estimation des futaies.* L'estimation du produit en matière des arbres-futaies est beaucoup plus facile que celle des taillis, parceque c'est la quantité de pièces de charpente qu'ils pourroient donner, si leur pile étoit entièrement convertie en cette espèce de marchandise, qui fait la base de cette estimation, et qu'avec un peu d'expérience le calcul de réduction devient très aisé.

On compte les arbres à abattre, on mesure la grosseur de chacun à la hauteur du bras ; le cinquième de son pourtour donne l'équarrissage dont il est susceptible : on estime la hauteur de la pile, c'est-à-dire toute la partie de la hauteur de l'arbre qui pourroit être convertie en charpente, et, avec ces élémens, on calcule avec précision toute celle que chaque arbre peut produire : enfin, on met en ligne de compte le bois de chauffage, de charbonnage, et les bourrées que la tête de l'arbre pourroit rendre, afin de compléter l'estimation de tout son produit en matières.

Ce produit étant connu, ainsi que les prix locaux des marchandises, on établira la valeur estimative de la futaie, de la même manière que pour les taillis. Dans les évaluations des taillis, comme dans celles des futaies, il est d'usage, et cela est juste, d'en déduire le dixième pour représenter le bénéfice du marchand. Enfin, on n'y comprend pas ordinairement le bénéfice que l'exploitant peut faire, en convertissant en marchandises plus chères le bois de chauffage et la charpente qu'il doit trouver dans sa vente après l'avoir coupée, parceque cette industrie est subordonnée aux besoins des localités, à ses débouchés plus ou moins avantageux, et à l'intelligence de l'adjudicataire : cependant cette possibilité de bénéfice industriel ne doit point être ignorée par le propriétaire, parcequ'elle donne nécessairement une plus-value à la vente, et que, par cette raison, l'adjudicataire sera disposé à la payer un prix supérieur à celui de son estimation. (De Per.)

EXPORTATION. Sortie au dehors d'un pays. On a beaucoup écrit pour ou contre l'exportation indéfinie des produits de la culture. Presque par-tout les gouvernemens ont adopté un parti moyen qui équivaut, pour l'agriculture, à une prohibition ; car lorsqu'on n'est pas certain de vendre sa denrée, ou qu'on craint de ne pas en retirer un bénéfice convenable, on doit ne pas chercher à la multiplier. C'est la liberté la plus illimitée d'exporter, qui peut seule élever un peuple au plus haut degré de prospérité agricole. Un gouvernement sage doit porter très momentanément atteinte à ce droit naturel, c'est-à-dire seulement dans ces crises violentes qui ne sont jamais que la suite de circonstances politiques, lorsque la liberté d'exporter existe (B.)

EXPOSITION. On dit qu'un coteau est exposé au midi lorsque les rayons du soleil tombent directement sur lui au milieu du jour. L'exposition du nord est celle du côté opposé du même coteau. Enfin les expositions du levant et du couchant sont celles qui sont frappées par le soleil le matin et le soir.

L'influence de l'exposition est très puissante en agriculture, ainsi les cultivateurs doivent y faire une grande attention. Telle plante a besoin d'une exposition chaude, telle autre d'une exposition froide. Il en est qui ne craignent pas l'action directe des rayons du soleil; d'autres qui veulent être perpétuellement à l'ombre. Un air continuellement agité ou très sec est favorable dans certains cas, un air stagnant ou très humide l'est dans d'autres. Le genre de culture dont une pièce de terre est susceptible dépend donc souvent de son exposition. Ainsi la vigne, l'olivier, le figuier, l'amandier, le pêcher, l'abricotier, etc., demandent l'exposition du midi ou du levant. Ainsi les pins, les sapins et autres arbres résineux, prospèrent mieux au nord.

Les abris favorisent, lorsqu'ils ne sont pas exagérés, la fécondation des plantes ; aussi une exposition abritée est-elle toujours avantageuse.

Le levant seroit une des meilleures expositions si, au premier printemps, les rayons du soleil, frappant les plantes qui s'y trouvent avant que la gelée soit fondue, ou que la rosée soit évaporée, n'occasionnoit la BRULURE et autres accidens.

Le midi est souvent trop brûlant pendant l'été pour beaucoup de plantes et d'arbres, et en conséquence il est bon de diminuer sa chaleur par des moyens ombrageans.

Le couchant ou l'ouest est la pire des expositions; mais cependant on en tire un parti utile pour prolonger la jouissance de plantes ou d'arbres dont les fruits durent peu de temps, parcequ'elle est très tardive. C'est en plaçant des pêchers au couchant que ceux qui n'aiment pas les pêches d'automne peuvent manger presque jusqu'aux gelées des pêches d'été.

La plus tardive des expositions est le nord ; mais fort peu d'arbres à fruits peuvent la supporter dans le climat de Paris.

Les variétés de poiriers qui peuvent le mieux s'en accommoder n'y donnent même que des fruits sans saveur. Un fait très remarquable, c'est que, quoique la plus froide, c'est celle qui est le moins atteinte par les fortes gelées de l'hiver. On n'a pas encore expliqué la cause de ce phénomène d'une manière satisfaisante.

Autrefois les expositions au nord étoient perdues dans les jardins. On ne savoit y planter que de la charmille, ou des framboisiers. Aujourd'hui elles sont plus recherchées que celles du midi, parcequ'elles sont les seules propres à recevoir les arbres et arbustes de terre de bruyère, avec raison si en faveur, et que les semis des graines de ces arbres et arbustes, ainsi que ceux des graines des arbres verts, y prospèrent mieux qu'ailleurs.

Les plus sujettes aux gelées sont les expositions humides. Ainsi il ne faut pas entreprendre de cultures de plantes des pays chauds, ni des primeurs d'une nature délicate, dans le voisinage des marais, des étangs, des bois, dans les vallées profondes, etc

Jamais on ne doit cependant considérer les expositions d'une manière absolue. Tel arbre qui, dans une sorte de terrain, vient mal au midi, réussira au nord. En effet, si trop de sécheresse ou de chaleur nuisent au pommier, par exemple, l'exposition du nord, qui diminue les inconvéniens de cette nature de terrain, lui conviendra mieux. Ce n'est qu'en réfléchissant ainsi les procédés de culture qu'on parvient à des résultats importans sous les points de vue des progrès de la science et de l'augmentation des produits.

L'étude des vents qui dominent dans une localité est encore d'une grande importance, parceque ces vents modifient souvent beaucoup l'influence de l'exposition. *Voyez* au mot VENT.

Tout propriétaire qui voudra bâtir choisira le nord dans les départemens méridionaux, le levant dans les intermédiaires et le midi dans les septentrionaux. Il éloignera sa maison des vastes étangs, des marais. Il l'abritera des vents de mer, si elle est à peu de distance des côtes.

Comme j'ai toujours eu soin d'indiquer l'exposition qu'il falloit donner aux plantes aux différentes époques de leur jeunesse, et lors de leur transplantation définitive, je ne crois pas nécessaire d'allonger cet article. Je renvoie pour le surplus aux mots SOLEIL, OMBRE, CHAUD, FROID, GELÉE, AIR, VENT, PLUIE, ABRI, CONTREVENT. (B.)

EXTENSION. (MÉDECINE VÉTÉRINAIRE.) C'est l'action par laquelle on étend, en tirant à soi, une partie luxée ou fracturée, pour remettre les os dans leur situation naturelle.

Quant à la maxime de faire l'extension et la contre-exten-
sion, *voyez* FRACTURE, LUXATION.

EXTENSION DU TENDON FLÉCHISSEUR DU PIED. L'extension
du tendon fléchisseur du pied et des ligamens est assez fréquente dans le cheval. Elle vient de la même cause que la
compression de la sole charnue, c'est-à-dire de l'effort de l'os
de la couronne sur le tendon ou sur les ligamens.

Cet accident arrive, 1° lorsque le maréchal pare trop la
fourchette et que les éponges se trouvent trop fortes et armées
de crampons ; alors, le point d'appui étant éloigné de terre,
l'os de la couronne pèse sur le tendon, et de là son allongement jusqu'à ce que la fourchette ait atteint le sol ; 2° lorsque
le pied du cheval porte sur un corps élevé, le pied étant
obligé de renverser, et l'os de la couronne pesant alors sur
le tendon, celui-ci est obligé de servir de point d'appui au
corps du cheval et de là sa distension. En un mot, il est prouvé
que l'extension des ligamens vient des grands efforts et des mouvemens forcés de l'os de la couronne.

L'extension du tendon se manifeste par un gonflement qui
règne depuis le genou jusque dans le paturon, par la douleur
que le cheval ressent lorsqu'on touche la partie, et sur-tout par
la claudication qui est dans ce cas des plus grandes. On s'aperçoit encore mieux de cette maladie au bout de douze ou quinze
jours, par une grosseur arrondie que nous appelons GANGLION
(*voyez* ce mot), qui se trouve sur le tendon, et qui forme
par la suite une tumeur squirreuse. Il ne faut pas confondre
cette maladie avec la nerf-férure. *Voyez* NERF-FÉRURE.

On doit commencer par dessoler un cheval (*voyez* DESSO-
LER), après quoi il faut appliquer le long du tendon des cataplasmes émolliens, observant de les renouveler trois fois le
jour, et de les humecter de temps en temps avec de la décoction émolliente. Si au bout de quinze ou vingt jours de ce traitement on s'aperçoit d'un ganglion limité au tendon, il faut y
appliquer le feu en pointe, et faire suppurer la partie. Certains auteurs conseillent de faire marcher le cheval quatre jours
après l'application du feu, et de le faire travailler une quinzaine de jours de suite : cette méthode est trop peu physiolo-
gique pour devoir la prescrire à nos lecteurs. (R.)

EXTIRPER. C'est un des synonymes d'ôter, d'arracher.
On extirpe les souches d'un terrain qu'on défriche, le chiendent d'un champ qu'on laboure, les eaux d'un marais qu'on
dessèche, les pierres d'un sol qu'on défonce. On extirpe une
tumeur. (B.)

EXTRÉMITÉS DES POUSSES. *Voyez* POUSSE.

F.

FABAGELLE. *Zygophyllum.* Plante à racine ligneuse ; à tiges herbacées, rameuses, hautes d'un à deux pieds ; à feuilles alternes, pétiolées, conjuguées, oblongues, luisantes, charnues ; à fleurs blanchâtres et orangées, insérées deux par deux dans les aisselles des feuilles supérieures, qui est originaire de la Turquie d'Asie, et qui se cultive dans les jardins d'agrément. Elle fait partie d'un genre de la décandrie monogynie et de la famille des rutacées.

La fabagelle commune forme des touffes d'un aspect agréable, et est en fleur pendant la plus grande partie de l'été. On la place dans les jardins paysagers sur le bord des massifs, auprès de quelque monument, dans les lieux secs et chauds. Elle craint sur-tout l'humidité. Les hivers rigoureux l'endommagent, mais la font rarement périr. On la multiplie par ses semences, qu'on met en terre en automne dans une planche bien préparée et exposée au midi, et qui lèvent au printemps suivant. Leur plant est repiqué en pépinière l'année suivante, et y reste pendant deux ans, après quoi il peut être mis en place.

Souvent cette plante se resème d'elle-même, et on n'a qu'à lever les pieds qui l'entourent pour la multiplier. Son odeur est forte et désagréable ; sa saveur âcre et amère. On la regarde comme emménagogue, antivermineuse, antispasmodique et résolutive. (B.)

FABE. Synonyme de FÈVE.

FABRECOULLIER. C'est le MICOCOULLIER. *Voyez* ce mot.

FAÇON. Synonyme de LABOUR. On donne deux, trois et jusqu'à quatre façons aux terres destinées à recevoir du blé. Une seule façon suffit le plus souvent à celles qu'on doit semer en avoine. *Voyez* au mot LABOUR.

FAGOT. Assemblage de branches d'arbres coupées à peu près de la même longueur, réunies par un lien de bois appelé HART. *Voyez* ce mot.

Les fagots se fabriquent non seulement dans les forêts, lorsqu'on les coupe, mais encore avec le produit de la tonte des arbres isolés, des haies, etc., etc. Ils sont de différentes grosseurs selon les lieux. On y distingue le *parement* composé des plus belles branches, et *l'ame* ou *centre*, où sont cachées les brindilles.

On appelle *fagotins* de petits fagots, et *bourrée* des fagots qui ne sont formés que de brindilles.

Ce sont les fagots qui servent au chauffage de la plus grande partie des cultivateurs pauvres de la France. On en fait aussi une grande consommation dans la cuisson de la chaux, du plâtre, des briques, des tuiles, de la poterie grossière, etc. Généralement ils donnent moins de chaleur que la même espèce de bois en refente, parceque la plus grande partie des brindilles qui les composent ne sont pas encore arrivées à l'état de bois parfait.

Cette dernière circonstance fait encore qu'ils se pourrissent plus promptement que le même bois de refente. Il faut en conséquence les conserver à l'abri de la pluie, ou les employer dans l'année de leur fabrication.

On se sert assez souvent en agriculture des fagots, en état de fagots, pour faire des abris, des haies sèches, etc. (B.)

FAIM-VALE. (MÉDECINE VÉTÉRINAIRE.) Cette maladie est extrêmement rare; elle n'attaque ordinairement que le cheval.

A peine cet animal est-il échauffé par la marche, que tout à coup il s'arrête, et malgré les coups et les autres mauvais traitemens, il ne peut ni avancer ni reculer; son corps est immobile, et jusqu'à ce qu'il ait mangé il ne change pas de situation. Lorsqu'il a satisfait son appétit, le spasme subit se dissipe, l'animal continue son chemin.

Les auteurs dont nous avons extrait les symptômes de cette maladie ne s'accordent pas sur les moyens de la guérir : les uns soutiennent qu'elle est incurable, les autres prescrivent l'usage des apéritifs, tels que l'acier et le foie d'antimoine ; ceux-ci n'admettent pour principes que les vents contenus dans les premières voies : ceux-là la font dépendre d'une grande sensibilité des tuniques de l'estomac, ou de la dépravation du suc gastrique. Nous nous garderons bien de rien avancer ici de certain sur les causes de cette maladie et sur les remèdes qui lui sont propres, n'ayant pas encore dans le cours de nos travaux trouvé l'occasion de l'observer dans aucun animal. (R.)

FAINE. Fruit du hêtre. *Voyez* ce mot.

FAISAN, FAISANDERIE. Oiseau du genre de son nom, et lieu où on l'élève.

Cet oiseau si recherché par sa beauté et l'excellence de sa chair est originaire de la Haute-Asie. On dit qu'il a été pour la première fois rapporté de la Colchide en Grèce par les Argonautes, mais ce fait est apocryphe, si, comme le prétendent quelques savans, l'expédition de la Toison d'Or n'est qu'une allégorie. Aujourd'hui, il est commun dans tout le midi de l'Europe. Les environs de Paris en étoient infestés avant la révolution, et ils y faisoient beaucoup de tort aux cultivateurs. Sa longueur est de près de trois pieds, et son diamètre d'environ six pouces. Il est d'un naturel farouche, et aime à vivre isolé dans les bois les plus solitaires. Tous les efforts qu'on a faits pour le rendre complètement domestique ont été infructueux.

C'est, comme le coq et la poule, de graines de toute espèce, d'insectes et d'herbe que vivent les faisans. Ils restent à terre dans les taillis et les bruyères pendant le jour. Rarement, à moins qu'ils ne soient très abondans et peu épouvantés, ils se voient dans les plaines. Le soir ils gagnent les bois et se perchent sur les arbres les plus élevés pour y passer la nuit. En y montant, le mâle fait toujours entendre son cri, qu'il est difficile de rendre exactement, ce qui l'indique aux chasseurs. Son vol est lourd, bruyant et de peu de durée.

La vie des faisans passe rarement six ou sept ans. Ils sont en état de propager leur espèce au bout de la première année. On dit que dans la Colchide, aujourd'hui la Crimée, chaque mâle n'a qu'une femelle; mais en France il est polygame comme le coq. C'est au commencement du printemps qu'il entre en amour. La femelle fait son nid au pied d'un arbre avec des plantes sèches, et y dépose douze à quinze œufs d'un gris verdâtre, taché de brun. L'incubation dure vingt-trois à vingt-quatre jours. Elle est moins bonne mère que la poule, mais reçoit plus facilement les petits étrangers qui se sont égarés, et qui réclament sa protection.

Comme le faisan n'est pas naturel à la France, que les braconniers le chassent beaucoup à raison de son prix élevé et de la facilité qu'ils trouvent à le tuer, il est nécessaire pour en peupler un canton d'avoir une faisanderie.

La faisanderie sera enclose de murs assez hauts et assez bien crépis pour ne pouvoir pas être franchis aisément tant par les malfaiteurs que par les renards, les fouines, les belettes et autres animaux destructeurs. Son étendue doit être proportionnée à la quantité de gibier qu'on veut élever; mais plus elle est spacieuse et meilleure elle est. On a calculé que dix arpens suffisent pour contenir ce dont un homme peut prendre soin. Un tiers sera tenu en herbe, un tiers en cultures de céréales, et le reste en bouquets de bois épais et fourrés, écartés les uns des autres, et parsemés de grands arbres.

Il y a deux manières de procéder à la multiplication des faisans.

Ou on met des mâles et des femelles (six ou sept des dernières contre un des premiers), les plus privés possible, dans cette enceinte, et on les engage à y rester par une grande tranquillité et une nourriture abondante; ou on les y oblige en les *éjointant*, c'est-à-dire en coupant, ou cassant le fouet d'une de leurs ailes.

Ou on fabrique, dans une partie peu éloignée de la maison, de grandes cages de treillage, en fil de fer ou en bois, divisées intérieurement en petites loges, dans chacune desquelles on met pareil nombre de faisans mâle et femelle. Ces loges se nomment *parquets*. On leur donne cinq à six toises en carré. Elles sont séparées par des cloisons en paille ou en roseaux, afin que les faisans de l'une ne voient pas ceux des autres, et leur ouverture est tournée au levant ou au midi.

Dans le premier cas, ce sont le plus ordinairement les faisanes qui couvent leurs œufs et élèvent leurs petits.

Dans le second, il vaut toujours mieux les faire couver par des poules, qui se chargent également d'élever les petits qui en proviennent. On gagne à cette méthode et plus d'œufs et une réussite plus certaine, et plus de familiarité chez les petits.

Au commencement de mars on offre aux faisans, dans les climats froids, une nourriture plus abondante, et dans laquelle entre du sarrasin et même du chenevis, pour les déterminer à entrer plus tôt en amour.

On donne ordinairement dix-huit œufs à chaque poule, qu'on emploie pour suppléer les femelles des faisans. L'incubation se fait dans des chambres basses, à ce disposées, et dont la température est peu variable.

Les petits éclos, on les met avec la mère sous une cage, et pendant les premiers jours on leur donne, autant que possible, des nymphes de fourmis pour nourriture, joints avec des œufs durs hachés, de la mie de pain et des feuilles de laitue, d'ortie, etc., également hachées. Il est important de leur offrir à manger peu à la fois et souvent.

Au bout de cinq à six jours on les met à l'air pendant le jour; on soulève la cage de manière que les petits faisandeaux puissent seuls sortir et rentrer à volonté, la poule restant toujours prisonnière. Ce n'est qu'environ un mois après qu'on commence à leur donner du blé, mais très peu d'abord. Il seroit bon, je crois, de leur distribuer, en premier, ce blé écrasé et mouillé, même à moitié cuit, parcequ'ils l'avaleroient et le digèreroient plus facilement.

Une espèce de pou, qui leur est particulier, ou qui leur est commun avec les poules, les tourmente alors de manière à en faire périr quelquefois. Les changer souvent de place, et balayer tous les jours le local, sont les meilleurs moyens d'en diminuer le nombre.

Au bout de deux mois ils éprouvent leur première mue. C'est un instant critique pour eux. Une nourriture choisie (des nymphes de fourmis principalement) est un puissant motif de sécurité.

En tout temps il faut donner abondamment à boire aux faisandeaux, et veiller à ce que leur eau soit toujours nette. Le mieux est de leur en donner tous les jours de la nouvelle, après avoir bien lavé le baquet où elle est mise.

Après la mue les faisandeaux n'ont plus besoin des soins de la poule ni d'une nourriture particulière. On les laissera libres dans la faisanderie, seulement on leur donnera à manger, soir et matin, dans un lieu déterminé.

On voit, par ce qui vient d'être dit, que l'éducation des faisans dans des parquets est difficile et coûteuse. Elle ne convient donc qu'aux personnes riches. Je ne crois pas que la vente des individus qu'elle fournit, à quatre ou cinq mois d'âge, puisse jamais dédommager de la dépense. Aussi, si je la conseille aux cultivateurs, ce ne sera qu'à ceux voisins des grandes villes, où on trouve toujours des consommateurs qui ne regardent pas à l'argent, lorsqu'il s'agit de satisfaire une fantaisie.

La chasse du faisan ne diffère de celle de la perdrix qu'en ce qu'elle est plus facile.

On commence à multiplier aux environs de Paris le PHAISAN DORÉ de LA CHINE, oiseau d'un superbe plumage, et le PHAISAN ARGENTÉ, moins brillant, mais très agréable à la vue. Leur éducation doit être la même que celle qui vient d'être indiqué. (B.)

FALOURDE. Quelques bûches liées ensemble avec de l'osier portent ce nom à Paris. Il est des lieux où on vend ainsi presque tout le bois destiné au chauffage.

FALUN. On a donné ce nom à un amas de coquilles marines brisées, même presque réduites en poussière, qui se trouve dans la ci-devant Touraine, entre Sainte-Mame et Mautclan.

Cet amas, qui a environ quatre lieues de long sur une largeur moitié moindre, et sur une épaisseur de plus de vingt pieds, est probablement dû aux derniers dépôts de la mer; mais il n'a pas encore été étudié par des naturalistes éclairés, et en conséquence je ne me permettrai aucune conjecture à son égard.

Depuis un temps immémorial on emploie dans le pays le falun, en guise de marne, pour amender les terres, et réellement il ne diffère que fort peu de la marne par ses principes et par ses effets. La différence la plus frappante consiste dans les fragmens des coquilles qui sont souvent assez gros au sortir de la terre pour pouvoir juger de l'espèce à laquelle ils ont appartenu, mais qui ne tardent pas à se réduire en poudre par suite de leur exposition à l'air, et peut-être parcequ'ils contiennent encore des restes de matière animale.

J'ai beaucoup regretté, comme naturaliste, de n'avoir pas

eu occasion de visiter les falunières, et je le regrette aujour-
d'hui de nouveau comme agriculteur.

Quoi qu'il en soit, voici comme on opère pour exploiter ce
singulier dépôt, qu'on peut comparer sous quelques rapports
à ceux de grignon et de courtagnon, mais qui en diffère sous
quelques autres.

Lorsqu'on veut faluner un champ, on examine d'abord s'il
recouvre du falun, ce qu'on reconnoît à quelques fragments de
coquilles, ou s'il y en a assez à portée pour que les frais ne
soient pas exorbitans. Ensuite on rassemble un grand nombre
d'ouvriers, de quatre-vingts à cent cinquante. La couche de
terre végétale enlevée dans une largeur de trois ou quatre
toises carrées, on creuse en gradin jusqu'au fond, et chaque
ouvrier jette la terre qu'il détache avec sa bêche dans une
corbeille qu'il remet à l'ouvrier qui se trouve sur le premier
gradin, où elle est reprise par un autre qui la remet au suivant, ainsi de suite de main en main jusqu'au bord. Cette terre
est fort facile à remuer, mais à une assez petite profondeur les
eaux sourdent de toutes parts, de sorte qu'il faut que d'autres
ouvriers, placés sur les gradins, se passent de main en main
les seaux avec lesquels on l'épuise. On est obligé de mettre la
plus grande célérité dans ce travail, parceque les eaux sourdent
fort vite, et que rarement elles permettent, malgré cette célérité, de continuer le travail plus de douze à quinze heures.
Un trou une fois abandonné, on n'y revient plus, parcequ'il
est plus pénible d'en épuiser les eaux que d'en percer un
second.

. Le falun desséché se répand sur les terres en plus ou moins
grande quantité, selon qu'elles sont plus argileuses, car il ne
convient qu'à ces sortes de terres. Son effet est peu sensible la
première année, mais il dure douze à quinze ans. *Voy.* au mot
Marne.

La nécessité de faire un trou nouveau chaque fois qu'on
veut avoir du falun me semble devoir faire perdre une quantité considérable de terrain dans la localité où il se trouve, et
donner lieu à beaucoup d'accidens, car il ne paroît pas que ces
trous soient comblés.

Je sollicite des détails circonstanciés sur ce qui se passe à cet
égard auprès des cultivateurs qui habitent cette localité.

Toute pierre calcaire réduite en poudre, toute marne très
calcaire, et sur-tout la chaux, suppléeront avec avantage à
l'amendement dont il vient d'être question, ainsi il est peu de
départemens qui aient à l'envier à la ci-devant Touraine. (B.)

FANAGE. Tantôt ce mot signifie la même chose que Fane,
tantôt la même chose que Fenaison. *Voyez* ces deux mots.

FANE. On emploie quelquefois ce mot en jardinage pour indiquer la totalité des feuilles d'une plante. *Voyez* FEUILLE.

FANER. Ce mot a deux acceptions en agriculture ; par la première, on entend tourner et retourner l'herbe d'un pré fauché pour la faire sécher. Par la seconde, on désigne l'état d'une plante coupée ou arrachée de terre lorsqu'elle commence à se flétrir, ou bien lorsque cette même plante restant sur pied ne trouve pas dans la terre l'humidité nécessaire à sa végétation, qu'elle souffre de cette privation, qu'elle languit et se dessèche, dévorée par l'action du soleil. Sans la combinaison des élémens entre eux, sans leur action et leur réaction sur le végétal, il périt, ainsi trop d'humidité le fait pourrir, par de la chaleur sans humidité il se dessèche, sans air il est étouffé, etc. (R.)

FANEUR, FANEUSE. Celui ou celle qui fane les foins. *Voyez* FOIN et FENAISON.

FANGE, FANGO ou FANGOUX. Nom de la boue dans quelques départemens.

FAOUX. C'est la faucille dans le département de la Haute-Garonne.

FAR. Les Romains appeloient ainsi l'EPAUTRE. *Voy.* ce mot. C'est de ce mot que vient celui de FARINE.

FARCIN. (MÉDECINE VÉTÉRINAIRE.) Le *farcin* consiste dans une éruption cutanée, le plus souvent sans inflammation ni prurit, de boutons ronds, circonscrits, ou de tumeurs longues et étroites, que l'on désigne ordinairement sous le nom de *cordes*. Ces boutons et ces tumeurs n'ont point de siège déterminé au dehors ; elles se placent indistinctement sur toutes les parties de l'animal. Elles paroissent cependant suivre le plus souvent le trajet des grosses veines, et naître de l'arrêt de la lymphe dans les vaisseaux lymphatiques qui accompagnent ces veines ; quelques unes de ces tumeurs s'abscèdent et supurent peu de temps après leur apparition ; d'autres se résolvent, d'autres enfin se terminent par induration, et forment des ganglions, des nodus, etc.

Le farcin, auquel les maréchaux ont donné le nom burlesque de *cousin germain de la morve*, n'est, suivant Gilbert, qu'un symptôme de cette maladie, et il n'a été regardé comme une véritable maladie que par une suite de l'ignorance de ces mêmes maréchaux, qui ont fait de chaque symptôme une maladie particulière.

Quoi qu'il en soit, on peut distinguer deux sortes de farcins : le farcin *malin* et le farcin *bénin*. Le premier est le plus rebelle de toutes les maladies psoriques ; il est contagieux et dégénère quelquefois en morve. On le reconnoît aux tumeurs suivies, qui s'étendent considérablement, et qui annoncent le plus grand engorgement des canaux lymphatiques ; aux duretés très éminentes sur les grosses veines , aux sucs extrêmement âcres, plus ou moins difficiles à délayer , à corriger , à emporter ; aux évacuations, par les narines, d'une matière verdâtre et sanguinolente ; enfin , à la rapidité avec laquelle il se communique d'un côté à l'autre. Des boutons simplement épars çà et là , peu volumineux, cachés quelquefois dans le corps ou sous le corps de la peau, supurant aisément, annoncent la présence du farcin bénin ; mais il est contagieux , et peut communiquer le *farcin malin*, suivant les dispositions de l'animal dans lequel se fait la communication.

Le cheval paroît être le seul animal affecté de cette maladie ; du moins ne l'a-t-on pas observée chez le bœuf et la brebis.

Les principes les plus fréquens du farcin sont, suivant les plus habiles vétérinaires, 1° le long repos après un grand travail ; 2° une nourriture abondante sans exercice, ou après une maladie, ou après des fatigues outrées ; 3° de l'avoine ou du foin nouveau donné en trop grande quantité ; 4° le contact immédiat et réitéré d'un cheval attaqué du farcin ; 5° le séjour dans des écuries malpropres, humides et infectées par des chevaux farcineux ; 6° le passage fréquent et subit de l'air dans l'eau, ou de l'eau à l'air froid. D'où il suit qu'en général tout ce qui embarrassera la circulation, tout ce qui soulèvera la masse, tout ce qui influera sur le ton de la peau, et s'opposera à la circulation ; enfin tout ce qui pourra accumuler, dans les premières voies, des crudités acides , salines et visqueuses, changer l'état du sang , y porter de nouvelles particules hétérogènes, sera donc capable de produire tous les phénomènes dont je viens de parler. Ils seront plus ou moins effrayans, selon le degré d'épaississement et d'acrimonie.

Les méthodes employées jusqu'à présent pour guérir cette maladie sont innombrables; cela n'empêche pas cependant que le vrai spécifique du farcin ne soit encore à découvrir. Je vais rapporter ici celles qui me paroissent devoir mériter le plus de confiance par les noms mêmes de leurs auteurs.

Méthode de M. Rozier. « Le but qu'on doit se proposer dans le traitement de cette maladie est d'atténuer, d'inciser, de fondre les humeurs tenaces et visqueuses , de les délayer, de les évacuer, d'adoucir leurs sels, de corriger leur acrimonie, de faciliter la circulation des fluides dans les vaisseaux les plus déliés, etc. On débutera par la saignée, on tiendra l'animal à un régime très doux, au son, à l'eau blanche ; on lui administrera des lavemens émolliens, des breuvages purgatifs , dans lesquels on n'oubliera point de faire entrer l'*aquila alba ·* quelques diaphorétiques , à l'usage desquels on le mettra,

achèveront de dissiper les boutons et les tumeurs qui se mon‑
trent dans le *farcin bénin*, et d'amener à un dessèchement
total ceux qui auront suppuré.

« Le farcin invétéré et malin est infiniment plus opiniâtre;
il importe alors de multiplier les saignées, les lavemens émol‑
liens; de mêler à la boisson ordinaire de l'animal quelques
pintes d'une décoction de mauve, guimauve, pariétaire, etc.;
d'humecter le son qu'on lui donne avec une tisane apéritive,
rafraîchissante, faite avec les racines de patience, d'aunée, de
scorsonère, de fraisier et de chicorée sauvage; de le maintenir
long-temps à ce régime; de ne pas recourir trop tôt à des éva‑
cuans capables d'irriter encore davantage les solides, d'agiter
la masse et d'augmenter l'âcreté; de faire succéder aux pur‑
gatifs administrés les délayans et les relâchans qui les auront
précédés; de ne pas réitérer coup sur coup ces purgatifs; d'or‑
donner avant de les prescrire une saignée, selon le besoin,
ensuite de ces évacuations, dont le nombre doit être fixé par les
circonstances; et, après le régime humectant et rafraîchissant
observé pendant un certain intervalle de temps, on prescrira
la tisane des bois et l'on en mouillera tous les matins le son que
l'on donnera à l'animal; si les tumeurs ne s'éteignent point, si
les boutons prolongés ont la même adhérence et la même im‑
mobilité, on recourra de nouveau à la saignée, aux lavemens,
aux purgatifs, pour en revenir à propos à la même tisane.

« Tous ces remèdes intérieurs sont d'une merveilleuse effi‑
cacité, et opèrent le plus souvent la guérison de l'animal,
lorsqu'ils sont administrés selon l'art et avec méthode. On est
néanmoins quelquefois obligé d'employer des médicamens
externes; les plus convenables, dans le cas de la dureté et de
l'immobilité des humeurs, sont d'abord l'onguent d'althéa; et
s'il y a des boutons qui ne viennent point à suppuration, et que
l'animal ait été suffisamment évacué, on pourra, en usant de
la plus grande circonspection, les frotter légèrement avec
l'onguent napolitain.

« Les lotions adoucissantes faites avec les décoctions de
plantes mucilagineuses sont indiquées dans les circonstances
d'une suppuration que l'on aidera par des remèdes onctueux
et résineux, tels que l'onguent de basilicum et d'althéa, et
l'on aura attention de s'abstenir de tout remède dessiccatif,
lorsqu'il y aura dureté, inflammation, et que la suppuration
sera considérable : on pourra, quand la partie sera exactement
dégorgée, laver les ulcères avec du vin chaud, dans lequel on
délaiera du miel commun.

« Des ulcères du genre de ceux qu'on nomme *vermineux*
demanderont un liniment fait avec de l'onguent napolitain à la
dose d'une once, le baume d'arcéus à la dose de demi-once,

le staphisaigre et l'aloès succotrin, à la dose d'une drachme; la myrrhe à la dose d'une demi - drachme; le tout dans suffisante quantité d'eau d'absinthe; ce liniment est non seulement capable de détruire les vers, mais de déterger, et de fondre les callosités, et l'on y ajoutera le baume de fioraventi, si l'ulcère est véritablement disposé à la corruption.

« L'alun calciné mêlé avec l'égyptiac ou autres cathérétiques seront mis en usage, s'il y a des ulcères qui tiennent du caractère des ulcères chancreux; on pourra même employer le cautère actuel, mais avec prudence, et quant à l'écoulement par les naseaux, de quelque cause qu'il provienne, on poussera plusieurs fois par jour dans les cavités nasales une injection faite avec de l'eau commune, dans laquelle on aura fait bouillir légèrement de l'orge en grain et dissoudre du miel.

« Il est encore très utile de garantir les jambes éléphantiasées des impressions de l'air; et l'on doit d'autant moins s'en dispenser qu'il n'est pas difficile d'assujettir sur cette partie un linge grossier propre à la couvrir.

« J'ai observé très souvent, au moment de la dissipation de tous les symptômes du farcin, une suppuration dans les pieds de l'animal, et quelquefois dans les quatre pieds ensemble : on doit alors faire ouverture à l'endroit d'où elle semble partir, y jeter, lorsque le mal est découvert, de la teinture de myrrhe et d'aloès, et y placer des plumasseaux mouillés et baignés de cette même teinture. J'ai remarqué encore plusieurs fois dans l'intérieur de l'ongle, entre la sole et les parties qu'elle nous dérobe, un vide considérable, annoncé par le son que rend le sabot, lorsqu'on le heurte; j'ai rempli cette cavité, de l'existence de laquelle je me suis assuré, lorsqu'elle n'a pas été une suite de la suppuration, par le moyen du boutoir, avec des bourdonnets chargés d'un digestif dans lequel j'ai fait entrer l'huile d'hypéricum, la térébenthine en résine, les jaunes d'œufs et une suffisante quantité d'eau-de-vie.

« Personne n'ignore au surplus l'utilité de la poudre de vipère, par laquelle on doit terminer la cure de la maladie; et comme on ne peut douter des salutaires effets d'un exercice modéré, il est impossible qu'on ne se rende pas à la nécessité d'y solliciter régulièrement l'animal pendant le traitement, et lorsque le virus montrera moins d'activité.

« Il ne faut de plus mettre le cheval guéri du farcin à la nourriture ordinaire que peu à peu, et que dans la circonstance d'un rétablissement entier et parfait. »

Méthode de M. Vitet. « A peine un cheval est-il attaqué du farcin, qu'il faut faire une ou deux petites saignées à la veine jugulaire dans l'espace de vingt-quatre heures, s'il est pléthorique, autrement elle lui est nuisible. Les maréchaux sont bien éloignés de suivre une telle pratique ; persuadés que la maladie est dans le sang (langage de maréchal), ils en tirent la plus grande quantité possible, principalement chez l'animal doué d'embonpoint ; les fonctions vitales ont beau s'affoiblir, ils persistent toujours à tirer du sang. Ce qui les excite à une pratique si dangereuse, c'est la diminution et quelquefois la disparition des boutons, lorsque la maladie est dans son origine. De ce qu'une abondante évacuation de sang aura fait disparoître des boutons, que la diète, les boissons tempérantes auroient dissipés, seront-ils donc en droit de certifier que les copieuses saignées guérissent le farcin ? Au contraire, je suis très convaincu, d'après une multitude d'observations, que les saignées trop réitérées, bien loin de détruire le farcin, ne font que l'accroître ; et si les boutons disparoissent, ce n'est que pour un court espace de temps.

« La plupart des auteurs de cabinet rapportent comme un axiome de pratique, qu'il faut saigner beaucoup plus abondamment les chevaux surchargés de graisse et en repos, que les chevaux d'un embonpoint ordinaire et sujets à fatiguer : l'expérience nous prouve tous les jours le contraire, c'est-à-dire que les chevaux les plus gras ne sont pas les plus sanguins et les plus disposés à supporter de copieuses saignées.

« Après la saignée, administrez tous les jours deux ou trois lavemens composés d'une décoction de racines de patience ; tenant une once de foie de soufre en solution pour chaque lavement, donnez à l'animal pour nourriture de la paille et du son, auxquels il faut ajouter des fleurs de soufre à la dose de troi onces par jour ; et pour boisson de l'eau blanche, ou de la décoction de racine de patience, édulcorée avec du miel ; prati quez dès le commencement de la maladie trois sétons avec I fil de crin ; l'un au poitrail, le second au bas ventre, le troi sième à la cuisse. Il est essentiel de les entretenir, non seule ment pendant le cours de la maladie, mais encore un mois o deux après la disparition des symptômes, quand même les bo tons auroient fourni une grande quantité de pus.

« Parfumez soir et matin le cheval avec une drachme de par ties égales d'encens et d'orpiment ; vous pouvez augmenter l dose du mélange à parfumer jusqu'à deux drachmes pour ch que parfum. Avant que de faire ce parfum, vous laverez to le corps de l'animal avec de l'eau saturée d'arsenic, ayant précaution de ne pas toucher les parties de la génération l'anus et la bouche, crainte d'y exciter une violente inflamm tion. Dès que les boutons contiennent du pus, ouvrez-les av une lancette, et pensez l'ulcère avec parties égales d'orpimer et d'onguent égyptien, tant qu'il subsiste des duretés. Auss tôt qu'elles sont dissipées, retranchez l'orpiment, et continu à panser l'ulcère avec l'onguent égyptien jusqu'à parfaite cicatrice.

« Cette méthode, qui m'a réussi sur plusieurs chevaux attaqués du farcin, demande d'être réitérée plus souvent pour la faire regarder comme le vrai spécifique du farcin.

« Les jambes restent-elles enflées après le traitement, il faut les laver avec du vin d'absinthe saturé d'alun, ou avec du vinaigre tenant en solution du vitriol blanc. La nourriture doit être médiocre, l'exercice modéré, l'écurie propre et bien aérée. »

Ces deux méthodes, comme il est aisé d'en juger, diffèrent peu entre elles : elles tendent toutes deux à combattre le mal dans ses causes, c'est-à-dire à corriger l'âcreté des humeurs, et à faciliter la circulation des fluides. La seule différence sensible qu'on puisse y trouver est dans l'usage de la saignée, dont M. Vitet veut qu'on soit sobre ; et je crois qu'il a raison. Une saignée faite lorsqu'elle n'est pas nécessaire peut compromettre la vie de l'animal ; et peut-on répondre que ce cas n'arrivera jamais, sur-tout lorsqu'elle est aussi souvent répétée ?

Il y a encore une infinité d'autres méthodes employées par les maréchaux, et que je crois inutile de rapporter ici. J'observerai seulement que je suis d'avis qu'il faut s'abstenir de toutes préparations mercurielles, telles que le turbit, le sublimé corrosif dissous dans l'esprit-de-vin, le mercure doux, la panacée mercurielle, l'onguent mercuriel, etc. ; quoique données à une dose incapable d'exciter la salivation ou la diarrhée, elles ne sont pas moins nuisibles et souvent mortelles.

Suivant M. Huzard, un traitement particulier est difficile à asseoir d'une manière générale pour tous. La cause du mal n'étant pas toujours la même, ainsi qu'il a été dit, il faudroit la connoître avant que de rien entreprendre. Comment arrêter la contagion, faire disparoître la maladie, si les causes qui l'ont produite sont inconnues ? Il est donc essentiel de savoir dans quelles circonstances se trouvoient le cheval ou les chevaux infectés quand le farcin a commencé. Est-il dû à la nature du travail, à des fatigues outrées, à la nourriture, à une suppression de transpiration, au contact, à la communication par une voie quelconque, à la négligence dans le pansement, aux écuries malpropres et humides, etc. ? Toutes ces différentes causes exigent indispensablement des recherches et des questions de la part des artistes vétérinaires, parceque dans les maladies contagieuses il ne suffit pas de traiter, de guérir même individuellement les animaux malades, mais encore il faut en détruire les causes, sans quoi l'on ne remplit qu'une très petite partie du but qu'on doit se proposer. Quelle que soit d'ailleurs la cause du mal, elle se modifie souvent dans l'individu de manière à exiger un traitement différent dans plusieurs ; quelquefois cette maladie affecte un caractère inflammatoire, qui cède assez aisément aux remèdes propres à combattre ce genre d'affection, tandis que d'autrefois, et le plus souvent, elle est chronique et ressemble beaucoup à l'affection écrouelleuse dans l'homme; il faudroit donc, pour prescrire un traitement méthodique et détaillé, avoir vu les chevaux qui en sont affectés.

Il est un traitement néanmoins qui, employé dès le commencement du mal, peut convenir également dans ces deux circonstances, c'est l'extirpation des boutons ou des cordes de farcin par l'instrument tranchant; mais il ne peut plus être pratiqué dès que les uns et les autres ont contracté des adhérences avec les parties environnantes, se sont identifiées avec elles, et sont en suppuration.

Dans ce second cas, lorsque les symptômes d'inflammation ne sont plus à redouter, la cautérisation de ces boutons ou de ces cordes de farcin avec le cautère actuel peut encore être un moyen curatif, peu coûteux, et également sûr; mais il faut que cette cautérisation soit faite assez profondément, assez fortement, pour que l'escarre qui en est le résultat emporte toute la circonférence engorgée, et par conséquent tout le bouton, de manière qu'à sa chute il ne reste plus qu'une plaie simple, comme celle qui est à la suite de l'extirpation avec l'instrument tranchant; c'est ainsi qu'assez souvent un petit morceau d'oxide d'arsenic (*arsenic*), introduit au centre du bouton, produit le même effet, mais plus lentement; et c'est souvent aussi parceque ces moyens n'ont pas été employés de manière à produire l'effet que j'indique qu'on les a regardés comme insuffisans et inefficaces.

Quant au traitement intérieur, je dois déclarer de bonne foi que lorsque les moyens chirurgicaux sont pratiqués avec activité, il est à peu près inutile. Les dépuratoires, les fondans, les apéritifs si vantés dans ces cas se réduisent à bien peu de chose auprès de l'artiste vétérinaire véritablement observateur, et ne tendent qu'à faire le plus souvent dépenser inutilement au propriétaire de l'argent qui seroit bien plus efficacement employé à détruire les causes du mal; causes qui sont presque toujours négligées.

La saignée, la diète blanche dans le commencement, un purgatif après la chute des escarres pour accélérer la dessiccation des ulcères, l'attention sur-tout de rappeler la peau à ses fonctions par le pansement de la main, par le bouchonnement, l'exercice modéré, etc., sont les principaux remèdes sur lesquels on puisse compter. On a administré sans inconvéniens, et il a paru qu'on obtenoit de bons effets dans ces cas du sulfure d'antimoine (antimoine cru), et du soufre sublimé (fleur de soufre) donnés à la dose de trois décagrammes (une once) chacun, le matin à jeun, dans le miel, continués pendant une quinzaine de jours et plus.

Je finis en conseillant le procédé de Guyton Morveau, pour la désinfection des écuries, bergeries, bouveries, etc., comme le seul et unique moyen sûr. (*Voyez* Annales de l'Agriculture française, t. 16, p. 358). (Tes.)

FARDIER. Sorte de voiture propre à porter des objets très gros et très pesans. *Voyez* Voiture.

FARINE. C'est la poudre d'une semence écrasée par des meules et séparée de son écorce par des bluteaux ; mais lorsqu'on parle de la farine sans désigner en même temps le grain auquel elle a appartenu, il s'agit toujours de celle du froment, et elle mérite d'occuper le premier rang, soit qu'on la considère du côté de ses propriétés nutritives, soit par rapport à l'excellence de l'aliment qu'on en prépare. Il s'agit d'abord d'indiquer à quels signes on peut reconnoître les différentes qualités de farine.

Des différentes qualités de farine. Si le choix des grains est d'une utilité importante, celui des farines n'est pas moins nécessaire ; heureusement que leur connoissance est aussi facile à acquérir ; elles ont, comme eux, des caractères distinctifs de bonté, de médiocrité et d'altération qu'il est difficile à l'œil, à l'odorat et à la main un peu exercés de ne pas saisir. Voyons à quels signes on peut distinguer ces caractères. La meilleure farine est d'un jaune clair, sèche et pesante, elle s'attache aux doigts, et, pressée dans la main, elle reste en une espèce de pelote ; la seconde qualité a un œil moins vif, est d'un blanc plus mat ; la troisième qualité est d'un jaune plus ou moins obscur, et connue sous le nom de farine bise ; la quatrième qualité est recouverte de taches grises, et s'appelle dans le commerce *farine piquée ;* enfin les farines détériorées s'annoncent suffisamment par leur odeur acide et par leur aspect.

Quand le témoignage des organes ne suffit pas pour se décider sur la qualité des farines, il faut, parmi les moyens d'épreuve usités, faire choix de ceux qu'on doit regarder comme des véritables pierres de touche.

Premier moyen. Pour éprouver la farine, on en prend une pincée qu'on met dans le creux de la main, et, après l'avoir comprimée, on traîne le pouce sur la masse pour juger de son corps et de son moelleux, ou bien on en rend la surface extrêmement unie avec la lame d'un couteau, et se tournant vers le jour le plus clair et changeant de position, on juge de sa blancheur, de sa finesse, si elle est piquée et contient du son. Plus elle est douce au tact, et plus elle s'allonge, plus on doit se flatter qu'on en obtiendra du pain de bonne qualité.

Deuxième moyen. On prend la quantité de farine que le

creux de la main peut renfermer, et avec de l'eau fraîche on en fait une boulette d'une consistance qui ne soit pas trop ferme. Si la farine a absorbé le tiers de son poids d'eau, si la pâte qui en résulte s'allonge bien sans se rompre en la tirant dans tous les sens, si elle s'affermit promptement à l'air et qu'elle prenne du corps, c'est alors un signe que la farine est bien faite, qu'elle n'a pas souffert, et que le blé qui l'a fournie est de bon choix.

Si au contraire la pâte mollit, s'attache aux doigts en la maniant, qu'elle soit courte et se rompe volontiers, on en conclut que la farine est de qualité inférieure ; et si à cette circonstance elle ajoute celle d'avoir une odeur désagréable et un mauvais goût, c'est un signe d'altération.

Troisième moyen. Il consiste à mêler ensemble une livre de farine et huit onces d'eau froide ; on en forme une pâte ferme qu'on pétrit bien, on dirige ensuite sur cette pâte un filet d'eau, on la presse doucement en faisant passer l'eau à travers un tamis, ayant soin de réunir à la masse les portions de pâte qui peuvent échapper des mains. Peu à peu l'eau détache de la pâte les autres principes qui, confondus avec elle, sont reçus dans un vase placé au-dessous du tamis. Quand l'eau cesse d'être laiteuse, il reste dans les mains un corps spongieux élastique ; c'est la matière glutineuse.

Si la farine appartient à un blé de bonne qualité, elle fournira par livre entre quatre et cinq onces de matière glutineuse, dans l'état mou, de couleur jaune clair et sans mélange de son. Si elle provient au contraire d'un blé humide, ou mal moulu, ou tamisé par un bluteau trop ouvert, elle n'en donnera que trois à quatre onces au plus, dont la couleur sera d'un gris cendré, qui se trouvera en outre mélangée de particules de son plus ou moins grossières.

Enfin si la farine est le résultat d'un blé gâté, elle ne contiendra que très peu ou point de matière glutineuse, qui alors n'est ni aussi tenace ni aussi élastique, attendu que les altérations qu'éprouve le grain par les vicissitudes des saisons et l'influence du sol, se portent entièrement sur cette matière ; et comme le seigle, l'orge, l'avoine, le maïs et les semences légumineuses ne contiennent point de matière glutineuse, cette épreuve servira, non seulement à faire connoître la qualité des farines, mais encore leur mélange ou leur détérioration. Toutes ces vérités, que nous avons établies par des expériences positives, ont dirigé les travaux de ceux qui, depuis nous, ont écrit sur les mêmes objets d'économie.

Conservation des farines. Nous avons examiné les effets de toutes les pratiques usitées pour conserver les blés. Nous allons en faire autant pour leurs farines, afin qu'on puisse juger laquelle de ces pratiques mérite la préférence.

Des farines en rame. C'est la pratique adoptée au midi de la France pour le commerce des minots. Elle consiste à jeter sur le plancher ou le carreau du magasin, la farine telle qu'elle sort des meules, à ne bluter que cinq ou six semaines après ; pendant ce temps la farine confondue avec les gruaux et les sons perd une portion de l'humidité qu'elle renferme et permet à l'autre de se combiner. Cet effet, appelé si improprement la fermentation de la rame, n'est qu'une véritable dessiccation spontanée et insensible. Mais la farine, séjournant trop long-temps avec le son, peut contracter à la longue du goût, de la couleur et de l'odeur, et finir par s'altérer si le grain d'où elle résulte ne provient pas d'années sèches.

Farines en garenne. La farine étant blutée, on la répand en tas ou en couches sur le plancher du magasin; on la remue de temps en temps, et même tous les jours quand il fait chaud ; mais une fois salie par toutes les ordures et les insectes qui ont eu accès, elle ne sauroit être nettoyée par aucun instrument de ces corps étrangers, qui augmentent les dispositions naturelles que la farine a de s'échauffer et de fermenter; aussi le pain, à l'approche des vives chaleurs, se ressent-il plus ou moins de cette défectuosité dans la conservation ; tantôt il a le goût de poussière, et tantôt celui de ver ou de charençon, dont il ne faut accuser que le procédé vicieux de garder la farine.

Farines en sacs empilés. On a cru que, pour éviter les inconvéniens des méthodes qui viennent d'être exposées, il falloit renfermer la farine dans des sacs ; mais ces sacs, qui se touchent sur tous les points de leur surface, et placés auprès des murs, ne permettent pas à l'air de circuler autour ; la farine commence à pelotonner, à s'échauffer à la surface, et bientôt l'altération gagne les couches voisines, et on ne s'aperçoit du mal qu'au moment où il n'y a plus de remède; et on fait circuler dans le commerce une marchandise qui a perdu une grande partie de ses bonnes qualités.

Farines étuvées. On est parvenu à leur appliquer, comme aux blés, la chaleur du feu pour les mêmes vues ; mais si le grain, défendu par l'écorce, ne sauroit résister à cette action, même modérée, sans perdre de ses qualités, à plus forte raison la farine, sur laquelle elle se portera plus immédiatement. D'ailleurs l'application ici est gênante et coûteuse ; et les meilleures farines étuvées exigent plus de surveillance ensuite pour être conservées en bon état.

Farines en sacs isolés. Eclairé par le vice de toutes les méthodes de conserver les farines, on a pris le parti de les tenir renfermées dans des sacs isolés, placés et disposés par rangée, et éloignés à quelque distance des murs. En supposant que ces farines proviennent des grains d'une récolte humide, et qu'il règne des chaleurs vives accompagnées d'orages, on déplace les sacs et on les retourne cul sur geule; on conçoit aisément que la farine ainsi subdivisée doit moins s'échauffer que si elle étoit amoncelée en grandes masses, exposée à une infinité de causes qui détériorent la denrée, diminuent de son prix, et demandent des sollicitudes continuelles. L'efficacité de cette méthode, et tous les avantages qui en sont la suite, ont été constatés par les expériences les plus décisives; elle est simple, commode, économique; elle réunit autant d'avantages que les autres méthodes ont d'inconvéniens.

Commerce des farines préférable à celui des grains. L'expérience a démontré que, sous quelque forme qu'on exporte l'excédant des récoltes, c'est toujours celle qui approche le plus du but qu'on se propose qu'il faut spécialement préférer et encourager.

Je ferai remarquer que les grains n'ayant pas encore subi l'opération qui les convertit en aliment, leur abondance ne suffit pas souvent pour tranquilliser sur les besoins de la consommation journalière. Les temps calmes, les basses eaux, les inondations, les gelées, toutes ces variations de l'atmosphère sont autant de circonstances qui peuvent retarder, suspendre même la mouture et renchérir le prix des farines au point de ne plus être en proportion avec celui des grains d'où elles résultent. Il n'y a presque point d'années où ces évènemens fâcheux n'arrivent dans quelques cantons de l'empire.

A la faveur du commerce des farines on ne redouteroit plus cette disette momentannée qui fait naître, au sein même de l'abondance des blés, le chômage des moulins; on seroit moins exposé à être trompé par la mauvaise foi et l'ignorance du meunier, qui retient et rend ce qu'il veut; les pertes, les infidélités, les négligences, les maladresses, seroient toujours à la charge du marchand qui, par cette raison-là même, auroit le plus grand intérêt de surveiller le moulin et la mouture.

Ces vérités importantes, dont j'ai cherché à pénétrer les administrateurs des grands établissemens, dans la vue de les déterminer à préférer les approvisionnemens de farines à celui des grains, ont d'abord rencontré quelques obstacles auprès de ceux des hospices qui, employant une partie des grains provenant de leurs fermes, croyoient en les faisant moudre dans leurs moulins de Corbeil et manutentionner sous leurs yeux, faire un grand bénéfice au profit des pauvres. Mais éclairés par une suite d'expériences et d'observations, ces hommes ne tardèrent pas à se convaincre qu'étrangers aux détails de mouture, de panification, le pain qu'ils obtenoient revenoit à un prix supérieur à celui des boulangers; que les profits sur lesquels ils comptoient dans leurs achats primitifs par l'emploi utile de leurs fonds s'étoient insensiblement évanouis à cause des déchets et des frais de main-d'œuvre que les soins multipliés d'un pareil mode d'approvisionnement exigeoient, lesquels, n'ajoutant rien à la qualité du grain, augmentoient de cinq à six pour cent le prix qu'il avoit coûté originairement ; que moyennant l'approvisionnement en farine ils n'auroient jamais à redouter les inconvéniens exposés plus haut ; que de plus ils éviteroient l'attirail des cribles et des bluteaux, leur entretien et leur renouvellement, les gênes continuelles de manœuvrer le blé au grenier, de le porter au moulin, de le rapporter en farine, tous embarras qui occupent le temps, l'attention en pure perte ; tandis que la farine, conservée suivant les bons principes, n'entraîne dans aucune dépense, et que, renfermée dans des sacs placés isolément les uns des autres, elle n'éprouve aucun déchet, devient sèche et moelleuse en vieillissant, est d'un travail facile, absorbe plus d'eau au pétrissage, et produit davantage de pain.

On sait que quels que soient les objets sur lesquels l'industrie s'exerce, elle augmente leur valeur réelle ; qu'est-ce en effet de la farine, sinon du blé ouvragé : pourquoi les particuliers ne trouveront-ils pas un bénéfice marqué à échanger le grain qu'ils récoltent en nature de farine ou en argent, suivant leurs besoins et les circonstances, sur-tout lorsqu'on auroit établi des bases fixes en produit. Le cultivateur de lin et de chanvre ne vend-il pas sa récolte pour acheter à la place la toile qu'on en obtient ; dans cet échange les farines bien conditionnées leur procureroient un pain plus substantiel, plus savoureux et moins cher que s'ils avoient perdu le temps à attendre leur tour au moulin et à surveiller la mouture.

En vain prétendroit-on qu'il est moins aisé de connoître la farine que le grain d'où elle résulte, et plus facile de l'allonger par des farines inférieures en prix et en qualité. J'ai fait voir jusqu'à l'évidence, par des expériences sans réplique, que cette connoissance étoit aussi facile à acquérir que celle des grains ; que les farines ont également des caractères distinctifs de bonté, de médiocrité et d'altération qui n'échappent pas à l'œil, à l'odorat et au toucher un peu exercés, et qu'il existe aussi des pierres de touche qui décèlent la présence des mélanges ; d'ailleurs l'intérêt du marchand sera toujours de donner à sa marchandise le plus grand degré de pureté.

Inutilement on objecteroit encore que la farine est moins susceptible de conservation que le grain. J'invoquerois ici les témoignages des administrations qui, d'après mes conseils, gardent leurs farines dans des sacs isolés ; mais je me borne à cette observation qui, à elle seule, vaut toutes celles que je pourrois accumuler ici ; c'est que, depuis la découverte du nouveau monde, nous n'avons approvisionné nos colonies qu'en farines, et lorsqu'elles se sont gâtées en passant les mers, cet accident a toujours été la faute de ceux qui ont négligé de se servir de blés secs, qui ne les ont pas dépouillés, avant de les passer sur les meules, de leur humidité surabondante, qui n'ont point employé une mouture convenable, qui les ont embarquées dans un état de malpropreté, remplies d'insectes et déjà sur la voie de la décomposition.

Il n'y a pas jusqu'aux petits boulangers de campagne qui ne trouveroient du bénéfice dans ce commerce; les précautions qu'ils sont obligés d'employer dans leurs achats en grains n'auroient ni autant de gène ni autant d'incertitudes; ils ne seroient plus exposés à être dupes des fraudes mises en usage par les blutiers pour augmenter le poids et le volume du blé; car ces fraudes deviennent impraticables pour les farines dont ils s'approvisionneroient. On ne peut douter que les avantages de cette méthode n'aient été appréciés à leur juste valeur, puisqu'on n'a pas encore vu revenir sur leurs pas ceux qui ont renoncé à faire leurs approvisionnemens en grain, et que le carreau de la halle de Paris et le port au blé ne sont plus couverts aujourd'hui que de farines.

Le commerce des farines seroit également avantageux au gouvernement, en donnant lieu à une exportation d'autant plus nécessaire, que les combinaisons instantanées permettroient à ceux qui apporteroient de la farine d'avoir la préférence sur le marchand de grains, parceque leur marchandise ayant déjà subi une préparation essentielle, ils profiteroient de la faveur du moment; et les marchands appelés en foule par la certitude de la vente établiroient une concurrence et amèneroient l'abondance.

On ne seroit plus obligé de calculer les distances des moulins, ni exposé aux inconvéniens de la mouture. On pourroit sur-le-champ approvisionner de farines les grandes villes, où le choc des évènemens et les hasards produisent des effets si terribles en matière de subsistances; on ne verroit plus des cantons épuisés par des levées de grains trop considérables; on ne les feroit pas revenir, vendus d'abord vingt francs le setier, lorsque le besoin les rappelle de contrées fort éloignées, pour les payer un tiers en sus de leur première valeur, après avoir perdu quelquefois de leur qualité.

L'objet des subsistances étant celui qui intéresse le plus la tranquillité d'un pays et les besoins indispensables des habitans, le gouvernement auroit dans tous les temps sous la main, à la faveur du commerce des farines, un moyen prompt et assuré de prévenir les disettes locales ou les renchérissemens subits, d'apaiser les émeutes populaires dans les momens de cherté et de chômage de moulins, de faire avorter sur-le-champ les projets des spéculateurs.

Le gouvernement pourroit accorder une préférence marquée à l'exportation des farines sur celle des grains, parceque la main-d'œuvre qui resteroit dans le canton donneroit naissance à des établissemens utiles. Cette exportation ayant lieu dans des barriques, elle multiplieroit le travail des tonneliers; les moulins économiques étant en plus grand nombre, ils revivifieroient les manufactures d'étamines à bluteaux; la menuiserie, la charpente et les forges se ressentiroient aussi de l'accroissement de ce genre de travail. Ces objets réunis augmenteroient peut-être le prix du setier de blé de 3 à 4 francs au profit de la France, qui seroit en possession de ce nouveau genre de commerce, long-temps avant que les étrangers fussent en état de lui disputer la concurrence. Enfin le bénéfice de la main-d'œuvre nous paroit mériter une si grande considération, que s'il étoit possible de procurer aux autres nations leur subsistance en pain, nous osons assurer que ce seroit à l'exportation en pain qu'il faudroit donner la préférence.

Le commerce de farines seroit donc non seulement favorable à l'agriculteur, aux meuniers, aux boulangers, aux marchands et au gouvernement, mais il deviendroit encore utile aux consommateurs, sur-tout à la classe laborieuse de la société pour qui le pain est dans tous les temps la dépense la plus considérable et souvent la seule que ses moyens puissent lui permettre. Ce commerce réunit donc à l'intérêt public l'intérêt particulier, et sous ce double rapport il est digne de fixer l'attention.

Puissent mes expériences, mes observations et mes vues tourner au profit de la France, concourir à faire obtenir à mes concitoyens la plénitude des avantages qu'ils ont droit d'attendre du produit de leur sol, de leur climat, de leur industrie, de la sagesse de leurs nouvelles lois et du héros qui nous gouverne. (Par.)

FARINEUX. Les semences sont ou farineuses, le blé, les pois; ou oléagineuses, le chenevis, la navette, les noix, etc. Il y a des racines farineuses, c'est-à-dire qui contiennent de l'amidon. On dit qu'une poire est farineuse lorsqu'elle est sèche et sans goût.

FAROS. Variété de pomme.

FAROUCHE. Nom du trèfle rouge, *Trifolium incarnatum*, Lin., dans quelques uns de nos départemens méridionaux. Quoique cette plante soit annuelle et donne peu de fane, il est dans beaucoup de localités très avantageux de la cultiver, parcequ'elle croît dans les sols les plus secs et les plus arides, et

par conséquent impropres à des fourrages d'une autre nature.
Voyez TRÈFLE.

FARRATGE. Nom du trèfle et plus spécialement du trèfle rouge aux environs de Narbonne.

FASCIOLE, *Fasciola*. Genre de ver intestin qui doit être mentionné ici, parcequ'une de ses espèces intéresse beaucoup les cultivateurs comme produisant dans les moutons la maladie qu'on appelle POURRITURE (*voyez* ce mot), maladie qui en enlève quelquefois de grandes quantités.

La FASCIOLE HÉPATIQUE, qu'on appelle vulgairement *douve*, se trouve dans les canaux biliaires ou excréteurs du foie. Rarement on la rencontre ailleurs. Tant qu'il n'y en a qu'en petit nombre dans un animal, car elle habite dans plusieurs, elles ne lui nuisent pas sensiblement; mais lorsqu'elles sont très abondantes, elles obstruent les canaux biliaires; elles tuméfient leurs parois, et conduisent à la mort. C'est dans les moutons qu'on la remarque plus fréquemment, et qu'elle exerce les plus grands ravages, comme je l'ai dit plus haut. On reconnoît sa présence à la blancheur de la conjonctive, à la chute de la laine, à la perte des forces. Ceux qui en sont affectés périssent enfin de ce qu'on appelle la pourriture, qui est une espèce d'hydropisie ascite.

Il a été remarqué que les moutons qui paissoient dans les endroits marécageux étoient plus sujets aux fascioles, et que ceux à qui, dans ce cas, on donnoit journellement du sel marin ne l'étoient pas plus que ceux qui pâturoient dans les lieux secs. On en a conclu, et avec raison, que pour prévenir la pourriture il ne falloit pas les mener dans ces endroits, et leur donner de plus du sel de temps en temps; et les cultivateurs qui se sont ainsi conduits ont vu leurs troupeaux prospérer. Quant à la guérison des individus qui en sont attaqués, il ne faut pas y compter. Le meilleur parti à prendre, lorsqu'on s'aperçoit qu'un mouton commence à dépérir, c'est de le tuer et de le manger. Sa chair est presque aussi savoureuse que celle des autres, et n'est en aucune manière dangereuse. *Voy.* au mot MOUTON. (B.)

FASENDÉ. Homme qui, dans le département de Lot-et-Garonne, travaille la terre à moitié fruit avec le propriétaire.

FASQUE. Tas de blé en gerbes dans les champs du département du Var.

FAUCHÉE. Ancienne mesure de superficie. *Voy.* MESURE.

FAUCHEL. On donne ce nom dans quelques endroits à une espèce de râteau de bois qui a des dents des deux côtés, et qui sert à ramasser l'herbe ou les grains après qu'ils ont été fauchés.

FAUCHER. Opération par laquelle on coupe les foins, les

orges, les avoines et même les blés, et autres productions de la culture, avec la Faux. *Voyez* ce mot.

Il n'est pas donné à tout le monde de faucher, et encore moins de bien faucher. Lorsqu'on fauche des prairies naturelles et artificielles, il faut que l'herbe soit coupée aussi près de terre que possible. Lorsqu'on fauche des céréales on doit faire en sorte que les épis soient toujours régulièrement disposés dans les Andins (*voyez* ce mot), et qu'il s'en perde le moins possible. Enfin, lorsqu'on fauche des plantes à graines d'une très facile dispersion, comme du sainfoin mûr, de la navette, du chanvre, etc., les coups de faux doivent être tels qu'il n'y ait pas de secousse, ou que la secousse soit peu sensible.

Bien faucher ne s'apprend que par l'exemple et une longue habitude. Tous les préceptes qu'on seroit dans le cas de donner dans un livre ne serviroient à rien pour former un Faucheur. *Voyez* ce mot. Je me dispenserai donc de m'étendre plus au long sur cet art.

Généralement dans toute la France on répugnoit à couper les blés avec la faux, dans la persuasion qu'il se perdoit beaucoup plus de grains lorsqu'on l'employoit que quand on faisoit usage de la Faucille. *Voyez* ce mot. La rareté des faucheurs, et le haut prix qu'ils mettoient à leur service, a forcé, dans ces dernières années, à les faucher, soit avec la faux à long manche par-tout connue, soit avec la faux à court manche, qui sert depuis long-temps aux cultivateurs de la ci-devant Belgique; et il est probable qu'on continuera à le faire, car on s'en trouve bien.

Sans doute lorsqu'on fauche les fromens, les seigles, les orges et les avoines, pendant la grande chaleur du jour, lorsque les épis sont secs au plus haut degré, on peut craindre de perdre du grain, mais guère plus que quand on coupe avec la faucille; et la rapidité de l'opération permet de la suspendre, vers midi, les jours où on le juge nécessaire, ce qui pare à tous les inconvéniens. Le reste du jour peut être employé à retourner ce qui a été coupé la veille, à lier ce qui l'a été l'avant-veille, et à le charger pour le transporter à la grange, ou le mettre en meule s'il est assez sec. C'est véritablement lorsqu'on laisse les grains coupés plusieurs jours sur terre qu'on risque d'en perdre beaucoup, soit par l'effet des vents, des pluies, des animaux destructeurs, et du plus simple remuement. *Voyez* Javeller. (B.)

FAUCHETTE. Instrument de jardinage dont on se sert pour couper à pied droit les arbustes qui bordent les plates bandes, tels que les buis, la sauge, la lavande.

FAUCHEUR. Ancienne mesure de surface pour les prés. *Voyez* Mesure.

FAUCHEUR. Celui qui coupe l'herbe destinée à la nourriture des bestiaux, ou les céréales et autres objets de la culture, avec l'instrument appelé Faux. *Voyez* ce mot.

Un bon faucheur doit être en même temps fort, actif, et habitué à son travail. Il n'est pas donné à tout le monde de le devenir, sur-tout quand on n'a pas commencé fort jeune; c'est pourquoi par-tout il se fait payer fort cher.

L'inégalité qui existe dans les résultats du travail des faucheurs fait que rarement on les prend autrement qu'à la tâche; et alors il devient plus indifférent pour celui qui les emploie qu'ils expédient peu de besogne.

Il est des cantons où peu de cultivateurs savent faucher; ce sont des habitans des montagnes qui viennent les suppléer chaque année, à l'époque de la coupe des foins, des avoines et des orges. Il peut arriver que cette habitude ait de graves inconvéniens, et on doit en conséquence désirer que par-tout ce soient les personnes du voisinage qui se chargent de cette opération. On en sent assez les raisons pour que je sois dispensé de les développer. (B.)

FAUCHON. Nom d'un instrument qui remplace avec avantage la faucille. On en fait particulièrement usage dans la ci-devant Flandre et dans les départemens de la Belgique. (D.)

FAUCILLE. Instrument qui sert à couper ou scier le froment, le seigle, et les plantes céréales dont les grains tomberoient au mouvement de la faux. C'est une lame d'acier courbée à peu près en demi-cercle, et dont la base est emmanchée dans un morceau de bois assez court, à l'extrémité duquel cette base est rivée ou assujettie par une virole. La faucille est tranchante ou armée de petites dents très fines. Elle varie de forme suivant les pays et les cantons. Tantôt sa lame décrit un demi-cercle exact; tantôt le demi-cercle s'élargit à ses deux extrémités. Dans quelques endroits elle est disposée perpendiculairement au manche; dans d'autres elle fait un petit angle avec lui, de manière que l'ouvrier n'est pas obligé de se baisser autant pour couper la paille, et peut la couper plus près de terre. La longueur, la largeur et l'épaisseur de la lame diffèrent aussi beaucoup dans les faucilles: dans quelques unes, l'ouverture entre la pointe de la lame et l'extrémité du manche n'excède pas huit à dix pouces; dans d'autres elle est de quinze à dix-huit pouces; la largeur est ordinairement proportionnée à la longueur d'environ une ligne par pouce, et l'épaisseur du côté du dos a à peu près une ligne plus ou moins suivant l'ouverture et la longueur de la lame. Pour connoître

les bonnes lames, et la manière de les aiguiser, *voyez* l'article
Faux. (D.)

FAUCILLON. Instrument fait en forme de faucille, et qui
sert à couper les menus bois taillis. (D.)

FAUCILLON (BOIS A), se dit d'un taillis assez jeune pour
être abattu à la serpette. Les osiers, les saules, les taillis de
châtaigniers, et généralement tous ceux que l'on destine à
faire du cercle, des fagots, des bourrées, sont des bois à fau-
cillons. (De Per.)

FAUSSE FLEUR. Les jardiniers appellent ainsi les fleurs
qui ne nouent pas; telles sont les fleurs uniquement mâles,
séparées des fleurs femelles ou sur le même pied, comme dans
les Courges, les Melons, etc., ou sur des pieds différens,
comme le Chanvre, le Pistachier, etc. *Voyez* ces mots. Ces
prétendues fausses fleurs sont aussi utiles que les autres, et
sans elles les fleurs femelles ne seroient point fécondées. *Voyez*
le mot Fleur. Les jardiniers ont le plus grand tort de les supprimer; ils croient en savoir plus que la nature, qui ne produit aucun individu, aucune partie dans une plante sans suivre
la loi la plus admirable. (R.)

FAUSSET. Petite brochette de bois taillée en cône, et
avec laquelle on bouche le trou qu'on a fait dans un tonneau
pour en goûter le vin. Elle doit être faite de bois dur et bien
sec. Les brochettes de bois tendre ou spongieux laissent suin-
ter le vin, et occasionnent ou sa diminution ou son altération.

FAUX. Instrument tranchant et recourbé dont les jardiniers et les moissonneurs se servent pour couper les foins,
les gazons, les avoines et autres plantes céréales qui ne sont
pas susceptibles d'être égrénées par le choc de l'outil.

On distingue deux espèces de faux : la faux simple, et la
faux à râteau, ou composée.

La première est une grande lame d'acier, large d'environ
deux pouces à deux pouces et demi, légèrement courbée, et
emmanchée au bout d'un long bâton garni d'une main en
bois vers le milieu de sa longueur. Cette lame a un tranchant
et une *arête*. Le tranchant n'a pas besoin d'être défini : l'arête
est la partie opposée au tranchant, et qui sert à fortifier la
faux dans toute sa longueur. On donne le nom de *couart* à la
partie la plus large de la faux.

La faux à râteau est en tout semblable à la première, quant
à la lame; mais elle en diffère par l'addition faite au manche.
A l'extrémité du manche où la lame est fixée, on implante,
par le moyen d'une mortoise, un morceau de bois léger,
haut d'environ un pied et de l'épaisseur à peu près d'un pouce.

A ce montant sont adaptées, à des distances égales, deux, trois ou quatre baguettes de bois léger et sec, auxquelles on a donné la même courbure que celle de la faux, et qui s'étendent aux deux tiers de sa longueur et dans une direction à peu près parallèle à la lame. Pour donner plus de solidité au bois qui soutient ces baguettes, on ménage une autre mortoise sur le manche, à un pied de distance de la première; et dans cette mortoise on fixe, par l'un de ses bouts, un morceau de bois arqué dont l'autre bout entre dans une mortoise placée au sommet du montant qui porte les baguettes. Ces pièces réunies représentent un râteau fixé au-dessus de la faux : son objet est de rassembler les tiges des graminées à mesure qu'on les coupe, et de les coucher exactement les unes à côté des autres, afin que l'ouvrier qui doit faire les gerbes ait moins de peine à les former. Sans cette addition au manche de la faux, tout ce qu'elle couperoit tomberoit sur la terre sans ordre; il seroit plus difficile de le ramasser, et on y mettroit beaucoup plus de temps. Il y a des pays où le montant, le support et les baguettes du râteau sont en fer, au lieu d'être en bois; alors les baguettes sont formées de petites tringles de fer de la grosseur d'une plume à écrire.

Les faux nous viennent d'Allemagne : il n'y a point en France de manufacture de fer de faux; c'est la Westphalie qui en fournit presque toute l'Europe. Il y a dans ce pays quatre à cinq mille ouvriers uniquement occupés de ce genre d'industrie. Nous sommes donc obligés d'acheter les faux aux merciers telles qu'on les leur envoie : à peine en trouve-t-on quelquefois une bonne sur douze. Les défectuosités proviennent et de la qualité de l'acier, du fer, et de la manière dont elles ont été trempées. Il arrive bien souvent qu'elles ont été moins chauffées dans certains endroits que dans d'autres; alors la trempe n'étant point égale, il en résulte que la faux n'a pas par-tout la même dureté; une partie est très dure, et l'autre très molle. On s'aperçoit aisément de ces défectuosités en passant doucement sur le tranchant une pierre à aiguiser dont on connoît la dureté : selon que cette pierre mord plus ou moins, on s'assure si le tranchant est bien égal, s'il est plus dur dans un endroit que dans un autre, ou s'il est trempé au degré qu'il faut. On peut aussi reconnoître les endroits mous ou durs, soit en frappant à petits coups le tranchant d'un couteau contre celui de la faux, soit en promenant lentement sur ce dernier une petite lime douce : les différentes impressions faites par le couteau ou la lime indiqueront suffisamment les inégalités de la trempe. Alors on marquera sur la lame, avec un instrument pointu, les endroits mous et les endroits durs. Lorsqu'il s'agira d'établir le tranchant des premiers, on les mouillera avec de l'eau froide, ainsi que le marteau et l'enclume destinés à acérer les faux, et on battra ces endroits jusqu'à ce que le tranchant soit établi ; l'eau froide donne à la lame une trempe plus dure : au contraire, on battra à sec les endroits durs, parceque les coups donnés ainsi détrempent un peu la lame et l'adoucissent. Peu de personnes savent battre les faux, et beaucoup les abîment ; de là ces lames festonnées et à tranchant inégal. Il faut battre également par-tout, et toujours en proportion de la qualité du fer dans l'endroit où l'on bat.

Le tranchant d'une faux destinée à couper des herbes fortes, telles que la luzerne, les gros foins, etc., doit être court ; et long et bien aplati, s'il s'agit de faucher des herbes fines. Lorsqu'on aiguise la lame avec la pierre, on doit suivre le même principe.

Un faucheur doit avoir une petite enclume portative qu'il puisse ficher en terre, et un marteau à panne et à tête, ou à deux têtes, pour battre au besoin la lame de la faux et rendre son fer plus tranchant. Il doit aussi être muni d'un étui ou coffin, suspendu par un crochet à sa ceinture ou à sa boutonnière, et renfermant une pierre à aiguiser entourée d'herbe ou de paille mouillée. (D.)

FAUX ACACIA. *Voyez* Robinier.

FAUX ACORUS. C'est l'iris des marais.

FAUX AUBIER. Maladie du bois, qui est assez rare, mais qu'on rencontre cependant quelquefois.

Si on scie un tronc d'arbre attaqué de cette maladie, on aperçoit deux couches d'aubier, mais séparées l'une de l'autre par une couche de bon bois. *Voyez* Aubier.

Buffon s'est assuré que ce faux aubier étoit de plus mauvaise qualité que le véritable aubier, en en faisant faire de petites solives, qui cassèrent toujours sous un moindre poids que celles de même dimension fabriquées avec ce dernier pris dans le même arbre.

Ce savant, et Duhamel avant lui, ont dit que cet effet étoit produit par les gelées, et leur opinion est appuyée sur l'observation que beaucoup d'arbres leur offrirent du faux aubier dans les couches qui indiquoient l'année 1709, qui, comme on sait, fut désastreuse par la violence de son hiver.

Je ne me permettrai pas de jeter du doute sur la vérité de cette observation, mais je crois qu'ils ont eu tort de conclure qu'il n'y avoit que des gelées qui pussent produire la maladie du faux aubier. Il est très possible que des causes générales d'un autre ordre, une grande sécheresse par exemple, occasionnent le même résultat. Il est des circonstances accidentelles, comme le trou de la larve d'un lucane cerf-volant, d'une chenille de cossus, etc., qui la font naître en tout ou en partie, comme j'ai eu occasion de m'en assurer. Une incision annulaire qui entre un peu dans l'aubier, et qui n'est pas assez large pour être remplie dans le courant d'une année, doit donner lieu à un faux aubier. En effet, il suffit pour qu'il ait lieu que la circulation soit interceptée dans une partie de l'aubier, ou que cette partie soit frappée de mort par une cause quelconque.

Un arbre attaqué de faux aubier est rejeté par les charpentiers et les menuisiers. (B.)

FAUX BAUME DU PÉROU. On donne ce nom au LOTIER ODORANT.

FAUX BENJOIN. Espèce de LAURIER.

FAUX BOIS. Quelques jardiniers appellent ainsi les branches foibles et hors d'état de devenir fortes, branches qui presque toujours sont retranchées à la taille. D'autres donnent le même nom, mais improprement, aux GOURMANDS. *Voyez* ce mot.

FAUX BOURGEONS. *Voyez* BOURGEON.

FAUX CHERVI. C'est la CAROTTE SAUVAGE.

FAUX EBENIER. *Voyez* CYTISE DES ALPES.

FAUX FROMENT. On donne quelquefois ce nom à l'AVOINE ÉLEVÉE.

FAUX INDIGO. C'est le GALÉGA et l'AMORPHA.

FAUX PISTACHIER. *Voyez* STAPHYLIER A FEUILLES PINNÉES.

FAUX DE PRÉ. Quantité de terrain en pré qu'un homme peut faucher dans une journée. *Voyez* MESURE.

FAUX RAIFORT. Le CRANSON RUSTIQUE porte quelquefois ce nom.

FAUX SEIGLE. C'est dans quelques endroits le nom vulgaire de l'AVOINE ÉLEVÉE.

FAUX SENÉ. *Voyez* au mot BAGUENAUDIER.

FAVELOTES. Synonyme de FEVEROLLES.

FAYCON. Nom des haricots dans le département du Var.

FÉ. Synonyme de FOIN.

FÉCONDATION. BOTANIQUE. Dans les deux règnes organisés les germes renfermés dans leur mère, et destinés à s'en séparer pour former de nouveaux individus, ne reçoivent les propriétés vitales qu'au moyen d'une opération particulière qui porte le nom de fécondation. Dans les deux règnes l'organe ou l'être qui renferme les germes se nomme femelle, celui qui lui imprime la vie se nomme mâle. Dans les deux règnes la fécondation s'opère au moyen d'un fluide fécondateur que le mâle lance sur la femelle. Ce fluide est à nu dans les animaux, et renfermé dans une foule de petites coques chez les végétaux. Les détails anatomiques et physiologiques présentent une uniformité remarquable entre les animaux et les végétaux. Cette ressemblance s'étend même jusqu'aux propriétés sensibles du fluide fécondateur. Le pollen de toutes les plantes a une odeur analogue à celle de la liqueur spermatique des animaux, et il est composé des mêmes principes chimiques, plus un peu d'acide malique. *Voyez* ETAMINE et ANTHÈRE.

Les anciens paroissent avoir eu des idées justes sur le sexe des plantes. Théophraste et Pline en font mention ; quelques poëtes, tels que Claudien et Pontanus, en parlent de manière à prouver non seulement que ce phénomène étoit connu, mais qu'il l'étoit assez généralement. Cette connoissance fut ensuite oubliée, et parmi les modernes c'est Zaluzianski, qui, en 1592, distingua de nouveau le sexe des plantes. Son écrit resta encore dans l'oubli pendant un siècle. Camerarius, en 1694, et surtout Vaillant, en 1727, donnèrent les preuves les plus décisives de ce phénomène, et en énoncèrent plusieurs circonstances. Ce ne fut qu'en 1736 que Linnæus récapitula toutes les preuves du sexe des plantes, en ajouta quelques nouvelles, et rendit cette théorie populaire, en en faisant la base de son système de classification. Depuis lors elle a été admise sans contradiction, et n'a été soumise à aucune expérience contradictoire, si ce n'est par Spallanzani, des observations duquel nous parlerons dans la suite de cet article.

Quoique la simple description des organes de la FLEUR (*voyez* ce mot) suffise presque pour montrer leur usage, il ne sera pas hors de propos d'indiquer rapidement les preuves de la fécondation des plantes. Elles sont au nombre de cinq ; 1° toutes les plantes ou les fleurs qui n'ont que des étamines ne donnent jamais de graines fertiles ; 2° les fleurs qui n'ont que des pistils ne donnent de graines fertiles qu'autant qu'elles ont auprès d'elles des fleurs à étamines ou qu'on les saupoudre du pollen d'une espèce analogue ; l'expérience la plus célèbre qui constate ce fait est due à Gledistch. Il avoit à Berlin un palmier femelle qui chaque année fleurissoit sans donner de fruits : il fit venir de Dresde, par la poste, le pollen d'un palmier mâle, le répandit sur les stigmates de la femelle, et celle-ci porta des fruits pour la première fois. Les Arabes connoissent depuis long-temps ce procédé, et suspendent des régimes mâles de dattier au milieu des dattiers femelles pour assurer leur fécondation. 3° Lorsque dans une fleur munie de pistils et d'étamines on enlève ces dernières, et qu'on la garantit de l'action des fleurs voisines, le pistil ne donne pas de graines fécondes. Cette expérience, qu'on doit à Linnæus, est généralement vraie ; cependant Spallanzani a observé que certaines fleurs femelles, telles que celles de l'épinard ou du melon d'eau, donnent des graines fertiles lors même qu'elles n'ont reçu l'impression d'aucune fleur mâle ; à cet égard il avoit poussé la précaution au point de semer les melons d'eau sur couche pour les faire fleurir au milieu de l'hiver à une époque où aucune plante voisine ne pouvoit les féconder, vu qu'il avoit soin d'arracher les fleurs mâles avant leur fleuraison. Ces faits sont si peu nombreux, qu'ils ne nous paroissent nullement ébranler la théorie de la fécondation des plantes ; ils ne prouvent autre chose, sinon que, dans certains végétaux monoïques ou dioïques, il se développe quelquefois des fleurs hermaphrodites. (*Voyez* Cucurbitacées.) On en a eu dernièrement à Rouen une preuve bien caractérisée par la production d'une graine sur la brucée anti-dyssentérique, arbre dont on n'a en Europe que des pieds femelles qui jusqu'alors avoient été infertiles. 4 Lorsque, dans une fleur munie d'étamines et de pistils, on supprime ce dernier, la fleur ne porte aucune graine ; la même chose a lieu si on coupe le style ou le stigmate avant la fécondation, et dans les ovaires à plusieurs loges et à plusieurs styles, lorsqu'on coupe un des styles ou des stigmates, la loge correspondante du fruit avorte nécessairement. Cet avortement de l'une des loges du fruit se présente souvent dans la nature ; ainsi par exemple tous les ovaires de tous les chênes sont à trois loges, dont deux avortent constamment, de sorte que tous les glands sont à une seule loge. 5 Enfin à ces preuves de la fécondation il faut en ajouter une dernière tirée des fécondations croisées ; lorsque sur le stigmate d'une fleur femelle ou d'une fleur hermaphrodite dont les étamines ont été enlevées, on pose le pollen d'une fleur mâle d'espèce différente, on obtient souvent des graines, lesquelles produisent des espèces de mulets végétaux qu'on nomme Hybrides. *Voyez* ce mot.

Toute la structure des fleurs est combinée sur la condition générale que la fécondation s'opère dans l'air. Celui-ci transporte le pollen sur le stigmate qui, étant humide, en fait rompre les petites vésicules, de sorte que le liquide fécondateur impreigne le stigmate. Ce liquide, extrêmement ténu, s'insinue dans les vaisseaux du style, et pénètre jusqu'à la graine par une ouverture particulière nommée micropyle. *Voyez* Graine. La propriété que le pollen possède de s'éclater au contact de l'humidité est très évidente lorsqu'on la place à la surface d'un liquide, et rend impossible toute fécondation sous l'eau. Nous voyons en effet que toutes les plantes aquatiques sont munies d'un appareil propre à éviter l'effet de l'eau à cette époque ; la

plupart, tels que le STRATIOTE, la MACRE, les VILLARSIES, les
NÉNUPHARS élèvent alors leurs fleurs à la surface, et ne s'épanouissent qu'en plein air; la valisnière présente ce phénomène
d'une manière très remarquable; sa fleur femelle est placée sur
'un pedoncule roulé en tire-bourre, qui se déroule précisément
de la quantité nécessaire pour l'élever à la surface; ses fleurs
mâles se détachent d'elles-mêmes du fond de l'eau, s'élèvent à
la surface, s'y épanouissent quoique séparées de la plante, et
fécondent la femelle avant leur mort. Lorsque par la disposition particulière de la plante les fleurs ne peuvent s'élever à la
surface, les sexes sont alors renfermés dans une enveloppe
pleine d'air; c'est ce qu'on voit bien évidemment dans la PILU-
LAIRE, et ce qui paroît exister dans le MARSILEA, le SALVINIA,
l'ISOETES, et peut-être aussi le ZOSTERA. On peut cependant
faire fleurir sous l'eau des plantes ordinaires : ainsi si l'on place
un oignon de jacinthe renversé sur une carafe de manière à
ce que sa hampe pousse dans l'eau, elle y fleurit malgré cette
position renversée et la présence du liquide; mais je me suis
assuré que, dans ce cas, les loges de l'anthère étoient flasques,
et ne renfermoient qu'un pollen dénaturé. Tous les agriculteurs savent combien les pluies abondantes ou froides à l'époque de la fleuraison de la vigne, du blé, etc., etc., nuisent à la
récolte; aussi l'époque de cette fécondation est-elle toujours
pour eux un moment d'anxiété. *Voyez* COULURE, PLUIE, FROID,
GELÉE.

Au moment où la fécondation des fleurs va s'opérer les organes
sexuels exécutent certains mouvemens d'orgasme qui ont attiré
l'attention des naturalistes, comme étant des indices de l'irritabi-
lité des végétaux et de l'analogie de la reproduction des plantes
avec celle des animaux. Ces mouvemens ont été décrits avec
autant d'exactitude que d'élégance par M. Desfontaines. Dans
plusieurs liliacées, dans les rues, les saxifrages, etc., les étamines s'approchent du pistil au moment de lancer leur pollen;
dans les géranions et les kalmies les filets se courbent pour poser l'anthère sur le pistil. Dans plusieurs fleurs les étamines
s'approchent successivement du pistil; ailleurs toutes celles
d'un même rang s'en approchent ensemble; quelquefois, comme
dans le tabac, elles s'en approchent toutes à la fois. Les organes femelles offrent aussi quelques mouvemens d'orgasme;
mais ils sont moins marqués que dans les mâles, comme si la
loi qui porte ceux-ci à chercher les femelles étoit commune à
tous les êtres organisés. Les pistils des nigelles, des passiflores,
du lis, de l'épilobe se penchent du côté des étamines; les stigmates de la tulipe, de la gratiole, se dilatent d'une manière remarquable.

C'est probablement à la même classe de phénomènes qu'on

doit rapporter le fait singulier que les GOUETS présentent lors de leur fleuraison ; à une certaine époque leur chaton s'échauffe spontanément. Ce fait a été observé dans le gouet d'Italie, par M. Lamarck, dans le gouet commun par M. Sennebier, qui a vu que cette chaleur s'élève à 21' $\frac{8}{10}$ l'air ambiant étant à 14 $\frac{9}{10}$; dans une espèce de l'Ile de France, par M. Bory-Saint-Vincent, qui a vu la chaleur s'élever à plus de 40".

Il arrive souvent encore que la couleur des fleurs est changée au moment de la fécondation ; ainsi les fleurs des *cheirantus mutabilis* et *C. longifolius* (*voyez* GIROFLÉE), de la COBÉE, du DALÉA), qui étoient blanches ou d'un jaune pâle avant la fécondation, prennent, en peu d'heures, une couleur d'un violet plus ou moins foncé ; dans toutes les plantes la corolle commence à dépérir au moment de la fécondation. (DÉc.)

FECULE. Ce nom étoit donné autrefois à toutes les substances plus ou moins colorées suspendues dans une grande quantité de véhicule aqueux, et qui, par le repos, se précipitent insensiblement sous forme sèche et pulvérulente hors la partie verte qui revêt la surface des plantes ; l'indigo, les pastels, le bleu de Prusse, les carmins étoient autant de fécules ; mais aujourd'hui on ne désigne plus sous cette dénomination que la fécule amylacée, matière spécialement blanche, reconnue pour être un des principes immédiats des végétaux.

La fécule amylacée étant indissoluble à froid dans tous les fluides, peut être en effet considérée comme un corps solide et isolé, renfermé dans des étuis fibreux ou flottante au milieu des véhicules colorés, odorans et sapides, ce qui le prouve ; c'est que la fécule de marrons d'Inde n'a point d'amertume, celle du gland n'est point acerbe, la fécule du gouet n'est pas caustique, celle de bryonne n'est pas âpre, purgative, la fécule des glayeuls est inodore, celle de filependule est sans couleur. Toutes ces différentes fécules, quelle qu'en soit la source, sont identiques ; si elles diffèrent entre elles, ce n'est que par quelques nuances légères, mais toutes possèdent la vertu alimentaire à un très haut degré.

L'expérience et l'observation ne laissent aucun doute que les fécules retirées des fruits et racines vénéneuses, étant parfaitement lavées et bien séchées, peuvent servir de nourriture dans un temps de disette. Pour s'en convaincre de plus en plus, rappelons-nous que les insulaires du nouveau monde n'emploient d'autres pratiques pour enlever à la racine du manioc et de l'yucca les sucs vénéneux qu'elle renferme, et obtenir du marc exprimé et cuit la cassave, galette dont ils se nourrissent en quelque temps que ce soit, ou bien une farine qu'ils conservent un temps infini pour s'en servir au besoin sous la forme de bouillie. Rappelons-nous que tous les médicamens désignés par les pharmacologistes sous le nom impropre de fécule, auxquels ils attribuoient la propriété des plantes d'où on la retiroit, sont abandonnés maintenant, parcequ'on a remarqué qu'elle étoit absolument dénuée de toute vertu médicinale ; qu'épuisée des parenchymes, des sucs âcres, caustiques et amers, au milieu desquels elle se forme, elle est trop fade pour exercer l'effet d'un médicament. Rappelons-nous enfin que, malgré les déguisemens sans nombre sous lesquels les fécules se présentent, c'est toujours, lorsqu'elles sont pures, un seul et même corps, dans lequel il est impossible aux organes les plus exercés d'y distinguer le végétal qui leur a servi d'enveloppe ; elles varient par quelques nuances légères. Cependant, relativement à leur emploi dans les arts, toutes sont en état de servir à la fabrique de l'empois, de la bouillie et de la colle ; mais aucune ne sauroit remplir les fonctions de l'amidon du blé ou de l'orge pour la poudre à poudrer. Je n'en excepte pas même la fécule de la pomme de terre, dont l'usage est devenu trop général pour ne pas m'arrêter à décrire sa préparation.

Fécule amylacée de pomme de terre. Prenez des pommes de terre bien nettoyées et lavées : fixez-les dans la trémie d'un moulin à râper, elles se reduiront en pulpe, que vous délaierez dans l'eau, et vous verserez sur un tamis de crin. La fécule, entraînée par l'eau, se déposera dans le vaisseau placé pour la recevoir. Lavez-la dans plusieurs eaux jusqu'à ce qu'elle soit parfaitement pure. Décantez, faites-la sécher à l'étuve, et passez-la au tamis de soie. Ce procédé est applicable à tous les fruits et racines charnues qui contiennent de la fécule.

Toutes les variétés de pommes de terre, pourvu qu'elles ne soient point altérées à un certain point ni séchées au four, peuvent fournir la fécule amylacée ; mais le moment le plus favorable pour l'extraire est toujours avant l'hiver, parcequ'à mesure que ces tubercules s'éloignent de l'époque de la récolte, elle se combine insensiblement avec les autres parties constituantes, diminue de quantité, de qualité, et devient d'une extraction moins facile.

Les pommes de terre sont, parmi les racines, les plus abondantes en fécule amylacée ; mais la variété qu'il convient de cultiver de préférence, quand on a cet objet en vue, est la grosse blanche marquée de points rouges à l'extérieur, quoique les jaunes, les rouges et les violettes en fournissent davantage, toutes choses égales d'ailleurs ; mais à la récolte elles sont inférieures en produit. Elles exigent en outre une bonne qualité de sol, et sont plus assujetties aux vicissitudes des saisons.

Biscuit et crème préparée avec la fécule de pommes de terre.

Le luxe de nos tables a tiré aussi un bon parti de cette fécule. Les pâtissiers les plus en vogue à Paris en font la base des biscuits de Savoie, et d'une crème sur-tout dont les hommes, auxquels on interdit les farineux, font usage sans aucun inconvénient pour leur santé. Voici de quelle manière elle se prépare.

On prend une livre de lait dont la moitié est mise sur le feu avec un quarteron de sirop doux de raisin ; dans l'autre on délaye trois jaunes d'œufs et une cuillerée à bouche de fécule, qu'on jette dans le lait prêt à bouillir ; on remue le tout, et après deux à trois bouillons on ajoute un peu d'eau de fleur d'orange, et la crème est faite.

Il seroit possible de donner à cette crème toutes les couleurs et les saveurs qu'on désireroit.

En substituant la fécule à la farine et s'en servant dans nos ragoûts, elle rend les sauces blanches moins visqueuses, moins collantes, et plus légères à l'estomac. Peu de ménages dans les campagnes sont assez pauvres pour ne pouvoir se procurer du lait de beurre ou écrémé ; ils prépareroient avec cette fécule la bouillie la plus agréable et la plus substantielle qui soit à la portée de leurs facultés.

J'ai lieu de m'applaudir tous les jours davantage d'avoir beaucoup insisté sur les avantages de cette préparation considérée comme aliment médicamenteux, qui offre une ressource importante dans la plupart des maladies d'épuisement et de consomption, et pour l'homme en santé une nourriture aussi saine qu'elle est peu coûteuse et facile à se procurer.

Empois et colle préparés avec les fécules. Les diverses recherches que j'ai faites pour m'assurer si les fécules, extraites des fruits et des racines, étoient comparables en tout point à l'amidon de froment ou d'orge, m'ont prouvé qu'elles ne pouvoient le remplacer comme poudre à poudrer ; mais que l'empois qu'on en préparoit étoit bien conditionné, que l'émail bleu s'y mettoit aussi uniformément, aussi parfaitement, et qu'il communiquoit au linge, aux blondes et à la dentelle beaucoup de roideur et d'éclat.

On ne sauroit douter que les ouvriers qui, par état, consomment de très bonne farine pour en préparer de la colle, donneroient lieu à une grande économie s'ils n'en fabriquoient qu'avec des fécules contenues dans des végétaux amers et caustiques, lesquels coupés par tranches, séchés au four ou à l'étuve et broyés au moulin, donneroient une poudre d'autant plus propre à remplir cet objet, que la colle farineuse qui en résulteroit s'altèreroit moins aisément. Le marron d'Inde et le gland sont dans ce cas. On les aura toujours sous la main ; les arbres qui rapportent assez constamment ces fruits sont, l'un trop utile et l'autre trop agréable, pour manquer jamais ; une pareille économie deviendroit d'autant plus avantageuse, que les fabriques de papier plus nombreuses que jamais, à cause des meubles et de la manie d'écrire, en consomment maintenant plus que la coiffure ; elle n'est certainement pas à dédaigner dans les cantons qui, ne récoltant pas assez de grains pour leur subsistance journalière, sont contraints de recourir à l'étranger, souvent à grands frais pour se la procurer.

Dans le nombre des plantes incultes qui pourroient fournir à la consommation de la colle farineuse, j'en ai formé deux nomenclatures : la première a pour objet les végétaux dont la fécule se trouve associée avec des sucs âcres et vénéneux ; la seconde offre les végétaux où la fécule est liée à un principe doux et mucilagineux. J'ai cru devoir les présenter avec leurs noms français et latins les plus vulgaires, en y ajoutant l'indication et la nature du sol et les endroits où on les rencontre le plus communément ; elles sont déjà consignées dans un de mes ouvrages sur les moyens d'écarter de nos foyers le fléau destructeur de la disette. Ce ne sont, à la vérité, que des vues générales éparses que j'ai réunies, et dont une nombreuse population ne peut guère tirer qu'un parti médiocre, il suffit qu'on sache l'usage qu'on peut en faire dans un temps de malheur.

Liste des végétaux farineux incultes dont le fruit ou la racine contient de la fécule amylacée associée avec un principe amer âcre, et caustique.

Aristoloche ronde, *Aristolochia rotunda.* Dans les champs, dans les haies du Languedoc et de la Provence.

Astragale grimpante, *Astragalus scandens.* Croît par-tout dans les pays méridionaux.

Bardane cotonneuse, *Lappa major.* Sur les bords des chemins, dans les cours et aux environs des marais.

Belladone, *Atropa belladona.* Dans les forêts, le long des haies ombragées, auprès des murs.

Grande bistorte, *Bistorta major.* Dans les prés, dans les pâturages montagneux.

Bistorte moyenne, *Bistorta minor:* Sur le sommet des plus hautes montagnes du Dauphiné et de la Provence.

Bryone blanche, *Bryona alba.* Se plaît par-tout, dans les haies, dans les vignes, dans les bois.

Concombre sauvage, *Cucumis sylvestris.* Le long des chemins, dans les décombres et les lieux pierreux du Languedoc et de la Provence.

Colchique des montagnes, *Colchicum montanum.* En Alsace dans les montagnes.

Colchique ordinaire, *Colchicum commune.* Dans les prés et sur les bords des petites rivières aux environs de Paris.

Filipendule, *Filipendula vulgaris.* Dans les bois, dans les prés couverts de toutes les provinces.

Fumeterre bulbeuse, *Fumaria bulbosa.* Très commune dans les Alpes et autres montagnes élevées.

Glayeul, *Gladiolus major.* Dans tous les champs des provinces méridionales.

Hellebore noir, *Helleborus fœtidus.* Très commune aux environs de Paris et dans les endroits couverts des montagnes de la Provence.

Impératoire, *Imperatoria major.* Se rencontre ordinairement sur les Alpes, les Pyrénées, et les montagnes du Mont-d'Or.

Iris sauvage, *Iris germanica.* Dans les lieux arides et incultes, sur les vieux murs.

Iris jaune, *Iris lutea.* Sur les bords des étangs et des fossés aquatiques.

Iris puante, *Iris fœtidissima.* Dans les bois taillis, le long des chemins du Dauphiné et de la Provence.

Jusquiame, *Hyosciamus vulgaris.* Dans les campagnes auprès des villes, dans les fossés et dans les fumiers.

Mandragore femelle, *Mandragora.* Aux bords des rivières, dans les champs des provinces méridionales.

Œnanthe, *OEnanthe apii folio.* Fort abandante dans les endroits humides de toute la Bretagne.

Patience sauvage, *Lapathum sylvestre.* Dans les fossés, sur les bords des chemins et dans les prés couverts.

Patience aquatique, *Lapathum aquaticum.* Sur les bords des étangs, des fossés aquatiques et des rivières.

Patience des Alpes, *Lapathum alpinum.* Sur les montagnes du Dauphiné et de la Provence.

Persil des montagnes, *Oroselium minus.* Très abondant dans les endroits montagneux et sablonneux.

Pied-de-veau commun, *Arum vulgare.* Dans les bois, dans les haies et les lieux couverts.

Pied-de-veau courbe, *Arum incurvatum.* Dans les lieux pierreux et couverts de la Provence.

Pied-de-veau serpentaire, *Arum dracunculus.* Dans les lieux ombragés et incultes des provinces méridionales.

Pied-de-veau des marais, *Calla palustris.*

Pivoine femelle, *Pivonia fœmina.* Dans les pâturages des montagnes du Dauphiné et de la Provence.

Renoncule bulbeuse, *Ranunculus bulbosus.* Dans les haies, les jardins et sur les chemins.

Saxifrage des prés, *Saxifraga ombellifera.* Dans les prés et tous les terrains humides.

Scrophulaire noueuse, *Scrophularia nodosa.* Croît fréquemment aux lieux ombragés, dans les haies et dans les bois taillis.

Grand sureau, *Sambucus major.* Les haies et les jardins.

Petit sureau, *Sambucus ebulus.* Par-tout dans les endroits incultes et humides.

Quoiqu'il soit maintenant hors de doute que les fécules retirées des végétaux vénéneux, bien lavées et séchées, peuvent servir de nourriture dans le cas où nos subsistances ordinaires seroient bien au-dessous du besoin, je ne m'aviserai point de conseiller d'en faire des plants et des semis et d'en couvrir de bonnes terres; c'est bien assez que nous sachions ce qu'on peut en faire dans les temps de calamité, sans qu'on veuille en étendre l'emploi au-delà des bornes qui leur sont prescrites.

Si j'avois à proposer quelques plantes nouvelles, je me garderois bien de donner la préférence à celles où le poison est si voisin de l'aliment et qu'il faut préalablement approprier à la nourriture, je choisirois celles reconnues pour être les plus substantielles, les plus saines et les moins assujetties à l'inclémence des saisons, dont les frais de culture et de récolte seroient peu dispendieux, qui croîtroient abondamment dans tous les terrains, même les plus médiocres, et deviendroient en un moment et sans l'appareil de la cuisine et de ses accessoires une nourriture bienfaisante. Voilà suffisamment de motifs pour expliquer mon attachement invariable à la pomme de terre.

Liste des végétaux farineux incultes, dont le fruit ou la racine contient de la fécule amylacée associée avec un principe doux et mucilagineux.

Avéron, *Avena fatua.* On en trouve par-tout dans les champs de blé. Sa semence est farineuse.

Blé de vache, *Melampyrum.* Dans les champs.

Carotte sauvage, *Daucus vulgaris.* Dans les forêts, dans les prés.

Châtaigne d'eau, *Trapa natans.* Dans les étangs, les fossés aquatiques et les rivières marécageuses.

Crête de coq, *Crista galli.* Les prairies, les champs. Sa semence peut entrer dans le pain, qu'elle colore.

Droue, *Bromus secalinus.* Dans tous les pays de blé. Il faut exposer sa semence à la chaleur du four avant de s'en servir.

Espargoutte, *Spergula arvensis*. Sur les terrains sablonneux de la Flandre. On peut faire entrer sa graine dans le pain.

Féverolle, *Vicia faba*. Dans les champs. Peut se manger à la manière des graines légumineuses.

Fromental, *Avena elatior*. Les prés, les friches.

Jacinthe des bois, *Hyacinthus vulgaris*. Très commune en Picardie et en Artois.

Manne de Prusse, *Festuca fluitans*. Les prairies marécageuses, les eaux dormantes. Sa semence peut être mangée en semoule.

Marcuson ou Méguson, *Lathyrus tuberosus*. Dans les champs de la Lorraine. Sa racine est une excellente nourriture.

Narcisse sauvage, *Narcissus albus*. Dans les bois, dans les prés.

Nielle des blés, *Lychnis segetum*. Dans les champs parmi les blés. Sa semence peut entrer dans le pain.

Orobe tubéreux, *Orobus tuberosus*. Dans les bois. Les semences et les racines peuvent devenir de bons comestibles.

Panais sauvage, *Pastinaca sylvestris*. Dans les prés secs, sur les collines et autres endroits incultes.

Pied de lièvre, *Trifolium arvense*. Les champs, par-tout. On peut mêler sa semence avec la farine ordinaire.

Pois des champs, *Pisum arvense*. Dans les bois, en Provence. Ils sont comestibles à la manière des semences légumineuses.

Renouée centinode, *Polygonum aviculare*. Par-tout sur les bords des chemins. La semence se mêle avec le blé sarrasin.

Sanguinelle, *Panicum sanguinale*. Les champs sablonneux, les vignes et les collines pierreuses. On peut en faire de la semoule.

Sarrasin grimpant, *Polygonum convolvulus*. Les bois, les champs. La semence est comestible.

Souchet rond, *Cyperus rotundus*. En Provence, dans les endroits humides et incultes.

Terrenoix, *Bunium bulbocastanum*. Dans les champs cultivés.

Trèfle ailé, *Lotus siliquosus*. Dans les prairies. Sa semence est farineuse.

Tulipe sauvage, *Tulipa lutea*. Dans les prés montagneux de Languedoc et de la Provence.

Il existe beaucoup d'autres plantes que j'ai également examinées dans la vue de m'assurer si le principe farineux qu'elles contiennent et qui est également perdu pour la nourriture des hommes et des animaux ne pourroit pas remplacer les matières qu'on enlève à la subsistance publique pour la préparation de la colle farineuse ; mais je n'en fais ici aucune mention, soit parcequ'elles ne sont pas assez communes, soit à cause qu'elles renferment trop peu de fécule, ou bien qu'elles passent trop rapidement, par les progrès de la végétation, de l'état charnu à l'état solide, pour pouvoir devenir jamais une ressource dans les supplémens que je propose. (Par.)

FEDE, ou FEDO. Brebis dans les départemens méridionaux.

FEGUIÈRE. *Voyez* Figuier.

FEICELLE. C'est, dans le département des Deux-Sèvres, le vase percé de trous dans lequel on met égoutter le fromage.

FENAISON. C'est l'action de faire sécher les foins qui viennent d'être coupés.

Pour que la fenaison soit bonne et prompte, il faut et un temps sec et chaud, et un nombre de bras suffisant pour retourner le foin dans le moindre espace possible de temps.

Comme les travaux qu'elle exige ne sont point très fatigans, les femmes et les filles y concourent, ce qui la rend presque par-tout un temps de joie et de bonheur pour les habitans des campagnes. Je ne me rappelle pas sans émotion l'époque de ma première jeunesse où, mêlé avec les faneurs, le râteau ou la fourche à la main, je travaillois comme eux à l'ardeur d'un brûlant soleil. *Voyez* au mot Pré. (B.)

FENIÈRE. C'est, dans quelques cantons, le grenier dans lequel on serre les foins. *Voyez* aux mots Grenier, Fenil et Foin.

FENIL (*magasin à fourrages*). Construction et économie rurale. Les différentes manières de conserver les fourrages secs sont souvent dues à des usages locaux; elles dépendent aussi des circonstances particulières dans lesquelles les propriétaires de prairies peuvent se trouver.

Par exemple : un fermier de grande culture n'ensemence ordinairement en fourrages artificiels qu'une étendue suffisante de terrain pour assurer la nourriture de ses bestiaux ; et pour économiser le temps dans leur distribution journalière, il place ces fourrages le plus près possible des étables, des écuries, etc., c'est-à-dire dans les greniers qui sont au-dessus de ces logemens: on donne souvent le nom de *fenil* à ces greniers, ou de *greniers à foin*.

Mais si ce fermier, par la position de sa ferme, trouve de l'avantage à en cultiver beaucoup au-delà des besoins de sa consommation annuelle, ou si l'exploitation d'un propriétaire renferme une grande étendue de prairies naturelles dont il ne peut pas consommer tous les produits, mais qu'il trouve à vendre avec un grand avantage, alors les fenils ne sont plus assez spacieux pour contenir le grand excédant de fourrages, on n'y place que ceux nécessaires à la consommation de l'exploitation, et c'est dans des magasins particuliers que l'on resserre et que l'on conserve les fourrages destinés à être vendus.

Dans quelques localités on met les fourrages secs du commerce dans des magasins construits en maçonnerie, et que l'on appelle *granges à foin*. Elles sont ordinairement fermées de tous côtés, et elles n'ont d'autres ouvertures que la grande porte, et quelques lucarnes dans les combles, pour faciliter la décharge des voitures. On y entasse le foin depuis le *soutraît*, ou lit de fagots, ou de joncs, que l'on place sur le sol même de ces granges, afin de garantir le foin de son humidité naturelle.

Cette pratique est très défectueuse. Le défaut absolu de circulation de l'air empêche la parfaite dessiccation du foin, et il y conserve une humidité constante qui lui fait perdre sa couleur et son parfum. Et si l'on ajoute à ce vice capital des granges à foin, 1" la grande dépense de leur construction, 2" l'inconvénient d'être le refuge des fouines, des rats et des souris, dont la fréquentation altère toujours la qualité des fourrages, on sera forcé de convenir que, de toutes les manières de les conserver, celle-ci est la plus mauvaise. Si cependant la sécurité exigeoit que l'on conservât l'usage des granges à foin, il seroit possible d'en perfectionner la construction d'une manière même économique. Au lieu de construire en maçonnerie la totalité des murs de ces granges, on n'en conserveroit que les angles et des pilastres au-dessous de chaque ferme du comble. Les vides ou baies formées par ces différens pilastres seroient ensuite remplies avec des planches de peupliers, laissant entre elles un jour d'environ trois centimètres (un pouce), et convenablement consolidées.

Ailleurs, et pour tenir lieu de ces granges, on construit des hangars ouverts, à l'exception cependant du côté exposé au vent pluvieux de la localité, que l'on ferme avec des planches. On en élève suffisamment le sol au-dessus du terrain environnant, pour que son humidité naturelle ne puisse pénétrer jusqu'au premier lit de fourrage; et après y avoir placé un soutrait, on remplit ces hangars. Les fourrages s'y conservent très bien, parcequ'ils y sont très aérés; leur construction n'est pas très dispendieuse, et les munitionnaires des grandes garnisons n'ont point d'autres magasins à fourrages.

La meilleure manière de les conserver est, sans contredit, celle pratiquée par les Hollandais : ils en font des meules. On en voit cependant dans quelques cantons de la France, mais elles ne sont pas construites avec le soin et la perfection qui distinguent les meules à courans d'air des Hollandais.

Sur un terrain naturellement sec et uni, ils tracent un cercle de dix mètres environ de diamètre, sur lequel ils disposent le soutrait de la meule de la manière suivante : avec des pièces

de bois d'un tiers de mètre de grosseur ; on forme sur le sol ,
en laissant le centre du cercle dans le milieu de leur rencontre,
deux galeries transversales d'un tiers de mètre de largeur, et
tracées en équerre l'une sur l'autre ; on remplit les quatre
segmens extérieurs, qui restent sur la plate-forme après l'établissement des galeries, et l'on recouvre la partie supérieure de
ces galeries, a l'exception de leur centre commun, avec des
fagots ou des bûches, de manière que le tout présente un soutrait solide et de niveau, sur lequel le foin puisse être à l'abri
de l'humidité du sol, et que les quatre branches des galeries
donnent toujours un libre passage à l'air extérieur dont ils sont
les conduits.

Au centre de ces conduits on place un cylindre d'osier à
claires-voies, d'un tiers de mètre de diamètre comme celui de
l'ouverture que l'on y a laissée, et de deux mètres de hauteur, et l'on forme la meule autour de ce cylindre ou panier.

Pour faciliter l'opération, et lui donner toute la perfection
dont elle est susceptible, le panier est garni dans sa partie supérieure, 1° de deux anses destinées à pouvoir le relever à
mesure que la meule monte ; 2° d'une croix formée avec deux
bâtons, ou deux lattes, au centre de laquelle est un fil à plomb,
qui sert à faire connoître si la meule est perpendiculaire ;
3° d'une corde attachée au centre du panier, qui donne le
moyen de vérifier si la meule est d'une parfaite rondeur.

On voit que l'usage principal du cylindre est de former dans
le centre de la meule, et jusqu'à son sommet, une cheminée
qui, communiquant avec les conduits de la plate-forme, ou du
soutrait, fait circuler l'air dans toute la hauteur de la meule.

Ces meules de foin sont d'ailleurs bombées dans leur élévation comme nos meules ordinaires de grains, afin d'éloigner
du pied de la plate-forme, les eaux d'égout de leur couverture ;
et on leur donne à peu près la même hauteur, celle d'environ
douze mètres au-dessus du sol.

Leur solidité dépend de l'égalité de la pression que l'on fait
éprouver au foin en le tassant.

Quinze jours après la construction d'une semblable meule,
lorsque l'on juge que le foin a suffisamment *ressué*, et qu'il n'y
a plus dans son intérieur ni chaleur ni fermentation, on couvre
la meule et la cheminée avec un chapiteau de paille. De cette
manière, le foin conserve son parfum, sa couleur et toutes ses
qualités nutritives.

Lorsque les Hollandais ne pratiquent pas de courans d'air
dans leurs meules de fourrages, ils font usage d'un moyen très
ingénieux, et très simple en même temps, pour constater l'é-
tat de fermentation dans lequel les foins peuvent se trouver
pendant le premier mois qui suit leur récolte.

Ils placent dans chaque meule une aiguille de fer garnie d'un fil de laine blanche, qui est fixé à ses extrémités; ils visitent souvent cette aiguille. Tant que la laine reste blanche, la meule se comporte bien; mais aussitôt qu'elle jaunit, elle annonce un excès de fermentation. Alors ils défont une partie de la meule, et quelquefois la meule entière, suivant le danger de son état de fermentation.

Dans les meules à courans d'air, on n'a point à craindre ces accidens. (De Per.)

FENISON. On employoit, et peut-être emploie-t-on encore ce mot dans les pays de vaine pâture, pour indiquer le temps où il est défendu de mener le bétail dans les prés.

FENOUIL, *Anethum feniculum*, Lin. Plante du genre ANET (*voyez* ce mot) qui a une racine pivotante, des tiges droites, fistuleuses, cannelées, noueuses, lisses, hautes de cinq à six pieds; des feuilles alternes, deux fois ailées, à folioles linéaires, cylindriques, longues et pendantes; à fleurs jaunes, disposées en ombelle fort dense; qui croît naturellement dans les parties méridionales de l'Europe et qu'on cultive dans les jardins des parties septentrionales à cause de l'odeur douce et aromatique de toutes ses parties et des usages qu'on en retire sous ce rapport.

Cette plante demande un sol léger, sec et chaud. Elle est bisannuelle par sa nature; mais elle pousse, chaque été, de ses racines, sur-tout quand on coupe ses tiges, de nouveaux bourgeons qui la perpétuent, de sorte qu'elle peut être regardée comme vivace.

Les semences de fenouil fournissent une huile par expression et une huile essentielle. La première peut être employée dans les alimens et à brûler. Elle ne diffère pas assez des autres huiles grasses pour pouvoir être préconisée ou repoussée. La seconde, prise intérieurement ou employée à l'extérieur, ranime les forces vitales; on en fait au reste rarement usage. Ce sont les semences mêmes qui sont le plus employées contre les foiblesses d'estomac, les coliques venteuses, etc. On les entoure de sucre pour en faire de petites dragées que les marchands cherchent à faire confondre avec celles de l'anis, mais qui leur sont de beaucoup inférieures.

Cette plante, par la grandeur de ses touffes et la finesse de ses feuilles, fait un assez bel effet pour pouvoir être placée avec avantage dans les jardins paysagers, contre les rochers, sur le bord des chemins, au milieu des buissons, etc. On aime d'ailleurs, lorsqu'on la rencontre, à froisser ses feuilles et à mâcher ses graines. Dans les pays chauds elle est la peste des vignes, où on a beaucoup de peine à la détruire. On l'y emploie principalement à la lessive des olives confites; mais cela en consomme fort peu, et il y en a quelquefois en immense quantité dans les haies, les portions de terres incultes, au milieu des tas de pierres, etc. On en pourroit couper les tiges pour faire de la litière, pour chauffer le four, pour en extraire la potasse par l'incinération, etc. Aucun animal domestique n'y touche.

En Italie et sur la côte d'Afrique, on cultive une variété jardinière de cette espèce, sous le nom de *fenouil doux*, *fenouil de Florence* pour l'usage de la table. Ce sont les racines et les parties inférieures de la tige qu'on mange, et cela positivement comme le céleri. C'est un excellent mets, ainsi que j'ai pu m'en assurer dans le pays. Cette variété est moins haute, mais plus grosse dans ses racines, ses tiges et ses semences, que l'espèce commune. Sa saveur est très douce et aromatique. Sa graine semée dans les pays froids rend l'espèce commune. Ce n'est donc pas une espèce distincte, comme l'ont prétendu quelques personnes.

A Vérone, où je l'ai observé, on la sème en mars dans un terrain très sec et sablonneux, et on l'arrose copieusement. On la repique en mai à une distance de quinze à vingt pouces, dans une même nature de terre, mais bien préparée et amendée avec des fumiers très consommés, et on arrose toujours beaucoup. A la fin de juin on butte les pieds, et on les mange en juillet et août. Plus tard on n'en voit plus dans les marchés. La grosseur des racines est communément celle du poing, mais il en est quelquefois de plus grosses. Plus la chaleur est forte, et en même temps les arrosemens abondans, et plus ces racines sont bonnes; c'est pourquoi on dit que celles qu'on cultive à Rome, à Naples, à Alger sont généralement préférables à celles du nord de l'Italie. D'après cela, on ne peut espérer de cultiver cette variété dans les environs de Paris, mais il n'y a point de motif de croire qu'elle ne puisse jouir d'un haut degré de bonté à Marseille et à Montpellier, si on la conduit comme je viens de l'indiquer. Mais, dira-t-on, des essais ont prouvé qu'elle dégénéroit aussi autour de ces villes. Oui, mais parcequ'on l'avoit sans doute semée dans le premier terrain et à la première exposition, sans l'arroser davantage que les autres plantes potagères.

Les anciens ont connu cette plante, et les agronomes romains conseilloient de la semer en février. A Naples et à Alger on doit la semer encore plus tôt, puisque ces climats sont plus hâtifs que celui de Véronne que j'ai cité. (B.)

FENOUIL DE PORC. C'est le PEUCÉDAN DES PRÉS.

FENOUILLETTE. Variété de POIRE.

FENS. C'est le fumier dans le département du Var.

FENTE DES ARBRES. Les fentes ont lieu sur les arbres

sains et vigoureux, et sur les arbres abattus lorsqu'ils commencent à sécher. Deux principes opposés produisent ces espèces de fentes; dans le premier cas la fente est dans l'écorce, et dans le second elle divise l'écorce et pénètre dans la substance du bois. Il faut distinguer ces fentes de celles dont il est question à l'article DÉGEL (*voyez* ce mot), parceque celles-ci sont occasionnées par le froid.

1° *Des fentes des arbres sains.* La peau se déchire, se divise en deux, et suit communément la perpendicularité de l'arbre, à moins qu'il ne se trouve sur sa route des nœuds formés par l'origine des branches qui ont été précédemment coupées, et dont l'écorce a dans la suite recouvert la plaie. Alors la fente se détourne pour l'ordinaire, fait un contour, et très souvent reprend au-dessus du nœud sa direction perpendiculaire. La fente suppose de toute nécessité une végétation vigoureuse dans l'arbre, et l'écorce de celui qui n'a pas assez de nourriture, ou qui n'a précisément que celle dont il a besoin, n'éclate jamais pendant la belle saison. Elles surviennent, pour l'ordinaire, aux arbres que l'on taille dans l'été, et à ceux qui sont exposés à de trop continuels arrosemens. Dans l'un et l'autre cas il y a surabondance de sève; l'ascendante ne peut dissiper son superflu par les branches, par les feuilles, etc. au moyen de la TRANSPIRATION (*voyez* ce mot); et l'absorption de l'humidité de l'air, faite la nuit par les feuilles, augmente encore ce volume de sève lorsqu'elle redescend aux racines, depuis que le soleil est couché jusqu'à ce qu'il se relève. La résistance de l'écorce se trouvant plus foible que l'impulsion de la sève, cette dernière est forcée d'éclater dans l'endroit le plus aminci et le plus délicat. Aussitôt qu'on aperçoit ces fentes, que l'aubier est à découvert, il faut se hâter de les remplir avec l'onguent de SAINT-FIACRE (*voyez* ce mot); parceque l'air agit sur le bois comme sur une plaie du corps humain qui reste soumise à son action. La cicatrice de l'écorce en sera plus prompte, et à la longue les deux bords de la plaie, après avoir formé le bourrelet, s'étendront, parviendront à s'unir et à faire corps ensemble.

La texture du bois, une fois attaquée, ne se régénère pas; mais comme cette portion parvient à la longue à être recouverte par l'écorce, et par conséquent mise à l'abri du contact d l'air, la partie affectée ne pourrit plus.

Ces fentes sont plus préjudiciables aux arbres à fruits à noyaux qu'à tous autres: il s'établit le long de la fente des amas de gomme qui ne sont autre chose qu'une sève extravasée, e dont la partie aqueuse s'est évaporée; d'où il résulte une multitude de chancres très pernicieux. *Voyez* le mot CHANCRE.

2° *Des fentes des arbres abattus.* Elles sont en raison de l qualité intrinsèque de l'arbre. Moins l'arbre renferme d'hu midité, plus il travaille en séchant, toutes circonstances égales ; ainsi, un chêne des provinces méridionales, venu dans un terrain sec et au midi, se fendra plus que celui qui aura pris sa croissance dans une exposition au nord, ou dans un terrain humide, quoique dans le même pays. Cette comparaison a également lieu pour les chênes du midi et du nord du royaume ; il en est ainsi des autres arbres.

Lorsqu'un arbre est abattu, il se dessèche, diminue de volume, et, à mesure qu'il se resserre, les fentes paroissent et augmentent en raison de la séparation des fibres ligneuses, toujours proportionnée au plus ou au moins de rigidité, et cette rigidité tient au plus ou au moins d'humidité qu'elles renferment.

Si l'arbre abattu reste exposé au gros soleil, si la dessiccation est rapide, les gerçures ou fentes seront plus grandes que si le même arbre s'étoit desséché lentement. (R.)

Un arbre coupé dans sa sève se fendille plus que celui qui a été coupé pendant l'hiver. Il en est de même de celui qu'on a écorcé aussitôt qu'il a été abattu. Celui qu'on a écorcé sur pied au printemps, et qu'on coupe l'hiver suivant, ne se fendille pas ou presque pas ; ce qui concourt à rendre cette opération si utile dans un grand nombre de cas.

Il est des espèces d'arbres qui se fendillent extrêmement, il en est d'autres qui ne se fendillent que très peu. La loi qui les règle ne suit ni celle de la densité, ni celle de la pesanteur, ni celle de la dureté. Elle est particulière. Varennes de Fenilles, dans ses mémoires sur l'administration forestière, est celui qui l'a le plus observée.

On empêche souvent le fendillement des arbres en les mettant dans l'eau au moment même de leur coupe, et en les y laissant un long espace de temps. On peut raccourcir ce temps en les mettant dans de l'eau chaude, et, dit-on, en les enduisant d'huile bouillante.

Le fendillement des arbres empêche très souvent de les employer à des objets qui leur eussent donné une plus grande valeur. *Voyez* Bois. (B.)

FENTE (GREFFER EN). *Voyez* au mot GREFFE.

FER, ses propriétés et ses qualités. *Voyez* FERS.

FER A CHEVAL. Dans l'état de nature, les chevaux marchant ou courant sans efforts, le plus souvent sur des pelouses extrêmement douces, usent les ongles ou les sabots qui terminent leurs pieds bien moins promptement qu'ils ne se régénèrent ; mais dans l'état de domesticité la nécessité de faire continuellement des efforts de pieds pour se cramponner, sur-tout en tirant, et la fréquence de leur marche et de leurs travaux dans des lieux abondans en pierres, et quelquefois pavés, oblige de les revêtir d'une semelle qui puisse résister, d'un fer enfin.

Actuellement donc il est fort peu de lieux où l'on ne ferre point les chevaux, sur-tout les chevaux de trait. On ferre de même les mulets, quelquefois aussi les ânes et les bœufs.

Ferrer les chevaux est l'objet d'un art exercé par les maréchaux. Il demande un long apprentissage et beaucoup d'intelligence pour être convenablement pratiqué. Les cultivateurs ne trouvent jamais d'avantage, et risquent beaucoup à vouloir se passer de leur secours; je dois même ajouter qu'ils ne peuvent trop être persuadés qu'il y a de l'économie à s'adresser à un très bon maréchal plutôt qu'à un médiocre, dussent-ils payer deux fois plus cher. *Voyez* au mot FERRURE. (B.)

On parvient à connoître les différentes qualités du fer à la cassure de la barre, pour peu qu'on se forme l'habitude d'en considérer et d'en distinguer le grain; tout fer cassant, c'est-à-dire qu'on ne sauroit plier et déplier à froid sans le désunir, n'est pas propre à la ferrure d'un cheval ni des autres animaux; il doit être rejeté. Il en est de même de celui qu'on plie et qu'on déplie trop facilement; l'un est trop aigre, l'autre est trop mou. Une multitude de facettes brillantes, sensiblement grandes et planes, quoique d'un contour très irrégulier, ou des grains d'un blanc brillant, résultans d'une infinité de petites facettes qui ne diffèrent de celles-ci que par leur petitesse, décèlent le premier à la cassure; tandis que l'absence de ces mêmes facettes et de ces grains, et un nombre de fibres d'une finesse extrême et très noires, pareilles à celles qu'on rencontre dans certains bois, décèlent le second; tel est par exemple le fer de Suède.

Le fer le meilleur et le plus convenable à l'objet dont il s'agit est celui qui présente dans toute son étendue une quantité considérable de grains, non de la finesse de ceux que nous offre la fracture de l'acier, mais d'un volume au-dessus, la surface fracturée de ce fer étant d'ailleurs entrecoupée de quelques veines fibreuses; tel est celui par exemple que l'on trouve à Paris, et qui y est connu sous le nom de fer de roche; mais le maréchal doit prendre garde d'en altérer les bonnes qualités par un trop fort degré de chaleur. *Voyez* FERS.

On peut considérer dans le fer du cheval deux faces et plusieurs parties.

La face inférieure porte et repose directement sur le terrain.

La face supérieure touche immédiatement le dessous du sabot, dont le fer suit exactement le contour.

La voûte est précisément la rive intérieure répondant à la rive extérieure en pince, et de cette même rive aux mamelles; on nomme ainsi cette portion de fer, attendu sa courbure, qui est semblable à l'arc d'une voûte.

La pince répond précisément à la pince du pied, les mamelles aux parties latérales de cette même pince, les branches aux quartiers; celles-ci règnent depuis la voûte jusqu'aux éponges.

Les éponges répondent aux talons, et sont proprement les extrémités de chaque branche.

Les étampures sont les trous dont le fer est percé pour livrer passage aux clous dont nous avons déjà parlé à l'article Estampure. *Voyez* ce mot.

Le fer ordinaire pour les pieds antérieurs du cheval doit être tel, que sa longueur totale ait quatre fois la longueur de la pince, mesurée de sa rive antérieure, entre les deux premières étampures, à sa rive postérieure ou à la voûte.

La distance de la rive externe de l'une et de l'autre branche, cette mesure prise entre les deux premières étampures en talons, aura trois fois et demie cette longueur, et la moitié de cette longueur donnera la juste dimension de la couverture des éponges à leur extrémité la plus reculée; chaque branche, à compter de sa partie antérieure, qui se trouve précisément entre les deux premières étampures en pince, devant perdre par une diminution imperceptible de devant en arrière, jusqu'à l'extrémité de l'éponge, la moitié de sa largeur, qui par conséquent est à son extrémité antérieure le double de celle de l'éponge.

Un quart de la longueur de la pince fixe l'épaisseur qui doit régner dans toute l'étendue du fer.

Une fois et demie cette même mesure, plus l'épaisseur du fer, égalera la distance de l'angle externe de l'éponge au bord postérieur de la première contre-perçure, soit de la branche de dedans, soit de la branche du dehors.

La moitié de la longueur de la pince, plus l'épaisseur du fer, sera la juste mesure du centre d'une étampure au centre d'une autre, et c'est ainsi que le maréchal doit compasser toutes les étampures.

La moitié de la longueur des éponges désignera l'intervalle de la rive extérieure du fer, au centre des étampures de la branche externe; mais cette dimension seroit un peu trop forte pour les étampures de la branche interne, qui doivent être toujours légèrement plus maigres que celles de la branche à adapter au quartier du dehors.

Le fer ordinaire répond, comme le précédent, par sa longueur à quatre fois la longueur de la pince, et par sa partie la plus large, qui se rencontre au droit de la seconde étampure en talons, à trois fois et demie cette même mesure.

Le tiers de la longueur de la pince donne l'épaisseur que

peut avoir cette partie, ainsi que la largeur des éponges, tant de la branche de dedans que de la branche de dehors.

Le tiers de la largeur de la branche donne l'épaisseur de cette même branche.

Le tiers de la largeur de l'éponge fixe également l'épaisseur du fer dans ce même lieu: ainsi le tiers de la largeur du fer, dans quelque portion de son étendue que cette mesure puisse être prise, indiquera toujours l'épaisseur que ce même fer doit avoir dans le lieu mesuré.

Les étampures seront compassées de manière qu'elles diviseront le fer en neuf parties parfaitement égales ; la première sera aussi distante de l'extrémité de l'éponge que la seconde le sera de la première, la troisième de la seconde, et ainsi de suite jusqu'à la dernière : du reste nous observerons ici que ces mesures sont les mêmes pour tous les fers que l'on destine au cheval.

Nous entendons par ajusture le plus ou moins de concavité que le maréchal donne à la face supérieure du fer; il le saisit avec les tenailles, s'il est destiné à un des deux pieds du montoir, entre l'éponge et la première ou la seconde étampure de la branche forgée la première : il en appuie sur le bras rond ou sur le bord postérieur de la table de l'enclume, en l'y présentant par sa face supérieure, la partie qui doit garnir la pince, et en plaçant la main des tenailles plus bas que n'est cette même partie sur laquelle il frappe ; elle reçoit un commencement d'ajusture ; il retourne ensuite le fer de dessous en dessus ; il prend l'autre branche avec des tenailles, et le fer posé sur la table de l'enclume, il frappe du ferretier à plat entre les deux rives, à commencer de la pince jusqu'à l'éponge, et ainsi successivement d'une branche à l'autre. Plus la main de la tenaille élève les éponges, plus le fer acquiert de concavité au moyen des coups du ferretier, qui doivent s'accorder parfaitement avec les mouvemens variés de cette main, et qu'il faut adresser, non sur la partie de ce même fer qui porte sur la table, mais sur les parties qui l'avoisinent, en observant de frapper toujours près à près sur chacune d'elles, et de manière que l'effet de tous les coups portés et dirigés ainsi soit uniforme dans toute l'étendue de la branche; après quoi il bigorne l'une et l'autre branche ajustées, ainsi que la pince, sur l'un et l'autre bras de l'enclume, tous les coups du ferretier devant être adressés sur l'arête inférieure et extérieure du fer, à l'effet de parer à ce que cette même arête ne perde l'aplomb de l'arête supérieure.

Nous appelons du nom de *planche* et de *florentine* les fers qui sont particuliers aux mulets; ils diffèrent de ceux du cheval, attendu la structure et la forme de leurs pieds. Le vide de ces fers est moins large pour l'ordinaire, les branches en sont plus longues et débordent communément le sabot; il est encore pour les mulets des charrettes de fers appelés assez communément dans les boutiques fers carrés.

Il seroit sans doute superflu et étranger à notre objet d'entreprendre la description de nombre d'autres fers, tant anciens que modernes, proscrits par la saine pratique; nous entrerons seulement dans le détail des fers des bœufs dans la section relative à la manière de ferrer les animaux, c'est-à-dire dans l'article FERRURE. *Voyez* ce mot. (R.)

FER DE BÊCHE. C'est la portion de la bêche qui agit. Cette portion varie beaucoup dans sa forme, et encore plus dans ses dimensions, ainsi qu'il a été dit au mot BÊCHE.

Quand on dit *travailler la terre de l'épaisseur d'un fer de bêche*, c'est la labourer de huit à dix pouces de profondeur, hauteur commune d'un fer de bêche; de deux fer de bêche c'est le double. *Voyez* LABOURER A LA BÊCHE.

FERME. Ce mot se prend sous deux acceptions, savoir, pour l'ensemble des terres qui composent une exploitation, et pour les bâtimens nécessaires à cette exploitation.

Considérées sous le premier de ces rapports, les fermes ont été l'objet de longues discussions, lorsque vers le milieu du siècle dernier on a commencé à porter ses regards sur l'économie politique. Les uns ont soutenu que les fermes, mettant les moyens de subsistance du peuple entre les mains de quelques individus, condamnant le plus grand nombre des habitans des campagnes à être de simples valets, étoient nuisibles à la société. Les autres ont prétendu, au contraire, que les travaux se faisant en grand dans les fermes, ils y étoient plus économiques, et permettoient en conséquence d'en donner les produits à meilleur marché; que la nécessité de vendre s'y faisoit plus impérieusement sentir par l'obligation de payer le prix de la ferme, l'impôt et les frais de l'exploitation, que beaucoup de genres de culture, l'éducation des moutons, la fabrication de certains fromages, etc., ne pouvoient s'exécuter avantageusement en petit. *Voyez* MÉTAIRIE, BORDERIE, CLOSERIE.

Je n'entrerai pas dans le détail des moyens employés pour soutenir ces deux opinions, parceque cela seroit sans véritable utilité et me mèneroit trop loin. Je dirai seulement que les personnes éclairées pensent aujourd'hui qu'il est avantageux à la société qu'il y ait de petites cultures dans les pays montagneux, et de grandes fermes dans les plaines. *Voyez* au mot BAIL. Le mieux est peut-être que ces deux genres de culture soient entremêlés, comme cela a lieu dans beaucoup de localités, parcequ'il y a d'un côté population nombreuse, et de l'autre produits abondans, d'où s'ensuit concurrence dans le prix du travail et des denrées, et en conséquence l'équilibre naturel si désirable au bonheur de tous. Au tome 3 des Annales de l'agriculture française, page première, on trouve un examen approfondi des questions d'économie politique, relativement aux fermes, et à la page 337, même tome, des détails sur le manoir d'une ferme et ses dépendances.

Quant à la seconde acception du mot ferme, *voyez* l'article suivant. (B.)

FERME DE GRANDE CULTURE. ARCHITECTURE RURALE. Les exploitations de la grande culture sont, comme nous l'avons déjà dit, celles qui présentent une culture de deux charrues au moins, c'est-à-dire une étendue de terres d'au moins soixante-quinze à cent hectares. L'ensemble des bâtimens nécessaires à ces grandes exploitations se nomme *ferme*.

Nous avons suffisamment indiqué à l'article CONSTRUCTIONS RURALES la série des principes généraux de cette partie de l'architecture, et nous donnons à chacun, et à son mot particulier, tous les développemens dont il peut être susceptible; ici nous allons en faire l'application à la construction d'une ferme de grande culture.

Le but raisonnable qu'un propriétaire doit se proposer en faisant construire une ferme de cette classe, c'est 1° de procurer au fermier un nombre suffisant de bâtimens, et d'une étendue assez grande pour pouvoir le loger sainement et commodément, ainsi que tous ses bestiaux, et pour resserrer et conserver tous les produits de sa culture et de son industrie; 2° de disposer les différens bâtimens de manière que chacun soit à l'exposition la plus favorable pour sa destination, et dans l'ordre qui offrira au fermier le service le plus commode, et la surveillance la plus facile et la plus immédiate; 3° de lui fournir encore en cour, jardin, enclos, mais sans excès, toutes les aisances nécessaires pour son avantage particulier, le placement des fosses à fumier, les abreuvoirs, les communications, le pâturage des bestiaux convalescens, etc.; en un mot, c'est de procurer au fermier le *nécessaire* le plus commode, sans se permettre *aucun superflu*. *Voyez* le mot ECONOMIE. Cela posé, la culture des céréales étant l'objet principal et commun des occupations des fermiers de la grande culture, toutes les fermes de cette classe pourroient donc avoir la même ordonnance générale et les mêmes distributions particulières, sans présenter entre elles d'autres différences que celles relatives à l'étendue plus ou moins grande de l'exploitation, et à l'espèce d'industrie agricole particulière à chaque localité.

Ainsi si l'on trouvoit, pour une ferme de grande culture,

une ordonnance générale de ses bâtimens dont la bonté et la commodité fussent généralement reconnues, on pourroit donc l'adopter et l'appliquer indistinctement à toutes les fermes de cette classe, sauf les modifications dont nous venons de parler.

C'est le but particulier que nous avons cherché à remplir dans le plan de ferme de grande culture dont nous allons donner la description, et qui a été projeté pour une exploitation de six charrues, située à trois ou quatre myriamètres de Paris.

Mais avant d'entrer dans les détails de cette construction rurale, il convient d'en développer les motifs.

1° L'exploitation des terres de cette ferme exige de la part du fermier des avances assez considérables, en mobilier et en frais de culture, pour lui supposer des facultés pécuniaires relatives, et, par suite, une éducation soignée qui oblige le propriétaire à le loger proprement et commodément.

2° Sa culture occupera habituellement environ dix-huit chevaux, sans compter ceux destinés au service personnel du fermier et de sa famille. Il faudra donc à cette ferme des écuries assez grandes pour les loger tous, tant en santé qu'en état de maladie.

3° Il en sera de même pour les étables et les bergeries destinées à loger les nombreux troupeaux de bêtes à laine et à cornes qu'une aussi grande exploitation peut comporter.

4° Le voisinage de Paris ne permettra au fermier d'autre industrie agricole que celle de l'*élève* des volailles et des pigeons. Il ne trouveroit point de bénéfice à faire du beurre ou des fromages avec le lait des bêtes à cornes, parcequ'il peut le vendre tous les jours à un prix avantageux aux laitières qui approvisionnent cette capitale, sans prendre d'autre soin que celui de faire traire les vaches. Il ne s'occupe point non plus de l'engraissement des porcs, excepté pour la consommation de son ménage. Ainsi, pour l'exercice de son industrie, il suffira qu'il trouve dans la ferme un grand colombier, un grand poulailler avec sa chambre à mue; et la laiterie et le toit à porcs pourront être réduits à une grandeur strictement nécessaire.

5° Les récoltes d'une semblable exploitation seront très considérables : dans la localité où nous la supposons placée, il n'est guère possible de les évaluer à moins de 40,000 gerbes de blé, et à autant de gerbes de menus grains. Il faudroit donc deux corps de granges assez spacieux pour pouvoir les contenir; mais la dépense excessive qu'occasionneroit leur construction ne permettroit pas aujourd'hui de l'entreprendre, et cette circonstance va forcer les propriétaires à ne donner à ces granges que la capacité nécessaire pour contenir douze à quinze mille gerbes, qui est celle des meules les plus grosses. *Voyez* le mot GRANGE.

Cette réduction dans les dimensions des granges exige alors qu'il y ait derrière leurs corps de bâtimens un enclos *fermé de murs* pour y placer, en meules, les gerbes de la récolte que les granges ne peuvent recevoir, ainsi que les pailles battues ; par cette disposition on pourra, dans le moins de temps possible, les engranger pour les battre ou les mettre en meules lorsqu'elles seront battues ; et les murs de cet enclos le mettront à l'abri des entreprises de la malveillance.

6° Il faudra aussi des chambres à blé, à laines et des greniers à avoine assez vastes pour contenir et conserver les grains battus et les autres produits, en attendant le moment favorable à leur vente.

7° Enfin, il est nécessaire que la cour, le jardin, le verger et autres accessoires soient assez grands pour bien remplir leurs différentes destinations.

Cela posé, on trace sur le terrain choisi à cet effet (*Voyez* le mot PLACEMENT) un quadrilatère rectangle dont une des diagonales doit être orientée du nord au sud.

Ce quadrilatère, dont ici les dimensions ont été calculées d'après les besoins de l'exploitation, a soixante-quatre mètres deux tiers, ou cent quatre-vingt-quatorze pieds de long sur cinquante-huit mètres deux tiers, ou cent soixante-seize pieds de largeur, et forme le périmètre de l'intérieur ou cour de la ferme.

Les quatre angles en sont coupés à cinq mètres de distance de chaque côté ; et c'est sur ce qui reste de chacun des côtés qu'il faut élever les murs intérieurs des quatre grands corps de bâtiment nécessaires à cette exploitation. En sorte que chaque corps de bâtiment est isolé et séparé de ses voisins par les murs en pans coupés qui achèvent la clôture de la cour.

On place l'habitation du fermier, toutes les pièces qu'elle doit réunir, ainsi que celles qui sont ordinairement sous la surveillance particulière de la fermière, sur le côté nord-ouest du quadrilatère, afin que la façade intérieure de ce corps de bâtiment soit à l'exposition sud-est, comme étant la plus favorable pour l'habitation de l'homme. *Voyez* le mot ORIENTEMENT.

Ce corps de bâtiment contiendra donc, en commençant par le sud, 1° l'habitation et ses accessoires, la cuisine, fournil et laiterie, 2° bûcher, remises et chambre du chaulage.

A l'exposition sud-ouest du quadrilatère, on élève le corps de bâtimens destiné aux écuries et aux étables, afin que sa façade intérieure soit à l'exposition nord-est. Ce second corps de bâtiment sera séparé de celui de l'habitation par le pan coupé sur lequel on a placé la porte d'entrée, et contiendra, 1° la chambre du maître charretier et les écuries; 2° les étables.

Le troisième corps de bâtimens est celui des granges. Il est placé en face de celui de l'habitation, et se trouve ainsi sous la surveillance directe du fermier. La communication de la cour avec l'enclos des meules, qui doit être établi derrière le corps de bâtiment, le divise en deux parties égales, dont chacune est composée d'une grange et de son ballier.

Enfin sur le côté nord-est du quadrilatère on place le corps de bâtiment qui doit contenir, 1° un toit à porc; 2° une écurie pour les chevaux malades; 3° les poulailler et chambre à mue; 4° les bergeries, parceque sa façade intérieure se trouvera à l'exposition sud-sud-ouest qui convient aux volailles et n'est pas nuisible aux bêtes à laine pendant la saison qu'elles ne sont pas au parc. *Voyez* le mot BERGERIES.

Le jardin est d'ailleurs placé derrière le corps de bâtiment de l'habitation, et le verger ensuite, mais de manière que l'on peut y communiquer de la cour sans être obligé de passer par le jardin.

Telle est l'ordonnance générale que nous avons donnée aux différens corps de bâtimens de cette ferme, et qui nous paroît d'autant plus convenable, que tous sont à l'exposition la plus favorable pour leur destination, sont soumis à la surveillance du fermier la plus directe, et conséquemment la plus facile, et que leur isolement les rend moins exposés aux dangers des incendies.

La position de la porte d'entrée, que nous avons placée dans l'un des angles de la cour, entre l'habitation proprement dite et le corps des écuries et des étables, offre de grands avantages; elle ne coupe et n'interrompt aucunes communications, et il ne peut entrer dans la ferme ni en sortir personne qu'on ne puisse voir, 1° du cabinet ou salle de compagnie qui en est la première pièce; 2° de la chambre du fermier qui est à la suite; 3° de la cuisine, etc.

Sur le pan coupé au nord nous établissons le COLOMBIER EN GRAND VOLET (*voyez* ce mot). Le dessous peut servir de remise éventuelle, et de passage aux voitures pour aller dans le jardin et dans le verger.

Les deux autres pans coupés de la cour sont destinés, savoir, 1° celui à côté des bergeries, à établir une communication directe avec les bergeries supplémentaires qu'il faudra placer en appentis le long du mur de clôture de l'enclos des meules; 2° et le dernier à servir de rempart à un *compost* ou fosse aux engrais artificiels placés dans cette partie de l'enclos des meules, afin que les bestiaux, en vaguant dans la cour, ne puissent pas se jeter dedans.

Ces quatre corps de bâtimens seront assainis du côté de la cour par une chaussée de cinq à six mètres de largeur, pavée en égout et régnant dans tout son pourtour; et à l'extérieur par des fossés et des plantations d'arbres d'alignement.

Le surplus de la cour seroit ensuite divisé en trois parties par une chaussée de la forme d'un Y, afin d'abord de pouvoir communiquer facilement et en tout temps à l'enclos des meules et au verger, et pour procurer au fermier trois fosses à fumier dans lesquelles il pourra placer à volonté leurs différentes espèces, ou faire les mélanges qu'il jugera les plus convenables pour la nature des terres de l'exploitation.

L'une des branches de l'Y répondroit à la porte d'entrée; la seconde à l'enclos des meules, et la troisième au colombier. Le trop plein des eaux de ces fosses se rendroit, par des cassis pratiqués à cet effet à travers les chaussées intérieures, dans celle qui seroit la plus basse, et où l'on établiroit une mare, et de là dans la fosse aux engrais artificiels. Le trop plein de cette dernière pourroit être ensuite dirigé sur des herbages naturels ou artificiels, et seroit pour eux un excellent engrais.

Enfin, devant la porte d'entrée, et aux pignons du corps de logis et de celui des écuries, on ménageroit une demi-lune ou place assez grande pour contenir les différens troupeaux à mesure qu'ils reviennent des champs, et les faire boire tranquillement dans un abreuvoir qui seroit construit à côté de cette demi-lune, si cela étoit nécessaire.

Par ce moyen, il n'y auroit point de confusion de bestiaux dans la cour, point d'accident à craindre, et on n'y laisseroit entrer chaque espèce de bétail que lorsque le dernier rentré seroit attaché dans ses logemens.

Après avoir exposé les avantages de l'ordonnance générale de cette ferme, il convient aussi de faire remarquer ceux de sa distribution intérieure, et particulièrement de celle du corps de logis.

A l'entrée de la cour, à main gauche, on trouve, 1° le cabinet ou salle de compagnie du fermier. Cette pièce est éclairée, 1° par une fenêtre grillée qui donne sur la demi-lune dont nous avons parlé; 2° par une porte vitrée sur la cour. La première est destinée à éclairer les approches de la ferme, et à reconnoître ceux qui frappent à la porte extérieure; et la seconde donne au fermier la facilité de surveiller tout ce qui se passe dans l'intérieur de la cour, et de s'y transporter sur-le-champ sans être obligé d'aller gagner le vestibule dont il sera question ci-après.

2° La chambre du fermier, communique directement d'un côté à la salle de compagnie, et de l'autre à la cuisine. Sa fenêtre donne sur la cour, et le corps de logis est assez large pour avoir pu ménager derrière cette pièce, ainsi qu'à la précédente, une garde-robe et une chambre particulière pour des enfans ou pour de grandes filles.

3° Une grande cuisine avec une porte sur le jardin, et une entrée sur le vestibule.

4° Un vestibule assez grand pour contenir la cage de l'escalier montant aux étages supérieurs, et descendant à la cave, et un garde-manger sur le derrière, auquel on communique par la cuisine.

5° De l'autre côté du vestibule, un fournil avec four, pétrin et un fourneau économique pour chauffer l'eau des lessives, de la boulangerie, et la préparation des buvées. Ce fournil communique d'un côté au vestibule, et de l'autre à celui de la laiterie.

6° Une laiterie voûtée à l'exposition du nord-ouest, précédée du côté du sud-est par un vestibule qui est destiné au lavage des ustensiles de la laiterie, et à la garantir de la chaleur naturelle de son exposition et de celle du fournil.

Toutes les communications entre les principales pièces de cette partie du corps de logis sont en enfilade, de manière que, de sa chambre, la fermière peut voir ou entendre tout ce qui se fait, tout ce qui se dit, jusque dans le fond de sa laiterie.

7° Un bûcher à la suite, dont l'entrée est dans la cour, etc.

8° Des remises.

9° Enfin, une chambre du chaulage, dans laquelle aboutiront les tuyaux de descente des trémies placées dans les magasins à blé et à avoine qui seront au-dessus. C'est dans les trémies que l'on versera les grains qui arriveront ainsi dans la chambre du chaulage de la manière la plus économique, et où on les chargera très aisément sur les voitures acculées à la porte de cette pièce.

Le premier étage de ce corps de bâtiment est destiné, savoir, la partie au-dessus de l'habitation à des distributions relatives aux besoins intérieurs du fermier, et l'autre à un vaste magasin à blé.

Enfin, les greniers sont consacrés d'un côté aux besoins du ménage, et de l'autre, c'est-à-dire au-dessus de la chambre à blé, à resserrer les avoines.

En sorte que toute la famille du fermier, ses domestiques femelles, et les principaux produits de sa culture sont pour ainsi dire sous la même clef; et cette disposition lui procure toute la sécurité désirable.

La même facilité de surveillance, la même commodité existent dans les autres corps de bâtiment, et pour s'en convaincre, il suffira de se rappeler leur disposition, et de consulter les différens mots qui désignent leur destination.

Nous ne pousserons donc pas plus loin cette description ; mais il nous reste à faire voir que l'ordonnance générale que nous avons adoptée pour cette ferme peut être aisément appliquée aux plus grandes comme aux plus petites.

En effet, si nous supposons à cette ferme un labour de trois charrues de plus, nous ne changerions rien ni au corps de logis, ni à celui des granges; mais nous augmenterions le corps des écuries d'une écurie et d'une étable double, et celui des bergeries d'hivernage dans une semblable proportion ; et si notre ferme avoit trois charrues de moins, nous retrancherions, 1° au corps de logis le cabinet du fermier, les remises, et au besoin la chambre du chaulage ; 2° à celui des écuries, une écurie et une étable double; 3° à celui des granges, une travée à chacune, et les balliers au besoin ; 4° enfin, au corps des bergeries, la chambre à mue, et une longueur suffisante de bergeries.

Par ces augmentations ou ces diminutions, la cour se trouveroit naturellement augmentée ou diminuée, et toujours dans une proportion convenable.

Enfin, si cette ferme étoit placée dans une localité où l'industrie agricole consiste particulièrement dans la fabrication des fromages, la laiterie que nous lui avons donnée seroit beaucoup trop petite pour les besoins de cette fabrication. D'ailleurs il faudroit encore trouver à la proximité de cette pièce, et à l'exposition convenable, une chambre particulière pour faire sécher les fromages, et que l'on appelle ordinairement *chambre aux fromages*. Alors, sans rien changer à l'ordonnance générale des quatre corps de bâtiment, nous supprimerions les remises dans le corps de logis, nous y transporterions le bûcher, et dans l'emplacement qui étoit occupé par la laiterie et le bûcher, nous trouverions à placer les trois pièces, dont une laiterie à fromages est composée. *Voyez* le mot LAITERIE.

Quoi qu'il en soit, on voit que nous avons cherché à réunir dans ce projet de ferme toute l'aisance et la commodité qu'un fermier peut désirer; et cependant son emplacement total, en y comprenant le jardin, le verger, et l'enclos des meules, ne comporte qu'une superficie d'environ deux hectares.

Nous ne parlons point de la dépense de construction d'un semblable établissement, parcequ'elle est relative au choix des matériaux disponibles et aux prix de ces matériaux et de la main-d'œuvre, et que ces prix et les matériaux ne sont pas les mêmes dans toutes les localités. (DE PER.)

FERMENTATION. Les plantes vivent ; et, comme tous les êtres vivans, elles se nourrissent; elles digèrent les sucs alimentaires, et se les approprient : comme eux elles croissent, se reproduisent et meurent.

La décomposition spontanée des végétaux qui pourrissent en masse donne lieu à la formation du terreau. Nous ne traiterons point du terreau sous le rapport de ses usages ; nous ne l'envisagerons que sous celui de sa formation et de sa composition chimique.

Par-tout où les plantes herbacées et fraîches sont réunies en masse, par-tout où s'amoncellent les débris des arbres, tels que les feuilles, il se produit du terreau par leur décomposition.

Cette décomposition, pour qu'elle ait lieu, exige quelques circonstances, et présente des phénomènes qu'il est bon de connoître.

La plante vivante ne peut végéter qu'à l'aide de l'eau : ce liquide forme son principal aliment, ainsi que nous le verrons au mot VÉGÉTATION. Lorsque la plante est morte, l'eau devient le principal agent de sa décomposition : on ne peut l'en préserver qu'en la desséchant pour la soustraire à l'action de ce liquide.

L'humidité est donc une condition nécessaire à la décomposition du végétal ; et, pour le préserver de cette destruction ou désorganisation, il suffit de le dessécher : c'est ainsi qu'on garantit de toute altération les végétaux qu'on veut conserver pour la nourriture des animaux et de l'homme.

Le tissu charnu et aqueux de la plupart des plantes se décompose naturellement et spontanément, lorsqu'elles sont amoncelées en assez gros volume ; mais s'il s'agit d'opérer la décomposition de quelques végétaux, dont le tissu est sec et fibreux, il faut les humecter pour les ramollir ; il convient même de les arroser pendant les progrès de la fermentation.

La chaleur ou une douce température forme encore une condition favorable à la décomposition spontanée des végétaux : elle est à la vérité moins nécessaire que l'eau, mais elle la favorise, et son influence ne sauroit être passée sous silence.

Mais il en est de la chaleur comme de l'eau : lorsqu'elle est appliquée au végétal à un degré trop fort, elle opère une décomposition qui n'est plus la fermentation spontanée dont nous nous occupons en ce moment : c'est alors une véritable distillation.

Les phénomènes que présente la décomposition des végétaux en masse sont les suivans :

Elle s'annonce par une odeur particulière, qui varie selon

la nature du végétal : celle des plantes succulentes est presque toujours fade ; celle des plantes sèches ou peu charnues est un peu plus vive, quoique moins abondante. Dans la plupart des végétaux, la base de cette odeur paroît être formée par le gaz hydrogène très délayé, et dans les crucifères par le gaz ammoniacal.

Peu à peu le mélange s'échauffe, l'odeur devient plus forte ; il s'exhale du gaz hydrogène carboné et un peu d'acide carbonique, quelquefois même du gaz ammoniacal ; mais seulement lorsque la décomposition est plus avancée.

Le tissu des végétaux se ramollit, se désorganise ; la masse fermentante se réduit presque en pulpe lorsque les plantes sont charnues et aqueuses; elle se tuméfie. L'odeur est putride.

La couleur s'altère ; elle passe au brun, et finit par noircir. L'exhalaison des mêmes gaz continue ; l'ammoniacal prédomine, sur-tout dans les plantes potagères et légumineuses.

La chaleur fait exhaler beaucoup d'eau ; tous les sucs se décomposent ; et, après ce période, l'odeur et la chaleur diminuent, la masse se dessèche, et il ne reste plus qu'un résidu terreux, de couleur plus ou moins brune, dans lequel on distingue quelques parties ligneuses ou fibreuses qui ont résisté à la décomposition : c'est là ce qui constitue le terreau.

Sans doute le terreau doit varier selon la nature des plantes qui le fournissent ; mais, dans tous les cas, c'est un mélange de tous les sels et de tous les principes terreux des végétaux avec du carbone, de l'huile et autres sucs dont la décomposition n'a pas été complète.

On voit, d'après ce qui précède, que le terreau n'a pas terminé sa décomposition : il reste encore des sucs du végétal mêlés aux principes fibreux, qui éprouvent alors une décomposition plus modérée qui se prolonge pendant quelque temps.

Le terreau doit former, d'après cela, le mélange le plus propre à la végétation, puisque, outre la terre, les sels et les principes nutritifs de la plante, il développe encore une chaleur douce par les progrès de sa décomposition devenue insensible. On verra au mot VÉGÉTATION de quelle manière ces principes peuvent en être extraits pour servir à la nourriture du végétal.

Nous devons à Saussure fils, et à Einoff, des observations précieuses et une bonne analyse du terreau. Le premier s'est procuré du terreau provenant de troncs d'arbres, et dans des lieux où aucune matière animale ne pouvoit s'y mêler ; il en a distillé 10,60 grammes (190 grains, comparativement avec même quantité du bois de chêne qui l'avoit fourni, et il a observé les résultats suivans :

Produits du terreau.		*Produits du bois de chêne.*
Gaz hydrogène carburé......	2,456 cent. cubes......	2295.
Acide carbonique..........	675............	5,6.
Eau tenant en dissolution,		
Du pyrolignate d'ammoniaque...	2,81 grammes......	4,24.
Huile empyreumatique.......	530 millig........	689.
Charbon..............	2703.	2200.
Cendres..............	4,24........	26.

D'après les résultats de cette analyse et autres semblables, on voit, qu'à poids égaux le terreau contient plus de charbon, plus de sels et de principes terreux, et moins de pyrolignate d'ammoniaque et d'huile empyreumatique que le bois dont il provient.

Lorsqu'on traite le terreau par l'action des lavages à l'eau bouillante, on peut en retirer jusqu'au dixième de son poids d'extrait; et le terreau perd alors une grande partie de ses vertus végétatives.

Lorsque le terreau se forme dans l'eau, ou même dans des endroits humides, il présente des propriétés différentes de celles que nous venons de décrire. Einoff, qui a analysé des terreaux de cette nature (Gehlen-journal III et VI), y a trouvé de l'acide carbonique et de l'acide acétique; il a vu qu'il rougissoit les couleurs bleues végétales, et que son extractif étoit insoluble dans l'eau; d'où il déduit l'avantage de la chaux et de la marne pour neutraliser ces acides, et disposer le terreau à la végétation.

La tourbe ne paroît être qu'un terreau imparfait, dans equel les organes du végétal et toutes les parties qui le constituent sont confondus : la fibre, les huiles, le principe extractif, y existent dans une désorganisation complète : la tourbe st plus ou moins compacte, selon la nature des végétaux et le egré de leur décomposition : il en est où l'altération est si peu vancée, qu'on reconnoît aisément le tissu et les formes du vétal qui lui donne naissance.

Après avoir jeté un coup d'œil sur la fermentation des végéaux en masse, il nous reste à la considérer dans les diverses arties qui les constituent; mais comme toutes n'en sont pas usceptibles, ou qu'elles n'offrent en résultats que des produits ui ne sont d'aucun usage, nous nous bornerons à considérer *fermentation panaire*, la *fermentation vineuse*, la *fermention acéteuse.*

CHAP. I. FERMENTATION PANAIRE. Le pain est devenu la base

de la nourriture de presque tous les peuples de l'Europe , depuis que les Romains en établirent l'usage chez eux , en emmenant à Rome des boulangers de la Grèce. Son usage paroît néanmoins fort ancien dans d'autres climats, sur-tout dans l'Orient, où les Juifs en connoissoient la fabrication du temps de Moïse. Mais ces anciens peuples regardoient la fermentation comme dénaturant et souillant pour ainsi dire le don précieux de la terre ; aussi réservoient-ils le pain non levé ou *azyme* pour les sacrifices et les fêtes consacrées aux divinités. (*Exode*, ch. 12 , v. 15 ; et Pline , liv. 18 , chap 2.)

De toutes les plantes céréales, celle qui est la plus propre à donner du pain , c'est le froment : il doit cette supériorité qu'il a sur les autres à la partie glutineuse ou végéto-animale qu'il contient, puisque, lorsqu'il en est privé par l'échauffement , il n'a plus la faculté de produire un pain levé.

Je crois nécessaire de faire précéder la doctrine de la fermentation panaire d'une courte analyse des substances qui entrent dans la composition du froment.

Si, à l'aide d'une quantité convenable d'eau, on forme une pâte avec la farine de froment, et qu'ensuite on l'agite et malaxe dans un cuvier plein d'eau, en retenant avec soin la partie solide pour ne laisser échapper que ce que l'eau dissout ou entraîne, l'eau blanchit , et il reste entre les mains , à la fin de l'opération, une substance insoluble, tenace , gluante , qu'on nomme *gluten*. Peu à peu l'eau s'éclaircit , et il se forme au fond du vase dans lequel ou opère un dépôt qui a tous les caractères de l'amidon. En évaporant l'eau qui a servi à l'opération , on obtient un extrait sucré qui contient un peu de mucilage.

Voilà donc quatre produits qui existent dans la farine de froment : le gluten, l'amidon , le mucilage et l'extrait sucré.

Le *gluten* abandonné à lui-même éprouve la fermentation propre aux matières animales.

L'amidon a une grande tendance à la fermentation acide.

Le principe sucré subit la fermentation spiritueuse lorsqu'i est mêlé à un peu de gluten.

Le mucilage se corrompt et offre les caractères de la fer·mentation putride.

On doit donc présumer que si la farine de froment étoi abandonnée à elle-même avec les circonstances de chaleur e d'eau nécessaires pour en opérer une décomposition complète elle offriroit des résultats conformes à la nature de ses diver principes constituans ; mais , par des procédés convenables on dirige sa fermentation, on l'arrête à propos ; et c'est cett suite de procédés qui constituent l'art de la *panification*.

Comme l'amidon est la partie dominante dans la farine, l pâte abandonnée à elle-même ne tarde pas à prendre un cara tère acide ; il se forme une quantité assez considérable de vinaigre, d'après les expériences d'Edlin (1); et si on fait cuire cette pâte, elle donne un pain aigre qu'on ne peut pas manger.

La pâte des farines qui ne contiennent pas de *gluten* aigrissent plus aisément encore ; et le pain qui en provient est moins rempli de petits trous que celui de froment.

Pour obvier à cet inconvénient, on commence par former une pâte avec trois parties de farine et deux d'eau ; on peut même y faire entrer une plus grande quantité d'eau, lorsque la farine est de très bonne qualité, ou qu'elle est vieille. On mêle une petite quantité de pâte aigrie, qu'on appelle *levain*, avec la pâte nouvellement faite : le mélange s'échauffe, se gonfle ; il se forme un peu de gaz acide carbonique. C'est dans cet état qu'on porte la pâte au four pour la cuire et arrêter les progrès de la fermentation : la chaleur du four répond, d'après les expériences de Tillet, au deux cent trente-un du thermomètre-centigrade.

Lorsqu'on a mis le levain dans des proportions convenables, la fermentation est prompte, le gonflement de la pâte est considérable, et le pain est persillé de petits trous, qui annoncent le dégagement du gaz et son incarcération dans la pâte où il est retenu par le gluten qui s'oppose à sa sortie. On dit alors que le pain est bien *levé* ; il est léger et d'un goût agréable.

Mais si la proportion du levain n'est pas assez considérable, la fermentation n'est pas assez prompte, la pâte ne se gonfle pas suffisamment, et le pain est pesant, compacte, lourd, et de mauvais goût. Lorsqu'au contraire le levain est employé dans une proportion trop forte, la fermentation rapide développe un caractère acide dans la pâte, qui rend le pain du plus mauvais goût. Pour obvier à ce dernier inconvénient, Edlin a proposé de pétrir avec la pâte un peu de carbonate de potasse ; cette addition rend le pain plus léger, sans y produire un mauvais goût. Au reste, l'expérience a appris aux boulangers dans quelle proportion ils doivent employer leur levain pour toutes les espèces et qualités de farine. On a toujours l'attention de conserver un peu de pâte pour la laisser aigrir et avoir du levain pour les cuites qui suivent. Dans plusieurs pays on l'arrose ou on le pétrit avec du vinaigre, pour lui donner plus d'activité.

Vers la fin du dix-septième siècle, les boulangers de Paris renouvelèrent l'usage de la levure de bière pour opérer la fermentation panaire ; ils empruntoient cette méthode des anciens Gaulois. (Pline, liv. 18, t. 7.) Mais un arrêt de la fa-

---

(1) Treatise on the art of bread making.

culté de médecine proscrivit cette méthode, en 1688, comme nuisible à la santé ; et ce ne fut que long-temps après qu'elle prévalut : elle est aujourd'hui généralement pratiquée, et elle a l'avantage de faire moins facilement tourner à l'aigre.

Edlin a observé que l'eau chargée d'acide carbonique pouvoit remplacer la levure ; d'où il a conclu que celle-ci n'agissoit que par cet acide ; mais Thomson observe avec beaucoup de raison que les boulangers de Paris emploient les écumes de la bière exprimées et bien desséchées, où par conséquent on ne peut pas supposer l'existence d'une suffisante quantité d'acide carbonique.

En Angleterre, sur un sac de farine du poids de 127 kilogrammes (254 livres) on ajoute 2266 grammes de sel ordinaire (43064 grains), et un litre et demi de levure de bière. On prétend qu'en Angleterre on est dans l'usage d'ajouter à la pâte un peu de dissolution d'alun : cette substance a la propriété de blanchir et de gonfler le pain ; mais je ne la crois pas sans danger, sur-tout si, comme dans plusieurs pays de l'Europe, on mange beaucoup de pain, comparativement aux autres alimens ; car, en supposant 28 grammes d'alun par 127 kilogrammes de farine, il y auroit environ deux grains de ce sel par livre de pain.

D'après les expériences que fit l'académie des sciences, en 1782, la pâte perd par la cuisson à peu près le cinquième de son poids. La perte est d'autant moindre, que la pâte présente moins de surface ; ainsi celle du pain auquel on donne la forme d'une demi-sphère est moins considérable que lorsque la pâte est peu épaisse et très large.

CHAPITRE II. FERMENTATION VINEUSE. Tous les sucs sucrés peuvent subir la fermentation vineuse : mais comme le principe sucré n'est pas également développé dans tous, et qu'il y existe d'ailleurs dans des proportions et dans des combinaisons différentes, il faut employer des méthodes particulières et propres à chacun pour en opérer la fermentation. D'ailleurs les résultats n'en sont pas les mêmes, eu égard à la quantité du principe vineux qui se produit.

Mais le sucre ne fermente pas seul ; sa dissolution ne produit un résultat spiritueux que lorsqu'elle contient une matière analogue au gluten. Cette opinion a été complètement établie par l'analyse qu'on a faite successivement de tous les sucs qui, par leur fermentation, développent le principe vineux.

Westrumb a retiré de 15560 parties de levure de bière 480 parties de gluten, 315 de matières sucrées et 13595 d'eau, (Crell ann. 1796). Le même chimiste a prouvé que, si on sépare le gluten en filtrant la levure, elle perd la propriété de fermenter, et qu'on la lui restitue en y rétablissant le gluten resté sur le filtre.

A la vérité le gluten de la bière a été un peu altéré par la fermentation qu'a subie cette liqueur, il diffère de celui qui existe dans le grain; sa couleur est plus blanche; il n'a pas la même élasticité ni la même adhésion entre ses parties; il se dissout plus aisément dans les acides.

En 1785, Fabroni, de Florence, a trouvé dans le raisin une substance analogue au gluten. Il prouva que le moût ne fermentoit qu'à la faveur de ce principe; car on lui ôte la faculté de fermenter en l'en dépouillant, et on la lui restitue en l'y mêlant de nouveau. J'ai même observé que, si on rapproche le suc de raisin pour former cet extrait qu'on appelle *raisiné*, on lui ôte la propriété de subir la fermentation vineuse, quoiqu'on y ajoute la quantité d'eau convenable; mais on la lui restitue, cette propriété, en y remettant le gluten ou un peu de levure de bière.

Thenard a analysé avec soin le suc de groseille et la plupart de ceux qui peuvent subir la fermentation spiritueuse; il a trouvé dans tous le même principe ou une matière analogue à la levure de la bière.

On peut prouver par des expériences directes que, de toutes les matières contenues dans les sucs qui sont susceptibles de la fermentation vineuse, il n'y a que le sucre et le gluten qui soient nécessaires à l'opération: en exposant à une température de 15 degrés un mélange de levure et de sucre dissous dans quatre fois son poids d'eau, on obtient les mêmes produits que par la fermentation du moût. Thenard mêla 60 parties de levure et 300 parties de sucre; il fit fermenter le mélange à la température de 15 degrés centigrades; il se dégagea 94·6 en poids d'acide carbonique, et il obtint, après quatre à cinq jours de fermentation, une liqueur vineuse qui lui donna 171·5 parties d'alcohol à 0·822 de pesanteur spécifique. Le résidu de la distillation fournit 12 parties d'une substance acide et nauséabonde, et il resta 40 parties de levure attérée et qui avoit perdu son azote.

Mais les proportions entre ces deux principes, sucre et gluten, ne sont pas indifférentes. En général, le produit vineux est d'autant plus considérable, que le sucre est plus abondant; il paroît même que le gluten ne sert que de ferment dans l'opération, car son mélange avec d'autres substances que le sucre ne donne jamais lieu à une fermentation vineuse.

Le produit vineux dépend donc essentiellement du sucre: la fermentation vineuse lui doit son caractère; mais il faut l'existence du gluten pour qu'il fermente ou se décompose; et si le gluten n'est pas assez abondant pour nourrir la fermentation jusqu'à ce que tout le sucre soit détruit, le produit conserve un goût sucré mêlé du goût vineux. Si au contraire le gluten est dans une proportion trop forte, la fermentation, après avoir développé le caractère vineux, passe à l'aigre ou au putride, selon la nature et les proportions des autres principes. C'est ce qu'on observe dans la fermentation des grains et de tous les sucs végétaux.

C'est pour cette raison qu'on ajoute avec avantage du sucre aux sucs ou aux décoctions qui n'en sont pas assez pourvus pour augmenter le produit vineux. Et lorsque le gluten prédomine, et qu'on veut le ramener à des proportions exactes avec le sucre, on fait bouillir et rapprocher une partie du suc destiné à la fermentation. Par ce moyen, on détruit une partie du gluten qui vient nager en écume à la surface du liquide, on diminue la quantité d'eau, et on obtient un produit vineux plus fort et plus durable.

On peut donc, d'après ces principes, amener les deux principes fermentans à d'exactes proportions : lorsque cette doctrine sera plus répandue, l'art de la fermentation en recevra une grande amélioration.

Quelle que soit la substance qu'on expose à la fermentation vineuse, les procédés se réduisent à deux : *décoction* ou *expression*.

Lorsque par la *pression* on ne peut pas extraire le principe fermentatif, on a recours à l'eau pour lui servir de véhicule. C'est ce qui arrive pour la fermentation des grains qui fournissent cette boisson vineuse qu'on appelle *bière*.

Lorsque le suc peut être extrait par expression, on se borne à presser fortement le fruit qui le contient, pour le séparer du parenchyme et le faire fermenter seul. C'est ce qui se pratique pour faire le vin, le poiré, le cidre, le kirschwasser, etc.

Nous donnerons un exemple de chacune de ces méthodes, et nous ferons l'application de la première à la fabrication de la bière, et celle de la seconde à la fermentation du suc de raisin.

ART. I. *Fermentation du grain.* L'art de faire la bière fut connu des Égyptiens ; elle formoit la boisson des anciens Germains, selon Tacite : mais les procédés paroissent avoir été différens de ceux qu'emploient aujourd'hui les diverses nations chez lesquelles cette boisson est en usage. L'historien des mœurs des Germains nous dit que ce peuple la préparoit en faisant fermenter le grain ; mais il ne parle pas du houblon, qui y entre aujourd'hui comme principe.

Les grains qu'on emploie pour fabriquer la bière ne sont pas par-tout de la même espèce : en Europe, c'est l'orge ; dans les Indes, le riz ; dans les parties intérieures de l'Afrique, le *holcus spicatus ;* mais le procédé est à peu près par-tout le même. Cependant, comme les Anglais ont porté plus loin cette fabrication qu'aucun autre peuple, nous emprunterons de Thomson les principaux détails des procédés qui sont employés en Angleterre.

« Comme l'orge, dans son état naturel, n'a pas été trouvée propre à fournir de bonne bière, on commence ordinairement par la convertir en *malt.*

« Le terme *malt* ou *drèche* s'applique au grain qu'on a fait artificiellement germer, mais dont on a arrêté la germination au moyen de la chaleur, lorsqu'elle est parvenue à un certain point.

« Les lois anglaises exigent qu'on fasse tremper l'orge dans l'eau froide au moins pendant quarante heures ; mais on peut prolonger au-delà l'opération tout aussi long-temps qu'on le juge nécessaire. Par ce procédé, l'orge s'imbibe d'humidité, et elle augmente de volume, tandis qu'en même temps il se dégage une certaine quantité d'acide carbonique, et qu'une partie de la substance de l'enveloppe est dissoute par l'eau de *trempe.* La proportion d'eau imbibée dépend en partie de l'orge, et en partie du temps pendant lequel on la laisse tremper : mais, d'après des expériences plusieurs fois répétées, il paroît que l'augmentation moyenne de poids, par la trempe, s'élève ordinairement au 0,47 ; c'est-à-dire que chaque quantité d'orge du poids de 45,334 grammes pèse 66,655 grammes lorsqu'on la retire du cuvier. L'augmentation de volume est d'environ les 0,20. La quantité d'acide carbonique qui se dégage pendant que l'orge est dans la trempe est peu considérable ; et, suivant les expériences de Saussure, il est probable que cet acide doit sa formation, au moins en partie, à l'oxygène tenu en dissolution par l'eau de la trempe.

« L'eau dans laquelle on fait tremper l'orge prend par degrés une couleur jaune, et acquiert l'odeur particulière et la saveur de l'eau dans laquelle on a laissé séjourner de la paille. La quantité de matière qu'elle tient en dissolution varie des 0,02 à 0,01 du poids de l'orge. Elle consiste principalement dans une matière extractive jaune, d'une saveur amère et désagréable, qui devient déliquescente dans une atmosphère humide, et qui contient toujours une certaine portion de nitrate de soude. Elle retient en dissolution presque tout l'acide carbonique dégagé. Cette matière extractive est évidemment fournie par l'enveloppe de l'orge, et c'est la substance à laquelle cette enveloppe doit sa couleur : aussi, dans cette opération, le grain est-il en partie décoloré.

« Lorsque le grain est resté assez long-temps dans la trempe, on fait écouler l'eau, on retire l'orge de la citerne, et on l'étale sur un plancher à drèche en une *couche* rectangulaire de 400 millimètres d'épaisseur. On la laisse ainsi en repos pendant vingt-six heures. Alors on la retourne avec des pelles de bois, et on l'étale de manière à diminuer un peu l'épaisseur de la couche. On répète ce remuement à la pelle deux fois par jour, ou même plus souvent, en étalant le grain de plus en plus, jusqu'à ce que la couche n'ait plus que 60 à 80 millimètres d'épaisseur.

« Pendant que l'orge est ainsi étendue en couche, elle commence par absorber peu à peu l'oxygène de l'atmosphère, qu'elle convertit en acide carbonique, d'abord très lentement, mais ensuite avec plus de rapidité. La température, qui dans le commencement est la même que celle de l'air extérieur, s'élève insensiblement; et au bout d'environ quatre-vingt-seize heures le grain est assez généralement plus chaud d'environ 6' centigr. que l'atmosphère qui l'environne. Alors l'orge, qui étoit devenue sèche à la surface, redevient si humide qu'elle mouille la main; et elle exhale en même temps une odeur agréable, assez analogue à celle des pommes. Lorsque cette humidité se manifeste, on dit que le grain *sue* : il semble se volatiliser, à cette époque de l'opération, une petite portion d'alcohol. Le grand objet des ouvriers employés à la préparation de la drèche est d'empêcher la température de s'élever trop haut, et c'est à cet effet qu'ils retournent très fréquemment l'orge. La température qu'ils désirent maintenir varie de 13 à 16' centigr., selon les différens procédés adoptés.

« A l'époque où l'orge sue, les racines des grains commencent à paroître, d'abord comme une petite proéminence blanche, au bout de chaque semence, qui se divise promptement en trois petites racines, et qui augmente rapidement en longueur, à moins qu'on n'en arrête les progrès en retournant le malt. Environ vingt-quatre heures après la pousse des racines, on voit s'allonger la partie du germe qui doit produire la tige, et que les ouvriers appellent *acrospire*. Cette partie s'élève de la même extrémité de la semence que la racine; elle pousse en dedans de l'enveloppe, et elle en sort à la fin à l'extrémité opposée; mais l'opération qu'on fait subir à l'orge arrête la germination avant qu'elle ait fait autant de progrès.

« En même temps que l'acrospire pousse à travers le grain, sa partie farineuse subit un changement considérable dans son aspect : la matière glutineuse et mucilagineuse disparoît, la couleur devient blanche, et le grain se ramollit au point de s'écraser lorsqu'on le presse légèrement entre les doigts. Le but du procédé dont nous parlons est de produire ce changement qui s'opère lorsque l'acrospire s'approche de l'extrémité de la semence. Lorsqu'il a lieu, on arrête l'opération, et on fait sécher le malt à l'étuve. La température de cette étuve n'excède pas d'abord 32° centigr. ; mais on la porte à 60, et même plus loin, selon les circonstances. On nettoie alors le malt, en en séparant tous les filamens des racines, qu'on regarde comme nuisibles.

Tel est l'exposé succinct de la méthode de la conversion de l'orge en drèche. Par cette opération, elle augmente ordinairement en volume de 0,02 à 0,03, et elle perd environ les 0,20 de son poids ; mais sur les 0,20 on en doit attribuer 0,12 à la dessiccation du grain ; et comme ces 0,12 consistent en eau, l'orge auroit également éprouvé cette perte par sa simple exposition à la même température : ainsi la perte réelle ne s'élève pas à plus de 0,08. D'après beaucoup d'essais faits avec le plus grand soin, et dans toutes les circonstances, autant que cela étoit possible, je crois pouvoir rendre ainsi raison de cette perte :

Matières enlevées par l'eau dans laquelle on trempe l'orge	1,5
Matières dissipées sur le plancher.	3,0
Racines séparées par le nettoiement.	3,0
Perte	0,5
	8,0

« Ce qui se perd sur le plancher est essentiellement dû à la séparation du carbone par l'oxygène de l'air ; mais si c'en étoit la seule cause, elle ne s'élèveroit pas à beaucoup près aux 0,03. Deux autres circonstances y concourent : 1° beaucoup de jeunes racines se brisent lorsqu'on retourne le malt ; elles se fanent et se perdent, tandis que d'autres poussent à leur place ; 2° une certaine portion des semences perd la faculté de germer par des meurtrissures ou autres accidens, et elles perdent par-là beaucoup plus des 0,03 de leur poids réel. D'après un grand nombre d'expériences aussi exactes qu'il a été possible de les faire, je suis porté à conclure que la quantité de carbone séparée pendant toute l'opération de la préparation de la drèche, par la formation du gaz acide carbonique, n'excède pas 0,02, et que le poids des racines qui se forment s'élève souvent à 0,04. Ainsi ces deux causes comportent en réalité toute la perte véritable de poids que l'orge éprouve par sa conversion en drèche ; car ce qui est enlevé dans la trempe n'étant que l'enveloppe mérite à peine notre attention.

« Les racines paroissent provenir principalement des parties mucilagineuses et glutineuses du grain. L'amidon n'entre pas dans leur formation, mais il subit un changement qui le rend sans doute propre à servir d'aliment à la plumule : il acquiert une saveur douceâtre, ainsi que la propriété de former une dissolution transparente avec l'eau chaude : enfin il se rapproche en quelque sorte de la nature du sucre ; mais il est beaucoup plus soluble et se décompose plus facilement. Ce changement est dû sans doute à la séparation du carbone, qui a lieu pendant que l'orge reste sur le plancher à drèche. L'action de l'eau chaude sur la farine d'orge paroît l'amener peu à peu à un changement semblable.

« On fait moudre au moulin le malt ainsi préparé ; puis on le fait infuser avec un peu plus que son volume d'eau, dans un grand vase cylindrique qu'on appelle *cuve-matière* : on porte la température de 71 à 82 centigr., au jugement du brasseur ; on recouvre l'infusion, et on l'abandonne ainsi à elle-même pendant deux ou trois heures ; alors on retire le liquide par un robinet placé au fond de la cuve ; on y verse encore de l'eau chaude, et on renouvelle l'opération jusqu'à ce que le malt soit suffisamment épuisé.

« Le liquide ainsi obtenu s'appelle *moût*. Il est de couleur brune, ayant une saveur douceâtre, mielleuse, une odeur particulière ; et quand l'opération est bien faite, il est parfaitement transparent. Il consiste dans la partie farineuse du grain tenu en dissolution dans l'eau. Essayé par les réactifs, il paroît principalement formé de quatre substances différentes tenues en dissolution ; savoir, 1º d'une substance de saveur sucrée, à laquelle on a donné le nom de *matière saccharine*, et qui en forme la partie la plus abondante. Cette substance, lorsqu'elle est séparée, est de couleur d'un brun clair : desséchée à la température de 71º centigr., elle forme une masse cassante à surface vitreuse ; lorsqu'on porte la température à 82º centigr., ou un peu au-delà, sa couleur devient plus foncée ; et si l'on continue d'élever la température, en l'humectant au besoin, elle finit par devenir presque noire, elle perd entièrement sa saveur, et en acquiert une piquante et désagréable. A une plus haute température, mais toujours au-dessous du degré de l'ébullition, elle se charbone. Cette substance est très soluble dans l'eau ; et une fois qu'elle est dissoute, on ne peut plus l'obtenir par évaporation, sans une perte très considérable. Elle ne se dissout que très imparfaitement à froid dans l'alcohol ; à l'aide de la chaleur, elle enlève à ce liquide une portion de son eau, et se forme en une masse dure et insoluble qui ressemble à la térébenthine. La pesanteur spécifique de cette matière sucrée est de 1, 52 : elle paroît être le principe essentiel du moût. 2º Le second principe est l'amidon. On reconnoît facilement la présence de cette substance dans le moût, en y versant une infusion de noix de galle : il s'y forme un précipité qu'on peut redissoudre presque entièrement en portant ce liquide à une température de 50º centigr.

3° La troisième partie insoluble du précipité est une combinaison de gluten et de tannin. La proportion du gluten dans le moût est très peu considérable, et celle de l'amidon diminue probablement en raison de la plus complète conversion de l'orge en drèche. J'ai découvert de l'amidon dans de l'aile, ou bière douce, assez vieille, et parfaitement transparente; mais le gluten avoit disparu. L'aile nouvelle cependant en contient souvent des traces. 4° Il y a aussi dans le moût du *mucilage* qui se précipite en flocons, lorsqu'on verse le moût dans l'alcohol. Il y en a une plus grande quantité dans les moûts les derniers obtenus que dans ceux qu'on a extraits d'abord.

« On fait bouillir le moût avec une certaine quantité de houblon, dont on peut faire varier la proportion, mais qui en général peut être déterminée aux 0,025 du poids du malt. Lorsque le liquide est suffisamment concentré, on le verse dans des vases très larges et très profonds appelés *rafraîchissoirs*, placés dans l'endroit le plus aéré qu'on puisse avoir. On le laisse refroidir jusqu'à environ 12° centigrades; on le retire alors de ces rafraîchissoirs, et on le met dans des vases de bois ronds et profonds appelés *tonneaux à fermenter*. Dans cet état, sa pesanteur spécifique varie beaucoup. Celle du moût de l'aile forte n'est quelquefois que de 1,070, ou peut-être même encore au-dessous; et quelquefois elle est de 1,127 : dans le premier cas, le moût contient les 0,166 de matière solide, et dans le second les 0,289. Celle du moût de la petite bière varie de 1,015 à 1,040. Le premier ne contient pas tout-à-fait les 0,035 de matière solide, et dans le second, il s'y en trouve environ les 0,095.

« On emploie le houblon en partie pour communiquer à la bière un goût particulier, à raison de l'huile qu'il contient; et en partie à l'effet de masquer, par son principe amer, la douceur de la matière sucrée, et en même temps pour arrêter l'effet de la tendance du moût à l'acidité.

« Lorsqu'on fait passer le moût dans le tonneau à fermenter, à la température de 15° 55 centigrades, ou même à une température supérieure, les substances qu'il tient en dissolution commencent à agir par degrés les unes sur les autres, et à se décomposer mutuellement. La température augmente, un mouvement intérieur se manifeste, il se rassemble, à la surface, de l'écume en abondance, et il se dégage du gaz acide carbonique. Ce mouvement intestin s'appelle *fermentation*. Le moût cependant n'a pas assez de tendance à la fermentation pour qu'elle ait lieu avec la rapidité que cette opération exige : ses progrès sont si lents, et elle est si imparfaite, que la liqueur tourne à l'acidité avant que la formation de l'aile soit assez avancée. Pour obvier à cet inconvénient, il faut ajouter au moût une substance qui ait la propriété d'accélérer la fermentation On a fait choix à cet effet de la *levure*, ou de la matière écumeuse qui se forme à la surface de la bière pendant la fermentation. Les brasseurs ne l'emploient qu'en petite quantité, et, en général, dans la proportion d'environ un litre sur trois tonneaux de moût.

« La levure qu'on ajoute ainsi paroît agir principalement sur la matière sucrée tenue en dissolution dans le moût; elle en facilite la décomposition, tandis qu'elle en éprouve elle-même une partielle. Par l'action mutuelle de ces substances, la matière sucrée disparoît; la pesanteur spécifique du moût diminue, ses propriétés s'altèrent, et il se convertit en cette liqueur enivrante connue sous le nom d'*aile*. Pendant cette action mutuelle, la température du liquide augmente, et cette augmentation dépend de la violence de la fermentation. Dans les moûts d'*aile*, l'élévation de la température n'est que peu considérable; elle n'excède pas 9° centigrades, parceque la quantité de levure est petite; mais dans la fermentation de ce qu'on appelle *lavage*, la température monte souvent jusqu'à 16° centigrades, ou quelquefois même davantage.

« Mais il y a une autre espèce d'aile que les distillateurs ne font que dans la seule vue d'obtenir de l'alcohol par un procédé subséquent. La méthode qu'ils emploient à cet effet diffère de l'autre sous plusieurs rapports. Ils tâchent particulièrement de prolonger la fermentation autant que cela est possible, parceque la production d'alcohol est en raison de la quantité de matière sucrée décomposée. Ce qui en a pu rester sans avoir été altéré n'en fournit point. C'est dans ces cas, par conséquent, qu'on peut le mieux observer les effets de la fermentation.

« Les distillateurs en Angleterre n'emploient pas le malt pur pour brasser : ils se servent principalement du grain cru. La proportion du malt qu'on y mêle varie des 0,10 aux 0,33 du grain cru employé; ils réduisent ce mélange en farine, à l'aide d'un moulin; ils en font une infusion dans l'eau, à une température beaucoup plus basse que celle de l'eau des brasseurs, et ils l'agitent beaucoup plus, pour en opérer le mélange complet. On retire le moût, on le laisse refroidir à l'ordinaire, et on y verse de l'eau fraîche pour épuiser le grain.

« Le moût ainsi formé n'est pas aussi transparent que celui du malt; mais sa saveur est presque aussi sucrée; ce qui sembleroit prouver que l'amidon dans le grain cru subit dans la cuve un certain changement qui le rapproche beaucoup de l'état de matière sucrée.

« En Angleterre, où l'impôt se lève principalement sur le

lavage (1), les distillateurs portent la pesanteur spécifique de leur moût de 1,084 à 1,110 ; mais ce n'est pas au moyen de l'ébullition, c'est en préparant à cet effet une forte infusion de la farine du malt, ou d'orge et de malt, dans de l'eau chaude, et en ajoutant cette dissolution presque saturée au moût, jusqu'à ce qu'il ait acquis la force nécessaire. En Hollande, où les impôts se perçoivent différemment, la pesanteur spécifique du moût est beaucoup moins considérable.

« On introduit le moût ainsi préparé dans le tonneau à fermenter, à une température qui varie de 12° 77 à 21° 11 centigrades, selon la quantité, la saison, la bonté de la levure, et l'intelligence du distillateur. Là, on le mêle successivement avec des portions considérables de la meilleure levure qu'on puisse se procurer, et on porte la fermentation aussi loin qu'il est possible. Le procédé dure environ dix jours, et la température s'élève ordinairement entre 32° 22 et 37° 77 centigrades, et quelquefois davantage. Il se dégage de grandes quantités d'acide carbonique, et le liquide devient spécifiquement plus léger ; la pesanteur spécifique tombe quelquefois à 1,000, et ordinairement elle est de 1,007 à 1,002. C'est par cette diminution dans la pesanteur spécifique qu'on juge du succès de la fermentation.

« On distille le lavage ainsi préparé. Ce qui passe d'abord s'appelle *petit vin*, et on le concentre par une seconde distillation. »

ART. II. *Fermentation des sucs de raisin* (2). Le raisin abandonné à lui même se pourrit ; il ne peut éprouver la fermentation vineuse qu'autant que, par une pression convenable, on extrait le suc qui fermente, perd peu à peu sa saveur sucrée, et se change en une liqueur spiritueuse qu'on appelle *vin*.

Cette différence dans les résultats provient de ce que, comme l'a prouvé Fabroni, le principe sucré et le principe végéto-animal qui forme le ferment ou le levain, sont séparés et isolés dans le raisin ; tandis que dans le suc ils se trouvent confondus, et qu'il suffit de les mêler pour développer la fermentation vineuse.

Lorsque le raisin est bien mûr, et que la température atmosphérique est à quinze degrés (th. R.) ou environ, le suc à peine extrait commence à fermenter. Dans le temps des vendanges on voit que la fermentation commence à s'établir dans

(1) C'est le nom donné au moût fermenté des distillateurs.

(2) On trouvera dans mon traité qui a pour titre l'*Art de faire le Vin*, vol. in-8° imprimé en 1707, à Paris, chez *Deterville*, tous les renseignemens qu'on peut désirer sur la fermentation du suc des raisins. Je me bornerai ici à présenter les principes généraux de cette importante opération.

les baquets dont on se sert pour opérer le transport du raisin de la vigne au pressoir. Le suc, qui est exprimé par le simple mouvement et par la pression des raisins les uns sur les autres, bout avant d'arriver à la cuve.

Cette facilité du suc du raisin à entrer en fermentation fait sentir tout l'avantage qu'il y a à remplir promptement la cuve; sans cela il se fait des fermentations partielles, et le vin qui en provient est le produit de diverses fermentations sucessives, dont les unes sont trop avancées, tandis que les autres sont imparfaites, ce qui ne peut former qu'un vin de très mauvaise qualité.

Il faut donc blâmer la méthode usitée dans certains pays de ne remplir la cuve que peu à peu, et par le produit des vendanges faites progressivement pendant plusieurs jours : cela tient sans doute ou à ce que l'on manque de bras pour remplir une cuve en un jour, ou à ce qu'on ne veut vendanger que les raisins parvenus à maturité; mais la méthode n'en est pas moins condamnable, attendu qu'il n'est plus possible d'avoir une bonne fermentation et par conséquent un bon vin. Il vaut encore mieux laisser le raisin mûr sur la souche, et attendre que tous soient arrivés à maturité pour faire à la fois la vendange de tous, que de vendanger partiellement et en plusieurs temps, et de verser à mesure le produit de chaque jour dans la même cuve. Dans le cas où il seroit dangereux d'attendre la maturité de tous, il est plus avantageux alors de faire autant de cuvées qu'il y a de vendanges partielles.

Mais, quelle que soit la qualité du raisin, il est toujours nécessaire, pour convertir le suc en liqueur vineuse, de lui faire subir la fermentation; et nous allons examiner cette opération dans ses plus grands détails.

Les anciens séparoient avec soin le premier suc qui ne peut provenir que des raisins les plus mûrs, et qui coule naturellement par l'effet de la plus légère pression exercée sur eux. Ils le faisoient fermenter séparément, et en obtenoient une boisson délicieuse qu'ils appeloient *protopum, mustum sponte defluens, antequàm calcentur uvæ.* Baccius a décrit un procédé semblable, pratiqué par les Italiens : *Qui primus liquor non calcatis uvis defluit, vinum efficit virgineum, non inquinatum fœcibus; lacrymam vocant Itali; ciò potui idoneum fit et valdè utile.* Mais cette liqueur-vierge ne forme qu'une partie du suc que le raisin peut fournir, et il n'est permis de la traiter séparément que lorsqu'on veut obtenir un vin peu coloré et très délicat. En général on mêle cette première liqueur avec le reste du produit du foulage, et on livre le tout à la fermentation.

La fermentation vineuse s'exécute constamment dans des cuves de pierre ou de bois. Leur capacité est en général proportionnée à la quantité de raisins qu'on récolte dans un vignoble. Celles qui sont construites en maçonnerie sont pour l'ordinaire fabriquées avec de la bonne pierre de taille, souvent revêtues intérieurement d'un contre-mur bâti en briques, liées et assemblées par un ciment de pouzolane ou de terre d'eau-forte. Les cuves en bois demandent plus d'entretien, reçoivent les variations de la température avec plus de facilité, et exposent à plus d'accidens.

Avant de déposer la vendange dans une cuve, on doit avoir l'attention de nettoyer la cuve avec le plus grand soin : ainsi on la lave avec de l'eau tiède, on la frotte fortement, on en enduit les parois avec de la chaux à deux ou trois couches lorsqu'elle est en pierre. En Bourgogne, après avoir nettoyé avec de l'eau, on passe un peu d'eau-de-vie sur les parois des cuves, qui y sont toutes en bois.

Les anciens donnoient une grande importance aux moyens de préparer la cuve.

Non seulement il la frottoient avec divers liquides, tels que des décoctions de plantes aromatiques, de l'eau salée, du moût bouillant, etc., mais ils y brûloient ensuite des aromates, comme on peut le voir dans le livre 6 du *Recueil des Géoponiques.*

Comme tout le travail de la vinification se fait dans la fermentation, puisque c'est par elle seule que le moût passe à l'état de vin, nous croyons devoir envisager cette question importante sous plusieurs points de vue. Nous nous occuperons d'abord des causes qui contribuent à produire la fermentation ; nous examinerons ensuite ses effets ou son produit, et nous terminerons par déduire de nos connoissances actuelles quelques principes généraux, qui pourront diriger l'agriculteur dans l'art de la gouverner.

De l'influence de la température sur la fermentation. On regarde assez généralement le douzième degré au-dessus du zéro, au thermomètre de Réaumur, comme celui qui indique la température la plus favorable à la fermentation vineuse. Elle languit au-dessous de ce degré, et elle devient trop tumultueuse au-dessus. Elle n'a même pas lieu à une température très froide ou très chaude. Plutarque avoit observé que le froid pouvoit empêcher la fermentation, et que celle du moût étoit toujours proportionnée à la température de l'atmosphère. (*Quest. nat.* 27.)

Il suit de ces principes que, lorsque la température du lieu où la fermentation doit se faire, n'est pas au moins au dixième degré de Réaumur, il faut l'y élever par des moyens artificiels: on peut mêler du moût bouillant dans la masse pour la porter à la température convenable, et chauffer le cellier par des poêles ou des réchauds pour y maintenir cette température. En

Bourgogne on introduit dans le moût un cylindre semblable à ceux dont on se sert pour chauffer les baignoires, et on porte par ce moyen la température au degré convenable.

Un phénomène extraordinaire, mais qui paroît constaté par un assez grand nombre d'observations pour mériter toute croyance, c'est que la fermentation est d'autant plus lente que la température est plus froide au moment où se font les vendanges. Rozier a vu en 1769 que du suc de raisin cueilli les 7, 8 et 9 octobre est resté dans la cuve jusqu'au 19, sans qu'il parût le moindre signe de fermentation; le thermomètre avoit été le matin à un degré et demi au-dessous de zéro, et s'étoit maintenu dans le jour à deux degrés au-dessus. La fermentation n'a été complète que le 25, tandis que de semblables raisins récoltés le 16 à une température beaucoup moins froide ont terminé leur fermentation les 21 ou 22. Le même fait a été observé en 1740.

Cette observation mérite beaucoup d'attention. Elle nous prouve que lorsque le moût très froid est déposé dans une cuve, il conserve sa température long-temps, et il la conserve d'autant plus que la température du lieu où la cuve est établie est plus froide. Dans ce cas, la fermentation ne peut être que très lente et imparfaite; mais on peut obvier à cet inconvénient en faisant chauffer une partie du moût, qu'on verse dans la cuve jusqu'à ce que le tout ait pris la chaleur nécessaire pour une bonne fermentation, et en élevant la température du cellier au douzième degré, ainsi que nous l'avons déjà observé.

On a vu, en Champagne, que le raisin cueilli le matin se mettoit moins vite en fermentation que le raisin cueilli l'après-midi par un beau soleil, un temps serein et pur. Les brouillards, les temps humides, les petites gelées sont autant de circonstances qui retardent la fermentation. C'est pour cela qu'il ne faut cueillir le raisin que lorsqu'il est bien sec et échauffé par le soleil.

J'ai fait quelques expériences dont les résultats sont d'accord avec ces principes : elles prouvent même que, lorsque la température trop froide de la liqueur qu'on met à fermenter ne lui permet pas de produire de suite les phénomènes qui appartiennent à la fermentation, il est très difficile de la rétablir complètement par la chaleur.

J'ai délayé de l'extrait du moût de raisin (résiné) dans de l'eau à 4 degrés de chaleur au-dessus du terme de la glace; j'y ai mis de la levure de bière pour hâter la fermentation. La fermentation s'est développée en assez peu de temps, lorsque la température du liquide a été élevée à 16 degrés; mais elle a cessé fort vite.

Pareille quantité d'extrait délayé et chauffé à la température de 16 degrés pendant deux jours, avant d'y mettre la levure, a subi une fermentation plus régulière et plus complète.

Il seroit donc avantageux de conserver les raisins dans un lieu chaud, lorsqu'on les a cueillis par un temps froid, et de ne les fouler que lorsqu'ils ont pris une température de 12 à 13 degrés.

On peut conclure de ce qui précède,

1° Qu'on doit cueillir le raisin avec la chaleur; qu'on ne doit commencer la vendange que lorsque le soleil a dissipé la rosée de la nuit et échauffé la vigne.

2° Qu'on doit cueillir tout le raisin qui est nécessaire pour remplir une cuve dans le moins de temps possible.

3° Que si le raisin est cueilli à des températures très différentes de l'atmosphère, il convient de l'exposer dans un lieu clos ou au soleil, pour que toute la masse prenne une température égale.

4° Que la température du moût doit être au moins de 10 degrés à l'échelle de Réaumur, et que, si elle est au-dessous, il faut la porter à ce degré par une chaleur artificielle.

5° Qu'il faut que la température du cellier soit au moins à 10 ou 12 degrés, et ne soit point variable.

6° Qu'il convient de couvrir la cuve avec des toiles ou des couvertures, pour conserver une chaleur égale au liquide qui fermente.

De l'influence de l'air dans la fermentation. Nous avons vu dans l'article précédent qu'on peut modérer et retarder la fermentation, en soustrayant le moût à l'action directe de l'air, et en le tenant exposé à une température froide. Quelques chimistes, d'après ces faits, ont regardé la fermentation comme ne pouvant avoir lieu que par l'action de l'air atmosphérique; mais un examen plus attentif de tous les phénomènes qu'elle présente dans ses divers états nous permettra d'accorder une juste valeur à toutes les opinions qui ont été émises à ce sujet.

Sans doute l'air est favorable à la fermentation : cette vérité nous est acquise par la réunion et l'accord de tous les faits connus. Car sans lui, sans son contact, le moût se conserve long-temps sans changement, sans altération. Mais il est également prouvé que, quoique le moût enfermé dans des vases bien clos, y subisse très lentement ses phénomènes de fermentation, elle ne se termine pas moins à la longue, et que le vin qui en est le produit n'en est que plus généreux. C'est là ce qui résulte des expériences de dom Gentil.

Si l'on délaye dans l'eau un peu de levure de bière avec de la mélasse, qu'on introduise ce mélange dans un flacon à bec recourbé, et qu'on fasse ouvrir le bec du flacon sous une cloche pleine d'eau et renversée sur la planchette de la cuve hydropneumatique, à la température de 12 à 15 degrés, on verra paroître constamment les premiers phénomènes de la fermentation quelques minutes après que l'appareil a été placé. Le vide du flacon ne tarde pas à se remplir de bulles et d'écume ; il passe beaucoup d'acide carbonique sous la cloche, et ce mouvement ne s'apaise que lorsque la liqueur est devenue vineuse. Dans aucun cas je n'ai vu qu'il y eût absorption de l'air atmosphérique.

Si, au lieu de donner une libre issue aux matières gazeuses qui s'échappent par le travail de la fermentation, on s'oppose à leur dégagement en tenant la masse fermentante dans des vaisseaux clos, alors le mouvement sè ralentit, et la fermentation ne se termine que péniblement et par un temps très long.

Dans toutes les expériences que j'ai tentées sur la fermentation, je n'ai jamais vu que l'air fût absorbé. Il n'entre ni comme principe dans le produit, ni comme élément dans la décomposition : il est chassé au dehors des vaisseaux, avec l'acide carbonique qui est le premier résultat de la fermentation.

L'air atmosphérique n'est donc pas rigoureusement nécessaire à la fermentation : et s'il paroît utile d'établir une libre communication entre le moût et l'atmosphère, c'est parceque les substances gazeuses qui se forment dans la fermentation peuvent alors s'échapper aisément en se mêlant ou se dissolvant dans l'air ambiant. Il suit encore de ce principe que, lorsque le moût sera disposé dans des vases fermés, l'acide carbonique trouvera des obstacles à sa volatilisation ; il sera contraint de rester interposé dans le liquide ; il s'y dissoudra en partie ; et faisant effort continuellement contre le liquide et chacune des parties qui le composent, il ralentira et éteindra presque complètement la fermentation.

Ainsi, pour que la fermentation s'établisse et parcoure ses périodes d'une manière prompte et régulière, il faut une libre communication entre la masse fermentante et l'air atmosphérique : alors les principes qui se dégagent par le travail de la fermentation sont versés commodément dans l'atmosphère qui leur sert de véhicule ; et la masse fermentante peut, dès ce moment, éprouver sans obstacle des mouvemens de dilatation et d'affaissement.

Si le vin fermenté dans des vases fermés est souvent plus généreux et plus agréable au goût, la raison en est qu'il a retenu le bouquet et l'alcohol, qui se perdent en partie dans une fermentation qui se fait à l'air libre ; car, outre que la chaleur les

dissipe, l'acide carbonique les entraîne dans un état de dissolution absolue, ainsi que nous le verrons par la suite.

Le libre contact de l'air atmosphérique précipite la fermentation, et occasionne une grande déperdition de principes en
alcohol et bouquet, tandis que d'un autre côté la soustraction
à ce contact ralentit le mouvement, menace d'explosion et de
rupture, et la fermentation n'est complète qu'à la longue. Il
est donc des avantages et des inconvéniens de part et d'autre.
En général on obtient d'heureux résultats en couvrant la cuve
avec des planches, sur lesquelles on étend des couvertures ou
de vieilles toiles : par ce moyen on n'interrompt pas toute communication avec l'air atmosphérique, et conséquemment on
ne craint ni de ralentir la fermentation, ni de s'exposer à des
explosions qu'on doit craindre lorsqu'on oppose un obstacle
invincible à la volatilisation des gaz ; mais on a l'avantage de
modérer la fermentation, d'en rendre la marche plus régulière, d'entretenir une température égale et convenable, d'éviter la déperdition d'une grande quantité d'esprit-de-vin, de
prévenir l'acétification du marc et des écumes qui forment le
chapeau au-dessus de la masse qui fermente, de soustraire la
fermentation à toutes les variations de la température de l'atmosphère, et de conserver l'arôme ou le bouquet, qui fait le
caractère précieux de quelques vins.

L'expérience a déjà prouvé que cette méthode est excellente, et qu'elle contribue puissamment à obtenir une bonne
fermentation : elle est facile à mettre en pratique ; elle est peu
coûteuse dans l'exécution ; et ma correspondance avec les
agriculteurs m'a constamment appris que par - tout elle est
suivie des meilleurs effets.

Au reste, cette méthode est avantageuse dans tous les cas ;
mais elle l'est sur-tout lorsque la température est froide, lorsqu'il y a des variations du chaud au froid pendant le cuvage de
la vendange, lorsque le raisin a été cueilli froid ou mouillé,
lorsqu'il y a des courans d'air dans le lieu où est la cuve, etc.

De l'influence du volume de la masse fermentante sur la fer-
mentation. Quoique le jus du raisin fermente en très petite
masse, puisque je lui ai fait parcourir tous ses périodes de décomposition dans des verres placés sur des tables, il n'en est
pas moins vrai que les phénomènes de la fermentation sont
puissamment modifiés par la différence des volumes.

En général, la fermentation est d'autant plus rapide, plus
prompte, plus tumultueuse, plus complète, que la masse est
plus considérable. J'ai vu du moût déposé dans un tonneau
ne terminer sa fermentation que le onzième jour, tandis
qu'une cuve qui étoit remplie du même moût, et qui contenoit douze fois ce volume, avoit fini le quatrième jour : la cha-

leur ne s'éleva dans le tonneau qu'à 17 degrés ; elle parvint au vingt-cinquième dans la cuve.

C'est un principe incontestable que l'activité de la fermentation est proportionnée à la masse. J'ai vu monter le thermomètre à 27 degrés dans une cuve qui contenoit trente muids de vendange (mesure de Languedoc). A la vérité, dans ce cas , tout le principe sucré est décomposé ; mais il y a déperdition d'une portion d'alcohol, par la chaleur et le mouvement rapide que produit la fermentation. On convient généralement aujourd'hui que les grandes cuves ont de l'avantage sur les petites la fermentation s'y développe beaucoup mieux, et , par conséquent, elle y est plus parfaite et plus prompte ; le vin qui en provient se conserve mieux, parceque la décomposition des principes du mout est plus complète ; les variations de l'atmosphère y sont moins sensibles. Mais une grande cuve exige plus de temps pour être remplie ; une grande cuve, donnant lieu au développement d'une plus forte chaleur, occasionne la volatilisation d'une bonne portion du bouquet. C'est au propriétaire intelligent à balancer et à peser les avantages et les inconvéniens.

En général , on doit encore faire varier la capacité des cuves selon la nature du raisin : lorsqu'il est très mûr , doux, sucré et presque desséché, le mout est épais, pâteux, etc. ; la fermentation s'y établit difficilement , et il faut une grande masse de liquide et une chaleur assez forte pour décomposer pleinement le suc sirupeux : sans cela , le vin reste liquoreux et douceâtre ; ce n'est qu'après un long séjour dans le tonneau que cette liqueur arrive au degré de perfection qu'elle peut atteindre.

La température de l'air , l'état de l'atmosphère , le temps qui a régné pendant la vendange , toutes ces causes et leurs effets doivent toujours être présens à l'esprit de l'agriculteur , pour qu'il en déduise des règles de conduite capables de le guider.

De l'influence des principes constituans du mout sur la fermentation. Le mout très aqueux éprouve de la difficulté à fermenter, comme le mout trop épais ; il faut donc un degré de fluidité convenable pour obtenir une bonne fermentation.

Le terme moyen de la consistance du mout fait avec des raisins qui n'ont pas été desséchés est entre le huitième et le quinzième degré de l'aréomètre de Baumé. En général, les raisins du midi donnent un mout plus épais que les raisins du nord. J'ai comparé le mout de tous les raisins qu'on cultive à la pépinière des Chartreux, où , pendant mon ministère, j'ai réuni les plants de toutes les variétés de vignes qu'on connoît en France ; et , après deux ans de culture , le mout provenant des raisins fournis par les plants du midi, avoit encore plus de consistance que le moût des plants transplantés du nord.

Lorsque le moût est très aqueux, la fermentation est tardive, difficile, et le vin qui en provient est foible et très susceptible de décomposition. Dans ce cas, les anciens connoissoient l'usage de cuire le moût : ils faisoient évaporer par ce moyen l'eau surabondante, et ramenoient la liqueur au degré d'épaississement convenable. On peut voir la preuve de cette assertion dans le *Recueil des Géoponiques*. Ce procédé, constamment avantageux dans les pays du nord, et généralement par-tout où la saison a été pluvieuse, est encore pratiqué de nos jours. Maupin a même contribué à faire accorder plus de faveur à cette méthode, en prouvant, par des expériences nombreuses, qu'on pouvoit s'en servir avec avantage dans presque tous les pays de vignobles. Néanmoins, ce procédé paroît inutile dans les climats chauds; il n'y est tout au plus applicable que dans les cas où la saison pluvieuse n'a pas permis au raisin de parvenir à un degré de maturité convenable, ou bien lorsque la vendange se fait par un temps de brouillard ou de pluie.

On peut poser en principe que, dans les pays froids, dans les terres humides, à la suite des saisons pluvieuses, le raisin contient plus de levure qu'il n'en faut pour décomposer le sucre formé dans le fruit.

Dans tous ces cas, en abandonnant la fermentation à elle-même, on ne peut obtenir qu'un vin foible, délayé, peu spiritueux, susceptible de passer à l'*aigre* ou de tourner au *gras*, par une suite de la surabondance du levain qui reste après la fermentation vineuse, et la décomposition et disparition entière du sucre.

On peut parvenir à corriger ou à prévenir tous ces défauts:

1° En rapprochant et faisant bouillir, jusqu'à réduction du quart ou du tiers, dans une chaudière de cuivre, une portion du moût qu'on verse bouillant dans la cuve, en ayant l'attention d'agiter le liquide pour opérer un mélange complet (1).

_____

(1) On peut rapprocher le moût jusqu'à lui donner la consistance de 18 à 20 degrés du pèse-liqueur de Baumé. Il faut bien prendre garde de ne pas l'épaissir jusqu'à consistance d'extrait; car alors on coagule la levure, et on lui ôte la propriété, par cette cuisson, de servir à la fermentation. On peut en verser dans la cuve jusqu'à ce que la chaleur de la masse soit portée à 10 ou 15 degrés, et jusqu'à ce que l'épaississement du liquide soit au terme qu'a naturellement le moût du même raisin dans les années très favorables. Il est inutile d'observer qu'en variant le degré d'épaississement du moût, on peut varier à volonté la force du vin.

2° Lorsqu'on dissout dans le moût une portion de sucre, de cassonade ou de mélasse, pour augmenter la proportion du sucre nécessaire à la fermentation, on doit varier la dose de sucre selon la nature plus ou moins sucrée du moût; mais, en général, on peut la porter à 15 ou 20 livres par muid, ce qui fait environ 5 ou 10 pour 100 du poids du moût qu'on met à fermenter (1).

La condensation ou l'épaississement du moût par la chaleur et l'évaporation rend la masse fermentante moins aqueuse; par conséquent, la fermentation y devient plus régulière et plus vive. La chaleur que le moût, rapproché et versé bouillant dans la cuve, communique à la masse, la porte de suite au degré de température le plus convenable, et décide la fermentation. On fait évaporer une quantité plus ou moins considérable de moût, selon son degré de consistance, sa qualité, et selon que l'air est plus ou moins froid.

L'addition de sucre a le double avantage d'augmenter considérablement la spirituosité du vin, et de prévenir la dégénération acide à laquelle les vins foibles sont sujets. Lorsque le raisin est très sucré par lui-même, l'addition du sucre est inutile; elle seroit même nuisible, puisque la quantité de ferment qui existe dans le moût ne suffiroit pas pour le décomposer. Dans ce dernier cas, c'est-à-dire lorsque le raisin est très sucré, et qu'on a à craindre que le vin ne soit sucré ou liquoreux, on doit ajouter au moût une portion de levure, afin de rétablir d'exactes proportions entre le sucre et le ferment.

Il est des pays où l'on mêle du plâtre cuit à la vendange, pour absorber l'humidité excédante qu'elle peut contenir (2).

L'usage établi dans d'autres endroits de dessécher le raisin avant de le faire fermenter est fondé sur le même principe.

Tous ces procédés tendent essentiellement à enlever l'humidité dont les raisins peuvent être imprégnés, et à présenter un suc plus épais à la fermentation.

3° Le jus du raisin mûr contient du tartre, qu'on peut y démontrer par le simple rapprochement de cette liqueur,

(1) En général, lorsqu'on ajoute du sucre au moût provenant de raisins qui ne sont pas assez mûrs, on peut déterminer la quantité qui est nécessaire, en donnant au moût, par cette addition, le goût sucré qu'a le même raisin, ou un bon raisin cueilli après une maturité parfaite et dans une année très favorable. On ne fait que réparer alors l'imperfection du travail de la nature, et rétablir, par l'art, la quantité de sucre qui se seroit formée, si la saison eût été plus favorable à la maturation du raisin.

(2) Les anciens connoissoient cet usage, comme on peut s'en convaincre en lisant les chapitres V et VI du *Recueil des Géoponiques*.

ainsi que nous l'avons observé ; mais le verjus en fournit encore une plus grande quantité , et il est généralement vrai que le raisin donne d'autant moins de tartre qu'il contient plus de sucre.

Bullion a retiré , d'une pinte de moût, environ qautre gros de sucre et un demi-gros de tartre. Il paroît , d'après les expériences du même chimiste, que le tartre concourt, ainsi que le sucre, à augmenter la proportion de l'alcohol, en facilitant la fermentation. Il suffit d'augmenter la proportion du tartre et du sucre dans le moût pour obtenir une plus grande quantité d'alcohol : il est néanmoins nécessaire , dans ce cas , que le ferment soit en assez grande quantité pour travailler et décomposer ces deux principes.

Environ 120 pintes d'eau , 100 onces de sucre, une livre et demie de crème de tartre, ont resté trois mois sans fermenter ; on y a ajouté 16 livres de feuilles de vigne pilées, et le mélange a fermenté avec force pendant quinze jours.

La même quantité d'eau, et les feuilles de vigne mises à fermenter sans sucre et sans tartre , il n'en est résulté qu'une liqueur acidulée.

Sur 500 pintes de moût, auxquelles on a ajouté 10 livres de cassonade et 4 livres de crème de tartre , la fermentation s'est bien établie, et a duré 48 heures de plus que dans les cuvées qui ne contenoient que le moût simple : le vin provenant de la première fermentation a fourni une pièce et demie d'excellente eau-de-vie, sur sept pièces sur lesquelles la distillation avoit été établie ; tandis que le vin qui étoit fait sans addition de sucre ni de tartre n'a produit qu'un douzième d'eau-de-vie au même degré.

Les raisins sucrés demandent sur-tout qu'on y ajoute du tartre : il suffit, à cet effet, de le faire bouillir dans un chaudron avec le moût pour l'y dissoudre. Mais lorsque les moûts contiennent du tartre en excès, on peut les disposer à fournir beaucoup d'esprit ardent, en y ajoutant du sucre.

Il paroît donc, d'après ces expériences, que le tartre facilite la fermentation, et concourt à rendre la décomposition du sucre plus complète ; mais il convient de n'ajouter que de petites quantités de crème de tartre, comme, par exemple, demi-livre sur cent livres de moût.

De la marche de la fermentation. Avant de nous occuper avec détail des principaux résultats que nous offre la fermentation, nous croyons convenable de tracer d'une manière rapide la marche qu'elle suit dans ses périodes.

La fermentation s'annonce d'abord par de petites bulles qui paroissent sur la surface du moût; peu à peu on en voit qui s'élèvent du centre même de la masse en fermentation, et qui viennent crever à la surface. Leur passage à travers les couches du liquide en agite tous les principes, en déplace toutes les molécules; bientôt il en résulte un sifflement semblable à celui qui est produit par une douce ébullition.

On voit alors très sensiblement s'élever à plusieurs pouces au-dessus de la surface du liquide de petites gouttes qui retombent de suite. Dans cet état la liqueur est trouble ; tout est mêlé, confondu, agité, etc. ; des filamens, des pellicules, des flocons, des grappes, des pepins nagent isolément ; ils sont poussés, chassés, précipités, élevés, jusqu'à ce qu'enfin ils se fixent à la surface ou se déposent au fond de la cuve. C'est de cette manière, et par une suite de ce mouvement intestin que se forme à la surface de la liqueur une croûte plus ou moins épaisse qu'on appelle le *chapeau de la vendange.*

Ce mouvement rapide et le dégagement continuel de ces bulles aériformes augmentent considérablement le volume de la masse. La liqueur s'élève dans la cuve au-dessus de son niveau primitif; les bulles qui éprouvent quelque résistance à leur volatilisation par l'épaisseur et la ténacité du chapeau se font jour par des crevasses, dont elles couvrent les bords d'une écume abondante.

La chaleur augmentant en proportion de l'énergie de la fermentation dégage une odeur d'esprit-de-vin qui se répand dans tout le voisinage de la cuve ; la liqueur se fonce en couleur de plus en plus ; et après plusieurs jours, quelquefois seulement après plusieurs heures d'une fermentation tumultueuse, les symptômes diminuent, la masse retombe à son premier volume, la liqueur s'éclaircit, et la fermentation est presque terminée.

Parmi les phénomènes les plus frappans et les effets les plus sensibles de la fermentation, il en est quatre principaux qui demandent une attention particulière; la production de chaleur, le dégagement de gaz, la formation de l'alcohol et la coloration de la liqueur.

Je dirai sur chacun de ces phénomènes ce que l'observation nous a présenté jusqu'ici de plus positif.

De la production de chaleur. Il arrive quelquefois dans les pays froids, mais sur-tout lorsque la température est au-dessous du dixième degré du thermomètre de Réaumur, que la vendange déposée dans la cuve n'éprouve aucune fermentation si, par des moyens quelconques, on ne parvient à en réchauffer la masse; ce qui se pratique en y introduisant du moût chaud, en brassant fortement la liqueur, en échauffant l'atmosphère, en recouvrant la cuve avec des étoffes quelconques.

Mais, du moment que la fermentation commence, la chaleur prend de l'intensité; quelquefois il suffit de quelques heures de fermentation pour la porter au plus haut degré. En général elle est en rapport avec le gonflement de la vendange ; elle croît et décroît comme lui.

La chaleur n'est pas toujours égale dans toute la masse ; souvent elle est plus intense vers le milieu, sur-tout dans les cas où la fermentation n'est pas assez tumultueuse pour confondre et mêler par des mouvemens violens toutes les parties de la masse ; alors on foule de nouveau la vendange ; on l'agite de la circonférence au centre, et l'on établit sur tous les points une température égale.

Nous pouvons établir comme vérités incontestables, 1° qu'à température égale, plus la masse de la vendange sera grande, plus il y aura d'effervescence, de mouvement et de chaleur ; 2° que l'effervescence, le mouvement, la chaleur sont plus grands dans la vendange où le suc du raisin fermente avec les pellicules, les pepins et les rafles, etc., que dans le suc du raisin qui a été séparé de toutes ces matières ; 3° que la fermentation peut produire depuis douze jusqu'à vingt-huit degrés de chaleur ; du moins je l'ai vue en activité entre ces deux extrêmes.

Du dégagement de l'acide carbonique. Le gaz acide carbonique qui se dégage de la vendange, et ses effets nuisibles à la respiration, sont connus depuis que la fermentation est connue elle-même. Ce gaz s'échappe en bulles de tous les points de la vendange, s'élève dans la masse et vient crever à la surface. Il déplace l'air atmosphérique qui repose sur la vendange, occupe tout le vide qui se trouve dans la cuve au-dessus de la vendange, et déverse ensuite par les bords en se précipitant dans les lieux les plus bas, à raison de sa pesanteur. C'est à la formation de ce gaz qui enlève une portion d'oxygène et de carbone aux principes constituans du moût qu'on doit rapporter les principaux changemens qui surviennent dans la fermentation.

Ce gaz, retenu dans la liqueur par tous les moyens qu'on peut opposer à son évaporation, contribue à lui conserver l'arôme, et une portion d'alcohol qui s'exhalent avec lui. Les anciens connoissoient ces moyens, et ils distinguoient avec soin les produits d'une fermentation *libre* ou *close*, c'est-à-dire faite dans des vaisseaux ouverts ou dans des vaisseaux fermés. Les vins mousseux ne doivent la propriété de mousser qu'à ce qu'ils ont été enfermés dans le verre avant qu'ils aient complété leur fermentation. Alors ce gaz, lentement développé dans la liqueur, y reste comprimé jusqu'au moment où l'effort de la compression venant à cesser par l'ouverture des vaisseaux, il peut s'échapper avec force.

Ce gaz acide donne à toutes les liqueurs qui en sont imprégnées une saveur aigrelette ; les eaux minérales appelées *eaux gazeuses* lui doivent leur principale vertu. Mais ce seroit avoir une idée peu exacte de son véritable état dans le vin, que de comparer ses effets à ceux qu'il produit par sa libre dissolution dans l'eau.

L'acide carbonique qui se dégage des vins tient en dissolution une portion assez considérable d'alcohol. Je crois avoir été le premier à faire connoître cette vérité, lorsque j'ai enseigné qu'en exposant de l'eau pure dans des vases placés immédiatement au-dessus du chapeau de la vendange, au bout de deux à trois jours, cette eau étoit imprégnée d'acide carbonique, et qu'il suffisoit de l'enfermer dans des bouteilles débouchées, pour en obtenir, au bout de vingt à trente jours, un assez bon vinaigre. En même temps que le vinaigre se forme, il se précipite dans la liqueur des flocons abondans, qui sont d'une nature très analogue au gluten altéré. Lorsqu'au lieu de se servir d'eau pure on emploie de l'eau qui contient des sulfates terreux, telle que l'eau de puits, on sent se développer, au moment de l'acétification, une odeur de gaz hydrogène sulfuré, qui provient de la décomposition de l'acide sulfurique lui-même. Cette expérience prouve suffisamment que le gaz acide carbonique entraîne avec lui de l'alcohol et un peu de ferment, et que ces deux principes, nécessaires à la formation de l'acide acétique, en se décomposant ensuite par le contact de l'air atmosphérique, produisent cet acide.

Mais l'alcohol est-il dissous dans le gaz, ou se volatilise-t-il par le seul fait de la chaleur? On ne peut décider cette question que par des expériences directes : D. Gentil avoit observé en 1779 que si on renversoit une cloche de verre sur le chapeau de la vendange en fermentation, les parois intérieures se remplissoient de gouttes d'un liquide qui avoit l'odeur et les propriétés du premier flegme qui passe lorsqu'on distille le vin. M. Humbold a prouvé que si l'on reçoit la mousse du champagne, sous des cloches, dans l'appareil des gaz, et qu'on les entoure de glace, il se précipite de l'alcohol sur les parois, par la seule impression du froid. Il paroît donc que l'alcohol est dissous dans le gaz acide carbonique, et que c'est cette substance qui communique au gaz vineux une portion des propriétés qu'il a. Il n'est personne qui ne sente, par l'impression même que fait sur nos organes la mousse du vin de Champagne, combien cette matière gazeuse est modifiée, et diffère de l'acide carbonique pur (1).

Ce n'est pas le moût le plus sucré qu'on emploie pour fabriquer ordinairement des vins mousseux. Si l'on suffoquoit la fermentation de cette espèce de raisins, en enfermant le moût dans des tonneaux ou dans des bouteilles pour lui conserver le gaz qui se dégage, le principe sucré qui y abonde ne seroit pas décomposé, et le vin seroit doux, liquoreux, pâteux, désagréable. Il est des vins dont presque tout l'alcohol est dissous dans le principe gazeux ; celui de Champagne nous en fournit une preuve.

Il est difficile d'obtenir du vin à la fois rouge et mousseux, attendu que, pour pouvoir le colorer, il faut le laisser fermenter sur le marc, et que, par cela même, le gaz acide se dissipe.

Il est des vins dont la fermentation lente se continue pendant plusieurs mois : ceux-ci, mis à propos dans des bouteilles, deviennent mousseux. Il n'est même, à la rigueur, que cette nature de vins qui puisse acquérir cette propriété : ceux dont la fermentation est naturellement tumultueuse terminent trop promptement leur travail, et briseroient les vases dans lesquels on essaieroit de les renfermer.

Ce gaz acide est dangereux à respirer : tous les animaux qui s'exposent imprudemment dans son atmosphère sont suffoqués. Ces tristes évènemens sont à craindre lorsqu'on fait fermenter la vendange dans des lieux bas et où l'air n'est pas renouvelé. Ce fluide gazeux déplace l'air atmosphérique, et finit par occuper tout l'intérieur du cellier. Il est d'autant plus dangereux, qu'il est invisible comme l'air ; et l'on ne sauroit trop se précautionner contre ses funestes effets. Pour s'assurer qu'on ne court aucun risque en pénétrant dans le lieu où fermente la vendange, il faut avoir l'attention de porter une bougie allumée en avant de sa personne : il n'y a pas de danger tant que la bou-

---

(1) J'emploie ici le mot *alcohol*, quoique le principe vineux dont il s'agit paroisse différer de l'alcohol qu'on extrait par la distillation ; mais nous n'avons pas de terme pour désigner ce *principe vineux* qui fait le caractère du vin, et qui, dans les circonstances ci-dessus, se dissout dans l'acide carbonique. Quoiqu'il ait bien de l'analogie avec l'alcohol, nous croyons devoir insister pour qu'on ne les confonde pas. Il paroît, au reste, que l'alcohol extrait du vin par la distillation n'est que le principe vineux dépouillé de tous les autres principes qui lui sont unis dans le vin. L'alcohol produit ou élevé par la chaleur ne conserve que l'hydrogène, l'oxygène et un peu de carbone de tous les élémens qui composent le vin ; et, dans ce cas, la dénomination d'*esprit-de-vin*, sous laquelle il a été connu pendant long-temps, en donnoit une idée assez exacte.

gie brûle ; mais, lorsqu'on la voit s'affoiblir ou s'éteindre, il faut s'éloigner avec prudence.

On peut prévenir ce danger et saturer le gaz à mesure qu'il se précipite sur le sol de l'atelier, en disposant sur plusieurs points du lait de chaux ou de la chaux vive. On peut parvenir à désinfecter un lieu vicié par cette mortelle moffette, en projetant, sur le sol et contre les murs, de la chaux vive délayée et fusée dans l'eau : une lessive alkaline caustique, telle que la lessive des savonniers, ou l'ammoniaque, produiroient de semblables effets. Dans tous les cas, l'acide gazeux se combine instantanément avec ces matières, et l'air extérieur se précipite pour en occuper la place.

De la formation de l'alcohol (1). Le principe sucré existe dans le moût, et en fait un des principaux caractères : il disparoît par la fermentation, et est remplacé par l'alcohol qui caractérise essentiellement le vin.

Nous dirons par la suite de quelle manière on peut concevoir ce phénomène ou cette suite intéressante de décompositions et de productions. Il ne nous appartient dans ce moment que d'indiquer les principaux faits qui accompagnent la formation de l'alcohol.

Comme le but et l'effet de la fermentation vineuse se réduisent à produire de l'alcohol, en décomposant le principe sucré, il s'ensuit que la formation de l'un est toujours en proportion de la destruction de l'autre, et que l'alcohol sera d'autant plus abondant que le principe sucré l'aura été lui-même ; c'est pour cela qu'on augmente à volonté la quantité d'alcohol, en ajoutant du sucre au moût qui paroît en manquer.

Il suit toujours de ces mêmes principes que la nature de la vendange en fermentation se modifie et change à chaque

---

(1) J'adopte ce mot, quoiqu'impropre, parcequ'il a été admis dans la nouvelle nomenclature chimique pour exprimer les divers produits de la distillation des vins ; j'observe néanmoins que cette dénomination n'est pas très exacte, en ce qu'elle désigne des substances qui dans le commerce et dans leurs principes sont différentes. L'*eau-de-vie* désignoit autrefois le premier produit de la distillation ; l'*esprit-de-vin* désignoit le produit de la distillation de l'eau-de-vie ; le mot *alcohol* étoit réservé par les anciens pour exprimer le produit de la rédistillation de l'esprit-de-vin. En comprenant sous la même dénomination d'*alcohol* l'eau-de-vie, l'esprit-de-vin et l'alcohol des anciens, on confond des produits très différens, non seulement par les proportions dans leurs principes, mais par la valeur qu'ils ont dans le commerce, et dès-lors il y a confusion. Le mot *alcohol* sera donc ici une dénomination générique par laquelle nous entendrons le produit spiritueux du vin ; nous emploierons les noms *eau-de-vie* et *esprit-de-vin* pour exprimer les variétés de ce produit.

instant; l'odeur, le goût et tous les autres caractères varient d'un moment à l'autre. Mais, comme il y a dans le travail de la fermentation une marche très constante, on peut suivre tous ces changemens, et les présenter comme des signes invariables des divers états par lesquels passe la vendange.

1° Le moût a une odeur douceâtre qui lui est particulière; 2° la saveur en est plus ou moins sucrée; 3 il est épais et sa consistance varie selon que le raisin est plus ou moins mûr, plus ou moins sucré. Au pèse-liqueur de Baumé, sa consistance est entre le huitième et le dix-huitième degré; les raisins du midi donnent un moût qui marque de douze à seize; ceux du nord ne marquent, en général, que de huit à douze : le moût des muscats, et celui qui fournit les vins liquoreux, marque de quinze à dix-huit.

A peine la fermentation est-elle décidée, que tous les caractères changent : l'odeur commence à devenir moins douceâtre, il se dégage abondamment du gaz acide carbonique, sous forme de bulles qui s'élèvent de la masse et forment une écume à la surface; la saveur très sucrée prend peu à peu un caractère vineux, mêlé d'un goût douceâtre; la consistance diminue; la liqueur, qui jusque-là n'avoit présenté qu'un tout uniforme, laisse paroître des flocons qui deviennent de plus en plus insolubles (1).

Peu à peu la saveur sucrée s'affoiblit et la vineuse se fortifie; la liqueur diminue sensiblement de consistance; les flocons détachés de la masse sont plus complètement isolés : l'odeur d'alcohol se fait sentir même à une assez grande distance.

Enfin arrive un moment où le principe sucré n'est plus sensible; la saveur et l'odeur n'indiquent plus que de l'alcohol (2), cependant tout le principe sucré n'est pas détruit; il en reste encore une portion dont l'existence n'est que masquée par celle de l'alcohol qui prédomine, comme il conste par les expériences très rigoureuses de dom Gentil. La décomposition ultérieure de cette substance se fait à l'aide de la fermentation tranquille qui continue dans les tonneaux.

Lorsque la fermentation a parcouru et terminé tous ses

---

(1) Ces flocons sont formés par la levure que la chaleur et la fermentation précipitent de la liqueur où elle étoit en dissolution. Dans cet état, ils forment la lie du vin; et c'est à la séparer complètement du liquide que tendent tous les procédés de clarification, de collage, de soufrage, qu'on exécute sur les vins qu'on veut conserver.

(2) C'est dans ce moment qu'on décuve les vins pour les mettre en tonneaux. Les hommes les plus instruits dans l'art de faire le vin n'ont pas d'autre signe pour décuver que la disparition du principe sucré, et le développement très prononcé de la saveur vineuse.

périodes, il n'existe plus de sucre; la liqueur a acquis de la fluidité, et ne présente que de l'alcohol mêlé avec un peu d'extrait, le principe colorant et les débris du gluten.

De la coloration de la liqueur vineuse. Le moût qui découle du raisin qu'on transporte de la vigne à la cuve avant qu'on l'ait foulé fermente seul, et donne le *vin vierge*, le *protopum* des anciens qui n'est pas coloré.

Les raisins rouges, dont on exprime le suc par le simple foulage, fournissent du vin blanc toutes les fois qu'on ne fait pas fermenter sur le marc, ou qu'on ne foule pas trop fort le raisin.

Le vin se colore d'autant plus que la vendange reste plus long-temps en fermentation avec le marc.

Le vin est d'autant moins coloré que le foulage a été moins fort et qu'on s'est abstenu avec plus de soin de faire fermenter sur le marc.

Le vin est d'autant plus coloré que le raisin est plus mûr et moins aqueux.

La liqueur que fournit le marc qu'on soumet au pressoir est plus colorée que celle qui découle du raisin par les secousses ou une légère pression.

Quoique la fermentation développe plus d'intensité de couleur, lorsque le vin est très généreux que lorsqu'il est foible, il y a des raisins qui fournissent naturellement plus de principe colorant que d'autres, parceque la pellicule en contient davantage. Ainsi les raisins des bords du Cher et de la Loire, dans la Touraine, sont très noirs et fournissent des vins tellement colorés, quoique foibles, qu'ils en sont épais et presqu'aussi noirs que l'encre. On les emploie à donner de la couleur à d'autres vins qui en manquent.

Tels sont les axiomes pratiques qu'une longue expérience a sanctionnés; il en résulte deux vérités fondamentales : la première, c'est que le principe colorant du vin existe dans la pellicule du raisin ; la seconde, c'est que ce principe peut être extrait, à la vérité, par un effort mécanique, mais qu'il ne se dissout dans le moût en fermentation que lorsque l'alcohol y est développé.

Nous avons parlé, dans notre traité sur le vin, de la nature de ce principe colorant, et nous avons fait voir que, quoiqu'il se rapproche des résines par quelques propriétés, il en diffère néanmoins essentiellement.

Il n'est personne qui, d'après ce court exposé, ne puisse se rendre raison de tous les procédés usités pour obtenir des vins plus ou moins colorés, et qui ne sente déjà qu'il est au pouvoir de l'agriculteur de porter dans ses vins la teinte de couleur qu'il désire.

Des moyens de gouverner la fermentation. La fermentation n'a besoin ni de secours ni de remèdes lorsque le raisin a obtenu son degré de maturité convenable, lorsque l'atmosphère n'est pas trop froide, et que la masse de la vendange est d'un volume convenable. Mais ces conditions, sans lesquelles on ne sauroit obtenir de bons résultats, ne se réunissent pas toujours ; et c'est à l'art qu'il appartient de rapprocher toutes les circonstances favorables, et d'éloigner tout ce qui peut nuire pour obtenir une bonne fermentation.

Les vices de la fermentation se déduisent naturellement de la nature du raisin qui en est le sujet, et de la température de l'air, qui peut être considérée comme un bien puissant auxiliaire.

Le raisin peut ne pas contenir assez de sucre pour donner lieu à une formation suffisante d'alcohol : et ce vice peut provenir ou de ce que le raisin n'est pas parvenu à sa maturité, ou de ce que le sucre y est délayé dans une quantité trop considérable d'eau, ou bien encore de ce que, par la nature même du climat, le sucre ne peut pas suffisamment s'y développer. Dans tous ces cas, il est deux moyens de corriger le vice qui existe dans la nature même du raisin : le premier consiste à porter dans le moût le principe qui lui manque : une addition convenable de sucre présente à la fermentation les matériaux nécessaires à la formation de l'alcohol ; et on supplée par l'art au défaut de la nature. Il paroît que les anciens connoissoient ce procédé, puisqu'ils mêloient du miel au moût qu'ils faisoient fermenter ; mais, de nos jours, on a fait des expériences très directes à ce sujet. Macquer a fait du bon vin en dissolvant dans le verjus une suffisante quantité de sucre, pour lui donner la saveur d'un vin doux, et en faisant fermenter ce mélange.

Bullion faisoit fermenter le jus des treilles de son parc de Bellejames, en y ajoutant quinze à vingt livres de sucre par muid ; le vin qui en provenoit étoit de bonne qualité.

Rozier a proposé depuis long-temps de faciliter la fermentation du moût, et d'améliorer les vins par l'addition du miel, dans la proportion d'une livre sur deux cents de moût. Tous ces procédés reposent sur le même principe ; savoir, qu'il ne se produit pas d'alcohol là où il n'y a pas de sucre, et que la fermentation de l'alcohol, et conséquemment la générosité du vin, est constamment proportionnée à la quantité de sucre existant dans le moût ; d'après cela, il est évident qu'on peut porter son vin au degré de spirituosité qu'on désire, quelle que soit la qualité primitive du moût, en y ajoutant plus ou moins de sucre.

Rozier a prouvé (et l'on peut parvenir au même résultat

en calculant les expériences de Bullion) que la valeur du produit de la fermentation est très supérieure au prix des matières employées ; de sorte qu'on peut présenter ces procédés comme objets d'économie et comme matière à spéculation.

Il est encore possible de corriger la qualité du raisin par d'autres moyens qui sont journellement pratiqués. On fait bouillir une portion du moût dans une chaudière ; on le rapproche au, tiers, et on le verse ensuite dans la cuve : par ce procédé, la partie aqueuse se dissipe en partie, et la portion de sucre se trouvant alors moins délayée, la fermentation marche avec plus de régularité, et le produit en est plus généreux : ce procédé, presque toujours utile dans le nord, ne doit être employé dans le midi que lorsque la saison a été très pluvieuse, ou que le raisin n'y est pas assez mûr.

On peut parvenir au même but en faisant dessécher le raisin au soleil, ou en l'exposant dans des étuves, ainsi que cela se pratique dans quelques pays de vignobles.

C'est peut-être encore par la même raison, toujours dans l'intention d'absorber l'humidité, qu'on met quelquefois du plâtre dans la cuve, ainsi que le pratiquoient les anciens.

Il arrive souvent que le moût est à la fois trop épais et trop sucré : dans ce cas, la fermentation est toujours lente et imparfaite ; les vins sont doux, liquoreux et pâteux ; et ce n'est qu'après un long séjour dans les bouteilles que le vin s'éclaircit, perd le *pâteux* désagréable, et ne présente plus que de très bonnes qualités. La plupart des vins blancs d'Espagne sont dans ce cas-là. Cette qualité de vin a néanmoins ses partisans ; et il est des pays où, à cet effet, l'on rapproche le moût par la cuisson ; il en est d'autres où l'on dessèche le raisin par le soleil ou dans des étuves, jusqu'à donner au moût presque la consistance d'un sirop.

Il seroit aisé, dans tous les cas, de provoquer la fermentation, soit en délayant, à l'aide de l'eau, un moût trop épais, soit en agitant la vendange à mesure qu'elle fermente, soit en augmentant la chaleur, dans la masse fermentante, par des moyens artificiels : mais tout cela doit être subordonné au but qu'on se propose d'obtenir ; et l'agriculteur intelligent variera ses procédés d'après son expérience et la nature du raisin.

On ne doit jamais perdre de vue que la fermentation doit être gouvernée d'après la nature du raisin, et conformément à la qualité de vin qu'on désire obtenir. Le raisin de Bourgogne ne peut pas être traité comme celui de Languedoc : le mérite de l'un est dans un bouquet qui se dissiperoit par une fermentation vive et prolongée ; le mérite de l'autre est dans la grande quantité d'alcohol qu'on peut y développer ; et ici la fermentation dans la cuve doit être longue et complète.

Dans les pays froids, où le raisin est toujours aqueux et peu sucré, et, dans tous les pays de vignobles, après des saisons froides et humides, la fermentation du moût est nécessairement lente et pénible; mais on peut l'accélérer et l'animer par divers moyens :

1° En évaporant une portion de moût, et mêlant le résidu bouillant avec la masse dans la cuve.

Ce moyen étoit pratiqué par les anciens. Cap. 4, lib. 7, *Geoponicorum.*

2° A l'aide d'un entonnoir en fer-blanc, qui descend par un bec très large, à quatre pouces du fond de la cuve, on introduit du moût bouillant dans la cuve. On peut en verser deux seaux sur trois cents bouteilles de moût.

3° On remue et agite la vendange de temps en temps : ce mouvement a l'avantage de rétablir la fermentation, quand elle a cessé ou qu'elle s'est ralentie, et de la rendre égale sur tous les points.

4° On recouvre la cuve avec des couvertures.

5° On échauffe l'atmosphère du lieu dans lequel la cuve a été placée; on introduit, dans la masse du liquide, des cylindres semblables à ceux qu'on emploie pour chauffer des bains; et par ce moyen on en élève la chaleur au degré convenable.

Dans les cantons de la Champagne où l'on fait des vins rouges, on accélère la fermentation, en même temps qu'on la rend plus uniforme et plus égale dans toute la masse, en foulant la cuve et rabaissant le marc de manière que le moût le recouvre entièrement. On se sert, à cet effet, de grandes perches ou fouloirs hérissés de chevilles, qu'on plonge et retire successivement de la cuve; ou bien, des hommes qui descendent dans la cuve foulent et brassent le moût, ce qui s'appelle *travailler la cuve.*

Cette méthode est excellente, et pourroit être d'un usage général lorsque le moût est déposé dans la cuve, et que la fermentation commence à s'établir.

Dom Gentil en a constaté les bons effets par des expériences directes que nous allons rapporter. Ce célèbre œnologue a fait deux cuvées, de dix-huit pièces chacune, avec des raisins provenans de la même vigne et cueillis en même temps ; le grain fut égrappé et écrasé; égalité de suc de part et d'autre ; la vendange mise dans des cuves égales. Les jours, mais surtout les nuits et les matinées, étoient froids.

Au bout de quelques jours, la fermentation commença : on s'aperçut que le centre des cuves étoit très chaud et les bords très froids; les cuves se touchoient, et toutes deux éprouvoient la même température. On en fit fouler une avec un rabot à long manche; on poussa vers le centre, qui étoit le foyer de la chaleur, la vendange des bords, qui étoit froide; on foula à plusieurs reprises, et on entretint par ce moyen la même chaleur dans toute la masse. La fermentation fut terminée dans la cuve foulée douze à quinze heures plus tôt que dans l'autre. Le vin en fut incomparablement meilleur; il étoit plus délicat, avoit une saveur plus sûre, étoit plus coloré, plus franc. On n'eût point dit qu'il provenoit de raisins de même nature.

En foulant la vendange qui fermente dans la cuve, on produit plusieurs bons effets : 1° on rend la fermentation égale sur tous les points; 2° on prévient l'acescence du chapeau de la vendange, en le soustrayant à l'action de l'air; 3° on précipite les écumes dans le bain, et, par ce moyen, on mêle la levure dont elles sont formées avec le liquide, ce qui nourrit la fermentation. Ce procédé ne sauroit être trop recommandé, sur-tout lorsqu'on fait fermenter de grandes masses.

Les anciens mêloient des aromates à la vendange en fermentation, pour donner à leurs vins des qualités particulières. Pline raconte qu'en Italie il étoit reçu de répandre de la poix dans la vendange, *ut odor vino contingeret et saporis acumen.* Nous trouvons, dans tous les écrits de ce temps-là, des recettes nombreuses pour parfumer les vins. Ces divers procédés ne sont plus usités. J'ai cependant de la peine à croire qu'on n'en tirât pas un grand avantage. Cette partie très intéressante de l'œnologie mérite une attention particulière de la part de l'agriculteur. Nous pouvons même en présager d'heureux effets, d'après l'usage pratiqué dans quelques pays, de parfumer les vins avec la framboise, la fleur sèche de la vigne, etc. (1).

Concluons de ce qui précède,

1° Que, lorsque le raisin n'est pas mûr, on peut corriger ce défaut en dissolvant du sucre dans le moût. La proportion doit varier selon que le raisin est plus ou moins éloigné de la maturité. On peut sucrer le moût jusqu'à ce qu'il prenne le goût

---

(1) On peut voir dans le *Recueil des Géoponiques* une foule de procédés qui étoient usités chez les Grecs. La plupart de leurs vins n'étoient que des excipiens qu'ils parfumoient avec des plantes, des résines et autres substances. La supériorité de nos vins sur les leurs nous dispense assez généralement de recourir à ces compositions, qui sont toujours employées pour masquer quelque défaut, ou pour donner quelque vertu. On ne peut tout au plus y avoir recours que dans les seuls cas où le vin n'a ni bouquet ni force, ou bien lorsque les vins présentent un goût désagréable; alors on peut, comme les anciens, non seulement corriger ou masquer les défauts des vins, mais leur donner de nouvelles qualités précieuses.

doux du bon raisin bien mûri. Il suffit, en général, de demi-
once par pinte ;

2° Que, lorsque le moût est trop liquide, parcequ'il aura
plu, au moment de la vendange, sur du raisin très mûr, il
faut évaporer une partie du moût, et verser la portion qu'on
a rapprochée sur le reste de la vendange ;

3° Que, si la liquidité ou la trop grande fluidité du moût
provient de ce que le raisin n'est pas mûr, on peut y ajouter
du sucre pour le porter au degré de douceur convenable, et
évaporer une partie du moût pour lui donner la consistance
requise ;

4° Que, lorsque le temps a été très froid au moment de la
vendange, il faut chauffer une partie du moût, pour porter la
température de toute la masse à douze ou quinze degrés ;

5° Que, lorsque le cellier a une température inférieure à
douze degrés, il faut l'élever et la maintenir à ce point par des
oëles ou des réchauds ;

6° Qu'il faut fouler et brasser la liqueur fermentante pour
rendre la fermentation égale dans toute la masse, et obtenir
une boisson bien fermentée et de meilleure qualité ;

7° Qu'il faut recouvrir la cuve avec des couvertures ou
des toiles, tant pour maintenir une chaleur égale que pour
s'opposer à la déperdition d'une grande partie du bouquet et de
l'alcohol ;

Du temps et des moyens de décuver. De tout temps les
agriculteurs ont mis un très grand intérêt à pouvoir reconnoître
à des signes certains le moment le plus favorable pour décuver. Mais ici, comme ailleurs, on est tombé dans le très grand
inconvénient des méthodes générales. Ce moment doit varier
selon le climat, la saison, la qualité des raisins, la nature du
vin qu'on se propose d'obtenir, et autres circonstances qu'il ne
faut jamais perdre de vue.

Il nous convient donc de poser des principes plutôt que d'assigner des méthodes : c'est, je crois, le seul moyen de maîtriser les opérations, et de mener de front cet ensemble de
phénomènes dont la connoissance et la comparaison deviennent nécessaires pour motiver une décision.

Il est des agriculteurs qui ont osé déterminer une durée fixe
à la fermentation, comme si le terme ne devoit pas varier selon
la température de l'air, la nature du raisin, la qualité du vin,
la capacité des cuves, etc.

Il en est d'autres qui ont pris pour signe de décuvage l'affaissement du chapeau de la vendange après la grande fermentation, ignorant sans doute que la presque totalité des vins du
nord auroient perdu leurs propriétés les plus précieuses si l'on
tardoit à décuver jusqu'à l'apparition de ce signe, et que l'ex-

périence a appris que certains vins qu'on conserve dans la cuve après la fermentation s'y améliorent, bien loin de s'y altérer.

Nous voyons des pays où l'on juge que la fermentation est faite lorsqu'après avoir reçu le vin dans un verre on n'aperçoit plus ni mousse à la surface, ni bulles sur les parois du vase. Ailleurs on se contente d'agiter le vin dans une bouteille, ou de le transvaser à plusieurs reprises dans des verres, pour s'assurer s'il existe encore de la mousse, ou si elle disparoît promptement. Mais, outre qu'il n'y a pas de vins nouveaux qui ne donnent plus ou moins d'écume, il en est beaucoup dans lesquels on doit conserver ce reste d'effervescence, pour ne pas perdre une de leurs principales propriétés.

Dans quelques pays de vignobles, lorsqu'on veut reconnoître si le vin a assez fermenté, on prend du vin de la cuve, et on le verse, de la hauteur d'un homme, dans un cuvier : il se forme beaucoup d'écume par la chute, et on juge qu'il est temps de décuver, lorsque les bulles qui se sont élevées disparoissent très vite.

Il est des pays où l'on enfonce un bâton dans la cuve : on le retire promptement, et on laisse couler le vin dans un verre, où l'on examine s'il fait un cercle d'écume, s'il *fait la roue.*

D'autres enfoncent la main dans le marc, la portent au nez, et jugent à l'odeur de l'état de la cuve : si l'odeur est douce, on laisse fermenter ; si elle est forte, on décuve.

D'autres enfin attendent pour décuver que le goût douceâtre de la vendange ait disparu, et soit remplacé par un goût de vin franc et sans mélange de goût sucré.

Dans plusieurs pays de vignobles on ne décuve que lorsque la chaleur est tombée.

Nous trouvons encore des agriculteurs qui ne consultent que la couleur pour se régler sur le moment du décuvage ; ils laissent fermenter jusqu'à ce que la couleur soit suffisamment foncée ; mais la coloration dépend de la nature du raisin, et le moût, sous le même climat et dans le même sol, ne présente pas toujours la même disposition à se colorer ; ce qui rend ce signe peu constant et très insuffisant.

On a proposé, depuis quelques années, des gleuco-mètres ou des pèse-liqueurs, par lesquels on peut juger du degré de consistance d'une liqueur qui fermente : cet instrument peut déterminer avec rigueur, par son abaissement dans le liquide, la diminution progressive de la consistance de la masse fermentante ; il peut par conséquent mesurer les progrès de la fermentation, qui tend sans cesse à atténuer et à rendre cette masse plus liquide et plus légère. Mais je doute qu'on puisse jamais en faire un instrument de comparaison applicable à tous les cas et à tous les pays. Le moût varie en consistance,

selon la saison et le climat ; le vin est plus ou moins fort selon
la qualité du raisin : il est donc bien difficile d'assigner des
termes ou des degrés sur le pèse-liqueur qui soient constans,
invariables, et d'après lesquels on puisse se guider chaque année, sans modification et sans changemens. Cependant je suis
loin de bannir l'usage des gleuco-mètres ; je pense, qu'en
en bornant l'usage à constater chaque année le degré de consistance du moût, et les progrès de sa diminution ou de son
élaboration par la fermentation, on peut se faire des règles et
des principes de conduite dans chaque atelier ; et je ne doute
pas qu'après une expérience suivie de quelques années, un
propriétaire de vignobles n'ait des données suffisantes pour
sa pratique. Je sais que MM. Tourton et Ravel, propriétaires
actuels du fameux Clos-Vougeos en Bourgogne, ont déjà
appliqué avec avantage le gleuco-mètre de M. Cadet-de-Vaux,
à l'opération de la fermentation et du décuvage, et qu'ils se
sont fait des principes capables d'éclairer leur pratique. Mais
l'usage de cet instrument doit être borné à l'expérience de
chaque atelier ; on ne peut pas y prendre des termes rigoureux pour diriger d'avance la conduite des propriétaires de
vignobles sous divers climats.

Il s'ensuit que tous les signes, pris isolément, ne sauroient
offrir des résultats invariables, et qu'il faut en revenir aux
principes, si l'on veut s'appuyer sur des bases fixes.

Le but de la fermentation est de décomposer le principe
sucré ; il faut donc qu'elle soit d'autant plus vive, ou d'autant plus longue, que ce principe est plus abondant.

Un des principes inséparables de la fermentation, c'est de
produire de la chaleur et du gaz acide carbonique : le premier
de ces résultats tend à volatiliser et à faire dissiper le parfum
ou bouquet qui fait un des principaux caractères de certains
vins ; le second entraîne au dehors, et fait perdre dans les
airs un fluide qui, retenu dans la boisson, peut la rendre
plus agréable et plus piquante. Il suit de ces principes que les
vins foibles, mais agréablement parfumés, exigent peu de
fermentation, et que ceux des vins blancs dont la principale
propriété est d'être mousseux ne doivent pas séjourner dans
la cuve.

Le produit le plus immédiat de la fermentation, c'est la
formation de l'alcohol : il résulte immédiatement de la décomposition du sucre. Ainsi, lorsqu'on opère sur des raisins très
sucrés, tels que ceux du midi, la fermentation doit être vive
et prolongée, parceque les vins, sur-tout ceux qui sont destinés pour la distillation, doivent produire de suite tout l'alcohol qui peut résulter de la décomposition de tout le principe sucré. Si la fermentation est lente et foible, les vins

restent liquoreux, et ne deviennent agréables qu'après un long séjour dans les tonneaux.

En général, les raisins riches en principe sucré doivent fermenter long-temps.

Les raisins dans lesquels le principe sucré est peu abondant ne doivent pas fermenter aussi long-temps; car, du moment que le sucre est décomposé, le ferment, qui y est dans une proportion plus forte que celle du sucre, agit sur les autres principes du vin, et produit de l'acide. Dans ce cas, on ne pourroit prolonger la fermentation, sans inconvénient, qu'en ajoutant du sucre. C'est pour cela qu'en Bourgogne on décuve du moment que le principe sucré du moût a disparu, et qu'on éprouve la sensation propre à une liqueur vineuse.

Dom Gentil, qui a fait ses nombreuses expériences en Bourgogne, prétend qu'il faut invariablement décuver lorsque le goût sucré a disparu. Il observe néanmoins que cette disparition n'est pas absolue, puisque l'expérience lui a prouvé que le sucre existoit encore en partie lorsque la saveur vineuse étoit développée, et que le goût sucré n'étoit plus sensible : mais l'esprit-de-vin qui s'est développé couvre tellement le peu de sucre qui reste, qu'il est insensible; et c'est ce moment de la disparition de la saveur sucrée qu'il a indiqué comme le plus propre à marquer l'instant du décuvage.

J'ai observé généralement que la disparition du goût sucré et le développement de la saveur vineuse étoient le moment que prenoient, pour décuver, les hommes les plus renommés pour la fabrication et la conduite des vins.

D'après ces principes et autres qui découlent de la théorie précédemment établie, nous pouvons tirer les conséquences suivantes :

1° Le moût doit cuver d'autant moins de temps qu'il est moins sucré. Les vins, appelés *vins de primeur* en Bourgogne, ne restent dans la cuve que pendant vingt à trente heures; tels sont ceux de Pomard, de Volney, etc. Ceux de Nuits, de Prémeaux, de Vosnes, restent dans la cuve plusieurs jours. Ces derniers se conservent plus long-temps; ils se vendent plus cher; mais ils ont un peu de dureté, dont les premiers sont exempts.

2° Le moût doit cuver d'autant moins de temps qu'on se propose de retenir le gaz acide, et de former des vins mousseux : dans ce cas, on se contente de fouler le raisin et d'en déposer le suc dans des tonneaux, après l'avoir laissé quelque temps dans la cuve, quelquefois vingt-quatre heures. Alors, d'un côté, la fermentation est moins tumultueuse, et de l'autre, il y a moins de facilité pour la volatilisation du gaz;

ce qui contribue à retenir cette substance très volatile, et à en faire un des principes de la boisson.

3ᵒ Le moût doit d'autant moins cuver qu'on se propose d'obtenir un vin moins coloré. Cette condition est sur-tout d'une grande considération pour les vins blancs, dont une des qualités les plus précieuses est la blancheur; mais cette observation n'est applicable qu'aux vins qu'on fait fermenter sur le marc.

4ᵒ Le moût doit cuver d'autant moins de temps que la température est plus chaude et la masse plus volumineuse, etc.; dans ce cas, la vivacité de la fermentation supplée à sa longueur.

5ᵒ Le moût doit cuver d'autant moins de temps qu'on se propose d'obtenir un vin plus agréablement parfumé. Le vin qui cuve long-temps a toujours une légère âpreté, ou une dureté que n'a pas le vin qui est resté peu en cuve.

6ᵒ La fermentation sera au contraire d'autant plus longue que le principe sucré sera plus abondant et le moût plus épais.

7ᵒ Elle sera d'autant plus longue qu'ayant pour but de fabriquer des vins pour la distillation, on doit tout sacrifier à la formation de l'alcohol.

8ᵒ La fermentation s'établira d'autant plus lentement et sera d'autant plus longue que la température a été plus froide lorsqu'on a cueilli le raisin.

9ᵒ La fermentation sera d'autant plus longue qu'on désire un vin plus coloré.

10ᵒ La fermentation sera d'autant plus longue qu'on fera fermenter le moût dans des cuves plus petites.

C'est en partant de tous ces principes qu'on pourra concevoir pourquoi, dans un pays, la fermentation dans la cuve se termine en vingt-quatre heures, tandis que, dans d'autres, elle se continue douze ou quinze jours; pourquoi une méthode ne peut pas recevoir une application générale; pourquoi les procédés particuliers qu'on érige en méthode générale exposent à des erreurs, etc.

Lorsqu'on a fait écouler tout le vin que peut fournir la cuve, il n'y reste que le chapeau qui s'est affaissé sur le dépôt; le chapeau est sur-tout composé de la peau des raisins et de la grappe. Le dépôt contient sur-tout un reste de levure que la fermentation a rendu insoluble. Ces résidus ou le marc, sont encore imprégnés de vin, et en retiennent une quantité assez considérable, qu'on en extrait en les soumettant au pressoir. Mais comme le chapeau qui a été en contact avec l'air atmosphérique a assez constamment contracté un peu d'acidité, sur-tout lorsque la vendange a cuvé long-temps, on a grand soin d'enlever et de séparer le chapeau pour l'exprimer séparément ; ce qui donne un vinaigre de très bonne qualité.

Dans les pays où la fermentation n'a pas été longue, et où, par conséquent, le *chapeau* n'a pas pu aigrir, on presse le chapeau en même temps que le dépôt qui s'est formé au fond de la cuve, pour en extraire le vin qui y existe. Le vin qui coule naturellement du dépôt de la cuve s'appelle *surmoût* en Bourgogne : en le faisant fermenter séparément, il produit un vin de bonne qualité ; mais on le mêle avec le produit des *serres*, pour avoir des vins de qualité égale.

On se borne donc, en général, à porter le dépôt de la cuve et le marc sous le pressoir, et on met le vin qui en découle avec celui qui est déjà dans les tonneaux ; après quoi on ouvre le pressoir, et, avec une pelle tranchante, on *coupe*, on *taille* le marc à trois ou quatre doigts d'épaisseur tout autour ; on jette au milieu ce qui est coupé ou taillé, et on presse de rechef ; on coupe encore, et on pressure pour la troisième fois : ou taille jusqu'à quatre fois.

Le vin qui provient de la première *serre* est le plus fort ; celui qui provient de la dernière est le plus dur, le plus âpre, le plus coloré.

Quelquefois on se borne à une première *serre*, sur-tout lorsqu'on veut employer le marc à la fermentation acéteuse.

On mêle le produit de ces diverses *serres* dans des tonneaux séparés pour avoir un vin coloré et assez durable ; ailleurs on le mêle avec le vin non pressuré, lorsqu'on désire de donner à celui-ci de la couleur, de la force, une légère astriction, et obtenir un vin égal de tout le produit d'une vendange.

Le marc, fortement exprimé, acquiert presque la dureté de la pierre. Ce marc a divers usages dans le commerce.

1º Dans certains pays on le distille pour en extraire une eau-de-vie qui porte le nom *d'eau-de-vie de marc*. Elle est connue en Champagne sous le nom *d'eau-de-vie d'Aixne ;* elle a mauvais goût. Cette distillation est avantageuse, sur-tout dans les pays où le vin est très généreux, et où les pressoirs serrent peu.

2º En Bourgogne et ailleurs on met le marc, sans l'éventer, dans des tonneaux qu'on ferme bien ; on met de l'eau dessus : l'eau filtre à travers le marc, se charge du peu de vin qui y est resté, et forme la boisson des vignerons. On fait filtrer de l'eau jusqu'à ce qu'elle ne se charge plus.

3º Aux environs de Montpellier on enferme le marc dans des tonneaux où on le foule avec soin ; on le conserve pour la fabrication du vert-de-gris. *Voyez* le quatrième volume de ma *Chimie appliquée aux arts*, p. 221 et suiv.

4º Ailleurs on le fait aigrir en l'aérant avec soin, et on en extrait ensuite le vinaigre par une pression vigoureuse. On peut même en faciliter l'expression en l'humectant avec de l'eau.

5° Dans plusieurs cantons on nourrit les bestiaux avec le marc ; à mesure qu'on le tire du pressoir, on le passe entre les mains pour l'émietter ; on le jette dans des tonneaux défoncés, et on l'humecte avec de l'eau pour le détremper ; on recouvre le tout avec de la terre forte mêlée de paille ; on donne à cette couche d'enduit environ six pouces d'épaisseur. Lorsque la mauvaise saison ne permet pas aux bestiaux d'aller aux champs, on détrempe environ six livres de ce marc dans de l'eau tiède, avec du son, de la paille, des navets, des pommes de terre, des feuilles de chêne ou de vigne qu'on a conservées exprès dans l'eau ; on peut ajouter un peu de sel à ce mélange, dont les animaux mangent deux fois par jour. On leur en donne le matin et le soir dans un baquet ; les chevaux et les vaches aiment cette nourriture ; mais il faut en donner modérément à ces dernières, parceque le lait tourneroit. Le marc des raisins blancs est préféré, parcequ'il n'a pas fermenté.

6° Les pepins contenus dans le raisin servent encore à nourrir la volaille ; on peut aussi en extraire de l'huile.

7° Le marc peut être brûlé pour en obtenir l'alkali ; quatre milliers de marc fournissent cinq cents livres de cendres, qui donnent cent dix livres d'alkali sec.

CHAP. III. *Fermentation acéteuse.* Le vinaigre existe tout formé dans un grand nombre de corps. On l'obtient encore en très grande quantité par la distillation du bois ; mais nous ne devons nous occuper ici que de celui qui est le produit de la fermentation *acéteuse* ; et, sous ce rapport, tous les produits vineux fermentés peuvent en fournir.

Comme dans le nombre des fermentations vineuses nous n'avons considéré que celle du suc de raisin et celle du grain, nous nous bornerons à parler ici de celle qui fournit le vinaigre de vin, et de celle qui fournit le vinaigre de bière.

La fermentation de ces deux liqueurs vineuses exige des conditions qui leur sont communes.

Nous nous occuperons d'abord des conditions ou circonstances qui sont nécessaires pour déterminer la fermentation acéteuse.

Nous terminerons par la description des procédés qui sont employés pour la fabrication du vinaigre du commerce.

PREMIÈRE CONDITION. *La présence d'une portion du principe végéto-animal.* Les fabricans d'Orléans préfèrent le vin d'un an au vin qui vient d'être fait, parceque ce dernier subit un reste de fermentation vineuse qui ne permet pas la dégénéra-

tion acide. D'ailleurs le vin qui s'est dépouillé de tout son
principe végéto-animal ne tourne plus à l'aigre; il perd sa
couleur, devient acerbe, mais sans aigrir. C'est ce que j'ai
éprouvé sur les vins vieux et très spiritueux du midi, en les
tenant au soleil pendant long-temps, sans qu'ils aient éprouvé
d'autre altération que de perdre leur couleur. Il est connu
qu'on détermine l'acétification en faisant digérer dans le vin
des ceps de vigne, de la grappe de raisin, des bois verts, etc.

Il paroît qu'en rapprochant toutes les circonstances qui
influent sur l'acétification, on ne peut pas se refuser à regarder
le principe végéto-animal, au moins comme un intermède ou
un ferment de la conversion des vins en vinaigre. Les vinaigriers rejettent les vins qu'on a collés, parcequ'on leur a
enlevé ce principe par cette opération.

IIe CONDITION. *L'existence d'un principe vineux.* Tous les
corps qui ont subi la fermentation vineuse sont susceptibles
d'une acétification spontanée; les vins, le cidre, le poiré, la
bière, le tallia, etc., sont tous dans ce cas.

Les vins les plus généreux ou les plus riches en alcohol fournissent les meilleurs vinaigres.

La seule addition d'alcohol à des substances qui contiennent
du principe extractif y détermine la fermentation acide.
Stahl avoit déjà observé que si on humectoit des fleurs de rose
ou de muguet avec de l'alcohol, et qu'on les mit dans des
vases où on pût les agiter de temps en temps, il se formoit du
vinaigre. Le même chimiste nous apprend encore que si, après
avoir saturé l'acide du jus de citron avec des yeux d'écrevisse,
on mêloit de l'alcohol à la liqueur qui surnage le précipité qui
s'est formé, et qu'on abandonnât le tout à une douce température, il se produisoit du vinaigre.

Après avoir épuisé le vin, par la distillation, de tout l'alcohol qu'il peut fournir, il suffit d'en arroser le résidu pour y
développer une bonne fermentation acéteuse.

Le seul principe amilacé livré à la fermentation se pourrit; l'alcohol seul n'éprouve pas d'altération; leur mélange
passe à la fermentation acide.

J'ai constaté ces principes par des expériences directes.

1° Un litre ou deux livres d'esprit-de-vin, à douze degrés,
dans lequel j'ai délayé avec soin quinze grammes ou environ
trois cents grains de levure de bière et un peu d'amidon
dissous dans l'eau, ont produit du vinaigre extrêmement fort.

L'acide y étoit développé le cinquième jour de l'expérience.

2° Même quantité de levure et d'amidon délayés dans
l'eau ont produit du vinaigre; mais l'acide s'est développé
plus lentement, et il n'a jamais acquis la même force que le
premier.

On peut conclure de ce qui précède que les substances extractives, amilacées, végéto-animales, spiritueuses, etc., peuvent servir de base indistinctement à la fermentation acéteuse et à la formation du vinaigre. Le mouvement et la chaleur ne servent qu'à faciliter leur combinaison avec l'oxygène de l'air atmosphérique; de sorte que ces substances fournissent le radical à l'acide, qui est le résultat de cette fermentation.

IIIe CONDITION. *Le contact de l'air.* Aucune matière alcoholique n'éprouve de fermentation acide, si elle n'a le contact de l'air : les vins bien fermés dans le verre, les marcs de raisin bien clos dans les futailles, s'y conservent sans altération; mais ils s'acidulent dès que l'air peut y pénétrer. Ce principe paroîtroit contredit par une expérience de Becher, qui prétend avoir fait du vinaigre dans des vaisseaux fermés : mais cette expérience isolée est contraire à tout ce que la plus exacte observation nous apprend chaque jour. Rozier a vu constamment l'air s'absorber dans le moment que le vin tourne à l'aigre; il est connu de tout le monde que, lorsque le vin aigrit dans une futaille à moitié pleine, l'air extérieur s'y précipite avec sifflement, du moment qu'on établit une communication.

Lorsque, dans le langage vulgaire, qui n'est souvent que l'énergique expression des faits, on veut annoncer que le vin est passé à l'aigre, on dit qu'*il a pris de l'air.* Cette manière de s'énoncer, puisée dans l'observation exacte d'un fait, a devancé de plusieurs siècles la doctrine moderne sur l'acétification.

IVe CONDITION. *Un degré de chaleur soutenu entre 18 et 22 du thermomètre de Réaumur.*) L'acétification s'opère très souvent à un degré bien au-dessous; mais alors elle est lente, et l'observation a prouvé que la température de 18 à 22 degrés étoit la plus favorable. Dans les ateliers où l'on fabrique le vinaigre, on a la précaution de maintenir la chaleur à ce degré, par le moyen des poêles, lorsque l'atmosphère ne la donne pas.

Ve CONDITION. *Un levain.* Tant que les principes constituans d'un corps sont dans de justes proportions ou dans leur équilibre naturel, il ne survient aucun changement; mais si l'on fait prédominer l'un des principes, ou si l'on en introduit un étranger, l'équilibre est rompu, l'ordre des affinités est changé, et l'on donne lieu à des mouvemens, à des réactions qui changent la nature du composé primitif : c'est là le premier effet des levains.

On peut même diriger ou maîtriser la marche des nouvelles opérations, et déterminer d'avance le résultat qui doit s'ensuivre, en employant des fermens de telle ou telle nature. C'est ainsi que les lies de vinaigre, et les futailles qui en sont imprégnées, décident et facilitent l'acétification.

VI° CONDITION. *Un léger mouvement.* On sait que, pour préserver le vin de toute altération, il faut le mettre à l'abri des secousses, et dans des lieux où l'air soit tranquille, et la température fraîche et égale.

Un léger mouvement imprimé par intervalles au tonneau qui contient du vin, un ébranlement excité dans l'air par une cause quelconque, capable de produire un léger frémissement dans le liquide, sont des causes très ordinaires de l'altération du vin. C'est ainsi que dans les caves peu profondes, de même que dans celles qui reçoivent la secousse continuelle de quelque mécanique bruyante ou du roulis journalier des voitures, le vin se conserve difficilement. Il est probable que l'effet du tonnerre sur le vin ne reconnoît pas d'autre cause.

Dans tous ces cas, le premier effet du mouvement est de mêler avec le vin le tartre, la lie, l'extractif, et généralement tous les principes qui se déposent par le repos : conséquemment, la dépuration ou clarification devient impossible; et toutes les matières ramenées dans une liqueur qui s'en étoit purgée, et mises de nouveau en contact avec l'air, forment tout autant de levains de fermentation.

Cette doctrine s'accorde parfaitement avec tous les soins qu'on prend pour préserver le vin de toute altération : on le laisse déposer, on le transvase, on le colle, et, par toutes ces opérations, on le débarrasse de tous les principes qui pourroient provoquer la fermentation acide.

Après avoir fait connoître les principales conditions de l'acétification des liqueurs fermentées, il me reste à en décrire les phénomènes.

1° Il se produit un mouvement dans la masse, et une sorte de frémissement entre toutes les parties constituantes, qui est sensible à l'œil.

2° Il se dégage de la chaleur : je l'ai vue s'élever à 25 et 26 degrés dans de grands volumes de liquide.

3° On voit s'élever et s'échapper de petites bulles qui sont un mélange d'alcohol et d'acide carbonique.

4° La liqueur devient trouble; on voit s'agiter et se mouvoir dans son sein des stries qui s'élèvent, se précipitent, se divisent, se réunissent, et forment un dépôt ressemblant par sa consistance à de la bouillie, adhérant avec force à tous les corps qu'il touche.

Lorsque tous ces phénomènes ont cessé, et que le dépôt s'est formé, la liqueur est claire, et le vinaigre est fait.

Dans la conversion du vin en vinaigre, l'alcohol disparoît

complètement ; et si la distillation du vinaigre en fournit quelquefois, c'est que l'acétification est encore incomplète. J'ai vu constamment que les bons vinaigres n'en donnent point.

Les liqueurs vineuses et alcoholiques subissent toutes la fermentation acide, et celles qui fournissent le plus d'alcohol donnent le meilleur vinaigre.

Nous nous bornerons ici à parler du vinaigre de vin et du vinaigre de grain.

De la fabrication du vinaigre de vin. Dans les pays de grand vignoble, sur-tout dans les climats chauds, tels que le midi de la France, on s'occupe moins des procédés de fabriquer le vinaigre que des moyens propres à empêcher les vins de *tourner*, et, malgré tous les soins qu'on y apporte, la quantité de vin qui passe à l'aigre surpasse de beaucoup la quantité qu'on en peut consommer.

Mais dans les climats moins chauds, et où le vin a plus de valeur, on a fait un art particulier de la fabrication du vinaigre.

Le procédé le plus anciennement connu est celui dont Boerhaave nous a laissé la description. Il consiste à placer deux cuves de bois dans un lieu chaud ; on assujettit une grille ou claie à une petite distance du fond : sur cette claie, on établit un lit médiocrement serré de branches de vigne vertes, et on achève de remplir le tonneau avec des *rafles*. Lorsque les cuves sont ainsi disposées, on en remplit une de vin, et l'autre seulement à moitié. Vingt-quatre heures après, on remplit le tonneau demi-plein avec la liqueur de l'autre ; on reverse, vingt-quatre heures après, du tonneau plein dans celui qu'on a vidé, et on renouvelle cette manœuvre tous les jours, jusqu'à ce que le vinaigre soit fait. Par ce moyen on modère sans cesse la fermentation ; on entretient la masse fermentante dans un mouvement convenable, et l'acétification est complète en quinze ou vingt jours. La chaleur de l'atelier doit être de 18 à 22 degrés, thermomètre de Réaumur.

Presque tout le vinaigre du nord de la France se prépare à Orléans, et sa fabrication y a acquis une telle célébrité, qu'on doit regarder les procédés qu'on y exécute comme les meilleurs. Voici ce à quoi ils se réduisent, d'après MM. Prozet et Parmentier, deux bons juges dans cette affaire.

Dans les fabriques d'Orléans on emploie des tonneaux qui contiennent à peu près quatre cents pintes de vin ; on préfère ceux qui ont déjà servi à la fabrication du vinaigre, et on les appelle *mère de vinaigre*.

Ces tonneaux sont placés sur trois rangs les uns sur les autres ; ils sont percés à la partie supérieure d'une ouverture de deux pouces de diamètre, laquelle reste toujours ouverte.

D'un autre côté, le vinaigrier tient le vin qu'il destine à l'acétification dans des tonneaux dans lesquels il a mis une couche de copeaux de hêtre, sur lesquels la lie fine se dépose et reste adhérente. C'est de ces tonneaux qu'il soutire le vin très clarifié pour le convertir en vinaigre.

On commence par verser dans chaque *mère* (tonneau) cent pintes de bon vinaigre bouillant, et on l'y laisse séjourner pendant huit jours. On mêle ensuite dix pintes de vin dans chaque mère, et on continue à en ajouter tous les huit jours une égale quantité, jusqu'à ce que les vaisseaux soient pleins. On laisse alors séjourner le vinaigre pendant quinze jours avant de le mettre en vente.

On ne vide jamais les mères qu'à moitié, et on les remplit successivement, ainsi que nous l'avons déjà dit, pour convertir du nouveau vin en vinaigre.

Pour juger si la mère travaille, les vinaigriers sont dans l'usage de plonger une douve dans le vinaigre, et de la retirer aussitôt. Il voient que la fermentation marche et est en grande activité, lorsque le sommet mouillé de la douve présente de l'écume ou la *fleur de vinaigre*, et ils ajoutent plus ou moins de vin nouveau, et à des intervalles plus ou moins rapprochés, selon que l'écume est plus ou moins considérable.

En été, la chaleur de l'atelier est suffisante pour l'acétification ; mais en hiver on entretient une chaleur constante de 18 degrés, au moyen d'un poêle.

Dans la plupart des ménages de campagne on conserve, dans un lieu dont la température est douce et égale, un tonneau qu'on appelle le *tonneau du vinaigre*, dans lequel on verse le vin qui s'aigrit, et on le tient toujours plein, en remplaçant par du vin le vinaigre qu'on en extrait. Pour établir cette ressource précieuse, il suffit d'avoir acheté une seule fois un seul tonneau de bon vinaigre.

Dans tous les pays de vignoble, on fait des vinaigres avec les rafles et les marcs des raisins, avec le résidu de la distillation, etc.

Si l'on fait fortement sécher au soleil les rafles de raisin, et qu'on les imprègne ensuite d'un vin généreux, il s'y développera une fermentation acide.

Le marc du raisin, après qu'on en a exprimé le suc, s'échauffe par le contact de l'air, et tout le liquide dont il est imprégné passe à l'acide.

On produit encore un vinaigre léger avec le résidu de la distillation des vins, qu'on appelle *vinasse* dans les brûleries.

Pour clarifier le vinaigre, il suffit de verser sur une grande bouteille de vinaigre un verre de lait bouillant, et d'agiter le mélange. Il se forme un dépôt, le vinaigre devient *paillet* et conserve son arome, qu'il perd par la distillation.

De la fabrication du vinaigre de bière. Sans doute le vinaigre de vin est le meilleur de tous; mais comme cet acide fait la base de quelques préparations importantes, telles que la fabrication du sel de saturne et celle du blanc de plomb et des ceruses, on a appris à le former par l'acétification de la bière. Les procédés qu'on suit sont tellement économiques, que les fabriques de ces produits sont généralement établies dans le nord, et alimentées avec le vinaigre de bière.

Je décrirai le procédé que j'ai vu exécuter dans le nord de la France (ci-devant Belgique), et je terminerai par faire connoître quelques modifications apportées à cette méthode dans d'autres pays du nord de l'Europe.

A Gand, où la fabrication m'a paru la plus parfaite, on prend

    1,440 liv. de malt (orge germée et desséchée).
    540 — de froment.
    390 — de blé-sarrasin.
    ——————
    2,370 liv. (1).

Ces grains sont moulus, mélangés et jetés dans la chaudière; on y fait passer vingt-sept tonneaux d'eau de rivière; on laisse bouillir le tout pendant trois heures, et il reste dix-huit tonneaux de bonne bière qu'on soutire.

On verse sur ces mêmes grains encore huit tonneaux d'eau; on fait bouillir seize à dix-huit heures, après quoi on soutire. Cette seconde opération fournit ce qu'on appelle la *petite bière.*

On procède à la fermentation d'après les procédés connus pour former la bière, avec la seule différence qu'on n'emploie pas de houblon.

Le brassin entier fournit, à peu de chose près, quatre tonneaux de bière.

Cette bière ainsi préparée chez les brasseurs est transportée chez le vinaigrier, qui la distribue dans des *pipes* contenant à peu près trois tonneaux. On n'emploie à cet usage que les tonneaux dans lesquels on a transporté les vins d'Espagne et l'eau-de-vie.

Ces barils ou pipes sont couchés à côté les uns des autres, sur des tréteaux qui les élèvent un pied au-dessus du sol. On

——————

(1) La livre de Gand est égale à 432,825 grammes. Elle est à l'hectogramme dans le rapport de 17,313 à 4,000. Elle est par rapport à la livre de Paris comme 13 est à 10.

les place dans un lieu très ouvert, de manière qu'aucun corps ne puisse intercepter ou affoiblir les rayons du soleil. Les tonneaux sont percés dans la partie supérieure d'une ouverture qui a 6 à 8 pouces carrés.

Quelques vinaigriers laissent fermenter la bonne et la petite bière séparément, et obtiennent des vinaigres de deux qualités, qu'ils mêlent ensuite pour n'en donner au commerce qu'une seule. D'autres font le mélange de la bonne et de la petite bière avant la fermentation. Il est indifférent de suivre l'une ou l'autre méthode.

Les barils ne sont remplis que jusqu'à un demi-pied de leur ouverture. Cette précaution est indispensable pour que la bière ne déborde pas pendant la fermentation.

Les barils restent toujours ouverts : on place des tuiles sur leur ouverture pendant la nuit et dans un temps pluvieux.

C'est ordinairement vers la fin du mois de mai que les vinaigriers s'occupent de leur fabrication, et le vinaigre est parfait au bout de quatre à cinq mois. C'est vers la fin de septembre qu'on le soutire pour l'emmagasiner.

Chaque tonneau de bière contient 140 pots de Gand, qui ne donnent que 120 pots de vinaigre ; de sorte que le brassin entier fournit 2,880 pots de vinaigre (1).

Quelques vinaigriers suppriment le froment, qu'ils remplacent par le seigle, l'avoine ou les grosses fèves; mais ils obtiennent un vinaigre de moindre qualité. Il est reconnu par une longue expérience que les grains et les proportions déterminées ci-dessus donnent le meilleur vinaigre, et que ce n'est qu'aux dépens de la qualité du produit qu'on peut les changer.

En calculant les frais de l'opération sur les prix moyens des futailles, des denrées, de la main-d'œuvre, de l'intérêt de l'argent, la bière revient à environ un décime de franc, ou deux sous le litre ou la pinte, dans des temps ordinaires.

Par-tout on fait fermenter le grain pour former de la bière, mais toujours sans mélange de houblon. Il est des pays dans le nord où l'on détermine la fermentation acide par des levains dont la nature varie selon les lieux et les ateliers. Ici c'est du pain nouvellement cuit qu'on humecte avec du fort vinaigre, et qu'on conserve quelque temps avant de s'en servir ; là c'est du levain de pâte, mêlé avec des queues de raisin de caisse ou des raisins gâtés, le tout humecté de bon vinaigre.

----

(1) Le pot de Gand est égal à un litre 151,000, ou il est au litre comme 9,151 est à 1,000.

Vingt-trois pots de Gand sont à peu près 20 litres ou 10 pintes de Paris.

Ailleurs on fait germer le grain et on le sèche au soleil, et non dans une étuve, pour obtenir un vinaigre plus blanc et dont l'odeur soit plus agréable. On le broie lorsqu'il est sec, et on le met dans une cuve. On verse sur 100 livres de malt un tonneau d'eau bouillante, de la capacité de ceux de Bourgogne. Après un quart d'heure de digestion, on remue avec soin, et on laisse reposer environ une heure ; puis on soutire la liqueur. La cuve a un double fond percé de plusieurs trous, et recouvert d'une couche de paille : de sorte que le malt reste dessus, et la liqueur qui passe est filtrée. On fait couler la liqueur dans des vases de bois de plusieurs pieds de largeur sur un de hauteur ; on la fait passer d'un vase dans un autre, en la remuant continuellement avec une pelle percée de trous.

Dès que la liqueur a pris, par le refroidissement, la douce température du lait qu'on vient de traire, on la verse dans une grande cuve, et on y verse du levain de bière pour qu'elle passe à la fermentation vineuse : il faut au moins vingt-quatre heures pour produire cette fermentation. Alors on met cette bière dans des tonneaux qu'on ne remplit qu'aux trois quarts, et dont on laisse la bonde ouverte. Les tonneaux sont exposés dans une étuve à une chaleur constante, où on la laisse fermenter pendant environ un mois ou six semaines. On clarifie le vinaigre en le faisant couler à travers des chausses de feutre de laine. » (CHAP.)

FERMIER. Comme le mot *ferme*, celui-ci a deux acceptions. Dans la première, il indique le cultivateur qui tient des terres à bail, qui loue une ferme. Dans la seconde, il devient synonyme de cultivateur ou de laboureur, c'est-à-dire qu'il s'applique aux gros propriétaires qui mènent le genre de vie des fermiers, et font valoir eux-mêmes leurs terres, soit en dirigeant leurs valets, soit en mettant la main à la charrue. *Voyez* ces mots BAIL, AGRICULTEUR et CULTIVATEUR.

Dès qu'il est reconnu qu'il est avantageux à la société qu'il y ait de riches propriétaires dans les places administratives, judiciaires, militaires, etc., que quelques uns d'entre eux soient en même temps négocians, manufacturiers, etc., il faut bien que leurs propriétés soient louées, et par conséquent qu'il y ait des fermiers. Cependant, sous le point de vue de l'intérêt de l'agriculture, il est toujours désirable que ce soit le propriétaire qui fasse valoir son domaine ; aussi tout propriétaire qui est dans le cas de passer bail de son bien doit-il le faire à longues années et exiger un prix assez modéré pour que le fermier puisse regarder ce bien comme lui étant propre, et se livrer, en conséquence, aux améliorations dont il est susceptible. Il ne doit sur-tout gêner en rien, par des clauses particulières, les projets que ce fermier peut avoir sous ce rapport.

C'est principalement par l'oubli de ces trois considérations que, dans la plus grande partie de la France, la culture a fait jusqu'à présent si peu de progrès.

Le nombre des gros propriétaires qui font valoir par eux-mêmes est tellement foible, qu'on peut dire que la France entière est cultivée par des fermiers, chez qui on trouve souvent une bonne pratique, appropriée à la localité, mais rarement de l'instruction. C'est principalement entre leurs mains qu'il seroit utile que ce livre tombât; et je crains que ce soit eux qui le lisent les derniers, car généralement ils n'ont pas le désir de chercher à s'éclairer, et ne pensent pas qu'on puisse mieux faire que ce qu'ils font. (B.)

FERRÉE. Nom d'une espèce de pelle de fer dont on se sert dans le Médoc.

FERRURE. La ferrure est une action méthodique de la main sur le pied des animaux en qui elle est praticable et nécessaire.

Cette opération consiste à parer ou à couper l'ongle, à y ajuster et à y fixer des fers convenables.

Par la ferrure, le pied du cheval principalement doit être entretenu dans l'état où il est, si sa conformation est belle et régulière, et les défectuosités doivent en être réparées, si elle se trouve vicieuse et difforme : par elle encore il est assez souvent possible de remédier aux suites inévitables des disproportions des parties du cheval entre elles, ou d'en modifier du moins les effets; d'obvier à celles qui résultent du défaut de justesse dans la direction de ses membres, de les rappeler à une sorte de franchise et de régularité dans l'exécution de ses mouvemens, de prévenir les fausses positions auxquelles certaines habitudes, et quelquefois la nature même semblent le disposer.

Les uns et les autres des objets que nous venons de définir ne sauroient être remplis par la seule inspection d'un fer appliqué et attaché grossièrement sans raisonnement et sans lumières. Réduire l'opération dont il s'agit à un simple travail des mains et du bras, qui ne sera soutenue ni par la réflexion ni par l'étude, et qui n'aura d'autre but que celui d'orner l'ongle pour le sauver d'une destruction plus ou moins prompte, c'est méconnoître le pouvoir de l'art, c'est lui dénier le droit de se conformer aux lois de la nature pour la conservation de son ouvrage, ou de venir à son secours lorsqu'elle a erré; c'est s'exposer à ajouter aux imperfections dont il peut être coupable; c'est enfin s'assurer en quelque façon les moyens d'en créer de nouvelles, et de conduire les parties à leur ruine totale.

Le véritable maréchal ne doit donc rien donner au hasard; il ne doit agir que d'après les circonstances : quoiqu'en général

il ne soit pas absolument nécessaire qu'il possède la fine anatomie, il faut néanmoins qu'il connoisse à fond le pied du
cheval; dès-lors sa méthode de ferrer, bien loin de se ressentir
d'une routine qui n'admet constamment que le même procédé,
n'est uniforme que dans les mêmes cas; il la varie selon les indications; les moindres différences qu'il observe dans le pied
déterminent ses vues, et il n'a d'autre règle pour lui que celle
que lui suggèrent l'occasion et son génie.

On reconnoît dans l'ongle ou le sabot trois parties très distinctes; l'une supérieure, pourvue de vaisseaux, et moins dense
que celles qui lui sont inférieures; l'autre moyenne, plus compacte que celle-ci, et n'admettant qu'un fluide qui y transsude;
la troisième enfin, ayant encore plus de consistance que la seconde, et absolument dénuée de tout ce qui pourroit en constituer et en annoncer la vie.

Si l'on imprime sur la première de ces parties, et plus ou
moins près de la couronne, une marque quelconque, une ∞
par exemple, avec le cautère actuel, cette marque tracée avec
le feu descendra insensiblement, avec cette même partie, vers
l'extrémité du sabot, et s'évanouira absolument avec elle lorsque la masse totale du pied sera renouvelée; c'est donc une
preuve que l'ongle accroît dès son principe, et non par son extrémité, ainsi que nous l'avons quelquefois entendu dire à la
campagne; c'est donc la partie vive qui est la seule dans laquelle s'exécute la nutrition, et par conséquent l'accroissement; c'est donc cette même partie qui, cédant par degrés à
l'impulsion des liquides, est continuellement chassée de manière qu'une partie peu à peu et nouvellement formée la remplace; qu'elle succède elle-même à la partie moyenne, qui, successivement aussi, se change en partie morte; et qu'enfin elle
prend la place de celle-ci, à mesure des retranchemens faits à
l'ongle, et que, retranchée comme elle dans la suite, elle cesse
d'appartenir à l'animal, de faire corps avec le sabot.

La partie vive doit donc pousser vers l'extrémité du pied la
partie moyenne et la partie morte ensemble, à mesure qu'elle y
est déterminée elle-même par les chocs qu'elle éprouve, et par
celle à laquelle elle cède insensiblement la place qu'elle occupoit : donc, selon le degré de résistance de la part des parties
qu'elle doit chasser, l'ouvrage de l'accroissement sera plus ou
moins pénible; donc, plus leur étendue et plus leur volume
seront considérables, plus l'obstacle sera difficile à surmonter,
attendu qu'elles contre-balanceront davantage la force impul-
sive des liqueurs reçues par la partie supérieure; donc, moins
les retranchemens à faire à l'ongle par l'action de parer seront
fréquens, moins l'ongle croîtra, et moins l'accroissement en

sera prompt ; donc, plus ils seront réitérés, plus cet accroissement sera diligent et sensible.

C'est sur ces grands principes, qu'il seroit superflu d'étendre ici, que le maréchal doit étayer son raisonnement et sa pratique. Par les principes, et en s'y conformant, il parviendra facilement à se rendre maître de la forme de tous les pieds, même les plus défectueux ; il en dirigera l'accroissement ; il le hâtera ou le retardera à son gré ; il répartira la nourriture à sa volonté, et, selon le besoin, sur les diverses parties ; il la détournera des unes ; il la forcera à refluer sur les autres ; et comme il n'agira jamais que d'après les vues et les conseils de la nature, il sera certain d'entretenir ou de réparer avec succès une partie d'autant plus essentielle, que le cheval le plus précieux peut cesser bientôt de l'être, pour peu qu'elle ait reçu quelque atteinte.

Les instrumens pour ferrer sont le brochoir, le boutoir, les tricoises, la râpe, le rogne-pied et le repoussoir.

Le brochoir est un marteau qui n'a pas tout-à-fait un pouce et quart de l'appui de la bouche au centre de l'œil, quoique cette même bouche ait plus d'un pouce et un quart de largeur en l'un et l'autre sens.

Le boutoir est un instrument tranchant qu'on peut se représenter sous la forme d'un ciseau dont la lame très mince auroit environ deux pouces de largeur ; les deux bords latéraux de cette lame sont relevés de deux lignes seulement de profondeur en forme de gouttière ; sa largeur de deux pouces, ainsi que les rebords en gouttière ne subsistent au surplus que de la longueur d'environ trois pouces pour les plus longs.

Nous nommons tricoises l'instrument que les charpentiers et autres artisans appellent tenailles.

La râpe est une râpe à bois, mi-ronde, et d'un pied de lame.

Le rogne-pied est un tronçon de sabre d'environ huit ou dix pouces de longueur.

Enfin le repoussoir est un poinçon de cinq à six pouces de longueur, terminé comme le seroit une lame coupée carrément dans son milieu.

Le tablier à ferrer dont nous allons donner la description doit contenir tous les instrumens.

Ce tablier présente deux gibecières de cuir, à trois principales poches chacune, qui portent et qui reposent sur la partie latérale et supérieure des cuisses du maréchal, étant suspendues par une ceinture de cuir. Sur cette ceinture s'abat une pièce triangulaire tirée de celle qui réunit les deux gibecières, pour la recouvrir au bas du ventre ; chacune de ces gibecières est composée, 1° d'une grande poche dont la forme revient à un quart de sphère appliqué contre le tablier, lequel présente néanmoins une surface à peu près plane; 2° de deux autres poches presque semblables, mais plus petites, et placées l'une dans l'autre, comme elles le sont elles-mêmes dans la première.

Il est en outre un petit gousset recouvert d'une patte sur l'extérieur de chaque grande poche; il est un peu rejeté sur l'arrière.

La grande poche droite reçoit le brochoir, la seconde reçoit la râpe, et la troisième le boutoir.

La grande poche gauche reçoit les lames, un petit fourreau pratiqué dans son angle antérieur reçoit le repoussoir; la seconde reçoit le rogne-pied, et la troisième enfin reçoit les tricoises.

L'action de ferrer doit être nécessairement précédée, non seulement de l'examen des pieds du cheval, mais de celui de l'action de ses membres. Sans cette dernière inspection, il n'est pas possible que le maréchal parvienne jamais à rectifier, surtout dans des chevaux jeunes, les défauts qui peuvent vicier ses allures. Ce n'est donc qu'après que ses yeux auront été frappés des différentes indications sur lesquelles il doit absolument se régler qu'il forgera des fers, ou qu'il appropriera ceux qu'il trouvera proportionnés à la longueur et à la largeur du pied, en se rappelant toujours qu'un fer trop lourd et trop pesant cause infailliblement la ruine plus ou moins prompte des jambes des chevaux.

Le fer étant forgé ou préparé, le maréchal, muni du tablier, ordonnera à l'aide ou au palefrenier de lever un des pieds de l'animal; l'aide tiendra ceux de devant simplement avec les deux mains. Mais quant à la tenue de ceux de derrière, le canon et le boulet appuieront et reposeront sur la cuisse, et, pour mieux s'en assurer, il passera son bras gauche, s'il s'agit du pied gauche, et son bras droit, s'il s'agit du pied droit, sur le jarret du cheval.

Rien n'est plus capable de rendre un cheval difficile et impatient dans le temps qu'on le ferre que l'action de mal lever ou de mal tenir les pieds; le maréchal aura la plus grande attention à ce qu'il ne soit ni gêné ni contraint par l'aide chargé de ce soin. Il ordonnera à ce même aide de ne pas élever trop haut, et de ne pas trop écarter du corps du cheval la partie qu'il doit maintenir; il ne souffrira pas qu'il le brutalise; il lui recommandera de s'affermir lui-même dans la situation qu'il aura dû prendre, et de ne pas permettre enfin au cheval de peser et de s'appesantir sur lui, ce qui arrive souvent par la faute de l'aide ou du palefrenier, qui, se reposant lui-même sur l'animal, l'invite à opposer son propre poids à celui qu'on lui fait supporter. Si le cheval retire le pied, l'aide lui résistera, non en employant une grande force, mais en se prêtant en même temps à ses mouvemens, auxquels il ne cèdera néanmoins que dans le cas où l'animal retireroit vivement cette partie; mais il ne se rendra qu'à la dernière extrémité; et il l'abandonnera toujours avec précaution, s'il est obligé de la laisser aller et de la quitter. Il faut se souvenir au surplus qu'on acquiert le double de force contre le cheval lorsqu'on lui tient le pied par la pince, par la raison qu'on l'oblige à une flexion considérable, dès que la pince est beaucoup plus élevée que le talon.

Les chevaux difficiles à ferrer doivent être gagnés par la douceur; les coups, la rigueur les révoltent encore davantage, et souvent les caresses les ramènent : ce n'est qu'autant que tous les moyens connus ont été mis en usage qu'on doit se déterminer à les placer dans le travail, et qu'on peut avoir recourt à la plate-longe. Le parti de les renverser est le moins sûr à tous égards; celui de les trotter sur des cercles après leur avoir mis des lunettes dans l'intention de les étourdir et de provoquer leur chute, est très dangereux; on ne doit l'adopter que dans le cas de l'insuffisance absolue de toutes les autres voies. Il est des chevaux qui se laissent tranquillement ferrer à l'écurie, pourvu qu'on ne les ôte point de leur place; d'autres exigent simplement un torche-nez, d'autres des morailles; quelques uns enfin ne se prêtent à cette opération qu'autant qu'ils sont dégagés de leur licou, de tous les liens quelconques, en un mot, absolument abandonnés, et totalement libres. C'est donc au maréchal à rechercher et à sonder toutes les routes pour parvenir à son but; mais il importe très fort de recommander à tous ceux qui soignent des chevaux ennemis de la ferrure de leur manier fréquemment les jambes, de leur lever toujours les pieds chaque fois qu'ils les alimentent de fourrages, de son et sur-tout d'avoine, et de frapper sur la face inférieure de ces dernières parties lorsqu'ils les ont levées; par tous ces moyens, les chevaux les moins aisés s'habitueront insensiblement à souffrir la main du maréchal, à moins qu'ils n'aient été trop fortement et trop long-temps gourmandés.

En supposant l'aide ou le palefrenier saisi du pied du cheval, le maréchal ôtera d'abord le vieux fer. Il appuiera à cet effet au coin du tranchant du rogne-pied sur les uns et les autres des rivets, et frappant avec le brochoir sur ce même rogne-pied, il parviendra à les détacher; alors il prendra avec les tricoises le fer par l'une des éponges, et le soulèvera; par ce moyen, il entraînera les lames brochées, et en donnant avec les tricoises un coup sur le fer pour le rabattre sur l'ongle, les clous se trouveront dans une telle situation, qu'il pourra les pincer par leur tête, et les arracher entièrement : d'une éponge il passera à l'autre, et des deux éponges à la pince. S'ils s'agissoit cependant d'un pied douloureux, il tâcheroit au contraire de soulever les têtes avec le rogne-pied, en frappant sur cet instrument pour pouvoir les enlever et les prendre. Il faut encore que le maréchal examine les lames qu'il retire ; une portion de clou restée dans le pied du cheval forme ce que nous appelons une retraite qu'il est nécessaire de chasser avec le repoussoir, ou de retirer d'une manière quelconque. Le plus grand inconvénient qui en résulteroit ne seroit pas de gêner et d'ébrécher le boutoir, mais de détourner la nouvelle lame, et de la déterminer contre le vif ou dans le vif ; alors le cheval boiteroit, le pied seroit serré, ou il en résulteroit une plaie compliquée.

Dès que le fer est enlevé, le maréchal, ayant eu la précaution de mettre les clous et les lames dans une des parties du tablier, nettoie le pied de toutes les ordures qui peuvent dérober à ses yeux la sole, la fourchette et le bas des quartiers ; et c'est ce qu'il faut faire en partie avec le brochoir, et en partie avec le rogne-pied. Il s'arme ensuite du boutoir pour parer le pied, c'est-à-dire pour couper l'ongle, en tenant cet instrument très ferme dans sa main droite, en appuyant le manche contre son corps, et maintenant continuellement cet appui, qui non seulement lui donne la force nécessaire pour faire à l'ongle tous les retranchemens convenables, mais une sûreté dans la main qui obvie à l'accident, assez fréquent, d'atteindre et de couper les muscles de l'avant-bras, et même la main de l'aide ou du palefrenier.

Un des défauts des plus fréquens dans l'action de parer vient du plus de difficulté que le maréchal a dans le maniement du boutoir, quand il est question de retrancher du quartier de dehors du pied du montoir, et du quartier de dedans du pied hors du montoir ; aussi voyons-nous fréquemment ces quartiers plus hauts que les autres, et rencontrons-nous, par cette raison, un nombre infini de pieds de travers ; difformité qu'il seroit aisé de prévenir, dès que la cause en est due à la paresse du maréchal. Après qu'il a paré le pied, il importe donc qu'il l'examine dans son repos sur le sol, à l'effet de s'assurer s'il n'est pas tombé dans l'erreur commune. L'aide ou le palefrenier lèvera ensuite de nouveau le pied, et le maréchal présentera sur cette partie le fer légèrement chauffé. Il ne l'y laissera pas trop long-temps, comme font la plupart des maréchaux de la campagne, qui, consumant par ce moyen l'ongle, pour s'épargner la peine de le parer, affament sans considération tous les pieds des chevaux qu'on leur confie. Il se hâtera de plus, dès qu'il l'aura retiré, d'enlever la portion de ce même

ongle, sur laquelle la chaleur du fer sera imprimée. Il obser-
vera que ce fer doit porter justement par-tout ; s'il vacilloit ,
la marche de l'animal ne seroit pas fixe ; les lames brochées
seroient bientôt ébranlées par le mouvement que recevroit à
chaque pas un fer qui n'appuieroit pas également. La preuve
que le fer n'a pas porté sur une partie se tire de l'inspection
du fer même qui se trouve dans la portion, sur laquelle l'appui
n'a pas été fixé, plus lisse, plus brillant et plus uni que dans
tous les autres. Lorsque nous avons dit ci-dessus que le fer
doit porter également par-tout, nous prétendons que son appui
doit avoir lieu dans toute la rondeur de son sabot, sans en
excepter les talons.

Dès que l'appui du fer est tel qu'on le peut exiger, le maréchal doit l'assujettir. Il brochera d'abord deux clous, un de
chaque côté, après quoi, le pied étant à terre, il examinera si
le fer est dans une juste position, et il fera ensuite reprendre
le pied par l'aide, pour achever de brocher. Les lames doivent
être déliées et proportionnées à l'épaisseur de l'ongle. Il faut
bannir, tant à l'égard des chevaux de selle que par rapport
aux chevaux de labour, celles qui, par leur volume et par les
ouvertures énormes qu'elles font, détruisent la corne et peuvent encore presser le vif et le serrer. Le maréchal brochera
d'abord à petits coups, en maintenant avec le pouce et l'index de
la main gauche la lame sur laquelle il frappera, et dont l'affilure doit être droite et courte : quand elle aura fait un certain
chemin dans l'ongle, et qu'il pourra reconnoître le lieu de sa
sortie, il coulera sa main droite vers le bout du manche du
brochoir, et, soutenant sa lame avec un des côtés du manche
de la tricoise, il la chassera hardiment jusqu'à ce qu'elle ait
entièrement pénétré.

Il est ici plusieurs choses à observer : 1° le maréchal aura
attention que la lame ne soit point coudée, c'est-à-dire qu'elle
n'ait point fléchi ensuite d'un coup de brochoir donné à faux,
(la coudure est alors extérieure et s'aperçoit aisément), ou en
conséquence d'une résistance trop forte que la lame aura rencontrée et qu'elle n'aura pu vaincre. Souvent, en pareil cas,
la coudure est intérieure, et ne peut être soupçonnée ou aperçue
que par la claudication de l'animal ; cependant un maréchal
expérimenté et soigneux reconnoît sur-le-champ ce qui lui
arrive par la réaction différente du brochoir dans la main en
semblable occasion.

2° Il prendra garde à ne point casser cette même lame dans
le pied, en retirant ou en poussant le clou ; il faut l'extraire sur-
le-champ, ainsi que les pailles ou les brins qui peuvent s'être
séparés de la lame même, et chasser s'il se peut la retraite avec

le repoussoir, qui est l'instrument, ainsi que nous l'avons déjà dit, dont on doit faire usage à cet effet.

3° Il ne brochera ni trop haut ni trop bas, mais en bonne corne ; brocher trop haut, c'est risquer de serrer, de piquer ; brocher trop bas, c'est s'exposer à ne point fixer solidement le fer, et à occasionner le délabrement du pied.

4° Il se souviendra que le quartier du dedans demande, attendu sa foiblesse naturelle, une brochure un peu plus basse que celui de dehors.

5° Les lames seront chassées de façon qu'elles ne pénètreront point de côté, et que leur sortie répondra aux étampures.

6° Elles règneront autour des parois du sabot, les rivets se trouvant tous à peu près à une même hauteur.

Chaque lame étant brochée, et l'affilure étant relevée, le maréchal, par un coup de brochoir adressé sur la tête de chaque clou, achèvera de les faire pénétrer fermement dans l'ongle, ayant la précaution d'assurer et de soutenir ses coups en plaçant les tricoises en dessous, près du fer ou de la partie qui doit former les rivets, selon le plus ou le moins de délicatesse et de sensibilité du pied. Il coupera et rompra ensuite avec ces mêmes tricoises, le plus près de l'ongle qu'il lui sera possible, les affilures qui ont été pliées et qui excèdent les parois du sabot ; il aura soin aussitôt après de couper avec le rognepied toute la portion de l'ongle qui pourroit excéder et dépasser le fer, en frappant, dans cette intention, modérément et à petits coups de brochoir, sur ce même instrument, en observant de prendre l'ongle dans le vrai sens ; il enlèvera en même temps, avec le coin tranchant de ce même outil, une légère partie de la corne aux environs de la sortie de chaque lame, pour y former la place des rivets ; il rivera ensuite, en frappant d'une part sur la tête des clous, et en soulevant de l'autre la pointe avec les tricoises qu'il tient près de cette pointe, à mesure des coups adressés sur la tête ; il les dirigera ensuite, mais avec moins de force, sur les pointes qu'il s'agit d'insérer et de noyer dans l'ongle : pour s'assurer et maintenir les lames dont la tête pourroit s'élever alors et s'éloigner de l'étampure, il opposera les tricoises, en les plaçant successivement près de chaque pointe, quand il frappoit les têtes ; il les frappera encore de nouveau, en opposant pareillement les tricoises sur les rivets, et il terminera enfin son opération, en rabattant, à coups légers de brochoir, les pinçons s'il y en a : il n'est pas nécessaire de râper la muraille, ainsi qu'on le pratique communément, si l'on veut conserver cette pellicule grasse que la nature a donnée au sabot, et si l'on veut éviter les seimes et les autres altérations de cette partie.

Il n'y a , dit M. La Fosse , qu'une ferrure à mettre en usage pour les chevaux qui ont bon pied et qui n'ont pas de défaut ; c'est celle de ferrer court , de ne jamais parer le pied. On ne doit pas confondre les termes parer et abattre : parer , c'est vider le dedans du pied , tandis qu'abattre , c'est rogner la muraille.

La ferrure ordinaire consiste donc en fers minces d'éponges, de manière que les talons et la fourchette posent à terre. Quoique la sole soit dans son entier , elle n'acquerra pas pour cela plus d'épaisseur, puisqu'elle se délivre elle-même de ce qu'elle a de trop ; on n'a qu'à jeter les yeux sur les chevaux qui n'ont point eu le pied paré , et l'on verra des lames de corne s'élever, et, en grattant cette même sole avec le rogne-pied, on trouvera une substance farineuse qui prouve que c'est un superflu prêt à tomber.

Les fers ne doivent point être couverts, l'épaisseur ne doit pas être considérable. Un fer mince est plus léger. Il est des chevaux à la vérité qui usent plus les uns que les autres, ordinairement plus du derrière que du devant. L'étampure doit être semée également quant au pied de devant, le sabot en sera moins fatigué ; mais à l'égard des fers du derrière, elle sera à peu près de même, en observant seulement de laisser en pince un espace de la valeur d'un clou ; l'ajusture sera douce et un peu relevée en pince, et le corps des branches à plat. Les clous à leur tête seront coniques, et représenteront la figure de l'étampure ; quand ils sont bien brochés et usés à niveau des trous, ils ne paroissent qu'un seul et même corps avec le fer. Les fers doivent garnir tant du devant que du derrière aux chevaux de trait ; mais il faut qu'ils soient plus justes pour les autres.

Cette espèce de ferrure conserve les talons bas et foibles. Pour suppléer à ce défaut, 1° la nature a formé une grosse fourchette sur laquelle les chevaux marchent, et qui leur sert de point d'appui ; 2° les pieds plats et les talons bas ont tous une grosse fourchette qui soulage les talons, et supporte tout le poids du corps.

Il n'en est pas de même relativement aux bons pieds, qui , pour l'ordinaire, ont une petite fourchette ; mais aussi se trouvent-ils compensés par de forts talons, qui font la fonction de fourchette.

Nous bannissons de la ferrure ordinaire les fortes éponges et les crampons ; c'est le vrai moyen de conserver l'assiette du cheval , qui d'ailleurs se trouve moins exposé à devenir long-jointé ou bouleté. *Voyez* BOULETÉ.

La ferrure pour aller sur le pavé, pour les chevaux de trait , est celle que nous venons d'indiquer, appelée par M. La Fosse ferrure à croissant.

On doit employer du fer dont l'étampure soit également semée, et dont les éponges minces viennent se terminer au bout des quartiers, de manière que le bout des éponges soit de niveau avec les talons, et que la fourchette pose à terre afin de donner plus d'appui au cheval. On peut même, si l'on veut, aux chevaux qui ont beaucoup de quartier, faire des crampons de corne de la hauteur d'un tiers de pouce et plus, dans la vue de les retenir plus fermement, non seulement sur le pavé sec et plombé, mais sur toutes sortes de terrains. Ces crampons de corne ne s'usent pas. Pour s'en convaincre on n'a qu'à jeter les yeux sur un cheval qui n'a pas été ferré de six semaines ou deux mois, et l'on verra que le maréchal est obligé d'en abattre une partie.

Ces sortes de crampons ne peuvent se faire qu'aux pieds qui ont de petites fourchettes; autrement il faut de toute nécessité s'en tenir à la ferrure courte, à celle dont les éponges seroient égales à la muraille des talons, et dont la fourchette poseroit à la terre; et c'est celle, dit M. La Fosse, qui donne le plus d'appui au cheval; elle s'exécute de même aux quatre pieds.

Le fer à employer pour la ferrure à demi-cercle pour les chevaux de selle doit être de deux ou trois lignes de largeur, sur une et demie d'épaisseur; il doit avoir dix étampures également semées et contre-percées du même côté; les clous doivent être par conséquent très petits. On le placera de la même manière que le précédent.

Cette ferrure rend le cheval plus léger, ses mouvemens sont plus lians, plus fermes sur le pavé sec et plombé, et donnent de la douceur au cavalier.

La ferrure dont nous venons de parler ne pouvant empêcher le cheval de glisser dans le premier temps qu'il porte son pied sur le terrain plombé, ou lorsque la pince porte la première, et qu'elle se trouve entièrement garnie, on emploiera du fer, pour la ferrure à demi-cercle des chevaux de charette, à demi-cercle mince du côté de l'étampure, plus juste que le pied, et paré de manière que toute la muraille déborde de la moitié de son épaisseur dans tout son pourtour; après avoir raisonnablement battu le pied, on cernera avec la cornière du boutoir le dedans de la muraille, dans la partie qui avoisine la sole de corne; on fera ensuite porter le fer à chaud que l'on attachera avec de petits clous; après quoi on râpera les bords de la muraille en rond, afin qu'elle ne puisse pas s'éclater lorsque le cheval marchera.

Au moyen de cette ferrure, le cheval marchera sur toute sa muraille, soit en montant, soit en descendant.

Pour la ferrure d'un cheval dont le pied est plat, il faut examiner d'abord s'il a les quartiers bons ou mauvais ; si les talons sont bas, foibles, renversés, ou s'ils sont plus forts que les quartiers ; mais il est rare de trouver des chevaux dont les quartiers et les talons soient mauvais en même temps ; si les quartiers sont mauvais, il s'agira de contenir la branche de fer jusqu'à la pointe des talons, et de faire porter l'éponge dans l'endroit du talon qui a le plus de résistance ; la branche, et principalement l'éponge, sera étroite ; les talons sont-ils foibles, au contraire, il faudra raccourcir la branche, et la faire porter alors sur la partie la plus forte du quartier, sans qu'elle soit entolée ; d'ailleurs on tâchera toujours que la fourchette porte à terre.

Les pieds combles ne contractent ordinairement ce défaut que par la ferrure, et cela arrive par l'usage des fers voûtés qui, ayant écrasé la muraille, obligent la sole à surmonter en dos d'âne.

Il n'est pas possible de remédier à ces sortes de pieds ; on peut seulement pallier le défaut par la ferrure.

Le fer doit avoir la figure d'un U, c'est-à-dire être ouvert des talons, parcequ'en l'ajustant il ne se resserre que trop. En outre, il faut que le fer soit entolé à la pince et aux branches, suivant l'oignon ou la plénitude de la sole des talons.

Pour bien entoler un fer, on doit prendre un ferretier dont la bouche soit ronde, et se servir d'une enclume usée, inégale, où il y ait des enfoncemens ; c'est là qu'à coups de ferretier on donne la concavité ou l'entolure nécessaire au fer, sans altérer son épaisseur, et qu'on le rend de longue durée d'ailleurs ; les ferrures les plus vieilles donnent le temps au pied de pousser.

En entolant ainsi les fers, et en cherchant à les faire porter sur la bonne corne, on donne au pied la liberté de pousser. On parvient également à remettre les talons renversés, devenus bas et foibles par la ferrure ; mais on ne rétablit jamais la sole.

Pour la ferrure d'un pied foible ou gras, il faut mettre un fer léger et dont l'étampure soit maigre, et avoir pour règle générale de ne point parer le pied, de ferrer court, et de choisir les lames les plus déliées, de crainte d'enclouer ou piquer l'animal.

Tout consiste, pour talons bas et foibles, à ferrer court et à ne point parer le pied, et ayant soin principalement que les éponges très minces viennent finir aux quartiers, et que la fourchette porte entièrement et également à terre.

Pour un pied encastelé il faut ferrer court et ne point parer le pied. Si l'encastelure (*voyez* ENCASTELURE) est naturelle, il n'est pas possible d'y remédier ; mais lorsqu'elle est accidentelle, c'est-à-dire lorsqu'elle vient de ce que l'on a paré la sole et creusé les talons, comme cela n'arrive que trop communément, il suffit de les laisser croître, de les tenir toujours humides. Alors on verra les quartiers, et sur-tout les talons, s'ouvrir sans que l'on soit obligé d'avoir recours à cette pratique erronée de certains auteurs, qui conseillent de creuser les talons et de ferrer à pantoufle.

Le pied pour les bleimes doit être ferré plus ou moins court, suivant le local, et comme pour la seime, mais la branche sera toujours plus mince du côté du mal. Si la bleime, par exemple, est à la pointe du talon, la branche sera plus courte que si elle étoit vers les quartiers ; est-elle vers les quartiers, on prolongera la branche mince jusqu'à la pointe du talon, en la faisant porter sur la muraille.

Si la bleime de nature a été traitée souvent, on mettra un fer étranglé dans cette partie, pour contenir les éclisses et le reste de l'appareil. *Voyez* BLEIME.

Avant d'appliquer le fer, pour la ferrure des seimes, il faut examiner si la seime est du pied de devant, et si elle attaque le quartier ou le talon. A-t-elle son siège sur les talons, on doit mettre un fer ordinaire dont la branche du côté malade soit raccourcie, et dont le bout aminci vienne porter sur le quartier et sur le fort de la muraille ; si la seime, au contraire, est placée sur le quartier, on prolongera le fer ou la branche jusqu'à la pointe des talons, mais sans y mettre de pinçon ; lorsqu'elle est en pince, ce que nous appelons en pied de bœuf, le cheval sera ferré à l'ordinaire ; mais le véritable remède, c'est de traiter la seime ainsi que nous l'indiquerons à cet article. *Voyez* SEIME.

Dans certains pieds, principalement dans ceux de derrière, la fourchette est naturellement petite ; elle est exposée à se remplir d'humeur sanieuse. Dans d'autres pieds, cette maladie arrive lorsqu'on pare la fourchette, ou lorsqu'elle est éloignée de terre. Les eaux, les boues et tant d'autres impuretés entrant dans les différentes lames de corne, la minent, la corrodent, et forment ce que nous appelons en hippiatrique *fourchette pourrie*.

Il est facile d'y remédier en ferrant court, et en abattant beaucoup du talon, afin que la fourchette soit forcée de reposer à terre.

Par cette ferrure on fait une compression qui oblige les eaux ou les boues amassées dans la fourchette de sortir. M. La Fosse assure avoir guéri par cette voie nombre de chevaux qui commençoient à avoir des fics. *Voyez* FIC A LA FOURCHETTE.

La fourbure, comme on le verra à l'article qui traite de

cette maladie, se manifeste toujours ou presque toujours aux pieds, principalement à ceux de devant; nous voyons des chevaux qui ont des cercles ou cordons bombés ou rentrés; d'autres dont la muraille est quatre fois plus épaisse qu'elle ne doit être, et dont la sole de corne est séparée de la sole charnue; d'autres enfin qui, en marchant sur les talons, jettent les pieds en dehors, ce qu'on appelle vulgairement nager, ou marcher en nageant.

Lorsque les talons sont bons, ils doivent être ferrés longs, à fortes éponges, sans quoi les talons s'useroient bientôt par la suite; mais il faut observer de ne jamais parer le pied; c'est le seul cas où il convient de ferrer à fortes éponges.

Si le cheval a un croissant, si la sole de corne est séparée de la charnue, il faut employer un fer ouvert, et l'entoler de la même manière que nous l'avons indiqué ci-dessus, en traitant de la ferrure pour les pieds combles.

Il est inutile de déferrer à chaque pansement un cheval qui aura été encloué; il convient seulement alors de former avec la tranche une échancrure dans le fer; c'est le vrai moyen de panser le pied plus commodément. Si l'enclouure est aux talons, il faudra échancrer le fer dans cette partie; il en sera de même de la pince, si cette partie a été enclouée. *Voyez* Enclouure.

Si à cause d'un effort ou d'un Etonnement de sabot (*voyez* ce mot) on est obligé de dessoler un cheval, il faudra lui mettre un fer à l'ordinaire, en ayant seulement l'attention d'allonger les épaules et de les tenir droites; mais il n'en sera pas de même si c'est à cause d'un fic ou d'un clou de rue; il s'agit alors de lui mettre, pendant tout le temps du traitement, un fer étranglé pour donner la facilité de panser le pied. Le cheval une fois guéri, on doit employer un fer couvert et sans aucune ajusture. *Voyez* Clou de rue, Dessolure, Fic a la fourchette.

Nous disons qu'un cheval se coupe et s'entre-taille quand il s'attrape avec ses fers, qu'il se heurte les boulets, soit aux pieds de devant, soit aux pieds de derrière; il peut se couper de la pince ou des quartiers : ce dernier cas est plus ordinaire.

Quant aux chevaux qui se coupent de la pince, ce défaut vient communément d'un vice de conformation; c'est la raison pour laquelle on y remédie rarement : cependant on doit les ferrer juste en laissant déborder la corne en pince. Quant à ceux qui se coupent des quartiers, la mauvaise conformation peut aussi en être la cause; mais l'expérience prouve que cet accident est presque toujours un effet de la lassitude ou de la mauvaise ferrure, ou d'un fer qui garnit en dedans; dans ce cas, on met un fer dont la branche de dedans soit courte, mince et étranglée, sans étampure, incrustée dans l'épaisseur de la muraille, comme si l'on ferroit à cercle ; la branche de dehors sera à l'ordinaire, si ce n'est les étampures qui doivent être serrées et en même nombre ; il faut encore que le fer soit étampé en pince, et jusqu'à sa jonction avec les quartiers.

Un cheval forge, lorsqu'avec la pince de derrière il attrape les fers de devant ; il forge en talons, lorsqu'il attrape les éponges de devant, et il forge en pince, lorsqu'il frappe cette dernière partie.

Ce dernier défaut dépend ou du mouvement trop allongé des jambes de derrière, ou du peu d'activité de celles de devant ; ce qui est une preuve d'un cheval usé ou mal construit. Dans le premier cas, au lieu de ferrer trop long de devant, comme c'est la coutume des maréchaux de la campagne, il faut ferrer court et à éponges minces, tandis que dans le second on doit laisser déborder la corne en pince.

Tout cheval qui use en pince dénote un cheval ruiné ou qui tend à sa ruine ; c'est le commencement de ce défaut qui fait donner à l'animal le nom de RAMPIN. *Voyez* ce mot.

Cet accident vient ordinairement de ce que dans les différentes ferrures, 1° on a paré le pied et éloigné la fourchette de terre ; 2° de ce que les muscles fléchisseurs du paturon de l'os de la couronne, et principalement de l'os du pied, sont toujours en tension à peu près comme dans un homme qui marcheroit continuellement sur la pointe du pied ; 3° de ce que les muscles ainsi tendus, poussant les articulations en avant, les rendent droites et éloignent les talons de terre ; on doit bien comprendre que cela n'auroit pas lieu si la fourchette portoit sur le sol.

Il faut ferrer court, ne mettre point de fer en pince, lui donner plus d'ajusture, et tenir les branches à plat et minces.

En général tous les chevaux usent plus de derrière que de devant, et toujours plus en dehors qu'en dedans ; cela vient sans doute de ce que le cheval, au lieu de porter son pied en ligne droite, décrit une espèce de demi-cercle, en le portant en dedans et en le portant en dehors ; par ce mouvement il doit donc y avoir un frottement de fer sur le pavé, mais toujours plus en dehors qu'en dedans, ce bord se présentant le premier sur le terrain.

Il faut, pour le ferrer, un fer dont la branche soit bien forte en dehors et très mince en dedans, qui soit couverte et étampée gras, afin que le fer garnisse. Le fer de derrière doit avoir également la branche de dehors plus épaisse, mais pas de beaucoup.

Pour ferrer un cheval rampin des pieds de derrière, sujet à se déferrer, le fer doit être étampé très près du talon, avec un fort pinçon en pince et sans entolure ; les branches de la voûte du fer seront renversées en dedans du pied comme dans le fer à pantoufle ; par ce moyen, la voûte du fer approchera plus de la sole dans toute son étendue.

Le fer pour un mulet qui porte un bât ou une selle ne doit déborder que d'une ligne en pince seulement, et être relevé ; il faut par conséquent abattre beaucoup de corne en pince, afin d'en procurer la facilité. On ne mettra point de clous en pince, parcequ'ils font broncher le mulet ; les éponges n'excéderont point les talons, on bannira les crampons ; en un mot le fer sera égal de force dans toute son étendue : il y a encore un moyen pour rendre le pied bien uni, c'est d'en abattre l'excédant, si toutefois il y en a, avec le boutoir, et d'enlever la mauvaise corne avec le rogne-pied, sans cependant creuser le dedans du pied, ni ouvrir les talons ; l'expérience prouve que lorsque les talons sont parés, le pied se resserre ; cet accident occasionne la fente du sabot, il en résulte une maladie que nous connoissons sous le nom de Seime. *Voyez* ce mot.

Pour donner aux mulets une marche sûre et ferme sur toutes sortes de terrains, on doit les ferrer à cercle.

Cette ferrure est plus facile à exécuter sur les mulets que sur les chevaux, ceux-là ayant le pied beaucoup plus petit et la muraille plus forte, tandis qu'on rencontre dans ceux-ci des pieds gras et combles, dont la muraille est mince, et par conséquent peu propre à cette ferrure.

La ferrure d'un mulet qui tire une voiture est la même que celle du cheval, c'est-à-dire que le fer ne doit déborder ni en pince ni en dehors, être juste au pied, et sans crampons, mais plus fort en pince qu'en éponges, par la raison que le mulet use en pince. Il ne faut pas au surplus ouvrir les talons.

Les ânes ayant le pied fait comme le mulet, on doit les ferrer de même ; mais toujours suivant l'usage auquel on les destine.

Le bœuf étant un animal à pied fourchu (*voyez* Bœuf), la forme des fers dont on arme ses ongles doit différer essentiellement de celle des fers préparés pour le cheval et le mulet. Ils consistent en deux pièces séparées pour chaque pied ; chacune d'elles est une platine de fer circonscrite conformément à l'assiette de l'ongle auquel elle doit être adaptée de manière qu'elle représente le quart d'un ovale, borné d'une part par le grand axe, et c'est la rive qui répond à la fourchure du pied de l'animal ; de l'autre, par le quart de sa circonférence, et c'est la rive extérieure ; enfin par la rive postérieure qui n'est autre chose que la ligne droite, à peu près parallèle au petit axe, et menée de la fin de l'extérieure à la terminaison de l'intérieure, chaque platine devant couvrir exactement cette même assiette sans la dépasser, et laisser une partie du talon à découvert.

Au long de la rive externe sont percées cinq étampures, la première étant en pince, la dernière ne passant la moitié de la longueur totale de cette rive que de la moitié d'un intervalle ordinaire d'étampure à étampure ; ici les étampures sont plus maigres que dans les fers destinés aux chevaux ; les lames employées dans cette ferrure n'ont pour tête, par cette raison, que deux épaulemens latéraux, dans le même plan que la partie plate et pointue qui pénètre dans l'ongle, et l'étampe n'a de biseau que des deux côtés seulement, et qui répondent aux petits côtés de la lame, les autres côtés de l'étampe étant droits jusqu'au bout ; ainsi les étampures des fers pour les bœufs n'ont que la moitié de la largeur de celles des fers pour les chevaux, et le maréchal ne court aucun risque, en étampant très maigre, d'affamer la rive externe.

La rive interne n'est pas droite, mais un peu rentrante pour suivre un cambre léger qu'on remarque dans l'ongle de l'animal. A cette même rive, le maréchal tire de la pince une bande repliée sur plat à angle droit, de manière que son extérieur n'en dépasse pas l'assiette ; le fer broché et les lames rivées, on rabat cette même bande sur le bout de l'ongle qu'elle embrasse par ce moyen.

Quelquefois on tire entre cette bande et la rive postérieure un pinçon qu'on redresse aussi à angle droit sur l'assiette. Ce pinçon se loge contre le lieu de la paroi intérieure de l'ongle, où le cambre est plus sensible, et il oppose une résistance constante aux clous, qui tendroient toujours à tirer le fer et à le faire déborder du côté des étampures. Dans d'autres occasions, on se contente d'en tirer un de l'extrémité de la pince qui, du lieu où il part, se relève suivant un quart de rond. Son usage est de défendre le bout de l'ongle de l'effet des heurts répétés qu'il pourroit éprouver ; mais dans ce cas on n'omet jamais le pinçon qui répond au cambre, et on le tient même un peu plus haut et un peu plus large.

Nota. Il est au surplus des pays dans lesquels on ne ferre point les bœufs, il en est d'autres où l'on ne leur applique qu'une seule platine sous un des ongles qui est l'externe, c'est-à-dire celui qui répond au quartier de dehors du pied du cheval, cette ferrure étant pratiquée tant aux pieds de devant que de derrière. D'autres fois, les pieds de devant sont ferrés de deux pièces et en entier, tandis qu'on n'en met qu'une aux pieds de derrière. (R.)

FERS, FER. Les cultivateurs font un si fréquent usage du fer, qu'ils ne peuvent pas se dispenser d'en connoître les propriétés et les bonnes ou mauvaises qualités. Je dois donc lui consacrer ici un court article.

Le fer est, après l'étain, le plus léger des métaux. Sa dureté est plus ou moins considérable selon qu'il est plus ou moins pur, et elle peut être amenée au point d'être supérieure à celle de tous les métaux. *Voyez* ACIER. Dans cet état frappé contre un caillou, il s'en détache des parcelles qui s'enflamment et mettent le feu à l'AMADOU (*voyez* ce mot) sur lequel elles tombent. Sa ductilité est très grande ; aussi en fait-on des plaques minces qu'on appelle *tôle* lorsqu'il est seul, et *fer-blanc* lorsqu'il est uni à l'étain ; aussi en fait-on, en le faisant passer à travers un trou, ce qu'on appelle du *fil de fer*, fil qui bien souvent est aussi fin que celui résultant de la filature du chanvre et du lin. Il est très difficile à fondre, mais dans l'état qu'on nomme rouge, il prend toutes les formes imaginables sous la main de l'ouvrier. Sa dureté s'augmente par son immersion, à l'état incandescent, dans de l'eau froide. *Voyez* TREMPE. Il devient quelquefois naturellement magnétique, et peut acquérir cette propriété par communication toutes les fois qu'on le veut. *Voyez* AIMANT.

On obtient le fer par la fusion de ses mines, mines qui varient considérablement en composition, et qu'il n'est pas dans le but de cet ouvrage de décrire. Je dirai seulement qu'en France la majeure partie de ces mines sont celles qu'on appelle d'alluvion, c'est-à-dire formées par des grains d'oxide jaune mêlé d'argile et d'un petit nombre d'autres substances, sur-tout de manganèse.

Pour transformer cette mine de fer en fer, on la fait fondre à travers des charbons dans des hauts fourneaux dont la planche des fours à chaux donnera une idée assez exacte, sur-tout la figure qui représente un ovale allongé, et on obtient ce qu'on appelle FONTE DE FER. *Voyez* ce mot.

Mais la fonte de fer est cassante, très dure, incapable, lorsqu'elle est froide, de prendre des formes sous le marteau. Il faut la faire chauffer et la marteler à différentes reprises pour lui faire perdre l'excès de carbone et les matières étrangères qu'elle contient. C'est le but du travail de la forge d'où sort le fer.

On met ordinairement le fer dans le commerce en barres plus ou moins longues, plus ou moins larges, qui tantôt offrent, lorsqu'on les casse, des lames qui s'enchevêtrent les unes dans les autres, c'est le *fer doux*, le *fer nerveux*, le bon fer, tantôt des grains anguleux plus ou moins gros, plus ou moins blancs, c'est le *fer cassant*, le *fer aigre*, le mauvais fer. Il est d'autant plus mauvais que ces grains sont plus gros et plus blancs. Le premier est préférable dans le plus grand nombre des cas ; mais le second est plus convenable lorsqu'on n'a besoin que de peu de force mais de beaucoup de roideur.

Le fer aigre est cassant à chaud, lorsqu'il contient du phosphore. Il est cassant à froid quand il n'a pas été complètement débarrassé de son excès de carbonne, du manganèse, du zinc et autres substances. Dans ces deux cas, plus on le chauffe souvent et plus il s'améliore, mais aussi plus sa masse diminue.

C'est le meilleur fer seul qu'il est avantageux de convertir en Acier. *Voyez* ce mot.

Les cultivateurs doivent toujours rechercher le fer doux pour ferrer leurs chevaux, fabriquer les bandes de leurs roues, les chaînes de leurs attelages, leurs bêches, leurs pioches, etc. Ils ne doivent pas regarder à une augmentation de dépense dans ce cas, car elle est une véritable économie, puisqu'ils seront dispensés de la renouveler aussi souvent. Cependant ce n'est pas le plus doux qui est le plus convenable, parceque, étant très tendre, il se déforme et s'use trop rapidement, c'est un fer intermédiaire. Il en est de même des clous dont ils font un si grand emploi. Trop doux, ils se plient, trop aigres, ils se cassent sous le marteau, et dans l'un et l'autre cas donnent lieu à des pertes souvent importantes.

L'humidité oxide le fer (le rouille) avec la plus grande facilité, et par ce moyen détruit plus ou moins rapidement les outils ou les machines qui en sont composés. Que penser donc de ces cultivateurs qui laissent leurs charrues, leurs voitures, la plupart de leurs outils à l'air pendant toute l'année ? Mais, diront-ils, ces outils durent toujours assez long-temps. Mais, répondrai-je, les conserver deux, trois ans de plus, est toujours une économie : et que vous en coûte-t-il donc de les rassembler tous les soirs sous un hangar, dans une grange, une chambre basse, etc. Il semble, en vérité, au peu d'importance que les habitans des campagnes mettent à la conservation de leurs propriétés mobilières, qu'ils n'ont nul besoin d'économie, et cependant ils crient par-tout perpétuellement misère.

Les moyens de préserver de la rouille les instrumens de fer qui ne sont pas exposés à des frottemens fréquens, c'est de les tremper chauds dans une huile grasse, de les peindre ensuite avec la même substance unie à un corps terreux, ou de les vernir avec le goudron. Je ne puis trop engager les cultivateurs à faire usage de cet excellent préservatif.

Les oxides de fer, anciennement connus sous le nom de safrans de mars, servent à la médecine vétérinaire comme toniques et apéritifs. On en fait fréquemment usage dans la peinture sous le nom d'ocre jaune ou d'ocre rouge, et dans la teinture sous le nom de rouille ou jaune de fer. On en obtient aussi, par leur mélange avec une des parties constituantes du sang, une belle couleur appelée bleu de Prusse, et avec une des parties constituantes de la noix de galle, l'encre avec laquelle je trace ces lignes.

On fait un grand usage dans la teinture noire et dans quelques arts du sulfate de fer, plus connu sous les noms de vitriol vert et de couperose verte.

Comme, ainsi que je l'ai déjà observé, plus le fer est fréquemment forgé et plus il s'améliore, les vieux fers doivent être précieusement conservés pour être mis de nouveau en œuvre. J'invite donc les cultivateurs à ne plus laisser perdre les fragmens qui sont en leur possession. Il en coûte si peu de les déposer dans un coin de grenier pour les vendre, lorsque la quantité en vaudra la peine, qu'en vérité on ne sait comment caractériser leur insouciance à cet égard. (B.)

FERTILE, FERTILITÉ. On dit qu'un terrain est fertile lorsqu'il donne constamment des récoltes abondantes. On dit qu'une année est fertile lorsque toutes ou partie des productions sont plus considérables qu'à l'ordinaire.

La fertilité d'un champ dépend principalement de la nature de la terre et de la juste proportion d'humidité qu'elle conserve. Plus cette terre contient d'humus ou terre végétale, lorsqu'elle n'est ni trop légère ni trop forte, et plus elle est fertile.

La fertilité d'une année est principalement due à une favorable alternative des jours chauds et des jours de pluie, à l'état de l'atmosphère aux époques les plus critiques, comme lors des semis, de la floraison, de la maturité, etc.

Le but de l'agriculture est d'assurer la fertilité la plus constante sous ces deux rapports.

Dans le premier cas, le cultivateur, 1° ramène au-dessus, par les labours, l'humus soluble qui est au-dessous, ou afin que les racines du blé et des autres productions annuelles, qui s'approfondissent peu, puissent en profiter. De plus, par la même opération, il favorise (au moyen des gaz répandus dans l'atmosphère) la décomposition de la partie de l'humus qui n'est pas soluble (*voyez* aux mots HUMUS et GAZ) ; 2° apporte des fumiers ou autres productions animales ou végétales pour augmenter la masse de l'humus soluble, de la chaux, de la marne, etc., pour faciliter sa décomposition. *voyez* FUMIER, ENGRAIS, AMENDEMENT, CHAUX et MARNE ; 3° il apporte de l'argile sur les terrains trop sablonneux, du sable sur les terrains trop argileux, afin que ces terrains absorbent et conservent juste la quantité d'eau nécessaire à la végétation. La marne agit chimiquement en décomposant l'humus, et mécaniquement en rendant le sol plus ou moins compacte ; c'est pourquoi son emploi est si économique et si avantageux.

Dans le second cas, le cultivateur, par l'emploi des abris de toutes espèces et des arrosemens faits aux époques convenables, diminue l'influence des causes d'infertilité ; mais ici ses moyens sont bien peu étendus et ne peuvent s'exercer que sur de très petits espaces.

Dans l'état naturel, la fertilité est toujours un bien, parce que ses résultats sont une plus grande consommation ou une réserve pour l'avenir, mais dans l'état où se trouvent les peuples de l'Europe elle est souvent un mal, parceque les produits se vendent alors moins bien et que cependant la nécessité d'avoir de l'argent force de vendre, ce qui fait que la recette ne couvre pas les frais de la culture, etc.

L'objet que je traite seroit susceptible de très grands développemens si je voulois l'envisager sous tous les aspects, mais comme ce que je pourrois en dire de général se trouve en détail dans les articles de culture, proprement dite, je crois ne devoir en entretenir plus long-temps le lecteur.

Une année de fertilité des grands arbres abandonnés à eux-mêmes est presque toujours suivie d'une et quelquefois de deux années de stérilité. C'est ce qu'on appelle *des récoltes biennes* ou *alternes*. La cause en est à ce que ces arbres se sont épuisés de leurs sucs nutritifs par une trop abondante production, et qu'ils ont besoin d'en accumuler de nouveaux pour se retrouver dans la même situation. (B.)

FERULE, *Ferula*. Plante bisannuelle, à tige de sept à huit pieds de haut ; à feuilles alternes, deux fois ailées; à folioles linéaires et très longues; à fleurs jaunes, qui se trouve dans les parties méridionales de l'Europe et qui est de quelque utilité en agriculture.

Cette plante, avec une douzaine d'autres, la plupart propres à l'Orient, forme un genre dans la pentandrie digynie et dans la famille des ombellifères.

La tige de la FERULE COMMUNE est quelquefois, dans les bons terrains, de la grosseur du bras, mais ordinairement elle n'a qu'un pouce de diamètre. Elle est en partie pleine de moelle et fort légère quoique très solide. On l'emploie en guise de bâton ou de perche à une infinité d'usages. On en fait des échalas. Lorsqu'on met le feu à sa moelle elle se consomme lentement, ce qui permet de le transporter d'un lieu à un autre. Les bergers siciliens ont toujours un morceau de férule ainsi allumé avec eux. Ce sont des férules qui fournissent les drogues appelées *assa fœtida* et *gomme ammoniaque*. (B.)

FESSOIR. Nom d'une espèce de houe avec laquelle on enlève les gazons, dans le département du Cantal, lorsqu'on veut écobuer les terres. Cet instrument est lourd et peu expéditif. *Voyez* ÉCOBUER.

FESSOIREE. Ancienne mesure agraire. *Voyez* Mesure.

FÉTUQUE, *Festuca*. Genre de plantes de la triandrie digynie et de la famille des graminées, qui renferme une trentaine d'espèces dont la plupart sont très recherchées des bestiaux, et par conséquent très importantes pour les cultivateurs. Je dois donc entrer dans quelques détails sur ce qui concerne les plus communes.

La fétuque ovine a les épis disposés en panicule unilatérale et ramassés en tête ; les fleurs pourvues d'une arête ; les feuilles sétacées et les tiges tétragones. Elle croît dans les lieux les plus arides des montagnes découvertes et s'élève rarement à plus de six pouces. C'est la plante que les moutons aiment le plus, celle qui les engraisse le mieux et les conserve en meilleure santé. Son fanage est dur, mais succulent. Elle forme toujours des touffes denses et isolées. Lorsqu'on la sème dans un bon terrain, elle pousse d'abord avec vigueur et est ensuite étouffée par les autres espèces de plantes. Généralement elle est trop courte pour être fauchée avec avantage ; aussi est-ce sur place qu'il faut l'abandonner aux moutons. Quand au moyen de parcs ou d'un parcours bien entendu on sait ménager sa reproduction, elle fournit pendant toute l'année, même au milieu de l'hiver, un pâturage précieux. Il est très regrettable que nulle part on ne la sème, quoiqu'il fût si avantageux de le faire, sur-tout sur ces montagnes, si fréquentes en France, où, après avoir fait une récolte de seigle et une d'avoine, on laisse reposer la terre pendant plusieurs années. Pour remplir cet objet il suffiroit cependant de réserver, dans un lieu clos, quelques toises de terre couverte de cette plante, pour en avoir abondamment de la graine qui, semée avec l'avoine au printemps, fourniroit un pâturage dès l'année suivante qui pourroit durer huit à dix ans sans aucun soin. Je ne puis donc trop engager les cultivateurs des sols sablonneux, sur-tout des montagnes calcaires privées d'eau, de s'occuper des moyens de rendre cette plante plus abondante par des semis bien réglés. Il en résultera pour eux l'avantage si important de pouvoir nourrir un plus grand nombre de moutons, et de n'être forcé de les rentrer à l'étable que dans les temps de neige.

La fétuque ovine feroit le plus fin et le plus agréable des gazons, si on pouvoit le rendre égal, mais sa disposition à se mettre en touffe ne le permet pas ; quoi qu'on fasse il offriroit toujours des vides. Le vert de ce gazon a de plus l'inconvénient d'être constamment altéré par les feuilles mortes qui subsistent souvent d'une année sur l'autre. Aussi ne le plante-t-on que dans les jardins paysagers qui sont sur un sol aride, et en bordure.

La fétuque bleue, *Festuca ametystina*, Wild., a les feuilles sétacées, d'un vert bleu, ou mieux glauques; la panicule flexueuse, unilatérale et penchée. Elle ressemble extrêmement à la précédente, dont quelques botanistes la croient une variété. On la trouve dans les lieux les plus arides, et sa couleur est d'autant plus intense qu'elle se rapproche du midi. A. Richard en a rapporté une variété de Mahon qui est assez différente pour pouvoir être regardée comme espèce. On en feroit des gazons du plus grand éclat, si elle n'offroit pas les inconvéniens indiqués à l'occasion de l'espèce précédente. On se contente donc d'en faire des bordures dans les jardins d'agrément, d'en semer quelques touffes dans les jardins paysagers pour contraster avec les autres gazons. Bien ménagée, elle peut produire de brillans effets. Toujours sa couleur extraordinaire frappe ceux qui la voient pour la première fois. Tout ce que j'ai dit de la fétuque ovine, relativement à l'économie, lui convient parfaitement.

La FÉTUQUE ROUGEATRE a les tiges à demi cylindriques; les panicules rudes au toucher et unilatérales; les épillets composés de six fleurs, toutes, excepté la dernière, pourvues d'une arête.

La FÉTUQUE DURETTE a les panicules glabres, unilatérales, oblongues, et les épillets composés de six fleurs toutes pourvues d'une arête.

Ces deux plantes se trouvent sur les montagnes sèches, cependant moins communément que la première, dont elles partagent les mêmes bonnes qualités à un degré inférieur.

La FÉTUQUE DES PRÉS a les épillets composés de sept fleurs garnies de barbes très courtes. Elle croît naturellement dans les prés, est vivace et s'élève de près de trois pieds.

La FÉTUQUE ÉLEVÉE a la panicule droite, lâche; les épillets cylindriques et à peine barbus. On la trouve très fréquemment dans les prés gras. Elle est vivace et s'élève à deux ou trois pieds.

Ces deux plantes ont un peu l'aspect des bromes. Elles font un excellent fourrage, et les prés où elles se rencontrent en abondance sont en conséquence très estimés; mais je ne sache pas que nulle part on ait tenté de les semer isolément ou de les multiplier dans les lieux où elles croissent naturellement.

La FÉTUQUE QUEUE DE RAT a la panicule formée par des épis allongés et penchés, les valves du calice très inégales et la corolle pourvue d'arêtes très longues. Elle croît dans les sables les plus secs et s'élève à six ou huit pouces. Sa fane est si dure et ses arêtes si piquantes que les bestiaux la repoussent, excepté dans sa première jeunesse. Elle est annuelle et couvre quelquefois seule des espaces considérables.

La FÉTUQUE INCLINÉE a la tige couchée vers sa base, la panicule droite, les épillets ovales, les fleurs sans arêtes et presque entièrement renfermées dans le calice. Elle est vivace, s'élève à plus d'un pied et se trouve dans les sables les plus arides, dans les landes les plus stériles. C'est un excellent fourrage, mais qui fournit extrêmement peu, ses feuilles étant très courtes et peu nombreuses ; aussi n'est-ce que les tiges que les bestiaux mangent le plus ordinairement. Cette plante, qui ressemble beaucoup à une mélique, a aussi la propriété de croître sous les arbres dans les grands bois sablonneux, et par conséquent de rendre paturables des lieux qui ne le seroient pas sans elle. Elle mérite en conséquence d'être multipliée, mais elle ne devra jamais être regardée comme pouvant former seule une prairie.

La FÉTUQUE FLOTTANTE a la tige couchée vers sa base, la panicule droite, les épillets sessiles, allongés et sans arêtes. Elle est vivace et se trouve dans les fossés, les ruisseaux, les mares, les marais, les étangs, etc., quelquefois en immense quantité. Tous les bestiaux, et sur-tout les chevaux, la recherchent avec passion. Dans beaucoup de pays on la coupe pour la leur donner en vert. En effet cette plante est une des graminées d'Europe dont les fanes sont les plus tendres et les plus succulentes. Il sembleroit, d'après cela, que les cultivateurs auroient dû d'autant plus s'empresser d'en semer partout où cela auroit été possible, qu'aucune autre plante plus utile ne vient dans les lieux propres à celle-ci ; mais je ne sache pas que nulle part on en ait semé. Que dire à l'occasion de cette négligence ou de cette insouciance ? Il n'y a point de dépense à faire, de longs travaux à entreprendre. Il suffit de faire cueillir de la graine à la fin de l'été et de la jeter au printemps dans les fossés, les mares, etc., où on veut l'introduire. Comme cette graminée est stolonifère, c'est-à-dire qu'elle prend racine de ses nœuds lorsqu'ils entrent en terre, un seul pied peut, dans le courant d'un été, couvrir un espace considérable ; aussi ses graines doivent-elles être semées très clair.

Mais ce n'est pas seulement comme fourrage que la fétuque flottante est importante à considérer, ses semences sont une excellente nourriture pour l'homme et les volailles ; on les dit beaucoup meilleures en bouillie que le riz, le millet, etc. Je n'ai pas vu ou appris qu'on en fît usage en France, quelque abondante qu'y soit la plante ; mais on la recherche beaucoup dans le nord de l'Europe, principalement en Pologne, d'où lui est venu le nom de *manne de Pologne* qu'elle porte. Il est possible que ce qui en a éloigné soit la difficulté et même les dangers de sa récolte. En effet, les graines ne mûrissent pas en même temps sur le même pied, et ces pieds sont toujours dans l'eau ou sur une vase épaisse. On les obtient ordinairement en plaçant un tamis sous les épis, et en frappant sur eux avec un bâton. On répète cette opération toutes les semaines, jusqu'à la fin de la récolte.

Je n'ai mangé qu'une fois de ces graines, et encore en petite quantité ; je leur ai trouvé un goût fin et sucré : les évènemens m'ont empêché de renouveler cet essai. Habitans de la Sologne et des autres pays d'étangs et de marais, c'est à vous que je m'adresse pour me suppléer et apprendre aux Français à tirer tout le parti possible de la plante dont il est ici question. (B.)

FEU. Dégagement de la lumière et du calorique, par l'intermédiaire de l'oxygène, d'un corps qui renferme ou du carbone, ou de l'hydrogène, ou du soufre, ou du phosphore, etc.

On a de tout temps beaucoup écrit sur le feu, et cependant ce n'est que depuis peu d'années qu'on le connoît, s'il est vrai qu'on le connoisse réellement. Il passoit jadis pour un élément, parcequ'on le confondoit avec le calorique qui est un de ses principes, et qui réellement se trouve par-tout, ainsi qu'avec la lumière qui joue un si grand rôle dans la nature. Aujourd'hui c'est un phénomène très composé. *Voyez* aux mots Calorique et Lumière.

Tout développement d'une abondante quantité de calorique, de quelque manière qu'il se fasse, peut produire le feu lorsque ce calorique se trouve en contact avec un corps susceptible de s'enflammer. Ainsi la fermentation, le frottement, la réunion des rayons du soleil, l'électricité, la pile galvanique, une substance actuellement embrasée, etc., le font naître.

Les cultivateurs ne voient que trop souvent leurs foins, leurs blés, leurs chanvres, etc., s'enflammer spontanément lorsqu'ils les ont accumulés soit en plein air, soit dans des greniers, avant qu'ils se soient suffisamment desséchés. Si leurs fumiers ne s'enflamment pas, quoiqu'ils s'échauffent toujours, c'est que la quantité d'eau qu'ils recèlent s'y oppose.

Lorsqu'on frotte rapidement un morceau de bois très dur contre un morceau de bois très tendre et très sec, ce dernier s'enflamme. C'est le moyen que les sauvages de l'Amérique employoient au moment de l'arrivée des Européens pour se procurer du feu, et qu'ils emploient sans doute encore dans les parties éloignées des établissemens européens.

Le choc d'un briquet contre un caillou n'est qu'un violent frottement dont le résultat est un grand dégagement de calorique en un seul point, et en même temps une soustraction d'une parcelle d'acier qui s'enflamme à raison de l'hydrogène qu'elle contient, et communique le feu à l'amadou sur lequel elle tombe.

On sait que les verres convexes appelés *lentilles*, en réfractant en un seul point une grande quantité de rayons du soleil, enflamment les corps combustibles qu'on expose à ce point. Il en est de même des miroirs concaves qui réfléchissent ces mêmes rayons également vers un seul point.

Qui n'a pas vu les éclairs, la foudre sillonnante? Qui n'a pas entendu parler des incendies qu'elle a causés? Il est probable que c'est elle qui a fait connoître d'abord le feu aux hommes. Les machines électriques et les piles galvaniques produisent en petit, et par les mêmes moyens, les mêmes effets dans nos cabinets de physique.

Dans quelle catégorie rangerai-je les volcans, ces montagnes qui vomissent le feu par leur sommet, et qui jadis couvroient un dixième du sol de la France? Je dois me contenter de les indiquer.

Un corps actuellement embrasé communique son inflammation aux autres corps qu'on en approche. C'est ainsi que tous les matins la ménagère allume son feu en ranimant les charbons restés sous la cendre; ou s'ils sont éteints, elle allume son amadou, comme je l'ai dit plus haut; avec cet amadou son allumette, et avec son allumette les petits morceaux de bois secs ou les charbons éteints qu'elle a mis en contact avec les bûches placées dans son foyer.

Il est possible que les premiers hommes aient pu se passer de feu, mais il est difficile de le croire. On l'a trouvé chez les peuples les moins avancés dans la civilisation. Aujourd'hui il est de première nécessité. Sans lui l'Europe retomberoit dans la dépopulation la plus complète et dans l'état le plus misérable. En effet, il est le condiment le plus utile à presque tous nos alimens; tous les arts reposent directement ou indirectement sur lui; il nous rend supportables les rigueurs de l'hiver, etc.

C'est le bois qu'on emploie le plus communément pour entretenir le feu, parcequ'à son abondance et à sa facile reproduction il réunit toutes les autres qualités désirables. Le charbon de terre, qui selon plusieurs géologistes (et je suis de leur sentiment) n'est que du bois enfoui sous les vases de l'ancienne mer, c'est-à-dire de la mer où vivoient les cornes d'ammon, les bélénites, les trigonies, etc., le supplée dans beaucoup de lieux ou de cas. Quant au charbon de bois, on sait qu'il ne diffère du bois que parcequ'il a perdu quelques uns de ses principes par un commencement de combustion.

J'ai dit, au commencement de cet article, que l'oxygène étoit l'intermédiaire de la combustion, et en effet sans lui elle n'a pas lieu. Le soufflet n'accélère l'inflammation du bois que parcequ'il fait passer une plus grande quantité d'air, et par consé-

quent d'oxygène, entre les charbons embrasés. *Voyez* aux mots
AIR et OXYGÈNE.

La première propriété du feu, c'est de développer la chaleur. La seconde , de désorganiser toutes les substances animales ou végétales qu'on y expose. La troisième, de fondre les
métaux et les pierres. La cuisson est le premier degré de cette
désorganisation, la production des cendres le dernier. Parlerai-je des effets de la brûlure auxquels les enfans , par manque
de précautions, sont si exposés dans les campagnes ? C'est une
matière chirurgicale , et tout ce qui tient à la médecine humaine ne fait pas partie de cet ouvrage. Cependant je dois dire ,
en passant, que lorsqu'une brûlure est légère , que la peau
n'est pas entamée, l'alkali volatil affoibli , ou l'eau de lessive ,
est le meilleur remède à y opposer. Lorsqu'elle est considérable ,
que la plaie est ouverte , ce sont les corps gras, les huiles auxquels il faut d'abord avoir recours pour affoiblir la douleur ,
ensuite employer le pansement des plaies simples.

La cuisson des alimens est un art fort étendu qui a ses règles ,
ses exceptions , ses avantages et ses inconvéniens. Il fait partie
de celui qu'on appelle *art du cuisinier*. Nous manquons d'un
ouvrage spécial sur ce qui le concerne.

C'est au moyen du feu que nous tirons les métaux des rochers qui leur servent de gangue , que nous les transformons
en ustensiles à notre usage. C'est lui qui nous donne le verre,
la poterie de terre, etc.

Si je voulois entrer dans le développement de toutes les propriétés et de tous les usages du feu , j'emploierois un volume.
Je me borne donc aux considérations générales ci-dessus , en
renvoyant au mot INCENDIE pour parler des inconvéniens du
feu et des moyens de les prévenir , de les arrêter , ou de les
réparer. (B.)

FEU. MÉDECINE VÉTÉRINAIRE. Rien ne prouve jusqu'à présent que cette maladie ne soit pas la même que la rougeole , le
mal rouge , l'érysipèle contagieux , etc. Quoi qu'il en soit ,
voici ses symptômes les plus remarquables et les plus constans :
une rougeur qui se répand généralement sur toute la peau ;
abattement de forces , chaleur brûlante , fièvre considérable ,
dégoût et cessation de rumination. Elle est en quelque sorte
particulière au mouton, contagieuse et très meurtrière dans
certaines provinces. Les brebis qui en sont atteintes, exposées
à une pluie froide, périssent inévitablement ; ce qui semble
prouver qu'elle a du rapport avec les éruptives, dans lesquelles
la répercussion d'une humeur qui se porte à la peau est ordinairement mortelle.

Le feu se guérit quelquefois , mais ce n'est qu'en tenant les
animaux dans une température douce et égale. La saignée aux

veines maxillaires est indiquée ; mais une dissolution de sel marin dans le vinaigre affoibli par l'eau est le meilleur remède qu'on ait trouvé jusqu'à présent. Les décoctions d'oseille ont paru soulager quelquefois, en même temps qu'on lavoit la peau chaudement avec une décoction de racines de patience ; il faut sur-tout avoir grand soin de séparer les animaux sains des malades ; la contagion fait des progrès rapides, sur-tout si elle est compliquée avec le CHARBON (*voy.* ce mot): ce qui arrive souvent dans les pays méridionaux. (TES.)

FEU FOLLET. L'ignorance qui règne impérieusement dans les campagnes a fait de ces apparences des monstres, des êtres réels auxquels on a attribué non seulement des propriétés physiques, mais encore des vouloirs, des desseins, des déterminations morales. Il n'y a pas de sortes d'absurdités que l'on n'entende raconter dans le fond des campagnes sur l'article du feu follet. Nous sommes contraints d'en rapporter ici quelques unes des principales, parcequ'elles tiennent à des phénomènes physiques, dont l'explication est intéressante, et doit dissiper les préjugés qui maîtrisent les esprits foibles, non seulement des paysans et du peuple, mais souvent de certaines personnes qui, par état et par éducation, devroient rougir de s'abandonner à des erreurs aussi ridicules.

Le feu follet entre, dit-on, dans les écuries, les étables, panse les chevaux, saigne les vaches, et tord le cou aux valets d'écurie qui sont négligens ; il se promène toute la nuit dans les cimetières, sous les gibets ; dans les voiries.... Le feu follet court dans les chemins, et sur-tout dans les prairies après les voyageurs, ou, marchant devant eux, il les égare et les fait tomber dans des précipices...... Le feu follet enfin paroît sur les vieilles tours, au haut des clochers, sous différentes formes annonce les orages et les tempêtes.

Tout cela est très vrai : il paroît souvent de petites flammes foibles et bleuâtres, tantôt sur les animaux que l'on panse, tantôt dans les cimetières, dans les endroits marécageux, et sur le haut des clochers et des vieilles tours. Le peuple ne se trompe donc pas sur ce qu'il voit : son erreur n'existe que dans l'interprétation qu'il y donne. Le feu follet n'est suivant lui qu'un esprit, qu'un être animé, souvent serviable, rarement malfaisant, et qui ne le devient que pour punir la négligence que l'on apporte à remplir ses obligations. La tradition antique des ames qui après la mort venoient autour des tombeaux redemander des secours qui avoient été oubliés ou négligés ; cette tradition, dis-je, perpétuée d'âge en âge, s'est emparée de tous les esprits et de tous les cœurs qui connoissent le prix de la piété et de la religion envers les morts. Ces flammes, que l'on voit voltiger çà et là sur les lieux où l'on a déposé les corps morts, sont devenues des ames qui semblent nous reprocher nos injustices. Avant la religion chrétienne, ces ames n'avoient pu passer la barque fatale de Caron faute de salaire, ou parceque leurs corps gisoient sans sépulture. Depuis la religion chrétienne, ces flammes sont des ames condamnées au supplice éternel, qui vont rôder par-tout, et qui étant excommuniées conservent toute leur malice, et ne reviennent du séjour des morts que pour tourmenter les vivans.

Quelquefois il paroît une petite flamme ou une lumière sur la tête des enfans, sur les cheveux des hommes, sur la crinière des chevaux, etc. Le peuple, à qui il étoit impossible d'en deviner la cause, saisi de crainte et de respect, a attribué tout de suite le sujet de sa terreur à un esprit familier qui annonçoit sa protection et sa présence en venant partager nos soins.

Le voyageur, non moins crédule, et souvent plus craintif encore, arrivé dans un lieu écarté et marécageux, au commencement d'une nuit qui suit un beau jour où le soleil brûlant a lancé tous ses rayons, voit voltiger sur ces bas-fonds de petites flammes qui, obéissant aux moindres impressions de l'air, vont, viennent, avancent, reculent, s'élèvent et retombent avec l'air qui les porte. Frappé de cette apparence, s'il recule, s'il fuit, le vide qu'il forme derrière lui se remplit, la masse d'air environnante s'y précipite, et entraine avec elle la flamme lumineuse qui, suivant ce courant, semble le poursuivre. Affecte-t-il au contraire un courage, une intrépidité présomptueuse, va-t-il au devant du feu follet; la masse d'air qu'il pousse, qu'il chasse devant lui, emporte avec elle la flamme, qui paroît par-là marcher en avant et le guider. Le hasard fait-il que le voyageur s'égare et se précipite dans quelques bas-fonds ou lieux marécageux, en suivant ces apparences lumineuses; le hasard qui, pour le peuple crédule, est un être réel et puissant, se convertit ici en génie malfaisant, et le feu follet est un mauvais esprit qui trompe le malheureux voyageur, l'égare, l'attire dans des endroits dangereux, et se moque ensuite de son erreur.

Le nautonnier, aussi superstitieux lorsqu'il voit le danger éminent et une tempête affreuse menacer sa tête, aperçoit-il des flammes, des aigrettes lumineuses à l'extrémité de ses mâts, se croit protégé immédiatement par les dieux, et reprend toute sa confiance, tandis que le paysan, témoin du même phénomène au-dessus de son clocher, ou des tours d'un vieux château abandonné, s'imagine voir le diable qui vient ravager ses récoltes et détruire toutes ses espérances.

Rien cependant n'est plus naturel que toutes ces apparences lumineuses, et elles dépendent de deux causes principales, le dégagement et la déflagration du gaz hydrogène, et la présence d'une surabondance du fluide électrique. *Voyez* aux mots HYDROGÈNE et ÉLECTRICITÉ. (R.)

FEU SACRÉ. *Voyez* ERYSIPÈLE.

FEU SAINT-ANTOINE. MALADIE DES BESTIAUX. Il se manifeste par un bouton douloureux et enflammé qui s'élève sur la peau, et qui dégénère bientôt en gangrène.

Cette maladie, particulière aux brebis, affecte indifféremment les parties charnues et extérieures du corps : il faut qu'elle ne soit point contagieuse, puisque Hastefer assure avoir vu des brebis qui en étoient attaquées, et qui alloient avec le troupeau sans infecter les autres brebis.

Plusieurs bergers la regardent comme incurable ; quelques uns prétendent qu'elle a quelquefois cédé à l'application du cerfeuil pilé et mêlé avec de la vieille bière. Hastefer rapporte qu'un paysan possesseur d'une brebis, dont les tégumens étoient en partie détruits par ce mal, prit de l'huile de tabac et du mercure éteint avec le soufre, dont il frotta la plaie, ayant soin de laver une fois par jour la même plaie avec une très forte infusion de rue ; après cinq semaines de traitement la brebis fut délivrée de sa maladie ; mais elle en perdit les yeux, et sa laine devint si embrouillée, qu'elle étoit toute remplie de nœuds.

Le mercure et le soufre paroissent plus propres à accroître la gangrène qu'à la borner : c'est pourquoi l'on ne conseille que l'infusion de feuilles de rue et la seule huile de tabac ; mais l'infusion d'absinthe saturée de sel ammoniac, l'infusion de sabine et de sauge dans du bon vin, devroient être préférables, tandis qu'intérieurement on feroit prendre au malade, pendant tout le cours de la maladie, deux bols composés chacun d'une drachme de racine de gentiane pulvérisée, de demi-drachme de nitre et de suffisante quantité de miel pour incorporer le nitre et la racine de gentiane. Aussitôt qu'on aperçoit le bouton inflammatoire, même avant qu'il soit terminé en gangrène, il faut l'extirper, de même qu'une portion des bords voisins : lorsque la gangrène a déjà fait des progrès, l'extirpation est aussi essentielle que les lotions prescrites ci dessus.

Le feu Saint-Antoine, le feu simple, le feu céleste, le feu sacré se trouvent souvent compliqués avec le charbon, ou plutôt ne sont que des espèces de charbon ; c'est pourquoi le lecteur fera très bien de consulter l'article qui traite des épizooties charbonneuses. *Voyez* le mot CHARBON, maladie des bestiaux. (T𝐸S.)

FEU (JETER SON). On dit qu'une cuve jette son Feu lorsqu'elle est dans la plus violente tourmente de la Fermentation. *Voyez* ce mot. On dit qu'un arbre jette son feu lorsqu'il commence à pousser vigoureusement, et que son action se ralentissant bientôt après, il ne pousse plus que de chétives branches. Lorsque son action se soutient, il faut tailler long, lorsque le moment est venu, afin de le rendre *sage*, de le mater ; mais dans les tailles suivantes il faut le raccourcir suivant la règle. (R.)

On dit aussi qu'une couche nouvelle jette son feu quand elle est trop chaude pour recevoir les semis auxquels on la destine. Dans ce cas, il faut attendre quelques jours, plus ou moins, suivant la nature des graines et la manière de les placer. Ainsi un gros fruit, celui d'un palmier par exemple, peut être mis sur une couche très chaude qui feroit périr une graine de melon ; ainsi les graines de tabac, lorsqu'on les sème dans une terrine, peuvent être plus tôt mises sur la couche que lorsqu'on les sème à nu. On doit s'assurer toujours de la chaleur d'une couche lorsqu'on l'emploie, soit rigoureusement au moyen d'un thermomètre, soit par approximation en y enfonçant un bâton, ou même directement avec la main. Beaucoup de semis se perdent, se brûlent, comme disent les jardiniers, pour n'avoir pas pris ces précautions. Lorsque la chaleur d'une couche commence à décliner, on peut accélérer son refroidissement par des arrosemens multipliés ou abondans ; mais quand la chaleur ne fait que s'établir, ce moyen l'augmente presque toujours ; c'est ce que ne savent pas tous les jardiniers, et ce qui leur fait souvent éprouver de grandes pertes. *Voyez* au mot Couche. (B.)

FEUILLAGE. Botanique. Ce mot, pris dans le sens des botanistes, désigne l'assemblage des branches et des tiges chargées de feuilles épanouies, de fleurs et de fruits, et, dans ce sens, il est très générique ; mais on l'entend encore souvent de la simple disposition des feuilles sur la tige ou sur les rameaux. *Voyez* le mot Feuille. Le feuillage, considéré dans le dernier sens, est varié dans les différentes plantes ; par exemple, il est aplati dans l'orme et le tilleul, parceque leurs feuilles, en s'épanouissant, s'étendent de côté et d'autre sur le même plan ; il est rond ou cylindrique dans le pin, dont les feuilles s'étendent tout autour des branches ; il est croisé dans la plupart des branches qui ont leurs feuilles opposées, ce qui diffère essentiellement de la fougère. Le feuillage, pris dans le premier sens et génériquement, embrasse l'arbre tout entier et d'un seul coup d'œil, et alors on fait l'éloge d'un arbre à cause de son beau feuillage, comme d'un chêne, d'un châtaignier, etc., et on rejette celui qui en est peu fourni. (R.)

FEUILLAISON. La feuillaison est ce phénomène de la
végétation dans lequel les feuilles, auparavant renfermées dans
le bourgeon, en sortent et prennent rapidement un accroissement très considérable. Ce phénomène, qui dans le premier printemps change si agréablement l'aspect de nos campagnes, paroît presque entièrement dû à l'action de la chaleur
sur les bourgeons. Tout le monde sait en effet que les années
où la chaleur commence de bonne heure à se faire sentir sont
celles où la feuillaison est la plus prompte; une expérience plus
précise le démontre mieux encore. Si, pendant l'hiver, on fait
entrer dans une serre une branche d'un arbre, tandis que les
autres resteront en plein air, cette branche développe ses
feuilles au bout de peu de jours, et offre pendant le reste de
l'hiver un contraste frappant avec la partie extérieure qui est
encore dépouillée. On conçoit facilement que cette influence
de la chaleur se fait sentir différemment sur divers arbres,
selon leur organisation; c'est la cause de la différence qui se
remarque dans l'époque de la feuillaison des différens végétaux. Ainsi les mousses et les pins se couvrent de feuilles pendant l'hiver, les liliacées et la plupart des arbres au printemps,
les chênes verts en été, plusieurs fougères en automne. Il se
présente d'une année à l'autre et d'un individu à l'autre, dans
la même espèce, de grandes diversités; mais en général on
voit les différens arbres se succéder d'une manière assez régulière dans l'ordre de leur feuillaison. Adanson, qui a le premier étudié ce phénomène, avoit imaginé d'évaluer le nombre
moyen des degrés de chaleur que chaque arbre exige pour développer ses feuilles. D'après des observations de dix années,
il en a déduit la table suivante qui est calculée pour le climat
de Paris:

	Degrés de chaleur.	Terme moyen.	
Sureau. Chèvrefeuille. Tulipe jaune. Safran. de	110 à 180	195	16 février.
Groseiller épineux. Lilas. Aubépine.	180 365	272	1 mars.
Groseiller. Fusain. Troene. Rosier.	202 402	302	5 mars.
Saule. Aune. Obier. Coudrier. Pommier. . . .	224 420	317	7 mars.
Tilleul. Maronnier. Orme. Charme..	224 460	340	10 mars.
Poirier. Prunier. Pêcher	300 515	415	20 mars.
Nerprun. Bourgène. Prunelier.	408 600	504	1 avril.
Hêtre. Tremble. Plane.	456 660	558	5 avril.
Charme. Orme. Vigne. Figuier. Noyer. Frêne.	660 800	760	20 avril.
Chêne.	826 990	908	1 mai.

Cette table fait bien connoître la succession ordinaire de la
feuillaison de nos arbres, mais l'exactitude apparente que lui
donnent tous ces chiffres est peut-être illusoire. En effet, rien
n'indique quel est le zéro de cette échelle de numération. Est-ce
le commencement de notre année? Mais cette époque est arbi-

traire, et les arbres peuvent, à diverses années, se trouver dans un état fort différent au 1er de janvier. Date-t-on de la fin des gelées? Mais entre les dernières gelées il peut y avoir des intervalles de chaleur plus ou moins forte qui avancent plus ou moins la végétation. Je crois donc qu'autant il est utile de noter l'époque moyenne de la feuillaison des arbres, autant il seroit difficile d'évaluer avec précision l'influence de la température atmosphérique sur ce phénomène.

Indépendamment de la chaleur, l'humidité y joue encore un rôle secondaire, à la vérité, mais qui complique ces recherches. Tout le monde a remarqué combien une légère pluie, à l'époque de l'ouverture des boutons, favorise leur développement; et les jardiniers savent bien qu'en arrosant légèrement les branches des plantes qu'ils cultivent en serre, ils accélèrent leur feuillaison. Non seulement l'époque de la feuillaison varie d'espèce à espèce, mais on la voit varier encore dans la même espèce d'individu à individu. Il n'y a guère de plantations où l'on n'ait remarqué que tel ou tel arbre se feuille constamment le premier. A quoi tient ce petit phénomène? Est-ce simplement à quelque circonstance non appréciée qui tienne à la localité où l'arbre est placé? ou plutôt à une différence dans le degré d'excitabilité de différens individus? Si cette dernière hypothèse est la vraie (comme j'ai lieu de le croire d'après mes expériences), ne pourroit-on pas tirer parti de ce phénomène pour obtenir des races d'arbres plus hâtives ou plus tardives? Les races tardives seroient sur-tout utiles pour les arbres qui, comme les noyers, craignent les gelées du printemps. Je crois que l'agriculture peut tirer un parti avantageux de l'exacte observation de ce phénomène. V. Précocité.

Linnée a tenté de donner aux observations relatives aux époques des feuillaisons une utilité pratique. Dans sa dissertation intitulée *Vernatio arborum*, il établit que le temps le plus propre à semer l'orge en Suède est l'époque de la feuillaison du bouleau blanc; et il pense que dans chaque climat on pourroit, par des observations analogues aux siennes, déterminer un arbre qui par sa feuillaison ou son dépouillement fixeroit l'époque des diverses opérations agricoles. Mais ce thermomètre particulier, comme il l'observe judicieusement, n'indique que le passé et non l'avenir, qui est la seule chose dont le laboureur ait besoin : on ne peut par conséquent donner d'importance à cette idée, d'ailleurs assez piquante.

L'une des lois les plus remarquables de la feuillaison, c'est qu'en général les bourgeons supérieurs de chaque branche se développent les premiers, et leur développement se suit du haut en bas. Cette singularité paroît s'expliquer en considérant que l'extrémité des branches est plus molle, plus herba-

cée , munie de plus de pores, et par conséquent plus sensible
à l'impression de la chaleur atmosphérique. Un seul arbre , à
ma connoissance , fait exception à cette règle ; c'est le mélèze ,
et son écorce est dépourvue de pores corticaux, et d'une consistance également ligneuse sur toute sa surface ; de sorte que
l'exception confirme l'explication. Nous verrons , en parlant
de la fleuraison, que les fleurs suivent un ordre inverse dans
leur développement.

Pour compléter l'histoire de la feuillaison, *voyez* les articles Bourgeon et Feuille. (Dec.)

FEUILLE. Botan. et Phys. végét. Les feuilles doivent
être considérées sous deux points de vue par l'agriculteur , ou
bien comme des organes indispensables à la vie des végétaux,
ou comme des matières utiles à la culture, soit comme engrais, soit comme aliment des bestiaux. Nous nous bornerons
dans cet article à les considérer sous le premier point de vue ;
ce sujet ainsi réduit est encore tellement vaste, que, pour ne
point excéder les bornes prescrites par le plan de cet ouvrage ,
nous serons obligés de ne présenter ici qu'un tableau très succinct de l'histoire des feuilles. Nous donnerons d'abord leur
description , qui comprend leur anatomie , leurs formes , leur
position ; nous passerons à leur histoire , qui se compose de
leur développement, de leur durée, et nous dirons un mot
de leurs usages relativement au végétal qui les porte.

§. I. *Description des feuilles.* Les feuilles sont des expansions
de la tige des plantes qui tendent à augmenter leur surface aé-
rienne. On sait qu'elles sont ordinairement planes, horizon-
tales et de couleur verte. La manière la plus exacte de les
étudier est de considérer chaque feuille comme l'épanouissement d'une ou de plusieurs fibres (1). En suivant cette idée
on n'a pas de peine à comprendre la structure générale
d'une feuille et les différens organes qui la composent. Tant
que la fibre séparée du tronc reste simple et entière, elle
constitue cette espèce de support qu'on nomme la queue de
la feuille , et que les botanistes nomment son *pétiole* ; dès
qu'elle commence à se diviser, et que ses interstices sont
remplis par du tissu cellulaire, son tronc et ses ramifications
prennent le nom particulier de *nervures*, et le tissu cellulaire interposé entre les nervures celui de *parenchyme* ; la
partie de la feuille qui est composée de nervures et de parenchyme prend , lorsqu'on la compare au pétiole, le nom particulier de *limbe*. Le pétiole et les nervures sont de la même

(1) Pour ce mot et pour tous ceux qui supposent des connoissances d'a-
natomie végétale , voyez le mot Végétal où l'on en donnera une esquisse.

nature, c'est-à-dire fermes, coriaces, dépourvus de pores corticaux, et chargés de poils lorsque la fcuille en est munie ; le parenchyme est vert, tendre, herbacé, muni de pores corticaux, au moins sur une des surfaces.

Les deux surfaces de la feuille ont en effet une structure, une apparence et des fonctions différentes ; la surface supérieure est généralement lisse, ferme, a son épiderme plus adhérent, et offre peu ou point de pores corticaux. La surface inférieure est au contraire plus mate, plus molle, plus garnie de pores corticaux, plus souvent velue, et a son épiderme moins adhérent. La première semble destinée à protéger la feuille contre l'action du soleil ; la seconde à exhaler et à imbiber les vapeurs. C'est ainsi que sont organisées les feuilles des arbres et d'un grand nombre d'herbes ; il en est d'autres où les deux surfaces sont presque semblables, et offrent un égal nombre de pores corticaux ; quelques unes enfin n'ont de pores qu'à la surface supérieure ; telles sont les feuilles des nénufars et des autres plantes qui flottent sur l'eau. Au reste, quelle que soit la structure des feuilles, la destination de chaque surface est tellement prononcée, que si on retourne une feuille de manière à exposer au ciel sa surface inférieure, elle se retourne d'elle-même pour reprendre sa position naturelle, et si, par une force supérieure, on l'empêche de se retourner, elle périt au bout de peu de temps.

Lorsque les feuilles sont portées par un pétiole ou une queue on les nomme *pétiolées* ; si, au contraire, le parenchyme commence immédiatement à leur naissance, on les désigne sous le nom de *sessiles* ; si ce parenchyme se prolonge sur la tige de manière à y former un appendice particulier, on dit alors que la feuille est *décurrente* ; et si les appendices ou les parenchymes des deux feuilles viennent à être naturellement soudées ensemble, on dit que ces feuilles sont *connées* ; mais ces considérations relatives à l'insertion des feuilles sur la tige sont toutes subordonnées à une autre beaucoup plus importante, et qui cependant se trouve rarement énoncée dans les ouvrages de botanique, savoir, si la feuille est *articulée* sur la tige, ou si elle est *adhérente* ou continue avec elle. Les feuilles articulées tombent nécessairement d'elles-mêmes à une époque fixe, et se séparent toujours au point déterminé d'avance par l'articulation ; les feuilles adhérentes persistent sur la tige, même après leur mort, et ne tombent que par leur destruction partielle et successive.

Cette même considération s'applique aux différentes parties de la feuille ; quelquefois les nervures mêmes, lorsqu'elles sont dénudées de parenchyme, sont continues dans toute leur longueur, et alors la feuille ne forme qu'un seul tout ;

elle est *simple*. Ailleurs les nervures ou les pétioles offrent çà et là des articulations, c'est-à-dire des lieux où la feuille se sépare d'elle-même en plusieurs pièces à une époque déterminée, et sans déchirement; on dit alors qu'elle est *composée*. Les feuilles des haricots, des maronniers sont composées. Il n'y a de feuilles composées que parmi les dicotylédones.

Si nous considérons les feuilles relativement à leur succession sur la plante dans ses divers âges, nous distinguerons les feuilles *séminales* qui sortent de terre au moment de la germination, et qui ne sont que les cotylédons étendus; les feuilles *primordiales*, qui naissent d'abord après les précédentes, et qui leur ressemblent souvent par la forme, la grandeur ou la position; elles sont bien visibles dans le haricot. Les feuilles *caractéristiques* ou les feuilles ordinaires de la plante; enfin les feuilles *florales*, qui naissent dans le voisinage des fleurs, et qui prennent le nom de *bractées* lorsqu'elles diffèrent beaucoup des précédentes par la forme ou la couleur; ainsi, par exemple, les organes nommés généralement fleurs dans l'hortensia ne sont que des bractées.

Si l'on considère le lieu où les feuilles s'insèrent sur la tige, on en trouve qui prennent naissance très près du collet, et qu'on nomme *radicales*. Par ce terme inexact on pourroit croire qu'elles tirent naissance de la racine; mais l'anatomie et la comparaison des végétaux entre eux démontre le contraire. Le plus souvent les feuilles sont insérées sur la tige, et on les nomme *caulinaires*; ou sur les rameaux, et on les désigne alors par le nom peu usité de *raméales*.

Les feuilles sont presque toujours solitaires à chaque point d'insertion; on en trouve cependant deux dans plusieurs espèces de pins, trois dans le *pin d'encens*, cinq dans le *pin du lord Weimouth*.

La disposition des feuilles sur la tige est beaucoup plus régulière qu'on ne le croiroit au premier coup d'œil; elle tend toujours à placer chaque feuille de manière à ce qu'elle soit le moins possible recouverte par les feuilles supérieures, de sorte qu'elle puisse jouir du bénéfice de la lumière, et qu'elle recouvre le moins possible les feuilles inférieures; de manière à recevoir facilement les vapeurs qui s'élèvent de la terre. Sous ce point de vue également important pour la classification et la vie des végétaux, on distingue les feuilles en plusieurs classes; elles sont dites *géminées* lorsque sur la même coupe horizontale on en trouve deux qui ne sont pas placées l'une vis-à-vis de l'autre; *opposées* lorsqu'elles sont l'une vis-à-vis de l'autre. Parmi celles-ci on distingue celles dont les paires sont croisées à angle droit, qui est le cas le plus fréquent, et celles dont les paires sont disposées en spirale, ce qui n'est encore connu que dans la *crassula obvallata*; *verticilées* lorsque sur la même coupe horizontale on trouve plus de deux feuilles, comme dans la garance; *éparses* lorsque sur la même coupe horizontale on ne trouve qu'une feuille. Cette classe, beaucoup trop générale, comprend plusieurs dispositions très régulières; savoir, les feuilles *alternes* ou placées alternativement d'un et d'autre côté d'une branche, de sorte que la première soit recouverte par la troisième; en *quinconce*, ou placées sur la tige en spirale simple et allongée, de manière que la première soit recouverte par la cinquième, c'est le cas le plus commun; en *spirale*, ou placées sur la tige en une ligne spirale, de telle sorte que chaque tour de spirale offre plus de cinq feuilles; par exemple, dans le *vaquois*; quelquefois les spirales sont doubles ou triples autour de la tige, et toujours parallèles entre elles; c'est ce qu'on voit dans les pins et les euphorbes.

Les formes des feuilles sont infiniment plus diversifiées que les circonstances relatives à leur insertion, et ces différentes formes ont été désignées par une foule de termes que nous nous dispenserons d'énumérer ici, soit à cause des longueurs qu'entraîneroit une pareille explication, soit parceque plusieurs d'entre eux sont de peu d'importance; on en trouvera l'explication détaillée dans tous les livres élémentaires de botanique; nous nous contenterons d'indiquer ici les véritables bases de la classification des feuilles considérées relativement à leur forme.

Une feuille, avons-nous dit, est l'épanouissement d'une ou de plusieurs fibres; par conséquent sa charpente ou son squelette est déterminé par les dispositions diverses qu'affectent les parties de cette fibre en se divisant; sous ce point de vue on doit distinguer cinq dispositions générales dans les nervures du limbe de la feuille. Ainsi les nervures sont, 1° *simples* lorsque la base de la feuille émet à la fois plusieurs nervures qui traversent le limbe dans toute sa longueur sans se ramifier, comme on le voit dans la plupart des liliacées et les graminées; 5° *pennées* lorsque la base de la feuille émet une seule nervure qui traverse le limbe, et qui fournit de côté et d'autre des nervures disposées sur un seul plan comme les barbes d'une plume, par exemple, le tilleul; 3° *péannées* quand la base du limbe émet deux nervures principales très divergentes, qui portent chacune sur leur côté intérieur des nervures secondaires parallèles entre elles, et perpendiculaires sur les deux principales, par exemple, l'aristoloche; 4° *palmées* lorsque la base du limbe émet trois, cinq ou sept nervures divergentes, et disposées comme les doigts de la main ouverts, par exemple, la vigne; 5° *peltées* quand du sommet du pétiole partent en tous sens des nervures qui divergent sur un seul plan, comme les rayons d'une roue, par exemple, la capucine. J'ai fait voir dans les élémens de botanique, insérés à la tête de la troisième édition de la Flore française, que toutes les formes connues des feuilles rentrent dans ces cinq classes déduites de la disposition des nervures.

Tout le monde sait que les feuilles sont entières ou découpées sur leurs bords; une feuille peut être entière par diverses causes qui dépendent de la disposition des nervures; ainsi, 1° lorsque les nervures sont simples, le bord de la feuille est nécessairement entier, comme on le voit dans les graminées. Quelquefois cependant il s'y opère des déchirures qui lui donnent une grande ressemblance avec des feuilles découpées, c'est ce qu'on voit dans les palmiers. 2° Dans les feuilles à nervures rameuses, le bord de la feuille peut être entier, ou bien parcequ'il est circonscrit par une nervure comme dans les scabiacées, et alors l'intégrité de la feuille n'est soumise à aucune variation, ou bien parceque les nervures secondaires ou le parenchyme interposé entre les nervures principales se développe précisément de la quantité nécessaire pour combler l'intervalle entre les nervures principales, et alors l'intégrité de la feuille est variable comme l'intensité de la végétation. Une feuille sera au contraire découpée lorsqu'elle sera soumise à des circonstances opposées à celles que je viens d'énumérer. Les noms de ces diverses découpures des feuilles varient selon leur profondeur; ainsi une feuille est *dentée* lorsque ces découpures sont très peu profondes et analogues aux dents d'une scie; *découpée* ou *incisée* lorsqu'elles sont plus profondes sans atteindre cependant la nervure principale; *lobée* lorsque les découpures atteignent la nervure principale. J'omets, par les motifs énoncés plus haut, l'énumération des termes destinés à indiquer les moindres variations dans les découpures des feuilles.

Dans les feuilles composées on donne le nom de *foliole* à chacune des petites feuilles qui les composent.

A la base de plusieurs feuilles on trouve de petits appendices particuliers, de nature ordinairement foliacée, qui portent le nom de *stipules*. Ces stipules sont caduques ou persistantes comme les feuilles elles-mêmes; elles sont ou insérées sur la tige et distinctes du pétiole, ou insérées sur la tige et soudées avec le pétiole, ou insérées sur le pétiole des feuilles composées et à la base des folioles.

§. II. *Histoire des feuilles.* Les feuilles de la plupart des plantes de nos climats sont revêtues, à leur naissance, par des écailles particulières qui leur forment un abri contre le froid; cette enveloppe naturelle des jeunes feuilles porte le nom de BOUTON. *Voy.* ce mot. Les feuilles existent dans le bouton munies de toutes leurs nervures, mais non encore développées; elles y sont placées de manière à y occuper le moins d'espace possible ; cette disposition des feuilles dans le bouton varie dans les différens végétaux, car elle est déterminée par la position respective des feuilles et par la disposition de leurs nervures ; mais elle mérite d'être énumérée en détail pour offrir un exemple remarquable de la régularité et de la diversité que les êtres organisés présentent jusque dans leurs moindres parties. En général, les feuilles à leur naissance sont appliquées, pliées ou roulées dans le bouton. 1° Les feuilles *appliquées* ont leurs limbes planes, droits et appliqués l'un contre l'autre par leur face supérieure, par exemple, l'aloès en langue, la plupart des monocotylédones au sortir de leur bulbe, qui est un vrai bouton, et les feuilles séminales dans la graine, offrent la même disposition. 2° Les feuilles peuvent être *pliées* de plusieurs manières différentes; ainsi on les dit *plicatives* ou *plissées* lorsqu'ayant les nervures palmées elles sont plissées sur ces nervures de manière à représenter les plis d'un éventeil fermé, par exemple, la vigne; *replicatives* ou *pliées de haut en bas* quand la partie supérieure de la feuille se recourbe et s'applique sur l'inférieure, par exemple, l'aconit; *équitatives* ou *pliées moitié sur moitié* lorsque les deux côtés séparés par la nervure longitudinale s'appliquent ou tendent à s'appliquer face contre face; mais ici on peut distinguer quatre cas; savoir, les feuilles *en regard* ou *équitatives* proprement dites, qui, étant opposées, sont légèrement pliées sur leur nervure longitudinale, de manière que leurs bords coincident, par exemple, le troène; les feuilles *demi-embrassées* qui, n'étant pas tout-à-fait opposées, sont pliées sur leur nervure longitudinale, de sorte que la moitié de chaque feuille est placée entre les deux pans de la feuille opposée, par exemple, la saponaire; les feuilles *embrassées* dont les deux côtés de la feuille pliés l'un sur l'autre sont recouverts par les deux côtés de la feuille précédente pliée de même, par exemple, les iris; les feuilles *conduplicatives* ou *pliées côte à côte* quand les deux feuilles pliées moitié sur moitié ne s'embrassent point et sont pliées l'une à côté de l'autre, par exemple, le hêtre; enfin les feuilles *imbricatives* sont celles dont les rudimens sont appliqués en recouvrement les uns sur les autres, et forment plus de deux séries. 3° Les feuilles peuvent être *roulées* ou sur leurs sommets ou sur leurs bords; les premières qu'on nomme *circinales* ou *en crosse* se roulent sur leur nervure longitudinale du sommet à la base; ce sont les fougères : parmi les secondes on distingue les feuilles *convolutives* ou *roulées en cornet* quand l'un des bords de la feuille sert d'axe, autour duquel le reste du limbe s'enroule en forme de cornet, par exemple, le bananier; *supervolutives* ou *roulées l'un sur l'autre* quand l'un des bords de la feuille se roule sur lui-même en dedans, et que l'autre l'enveloppe en sens contraire, par exemple, l'abricotier; *involutives* ou *roulées en dedans* quand les deux bords se roulent sur eux-mêmes en dedans, par exemple, le fusain; *révolutives* ou *roulées en dehors* quand les deux bords se roulent sur eux-mêmes en dehors, par exemple, le romarin; enfin si le roulement est incomplet à cause du peu de largeur des feuilles, on les dit alors *courbées.*

L'accroissement des feuilles suit des lois diverses, selon la disposition de leurs nervures; lorsque celles-ci sont simples, la largeur de la feuille est déterminée par le nombre et la distance des nervures, et elle ne peut presque plus s'augmenter après la naissance de la feuille. Cette feuille continue au contraire à croître en longueur, et si on marque des points placés à distances égales sur toute leur longueur, on observe avec Duhamel que ces feuilles ne croissent que par la base, c'est-à-dire que la partie supérieure est pour ainsi dire poussée en l'air par l'allongement de la partie inférieure. Quant aux feuilles à nervures rameuses, elles grandissent à la fois en longueur et en largeur; pendant leur végétation, le tissu cellulaire interposé entre les nervures s'accroît, et les nervures elles-mêmes s'allongent.

Tout le monde sait que la durée des feuilles est très différente dans différens végétaux; dans les uns les feuilles meurent en même temps que la tige ou la branche qui les porte, c'est ce qui arrive dans la plupart des plantes annuelles. Parmi les plantes à tige vivace, les feuilles meurent toujours avant le rameau qui les porte. Les unes, qui sont dites *persistantes,* meurent à une époque déterminée, et restent sur la tige jusqu'à ce qu'elles soient détruites par les intempéries de l'air, par exemple, les palmiers. Les autres, qu'on nomme *caduques,* meurent à une époque déterminée, et tombent d'elles-mêmes après leur mort, par exemple, les pins, les chênes, les hêtres. Mais dans cette dernière classe on distingue encore plusieurs cas: tantôt la feuille périt au bout de l'année qui l'a vue naître, et tombe de suite; ce sont les feuilles *annuelles* des poiriers, des hêtres, etc.; tantôt la feuille périt au bout de l'année qui l'a vue naître, mais reste fixée à l'arbre jusqu'à la naissance du bourgeon suivant, ou jusqu'à ce que la pluie ou la grêle l'ait désarticulée, ce sont les feuilles des chênes rouvres; tantôt enfin les feuilles continuent à vivre plus tard que la naissance des nouveaux bourgeons, c'est ce qui arrive dans les arbres toujours verts; leurs feuilles peuvent être caduques comme dans les arbres qui se dépouillent; mais elles tombent quand l'arbre est déjà recouvert de nouvelles feuilles. Dans le chêne vert cette chute a lieu à la fin du printemps, de sorte que la durée de chaque feuille y est d'environ quinze mois ; dans les sapins et les pins elle se prolonge plusieurs années.

Nous avons vu, dans la description des feuilles, que celles qui ne sont pas articulées sur la tige ne tombent jamais, et que celles qui sont articulées tombent toujours à une époque fixe ; ce ne sont donc ni les météores, ni la naissance du nouveau bourgeon qui déterminent la chute des feuilles. Ces causes peuvent quelquefois la faciliter, mais la vraie cause réside dans une circonstance anatomique ; tant que les feuilles sont fraîches, humides et flexibles, l'articulation conserve assez de force ; dès qu'elles ont les vaisseaux obstrués ou desséchés par l'âge, l'articulation perd de sa force, et la feuille tombe. Le passage des sucs dans les vaisseaux est donc la première cause de la chute des feuilles ; aussi remarque-t-on que les feuilles qui aspirent une très grande quantité d'eau tombent promptement, tandis que celles qui aspirent peu durent plus longtemps. Les folioles qui sont articulées sur le pétiole commun s'en détachent par les mêmes lois que les feuilles se détachent des tiges. C'est la même loi qui opère la chute des fleurs et des fruits.

§. 3. *Usage des feuilles.* L'usage des feuilles est tellement lié avec l'ensemble de la végétation, qu'il ne pourra être exposé complètement que lorsque nous donnerons une esquisse de la vie des végétaux. *Voyez* Végétal, Végétation. On doit le considérer sous plusieurs points de vue principaux. 1° C'est par les feuilles que les végétaux chassent hors d'eux les parties inutiles à leur nutrition. Cette exhalaison s'opère par les feuilles de différentes manières ; d'abord, et c'est leur principale fonction, toute l'eau que le végétal a absorbée ne sert pas à sa nourriture, et n'a été utile que comme véhicule pour charrier les parties nutritives ; tout le reste est chassé au dehors par les pores corticaux dont la surface des feuilles est criblée. En outre, une grande partie de l'air que les végétaux absorbent ou dégagent en sort par la surface des feuilles, non pas seulement par leurs pores corticaux, mais par la superficie de leur tissu cellulaire qui est munie d'autres pores infiniment plus petits. Enfin, parmi les matières solides absorbées par les végétaux avec la sève, il en est qui leur sont peu ou point utiles : ces matières, et notamment la silice, suivent le torrent de la circulation, et se fixent dans la partie où se fait la plus grande évaporation, c'est-à-dire dans les feuilles ; la chute annuelle des feuilles en débarrasse le végétal.

2° Ce sont ces mêmes feuilles qui absorbent de l'atmosphère les matières utiles à la nutrition de la plante ; cette absorption a lieu de deux manières ; si la feuille a besoin d'eau et qu'elle se trouve dans un lieu très humide, alors ses pores corticaux d'exhalans qu'ils sont à l'ordinaire deviennent absorbans , et la plante s'imbibe d'eau par les feuilles , c'est ce qui arrive dans les pluies d'été et les arrosemens. Mais l'usage le plus constant des feuilles sous ce rapport, c'est, pendant le jour, d'absorber le gaz acide carbonique qui se trouve flottant dans l'atmosphère , d'en garder le carbone et d'en rejeter l'oxygène ; pendant la nuit , d'absorber l'oxygène de l'air atmosphérique lui-même , et de le rejeter pendant le jour suivant.

3° Non seulement les feuilles exhalent et absorbent différentes matières , mais elles élaborent les sucs nourriciers du végétal , la sève y arrive dans un état qui ne peut encore servir à la nutrition ; elle s'y dépouille d'une certaine quantité d'eau surabondante ; elle y absorbe une certaine quantité de carbone , et , au moyen des altérations qu'elle y subit , elle devient suc nourricier, et d'ascendante qu'elle est devient descendante. On ignore encore plusieurs circonstances essentielles de cette élaboration.

4° Les feuilles déterminent en grande partie l'ascension de la sève ; car la quantité d'eau absorbée par deux branches du même arbre est presque toujours proportionnelle à la surface de leurs feuilles , ou pour parler plus exactement au nombre de leurs pores corticaux. Nous verrons cependant à l'article VÉGÉTATION que les feuilles n'ont pas un rôle aussi essentiel dans cette opération qu'on pourroit le croire.

5° Indépendamment de tous les usages importans que les feuilles ont pour la nutrition du végétal, elles contribuent encore à assurer sa reproduction en protégeant les fleurs et les fruits contre les intempéries de l'air. Dans plusieurs plantes les feuilles se disposent à l'entrée de la nuit de manière à abriter les fleurs ; ces mouvemens sont connus sous le nom de SOMMEIL DES FEUILLES (voyez ce mot.) Dans leur position naturelle les feuilles servent souvent à abriter les fruits de la trop grande ardeur du soleil ; aussi, dans les pays méridionaux, il seroit dangereux d'effeuiller les vignes en été parcequ'on risqueroit de faire dessécher le fruit sur la plante.

6° Dans quelques plantes les feuilles servent à soutenir la plante ; c'est ce qu'on voit s'opérer par des procédés bien différens, 1° dans les plantes grimpantes dont les feuilles ou les pétioles se terminent en VRILLE (voyez ce mot), qui sert à les accrocher aux arbres voisins ; 2° dans les plantes aquatiques dont les feuilles nageantes servent à les soutenir sur l'eau. Dans celles-ci quelques particularités remarquables de leur structure démontrent plus spécialement leur utilité ; ainsi , par exemple, les feuilles submergées de l'utriculaire ont de petites vésicules, munies d'une soupape, qui sont pleines d'eau avant la floraison , et alors la plante reste sous l'eau ; ces vésicules se remplissent d'air à l'époque de la floraison, et alors la plante monte à la surface ; et elles se remplissent de nouveau de liquide lorsqu'après la floraison la plante doit redescendre mûrir son fruit dans le fond de l'étang.

Je ne pousserai pas plus loin cette énumération des usages des feuilles ; elle suffit pour faire connoître les principaux traits de leur histoire et leur importance dans la nutrition du végétal. Comment donc est-il possible que, sans contrarier toutes les lois de la physique végétale, certaines plantes soient naturellement dépourvues de feuilles ? Ces plantes sans feuilles sont de deux ordres ; les unes, parasites sur d'autres plantes, reçoivent leur aliment tout préparé et peuvent se passer de feuilles ; les autres, non parasites, offrent une structure anatomique qui leur est propre. Nous avons vu que c'étoit par les pores corticaux que s'opèrent l'exhalaison et l'imbibition des vapeurs aqueuses, et par conséquent l'ascension et l'élaboration de la sève ; ce sont donc les pores corticaux qui sont la partie vraiment essentielle des feuilles ; dans les plantes naturellement dépourvues de feuilles, toute l'écorce est foliacée et revêtue de pores, de sorte qu'elle remplit l'office de feuilles : c'est ce qu'on voit dans les cierges, les stapélies, les éphèdres. (Déc.)

Les feuilles sont pendant le jour plus froides que l'atmosphère dans laquelle elles se trouvent. C'est par cette propriété qu'elles jouissent de la faculté d'attirer l'eau dissoute dans l'air, de se couvrir de rosées bienfaisantes. C'est cette même propriété, jointe à l'existence des abris, qui fait que les pays boisés n'éprouvent pas ces variations extrêmes de froid et de chaud qu'on remarque dans les déserts.

La plupart des feuilles changent de couleur aux différentes époques de leur vie, et sur-tout lorsqu'elles commencent à devenir impropres à leurs fonctions, c'est-à-dire quelque temps avant leur chute. Qui n'a pas observé les nuances brunes, jaunes, rouges, fauves, etc, qui, en automne, se substituent aux nuances vertes qui s'étoient succédées pendant le printemps et l'été. Ce mode d'altération, quoique très variable, suit cependant une marche régulière, non seulement dans les diverses espèces, mais encore dans les variétés de la même espèce. Il est plusieurs variétés de vignes que je puis reconnoître en automne, uniquement à la couleur de leurs feuilles.

La coloration des feuilles dans les panachures n'a pas encore été expliquée, mais il est certain qu'elle est due à une maladie du PARENCHYME. *Voyez* ce mot et PANACHURE. Les feuilles panachées ne rendent pas d'oxygène sous l'eau au soleil. On n'a pas de notions sur la cause du changement de couleur des feuilles de certaines plantes cultivées, des choux rouges, des laitues brunes par exemple.

Les feuilles étant les mères nourricières des plantes, toutes les fois qu'on les enlève au printemps on empêche le plus souvent ces plantes de porter du fruit, et toujours on retarde leur accroissement. Quelquefois même, lorsqu'elles n'ont pas assez de vigueur pour réparer leur perte, en poussant de nouveaux bourgeons, cette opération amène leur mort. Les cultivateurs doivent donc n'effeuiller qu'en cas de nécessité absolue et avec la plus grande prudence, pendant cette première époque de la durée des feuilles qui ne subsistent qu'une saison.

Dans les arbres en général, et sur-tout dans les arbres fruitiers, chaque feuille offre à sa base un petit bouton qui se dessèche dès qu'on la coupe, et encore plus rapidement lorsqu'on l'arrache. *Voyez* aux mots Bouton et Œil. Ce bouton n'arrive à sa perfection qu'à la fin de l'automne; effeuiller est donc toujours un mal pour l'arbre l'année où on le fait et même les années suivantes. Que penser donc de ces jardiniers qui, pour colorer et accélérer la maturité de leurs fruits, effeuillent à outrance leurs espaliers? J'ai vu de ces espaliers dont les feuilles restantes et les fruits s'étoient fanés du jour au lendemain, pour avoir subi cette opération. J'ai vu des raisins perdre la moitié de leur saveur, et n'arriver à maturité que long-temps après par la même cause. Ce n'est qu'avec discrétion qu'il faut effeuiller lorsqu'on veut colorer le fruit, seul objet pour lequel l'effeuillage soit utile, c'est-à-dire qu'on doit n'enlever des feuilles que le moins et le plus tard possible, et éviter sur-tout de toucher à celles de la branche qui porte le fruit. Toujours il est mieux de la couper que de l'arracher. *Voyez* aux mots Effeuiller, Ebourgeonner et Palissage.

Lorsqu'on veut retarder la floraison d'une plante, il suffit de lui enlever ses feuilles au printemps. On emploie ce moyen principalement pour le rosier, et il procure des roses pendant presque tout l'été et l'automne. Il seroit possible d'en faire usage dans quelques autres cas plus importans.

Les feuilles étant les organes de la transpiration des plantes, les plantes se dessèchent d'autant plus rapidement lorsqu'elles sont coupées qu'elles ont plus de feuilles; de là la nécessité de couper celles qui existent sur les rameaux coupés pour la greffe en écusson, et l'utilité de diminuer le nombre de celles des plantes qu'on transplante pendant les chaleurs de l'été.

L'étiolement des feuilles a une influence marquée sur leur organisation, sur leur couleur et sur leur saveur. On le provoque souvent dans le jardinage. *Voyez* Étiolement.

La nature a multiplié les feuilles non seulement pour l'avantage de la plante à laquelle elles appartiennent, mais encore pour servir de nourriture à un grand nombre d'animaux, dont quelques uns, comme le bœuf, le cheval, l'âne, la brebis, la chèvre, le lapin, l'oie, etc., sont devenus l'objet des soins particuliers du cultivateur, à raison des services et des bénéfices qu'il en retire. Il a donc fallu que la première rendît très facile et très rapide la reproduction des feuilles de la plupart des plantes, et que le second s'occupât du moyen de les multiplier et de les conserver. C'est pour avoir des feuilles qu'on forme des pâturages, des prairies naturelles, qu'on sème des prairies artificielles, et beaucoup de sortes de plantes annuelles. Un grand nombre d'articles de cet ouvrage n'ont pour but que la production et la conservation des feuilles. *Voyez* PRÉ, PRAIRIE, PATURAGE, FOIN, FOURRAGE, etc.

Ce sont principalement des feuilles des plantes herbacées dont se nourrissent les bestiaux ; cependant la plupart, sur-tout les bœufs, les brebis et les chèvres aiment beaucoup celles des arbres. Dans plusieurs pays, où les pâturages et les prairies sont rares, on coupe ces dernières, soit pour les donner en vert à ces animaux, soit pour les faire sécher, afin de les réserver comme provision d'hiver. Cette pratique n'est pas assez générale, car quoiqu'elle ait des inconvéniens pour les arbres, elle mérite d'être adoptée à raison de l'économie qu'elle apporte dans l'entretien des bestiaux et de l'utilité dont elle est pour leur santé, comme variant leur nourriture.

Le VER A SOIE ne se nourrit que de feuilles de MURIER. *Voyez* ces deux mots.

Un grand nombre de maladies qui presque toutes ne sont pas susceptibles de guérison, sont propres aux feuilles. Beaucoup de plantes parasites internes, de la famille des champignons, telles que des UREDO, des ERYSIPHÉ, des ÆCIDEIS, etc., vivent à leurs dépens et nuisent toujours à la végétation des plantes. Des myriades d'insectes, principalement de chenilles, les dévorent. Tous ces objets ont leur article dans cet ouvrage. *Voyez* aussi BRULURE et CLOQUE.

Après leur chute les feuilles se décomposent, forment l'HUMUS OU TERREAU sans lequel il ne peut pas y avoir de belle végétation. Il est prouvé, par des faits et par des calculs, que chaque plante, dans l'état naturel, rend toujours plus à la terre qu'elle n'en a tiré, de là provient l'immense quantité de terre végétale qui est accumulée par tout l'univers. Il n'en est pas de même lorsqu'on cultive les plantes, qu'on les enlève soit avant, soit après qu'elles ont porté graine ; aussi nos terres labourables perdent-elles chaque année de leur fertilité et est-on obligé de leur restituer, au moyen des fumiers, ce dont elles ont été privées par la croissance des céréales et autres objets. *Voyez* ENGRAIS.

A ce grand et important objet d'utilité générale, je dois encore ajouter, 1° que les feuilles mortes sont un des moyens dont se sert la nature pour conserver dans les forêts et favoriser la germination des graines des arbres ; 2° que le pépiniériste les emploie avantageusement pour couvrir les jeunes plants qui craignent la gelée ; 3° que le jardinier en fabrique des couches sourdes et que le laboureur peut en former des composts ou les transporter sur son fumier pour en augmenter la masse.

Lorsqu'elles sont privées d'air et d'humidité, les feuilles mortes se décomposent avec beaucoup de lenteur. Il est, en conséquence, souvent nuisible de les mettre, comme on le fait, au pied des arbres qu'on plante, parcequ'elles empêchent les racines de ces arbres de se mettre en contact avec la terre. (B.)

FEUILLE D'UN BOIS. Par cette expression, on entend l'âge qu'il a acquis depuis sa plantation ou sa dernière coupe, en sorte que l'on dit indifféremment d'un taillis coupé depuis dix ans, qu'*il est âgé de dix ans*, ou qu'*il est à sa dixième feuille*.

Feuille d'un bois (Prix de la). C'est une manière d'exprimer le revenu fictif qu'il produit à son propriétaire, suivant l'âge auquel il a été coupé. On le trouve en divisant la somme qu'il a été vendu chaque hectare, par le nombre des feuilles ou des années qu'il avoit acquises au moment de son exploitation. (De Per.)

FEUILLETTE. Nom d'une sorte de tonneau dont on se sert dans plusieurs vignobles, et qui contient un demi-muid. *Voyez* au mot Tonneau.

FÈVE, *Faba*. Genre de plantes suivant Tournefort et Jussieu, espèce du genre des vesces selon Linnæus et autres botanistes. *Voyez* au mot Vesce.

La racine de la fève est annuelle, pivotante, fibreuse ; sa tige est quadrangulaire, fistuleuse, haute de deux à trois pieds ; ses feuilles sont alternes, ailées avec impaire, presque sessiles, dentées, décurrentes, formées par deux ou trois paires de folioles sessiles, ovales, entières, épaisses, glauques, veinées ; elles sont pourvues de deux larges stipules sagittées, ses fleurs sont blanches, veinées de noir, avec une large tache noire au milieu des ailes et portées plusieurs ensemble sur de courts pétioles insérés aux aisselles des feuilles. Le fruit est une gousse coriace, très épaisse, à plusieurs renflemens, contenant trois ou quatre semences ovales aplaties, qu'on appelle aussi *fèves*. Leur écorce est épaisse.

Cette plante, qui est cultivée de toute ancienneté, paroît originaire de la haute Asie. Olivier l'a rencontrée s. uvage en Perse.

On en connoît plusieurs variétés dont les suivantes sont les plus communes ou les plus importantes.

La féverole, ou fève de cheval, ou fève des champs, ou gourgane, paroît être le type de l'espèce, du moins les pieds provenant des graines rapportées par Olivier et semées par moi n'en différoient presque pas. Elle est petite, fleurit tard, fournit beaucoup, donne des fruits presque cylindriques, âpres et durs, c'est-à-dire bien moins agréables que ceux des suivantes. C'est principalement en plein champ qu'on la cultive, tant pour la nourriture des chevaux et autres bestiaux que pour l'amendement des terres.

La fève naine hâtive. Elle est petite, branchue, et charge beaucoup. Elle a été apportée, il n'y a pas long-temps, de la côte d'Afrique.

La fève julienne. Elle est plus grande que la précédente et avant son arrivée elle étoit la plus précoce. C'est la plus commune.

La fève verte. Elle ressemble à la précédente pour la grandeur et le produit, mais elle est un peu plus tardive. Ses fruits restent toujours verts, ce qui lui donne un plus grand prix dans les marchés ; aussi commence-t-on à la cultiver beaucoup à Paris. C'est de la Chine qu'elle a été apportée.

La fève à longue cosse s'élève encore plus que les précédentes, est un peu plus tardive et se distingue par la longueur et le grand nombre de ses fruits. On devroit la multiplier beaucoup plus qu'on ne le fait.

La grosse fève ordinaire ou *fève de marais* est la plus généralement cultivée, soit dans les jardins, soit en plein champ. Elle offre une sous-variété appelée *fève picarde* qui est moins grosse et plus aplatie.

La grosse fève de Windsor est la plus forte de toutes, mais elle fournit peu. Ses semences sont larges et presque rondes. Elle résiste moins au froid.

On cultive les fèves de deux manières, c'est-à-dire dans les jardins et en plein champ ; mais les deux seules variétés qui se mettent dans les champs sont la première et l'avant-dernière. Je vais d'abord parler de la culture des jardins.

Un sol substantiel, un peu frais, bien travaillé et bien fumé, est celui qui convient le mieux aux fèves. Elles ne craignent point un peu d'ombre. Cependant celles qui sont destinées à être mangées en primeurs doivent être semées au midi et dans une terre légère, parceque cette exposition et cette terre sont plus précoces, et que les pluies fréquentes du printemps l'entretiennent dans un degré suffisant d'humidité.

Les gelées tardives du printemps sont à craindre pour les fèves, et les chaleurs de l'été leur sont très préjudiciables.

Il faut donc les semer en automne dans les pays chauds, et au printemps dans les pays froids. Plus la graine reste long-temps en terre et plus elle a de risque à courir de la part des mulots, des campagnols et autres animaux qui la recherchent pour s'en nourrir. Il est donc bon de la faire tremper un ou deux jours dans l'eau pour la disposer à germer plus promptement, et en outre, choisir, autant que possible, un temps pluvieux pour la mettre en terre.

Il y a deux manières de disposer les semis, ou en touffes de cinq à six pieds, touffes écartées de dix à quinze pouces, selon la variété, la commune et la grosse de Windsor devant l'être plus que la hâtive, la julienne, etc., ou en rayons séparés par les mêmes intervalles. Dans l'un et l'autre cas, chaque pied sera éloigné de trois à quatre pouces de ses voisins.

Dans les climats froids, même dans celui de Paris, il est prudent de ne faire les semis qu'à la fin de l'hiver, et de huit jours en huit jours, quoique ceux d'automne fournissent des récoltes plus belles et plus précoces. On peut continuer ces semis jusqu'au milieu de l'été, lorsqu'on veut en manger les produits en vert; mais dans le cas contraire, il faut s'arrêter au milieu de mai.

Une gelée de deux ou trois degrés au-dessous de zéro suffit pour tuer les jeunes fèves. On les en garantit en les couvrant de litière, de feuilles sèches, de fougère, etc., ou mieux, de pots à fleurs renversés, pots qu'on ôte tous les matins lorsque le temps s'annonce pour devoir être doux pendant la journée.

Dès que les jeunes pieds de fèves ont trois ou quatre pouces de haut, il faut leur donner un premier binage et butter leur pied. Ces deux opérations sont extrêmement avantageuses au succès de la plantation. La dernière, que quelques personnes négligent ou font mal, a pour objet de déterminer la sortie d'un plus grand nombre de racines latérales, et on sait que plus ce nombre est considérable et plus les tiges sont vigoureuses et plus les fruits sont abondans et beaux.

Ce binage et ce buttage doivent être répétés une ou deux fois, par un temps humide s'il se peut, à environ quinze jours de distance plus ou moins, selon qu'on le juge avantageux.

Plus les fèves sont petites et plus elles sont tendres, et moins elles ont ce goût de sauvageon qui leur est propre et qui déplaît à quelques personnes; c'est donc au quart au plus de leur croissance qu'on les cueille pour la table du riche; mais alors les pieds ne sont pas encore épuisés; on peut donc espérer, si le temps est favorable, d'obtenir une seconde pousse, et par suite une seconde récolte si on coupe les tiges rez terre immédiatement après la première. J'insiste sur ce fait parcequ'en général on ne le connoît pas, et qu'il est des cas où il est bon de ne pas l'ignorer; mais il ne faut jamais, comme quelques auteurs l'ont conseillé, couper la première pousse avant sa floraison, dans l'intention d'avoir des pieds branchus, et susceptibles par conséquent de fournir plus de fruit, parcequ'on n'y gagne réellement rien.

La plupart des jardiniers pincent (coupent avec l'ongle) l'extrémité des pieds de fèves lorsqu'ils sont en fleur; mais ils courent risque de faire avorter beaucoup de ces fleurs. C'est après qu'elles sont passées qu'il faut faire cette opération qui accélère bien certainement la maturité du fruit, et augmente sa grosseur et sa saveur.

Les pucerons sont presque les seuls animaux que les fèves aient à redouter; mais ils sont souvent un terrible fléau pour elles. Il n'est pas rare dans certaines années ou dans certaines localités de perdre une grande partie de la récolte par cette cause, ou du moins de ne récolter que des fruits petits et sans saveur. Comme c'est toujours à la partie supérieure de la tige, comme plus tendre, qu'ils se tiennent, on a souvent la ressource de la couper et de la brûler, si le fruit est déjà formé. S'il ne l'étoit pas, c'est le cas de couper rez terre. *Voyez* au mot Puceron.

Il est beaucoup plus avantageux de laisser toutes les gousses d'un certain nombre des plus forts pieds pour graine que de laisser une ou deux des dernières gousses de chaque pied, comme on le fait communément. Je ne puis trop répéter que c'est de la grosseur de la graine que dépend la beauté du semis, et que c'est de la précocité de la floraison que dépend cette grosseur sur chaque pied.

On reconnoît que la graine des fèves est mûre à la couleur noire et au dessèchement des tiges, des feuilles et des gousses. Comme ces dernières ont la peau très épaisse, elles fournissent encore long-temps, après que leur surface est noircie, de l'aliment à la graine. Donc il n'est pas bon de se presser d'en séparer cette graine. En général il n'y a d'autres inconvéniens à attendre la fin de l'été pour arracher les pieds, que la crainte des pluies permanentes, du pillage des mulots, des campagnols ou autres rongeurs.

Les graines pour semis doivent être conservées dans leur gousse jusqu'au moment de leur emploi. Les autres sont écossées ou battues et renfermées dans des sacs tenus dans un grenier et autre lieu sec et aéré. Elles sont du goût de la Bruche des pois (*voyez* ce mot); mais cet insecte ne leur est pas très nuisible à raison de leur grosseur.

On conserve trois ans propres à la germination les fèves écossées, et cinq ans celles non écossées. Elles prennent

en vieillissant une couleur rouge et même noire sans pour
cela cesser d'être bonnes.

Dans les grandes villes on ne mange les fèves que dans
leur première jeunesse et avec l'écorce qui les recouvre,
ou plus tard, après avoir enlevé cette écorce. Alors on les
appelle *fèves dérobées*. Les fèves sèches ne se consomment
guère que par les pauvres, encore quelques uns les digèrent-
ils difficilement, lorsqu'ils ne les mettent pas en purée, car
leur robe est naturellement très coriace et le devient de plus
en plus par la vétusté.

Les fanes de fève servent à chauffer le four ou à augmenter la masse des fumiers. Jamais il ne faut les laisser sans emploi, comme cela ne se fait que trop souvent : car toute perte,
quelque peu considérable qu'elle soit, est toujours blâmable.

Mais c'est en plein champ que la culture des fèves procure
de grands avantages aux cultivateurs, parcequ'elle peut avoir
différens buts importans, dont quelques uns sont susceptibles
de se cumuler. Ainsi elles peuvent fournir leurs graines pour
la nourriture des hommes et des animaux, leur fane pour
fourrage ou pour engrais. Ainsi elles préparent les terres
argileuses pour les semailles des céréales. J'insisterai principalement sur ce dernier emploi, peu connu en France,
mais dont les Anglais font grand cas, et avec raison.

Ce sont exclusivement les terres argileuses un peu humides,
c'est-à-dire les terres froides propres au froment, qui conviennent à la culture des fèves. Elles produisent dans ces sortes
de terres, lorsqu'on sait diriger leur culture, les mêmes bons
effets qu'on éprouve de la culture du trèfle dans les sols sablonneux, c'est-à-dire qu'elles amènent l'abondance et la beauté
des fromens qu'on sème l'année suivante, qu'elles donnent un
revenu dans l'année consacré dans beaucoup de lieux aux jachères. Qu'on ne craigne pas de multiplier cette culture
dans les pays qui lui sont propres, car l'emploi des fèves n'a pas
de bornes connues, puisqu'elles sont une nourriture excellente pour tous les animaux domestiques ; qu'elles valent
mieux que beaucoup d'autres pour engraisser ceux qu'on destine à être mangés, tels que les bœufs, les cochons, les
dindes, les oies, les chapons, etc. ; qu'elles augmentent considérablement le lait des vaches et le rendent d'une excellente
qualité. Dans les lieux voisins des ports de mer on est toujours
sûr d'en trouver un débit avantageux pour l'approvisionnement des vaisseaux et pour l'exportation. En général, quoique
leur culture soit assez en faveur en France, elle n'est pas aussi
étendue qu'il seroit bon qu'elle le fût. J'invite donc mes concitoyens à s'y livrer avec plus d'ardeur, et ce, pour leur avantage personnel autant que pour le bien général.

L'expérience a prouvé aux agronomes anglais que, quelque rotation d'assolement qu'on préférât, c'étoit toujours l'année qui précédoit le semis du blé qu'il falloit choisir pour la culture des fèves dans tel champ. Ce résultat est principalement fondé sur ce que les deux, trois et même quatre binages qu'on leur donne (outre qu'ils sont une excellente préparation) détruisent les mauvaises herbes, de sorte que les blés sont *nets*, sans qu'il soit besoin de les sarcler; or le cultivateur dont les blés seront le plus privé de mauvaises herbes devra toujours compter sur la meilleure récolte. Les fèves sont donc, sous ce rapport seul, d'une importance majeure.

On ne donne ordinairement que deux labours aux champs qu'on destine à recevoir des fèves; mais il faut qu'ils soient aussi profonds que possible. Plus la terre est divisée et plus la récolte est abondante. On la fume le plus souvent immédiatement avant le second labour. Dans tous les climats où les gelées du printemps sont à craindre, c'est après l'hiver qu'il faut les ensemencer. Le mois de février est le plus convenable pour celui de Paris, qui dans le cours de cet ouvrage se considère constamment comme intermédiaire entre le midi et le nord.

Il y a deux manières de répandre les fèves dans les champs, à la volée ou en rayons. Chacune de ces manières a ses partisans. Si nous faisions un plus grand usage des charrues à biner, si employées en Angleterre et réellement si avantageuses, sous le rapport de l'économie, cette discussion n'auroit pas lieu, puisqu'il n'y a que le semis en rayons qui puisse convenir dans ce cas.

Quoi qu'il en soit, il faut dans l'un ou l'autre cas toujours biner et biner souvent, c'est-à-dire deux fois au moins et quatre fois au plus. Il faut que les pieds soient suffisamment écartés, non seulement pour que les bineurs ou la charrue puissent agir, mais pour que ces pieds ne se nuisent pas réciproquement en se privant de nourriture et de lumière. La distance entre ces pieds doit en conséquence être la même que celle indiquée plus haut pour la culture dans les jardins, et même plus considérable. Le semis en rayons se fait en laissant tomber les graines une à une derrière la charrue. Ceux qui ont proposé de les placer dans des trous faits avec le plantoir, après le labourage et le hersage, n'ont pas calculé la dépense de cette opération et le peu d'importance de la perfection qu'elle apporte à l'espacement des pieds.

Quelques personnes ont même conseillé de semer les graines en pépinière, et de transplanter les pieds en quinconce, lorsqu'ils ont acquis assez de force pour supporter cette opération. Nulle part ce procédé n'est employé et ne peut l'être, non seulement encore à raison de la dépense, mais de plus parcequ'elle retarde la végétation. Ce n'est qu'à force d'arrosemens qu'on pourroit assurer la reprise d'une plantation de ce genre, pour peu que la saison fût sèche; or on ne peut arroser partout par irrigation. Au plus, peut-on enlever les pieds trop rapprochés pour les mettre dans les lieux les plus dégarnis; encore reconnoît-on toujours, à leur foiblesse, ceux qui ont été ainsi changés de place.

Comme dans la culture en plein champ on n'a en vue que la graine sèche et qu'il est de nulle importance qu'elle mûrisse quelques jours plus tôt ou plus tard, il n'est jamais nécessaire de pincer l'extrémité des tiges, quoiqu'on le fasse fréquemment.

On récolte les fèves cultivées ainsi lorsqu'elles sont complètement desséchées. Il y a trois manières d'y procéder : ou en les détachant une à une de la tige pour les mettre dans des paniers et ensuite dans des sacs au moyen desquels on les transporte à la maison, ou en arrachant les tiges encore chargées de ces fruits, ou enfin en les fauchant. La seconde de ces manières est la plus généralement pratiquée comme la plus expéditive. On bat ensuite les tiges avec un fléau, c'est-à-dire comme le blé, soit dans le champ, soit immédiatement à leur arrivée à la maison, soit pendant l'hiver.

Les deux variétés de fève que l'on cultive ainsi en grand sont, comme je l'ai déjà observé, la fèverole et la grosse fève ordinaire ou fève de marais. Il y a à peu près égalité dans les produits. La fèverole est plus petite, plus dure, moins agréable au goût. Elle est presque exclusivement réservée pour la nourriture des bestiaux, mais elle est moins soumise aux effets de la gelée et de la sécheresse, et elle fournit davantage de gousses. L'autre doit être préférée dans tous les cas où on peut espérer un débit avantageux de la graine.

Quelques cultivateurs sèment des navets dans leurs champs de fèves immédiatement après le dernier binage, soit pour les récolter, soit pour les enterrer. Dans l'un et l'autre cas ils méritent d'être imités, car il y a réellement des avantages et aucun inconvénient à le faire lorsqu'on le peut.

Ainsi que toutes les espèces de vesce, les fèves de marais sont un excellent fourrage, soit vert, soit sec. Dans beaucoup de lieux on les sème donc pour cet objet. Alors c'est toujours à la volée et plus épais, parcequ'on ne les bine pas et qu'on les coupe avec la faux lorsqu'elles sont en pleine fleur. Quelquefois on les mêle avec d'autres espèces de vesces, des pois, des lentilles, etc. Ce semis, ou son résultat, s'appelle DRAGÉE. Voyez ce mot.

Cette sorte de semis n'est pas approuvée de tous les cultivateurs, à raison de la différence de l'époque de la végétation de ces diverses espèces ; mais ce semis a réellement des avantages dans beaucoup de cas, et il plaît beaucoup aux bestiaux. *Voyez* MÉLANGE.

On peut ainsi faire successivement deux ou trois coupes, selon la nature du sol et les circonstances atmosphériques. La chaleur et l'eau influent plus sur cette plante que sur beaucoup d'autres, à raison de son pays natal et de sa nature.

Lorsqu'on ne coupe qu'une ou deux fois les fèves cultivées pour fourrage, le terrain peut recevoir toutes les préparations qu'exige le blé, ou être de nouveau ensemencé en rave, en navette, en cardère, etc., ou planté en choux de diverses sortes.

Une autre excellente manière de tirer parti des fèves est, comme je l'ai déjà annoncé plus haut, de les enterrer avec la charrue lorsqu'elles sont en fleur. Il faut avoir vu les bons effets de cette pratique pour en apprécier toute l'importance. Seule elle vaut le meilleur fumage, et elle augmente prodigieusement l'action des fumiers qu'on répand avant ou après. Son usage est fréquent en Angleterre et n'est pas inconnu dans beaucoup de localités en France, sur-tout dans le midi et dans le nord. Il est très remarquable que dans tous les départemens intermédiaires on ne trouve la fève que dans les jardins. Dans les départemens méridionaux, où on sème les fèves en octobre, il est toujours possible de les faire paître pendant l'hiver par les bestiaux, lorsqu'on les destine à faire du fourrage ou à être enterrées, cela les forçant à repousser en trochées et par conséquent à fournir un plus grand nombre de tiges et de feuilles.

Sous tous les rapports, il est donc à désirer que la fève soit plus abondamment cultivée en France. Elle doit nécessairement, je le répète, entrer dans la rotation des assolemens des terrains argileux et froids, et le plus souvent précéder immédiatement le blé. Son nom de fève de marais ne doit pas faire croire cependant qu'elle puisse réussir dans les lieux marécageux, au contraire elle les redoute beaucoup ; aussi quand on veut en mettre dans un terrain sujet à retenir trop long-temps les eaux de pluie, faut-il élever des billons et ne la semer qu'à leur sommet.

Les fleurs de la fève de marais ont une odeur assez agréable, mais foible. Le miel que les abeilles recueillent dans leur nectaire est d'une très mauvaise qualité.

Dans quelques endroits on mange les jeunes pousses et les jeunes feuilles de fèves en guise d'épinards.

Les fèves réduites en farine ne peuvent seules faire du pain, mais elles entrent facilement pour un cinquième dans celui de froment, qu'elles détériorent toujours. La meilleure manière de les manger lorsqu'elles sont sèches, c'est en purée. Pour cela,

en Angleterre on les vend dépouillées de leur écorce, au moyen
d'un moulin, ce qui facilite singulièrement leur cuisson. En
France on les fait d'abord cuire et ensuite on enlève cette écorce
à la main et une à une, opération longue et ennuyeuse. Si le goût
de ce légume devenoit plus général dans les grandes villes, il
n'y a pas de doute que la méthode anglaise ne fût promptement adoptée ; mais elle augmente son prix de quelques sous,
et cette augmentation suffit pour arrêter les habitans des campagnes, qui ne voient pas que deux heures de temps employées
à éplucher la quantité nécessaire au dîner de leur famille représente une somme trois à quatre fois plus considérable.

On torréfie les fèveroles en Allemagne pour en faire du café
et du chocolat, ou du moins des boissons qui en ont l'apparence.

M. Gaujac a fait insérer un très bon mémoire sur la culture
des fèves dans le 37 vol. des Annales d'agriculture. (B.)

FÈVERO. Mélange de fèves et de pois qu'on sème dans
la ci-devant Lorraine pour être coupé en vert et donné aux
bestiaux. *Voyez* FÈVE ET MÉLANGE.

FÉVIER, *Gleditsia*. Genre de plantes de la polygamie diœcie et de la famille des légumineuses, qui renferme quatre à
cinq arbres ou arbustes susceptibles d'être cultivés en pleine
terre dans le climat de Paris, et remarquables par la grosseur
et la disposition des épines dont ils sont pourvus.

Le FÉVIER A TROIS ÉPINES, *Gleditsia triacanthos*, Lin., a les
feuilles alternes, deux fois ailées, composées de douze à quinze
paires de folioles oblongues linéaires, un peu dentées, d'un
vert luisant, d'environ six lignes de long, quelques unes simplement pinnées, ou même pinnées d'un côté et deux fois
pinnées de l'autre ; des épines axillaires très grosses, rougeâtres, longues de plus de deux pouces, presque droites, et du
milieu desquelles sortent ordinairement deux autres épines
très petites ; des fleurs petites, verdâtres, disposées en grappes
axillaires rassemblées en faisceaux ; des gousses souvent longues d'un pied et larges d'un pouce, d'un brun rougeâtre, et
presque toujours contournées ou irrégulières. C'est un arbre de
trente ou quarante pieds de haut, dont la cime est ample et
étalée, le tronc grisâtre et armé de distance en distance de
paquets d'épines beaucoup plus grosses et plus longues que
celles des branches. Ces épines du tronc ont quelquefois six à
huit pouces de long, et forment des groupes plus gros que la
tête. Ses rameaux sont striés de blanc. Il croît naturellement
dans l'Amérique septentrionale et se cultive depuis long-temps
dans nos jardins, où il se fait remarquer par ses singulières
épines, la beauté de son feuillage et la grandeur de ses gousses,

qui, agitées par le vent, font un effet agréable. Son bois est
rougeâtre, très dur, s'éclate aisément, et peut être comparé
à celui du robinier blanc pour les qualités. On ne l'emploie
guère en Amérique que pour brûler, parcequ'on n'y manque
pas d'arbre dont le bois est aussi dur; mais en France il pourroit servir à beaucoup d'usages, s'il y devenoit plus commun.

Ce qui fait que cet arbre est encore rare, c'est qu'il ne se multiplie que par ses fruits, qu'il en porte rarement dans le climat
de Paris, et qu'ils sont fort sensibles à la gelée. Ce n'est guère
que tous les trois à quatre ans qu'on peut trouver un concours
de circonstances favorables à leur production et maturité. Il
faut que le printemps et l'automne soient également secs et
chauds. Actuellement, cependant, qu'il y en a des plantations
dans les parties méridionales de la France, il est probable qu'il
se répandra plus rapidement.

Une terre profonde et substantielle est celle qui convient le
mieux au févier. Quoiqu'il réussisse à toutes les expositions, il
est bon de lui en donner une sèche et chaude, sur-tout si on
désire qu'il produise du fruit. On le place ordinairement, dans
les jardins paysagers, soit isolément à quelque distance des
massifs ou au milieu des gazons, soit au troisième rang de ces
mêmes massifs. Son tronc ne craint point les gelées quand il est
arrivé à sa quatrième année; mais à tout âge il redoute les
grands vents, qui le font éclater; c'est pourquoi il faut l'abriter
autant que possible.

On peut semer les graines de févier en pleine terre, à une
exposition chaude et dans une terre bien préparée, dès qu'on
n'a plus de gelées à craindre, c'est-à-dire à la fin d'avril; mais
il est plus sûr de le faire en terrine, sur couche et sous châssis,
à la fin de mars, car le jeune plant est extrêmement sensible
au froid. Ces graines lèvent promptement, et le plant qu'elles
produisent a souvent un pied de haut à la fin de la première
année. Ce plant doit être l'hiver suivant, ou rigoureusement
couvert de litière ou de fougère, ou rentré à l'orangerie. Si
malgré cela il étoit frappé de la gelée, il faudroit le rabattre
en le repiquant, car il périt rarement lorsqu'on a pris une de
ces précautions. Son repiquage se fait au printemps, en pleine
terre, à la distance de six à huit pouces, ou dans des pots isolés.
Les mêmes précautions doivent être prises les deux hivers suivans, après quoi on peut le mettre en pleine terre à deux pieds
de distance, dans un lieu abrité et bien défoncé, lieu où il
restera jusqu'à sa transplantation définitive, c'est-à-dire pendant
deux ou trois ans, ayant soin chaque printemps de couper les
branches qui auroient pu périr par suite des gelées de l'hiver.
Il pousse rapidement quand il est parvenu à cet âge.

Quelquefois il sort des rejetons du pied des féviers; mais

cela est trop rare pour qu'on doive y compter. Il arrive aussi
quelquefois que ses racines, coupées et mises au jour, donnent
naissance à de nouveaux pieds.

On connoît trois variétés de févier. L'une, qui a les gousses
très longues et les folioles petites; l'autre, dont les gousses
n'ont que trois à quatre pouces de long et les folioles larges;
la troisième, qui n'a pas d'épines. Cette dernière, qui se montre assez souvent dans les semis faits à Paris, n'existe pas en
Amérique, du moins Michaux ni moi ne l'y avons pas observée, de sorte qu'il y a lieu de croire qu'elle est due à la culture ou au climat. Quelques personnes multiplient cette variété
par la greffe sur l'espèce.

Le FÉVIER MONOSPERME a les feuilles et les épines très peu
différentes de celles du précédent; mais ses gousses sont presque rondes et ne contiennent qu'une seule semence. Il croit en
Caroline et en Virginie dans les lieux marécageux, et s'élève
aussi de trente à quarante pieds. Sa cime est touffue, ses rameaux grêles et d'un vert obscur. On le cultive dans quelques
jardins des environs de Paris; mais comme il se distingue à
peine du précédent par l'aspect, et qu'il perd ses branches tous
les hivers par la gelée, il est peu recherché. On doit toujours
semer ses graines dans des terrines sur couche et sous châssis,
et conserver son plant en pot jusqu'à trois à quatre ans. Il n'a
jamais fructifié en France. On le greffe sur le févier à trois
épines.

Cet arbre est rare, même en Amérique. Je ne l'ai trouvé
que dans un seul endroit en Caroline, mais il y étoit abondant. Catesby l'a figuré sous le nom d'*acacia aquatique*, et
Lamark l'a appelé le *févier de Caroline*.

Le FÉVIER DE LA CHINE a les feuilles deux fois ailées; les
pinnules composées de six à huit paires de folioles ovales-ob-
longues, deux fois plus longues et trois fois plus larges que
celles des précédens; ses épines sont plus grosses, plus cour-
bes, moins nombreuses sur les rameaux, et beaucoup plus
abondantes et plus longues sur le tronc. Ses fruits ressemblent
à ceux du premier, mais ont rarement plus de six pouces de
long. Il est originaire de la Chine et se cultive dans les jardins
des environs de Paris. Il ne cède pas en grandeur et en beauté
au févier à trois épines. Il a même sur lui l'avantage d'être
moins sensible à la gelée et de donner plus fréquemment des
fruits. Au reste on le confond généralement avec lui; et s'il
forme bien espèce distincte, ce n'est que pour les botanistes.
On en voit de forts beaux pieds portant graines au jardin du
Muséum et chez Cels.

Le FÉVIER A GROSSES ÉPINES, *Gleditsia macrocanthos*, Desf.,
G. Ferox de quelques personnes, a les feuilles deux fois ailées,

les pinnules composées de folioles oblongues, coriaces, plus
vertes et luisantes en dessus. Ses épines sont très nombreuses,
très grosses, et souvent surcomposées. Son jeune bois est couvert de poils extrêmement courts. On le dit originaire de la
Chine, et on le confond avec le précédent sous le nom de *févier de la Chine*, quoiqu'il en soit fort distinguable à la première vue. Il ne paroît pas devoir arriver à la même hauteur,
si j'en juge par le petit nombre de pieds qui existent dans les
jardins des environs de Paris, où ils ne forment que de grands
buissons. C'est bien l'arbre le plus propre à faire des haies qu'on
connoisse. A peine est-il possible aux petits oiseaux de se poser
sur ses branches sans danger, et à plus forte raison sera-t-il impossible aux hommes et aux animaux de vaincre les obstacles
que ses nombreuses branches, ses énormes épines, apportent
à leur passage. Il ne craint point les gelées. On le multiplie
de graines, que deux pieds existant dans la pépinière du Roule
donnent abondamment depuis deux ans, et par la greffe sur
la première espèce. On ne peut trop concourir à le multiplier.

Le FÉVIER DE LA CASPIENNE, *Gleditsia capsica*, Bosc, a
les feuilles deux fois pinnées, les pinnules garnies de douze
ou quinze paires de folioles ovales aiguës; les épines très longues, recourbées, aplaties à leur base dans le sens de leur
courbure et d'un brun verdâtre; ses jeunes rameaux sont en
zigzag et d'un vert brunâtre. Il a été rapporté par Michaux
des bords de la mer Caspienne, et planté par lui dans son jardin en Amérique, où j'en ai cultivé sept à huit pieds comparativement avec l'espèce du pays de laquelle ils diffèrent par
leur port, par la forme de leurs épines, et par la grandeur
de leurs feuilles. A son retour d'Amérique, Michaux donna à
Antoine Richard ce qui lui restoit de graines apportées de Perse,
et parmi ces graines deux ont levé et ont fourni à Versailles
un très beau pied, qui a déjà donné quelques fleurs et qui
probablement donnera bientôt des fruits. J'ai fait greffer cette
espèce sur la commune, de sorte qu'il y en a actuellement
plusieurs pieds dans les pépinières impériales. Souvent ses
feuilles, dont quelques unes sont de plus d'un pied de long,
ont des pinnules d'un côté et de simples folioles de l'autre,
mais des folioles de quinze à dix-huit lignes de long. Cette espèce, par ses branches fort étalées et son beau feuillage, l'emporte sur toutes les autres. Il est à désirer qu'elle ne se perde
pas. (B.)

FÉVRIER. Pendant ce mois, qui est le second de l'année et
de l'hiver, le soleil commence à monter sur l'horizon et à acquérir de la chaleur, cependant souvent les gelées sont encore
fortes et la neige couvre la terre. Lorsque le temps permet aux

cultivateurs des travaux extérieurs, c'est le moment de donner le premier labour aux terres destinées à recevoir des orges, des avoines, des blés de printemps, d'y porter du fumier, de les marner, etc. On continue aussi de faire des fossés, d'émonder ou de couper les arbres.

Les jardiniers profitent de tous les beaux jours pour faire leurs couches, les semer de toutes les primeurs, soit pour être immédiatement mangées, soit pour être repiquées. Ils finissent leurs labours et sèment ou repiquent contre les murs exposés au midi les pois Michaux, les laitues brune, hollandaise, de Versailles, la fève de marais, les oignons de primeur, les poireaux, la ciboule, l'échalotte, l'ail, la rocambole, les choux hâtifs, etc. Ils commencent aussi à planter des pommes de terre hâtives.

Dans les parterres on sème les pieds d'alouette, lorsque cela n'a pas été fait, comme on le devroit toujours, avant l'hiver, les pavots, les nigelles et autres plantes annuelles de printemps. Les gazons doivent être soigneusement sarclés.

On coupe les greffes destinées à être employées le mois suivant, et on continue les plantations de toutes espèces, sur-tout dans les terrains humides. (B.)

FI. Nom d'un chêne fort voisin du chêne pédonculé, mais peut-être distinct, qu'on trouve dans la forêt de Chambord.

FIBRE VEGETALE. Filets irréguliers qui semblent composer la partie solide des bois, et qu'on enlève, plus ou moins facilement, après les avoir fait macérer long-temps dans l'eau. Mais ce ne sont pas des filets; dans le sens qu'on attache vulgairement à ce mot, ce sont des véritables membranes qui se déchirent longitudinalement. Quelque fondé qu'on soit à changer le nom de ces filets, j'ai conservé celui consacré par les écrits de Duhamel, comme plus en rapport à ce qu'indique le simple aspect. En effet, comment faire comprendre à des cultivateurs que ces filets longitudinaux, si visibles sur la plupart des bois, que les filamens de l'écorce du lin, du chanvre, etc., ne sont pas des fibres solides. *Voyez* aux mots BOIS, AUBIER, ECORCE, COUCHES CORTICALES, COUCHES LIGNEUSES. (B.)

FIBREUX. On dit que des racines sont fibreuses lorsqu'elles sont longues et très fines. *Voyez* CHEVELU.

FIC ou CRAPAUD. MÉDÉCINE VÉTÉRINAIRE. On nomme ainsi une tumeur qui fixe son siège à la partie inférieure du pied. Elle est d'une nature mollasse et spongieuse, insensible et sans chaleur.

Le fic ou crapaud provient de l'âcreté de la lymphe nourricière, et sur-tout de la saleté ou des ordures, ou du fumier des écuries dans lesquelles le pied du cheval séjourne, et encore de l'âcreté des boues dans lesquelles l'animal est obligé de marcher, et quelquefois aussi à la suite des eaux au paturon. *Voyez* Eau aux jambes.

Les chevaux y sont plus sujets que les autres animaux. On observe même que ceux qui ont les talons hauts et la fourchette petite, y sont plus exposés que les autres; la raison en est simple : la fourchette, se trouvant éloignée de terre relativement à sa hauteur, ne se trouve point comprimée par son appui sur le sol; l'humeur séjournant à défaut de cette compression, elle occasionne le fic. C'est pourquoi nous voyons rarement naître des fics aux pieds dont les talons sont bas, et dont la fourchette porte à terre.

Nous reconnoissons deux espèces de fic ou crapaud, le fic bénin et le fic grave.

Le fic bénin n'attaque que la fourchette, tandis que le fic grave attaque non seulement la fourchette, mais encore la sole charnue, la chair cannelée des talons, celle des quartiers, ou la partie postérieure du cartilage de l'os du pied; et c'est toujours dans ce dernier cas que le cheval boite.

La plupart des maréchaux, pour guérir le fic, débutent ordinairement par le couper, ou par le brûler au moyen des caustiques, dans la vue d'éviter de dessoler l'animal. Mais une expérience journalière prouve que ces moyens ne suffisent pas, parceque l'humeur du fic se portant alors sur les côtés, au-dessous de la sole de corne, elle y produit par son séjour des fics nouveaux. Le plus sûr moyen donc à mettre en usage, est de dessoler l'animal (*voyez* Dessoler), pour s'assurer des racines du fic et les emporter. Si l'on se contentoit d'en détruire l'extrémité seulement, il est certain qu'il reviendroit toujours, et que la cure ne seroit jamais parfaite. La dessolure étant faite, on applique sur la plaie de petits plumasseaux imbibés d'essence de térébenthine, observant de faire compression, sur-tout à l'endroit de la fourchette. On lève l'appareil au bout de cinq jours, pour panser ensuite la plaie avec l'onguent égyptiac qu'on trouve chez les apothicaires, et le reste de la sole avec la térébenthine jusqu'à parfaite guérison.

Nous avons dit plus haut que le fic grave affectoit spécialement la sole charnue jusqu'à l'os du pied, et qu'il s'étendoit quelquefois jusqu'à la chair cannelée des talons et celle des quartiers. Dans ce cas la maladie est des plus sérieuses, d'autant plus qu'elle est en partie occasionnée par la corruption des humeurs qui abreuvent le pied de l'animal. Le traitement aussi doit être différent. On met le cheval au son et à la paille pour toute nourriture; on lui passe un séton à chaque fesse, et un autre au-devant du poitrail, pour détourner une partie de l'humeur qui se porte au pied. Deux ou trois jours après on déssole l'animal, et on coupe le fic jusqu'à la racine avec la feuille de sauge, ou tout autre instrument convenable. Le maréchal aperçoit-il que l'os est carié (*voyez* CARIE), il doit le ratisser, pour emporter tout ce qu'il y a de gâté sur la surface, et appliquer ensuite un digestif pour faire tomber l'esquille et favoriser l'exfoliation, et mettre sur le reste des plumasseaux imbibés d'essence de térébenthine. C'est là en quoi consiste le premier appareil.

Si au bout de cinq jours qu'on lève l'appareil l'artiste s'aperçoit que les chairs soient baveuses, mollasses et filamenteuses, et qu'elles fournissent une humeur séreuse, c'est une preuve que la racine du fic n'est pas entièrement détruite; il importe de le recouper avec l'instrument tranchant, et de panser la plaie avec l'onguent égyptiac, de deux jours l'un, jusqu'à parfaite guérison. Le grand point dans le premier pansement est d'emporter entièrement le fic, et de détruire avec la rénette tout ce qui peut en rester dans la muraille; mais si le fic, comme cela peut avoir lieu, regagne du côté de la couronne, en allant de bas en haut, on doit avoir soin de bien placer l'appareil, c'est-à-dire les plumasseaux imbibés d'essence de térébenthine, serrés et contenus par une ligature large, qu'on ne lèvera qu'au bout de quatre jours, de peur d'hémorragie.

La fièvre survient quelquefois à la suite de l'opération : la saignée, l'eau blanche, le son mouillé, les lavemens émolliens suffisent pour la calmer.

Nous avons vu des chevaux qui, outre les fics à la fourchette, avoient en même temps des eaux aux jambes et des poireaux aux paturons. Dans ce cas on doit bien sentir qu'il seroit inutile d'entreprendre la cure du fic, sans au préalable avoir procédé à la guérison de la maladie première, parceque la sérosité âcre, s'écoulant des eaux du paturon dans le pied, ne pourroit que s'opposer à la guérison radicale du fic. Ainsi *voyez* EAU AUX JAMBES, POIREAUX.

Outre le fic dont nous venons de parler, il est encore d'autres petites tumeurs ou excroissances charnues qui portent le même nom, et qui viennent en différentes parties du corps des chevaux, et sur-tout des ânes et des mulets. Ces excroissances sont quelquefois molles, quelquefois dures et squirreuses, et fixent pour l'ordinaire leur siège sous le ventre, au fourreau.

Le plus sûr moyen de guérir ces espèces de fic, c'est de les lier avec de la soie, quand on le peut, et de les serrer de jour en jour; on les voit tomber dans la suite sans occasionner de douleur. Pour cicatriser plus fortement les petits vaisseaux, et pour prévenir toute reproduction, on peut toucher légèrement la partie qui étoit le siège du fic, si toutefois sa situation le permet, avec un petit bouton de feu. Nous avons retiré des effets merveilleux des trochisques de réalgar, in troduits dans le centre du fic, et maintenus par un point de suture, dans trois mulets de charrette confiés aux soins d'un maréchal qui n'avoit pu trouver le remède convenable. (R.)

FICAIRE, *Ficaria*. Petite plante à racines vivaces, granuleuses, fibreuses et traçantes ; à feuilles d'un beau vert luisant, cordiformes et légèrement sinuées, portées sur de longs pétioles sortant des racines ; à fleurs d'un jaune brillant, solitaires à l'extrémité d'un long pédoncule sortant des racines ; qui fait partie des renoncules dans les ouvrages de Linnæus, mais que Haller et quelques autres botanistes pensent être dans le cas de former un genre particulier dans la polyandrie polyginie et la famille des renonculacées.

La FICAIRE ÉCLAIRETTE croît dans les terrains humides ou ombragés, dans les champs et les bois. Elle fleurit au premier printemps, et embellit par conséquent la nature avant toute autre plante. On ne sauroit trop la multiplier dans les bosquets des jardins paysagers. Il suffit d'en planter quelques pieds ou d'en répandre quelques graines pour que le sol en soit bientôt couvert, pour peu qu'il soit humide, chacun des tubercules de sa racine donnant naissance à un filet qui se couvre lui-même de tubercules dans le courant de la première année. Rien de plus frais que les touffes un peu grosses de cette plante, lorsqu'elles sont parsemées de fleurs. Ses feuilles périssent avant même la maturité complète des graines, de sorte que pendant l'été on n'en voit plus aucune trace. Elle fournit une variété à fleurs doubles qui n'est pas commune.

Les feuilles et les racines de cette plante sont âcres et passent pour résolutives et antiscorbutiques. Les habitans du nord de l'Europe mangent les premières en guise d'épinards. Les cochons recherchent beaucoup les dernières. (B.)

FICHER LES ECHALAS. *Voyez* ECHALAS.

FIENT, FIENTE. On donne généralement ce nom aux excrémens des animaux et particulièrement à ceux des oiseaux. La fiente est un si excellent engrais que tout ami de l'agriculture doit voir avec peine combien il s'en perd sur les routes, dans les avenues des villages, les cours des fermes, etc. Un cultivateur actif doit employer tous les moyens pour s'en procurer le plus possible, en la faisant ramasser et porter sur son FUMIER. *Voyez* ce mot et le mot ENGRAIS. (B.)

FIÈVRE. MÉDECINE VÉTÉRINAIRE. La fièvre est un effort continuel de la nature pour subjuguer et chasser les substances qui dérangent le juste équilibre des fonctions des animaux. Cet effort consistant dans les fréquentes contractions du cœur, et par conséquent dans les organes de la circulation, il ne faut pas être surpris de voir les forces vitales de l'animal qui en est atteint s'accroître aux dépens des forces musculaires des autres parties du corps.

Pour connoître la fièvre et la distinguer de l'accroissement des forces vitales de l'animal, il faut s'attacher à connoître l'état du pouls propre à chaque animal jouissant d'une parfaite santé. On compte, par exemple, quarante-deux pulsations par minute dans le cheval fait et tranquille, soixante-cinq dans un poulain extrêmement jeune, cinquante-cinq dans un poulain de trois ans, quarante-huit dans un cheval de cinq à six ans, trente dans un cheval qui présente des marques évidentes de vieillesse, trente-quatre et même jusqu'à trente-six dans une jument faite; ce qui prouve que dans les femelles des animaux le pouls est plus lent que dans les mâles. Le nombre des pulsations dans les artères du bœuf et de la vache est à peu près le même que celui de la jument et du cheval. Le pouls du mouton bat soixante-cinq fois par minute; et celui du chien quatre-vingt-dix-sept fois. On doit bien comprendre que nous supposons toujours les animaux d'une taille ordinaire; mais le pouls est toujours beaucoup plus fréquent lorsqu'ils sont d'un tempérament vif et sanguin que lorsqu'ils sont d'un tempérament lâche, et qu'ils sont élevés, sur-tout quant aux chevaux, dans des pays marécageux et humides.

Le nombre des pulsations dans les artères étant supérieur à celles que nous venons de déterminer, la vélocité et la force des battemens feront donc juger, chez les uns et les autres de ces animaux, de l'existence de la fièvre et de l'accroissement des forces vitales; mais à ces signes particuliers il faut y en ajouter de généraux, tels qu'une respiration plus ou moins laborieuse, plus ou moins difficile, plus ou moins fréquente; une accélération plus ou moins considérable des mouvemens ordinaires du Diaphragme (voyez ce mot), et des muscles du bas-ventre qu'on aperçoit dans les flancs, l'abattement, la tristesse, la tête basse, la rougeur des yeux, la sécheresse de la langue, le dégoût, la cessation de la rumination, le tremblement du panicule charnu et la grande chaleur des tégumens.

Dans tous les genres et espèces de fièvres on distingue trois temps; le commencement, l'accroissement et le déclin.

Dans le premier temps, les symptômes ont peu d'activité, le cheval perd l'appétit, le bœuf et le mouton ne ruminent point, par la raison que les matières contenues dans les estomacs, ne se digérant que d'une manière imparfaite, le chyle qui en résulte n'est pas assez élaboré, et qu'il se mêle avec le sang avant que d'avoir souffert la coction nécessaire pour le rendre de bonne qualité; car plus les fonctions de l'estomac sont troublées, plus le chyle acquiert de mauvaises qualités, et plus le sang est altéré. On s'aperçoit aussi d'un tremblement dans le pannicule charnu et d'un froid fébrile.

Dans le second temps, le cœur, en se contractant avec plus de force et de vélocité que dans le premier, chasse le sang avec plus d'impétuosité ; la chaleur de l'animal augmente, et certaines humeurs, telles que la sueur et les urines, paroissent plus abondantes. Mais nous observons cependant que cette évacuation ne soulage point l'animal, la sueur ayant peu d'odeur, les urines étant pour l'ordinaire claires, légères, égales et peu troubles, et les matières fécales étant en général desséchées et retenues. C'est donc ici, c'est-à-dire dans le second temps, que la nature fait toûs ses efforts pour obtenir la côction de la matière fébrile ou morbifique ; et que, plus cette matière paroît se porter du côté du cerveau, et menacer de détruire les forces vitales, plus les symptômes qui décèlent la fièvre sont violens, ou se terminent promptement par l'expulsion de la matière hors du corps de l'animal, par les voies excrétoires, ou par la mort de l'animal.

Dans le déclin ou le troisième temps, on n'aperçoit plus la même violence des symptômes, puisque la crise se fait, ou est en partie faite, et que tout annonce dans l'animal un prompt rétablissement.

La fièvre se termine, ou par les urines, ou par les sueurs, ou par les selles, ou par une expectoration nasale.

Dans le premier cas, les urines sont plus troubles et plus colorées que dans l'état naturel.

Dans le second, la sueur est copieuse, âcre, et d'une odeur forte.

Dans le troisième, les matières fécales sont fluides, jaunes, muqueuses, et quelquefois sanguinolentes.

Dans le quatrième enfin, il découle du nez de l'animal une humeur blanchâtre plus ou moins épaisse.

Mais à tous ces signes particuliers, qui font connoître que la crise de la fièvre se fait par toutes ses évacuations, nous devons y joindre des signes avant-coureurs et confirmés par une expérience journalière. Par exemple, l'agitation continuelle de l'animal qui a la fièvre, la sécheresse des matières fécales, la tension du ventre, qu'on sent en y portant la main, la sécheresse de la peau, l'envie fréquente d'uriner, annoncée par l'attitude de l'animal qui se campe, sont un indice que la crise va se faire du côté des urines.

Lorsque les tégumens paroissent se relâcher, s'échauffer, ce que l'on connoît en portant la main dessus ; lorsque les épaules, les cuisses deviennent chaudes et moites ; lorsque le pouls qu'on sent en portant le doigt indicateur sur la partie voisine de la

bérosité de la mâchoire postérieure par où passe l'artère maxil-
laire, sous le muscle masseter, est plein et souple, on doit s'attendre à une sueur critique, sur-tout si l'on voit que les urines
sont diminuées, et si le ventre est resserré.

Les borborygmes, la tuméfaction plus ou moins douloureuse
du bas-ventre, l'agitation continuelle du corps de l'animal,
annoncent que la crise de la fièvre doit avoir lieu par les
selles.

Enfin, une respiration difficile et laborieuse, les yeux rouges,
gros et enflammés, les expirations fortes et sonores, la toux
avec ébrouement et expulsion des matières contenues dans les
naseaux, sont autant de signes évidens de la crise par l'expectoration nasale ; c'est-à-dire que la matière morbifique ou fébrile passée dans les bronches pulmonaires, s'échappe par le
larynx, et de là par le nez de l'animal.

Nous voyons néanmoins quelquefois la fièvre se terminer par
des éruptions cutanées, par des EXANTHÈMES (*voyez* ce mot),
et par d'autres dépôts critiques, d'autant plus longs à guérir,
que les symptômes se sont montrés avec violence. D'autres fois,
les efforts de la fièvre sont si violens, l'inflammation est si vive,
si considérable, que l'on voit la gangrène s'emparer facilement
de la partie où siège la matière morbifique, comme par exemple dans les fièvres pestilentielles. *Voyez* PESTE.

Les causes qui produisent la fièvre dans les animaux sont en
général les mêmes que dans l'espèce humaine. La disposition
inflammatoire du sang, son épaississement, sa stase ou son engorgement dans les vaisseaux capillaires, la dépravation des
humeurs, voilà les causes générales. Les particulières sont toutes
celles qui peuvent jeter le trouble dans les organes de l'animal,
troubler les fonctions, et conséquemment obliger la nature à de
plus grands efforts, afin d'éliminer la matière morbifique ; tels
sont un air contagieux et infecté, la mauvaise qualité du foin
et des autres alimens que l'on donne aux animaux, des travaux
forcés, une transpiration supprimée par le froid ou par la pluie
à laquelle l'animal aura été imprudemment exposé quand il
étoit baigné de sueur ; quand on le laisse boire sans être reposé,
après de grandes fatigues, etc.

Lorsqu'un jeune cheval ou un bœuf à la fleur de son âge est
attaqué d'une fièvre violente, que le pouls, qu'on sent à l'endroit ci-dessus indiqué, est plein, que les vaisseaux extérieurs
sont gonflés, que les yeux sont rouges et enflammés, etc., il
faut se hâter de saigner l'animal ; mais s'il est avancé en âge,
s'il est foible, maigre, exténué de fatigues, épuisé ; s'il a la
diarrhée ou la dyssenterie ; s'il sue beaucoup ; s'il éprouve un
froid général ; si la maladie est à son déclin, il faut bien se
garder de pratiquer la saignée ; en un mot, avant que le ma-

réchal se décide à saigner un animal quelconque attaqué de la fièvre, il doit faire attention à l'âge, au tempérament, à l'espèce, à la constitution de l'air, à l'espace de la durée de la fièvre, et au nombre de jours qu'il a été malade. L'expérience prouve que la saignée n'est avantageuse que dans les premiers jours de la maladie, et qu'elle devient nuisible le quatrième jour, en troublant les efforts de la nature, et en empêchant ou retardant la coction de la matière fébrile ou morbifique.

Si la saignée, pratiquée dans les trois premiers jours de la maladie ne favorise pas la résolution, on doit s'attendre à une crise, ou par les selles, ou par les urines, ou par la sueur, ou un flux par les naseaux.

L'état des urines indique toujours quel sera l'effet des sueurs. Sont-elles en petite quantité, rouges ou troubles, les sueurs seront avantageuses ; sont-elles, au contraire, abondantes, aqueuses et claires, c'est une preuve que la crise, par cette voie, ne peut être qu'imparfaite. Dans le premier cas, il convient d'entretenir la sueur par des boissons mucilagineuses tièdes, telles que la décoction des racines de guimauve, etc. ; tandis que dans le second il faut l'exciter par des frictions sur les tégumens, avec des bouchons de paille (voyez BOUCHON-NER), ou par des couvertures, en donnant quelque breuvage légèrement sudorifique, fait d'une infusion de quelque plante aromatique, telle que l'absinthe, la sauge, etc., dans le vin vieux, et en ajoutant, à chaque breuvage, une once d'extrait de genièvre, de thériaque, etc., suivant l'exigence des cas. Gardez-vous bien d'imiter certains maréchaux qui, en pareille circonstance, ne craignent pas d'administrer les sudorifiques les plus actifs à très haute dose. Quel doit être l'effet de ces remèdes, sur-tout au commencement de la fièvre, si ce n'est d'augmenter les symptômes de la maladie, de les rendre plus graves, de provoquer une sueur plus dangereuse qu'utile, et de faire périr l'animal le cinquième jour de la maladie.

Dans les cas où la nature détermine les matières de la fièvre du côté des voies urinaires, il s'agit alors de faire attention à la quantité et aux qualités des urines. Sont-elles copieuses, même dans le temps où la fièvre paroît vouloir se terminer, cet état n'annonce jamais une crise heureuse. Il en est de même lorsqu'elles sont transparentes, aqueuses, privées de sédiment, et sans odeur. Pour espérer une bonne crise, il faut, au contraire, qu'elles soient troubles, colorées, de mauvaise odeur et chargées d'un sédiment muqueux ; pour lors il convient d'aider la nature par l'administration des breuvages diurétiques répétés, faits d'une infusion de feuilles de pariétaire, en ajoutant une once de sel de nitre pour chaque breuvage, sur-tout

si le ventre est tendu, et les matières fécales desséchées ; on
doit bien comprendre aussi que l'animal doit être tenu dans
une écurie dont l'atmosphère soit tempérée.

On est assuré que la fièvre se termine par la voie des bronches pulmonaires, la trachée-artère, le larynx, et enfin par
les naseaux, si l'on s'aperçoit de la difficulté de respirer, du
battement des flancs, et particulièrement par la consistance
de l'humeur qui flue jusqu'au moment où la fièvre doit se
terminer ; l'animal d'ailleurs paroît soulagé à mesure que l'expectoration nasale se fait, et que l'humeur, loin de participer des qualités des matières purulentes, comme dans la pulmonie (voyez PULMONIE), devient de plus en plus visqueuse,
blanchâtre, jaune et rarement verdâtre. Ainsi, lorsque la
fièvre se termine par cette voie, il suffit seulement de donner
à l'animal quelques breuvages adoucissans et mielleux, c'est-
à-dire du miel commun dissous dans une décoction de racine
de mauve, de guimauve, de fleurs de violettes, etc., et de
l'exposer à la vapeur des plantes émollientes (voyez FUMIGA-
TION), dans la vue de débarrasser les bronches des substances
hétérogènes, et de conduire par-là la maladie à sa fin : si la
coction paroissoit lente à se faire, il faut avoir recours aux
béchiques incisifs donnés en bol, et composés d'iris de Florence, de fleurs de soufre, de chaque une once ; de camphre,
de myrrhe, de chaque une demi-once, dans suffisante quantité
d'oximel simple. Ces remèdes, en excitant le jeu des vaisseaux, sont les plus propres à favoriser la résolution et l'évacuation de la matière fébrile ou morbifique contenue dans les
bronches, après l'avoir atténuée.

Enfin, dans le cas où la nature paroît incertaine sur la voie
qu'elle doit se choisir pour terminer la fièvre, et qu'il y a à
craindre pour la vie de l'animal, il est indispensable et même
urgent d'appliquer sur le tégument de l'animal des remèdes
capables d'y produire l'inflammation et la suppuration, et d'y
attirer non seulement l'humeur qui occasionne la fièvre, mais
encore de la détourner du centre à la circonférence. L'expérience parle en faveur des vésicatoires. Ils produisent de bons
effets, dit le célèbre médecin vétérinaire de Lyon, M. Vitet,
soit en détournant l'impétuosité du sang du côté où ils agissent,
soit en déterminant la matière fébrile vers les parties qu'ils
ont enflammées, soit en excitant un nouveau changement
dans toute la machine par leur action particulière sur les solides et les fluides. Ce précepte est si bien confirmé par l'expérience, que nous avons plusieurs fois retiré des effets merveilleux de ces remèdes, dans une fièvre maligne avec éruption,
que nous avions à combattre : lorsque les forces vitales parois-

soient s'abattre entièrement, et que l'éruption tardoit à se montrer, on annonçoit une métastase.

Ce n'est pas assez d'avoir considéré la fièvre en général dans ses symptômes, dans ses causes, dans sa crise ni dans le traitement qui lui est le plus convenable; la tâche que nous nous sommes imposée nous oblige encore d'entrer dans le détail de toutes les espèces de fièvres auxquelles les animaux sont sujets. Entrons en matière.

De la fièvre éphémère. Le nom d'éphémère vient de ce que cette fièvre ne dure dans l'animal ordinairement que vingt-quatre heures. Nous l'avons vue pourtant s'étendre un peu plus dans quelques jeunes chevaux; ils y sont plus sujets que le bœuf et les autres animaux.

Le pouls qu'on sent à l'endroit ci-dessus indiqué, c'est-à-dire aux artères maxillaires, est plein, libre; on compte par minute dix-huit à vingt pulsations de plus que dans l'état naturel. L'animal sent un froid léger, il penche la tête, a l'air triste et dégoûté, il bat un peu des flancs; il se repose tantôt sur une jambe, tantôt sur une autre; la bouche est chaude, et les oreilles froides, etc.

Les jeunes chevaux y sont plus exposés que les vieux. Les travaux excessifs, l'ardeur du soleil, le froid excessif en sont les principes ordinaires.

Cette espèce de fièvre cède aisément aux efforts de la nature, lorsqu'elle est aidée seulement de la diète simple, et de la privation des alimens solides pendant tout le temps de sa durée. Il est bon aussi quelquefois de donner de légers diaphorétiques en breuvage, tels que l'extrait de genièvre à la dose d'une once dans l'eau bouillante, sur-tout si la transpiration vient à s'arrêter. On use encore assez souvent des boissons tempérantes, rafraîchissantes et nitreuses; mais elles peuvent être nuisibles lorsque l'animal a quelques dispositions à suer. Il faut sur-tout avoir attention de tenir le ventre libre par quelques lavemens émolliens; en un mot, nous ne craignons pas d'avancer que cette espèce de fièvre n'a absolument rien de dangereux par elle-même; si elle a quelquefois des suites fâcheuses, ce n'est que lorsque le maréchal vient à déranger l'ouvrage de la nature, par l'administration des purgatifs à forte dose, qu'il a coutume d'employer en pareil cas, ou par d'autres remèdes peu convenables.

De la fièvre simple. Cette espèce de fièvre se manifeste par les signes suivans.

L'appétit de l'animal diminue, la rumination dans le bœuf et le mouton est presque suspendue, la respiration est plus fréquente qu'à l'ordinaire, les forces musculaires sont affoiblies, les yeux sont légèrement enflammés et tuméfiés, les

oreilles , les cornes et les naseaux froids pendant un court espace de temps , le tremblement du pannicule charnu est médiocre , les forces vitales sont plus fortes que dans l'état naturel , les urines, au commencement de la maladie , moins
abondantes , la transpiration ordinairement considérable vers
la fin, sur-tout lorsque les urines ne donnent pas en grande
quantité ; la tête du cheval sur-tout est pesante , son ventre
paresseux , les matières fécales noires et dures , sa démarche
chancelante : il ne se couche que rarement , il fait craqueter
ses dents , ses testicules sont pendans et se relèvent vers la fin
de la maladie.

C'est cette espèce de fièvre qu'on a coutume de confondre
à la campagne avec le dégoût (*voyez* Dégout), maladie où
les seules fonctions des premières voies sont dérangées ; aussi
ne faut-il pas être surpris si , d'une fièvre simple , on en
forme promptement une fièvre inflammatoire par les cordiaux
et autres remèdes de cette espèce , en augmentant la circulation du sang, et en irritant trop vivement le système nerveux.

Les principes les plus fréquens de la fièvre simple sont les
exercices outrés, la grande quantité de nourriture , les alimens échauffans , tels que l'avoine, la luzerne , l'esparcette
ou sainfoin, le long séjour dans les écuries basses et mal aérées,
et la suppression de l'insensible transpiration et de la sueur.

Lorsqu'un cheval ou un bœuf sont atteints de la fièvre simple , il faut mettre en usage la diète, la saignée, et les lavemens émolliens et mucilagineux; la diète consiste en boisson blanche, et du son plus ou moins humecté ; s'il y a beaucoup de chaleur dans la bouche et dans l'intestin rectum, il
faut y ajouter du sel de nitre. Cette pratique est bien opposée
à celle qui est ordinairement prescrite , et suivie par les maréchaux de la campagne, c'est-à-dire à l'usage du vin , de la
thériaque, des pelottes d'assa-fœtida , autrement appelées *pelottes puantes*, des breuvages aromatiques, et des autres substances incendiaires.

M. de Garsault conseille de frotter les reins du cheval qui
a la fièvre avec de l'eau-de-vie ; il recommande encore de
faire bouillir un demi-boisseau d'avoine dans de l'eau, que
l'on jette cette eau, qu'on lui substitue du vinaigre, qu'ensuite on fricasse l'avoine dans le vinaigre pendant un instant ;
qu'on mette le tout dans un sac et qu'on l'applique chaud sur
les reins du cheval; quand l'avoine est froide , on remet du
vinaigre chaud.

Sans doute que M. de Garsault prescrit ce topique pour
favoriser l'expulsion de la matière qui occasionne la fièvre par
les urines. Mais les lavemens d'une décoction de racine de
guimauve ne rempliroient-ils pas mieux l'objet désiré, en te-

nant le ventre libre, en calmant la chaleur et la vélocité du sang, et en favorisant l'expulsion de la matière ? Mais concluons ; la saignée a aussi ses avantages dans cette maladie, lorsqu'il y a une disposition inflammatoire. Les purgatifs, les sudorifiques, les diurétiques stimulans doivent être bannis, les forces vitales étant assez actives pour vaincre la résistance que lui oppose la matière fébrile, et étant d'ailleurs soutenues par le régime ci-dessus indiqué.

De la fièvre simple de la brebis. Dans cette maladie l'appétit de la brebis est considérablement diminué, la rumination est suspendue ; elle se tient en peloton dans la bergerie, et ne sort qu'avec peine de l'étable. On observe un tremblement plus ou moins fort dans le pannicule charnu ; les oreilles, le bout du nez, les épaules, les cuisses restent froids pendant quinze ou vingt heures; ensuite tout le corps prend une chaleur modérée, jusqu'à la fin de la maladie, qui se termine pour l'ordinaire vers le neuvième jour.

Nous comptons parmi ces causes les boissons trop froides, le long séjour dans des bergeries basses et mal aérées, et le passage subit d'un air extrêmement chaud à un air extrêmement froid.

Parmi les bergers, les uns donnent tous les jours aux brebis atteintes de cette espèce de fièvre des infusions faites avec parties égales de feuilles d'absinthe et de rue; les autres coupent le bout de chaque oreille, ramassent le sang qui découle de la plaie, pour le mêler avec du sel et du cumin, et pour le donner à l'animal. On doit bien comprendre que le premier remède est trop échauffant pour être indiqué, sur-tout dans la fièvre qui reconnoît pour cause une excessive chaleur, et que le second est trop absurde pour ne pas le rejeter. N'est-il pas préférable au contraire de saigner la brebis à la veine de la mâchoire, de lui donner de l'eau blanche nitrée pour boisson, et de la purger avec du petit-lait seulement?

De la fièvre maligne. Le bœuf est plus exposé à cette espèce de fièvre que le cheval et le mouton.

Elle se manifeste par un affoiblissement subit des forces musculaires; elles sont si affoiblies que l'animal qui en est atteint est obligé de se tenir couché. Les yeux sont tristes et larmoyans, le pouls presque dans son état naturel ; le poil est terne et hérissé, il s'arrache facilement ; l'animal plie sous lui lorsqu'on lui passe la main sur les reins; il refuse toute espèce d'alimens; la rumination est suspendue; les urines sont troubles, souvent claires et peu abondantes; la peau est sèche; l'épine du dos douloureuse; la chaleur des tégumens naturelle, et très rarement accompagnée de sueur; la respiration grande et laborieuse, quelquefois petite, fréquente et avec soupir; la bouche sèche; la langue blanche, souvent tirant sur le noir; les matières fécales tantôt fluides, tantôt desséchées, sans avoir rien de fétide.

Rien de plus commun aujourd'hui que de voir confondre cette maladie avec d'autres espèces de maladies aiguës. Nous entendons dire journellement à certains maréchaux, lorsqu'un cheval est attaqué d'une maladie grave qu'il ne connoît pas, qu'il est affecté de fièvre maligne. C'est bien là le vrai moyen d'entretenir son crédit, en cas que l'animal vienne à périr. Il est vrai que presque toutes les fièvres sont souvent accompagnées des affections de la tête, qui rendent la maladie grave; mais ces affections ne sont que passagères et symptomatiques, tandis qu'elles sont essentielles à la fièvre maligne, et l'accompagnent dans tous ses temps, cette espèce de fièvre ayant sans contredit son principal siège dans les nerfs et le cerveau.

Les causes de la fièvre maligne sont tous les alimens corrompus, une constitution particulière de l'air, les grandes chaleurs de l'été, les eaux bourbeuses et fétides qui servent de boisson, et les travaux excessifs et outrés, sur-tout pendant les grandes chaleurs.

Il est des signes avant-coureurs dans cette maladie, qui décèlent que l'animal va périr. Tels sont, par exemple, la noirceur et la sécheresse de la langue, les excrémens secs et de couleur noire, les mouvemens convulsifs des extrémités, l'agitation continuelle de l'animal, la chaleur extrême des tégumens, leur sécheresse, la respiration laborieuse, les grands soupirs répétés, le grand battement des flancs, et sur-tout le pouls foible.

C'est ici qu'il est urgent d'administrer les remèdes avec prudence, cette maladie étant presque toujours décidée avant le septième jour. Ainsi, l'animal est-il jeune, vigoureux, sanguin, saignez-le plusieurs fois à la veine jugulaire dans l'espace de vingt-quatre heures; donnez-lui toujours des breuvages, ou bien des bols faits d'une once de sel de nitre, de trois drachmes de camphre, et de suffisante quantité de miel. Si la bouche est sèche, contentez-vous de l'abreuver et de le soutenir avec de l'eau blanche nitrée seulement. Les forces vitales paroissent-elles diminuer, empressez-vous d'appliquer de larges vésicatoires sur les deux fesses. Ne saignez jamais l'animal le troisième jour de la maladie, la sortie de son sang seroit mortelle : ne lui donnez non plus aucun breuvage sudorifique, à moins que vous ne soyez physiquement sûr de quelques signes qui annoncent une crise par les sueurs. La soif de l'animal est-elle extrême, faites dissoudre dans l'eau blanche de la crème de tartre : donnez-lui même du petit-lait, si vous en avez. N'oubliez pas de lui faire sentir de temps en temps de l'esprit volatil de sel ammoniac, pour lui réveiller les forces vitales; entretenez-les par de fréquentes fumigations dans l'étable, avec des baies de genièvre dans le vinaigre. Observez sur-tout de bouchonner de temps en temps l'animal, de le tenir dans une écurie propre, et dont l'atmosphère soit d'une chaleur tempérée.

De la fièvre maligne des chiens. C'est de l'excellent ouvrage des *Recherches historiques et physiques sur les maladies épizootiques* de M. Paulet que nous tirons cet article. « Il y a plusieurs années, dit ce docteur célèbre, qu'on observe une fièvre maligne qui détruit les chiens, qu'on appelle la maladie des chiens.

« Le premier jour l'animal a une démangeaison au nez, les yeux ternes; il éternue souvent, il est comme enchifrené. Le deuxième jour il traîne le train de derrière, il est penché sur un des côtés, ne peut se soutenir sur ses jambes de derrière sur-tout; il est dans un état de stupeur. Le troisième, ces accidens continuent, et la stupeur augmente. Le quatrième, il coule du nez une mucosité épaisse, semblable à du blanc d'œuf qui sort par filandres, l'animal est constipé, quelquefois il rend des matières fort dures et teintes de sang : il a une fièvre très considérable, accablement; l'animal ne désire ni de manger ni de boire; il est très assoupi; sa langue est chargée; tout son corps est très sensible lorsqu'on le touche. Cet état se soutient pendant plusieurs jours, pendant lesquels il éprouve des alternatives de froid et de chaud, des tremblemens; il est toujours assoupi. La foiblesse des reins dans les uns n'est qu'accidentelle, et revient par intervalles; dans les autres, elle est continuelle. Lorsqu'elle n'est que passagère, on remarque que la connoissance vient à l'animal lorsque cette foiblesse le quitte. Enfin les excrémens, l'haleine et tout le corps deviennent très puans; le poil tombe; l'accablement se soutient quelquefois plus de quarante jours, et cette maladie se termine ou par une éruption galeuse à la peau, ou par un dépôt sur les jambes, principalement aux articulations, ou par un engorgement des glandes parotides; et si l'animal s'en relève, il perd ordinairement la finesse de quelqu'un de ses sens, et quelquefois l'ouïe et l'odorat entièrement. La plupart restent comme hébêtés.

« On en a réchappé plusieurs en appliquant des trochisques de minium dans l'ouverture des abcès formés aux articulations. Cet escarrotique rend l'ouverture plus grande en rongeant les chairs; et, après la chute de l'escarre, on observe qu'il s'y établit une bonne suppuration, qui est essentielle dans ce cas pour sauver la vie à l'animal.

« Pour empêcher ces sortes de dépôts aux articulations, on

a fait à plusieurs des incisions aux tégumens de la cuisse, dans lesquelles on introduisoit du mercure, ce qui n'a procuré aucun soulagement marqué, mais y a déterminé souvent le dépôt, et en a préservé l'articulation.

« Quant aux remèdes internes, ajoute M. Paulet, on a employé avec succès le soufre doré d'antimoine dans le beurre ordinaire. La dose, pour les petits chiens, est de deux grains, et de six pour les gros, tous les jours de trois en trois heures, dans un bouillon léger fait avec des têtes de mouton : cela les fait vomir et évacuer. Quelquefois, pour rendre ce remède plus actif, on y ajoute trois ou quatre grains de tartre émétique ; quelques personnes ont employé avec un pareil succès les hydragogues, sur-tout le diagrède, à la dose de trois ou quatre grains par jour, ce qui les évacue très bien.

Une maladie à peu près semblable fit de grands ravages en Languedoc en 1777, 1778 et 1779. Elle étoit épizootique et contagieuse. Les chiens courans, les chiens loups et les épagneuls en furent spécialement attaqués ; les uns devenoient aveugles, les autres recouvroient la vue un mois ou quarante jours après la fin de la maladie. Le tartre émétique donné au commencement, les infusions du coquelicot et des têtes de pavot, auxquels on ajoutoit deux drachmes de nitre pour chaque potion, et, pour les chiens les plus gros, les fumigations de cascarilles, qu'on faisoit sous le nez de ceux qui jetoient, produisirent des effets merveilleux.

De la fièvre putride et maligne. Cette maladie est ordinairement épizootique et contagieuse. Elle s'annonce par la tristesse et la perte d'appétit ; lorsqu'elle est déclarée, il y a diminution de lait dans les vaches, dégoût absolu ; la rumination cesse entièrement ; l'animal est fort triste ; il porte la tête et les oreilles basses, sa vue se trouble, et sa tristesse se change en véritable stupeur ; les yeux sont larmoyans, mais sans être pour l'ordinaire ni rouges, ni enflammés ; il découle des naseaux une mucosité gluante et jaunâtre ; les cornes et les oreilles deviennent froides ; bientôt après surviennent des frissons irréguliers, auxquels succède une chaleur fébrile de peu de durée ; les poils se hérissent et se détachent facilement de leur cuir lorsqu'on les tire avec les doigts ; la respiration est gênée ; le pouls a plus de plénitude que dans l'état de santé, sans être dur ni trop plein ; la langue est humide et blanchâtre ; les urines d'abord sont troubles, deviennent ensuite claires et limpides ; les matières fécales dès le commencement sont dures et peu abondantes ; mais le troisième jour, le dévoiement commence à se déclarer, et les matières fécales sont couvertes d'une espèce d'huile fétide ; on voit quelquefois paroître sur les animaux qui en sont attaqués des tumeurs qui augmentent insensiblement, et qui fixent leur siège sur les tégumens ; les forces sont très abattues, l'animal gémit, bat des flancs, est oppressé, pousse des soupirs ; les yeux se troublent ; ils deviennent jaunes, et sont toujours larmoyans ; les convulsions paroissent, et sont bientôt suivies de la mort.

D'après tous ces symptômes, les indications que la maladie présente consistent d'abord à arrêter les progrès de l'inflammation, quoiqu'elle ne paroisse jamais bien vive, mais sur-tout ceux de la putridité et de la gangrène. On parvient à remplir cette première vue, en mettant l'animal à l'eau blanche, à laquelle on ajoute, sur environ un seau de cette eau, six onces de la liqueur antiseptique du célèbre médecin vétérinaire de Lyon, qui est un mélange d'eau-de-vie camphrée et de vinaigre, à parties égales. Si les symptômes augmentent en intensité, il convient d'ajouter à quatre livres de cette eau blanche antiseptique demi-livre de miel commun, quatre onces de quinquina, et autant de racine de gentiane, qu'on partage en quatre prises pour un jour, et qu'on donne avec la corne. Les gens de la campagne peuvent substituer au quinquina, en cas qu'il soit trop cher, la même dose d'écorce de saule. La saignée, suivant M. Dufot, médecin pensionnaire de la ville de Soissons, qui observa cette maladie dans le Laonnois en 1771, ne paroît point indiquée dans aucun temps de la maladie, par la raison que la plénitude du pouls n'est pas assez considérable, et que d'ailleurs cette plénitude est plutôt l'effet d'une raréfaction de sang que celui d'une PLÉTHORE. (*Voyez* ce mot.) La saignée alors, bien loin de soulager l'animal, trouble les efforts de la nature, en diminuant les forces vitales. Les purgatifs sont indiqués au commencement et à la fin de la maladie. Ceux qu'on emploie avec succès sont trois onces de séné et quatre onces de miel commun, sur lesquelles on verse une livre d'eau bouillante, et d'heure en heure on fait boire à l'animal environ une livre d'eau blanche ; il est bon que les purgatifs soient secondés par quelques lavemens émolliens. L'expérience prouve que les lavemens purgatifs, ni les breuvages de même nature, composés des drastiques les plus forts, tels que le jalap, l'aloès, ainsi que les préparations d'antimoine, administrés sur-tout à forte dose, ne produisent aucun bon effet. Ces remèdes ainsi employés augmentent constamment les battemens des flancs, causent de plus vives agitations dans l'intérieur de l'animal, sans cependant procurer plus d'évacuation.

Quant au traitement des tumeurs qui paroissent quelquefois sous les tégumens, il faut les ouvrir et les enlever avec l'instrument tranchant. L'extirpation faite, on laisse saigner la plaie et on la panse avec l'onguent digestif, et non avec des caustiques, dont l'emploi est toujours nuisible en pareil cas, en ce qu'ils augmentent la douleur, troublent les crises salutaires que la nature cherche à former par ces dépôts.

Nous avons dit plus haut que cette maladie étoit contagieuse et épizootique; elle exige donc des secours préservatifs. On n'a qu'à consulter ceux qui sont indiqués et recommandés aux mots CONTAGION, ÉPIZOOTIE.

De la fièvre inflammatoire. Le bœuf y est beaucoup plus sujet que le cheval. Dès qu'il commence d'en être attaqué, les oreilles, les cornes et les tégumens sont froids; le pannicule charnu tremble; l'animal est inquiet, s'agite, se couche, se lève; ses yeux deviennent rouges, enflammés et larmoyans; les oreilles, les cornes et les tégumens prennent une chaleur considérable; la langue et le palais sont secs et brûlans; l'haleine est chaude; la tête est basse et les oreilles pendantes; il est dégoûté; il cesse de ruminer : la vache perd le lait; les excrémens sont desséchés et de couleur noire; tantôt l'animal fiente souvent et peu, tantôt il est constipé; il urine quelquefois, mais rarement, et avec beaucoup de peine; la couleur des urines est rougeâtre; la respiration est pour l'ordinaire pénible; l'animal pousse de longs soupirs; les forces musculaires diminuent peu à peu, tandis que les forces vitales semblent s'accroître : ordinairement l'animal est plus fatigué la nuit que le jour, et souvent l'inflammation attaque le troisième, ou le cinquième, ou le septième jour une partie interne, telle que le poumon, le larynx, les intestins, etc., ce qui donne lieu à une PÉRIPNEUMONIE, à une ANGINE OU ESQUINANCIE, à la DYSSENTERIE (*voy.* ces mots), ou bien une partie externe sur laquelle paroissent des tumeurs extérieures qui participent du bubon et du charbon. *Voyez* BUBON et CHARBON.

On ne peut point exactement fixer la durée de cette espèce de fièvre; mais il est d'observation que, lorsque les symptômes ne paroissent pas graves, et qu'ils marchent avec lenteur, la maladie se termine vers le onzième ou quatorzième jour, tandis que l'animal meurt le troisième, et plus souvent le cinquième jour, lorsque les symptômes se montrent avec violence.

Nous rangerons parmi les principes ordinaires de la fièvre inflammatoire les violens exercices, les chaleurs excessives de l'été, la mauvaise qualité des eaux et des alimens, et la constitution particulière de l'air.

Cette maladie étant ordinairement épizootique et contagieuse, il est aisé de comprendre quel doit être le danger de la cohabitation d'un grand nombre de bœufs réunis dans la même étable. Il y a déjà long-temps que nous nous élevons contre cette prévoyance mal placée des bouviers pour se procurer beaucoup d'engrais, et ils ne nous écoutent point. Jusqu'à quand préfère-

ront-ils que la fécondité de la terre soit payée par le sacrifice
de leurs bœufs, sans lesquels ils ne sauroient la fertiliser, plutôt que de renoncer à leurs cruelles habitudes? Jusqu'à quand
seront-ils aveuglés sur leur propre intérêt? N'entendront-ils
jamais la voix de la raison, en secouant les préjugés ruineux
dont ils ont été tant de fois la victime?

Il s'agit de diminuer la quantité du sang, de modérer le mouvement du cœur, et d'affoiblir la disposition inflammatoire
des humeurs, en saignant l'animal. Il est d'observation que la
saignée est de tous les remèdes celui qui soulage le plus promp-
t.ment, et que, plus on la retarde, plus le sang devient couen-
neux; mais la dose du sang à tirer, nous le répétons, doit être
toujours proportionnée aux forces, à l'âge, à la taille, à l'espèce et à l'intensité des symptômes qui accompagnent la maladie. On ne risque rien de répéter la saignée trois ou quatre fois
dans l'espace de quarante-huit heures. Si, au commencement
du troisième jour, les symptômes subsistent encore, on ne doit
pas craindre même de la répéter. On doit administrer des boissons tempérantes et mucilagineuses, d'une décoction de mauve,
de guimauve, etc., en y ajoutant du sel de nitre pour le cheval, et de la crême de tartre pour le bœuf. Qu'on se garde bien
d'exciter l'excrétion des urines ou des sueurs, au commencement de la maladie, par l'usage des diurétiques et des diaphorétiques, et même vers la fin, avec les cordiaux, comme on
le pratique journellement à la campagne; ce seroit le vrai
moyen de suspendre ou de retarder toutes les excrétions, parceque plus la fièvre est violente, moins les sueurs, les urines
et les autres excrétions doivent avoir lieu. Les lavemens émolliens sont aussi indiqués, et d'une utilité essentielle dans cette
maladie, par la vertu qu'ils ont d'entraîner les excrémens durs
et arrêtés dans les petits intestins, de fomenter toutes les parties contenues dans le bas-ventre, d'établir une dérivation du
côté de cette même partie, de diminuer l'impétuosité du sang
vers la tête, de détendre l'abdomen, et de favoriser par conséquent un flux d'urine plus abondant et plus facile. On peut
rendre ces lavemens purgatifs, en y faisant dissoudre quatre
onces de pulpe de casse; mais ces lavemens ne sont indiqués
qu'au commencement de la maladie, pour seconder l'effet des
remèdes mucilagineux, et sur-tout pour n'avoir pas recours
aux forts purgatifs, toujours dangereux dans la fièvre inflammatoire.

Mais lorsque la matière fébrile, au lieu de marquer, de se
procurer une issue par les vaisseaux excrétoires, paroît au
contraire menacer d'affecter le cerveau, il faut se hâter d'appliquer les vésicatoires de la manière déjà plusieurs fois indi-

quée dans cet ouvrage, et en réitérer même l'application jusqu'à ce qu'on soit assuré d'un changement.

S'il paroît, au contraire, des tumeurs sur les tégumens de
l'animal, on doit espérer une bonne issue de la part des efforts
de l'art ou de la nature ; ces efforts étant capables de produire
un dépôt salutaire dans quelque point de la superficie du corps,
il faut donc diriger toutes ses vues de ce côté-là : *quò natura
vergit eò ducendum.* On parviendra à fixer l'humeur au dehors
et à faire suppurer les tumeurs inflammatoires par l'application réitérée des cataplasmes maturatifs faits de levain, de
pulpe d'oignons de lis, et de mie de pain ou d'onguent basilicum. Mais la tumeur paroît-elle avoir un caractère bien évident de malignité, paroît-elle participer de la nature du bubon
ou du charbon, il faudra alors se conduire suivant la méthode
indiquée dans ces articles. *Voyez* BUBON, CHARBON.

Lorsque la matière fébrile se porte au poumon, au gosier,
aux intestins, on doit traiter la maladie comme une péripneu-
monie, une esquinancie, une dyssenterie, etc. *Voyez* tous ces
mots.

Le septième jour passé, on peut donner à l'animal, pour
toute nourriture, un peu de son humecté avec de l'eau miellée, et beaucoup d'eau blanchie avec la farine d'orge ou de
froment, et l'on doit terminer la cure par un purgatif, afin
d'achever d'entraîner en dehors un reste d'humeur qui pourroit avoir resté dans le sang.

Voici la formule de ce purgatif. Prenez feuilles de séné une
once, versez dessus environ une livre d'eau bouillante, laissez
infuser quatre heures, coulez avec expression, et ajoutez à
la colature aloès succotrin une once, camphre trois drachmes,
et donnez à jeun à l'animal, avec la corne.

De la fièvre pestilentielle. On appelle ainsi toute fièvre aiguë, subite, accompagnée de symptômes graves et très dangereux Elle est très contagieuse, et se répand sur plusieurs sujets
en très peu de temps. Quant aux signes, aux causes et aux
traitemens de cette terrible maladie, *voyez* PESTE.

Quant aux *fièvres érysipélateuses* et *exanthématiques, voyez*
ERYSIPÈLE et EXANTHÈME.

De la fièvre lente. Jusqu'à présent nous n'avons observé aucune espèce de fièvre lente essentielle dans les animaux. Ce
genre de fièvre est ordinairement le symptôme d'une maladie
chronique, comme, par exemple, de la MORVE, de la PULMO-
NIE, des SUPPURATIONS INTERNES, du FARCIN, des OBSTRUCTIONS DE
FOIE, de l'HYDROPISIE (*voy.* tous ces mots.) On doit bien sentir
qu'on ne peut guérir ce genre de fièvre qu'en combattant la
maladie principale qui en est la cause. (R.)

FIGUE. Fruit du FIGUIER. *Voyez* ce mot.

FIGUE. (POMME) *Voyez* POMMIER.

FIGUIER , *Ficus.* Genre de plantes qui renferme plus de cent espèces connues, presque toutes arborescentes, et dont une est l'objet d'une culture importante pour les parties méridionales de l'Europe, et même pour la plupart des pays d'Asie, d'Afrique et d'Amérique, qui ont la même température.

Les caractères génériques des figuiers sont extrêmement remarquables, en ce qu'ils s'écartent de ce qu'on observe dans les autres plantes. Les fleurs mâles sont séparées des fleurs femelles et renfermées ensemble dans l'intérieur d'un réceptacle charnu, qui n'a qu'une seule ouverture fermée par des écailles conniventes. Ce réceptacle est ce qu'on nomme le fruit, c'est-à-dire la figue. Les fleurs mâles, en petit nombre, sont insérées près de l'ouverture. Les fleurs femelles, en très grand nombre, remplissent le reste de la capacité du réceptacle. Elles avortent le plus souvent.

De toutes les espèces de figuiers je ne dois m'occuper ici que du FIGUIER COMMUN, *Ficus carica*, Lin., dont les feuilles sont alternes, pétiolées, profondément et irrégulièrement découpées, rudes au toucher, d'un vert sombre en dessus, larges d'un demi-pied et plus; dont les fruits sont axillaires et solitaires, le plus souvent coniques, d'un pouce de diamètre. C'est un arbre de vingt à vingt-cinq pieds de hauteur, dont l'écorce est grise et les rameaux remplis de moelle. Toutes ses parties laissent fluer, lorsqu'on les entame, un suc laiteux très âcre. Il paroît être originaire des diverses contrées d'Europe , d'Asie et d'Afrique qui bordent la Méditerranée, d'où il a été porté dans le reste du monde. On doit à Bernard, de Marseille, un très bon mémoire sur sa culture en France, mémoire dont j'ai profité plus d'une fois.

Les documens historiques parlent du figuier comme d'un arbre depuis long-temps cultivé. Il faisoit et fait encore, avec l'olivier, la richesse de la Grèce, de l'Ionie, et des îles de la Méditerranée. On en voyoit du temps des Romains , comme on en voit encore aujourd'hui, de grandes quantités sur la côte d'Afrique , en Espagne, en Italie et aux environs de Marseille. Cette ancienneté de culture a dû produire , et a en effet produit un nombre infini de variétés qui se lient les unes aux autres, qui paroissent et disparoissent successivement pour faire place à de nouvelles; aussi voit-on, dans Olivier de Serres, que celles qui existoient de son temps ne sont pas celles qui existent aujourd'hui. Plusieurs de celles que j'ai mangées en Italie et en Amérique m'ont paru se rapporter difficilement à celles décrites dans les auteurs. Olivier, membre de l'institut, et originaire de Provence, qui par conséquent connoît bien les figues de France, m'a assuré qu'il en avoit mangé nombre de variétés dans les îles de l'Archipel, dans l'Asie mineure et en Perse, qui sont certainement différentes. D'ailleurs la nomenclature change de village à village, à plus forte raison de pays à pays, c'est-à-dire que la même variété porte différens noms, et que le même nom est appliqué à diverses variétés. Cependant les auteurs qui ont écrit sur le figuier nous ayant donné, d'après Tournefort, Garidel et autres, la nomenclature des variétés les plus remarquables qui se cultivent dans les environs de Marseille et dans le reste de la France, je dois la rapporter ici.

La FIGUE BLANCHE OU GROSSE BLANCHE. L'arbre a les feuilles grandes, peu découpées ; les fruits sont gros, ronds, d'un vert très clair ; leur pulpe est douce et très agréable.

La FIGUE JAUNE OU l'ANGELIQUE, ou la MÉLITTE. L'arbre a les feuilles médiocres, plus longues que larges, et portées sur de courts pétioles ; les fruits sont médiocres, un peu allongés, jaunes, ponctués de vert, à pulpe d'un fauve rougeâtre, très agréable au goût. Ils sont plus abondans à la récolte d'automne qu'à celle du printemps.

La FIGUE VIOLETTE. L'arbre a les feuilles très petites et très profondément découpées, presque rondes ; les fruits sont assez gros, globuleux, d'un violet foncé, à pulpe rouge très agréable.

La FIGUE POIRE OU FIGUE DE BORDEAUX. L'arbre a les feuilles petites et très profondément découpées. Les fruits d'un rouge brun, médiocres, allongés, à pulpe d'un fauve rougeâtre.

Ces quatre variétés sont les seules qui puissent arriver à maturité dans le climat de Paris, encore la dernière n'y arrive-t-elle que dans les années extrêmement chaudes et dans les meilleures expositions.

La CORDELIÈRE OU SERVANTINE OU COUCOURELLE, presque ronde, blanchâtre, striée, rouge intérieurement. Les printanières sont les meilleures.

La GROSSE BLANCHE LONGUE est blanche, allongée, striée et quelquefois ponctuée de blanc plus clair. Les printanières sont moins bonnes que les automnales. Cette variété demande un grand degré de chaleur pour arriver à une parfaite maturité. Elle est une des plus communément cultivées à raison de l'abondance de ses produits. On l'appelle aussi la *longue marseilloise*.

La MARSEILLOISE est petite, ovale, d'un vert pâle ; sa pulpe est rouge, des plus sucrées et des plus parfumées. Cette variété exige beaucoup de chaleur et mûrit tard, mais elle est la meilleure, soit fraîche, soit sèche, de toutes celles connues en France.

La PETITE BLANCHE RONDE ou de LIPARI est ronde, blanche, douce comme le miel. C'est la plus petite de toutes celles qu'on

FIG 545

mange en France. On l'appelle encore *esquillarelle* et *blan-quette*. Elle donne deux récoltes.

La VERTE est longuement pédonculée, verte à l'extérieur, d'un rouge de sang à l'intérieur. C'est une excellente espèce, qu'on connoît aussi sous le nom de *figuier de cuers*. Elle est sujette à couler dans les terrains secs.

La GROSSE JAUNE est ovale, d'abord blanche, ensuite jaune. Sa pulpe est rouge, très sucrée. C'est la plus grosse qu'on connoisse. Il en est qui pèsent jusqu'à cinq onces. On la connoît aussi sous le nom d'*aubigne blanche*.

La GROSSE VIOLETTE LONGUE, ou l'ANGÉLIQUE, est allongée, d'un violet obscur. très grosse, médiocrement sucrée. Sa peau se fend à l'époque de la maturité. Les automnales sont moins grosses que les printanières. On la cultive beaucoup en Italie ; mais elle est peu estimée aux environs de Marseille, où elle est connue sous le nom d'*aubigne noire*.

La PETITE VIOLETTE ne diffère presque de la précédente que par sa grosseur.

La COUCOURELLE BRUNE est presque ronde, petite, brune extérieurement, rougeâtre intérieurement. Elle est confondue mal à propos avec l'angélique.

La BOUFFRONE est petite, aplatie en dessus, noire en dehors, rougeâtre en dedans. Elle n'est pas meilleure que la négrone, dont elle se rapproche beaucoup.

La SALERNE est globuleuse, blanche, très sucrée, hâtive, et a l'œil ouvert. Les terrains secs lui conviennent.

La MOURÉANOU est globuleuse, aplatie au sommet, pourpre en dehors, blanche en dedans, et peu agréable au goût. Elle n'est pas sujette à couler.

La ROYALE, OU FIGUE DE VERSAILLES, est presque ronde, blanche. Elle fournit beaucoup, mais n'est bonne que sèche. Les terrains secs lui conviennent le mieux.

La GROSSE BOURJASSOTE, ou BARNISSOTE, est arrondie, aplatie vers l'œil, d'un rouge foncé, saupoudrée de poussière bleue ou blanche. Sa peau est dure. Elle est agréable au goût. C'est la meilleure des tardives. Elle demande un terrain gras et un peu humide.

La PETITE BOURJASSOTE est plus petite que la précédente, d'un rouge noir en dehors et pourpre en dedans, plus aplatie vers l'œil. Sa peau est dure. Elle exige beaucoup de chaleur et un terrain gras et humide. On l'appelle aussi *vrdalos* et *sarreignos*.

La MOUISSONNE est encore plus petite ; sa peau est plus noire et très mince : c'est la plus délicate des violettes hâtives. On en fait deux récoltes.

La BELLONNE est grosse, cotelée, violette, aplatie à son

5. 35

sommet, excellente. Elle fournit deux récoltes abondantes, mais demande un terrain arrosable.

La BARGEMONT est légèrement allongée, jaunâtre à sa base, brune à son sommet, rougeâtre en dedans. Son goût est excellent, soit fraîche, soit sèche. Elle est tardive.

La NÉGRONE est petite, extérieurement d'un rouge brun, intérieurement d'un rouge vif. Cette variété est peu délicate au goût, et devroit être repoussée des cultures; cependant elle est très commune dans les vignes.

La GRASSANE est ronde, aplatie vers l'œil, blanche. Sa pulpe est molle et fade. Cette variété est très peu délicate, mais elle est précoce.

La ROUSSE est ronde, aplatie vers l'œil, très grosse, d'un rouge brun. Sa pulpe est d'un rouge vif. Elle se fend vers l'œil à l'époque de la maturité. On l'appelle aussi *rose noire*.

La XUOV DE MUELS est ovale, d'un rouge noir très vif. Sa pulpe est blanche et très douce. On l'appelle aussi *rose noire*.

La SEIROLLÉ est petite, oblongue, blanche. Fraîche elle est trop douce; mais elle est fort bonne sèche. Les terrains secs lui sont les plus propres.

La COTIGNACENQUE est oblongue, blanche, aplatie, et jaune au sommet; sa chair est rose. Elle est aussi bonne fraîche que sèche, et réussit mieux dans les terrains secs que dans les autres.

La PÉRONAS est oblongue, velue, blanche en dehors, rouge en dedans. Sa peau est épaisse. Elle produit beaucoup, mais ne se mange guère que sèche.

La VERTE BRUNE est petite, pyriforme, d'un vert brun. Sa pulpe est rouge et d'une saveur très délicate.

La SAINT-ESPRIT est grosse, oblongue, d'un violet obscur. Sa saveur est aqueuse et peu agréable. Elle mûrit fort tard.

La FIGUE DE GRASSE est grosse, blanche, aplatie au sommet, rougeâtre en dedans. Elle est tardive et coule souvent. C'est une espèce fort médiocre, soit fraîche, soit sèche.

La BLAVETTE est oblongue, violette en dehors, rouge en dedans. Elle est excellente, mais très sujette à couler. Elle demande un terrain gras.

La BARNISSENQUE est ronde à son sommet, violette en dehors, rouge en dedans. L'observation précédente lui est applicable.

La BARNISSOTE BLANCHE est oblongue, blanche, aplatie au sommet, rougeâtre en dedans. Elle est très tardive, mais excellente.

On ne cite point d'essais faits pour savoir quelles variétés peuvent naître du semis des graines de telle ou telle autre; mais on peut présumer que le figuier suit à cet égard les mêmes lois que les autres arbres fruitiers, c'est-à-dire que plus la variété dont on sème les graines est perfectionnée, et plus les fruits des pieds qui en proviennent sont délicats. Il est bon d'observer ici que plus les figues sont juteuses, sucrées, et plus leurs graines sont sujettes à avorter. Il est telle variété dont il ne seroit peut-être pas possible de semer utilement une seule graine. Ces variétés partagent le sort de tous les arbres que l'homme cultive depuis long-temps, et qu'il trouve plus avantageux de multiplier par bouture que par semence, c'est-à-dire qu'elles perdent la faculté de produire des graines à mesure qu'elles prennent plus de grosseur et de saveur; mais il y a, dans les parties méridionales de la France, des figues sauvages, c'est-à-dire qui se rapprochent du type originel (qu'on ne connoît pas); figues qui n'ont presque point de pulpe, dont les graines sont presque toutes fertiles, et qu'on pourroit par conséquent employer pour faire des semis et augmenter ou renouveler les variétés.

Les moyens de multiplier les figuiers sont, par rejetons, par marcottes, par bouture et même par racines.

Presque toujours les figuiers donnent une quantité de rejetons de leurs racines, rejetons qui épuisent le pied, et doivent être annuellement supprimés. Ordinairement on laisse se fortifier, pendant deux ou trois ans, ceux de ces rejetons qu'on veut employer à former de nouveaux arbres; mais il vaut beaucoup mieux les enlever dès la première année pour les mettre en pépinière. Ils commencent à donner du fruit à la cinquième ou sixième année.

Les marcottes s'emploient lorsqu'on n'a pas de rejetons, c'est-à-dire rarement. Il suffit de coucher en terre, au printemps, une pousse de deux ou trois ans, pour que, l'année suivante, on ait un pied enraciné, qu'on peut mettre en place sur-le-champ, mais qu'il vaut mieux faire attendre en pepinière qu'il soit arrivé à l'âge de donner des fruits. Quelques personnes ont conseillé d'enlever un anneau d'écorce pour assurer la mise en racine de ces marcottes; mais cette opération, si avantageuse dans d'autres cas, est ici superflue, lorsque ces marcottes sont faites dans une terre humide ou qu'elles sont arrosées, et ne serviroit de rien si elles se trouvoient dans un lieu sec et aride, ou trop superficiellement enterrées.

Les boutures ne devroient se pratiquer que lorsqu'on veut emporter au loin une variété qu'on a sous les yeux. Celles faites avec le bois de deux ou trois ans réussissent mieux que celles faites avec le bois de l'année. Ce fait, en opposition avec la règle générale, vient de ce que les branches du figuier sont formées d'un bois très mou et renferment beaucoup de moelle, et qu'elles pourrissent très facilement lorsqu'elles se trouvent dans les circonstances propres à leur faire pousser des racines, c'est-à-dire dans un sol humide. Pour réussir certainement il faut enterrer les boutures d'un pied dans une terre consistante et dans un endroit ombragé, et les arroser au besoin. L'année suivante on relève et met en pépinière celles qui ont repris.

Dans ces trois cas, il est avantageux d'empêcher les jeunes pieds de porter du fruit avant quatre à cinq ans, afin de donner le temps aux racines et aux tiges de prendre un degré de consistance qui assure la vigueur et la longue durée du tout.

On emploie peu la multiplication par racine, quoique facile. La greffe en sifflet est presque la seule qu'on pratique sur le figuier, mais celle en écusson y réussit également quand on sait prévenir l'affluence du suc propre. Quant à celle en fente, elle devient très difficile à raison de la quantité de moelle qui se trouve dans ses jeunes branches. Au reste on greffe rarement cet arbre, puisqu'on peut se procurer certainement et rapidement, par les moyens que je viens d'indiquer, les variétés qu'on désire.

Toutes les terres légères conviennent au figuier lorsqu'elles ne sont pas marécageuses; il se plaît principalement dans celles qui ont du fond. Il réussit supérieurement lorsqu'il peut aspirer les vapeurs aqueuses d'une source, d'une rivière, d'une pièce d'eau, et étendre ses racines dans le voisinage des eaux; mais ses fruits sont plus sucrés lorsqu'il croît dans un sol aride, au milieu des rochers à travers lesquels ses racines sont obligées d'aller chercher la terre. Les variétés à gros fruits veulent une terre plus profonde et plus substantielle. Des arrosemens pendant les grandes chaleurs de l'été sont utiles à tous; cependant il est rare qu'on leur en donne, quoique souvent la prolongation de la sécheresse empêche les figues automnales d'arriver à leur grosseur ordinaire, les fasse même tomber ou faner avant leur maturité.

Les expositions au levant et au midi sont celles qui sont les plus favorables au figuier sous tous les rapports. Il produit peu au couchant et encore moins au nord, quoiqu'il y ait une apparence de vigueur. Il craint l'ombre des autres arbres par la même raison. En tout pays, plus ses fruits sont long-temps frappés par le soleil, et plus ils sont savoureux.

Le figuier est un des arbres qui craignent le plus d'être taillés et tourmentés, aussi ne réussit-il pas en espalier aussi bien qu'en buisson et en arbre; aussi le grand art, dans les parties méridionales de la France, consiste-t-il à n'y toucher que le moins possible.

Une figuerie est, dans les pays chauds, un champ en exposition convenable, et dans les pays froids un espace exposé au midi et entouré de murs des trois autres côtés, où on plante des figuiers.

Avant de planter une figuerie, il seroit bon de défoncer le terrain à deux ou trois pieds de profondeur, et de le fumer fortement ; mais l'économie détermine presque toujours à se contenter de trous de deux ou trois pieds cubes de grandeur ou au plus de tranchées de même dimension espacées de douze à quinze pieds. C'est dans ces trous, ou ces tranchées, qu'on place ou les boutures ou les plants enracinés des variétés dont on veut peupler sa figuerie, et, on les y éloigne de douze à quinze pieds, de manière à former quinconce, plus ou moins, selon que le terrain est meilleur et le climat plus chaud. C'est par erreur que dans les environs de Marseille on préfère les boutures au plant de trois ou quatre ans levé dans une pépinière, et par préjugé qu'on y croit qu'il est nécessaire de placer au milieu de la figuerie un figuier sauvage, affublé du nom de *figuier mâle*, pour féconder les autres. Il n'est pas bon de trop enterrer les racines, car elles aiment à ressentir, comme les branches, les influences bienfaisantes de la chaleur solaire, et elles savent bien ensuite s'étendre de la manière qui leur est la plus convenable. Des arrosemens, pendant la première année, lors des grandes chaleurs, leur sont cependant toujours fort utiles, et on ne doit pas craindre une petite dépense pour les leur donner, car la végétation de cette première année influe sur toute la durée de la vie de l'arbre.

Il n'est pas bon, cette première année, de couper aucune branche aux figuiers ; mais l'hiver de la seconde, si on veut en faire des buissons, on pourra et même on devra couper tous les pieds rez terre, pour qu'ils repoussent des rejetons vigoureux, desquels on ne laissera que les trois, quatre, cinq à six plus beaux pour former le buisson. Si on désire en former des tiges, on se contentera de couper, à quelques pouces du tronc, les branches inférieures, mais seulement deux ou trois chaque année.

En général on ne demande pas, à raison de la difficulté de la cueillette des fruits, que les figuiers arrivent à toute leur hauteur ; en conséquence on leur coupe la tête, lorsqu'ils sont arrivés à six à huit pieds ; cependant on ne doit pas les rabattre lorsque, par les progrès de l'âge, ils sont devenus très hauts et très gros, car cette opération occasionne souvent leur mort. Bernard plaide pour les hautes tiges, et son avis est appuyé de raisonnemens convaincans.

Les années suivantes on devra labourer le pied des arbres, et de temps en temps, c'est-à-dire d'abord tous les deux ans, et ensuite tous les cinq à six ans, y mettre du fumier consommé ou des terres neuves.

La serpette, ainsi que je l'ai déjà dit, ne doit toucher les figuiers que pour les débarrasser du bois mort et arrêter la croissance des branches gourmandes qui ne se développent que trop souvent, et qui nuisent autant à la production du fruit qu'à la régularité de la tête.

Tant que les figuiers ne se touchent pas par leurs branches, on peut semer ou planter, dans l'intervalle qu'ils laissent entre eux, des légumes ou autres végétaux annuels, mais ensuite il n'est plus possible de demander au sol des productions de ce genre. Il n'en est pas moins avantageux de labourer tous les ans pendant l'hiver la totalité de ce sol. *Le fumer et le labourer*, dit Olivier de Serres en son vieux langage, *avance l'abondance de bonnes figues.* Trop de fumier nuit cependant à la qualité des figues, ainsi que j'ai eu occasion de m'en assurer.

La principale maladie du figuier est causée par la sécheresse, qui ne permet pas à la sève de monter en assez grande abondance pour réparer les pertes de la transpiration, pertes qui sont plus fortes dans cet arbre que dans beaucoup d'autres. Alors les feuilles tombent, les fruits ne grossissent pas, les branches supérieures meurent, et même le tronc. Des arrosemens sont le meilleur moyen pour mettre fin à ces accidens ou pour en diminuer les suites; mais comme on ne peut pas toujours les leur donner, il est des cas où on doit, l'hiver suivant, raccourcir les branches supérieures, même couper le tronc rez terre et mettre de la nouvelle terre sur les racines.

Les gelées, même aux environs de Marseille, produisent des effets analogues. Les derniers remèdes doivent leur être appliqués.

Les blessures et les coupures de branches dans les figuiers sont plus dangereuses que dans les autres arbres, à raison du suc laiteux âcre qui en sort. Il est en conséquence très bon de recouvrir le plus promptement possible leurs plaies avec de l'onguent de Saint-Fiacre, ou par tout autre moyen propre à intercepter l'action de l'air sur ces plaies.

La plupart des variétés de figuiers donnent deux récoltes par an, une au printemps dont on appelle les fruits *figues-fleurs*, et l'autre en automne. La seconde récolte est généralement plus abondante que la première, et c'est la seule dont on fasse cas dans les environs de Marseille et autres pays chauds; dans le nord, la première est au contraire celle sur laquelle on compte le plus. Comme il est des variétés qui donnent plus de figues en chacune de ces saisons, on doit faire un choix parmi ces variétés,

selon le climat qu'on habite (1). On a dit que toutes les fois
que la récolte du printemps étoit trop abondante, celle d'automne étoit médiocre, et réciproquement; c'est ce qui fait que
quelques cultivateurs du midi ont soin d'enlever les figues-fleurs
aussitôt qu'elles se montrent, et que la plupart de ceux du nord
en font autant à la plus grande partie de celles d'automne; mais
ce fait n'est pas général pour toutes les variétés dont la plupart
donnent constamment des récoltes à peu près égales toutes les
années. En général, si c'est un mal que les figuiers soient peu
chargés de fruit, c'en est un autre qu'ils le soient trop; car
dans ce dernier cas le fruit reste petit, a moins de saveur, et
même tombe avant sa maturité. Il en est de même, comme je
l'ai déjà observé, lorsque les étés sont secs et chauds et que les
arbres sont placés dans un sol aride.

La maturité des figues dans les mêmes variétés est plus précoce sur les vieux que sur les jeunes arbres, sur ceux qui croissent dans un terrain sec que sur ceux qui croissent dans un
terrain humide; leur saveur est plus relevée dans les mêmes
circonstances. On accélère encore l'époque de cette maturité
en blessant les fruits, en faisant des incisions annulaires aux
branches, ou en enlevant les feuilles, ou en découvrant les
racines.

La récolte des figues est pour quelques cantons de la France
méridionale aussi importante que celle du vin, des olives, etc.
La cueillette en est longue, parcequ'elles mûrissent successivement. On doit attendre pour les cueillir qu'elles soient mûres
avec excès, même un peu fanées, et ce, qu'on veuille les manger fraîches ou les faire sécher. Celles qu'on cueille avant leur
maturité achèvent bien de mûrir lorsqu'on les garde, mais elles

(1) Le figuier donne ordinairement deux récoltes : l'une a lieu, en Provence, depuis la fin de juin jusque vers la fin de juillet; elle dure donc à
peu près un mois. Les figues qu'on obtient alors, nommées *figues-fleurs*,
ou qu'on pourroit nommer *figues d'été*, ne sont bonnes que dans un très
petit nombre d'espèces : la seule même que l'on mange est l'*obser antine*.
La figue-fleur est toujours un peu plus grosse que la figue d'automne; elle
a ordinairement un goût de figuier qui est désagréable. C'est sur le bois
de l'année précédente qu'elle naît. Plusieurs espèces de figuiers ne
donnent pas de figues-fleurs, ce sont ordinairement les espèces les plus
estimées et que l'on cultive de préférence qui n'en donnent pas. Il y
a des variétés, les sauvages sur-tout, qui en donnent abondamment
et dont aucune figue n'est mangeable. Celles-ci ne contiennent quelquefois
que des fleurs mâles. Les secondes figues ou figues d'automne ne commencent à mûrir que vers le milieu du mois d'août. La plupart ont fini
de donner des fruits dès la fin de septembre, mais quelques unes en donnent tout octobre et en donneroient encore tout le mois de novembre si
les gelées ne venoient les arrêter. Les espèces qui durent si long-temps ne
commencent guère à donner des fruits que vers la fin d'août.

Note de M. OLIVIER, membre de l'Institut, déjà cité.

n'ont jamais la saveur de celles qui sont restées sur l'arbre. Cette époque de maturité complète est indiquée pour chacune par l'amollissement, la gerçure et l'affaissement de leur écorce et par une larme sucrée qui sort de leur disque. Le jour et l'heure de la cueillette, pour celles qui doivent être desséchées, ne sont pas indifférens. Il faut préférer un temps sec, et ne commencer que lorsque la rosée a disparu.

Immédiatement après que les figues sont cueillies, on les transporte à la maison, et de suite on les place à côté les unes des autres, sur des planches ou des claies qu'on expose à la plus grande chaleur du soleil dans un lieu abrité, et qu'on rentre pendant la nuit dans une pièce aérée. De la promptitude de la dessiccation dépend la forme de la figue sèche, et sa conservation. Il faut avoir soin de retourner fréquemment les figues, et de les aplatir un peu pour la favoriser. Comme toutes les variétés n'ont pas la même bonté, et ne se dessèchent pas également vite, il est désirable qu'on les sépare pour n'avoir que de la bonne marchandise, et éviter un travail inutile.

Quelquefois la pluie survient pendant la dessiccation des figues, et alors elle devient plus difficile et même impossible, parcequ'elles fermentent ou pourrissent. Alors on a recours à la chaleur artificielle des fours, chaleur qui, quelque bien graduée qu'elle soit, nuit à la qualité de la figue, et diminue sa valeur mercantile d'un tiers.

Lorsque les figues sont convenablement sèches, quelques particuliers les mettent dans des sacs, qu'ils laissent exposés dans des greniers à un courant d'air. D'autres les empilent dans des caisses, lit par lit, avec de la longue paille ou des feuilles de laurier. Cette dernière méthode est de beaucoup préférable à la première.

Les figues blanches sèches sont préférées dans le commerce, parceque leur coup-d'œil est plus agréable; en conséquence ce sont presque les seules qu'on envoie à Paris ou dans les pays étrangers, la marseillaise seule exceptée. Les violettes restent dans le pays pour l'usage des propriétaires. Quelques unes sont cependant excellentes.

J'ai oublié de dire qu'il faut éviter avec le plus grand soin de mêler des figues altérées sur l'arbre avec celles qu'on met en dessiccation, et que pendant le cours de cette opération il faut successivement ôter toutes celles qui s'altèrent, et qu'on reconnoît facilement au changement de leur couleur.

La récolte de figues dure ordinairement tout les mois de septembre. Ses produits dépendent du soin qu'on apporte aux opérations auxquelles elle donne lieu, sur-tout à la dessiccation.

La figue bien mûre est aussi agréable que saine. Elle est pendant un tiers de l'année la nourriture presque exclusive des habitans de la campagne, dans les pays qui bordent la Méditerranée. On en fait un commerce fort étendu. Jamais le pauvre ni le riche ne se sont plaints de son usage. Il n'en est pas de même lorsqu'elle est encore verte; car alors, d'un côté elle développe beaucoup d'air, et pèse sur les estomacs foibles, cause des dyssenteries; et de l'autre le suc laiteux que contient encore sa peau corrode les lèvres et la langue, y fait naître des boutons qui restent douloureux pendant plusieurs jours. Sèche, elle est également digne d'éloges. On en fait un fréquent usage en médecine, comme adoucissante, expectorante et calmante. On en sert sur les tables les plus délicates; mais elle est sujette à s'altérer lorsque les chaleurs reviennent, et il faut consommer sa provision avant le mois de mai. Toujours on doit les conserver dans un lieu sec et aéré. Elles sont sujettes à être dévorées par les larves (chenilles) de deux espèces de teignes qui en font perdre de grandes quantités dans certaines années. La chaleur du four long-temps prolongée peut seule les faire périr.

Comme renfermant en abondance la matière muqueuse et la matière sucrée, les figues, soit fraîches, soit sèches, lorsqu'elles sont pilées dans une suffisante quantité d'eau et aidées de la chaleur, sont susceptibles d'éprouver la fermentation spiritueuse, de donner du vin, du vinaigre, de l'eau-de-vie. Je ne sache pas qu'on les emploie à cet objet en France; mais Tournefort dit qu'on en tire de l'eau-de-vie dans l'île de Scio.

Dans quelques îles de l'Archipel et dans quelques cantons de l'Asie mineure, on cultive quelques variétés de figuiers, qui jouissent de la propriété de se charger immensément de fruits, uniquement pour employer ces derniers à la nourriture des bestiaux. En France on ne les donne aux animaux que dans le cas où elles se seroient altérées sur l'arbre ou pendant les opérations de la dessiccation. Tous les aiment. Les poules en sont si friandes, qu'il est souvent difficile de garantir les figueries de leurs ravages (1).

Dans les parties septentrionales de la France, aux environs de Paris, par exemple, les figuiers n'amènent jamais, ou pres-

---

(1) On donne souvent des figues aux chevaux, aux mulets, aux bœufs, dans la vue de les engraisser ou de les rétablir après quelque indisposition; ils en sont très friands. On leur destine une petite figue noire qu'on nomme *briasque*, à chair blanche, qui sèche assez promptement et qui est chaque année fort abondante. La récolte en est terminée à la fin de septembre.
Note de M. Olivier, de l'Institut.

que jamais leurs fruits à un assez haut degré de maturité pour être comparables à celles qu'on mange à Marseille. Elles y sont presque toujours insipides ou à demi pourries. Aussi les amateurs les repoussent-ils comme des avortons de nature. Cependant le luxe veut en voir sur sa table, et tous les jardins bien montés ont quelques figuiers pour cet objet.

Ces figuiers restent toujours en buisson de quatre à six pieds de haut, soit parceque les gelées frappent souvent leurs branches, soit parceque ces mêmes branches n'amènent pas leur bois à maturité dans les années froides ou humides, soit enfin par la nécessité de les envelopper de paille, ou de les coucher en terre pendant les hivers.

Il paroît qu'autrefois on cultivoit beaucoup plus de figuiers hors des jardins, aux environs de Paris, qu'actuellement; aujourd'hui je n'en connois plus que dans une douzaine de places privilégiées, c'est-à-dire mieux abritées, du vignoble d'Argenteuil. Là, leur culture consiste à tenir leurs rameaux courts, écartés et à les rapprocher le plus possible du sol, dans le but de les faire jouir du bénéfice des émanations chaudes de la terre et de sa chaleur réfléchie en même temps que de celle directe du soleil. Les cultivateurs de cette commune emploient toujours simultanément deux moyens pour les garantir des gelées de l'hiver, afin d'avoir plus de chances favorables. Ils enterrent les branches d'une partie de leurs pieds et empaillent celles des autres. Si l'hiver est sec et froid, ils sont assurés de conserver les branches enterrées. Ils les perdent lorsque l'hiver est pluvieux, mais ils conservent les autres. Ces racines périssent très rarement par l'effet des gelées. Elles repoussent de nouvelles tiges lorsqu'elles ont éprouvé cet accident, et ces nouvelles tiges donnent du fruit dès la seconde année. Il est des années où ces figuiers rapportent beaucoup à leurs propriétaires, attendu qu'on vend chaque figue trois à quatre sous.

Dans les jardins, la culture du figuier est moins bien entendue, car les abris des murs ne compensent pas la différence de position des branches qui y sont laissées plus droites et plus hautes; aussi, presque toujours, les fruits arrivent-ils plus tard et moins certainement à maturité. Au mois de décembre ces tiges s'empaillent en masse, après avoir été liées en fagots, et se buttent jusqu'à la moitié de leur hauteur. On ne les débarrasse de ces enveloppes que lorsque les gelées ne sont plus à craindre, et il faut les en débarrasser avec précaution, c'est-à-dire petit à petit, car alors elles sont très sensibles aux impressions et du froid et du soleil.

Il est assez difficile de conduire à la taille les figuiers ainsi

FIG 555

cultivés ; cependant on ne peut se dispenser de la leur faire subir de temps en temps, et le principe reste toujours qu'il faut la leur ménager le plus possible. Une attention à laquelle on ne doit pas manquer, c'est de ne jamais couper les branches rez du tronc, de leur laisser toujours un chicot plus ou moins long selon leur grosseur, car le diamètre de leur moelle rend plus facile et l'extravasion de la sève et l'entrée d'un air desséchant, ce qui fait toujours périr l'extrémité des branches coupées, et feroit également périr la partie latérale d'une tige, et même par suite la tige entière.

Les figuiers cultivés aux environs de Paris, en pleine terre, n'ont jamais besoin d'eau. Ils n'en ont ordinairement que trop.

Quelques jardiniers et quelques amateurs cultivent des figuiers en caisse, dans les faubourgs de Paris, afin de pouvoir les rentrer dans des orangeries, les placer dans des serres, sous des châssis pendant l'hiver ; mais comme ils ne sont jamais dans des caisses assez grandes, relativement à leurs besoins, ils ne donnent jamais qu'un si petit nombre de fruits qu'on ne peut pas spéculer sur leur vente. Ces figuiers doivent être considérés comme de pur agrément, et la meilleure manière de les conduire doit être de les tenir bas, et de leur donner une tête régulière, afin qu'on puisse les placer, lorsque les cinq à six fruits qu'on leur laisse commencent à entrer en maturité, sur une commode, une cheminée, ou même, comme surtout, au milieu d'un dessert, pendant que la neige couvre les campagnes.

Il paroîtra sans doute étonnant à beaucoup de lecteurs que je n'aie pas encore parlé de cette fameuse opération décrite par Tournefort, comme généralement usitée dans le Levant et qu'on appelle caprification, opération qui consiste à placer sur les figuiers, dans la vue d'avancer la maturité des figues d'automne, des figues-fleurs, ou figues du printemps, dans lesquelles des insectes du genre DIPLOLÈPE (Cynips, Fab.) ont déposé des œufs d'où sortent une multitude de jeunes diplolèpes qui vont également déposer leurs œufs dans les figues d'automne, ou mieux dans leurs graines, et opèrent en passant la fécondation de ces graines et par suite hâtent la maturité des figues.

Voici ce qu'Olivier, membre de l'Institut, et auteur d'un voyage dans l'empire ottoman, a publié sur cet objet.

« Cette opération, dont quelques auteurs anciens et quelques modernes ont parlé avec admiration, ne m'a paru autre chose, pendant un long séjour que j'ai fait aux îles de l'Archipel, qu'un tribut que l'homme payoit à l'ignorance et aux préjugés. En effet dans beaucoup de contrées du Levant on ne connoît pas la caprification. On ne s'en sert point en France, en Italie,

en Espagne ; on la néglige depuis peu dans quelques îles de
l'Archipel où on la pratiquoit autrefois, et cependant on obtient par-tout des figues très bonnes à manger. Si cette opération étoit nécessaire, soit que la fécondation dût s'opérer par
la poussière séminale qui se répandroit et s'introduiroit seule
par l'œil de la figue, soit que la nature se fût servie pour la
transmettre d'une figue à une autre d'un petit *cynips*, comme
on l'a cru communément, on sent bien que ces premières figues
en fleur ne pourroient pas féconder en même temps celles qui
sont parvenues à une certaine grosseur, et celles qui paroissent
à peine ou ne paroissent pas encore, et qui ne mûrissent que
deux mois après les autres.

« Laissons tout le merveilleux de la caprification, et conve-
nons, d'après l'observation, qu'elle doit être inutile, puisque
chaque figue contient quelques fleurs mâles vers son œil capables de féconder toutes les fleurs femelles de l'intérieur, et
que d'ailleurs ce fruit peut croître, mûrir et devenir excellent
à manger, lors même que les graines ne sont pas fécondes. »
Nouveau Dictionnaire d'Histoire naturelle, article CAPRIFI-
CATION.

J'ajouterai à cet excellent morceau que les larves des diplolèpes, en mangeant l'intérieur des semences des figues,
ne hâtent la maturité de ces figues que comme les larves de
la *pyrale pommonelle* hâtent la maturité des pommes en
France. Or qui s'avisera de conseiller de rendre toutes les
pommes verreuses pour l'avantage de les manger quinze jours
plus tôt ?

M. Bernard, dans son mémoire sur le figuier, pense positivement de même, et prouve, par des observations, que les figues
caprifiées sont inférieures aux autres.

On pratique généralement en Egypte, sur les fruits du figuier sycomore, pendant que la sève est dans toute sa force,
une opération qu'il seroit bon de tenter sur ceux de celui de
France, et qui rentre dans les principes de la caprification.
Quand ces fruits sont au tiers de leur grosseur on en cerne
l'extrémité avec la pointe d'un couteau, de manière à en enlever toutes les étamines qui n'ont pas alors encore répandu
leur poussière fécondante. La plaie se couvre du suc propre,
et les fruits ainsi traités mûrissent en moitié moins de temps
que les autres, sans perdre ni de leur volume ni de leur
saveur.

Il est deux espèces d'insectes qui nuisent beaucoup aux figuiers. L'un est le kermès et l'autre la psylle qui portent son
nom. Tous deux et sur-tout le premier, qu'on appelle vulgairement le *pou*, épuisent les branches de leur sève, empêchent les figues de grossir, font tomber les feuilles, même quel-

quefois périr le tronc, tant leur abondance est grande. Il est donc extrêmement important de les détruire. Le seul véritablement bon moyen, parmi les milliers qui ont été recommandés, est de les écraser en frottant rudement les branches qui en présentent avec un gros linge, ou un morceau de bois tranchant, pendant les premiers mois du printemps. Une femme un peu exercée peut nettoyer ainsi quatre arbres par jour ; mais il faut que cette opération soit bien faite, car quelques femelles laissées sur un pied suffisent pour le repeupler à l'automne. *Voyez* aux mots Cochenille, Kermès et Psylle. Les remèdes à employer pour réparer les dommages causés par les kermès sont les mêmes que ceux indiqués plus haut pour réparer ceux de la sécheresse et de la gelée.

Le bois du figuier est fort tendre, aussi les ouvriers en fer le préfèrent-ils pour recevoir l'émeri et l'huile qu'ils emploient pour polir leurs ouvrages. Son aubier est blanc et son cœur jaunâtre. Il perd beaucoup en se desséchant et acquiert par suite une force et une élasticité telle qu'on fait des vis de pressoir avec les très gros troncs. La chaleur qu'il donne, lorsqu'on le brûle, est peu intense, mais son charbon se consume lentement.

Le suc laiteux du figuier est âcre et caustique. Il fait naître des pustules sur la peau et sert à détruire les verrues. On pourroit l'employer à faire cailler le lait, s'il ne lui communiquoit pas un mauvais goût. (B.)

FILAMENT. Partie des Étamines. *Voyez* ce mot.

FILAMENTEUX. FILANDREUX. Se dit des fruits qui semblent avoir des fils dans leur intérieur, qui ne cassent pas ou ne fondent pas sous la dent. *Voyez* Fruit.

FILANDRES. Médecine vétérinaire. On appelle ainsi les bouts des mauvaises chairs qui avancent dans une plaie, lesquels, entretenus par l'humidité, s'opposent à la réunion et à la cicatrisation. *Voyez* Plaie.

Lorsque ces bouts de mauvaises chairs s'endurcissent, se racornissent, ou bien qu'une matière endurcie et congelée, soit par un sang extravasé, coagulé et desséché, soit par de la graisse et des parties tendineuses fondues, est mastiquée autour de sa filandre, alors on l'appelle très improprement os de graisse.

Lorsque la suppuration n'emporte pas les filandres, on doit les enlever avec le bistouri ; après quoi on applique de petits plumasseaux imbibés de teinture d'aloès, et on recouvre la plaie avec des tentes chargées de digestif. *Voyez* Ulcère. (R.)

FILARIA, *Phylirea*. Genre de plantes de la diandrie monogynie, et de la famille des jasminées, qui renferme trois espèces, originaires des parties méridionales de l'Europe, où on les emploie fréquemment à faire des haies, et qu'on cultive beaucoup dans les jardins du climat de Paris, parcequ'elles forment des buissons d'un aspect agréable, et qu'elles restent vertes pendant l'hiver.

Le FILARIA A LARGES FEUILLES, qui a les feuilles ovales, oblongues, presque en cœur, et dentées en scie. Il ressemble du reste au suivant. Les variétés qu'il offre sont, *à dents obtuses, à dents épineuses* et *à feuilles obliques.*

Le FILARIA A FEUILLE DE MOYENNE GRANDEUR, *Phyllirea media*, Linn., est un arbrisseau de douze à quinze pieds de haut, dont l'écorce est grise, les rameaux droits, les feuilles opposées, lancéolées, d'un vert très foncé et brillant; les fleurs blanchâtres, très petites, disposées en petits paquets dans les aisselles des feuilles; les fruits noirs dans leur maturité, et d'un peu plus d'une ligne de diamètre. Il présente plusieurs variétés, dont les plus remarquables sont celles à *feuilles de troène,* à *rameaux effilés,* à *rameaux pendans,* à *feuilles d'olivier,* à *feuilles de buis,* à *feuilles panachées,* à *feuilles bordées de blanc ou de jaune.*

Le FILARIA A FEUILLES ÉTROITES, *Phillyrea angustifolia,* Lin., a les feuilles linéaires, lancéolées, et du reste ressemble au précédent par la disposition de ses parties. Il présente trois variétés; savoir, à *feuilles lancéolées et rameaux droits,* à *feuilles de romarin; branchu.*

Ces filarias et leurs variétés ne sont pas rares dans les parties méridionales de la France, où, comme je l'ai dit plus haut, on les emploie à faire des haies qui seroient bonnes s'il étoit possible de les tenir toujours bien garnies. La dernière des variétés de l'espèce à feuilles étroites y est principalement propre, parceque ses rameaux se recourbent et s'entrelacent de manière à ne pas laisser la place nécessaire pour passer une poule. On n'emploie leur bois qu'à brûler, quoiqu'il soit jaune et passablement dur, parcequ'on en trouve rarement des échantillons plus gros que le bras.

Leurs nombreuses variétés proviennent uniquement de la nature du sol et du climat. Je n'en ai peut-être pas vu deux pieds parfaitement semblables en Espagne et en Italie, où ils sont fort communs sur le penchant des montagnes, aux expositions sèches et chaudes. De même un semis fait dans le climat de Paris en fournit toujours plusieurs, quoiqu'effectué dans un même terrain, et avec des graines cueillies sur le même arbre.

Dans ce climat on n'emploie les filarias, que les jardiniers confondent souvent avec les ALATÈMES (*voyez* ce mot), que pour l'ornement des jardins paysagers. Ils résistent fort bien aux hivers ordinaires, mais ils périssent souvent pendant ceux qui sont rigoureux. Ordinairement cependant il n'y a que les tiges qui n .urent, et les racines, lorsqu'on a recépé ces tiges rez terre, repoussent avec tant de vigueur, que la seconde année on ne s'aperçoit plus de la perte qu'on a éprouvée. Cet effet de la gelée sur les filarias fait qu'ils ne sont pas aussi communs dans les jardins qu'il seroit à désirer qu'ils le fussent. On peut bien les en préserver en les empaillant pendant l'hiver, mais on se lasse bientôt de cet assujettissement quand on a beaucoup de pieds d'une même espèce. Une observation constante, c'est que les filarias exposés au nord gèlent bien plus rarement que ceux qui le sont au midi.

On place les filarias dans les jardins paysagers au second ou troisième rang des massifs, en buissons isolés au milieu des gazons, contre un mur dont on veut cacher la vue, etc. Par-tout ils font un très bon effet, sur-tout l'hiver, lorsque la nature, excepté un petit nombre d'arbres et d'arbustes, parmi lesquels ils tiennent le premier rang, est dépouillée de verdure. Ils fleurissent à la fin du printemps. Leurs fleurs ont peu d'apparence, mais exhalent une légère odeur qui est agréable. Leurs fruits concourent aussi à les orner. Il est rare qu'ils fructifient dans le climat de Paris, quelle que soit la quantité de fleurs dont ils ont été pourvus ; en conséquence on est chaque année obligé de faire venir de leurs graines des parties méridionales de la France, lorsqu'on veut les multiplier par ce moyen. Au reste, comme ces graines restent deux ans en terre avant de lever, et que les plants qu'elles fournissent sont longs à croître, on préfère les reproduire par marcottes qui, faites en automne, s'enracinent la seconde année, et donnent des pieds bons à mettre en place à la troisième.

Le semis des filarias se fait ou en pleine terre dans un sol léger et à une exposition chaude, ou dans des terrines sur couche et sous châssis. Ce dernier moyen doit être préféré, lorsqu'on le peut, parcequ'il fait beaucoup gagner de temps. On couvre le plant pendant l'hiver avec de la litière ou de la fougère, ou bien on le rentre dans l'orangerie. Ce plant, la seconde année, se repique à six pouces de distance ou dans des pots isolés, et se conduit comme tous les autres plants susceptibles de craindre la gelée. A la quatrième ou cinquième année, il se relève de nouveau pour être plus espacé ou changé de pot, et à la sixième ou septième, il est propre à être mis en place et à résister aux gelées.

On réussit souvent à accélérer la reprise des marcottes des filarias en tordant leurs branches, en les ligaturant avec un fil de laiton ou en les éclatant à moitié, c'est-à-dire en pratiquant sur eux le marcottage des œillets.

Quoique les filarias se prêtent très facilement à la taille et même à la tonte, il est en général beaucoup plus avantageux de leur laisser leur forme naturelle, forme presque toujours élégante et contrastante avec celle des autres arbustes. Il faut les garantir de la dent du bétail, qui en est fort avide. B.)

FILET. On donne ce nom à la partie inférieure de l'étamine. Il manque quelquefois. C'est le support de l'anthère. Il offre de grandes variations quant à sa grandeur et à sa forme. Son insertion a presque toujours lieu sur la corolle dans les fleurs monopétales, sur le réceptacle de la plupart des fleurs polypétales, sur le calice dans quelques unes de ces dernières, sur le pistil dans quelques autres de familles différentes. *Voyez* PLANTE et FLEUR. B.)

FILET, ou FILLEULE. On donne ce nom, dans quelques cantons, aux ŒILLETONS des ARTICHAUTS. *Voyez* ces mots.

FILETS. Il y a beaucoup d'oiseaux frugivores, tels que le bec-figue, le mésange, le moineau; ce dernier est le plus grand dévastateur des treilles et des vergers. Pour garantir les fruits de leurs attaques, on couvre les arbres de filets qu'on fait de grandeurs différentes, suivant la grosseur de l'arbre qu'on veut préserver. (D·)

FILIPENDULE. Espèce du genre SPIRÉE. *Voyez* ce mot.

FILTOUPASSEI. C'est peigner le chanvre dans le département des Deux-Sèvres.

FIMBRÈR. Synonyme de fumer les terres.

FIMBRIERE. Cour à fumier.

FIN OR D'ÉTÉ. Variété de POIRE.

FISTULE. MÉDÉCINE VÉTÉRINAIRE. C'est un ulcère profond dont l'entrée est étroite et le fond ordinairement large, accompagné le plus souvent de duretés, de callosités, avec issue d'une matière purulente. *Voyez* ULCÈRE.

Considérons seulement les fistules qui attaquent ordinairement certaines parties du corps du cheval.

1° *Fistule lacrymale.* Elle s'annonce au grand angle de l'œil par une tumeur phlegmoneuse, laquelle, en s'abcédant produit une matière purulente, qui s'écoule le long de cette partie. Quelquefois il y a tumeur sans pus, avec une grande abondance de larmes. Les points lacrymaux sont engorgés et souvent ulcérés, et on observe, pour l'ordinaire, un ulcère entre les paupières, et à la caroncule lacrymale. *Voyez* CARONCULE.

On rapporte cet accident à l'âcreté des larmes, qui, en séjournant, gâtent et ulcèrent cette partie; le plus souvent, il est une suite d'un virus qui agit intérieurement, tel que le virus du farcin, de la morve, etc. *Voyez* FARCIN, MORVE.

Dès l'apparition de la tumeur, on doit appliquer sur la partie des cataplasmes émolliens faits avec les feuilles de mauve ou de pariétaire seulement, et les réitérer trois ou quatre fois par jour. Mais si la maladie est avancée , et qu'il y ait écoulement de matière purulente, il faut essayer d'abord de déterger l'ulcère avec des injections détersives, faites par le canal lacrymal , dont l'ouverture est au bord des narines, au haut de la lèvre inférieure ; ces injections détersives consistent en orge entier, deux poignées, qu'on fait bouillir dans une suffisante quantité d'eau, et réduire à une pinte ; sur la fin de l'ébullition , on ajoute roses rouges et fleurs de millepertuis, de chaque une poignée ; on passe le tout ; on fait fondre dans la colature six onces de miel ordinaire ; on mêle, pour injecter tiède dans le canal lacrymal. Il arrive quelquefois que cette liqueur ne peut point passer, à raison de l'engorgement des points lacrymaux ; il faut pour lors injecter de bas en haut. Mais lorsqu'on est obligé d'ouvrir le sac, on y procède de la manière suivante : un aide contenant les paupières avec un instrument convenable, le maréchal introduit la sonde cannelée, et il fait une incision avec le bistouri; l'opération faite, il lave la partie avec du vin chaud ; il panse ensuite la plaie avec de petites tentes chargées de digestif simple, jusqu'à ce que la suppuration ne soit plus si abondante, et que la plaie soit belle ; alors les baumes de Copahu ou du Pérou suffisent pour le pansement, jusqu'à parfaite guérison.

2° *Fistule à la saignée du cou.* On reconnoît qu'il y a fistule en cet endroit par une élévation, par la dureté, et par un petit point rouge d'où suinte la partie séreuse du sang. Quant aux causes et à la curation de cette espèce de fistule , *voyez* ce que nous en avons déjà dit à l'article Cou.

3° *Fistule aux bourses.* On s'en aperçoit par un écoulement de matière qui subsiste après qu'un cheval a été hongré. *Voyez* le mot CASTRATION, où se trouve décrite la cause de cet accident.

4° Cette fistule survient ordinairement à la suite d'un dépôt ou d'une corrosion quelconque, et quelquefois à la suite de l'opération de la queue à l'anglaise, dont la première section a été faite trop près de l'anus. L'ulcère est plus ou moins profond ; il est situé au-dessus ou aux parties latérales de l'anus, et attaque le corps ligamenteux qui s'étend sous la queue du cheval.

Lorsque les incisions multipliées ne suffisent pas pour en procurer la guérison, il faut alors en venir à l'extirpation. Si l'animal, par exemple, a l'anus gonflé d'un côté, et tourné de travers ainsi que la queue , on doit examiner cette partie avec attention. Si l'on y découvre une cicatrice , c'est une preuve qu'il y a eu une ancienne fistule : la tumeur est alors dure ; on y applique des compresses à fenêtres, imbibées de décoction des plantes émollientes, contenue par un bandage qu'on a soin d'humecter de temps en temps. Il est des cas où la tumeur paroît être la suite de l'inflammation, d'une autre humeur interne : on s'en assure encore mieux, en introduisant le bras dans le rectum du cheval, après l'avoir enduit d'huile d'olive. Si cela est, il faut donner des lavemens émolliens en quantité, jusqu'à ce qu'on sente la fluctuation de cette tumeur. On donne issue à la matière purulente par le moyen d'un bistouri pliant que l'on ouvre, et que l'on passe entre les doigts moyen et annulaire, afin de pratiquer l'incision suivant la longueur de l'intestin. Toute la matière s'étant évacuée, on fait des injections dans la plaie avec du vin miellé pendant sept à huit jours. Par cette méthode simple, on voit bientôt la tumeur observée à l'extérieur se dissiper, et le cheval guérir radicalement. (R.)

FLAGET. Synonyme du FLÉAU à battre le blé. *Voyez* ce mot.

FLAMBE. Nom vulgaire de l'IRIS DES MARAIS.

FLAMME. Combustion, avec dégagement de lumière et de calorique, des parties volatiles qui s'échappent des corps embrasés.

La fumée est formée de ces mêmes parties volatiles non enflammées. *Voyez* au mot FUMÉE.

Plus la combustion est rapide et le fluide volatil abondant, et plus il y a de flamme. L'excès des molécules aqueuses l'empêche de se produire.

Quoique toujours la flamme soit accompagnée de calorique, son développement est quelquefois si instantané que sa chaleur n'a pas le temps d'agir, comme dans la déflagration de l'hydrogène, de l'éther, de la poudre de lycopode, etc.

En général, plus la flamme est rapidement produite, et moins elle est chaude ; c'est ce que ne savent pas ces cultivateurs qui ne brûlent que du chaume, de la paille, du fagotage à moitié pourri, des branches de saules, etc. L'économie bien entendue ne consiste pas à employer de mauvais matériaux à bon marché, mais à ménager les bons autant que possible. Un pauvre cultivateur gagneroit bien plus à travailler pour un riche qu'à aller ramasser des ronces et autres broussailles, qui ne lui donneront qu'une chaleur instantanée et très foible.

Chaque espèce de bois, au même degré de dessiccation, donne une quantité différente de flamme ; mais on n'a pas sur cet objet des expériences assez exactes pour oser les citer. Les bois blancs, comme les peupliers, les saules, sont ceux qui en donnent le plus ; l'orme, je crois, est celui qui en donne le moins.

Les bois qui commencent à se décomposer spontanément, ceux qui sont à moitié pourris n'en donnent pas du tout. (B.)

FLANCS. Médecine vétérinaire. On appelle ainsi dans les animaux les parties latérales du ventre, bornées supérieurement par les lombes ou les reins, antérieurement par les fausses côtes, postérieurement par les hanches.

Nous devons considérer dans les flancs, 1° leur ampleur. Ils doivent être pleins à l'égard du ventre et des côtes. Des flancs creux sont nommés *flancs retroussés, flancs coupés.* Les chevaux dans lesquels cette imperfection existe ne sont pas propres à un grand travail. Pour l'ordinaire, ils ont les côtes serrées, ou ils souffrent des pieds, des jarrets, ou ils ont une ardeur extrême; enfin, ils n'ont jamais assez de corps, ou ils le perdent aisément. 2° Leurs mouvemens. Ils ne doivent être ni trop lents, ni trop vifs, ni inégaux; ils ont pour lors le symptôme de quelque maladie. On doit sur-tout, à l'égard des vieux chevaux, prendre garde qu'il n'y ait altération dans cette partie, c'est-à-dire que les mouvemens n'en soient pas plus précipités qu'ils ne doivent l'être : de tels mouvemens dénotent souvent la fièvre (*voyez* Fièvre) dans les chevaux de tous les âges. Mais si dans tous les chevaux âgés ils sont accompagnés d'une toux sèche et fréquente, la pousse (*voyez* Pousse) doit être appréhendée.

L'altération du flanc dans de jeunes chevaux exige de grands ménagemens. La mauvaise nourriture, un grand feu, un travail excessif et forcé l'occasionnent.

Dans la courbature (*voyez* Courbature), l'altération du flanc est telle que le mouvement redoublé qu'on aperçoit dans la pousse subsiste de même.

Dans la fortraiture (*voyez* Fortraiture), qui est souvent la suite de la courbature, il est, dans les muscles qui garnissent les flancs, une telle contraction, qu'ils se montrent comme deux cordes extrêmement tendues, depuis le fourreau jusqu'au lieu où portent les sangles de la selle et même le long des côtes. Le flanc est douloureux; le poil paroît mal teint et très hérissé en cet endroit. (R.)

FLÉAU. Instrument dont on se sert pour battre le blé, et qui est composé de deux bâtons de même ou de différente grosseur et longueur attachés l'un au bout de l'autre avec des courroies. Le bâton que tient le moissonneur est le manche, l'autre est le fléau proprement dit qu'il applique dans toute sa longueur sur la paille et les épis de blé pour en détacher les grains. Ces deux pièces réunies produisent des effets différens, relatifs à leurs proportions. Le fléau court avec un long manche amène un coup plus fort; et quand il est gros et d'un bois léger, il fait mieux trémousser la paille. Le fléau long avec un manche court frappe sur une plus grande surface, mais n'a pas autant de force ; et, lorsqu'il est égal au manche en grosseur et en longueur, il n'agit pas aussi bien sur la paille.

Les courroies qui unissent les bâtons doivent être passées les unes dans les autres de manière que le fléau puisse tourner facilement quand le batteur le relève après avoir frappé son coup ; car ce n'est pas seulement la force de ce coup qui détache le grain, le contre-coup et le soubresaut qu'éprouvent la paille et l'épi concourent aussi à produire cet effet. Voilà pourquoi les batteurs ne frappent pas ensemble, mais l'un après l'autre, afin que le fléau qui tombe trouve la paille soulevée par le coup qui a précédé ; fussent-ils dix à douze batteurs sur la même aire, il faut que les coups se succèdent sans interruption ; mais jamais deux fléaux ne doivent frapper à la fois. Il est bon que le bout du fléau soit terminé par un nœud de bois ; il s'use moins et frappe plus fort, attendu que le point le plus pesant se trouve à son extrémité. Mais ce nœud ne doit former aucune saillie ni bourrelet, parcequ'alors il seroit très difficile au batteur d'amener un coup horizontal sur la paille, et toute la force se trouveroit au bout et non pas dans l'étendue du fléau ; que si le bout est plus mince que celui attaché aux courroies, il agira plutôt comme un fouet que comme un fléau. Le cornouiller est un des bois les plus propres à cet usage.

Pour assujettir ensemble le manche et le fléau, sans faire perdre à ce dernier sa mobilité, on dispose les courroies de différentes manières. La plus simple et la meilleure est de fixer à l'un des bouts de chaque bâton une seule courroie large et épaisse, qui déborde d'un pouce, et forme à l'extrémité du manche et du fléau comme une espèce de boucle ou d'anneau de cuir. Ces deux anneaux sont réunis soit par un double bouton de métal, soit par une troisième courroie nouée artistement et solidement. Dans quelques pays l'extrémité du manche d'un bois très dur est terminée en bouton plat par dessous et arrondi par dessus. Ce bouton entre dans la courroie assujettie au fléau. Les nerfs de bœuf ramollis dans l'eau au moment où on prépare les fléaux peuvent suppléer les courroies, et durent beaucoup plus.

Le fléau que je viens de décrire est le fléau ordinaire ; les batteurs manient cet instrument avec beaucoup d'adresse. Il est employé dans plusieurs départemens de la France, particulièrement dans la Guienne. Quand la beauté du climat permet de battre le blé avant l'hiver, l'aire doit être disposée en plein air, dans un lieu découvert, et qui puisse être éclairé par le soleil pendant la plus grande partie de la journée ; car c'est dans le moment de la plus forte chaleur, et lorsque le soleil donne sur les gerbes, que le battage réussit le mieux, et que le grain se détache avec le plus de facilité. La sécheresse de la paille et des épis favorise le soubresaut dont j'ai parlé, et donne à l'enveloppe immédiate du grain une sorte d'élasticité qui le chasse promptement au dehors. Si les gerbes étoient humides, les coups donnés par le fléau seroient en partie amortis, le contre-coup seroit presque nul, et beaucoup de grains seroient plutôt affaissés que détachés.

La longueur de l'opération du battage à bras d'homme, la dépense très forte qu'il exige, et la dureté du travail pour les batteurs, ont engagé plusieurs personnes à chercher des machines qui pussent produire le même effet plus promptement, à moins de frais et sans trop de fatigue; mais aucune de celles qu'on a imaginées jusqu'à présent n'atteint complètement ce but. Quelques unes sont sans doute ingénieuses et même assez simples; mais elles ont toutes un défaut, celui de donner un coup sec, sous lequel la paille n'éprouve aucun soubresaut. Dailleurs une machine entre les mains des habitans de la campagne, quelque simple qu'elle soit, est bientôt détraquée; et le défaut d'ouvriers pour la réparer promptement sur les lieux fait qu'on s'en dégoûte et qu'on cesse enfin de s'en servir. Je crois donc inutile de faire connoître celles qu'on a proposées pour remplacer le fléau ordinaire. Ce dernier instrument sera toujours préféré; aussi est-il en usage dans la plus grande partie de l'Europe, et même dans l'Amérique septentrionale. *Voyez* Dépiquer et Rouleau. (D.)

FLÉAU. *Voyez* Fleole.

FLÈCHE. On l'appelle aussi l'age. C'est la portion de la charrue qui porte le soc et le manche, et qui, ou sert à attacher les traits des chevaux, ou à lier l'arrière avec l'avant-train. Elle a ordinairement huit à dix pieds de long. *Voyez* Charrue.

FLECHE D'EAU. *Voyez* Fléchière.

FLÉCHIÈRE, *Sagittaria*. Plante de la monœcie polyandrie, et de la famille des alismoïdes, à racine vivace, à feuilles radicales longuement pétiolées, sagittées, luisantes, longues de six à huit pouces sur trois ou quatre de large; à fleurs blanches disposées en verticilles, écartées sur des pédoncules inégaux; qu'on trouve dans les eaux stagnantes mais non putréfiées, sur le bord des rivières, dans les ruisseaux dont le cours est lent, et qui doit intéresser les cultivateurs comme fournissant un moyen d'élever le sol des marais, de favoriser la transformation des alluvions en terres cultivables, et de fournir un supplément avantageux aux fumiers, etc.

Les pétioles des feuilles et les tiges de la fléchière sont

souvent hauts de plus d'un pied et de la grosseur du doigt. Leur intérieur est rempli d'une moelle douce et savoureuse. Les cochons les recherchent beaucoup, et, lorsqu'ils y sont accoutumés, on a beaucoup de peine à les empêcher d'y courir. Il en est de même des chevaux qui aiment avec passion ses feuilles, et qui risquent souvent de se noyer pour se satisfaire, car c'est principalement dans les eaux bourbeuses, au bord des fondrières, qu'elle se plaît; et on sait que de pareils endroits sont souvent dangereux.

Quelquefois la fléchière est en si grande abondance qu'elle couvre exclusivement des espaces considérables. C'est de là qu'il est avantageux de l'arracher, en emportant la boue qui reste fixée à ses longues racines, pour augmenter la masse des fumiers, ou même simplement la répandre sur les terres trop sablonneuses ou trop maigres qui se trouvent dans le voisinage. On en tire par ce moyen un engrais digne de considération. Il n'y a que les frais d'extraction qui, dans certains cas, doivent en éloigner, car il n'est pas toujours facile de l'arracher, et souvent coûteux de la charrier loin.

Quant aux avantages dont elle peut être pour élever le sol des alluvions, ils sont détaillés au mot ALLUVION. J'y renvoie le lecteur.

La forme élégante et singulière de la fléchière la rend propre à concourir à l'ornement des eaux dans les jardins paysagers; et il ne faut pas manquer en conséquence d'en placer quelques pieds, ou mieux, quelques groupes de pieds, sur le bord des lacs, dans le milieu des rivières qui s'y trouvent. Elle fleurit au milieu de l'été. On en trouve toujours plus dans la campagne qu'on n'en a besoin pour cet usage, ainsi je puis me dispenser d'indiquer les moyens de la reproduire. S'il est des cas où il soit bon d'en semer la graine, c'est lorsqu'on veut élever le sol d'un marais, fixer une alluvion, produire rapidement de la tourbe; alors il faut en ramasser la graine en automne, la mêler avec de l'argile, afin qu'elle aille au fond de l'eau, et la jeter avant l'hiver dans le lieu en question.

A la Chine on cultive une espèce de fléchière pour ses racines, qui sont tubéreuses et bonnes à manger. Je ne sache pas qu'elle soit connue des botanistes. Il n'est pas probable que ce soit, comme le dit Osbeck, une simple variété de celle dont il vient d'être parlé. (B.)

FLÉOLE, *Phleum*. Genre de plantes de la triandrie digynie, et de la famille des graminées, qui renferme une demi-douzaine d'espèces, dont deux sont très précieuses comme fourrage, et sont par conséquent dans le cas d'être mentionnées ici.

La FLÉOLE DES PRÉS est une plante vivace qui s'élève à deux ou trois pieds de haut, et dont l'épi est cylindrique, très long et cilié. Elle se trouve dans les prés en bas-fond, et fournit un des meilleurs fourrages d'Europe. Elle pousse de très bonne heure, fleurit au milieu du printemps, donne trois coupes par an lorsqu'on peut l'arroser ; mais en général elle fournit peu de foin. Linnæus et Anderson ont remarqué que les chevaux la préféroient à toute autre graminée. Le dernier s'est assuré, par des expériences directes, qu'il devenoit toujours avantageux d'en répandre de la graine dans les prés bas et marécageux, mais qu'il n'y avoit jamais de profit à espérer lorsqu'on la semoit seule dans des terres d'une autre nature. Ainsi cette plante, qui est le *timothy grass* des Anglais, ne mérite pas les éloges qu'on lui a donnés, comme propre aux prairies artificielles, mais elle n'en est pas moins, comme je l'ai dit plus haut, un excellent fourrage, et tout pré qui en produit beaucoup doit avoir une plus grande valeur aux yeux d'un cultivateur éclairé.

La FLÉOLE NOUEUSE a la racine tubéreuse, les tiges couchées, stolonifères à leur base, et hautes d'environ un pied. On la trouve dans les lieux marécageux. Les bestiaux la recherchent comme la précédente ; mais quoiqu'un seul pied couvre quelquefois un espace considérable en se marcottant par ses nœuds, comme il n'y a que ses épis qui soient érigés, et qu'elle croît dans des lieux souvent d'un dangereux abord, ils en profitent peu. Ce sont les cochons, extrêmement friands de ses racines, qui, à la fin de l'été, lorsque les marais sont en partie desséchés, et qu'elle a perdu ses tiges, savent le mieux se la rendre utile. Dès qu'une fois ils la connoissent, on les voit courir à l'envi à qui se jettera dessus le premier, de manière que souvent il en résulte des accidens. Au reste on ne doit pas penser à cultiver cette plante, qui ne vient bien que dans les fondrières, et qu'il est impossible de faucher. (B.)

FIN DU TOME CINQUIÈME.

www.ingramcontent.com/pod-product-compliance
Lightning Source LLC
Chambersburg PA
CBHW031734210326
41599CB00018B/2578